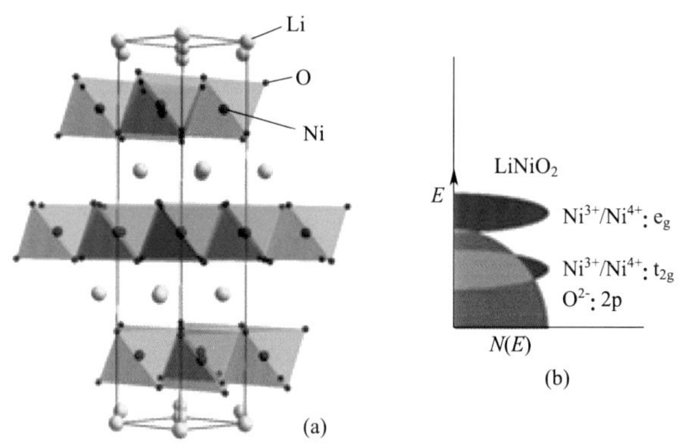

图7-2　$LiNiO_2$的结构单元示意图和电子结构示意图

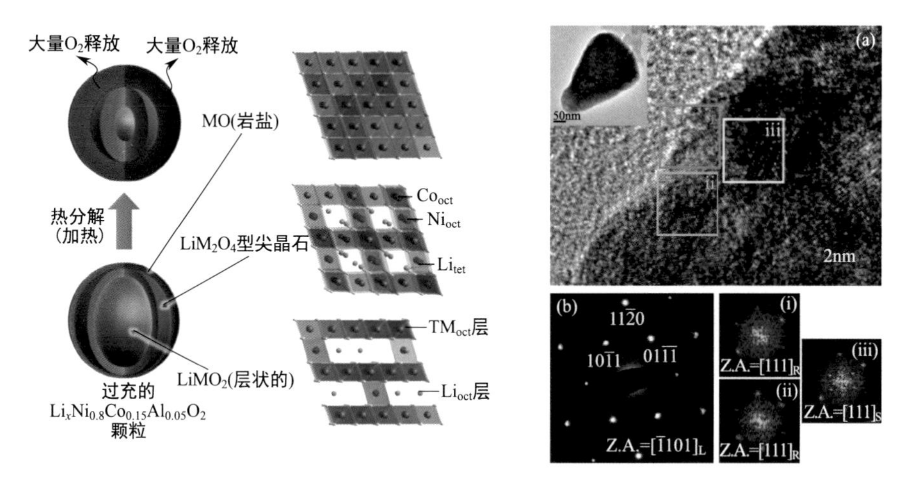

图7-9　过充状态下NCA表面高分辨透射电镜图[21]

(a) 中的插图为研究颗粒TEM像；(b) 整个颗粒的电子衍射

[(ⅰ)~(ⅲ) 分别代表 (a) 中对应区域的快速傅里叶转换图谱,其中L、S和R分别代表层状结构、尖晶石结构和岩盐相结构]

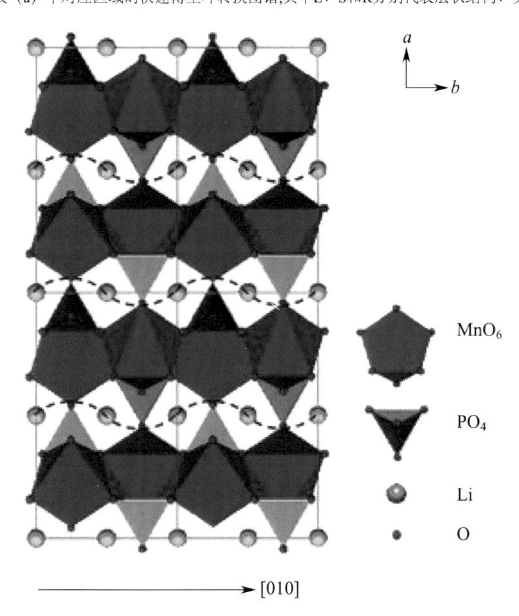

图8-2　$LiMnPO_4$结构及Li^+迁移路径示意图

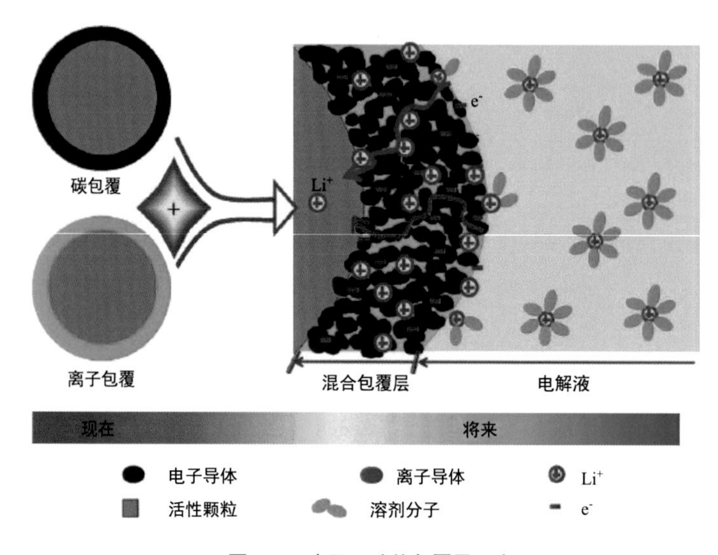

图8-22　表面双功能包覆层示意图

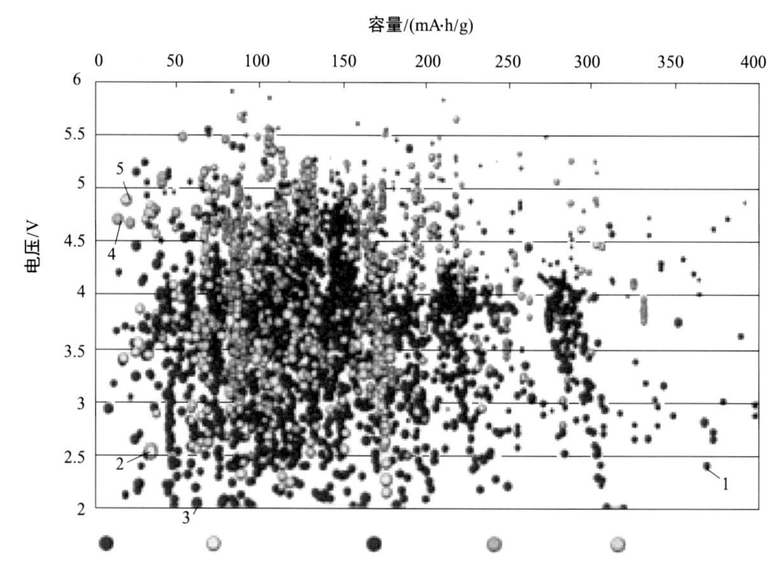

图11-6　数千种无机化合物作为锂离子电池正极材料的电压和理论比容量的计算值

1—氧化物；2—磷酸盐；3—硼酸盐；4—硅酸盐；5—硫酸盐

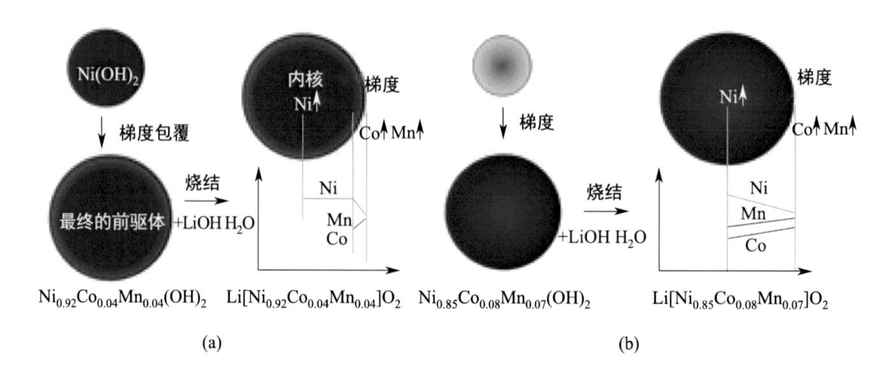

图11-11　梯度包覆材料（a）和全梯度材料（b）的成分变化示意图

国家科学技术学术著作出版基金资助出版
化学工业出版社出版基金资助出版

锂离子电池正极材料

原理、性能与生产工艺

Cathode Materials for Lithium Ion Batteries:
Principle, Performance and Production Technology

胡国荣 杜 柯 彭忠东 主编

化学工业出版社
·北京·

本书详细介绍了锂离子电池几种关键正极材料：钴酸锂、锰酸锂、镍钴锰酸锂、镍钴铝酸锂、磷酸铁锂、磷酸锰锂、磷酸锰铁锂和富锂锰基固溶体。主要内容包括这些电极材料的发展历史、结构特征、工作原理、生产工艺流程、主要设备的选型、原材料与产品标准和应用领域等。本书还包括锂离子电池的研究开发史、基本工作原理、有关的热力学和动力学计算、产品的检测评价以及未来发展趋势等。

本书可作为锂离子电池正极材料研究领域的科研工作人员和工程技术人员的参考书，也可作为高等院校高年级学生和研究生的参考书。

图书在版编目（CIP）数据

锂离子电池正极材料：原理、性能与生产工艺/胡国荣，杜柯，彭忠东主编．—北京：化学工业出版社，2017.7（2024.4 重印）

ISBN 978-7-122-29897-3

Ⅰ.①锂…　Ⅱ.①胡…②杜…③彭…　Ⅲ.①锂离子电池-材料-研究　Ⅳ.①TM912

中国版本图书馆 CIP 数据核字（2017）第 133263 号

责任编辑：成荣霞　　文字编辑：孙凤英
责任校对：宋　玮　　装帧设计：刘丽华

出版发行：化学工业出版社（北京市东城区青年湖南街 13 号　邮政编码 100011）
印　　装：北京建宏印刷有限公司
710mm×1000mm　1/16　印张 23¼　字数 489 千字　2024 年 4 月北京第 1 版第 9 次印刷

购书咨询：010-64518888　　售后服务：010-64518899
网　　址：http://www.cip.com.cn
凡购买本书，如有缺损质量问题，本社销售中心负责调换。

定　　价：128.00 元

版权所有　违者必究

前言

锂离子电池是目前能量密度最高的最新一代二次电池，广泛应用于移动通信和数码科技，近年来也广泛应用于新能源汽车和储能领域，未来对锂离子电池及其材料的需求难以估量。正极材料是锂离子电池的核心关键材料，我国是锂离子电池正极材料生产大国，有些材料品种如磷酸铁锂、钴酸锂、三元系材料的产量已居世界首位，但生产技术水平及产品质量与日韩等锂离子电池生产强国相比还有较大差距。我国科技工作者有责任和义务为我国锂离子电池及其材料生产企业提供技术支持与指导，特别是为广大从事锂离子电池及其材料生产的技术人员编写可用于指导实际生产且通俗易懂的专业书籍。

本书作者根据自己在高校从事锂离子电池正极材料研究的成果与在企业任职期间积累的丰富生产实践经验，系统总结了正极材料合成的理论基础，如材料合成的热力学分析、反应动力学模型，材料结构与性能之间的关系，材料性能与电池制造之间的关系。在生产实践方面，对原材料选择与标准建立、生产工艺流程优化、生产设备选型与设计、产品性能表征与标准建立、产品应用分析等方面进行了系统分析与总结，在正极材料产品研发与生产之间架起了一座桥梁，使研发人员能面向生产和市场，即研发成果能转换成产品和商品，从而实现科研成果向生产力的转换；对生产一线的技术与管理人员而言，本书的内容能加深他们对产品生产工艺与质量管理的理解与控制，为企业生产线设计、技术改造、产品研发、市场推广提供指导。

本书由胡国荣教授担任主编，并与杜柯副教授和彭忠东副教授合作编写，其中胡国荣编写第 3、4、6、7、8、10、11 章，杜柯编写第 1、2、9 章，彭忠东编写第 5 章。胡国荣教授团队的曹雁冰博士、曹景超博士、段建国博士、梁龙伟博士协助编写了部分章节。此外，本书编写过程中也得到了许多企业的支持：江苏南大紫金锂电智能装备有限公司的总经理虞兰剑高级工程师、杨济航高级工程师和陈玉工程师协助编写了第 3.1、3.4、11.4 节，湖南新天力科技有限公司的匡万兵总经理、谭峻峰总工程师协助编写了第 3.5 节，湖南蒙达新能源材料有限公司化验室主任胡杏梅女士协助编写了第 10.1 节，湖南瑞翔新材料股份有限公司的副总经理张新龙博士协助编写了第 4.3 节，广东 TCL 金能电池有限公司研发部经理佟健工程师协助编写了第 10.3 节。

本书在编写过程中得到了中南大学冶金与环境学院、国家科学技术学术著作出版基金、化学工业出版社的大力支持，同时得到了中南大学刘业翔院士的支持与鼓励，也得到了中国科学院物理研究所陈立泉院士的指导与支持。本书编写过程中，四川浩普瑞新能源材料股份有限公司、广州锂宝新材料有限公司、江苏先锋干燥工程有限公司、江苏宜兴市宏达通用设备有限公司、湖南清河重工机械有限公司、江苏张家港市日新机电有限公司等众多企业为本书提供了许多有用的素材，在此一并表示感谢！

由于编者水平有限，时间仓促，书中不妥之处在所难免，敬请广大读者批评指正。

目 录

第1章 锂离子电池概述

第2章 高温固相合成反应的基本原理

第3章 正极材料生产的关键设备

第4章 钴酸锂

第5章 锰酸锂

第6章 镍钴锰酸锂（NCM）三元材料

第7章 镍钴铝酸锂（NCA）材料

第 8 章 磷酸盐材料

第9章　富锂锰基固溶体材料及其生产工艺

第10章　锂离子电池正极材料的测试方法

第1章 锂离子电池概述

在人类文明社会中，能量是一个关键的元素。通过对能量的驾驭和使用，人类上天入地，探知着自身生存的这个世界，并使生活变得更加便利和缤纷。能量是守恒的，不能创造和消灭，只能转化。目前人类社会使用的能源主要来自于化石能源的转化，例如石油、煤炭和天然气等。这些能源形式存在着两个主要问题，一是储量不足，人类文明的高速发展使得这些依靠时间积累缓慢产生的储能物质逐渐耗尽，截至2015年年底，世界石油探明储量为16976亿桶，天然气探明储量为1869000亿立方米，煤炭探明储量为8915.31亿吨，按照目前的需求发展，分别只能满足52.5年、54.1年和110年的全球生产需要[1]。第二个问题是使用这些化石能源带来的环境污染，正在极大地破坏着我们生存的地球，使得人们不得不对已有的生活和生产方式进行一定的限制和改变。在2015年年底召开的第21届联合国气候变化大会上，近200个缔约方通过了《巴黎协定》，为控制全球气温和温室气体排放设定了一系列目标，发展低碳绿色经济和能源转型已成为世界各国的必然发展方向。

上述的资源和环境两大问题使得人类社会在开发和使用新能源方面不遗余力。太阳能、风能、地热能、潮汐能等能源因其储量丰富和绿色无污染得到人们的青睐。其实这些能源形式自古已有，只是到了现代，我们才有了更有效的利用方式，使之成为“新能源”。

在有效利用这些新能源的过程中，能量的储存和转化是关键。其实储存和转化能量是人类在几百万年生存和发展的历史中早已学会的一项本领，例如，通过建筑大坝，储存水的势能，并通过涡轮将其转化为电能，再将电能通过电网输送到千家万户，为人们提供照明和其他各种各样的生活便利。根据美国能源信息署（EIA）发布的报告，根据工厂的地理位置不同，光电的容量因子（实际输出与设计输出的比例）为13％～19％，风电为20％～40％，但通过能量储存，光电工厂的容量因子可以提升到75％，高于水电的40％～50％，但低于核电的90％[2,3]。

各种各样的能量储存方式主要可分为物理储能和化学储能，前者包括机械储能、变形储能、热储能、飞轮储能、压缩空气储能、超导储能等；而化学储能包括光合作用储能、燃烧储能、电化学储能等。化学储能中的电池是一种小型、便携、转化效率高的装置，因此得到人们的普遍青睐，已经广泛应用于生活中。据统计，2015 年全球的累计实施的电池储能总装机容量达 1511MW[4]。

1.1 电池概述

电池是一种古老但又有着光明未来的人类发明。早在 2000 多年前，两河流域的文明中就已经出现了电池的原形。到了工业革命时期的 1800 年，伏打电堆的出现是电池发展史上第一个重要的里程碑。它标志着电池这种便携式能量包进入人类社会并助推人类文明向前发展。

电池是通过电化学反应将电极材料的化学能转化为电能的装置。根据电化学反应的可逆与否，电池可以分为一次电池和二次电池。一次电池使用一次后即废弃，如锌锰电池、碱性电池、银锌电池等等；而二次电池可以充放电使用多次，如镍镉电池、镍氢电池、锂离子电池等。

最早的二次电池是铅酸电池，是由法国物理学家普朗特（Planté）于 1859 年发明的。它以二氧化铅为正极，铅为负极，稀硫酸为电解液。单个电池的电动势为 2V，常用作机动车辆的储能电池。镍镉电池在 1984 年开始普及并取代小型电器中的一次电池。然而，由于镉对环境的有害影响，镍镉电池如今已不被广泛使用。在 20 世纪 90 年代早期出现了镍氢电池，相对于镍镉电池，镍氢电池对环境友好且性能更好。紧随其后出现的锂二次电池由于能量密度得到显著提高，结构紧凑且质量轻，因此迅速占领了便携式设备的市场，包括手机、笔记本电脑和摄像机等等。锂二次电池在目前所有可实际应用的电池中具有最高的能量密度，是现阶段产量最大的二次电池。2016 年全球的锂离子电池总出货量达到 115.4GWh，市场规模达到了 1850 亿元。

1.2 锂离子电池的发展史

锂离子电池发展的第一阶段为锂电池，锂电池的发展可追溯到 20 世纪 50 年代末，锂引起了科学研究人员的极大兴趣。因为锂是最轻的金属元素，相对原子质量 6.94，密度 $0.534g/cm^3$，同时 Li^+/Li 电对的电极电势很低，相对标准氢电极为 −3.04V，因此组成电池时能够带来很大的能量密度。在锂电池出现之前的所有电池体系中，电解液均为水溶液，受到水的分解电压（1.23V）的限制，即使考虑过电位，这些电池的工作电压也都在 2V 以下。金属锂很活泼，与水会有剧烈的反应，因此无法使用传统的水溶液体系作为电解液。

1958 年，加州伯克利大学的 W. S. Harris 在其博士毕业论文中指出，金属锂可稳定存在于环酯（如 PC、EC 等）和内丁酯中，同时很多锂盐在这类有机溶剂中有较高的溶解度和电导率。1962 年在波士顿召开的 ECS 第 122 次秋季会议上，Chilton Jr. 和 Cook 首次提出了“锂非水电解质体系”的概念。但在构造实际可用的锂电池的过程中，寻找稳定的电解液和可逆的正极材料是主要的课题。早期，大量卤化物如 AgCl、$CuCl_2$、CuCl、CuF_2 和 NiF_2 作为电极材料被广泛研究，但它们的低电子电导、放电产物的可溶性和循环中体积变化大等问题无法很好解决。20 世纪 60～70 年代的石油危机加速了人们对新能源的追求，大量科研力量投入了新型高能量电池的研究。1968 年，日本松下公司和美国海军分别申请了由 $(CF_x)_n$ $(0.5<x<1)$ 和 $(C_xF)_n$ $(3.5<x<7.5)$ 作为正极材料组成的金属锂一次电池的专利。1973 年松下实现 $Li/(CF)_n$ 锂一次电池的销售。1975 年，日本三洋公司首先将 Li/MnO_2 电池商品化。

为了实现锂电池的可充放电性，大量的研究集中于寻找同时具有高电导和高电化学反应活性的可嵌型化合物上。早在 20 世纪 60 年代末，贝尔实验室和斯坦福大学的两个独立的研究团队发现一些硫族化合物如 TiS_2 能发生层间嵌脱反应。1972 年 Steel 和 Armand 正式提出了“电化学嵌入”这一概念，奠定了开发锂二次电池商业化技术的基础。1976 年 M. S. Whittingham 在 Science 上发表文章，介绍了 TiS_2-Li 电池，其工作电压达到了 2.2V。此后，处于充电态的层状硫化物获得了广泛的研究。美国 Exxon 公司开发了扣式 Li/TiS_2 蓄电池，加拿大的 Moli 公司推出了圆柱形 Li/MoS_2 锂二次电池，并于 1988 年前后投入规模生产及应用。这两种电池的工作电压都在 2V 左右。由于尽管在金属锂表面形成的固态电解质界面膜（SEI）具有锂的透过性，但锂的不均匀沉积会导致锂枝晶，它可以穿透隔膜，引起正负极短路，从而引发严重的安全性问题，Moli 公司的爆炸事故几乎使锂二次电池的发展陷于停顿。

为了克服因使用金属锂负极带来的安全性问题，Murphy 等人建议采用插层化合物以取代金属锂负极。这种设想直接导致了在 20 世纪 80 年代末和 90 年代初出现的所谓“摇椅电池”：采用低插锂电势的嵌锂化合物代替金属锂为负极，与具有高插锂电势的嵌锂化合物组成锂二次电池，彻底地解决锂枝晶的问题。这与后来发展的锂离子电池是同一概念。

另外，为了解决由于嵌锂化合物代替金属锂为负极引起的电压升高，从而导致电池整体电压和能量密度降低的问题，Goodenough 首先提出用氧化物替代硫化物作为锂离子电池的正极材料，并展示了具有层状结构的 $LiCoO_2$ 不但可以提供接近 4V 的工作电压，而且可在反复循环中释放约 140mA·h/g 的比容量。1990 年日本 Sony 公司以 $LiCoO_2$ 为正极，硬炭为负极，生产出历史上第一个锂离子电池，工作电压达到 3.6V，这被认为是电池发展史上的第二个里程碑。

在接下来的 1/4 世纪里，锂离子电池的科研工作者和生产技术人员共同努力，在能量密度、功率密度、服役寿命、使用安全性、成本降低等方面做了大量工作。在正极材料方面开发出尖晶石型的 $LiMn_2O_4$，橄榄石结构的 $LiFePO_4$，层状结构的 $LiNi_xCo_{1-2x}Mn_xO_2$ 和 $LiNi_{0.8}Co_{0.15}Al_{0.05}O_2$ 等可实际应用的材料；在负极方面，除了各种各样的炭材料，还开发出锡基和硅基材料；在电解质方面，聚合物电解质和陶瓷电解质等固态电解质呈现出有价值的应用前景；在电池设计和电池管理等方面也逐渐成熟起来。目前的锂离子电池已广泛应用于小型电子商品，并在电动工具，特别是电动车，以及电网储能等领域开始了应用，展现出了光明的发展前景。

1.3 锂离子电池的工作原理

锂离子电池从工作原理上看，是以两种不同的，但都能够可逆嵌入和脱出锂离子的嵌锂化合物作为电池正负极的二次电池体系，以客体粒子（锂离子）可逆嵌入主体晶格的嵌入化学为基础，嵌入和脱出反应不涉及旧的结构的破坏和新的结构的生成，反应过程中材料主体结构有较好的保持，这对于固态化学反应来说，可以使反应以很快的速度进行。

组成锂离子电池的主要部件有正极、负极、电解液和隔膜等。充放电过程中锂离子在正负极材料中脱嵌的同时，材料的晶体结构和电子结构以及材料中锂离子的周围环境不断变化。电池处于放电态时正极处于富锂态，电池处于充电态时正极处于贫锂态，负极与之相反。只具有离子电导性的电解液体系为锂离子在正负极之间的传输提供通路，同时与隔膜共同起到隔离正负极以防止电池内部短路的作用。与一般的化学电源体系一样，锂离子电池中电子导电通路与离子导电通路是分开的，即锂离子在电池内部迁移的同时，电子在外电路中传递形成充放电电流，保证了总的电荷的平衡。

锂离子电池和其他电池一样，是通过电极材料的氧化还原化学反应来进行能量的储存和释放的，只不过在锂离子电池内部是利用锂离子在电场的作用下的定向运动来完成电荷的传递，其正负极均为化学势随着锂离子含量变化的化合物。一般可采用诸如图 1-1 的示意图来表示锂离子电池的工作原理，其中正极材料为层状过渡金属氧化物，负极为石墨，在充放电过程中发生的电化学反应如下。

负极反应：$$Li_xC \longrightarrow xLi^+ + xe^- + C$$

正极反应：$$MO_2 + xLi^+ + xe^- \longrightarrow Li_xMO_2$$

总反应：$$Li_xC + MO_2 \rightleftharpoons C + Li_xMO_2$$

在充电过程中，锂离子和电子从层状过渡金属氧化物晶格中脱出，产生一个电子空穴和一个锂空穴。产生的锂离子经由电解液，通过隔膜到达负极，嵌入到石墨层中。同时，电子通过外电路到达负极与锂离子结合。在充放电过程中，锂离子反复在正极和负极之间嵌入和脱出。

锂离子在正负极之间并不是简单地发生浓差变化，正负极也不是简单地存储和释放锂离子，因为锂离子在正负极材料中嵌入和脱出的同时引起材料中其它元素的氧化还原反应，正是这种氧化还原反应完成了化学能和电能之间的转变，通过氧化还原电势差提供了正负极之间的电压。

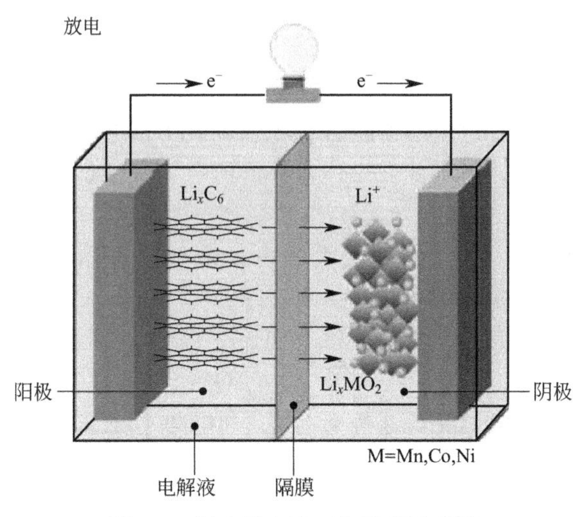

图 1-1　锂离子电池工作原理示意图

电极材料的电极电位须与电解液匹配：如图 1-2 所示，正极及负极的电化学势（μ_C 和 μ_A）必须与电解液的电化学窗口（E_g）相适应（$\mu_A-\mu_C\leqslant E_g$）。当正极电化学势低于电解液的最高占据分子轨道能量（HOMO）时，在没有 SEI 膜存在的情况下，正极材料参加电化学反应失去电子时会引起电解液同时失去电子而被氧化，所以正极材料的电化学势 μ_C 必须高于电解液的最高占据分子轨道能量（HOMO）。同样的，为了避免电解液的还原，负极材料的电化学势 μ_A 必须低于电解液的最低空分子轨道能量（LUMO）。但在实际应用中，由于电极表面 SEI 膜的形成，使正负极材料有更多的选择。

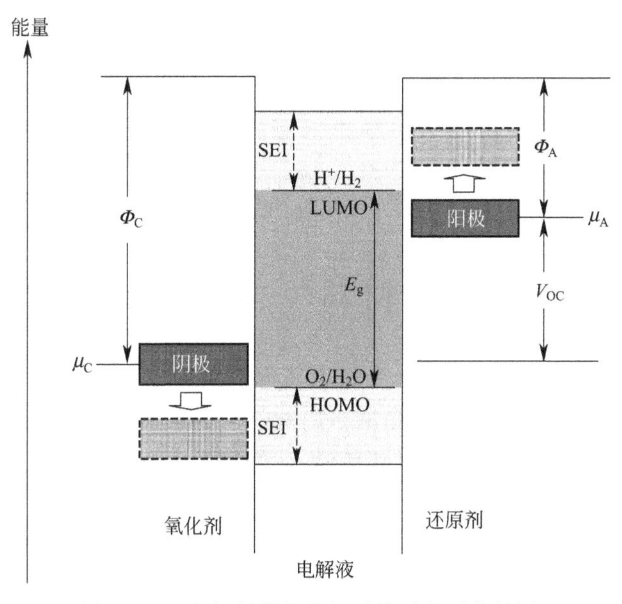

图 1-2　正负极材料与电解液体系相对能量图

通常对于一个给定的电池，可以通过标准电极电势来计算实际电池正负极之间的电势差。考虑如下的电化学反应：

$$pA+qB = rC+sD \tag{1-1}$$

式中，p、q、r 和 s 是化学物质 A、B、C 和 D 的化学计量系数。上面方程式的吉布斯自由能变化可用方程式(1-2) 表示，其中 a 是活度。

$$\Delta G=G^0+RT\ln[a_C^r a_D^s/(a_A^p a_B^q)] \tag{1-2}$$

平衡状态下的电功（W_{rev}）是最大的可逆电能（W_{max}），电池发生化学反应时，可以通过吉布斯自由能的变化 ΔG 来表示。

$$W_{rev}=W_{max} \tag{1-3}$$

$$-W_{max}=\Delta G \tag{1-4}$$

同时，电能与电荷 Q（单位为库仑，C）和电势 E 有如下关系：

$$-W_{max}=QE \tag{1-5}$$

Q 可用电池单元内的电子数和基本电荷电量的乘积表示：

$$Q=nN_Ae \tag{1-6}$$

N_A为阿伏伽德罗常数，$N_A=6.023\times10^{23}$。

Q 还可以用下面的方程式表示。

$$Q=nF \tag{1-7}$$

式中，F 是法拉第常数，即每摩尔电子的基本电荷数，96485C/mol。n(mol) 电子在电势差的作用下在两电极间运动可用下述公式进行表达：

$$W_{max}=nFE \tag{1-8}$$

$$\Delta G=-nFE \tag{1-9}$$

上式表明了平衡时吉布斯自由能的变化与电池电动势之间的关系。

当所有反应物和产物都处于标准状态时，标准电势用 E^0 表示。

$$\Delta G^0=-nFE^0 \tag{1-10}$$

由方程式(1-2) 和式(1-10) 可导出下面的能斯特方程式，其中电势差受参与化学反应的组分的浓度的影响。

$$E=E^0-RT\ln[a_C^r a_D^s/(a_A^p a_B^q)] \tag{1-11}$$

1.4 锂离子电池正极材料

锂离子电池的正极是整个电池中可嵌脱锂离子的来源，其基本要求包括：

① 放电反应应该有较负的吉布斯自由能（较高的放电电压）；

② 基体结构的分子量要低并且能够插入大量的 Li^+（高质量比容量）；

③ 主体结构的 Li^+ 扩散和电子迁移速度必须快（高功率密度）；

④ Li^+ 嵌入与脱出可逆，嵌脱过程中主体结构的变化要小（长循环寿命）；

⑤ 化学稳定性要好，无毒，价廉；

⑥ 材料的制备容易。

正极材料的选取首先要考虑其是否具有合适的电位，而电位取决于锂在正极材料中的电化学势 μ_C，即从正极材料晶格中脱出锂离子的能量及从正极晶格中转移出电子能量的总和，前者即为晶格中锂位的位能，后者则与晶格体系的电子功函密切相关，这两者又相互作用。位能是决定 μ_C 的最主要因素，其次是锂离子之间的相互作用。氧化还原电对导带底部与阴离子 p 轨道间的距离从本质上限制了正极材料的电极电位。正极材料电位不仅与氧化还原电对元素原子的价态相关，而且与该原子同最近邻原子的共价键成分相关，氧化还原电对所处的离子环境影响该电对的共价键成分从而影响材料的电极电位。例如，Fe^{3+}/Fe^{2+} 电对在不同磷酸盐体系中由于磷原子在不同晶体结构中对铁原子具有不同的诱导作用，使得该电对在不同的磷酸盐体系中具有不同的费米能级，即各种磷酸盐材料具有不同的电极电位[5]。

正极材料的反应机理有两类：固溶体类型和两相反应类型[6]。

① 固溶体反应　锂离子嵌入脱出时没有新相生成，正极材料晶体结构类型不发生变化，但晶格参数有所变化。随着锂离子的嵌入电池电压逐步减小，放电曲线呈 S 形，如图 1-3(a) 所示。以 $MO_2+Li^++e^-$ ══ $LiMO_2$ 为例，其电极电位可表达如下。

$$\varphi=\varphi^{\ominus}+b_y-\frac{RT}{F}\ln\left(\frac{y}{1-y}\right) \tag{1-12}$$

式中　$\varphi^{\ominus}$——标准电极电位；

R——理想气体常数；

T——热力学温度；

F——法拉第常数；

y——材料晶体结构中锂含量；

b_y——嵌入晶体结构中 Li^+ 的相互作用。

② 两相反应　锂离子嵌入/脱出时有新相生成，正极材料晶体结构发生变化伴随第二相生成，电池电压在两相共存区保持不变，放电后期电池电压随着活性物质消耗急剧减小，放电曲线呈 L 形，如图 1-3(b) 所示。以 $MO_2+Li^++e^-$ ══ $LiMO_2$ 为

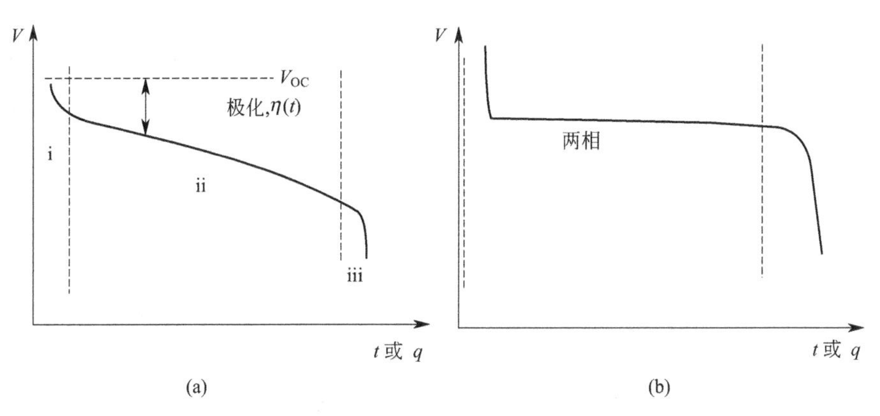

图 1-3　正极材料不同反应类型放电曲线

(a) 均一固相反应；(b) 两相反应

例，电极电位表达式如下。

$$\varphi=\varphi^{\ominus}-\frac{RT}{F}\ln\left(\frac{a_{LiMO_2}}{a_{Li^+}a_{MO_2}}\right) \tag{1-13}$$

式中，a 表示各种物质的活度。

锂离子电池正极材料的研究已有 40 多年历史，到目前为止，据称已有二百余种锂离子电池正极材料。但真正可以实用的，也是人们研究最多的，是具有固溶体反应行为的过渡金属氧化物和具有两相反应行为的磷酸盐。常见的真正实际有生产的，也是本书将要讨论的正极材料，包括钴酸锂、镍钴锰三元、NCA 材料、锰酸锂和磷酸铁锂等。

1.4.1 钴酸锂

$LiCoO_2$是第一种锂离子电池的正极材料，在几十年的发展过程中，虽然有一些改性和提高，但基本上可以认为它是最成熟的锂离子电池正极材料。该材料具有放电平台高、比容量较高（140mA·h/g 左右）、循环性能好、合成工艺简单等优点。目前它仍是锂离子电池，特别是小型锂离子电池的最佳选择。但该材料中钴元素毒性较大，价格昂贵，同时制作大型动力电池时安全性难以得到保证。

$LiCoO_2$属于 α-$NaFeO_2$的结构，在氧离子（O^{2-}）形成的立方密堆积框架结构中，CoO_2和 Li 层交替连续排列形成空间群 $R\bar{3}m$，Li 和 Co 都是八面体配位。$LiCoO_2$ 中Co^{3+}的 3d 电子以低自旋形式存在，3d 轨道中六个电子全部占据 t_{2g}轨道，e_g轨道全空。在充电过程中，当脱锂量小于 0.5 时，材料没有相变，脱锂是一种固溶体行为。同时 Co^{3+} 被氧化为 Co^{4+}，伴随着从 t_{2g}轨道中脱出电子。随着锂离子的脱出，相邻 CoO_2层之间的静电排斥力增大，使得 c 轴增长。在脱锂量达到 0.5 时，会发生六方—单斜的相转变，这意味着，锂的排列从有序变为无序。如果再进一步充电，由于钴的 t_{2g}轨道与氧的 2p 轨道有重叠，此时锂离子脱出时会造成氧离子的 2p 轨道同时脱出电子，导致氧离子脱离晶格被氧化为氧气[7]。研究发现随着锂离子脱出量的增加，钴在电解液中的溶解量增加，严重影响 $LiCoO_2$的循环稳定性及 $LiCoO_2$电池的安全性能[8]。所以 $LiCoO_2$的充电截止电压一般为 4.2V，过高的充电截止电压，或者说过多的锂离子脱出，不仅会破坏 $LiCoO_2$的结构，也会带来安全问题。所以 $LiCoO_2$的实际可逆容量仅为理论容量的一半左右。

$LiCoO_2$应用的另一个问题是钴的资源问题。钴在地壳中的丰度仅为 0.0025%，大规模使用已经造成了钴的稀缺和价格上涨。

1.4.2 镍酸锂

由于 Co 的资源问题，人们最初试图开发镍酸锂（$LiNiO_2$）来替代钴酸锂。与钴酸锂相比，锂镍氧系正极材料的实际比容量高，原材料价格低廉而且来源广泛。但人们很快就发现 $LiNiO_2$制备困难，并且热稳定性差，存在较大的安全隐患。与

Co^{3+}相比，Ni^{3+}多一个核外电子，Ni^{3+}的3d电子以低自旋的$t_{2g}^6e_g^1$形式排布，这一方面使得$LiNiO_2$可参与电化学反应的电子数增多，实际比容量提高；另一方面其中有一个电子要占据能量较高的e_g轨道，导致Ni—O键没有Co—O键稳定，降低了$LiNiO_2$的电化学及热稳定性能[9]。由于Ni^{2+}较难氧化为Ni^{3+}，较难合成化学计量比的$LiNiO_2$，所以$LiNiO_2$一般在氧气气氛下合成。另外，由于Li^+与Ni^{2+}半径相近，Ni^{2+}容易进入Li^+的3a位，形成不具有电化学活性的立方“岩盐磁畴”相$[Li_{1-x}^+Ni_x^{2+}]^{3a}[Ni_{1-x}^{3+}Ni_x^{2+}]^{3b}O_2$，降低了$LiNiO_2$实际放电比容量，并且进入3a位的$Ni^{2+}$在脱锂后期被氧化为半径更小的$Ni^{3+}/Ni^{4+}$导致附近晶格结构塌陷，阻碍$Li^+$的正常可逆脱嵌，严重影响$LiNiO_2$的电化学性能[10]。研究人员一直试图对$LiNiO_2$进行改性以得到比容量更高的材料体系。

有研究人员发现在层状氧化物锂盐中，钴、镍、锰三种元素可以以任意比例无限互溶，利用这一特性，可以制备诸如$LiNi_{1-x}Co_xO_2$、$LiNi_{1-x}Mn_xO_2$、$LiNi_{1-x-y}Co_xMn_yO_2$等固溶体材料。其中NMC三元材料在降低材料成本的同时，结合了钴酸锂优良的循环性能，镍酸锂较高的放电容量和锰酸锂优异的安全性能，三者的协同效应使得该材料具有优良的电化学性能。比较常见的三元材料主要有$Li[Ni_{1/3}Co_{1/3}Mn_{1/3}]O_2$、$Li[Ni_{0.4}Co_{0.2}Mn_{0.4}]O_2$、$Li[Ni_{0.5}Co_{0.2}Mn_{0.3}]O_2$等等。这一系列材料中，三种过渡金属离子的组成比例对材料的电化学性能和热稳定性有着显著的影响。如图1-4所示，可以比较明显的看到，随着镍含量的增加，虽然材料的容量增加了，但其循环稳定性下降，功率性能变差，同时热稳定性降低。

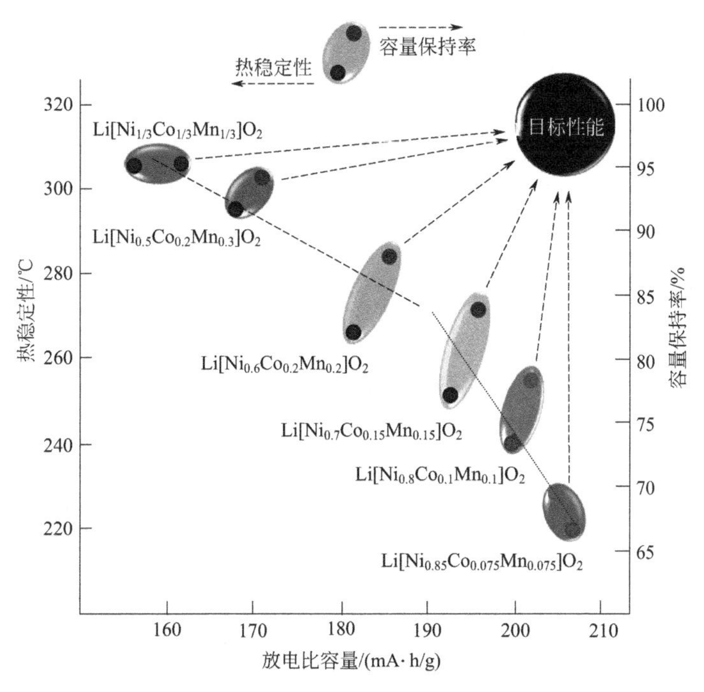

图1-4　NMC系列三元材料的组成与性能比较[11]

由 $LiNi_{1-x}Co_xO_2$ 掺 Al 发展而来的 $Li[Ni_{0.8}Co_{0.15}Al_{0.05}]O_2$（NCA）材料，也可以看成是 $LiNiO_2$、$LiCoO_2$ 和 $LiAlO_2$ 的固溶体。相对于 $LiCoO_2$ 材料，NCA 材料在大大减少了 Co 的用量之后，尽管其放电电压平台要低 0.1～0.2V，但容量可以达到 180～210mA・h/g，综合在能量密度上仍比 $LiCoO_2$ 有所提高。同时由于 Al 的引入，提高了材料的热力学稳定性。因此被认为是一种比较稳定的高容量正极材料。日本松下用 NCA 作为正极材料制造的 18650 型电池的容量可以达到 3200mA・h，在 Tesla 的电动车上应用成功后，这种材料得到了更多的关注。

1.4.3 锰酸锂

锰酸锂（$LiMn_2O_4$）具有较高的氧化电位，其热稳定性能比钴酸锂和镍酸锂好，耐过充。$LiMn_2O_4$ 为标准的立方尖晶石结构，属于 Fd3m 空间群，该结构中锂属于四面体配位，过渡金属元素锰是八面体配位。其尖晶石结构为锂离子的嵌入/脱出提供了良好的通道，有利于大电流充放电。

$LiMn_2O_4$ 的理论容量为 148mA・h/g，实际容量达到 120mA・h/g 左右。$Li_xMn_2O_4$ 的主要电化学反应发生在 4V 附近，对应的 x 值为 $0<x<1$，在这个范围内，材料保持立方对称，Li^+ 脱出/嵌入没有引起非常明显的体积膨胀或收缩。因此，在 3.5～4.5V 电压范围，$LiMn_2O_4$ 具有较好的循环寿命。而在更低的电压平台 3V 附近，对应的 x 值为 $1<x<2$，Jahn-Tell 效应导致材料从立方晶系向四方晶系发生转变，即 c/a 值发生了较大的变化，晶体结构发生严重扭曲。晶体结构的扭曲使得材料承受微应力，导致循环时容量会迅速衰减。因此 $LiMn_2O_4$ 的应用研究主要在 4V 区域内。

尖晶石 $LiMn_2O_4$ 具有工作电压高、安全性好、价格低廉和环境友好等优点，但是在高温循环过程中，由于锰的溶解、Jahn-Teller 效应和电解液的分解等问题导致容量衰减特别严重。

1.4.4 磷酸铁锂

自 1997 年 Goodenough 课题组首次报道 $LiFePO_4$ 作为锂离子电池正极材料以来，该材料由于资源丰富、价格低廉、环境友好、放电平台平稳而迅速成为全世界研究的热点。

$LiFePO_4$ 中的阳离子排列不同于层状 $LiCoO_2$ 和尖晶石 $LiMn_2O_4$。Fe^{2+} 处于氧八面体的 4c 位，Li^+ 处于氧八面体的 4a 位。聚阴离子 PO_4^{3-} 结构热稳定性较好，但是八面体结构的 FeO_6 被四面体结构 PO_4^{3-} 中的 O 原子分开而未能形成连续的 FeO_6 网络，导致 $LiFePO_4$ 的电子电导率较差。室温下，$LiFePO_4$ 的电子电导率为 10^{-10}～10^{-9}S/cm[12]。远远低于 $LiCoO_2$（约 10^{-3}S/cm)[13] 和 $LiMn_2O_4$(2×10^{-5}～5×10^{-5}S/cm)[14]。第一性原理计算表明 Li 沿着非线性的［010］方向移动能量最低[15]，理论离子扩散系数高达 10^{-8}～10^{-7} cm^2/s，但是与二维和三维隧道不同，

一维隧道容易被堵塞而阻止锂离子迁移，因此离子扩散系数远远低于理论值。通过各种方法测得的离子扩散系数为 $10^{-15} \sim 10^{-12} cm^2/s$。低电导率以及离子迁移数导致 $LiFePO_4$的倍率性能非常差，科研工作者建立了大量动力学模型试图解释 $LiFePO_4$充放电动力学原理，如核收缩模型[16]、Domino-cascade 模型[17]、亚稳态分离模型[18]等等。学术界以及产业界通常采用掺杂、包覆和颗粒纳米化等手段来改善 $LiFePO_4$的导电性能。如通过 Mg^{2+}、Al^{3+}、Ti^{4+}、Zr^{4+}、Nb^{5+}、W^{6+}等阳离子掺杂制造阳离子缺陷和空位来提高材料的导电性[19]。另外，碳材料具有导电性好和比表面积大等特点，因此，通过碳包覆可以提高 $LiFePO_4$与电解液接触面积以及构建碳导电网络。同时，碳还原性强，高温烧结制备 $LiFePO_4$过程中碳源的加入可以提高还原气氛，避免材料合成过程中 Fe^{2+}氧化成 Fe^{3+}，因此碳包覆可以大大改善 $LiFePO_4$的导电性[20]。导电金属 Cu、Ag、Au 和 Pt 等粉体的掺入也可以提高材料的导电性[21]；具有金属导电能力的 Fe_2P[22]、NiP[23]和 Co_2P[24]等磷化物包覆同样可以明显提高材料的导电性。而颗粒纳米化则可以大大缩短 Li^+的迁移路径，从而改善其导电性能[25]。表 1-1 给出了几种商业化的正极材料的性能比较。

表 1-1 锂离子电池正极材料的比较

正极材料名称	$LiCoO_2$	NCM	NCA	$LiMn_2O_4$	$LiFePO_4$
晶型	α-$NaFeO_2$	α-$NaFeO_2$	α-$NaFeO_2$	Spinel	Olivine
理论容量/(mA·h/g)	274	275	275	148	170
实际容量/(mA·h/g)	140	160	180	120	150
电压平台(vs. Li^+/Li)/V	3.7	3.5	3.5	4.0	3.4
循环能力	较好	一般	一般	较差	优
过渡金属资源	贫乏	较丰富	较丰富	丰富	丰富
电导率/(S/cm)	10^{-3}	10^{-5}	10^{-5}	10^{-5}	10^{-9}
Li^+扩散系数/(cm^2/s)	$10^{-9} \sim 10^{-8}$	10^{-7}	10^{-7}	$10^{-11} \sim 10^{-9}$	10^{-15}
理论密度/(g/cm^3)	5.2	4.8	4.8	4.28	3.6
振实密度/(g/cm^3)	2.6	2.4	2.5	2.0	0.8～1.2
比表面积/(m^2/g)	0.35	0.5	0.5	0.96	15

1.5 锂离子电池负极材料

锂离子电池的负极是锂离子的受体。一般来说，选择一种好的负极材料应遵循以下原则：

① 嵌锂电位低，尽可能接近锂的氧化还原电位；

② 单位质量和单位体积的储锂本领高；

③ 锂在其中的嵌入脱出反应快，即锂离子在固相中的扩散系数大，在电极-电解液界面的移动阻抗小；

④ 电子导电性高；

⑤ 锂离子在电极材料中的存在状态稳定；

⑥ 材料在嵌脱锂离子的过程中形变小；

⑦ 在电解液中不溶解。

目前常见的负极材料有炭负极材料、锡基负极材料、含锂过渡金属氮化物负极材料和硅负极材料等，而真正商用的只有炭负极材料。可用作锂离子电池负极材料的炭负极材料有石墨、焦炭、中间相炭微球和硬炭等。

1.5.1 石墨

石墨来源广泛、价格低廉，是较早用作锂离子电池负极的炭材料。石墨主要有天然石墨和人造石墨两种。石墨的可逆充放电容量可达到 350mA・h/g 以上，接近 LiC_6的理论比容量 372mA・h/g，此外锂在石墨中的脱/嵌反应主要发生在 0～0.25V（相对于 Li/Li^+），具有良好的充放电平台，电压平稳。但由于石墨的结晶度高，具有高度取向的层状结构，因此对电解液较敏感，与溶剂相容性较差。另外，石墨的大电流充放电能力较差。同时，由于石墨层间距小于锂插入石墨层后形成的石墨层间化合物 Li_xC_6的晶面层间距，在充放电循环过程中，石墨层间距变化较大；而且还会发生锂与有机溶剂共同插入石墨层间以及有机溶剂的分解，容易造成石墨层逐步剥落、石墨颗粒发生崩裂和粉化，从而降低石墨材料的循环寿命。

1.5.2 焦炭

焦炭具有资源丰富和价格低廉的优势。它是经液相炭化形成的一类炭素材料，视原料的不同可分为沥青焦和石油焦等。焦炭对各种电解液的适应性较强，耐过充过放的性能较好，循环寿命较长。焦炭具有热处理温度低、成本低以及与 PC 相容性好等特点，因此可以降低电池成本。但由于充放电时电压不平稳，且平均放电电压较高，这对于实际电池可使用的电压及容量都是不利的。此外，焦炭的振实密度约为石墨的 80%，因此体积比容量较低。

1.5.3 硬炭

硬炭是一种接近于无定形结构的炭材料，一般具有很高的可逆嵌锂容量，但缺点是电压明显滞后，即充电时锂离子在 0V(vs. Li^+/Li) 左右嵌入，而放电时在 1V 脱嵌，因此全电池体系中工作电压仅 3V。另外，硬炭的循环性能较差，且能量密度不及石墨。从综合性能考虑尚不能替代石墨类材料，这使得硬炭应用于商品化锂离子电池面临着很大的困难。

1.5.4 中间相炭微球

中间相炭微球（MCMB）是研究较多的软炭负极材料。其颗粒呈球形，堆积密度较高，为高度有序的层面堆积结构，体积比能量较大。MCMB 比表面积较小，可以减少在充放电过程中电极边界副反应的发生，从而降低第一次充电过程中的容量损失。另外，MCMB 具有片层状结构，有利于锂离子从球的各个方向嵌入和脱出，解决了石墨类材料由于各向异性过高引起的石墨片溶涨、塌陷和不能大电流放电的问题。商品化的 MCMB 具有优良的循环性，是目前长寿命小型锂离子电池及动力电池所使用的主要负极材料之一。它存在的主要问题是质量比容量不高（$<$300mA・h/g），尤其是目前将中间相沥青炭微球作为锂离子电池负极材料使用时，需要进行 2800℃石墨化处理，这无疑大大提高了中间相沥青炭微球的成本。

1.6 锂离子电池电解液

锂离子电池的电解液是一种锂盐的有机溶液，在电池内部正负极之间起着输送和传导电流的作用，它在两个电极之间架起了一座锂离子专用的桥梁。正是由于电解液从传统的水溶液体系转变成有机体系，才使得锂离子电池的电压相对之前的各种电池有了大幅的提高。对电解液的基本要求有：

① 离子电导率高；

② 电化学稳定的电位范围宽；

③ 热稳定好，使用温度范围宽；

④ 化学性能稳定，与集电流体和活性物质不发生化学反应；

⑤ 安全低毒。

目前锂离子电池所采用的有机电解液主要是以碳酸乙酯（EC）和二甲基碳酸乙酯（DMC）等为溶剂，以六氟磷酸锂（$LiPF_6$）等锂盐为溶质，并添加适当添加剂所构成的。

目前锂离子电解质锂盐按阴离子可分为两类：不含氟的阴离子锂盐如 $LiClO_4$；含氟的阴离子锂盐如 $LiBF_4$、$LiAsF_6$、$LiPF_6$、$LiCF_3SO_3$ 等。$LiClO_4$ 虽然具有适当的电导率、热稳定性和耐氧化稳定性，但 $LiClO_4$ 是一种强氧化剂，可能会引起安全问题而不能用于实用型电池中；$LiBF_4$ 不仅热稳定性差、易于水解而且电导率相对低；$LiAsF_6$ 基电解液具有最好的循环效率、相对较好的热稳定性和最高的电导率，但有潜在的毒性；$LiCF_3SO_3$ 对正极铝集流体有腐蚀作用。综合比较，$LiPF_6$ 具有较好的综合性能，被广泛应用到锂离子电池中。由于上述的锂盐都存在着不足，各国研究者仍在不断研究寻找综合性能更好的锂盐。一方面对 $LiPF_6$ 进行改性；另一方面寻找替代 $LiPF_6$ 的其他锂盐，如二草酸合硼酸锂（LiBOB）等。

溶剂是锂离子电解液的主体成分，要求电解质锂盐在溶剂中要有足够高的溶解度和良好的离子解离度，要有良好的电化学稳定性和低的腐蚀性，宽的工作温度范围，安全性好，纯度高等特点。目前溶剂主要是以 EC 为主的多组分溶剂。

为了改善锂离子电池某些特性，而专门开发添加剂，添加少量的功能性添加剂能够显著改变电池的某些性能。目前，研究开发比较多的有成膜添加剂、导电添加剂、阻燃添加剂以及耐过充添加剂。

1.7 锂离子电池的发展趋势

目前锂离子电池在小型电器设备和便携式设备上已获得了广泛的应用。在这些领域，发展可无线充电的锂离子电池、实现锂离子电池的循环利用、制造能量纤维实现可穿戴等等，为未来的锂离子电池的应用提供了广阔的功能性应用发展前景。

在锂二次电池的未来应用中，中型电池和大型电池展现了巨大的潜力。储能系统被视为智能电网技术的关键部件，包括电动汽车和机器人用的电池或可储存太阳能、风能和潮汐能之类替代能源的高性能锂二次电池。

未来其他类型的锂二次电池还有微型电池和柔性电池。微型电池可用于RFID/USN、MEMS/NEMS和嵌入式医疗设备；而柔性电池则主要用于穿戴式电脑和柔性显示器。这些电池的结构控制和制造工艺将和今天我们所用的方法有显著不同。

全固态锂二次电池的发展备受期待。鉴于频繁发生的电池爆炸事件引发的大量召回，我们亟需解决当前液态电解质不稳定的问题，这可以通过应用由聚合物或有机/无机复合物组成的电解液以及开发合适的电极材料和工艺来实现。

另外值得指出的是，尽管锂离子电池被认为是绿色能源，但目前锂离子电池从原材料的开采到最终的电池生产，都在大量消耗由化石能源带来的能量。据测算，锂离子电池每提供1kW·h电，对应生产和制造锂离子电池过程中排放约70kg的CO_2。因此，有一些研究人员致力于采用天然或只需要简单加工的化合物来制造锂离子电池的关键材料，期望未来的锂离子电池是真正绿色和环境友好的电池。

参 考 文 献

[1] BP世界能源统计年鉴，2015年6月 . bp. com/statisticalreview.

[2] Michael Mendelsohn，Travis Lowder，Brendan Canavan. Utility-Scale Concentrating Solar Power and Photovoltaics Projects：A Technology and Market Overview. Technical Report NREL/TP-6A20-51137，2012.

[3] U. S. Energy Information Administration. Monthly generator capacity factor data now available by fuel and technology. http://www. eia. gov/todayinenergy/detail. cfm? id=14611.

[4] 汉能控股集团 . 全球新能源发展报告，2016.

[5] Goodenough J B，KimY. Challenges for rechargeable Li batteries [J] . Chem Mater，2010，22 (3)：587-603.

[6] 郭炳焜，徐徽，王先友 . 锂离子电池 [M] . 长沙：中南大学出版社，2002：56-64.

[7] Ohzuhu T，Ueda A. Solid-state redox reactions of $LiCoO_2$ ($R\bar{3}m$) for 4 Volt secondary lithium cells [J]. J Electrochem Soc，1994，141 (11)：2972-2977.

[8] Amatucci G G，Tarascon J M，Klein L C. Cobalt dissolution in $LiCoO_2$-based non- aqueous rechargeable batteries [J] . Solid State Ionics，1996，83 (1-2)：167-173.

[9] Nakai I，Takahashi K，Shiraishi Y，et al. Study of the Jahn-Teller distortion in $LiNiO_2$，a cathode material in a rechargeable lithium battery，by in Situ X-ray absorption fine structure analysis [J]. J Solid State Chem，1998，140 (1)：145-148.

[10] Dompablo M E A, Ceder G. On the origin of the monoclinic distortion in Li_xNiO_2 [J]. Chem Mater, 2003, 15 (1): 63-67.

[11] Hyung-Joo Noh, Sungjune Youn, Chong Seung Yoon, et al. Comparison of the structural and electrochemical properties of layered $Li[Ni_xCo_yMn_z]O_2$ ($x=1/3$, 0.5, 0.6, 0.7, 0.8 and 0.85) cathode material for lithium-ion batteries [J], J Power Sources, 2013, (233): 121-130.

[12] Chung S Y, Bloking J T, Chiang Y M. Electronically conductive phospho-olivines as lithium storage electrodes [J]. Nature Materials, 2002, 1 (2): 123-126.

[13] Molenda J, Stoklosa A, Bak T. Modification in the electronic structure of cobalt bronze Li_xCoO_2 and the resulting electrochemical properties [J]. Solid State Ionics, 1989, 36 (1-2): 53-58.

[14] Shimakawas Y, Numata T, Tabuchi J. Verwey-type transition and magnetic Propertiesof the $LiMn_2O_4$ spinels [J]. Journal of solid state chemistry, 1997, 131: 138-143.

[15] Brian L Ellis, Kyu Tae Lee, Linda F Nazar. Positive electrode materials for Li-ion and Li-batteries [J]. Chemistry Materials, 2010, 22: 691-714.

[16] Delmas C, Maccario M, Croguennec L, et al. Lithium deintercalation in $LiFePO_4$ nanoparticles via a domino-cascade model [J]. Nature Materials, 2008, 7: 665-671.

[17] Charles Delacourt, Philippe Poizot, Jean-Marie Tarascon, et al. The existence of a temperature-driven solid solution in Li_xFePO_4 for $0\leqslant x\leqslant 1$[J]. Nature Materials, 2005, 4: 254-260.

[18] Yang Shoufeng, Song Yanning, Ngala Katana, et al. Performance of $LiFePO_4$ as lithium battery cathode and comparisonwith manganese and vanadium oxides [J]. Journal of Power Sources, 2003, 119-121: 239-246.

[19] Chung S Y, Bloking J T, Chiang Y M. Electronically conductive phospho- olivines as lithium storage eletrodes [J]. Nature Material, 2002, 1 (2): 123-128.

[20] Robert Dominko, Miran Gaberscek, Jernej Drofenik, et al. The role of carbon black distribution in cathodes for Li ion batteries [J]. Journal Power Sources, 2003, 119-121: 770-773.

[21] Croce F, Epifanio A D, Hassoun J, et al. A novel concept for the synthesis of an improved $LiFePO_4$ lithium battery carhode [J]. Electrochemicaland Solid-State Letts, 2002, 5 (3): A47-A50.

[22] Suk Park Jong, Tae Lee Kyung, Sub Lee Kyung. Effect of Fe_2P in $LiFePO_4/Fe_2P$ composite on the electrochemical properties synthesized by MA and control of heat condition [J]. Rare Materials, 2006, 25 (6): 179-183.

[23] Li Chunsheng, Zhang Shaoyan, Cheng Fangyi, et al. Porous $LiFePO_4/NiP$ composite nanospheres as the cathode materials in rechargeable lithium ion Batteries [J]. Nano Research, 2008, 1: 242-248.

[24] Wolfenstine J. Electrical conductivity of doped $LiCoPO_4$ [J]. Journal of Power Sources, 2006, 158: 1431-1435.

[25] Surendra K Martha, Judith Grinblat, Ortal Haik, et al. $LiMn_{0.8}Fe_{0.2}PO_4$: An advanced cathode material for rechargeable lithium batteries [J]. Angewandte Chemie International Edition, 2009, 48 (45): 8559-8563.

第2章 高温固相合成反应的基本原理

在锂离子电池无机电极材料的制备中，最常使用的是高温固相反应，即使是采用溶胶-凝胶法、共沉淀法、水热法和溶剂热法等，往往还是需要在较高的温度下进行固相反应或固相烧结。这是因为锂离子电池的工作原理要求其电极材料能够反复地嵌入和脱出 Li^{+}，因此其晶格结构必须有足够的稳定性，这就要求活性材料的结晶度要高，晶体结构要规整。这是低温条件下很难达到的，所以目前实际所用的锂离子电池的电极材料基本上都是经过高温固相反应获得的。

高温固相反应是一种涉及固相物质参加的化学反应，是指包括固相物质的反应物在一定的温度下经过一段时间的反应，通过各种元素之间的相互扩散，发生化学反应，生成一定温度下结构最稳定的化合物的过程，包括固-固相反应、固-气相反应和固-液相反应等。由于固体物质的质点之间的键合力较大，常温下的反应速率一般较慢，但通过升高温度以加强物质的传质和传热，可以明显提高反应速率。这里涉及固相反应是否可以发生和可进行的程度等热力学上的问题，还有反应进行快慢等动力学上的问题。尽管这些问题在科学研究上非常重要，但大量的关于锂离子电池正极材料的文献中关于这方面的研究却很少。然而这些问题却紧密关系着实际生产，例如，采用多高的温度来进行反应既能充分完成反应又可以避免不必要的能耗，增大压力是否有利于反应的进行，反应需要多长时间可以完成，等等。所以探讨和研究锂离子电池正极材料合成反应中的热力学和动力学问题是一个很有科学意义和实用价值的课题。本章将进行一些基本的高温固相反应的热力学模型讨论，并以钴酸锂为例进行热力学和动力学的一些基本计算。

2.1 热力学的基本概念和定律

热力学研究的是一定体系在与环境的作用过程中的热力学参数的变化情况。它通过可观测的宏观状态量，诸如温度、压强、体积、浓度等等，描述和确定系统所处的状态。这些宏观状态量之间是有联系的，它们的变化是互相制约的。制约关系除与物质的性质有关外，还必须遵循一些对任何物质都适用的基本热学规律，如热力学第零、第一、第二和第三定律。在实际应用中，热力学第一和第二定律是各种热力学计算的基本出发点。

2.1.1 热力学第一定律

热力学的发展是从人们对热的认识开始的[1]，人们对冷和热及其变化的感受使其开始思考热是什么。18 世纪之前流行的是“热质说”，即人们将热视为是一种无法看到和没有重量的物质，填充在有形物质之中。但之后越来越多的科学事实否定了这种观点，新的正确的理论才出现。1842 年，迈尔（Julius R. Mayer）提出了能量守恒理论，认为热是能量的一种形式，可与机械能互相转化，并且从空气的定压比热容与定容比热容之差计算出热功当量。英国物理学家焦耳(James P. Joule)做了大量的实验，用各种不同方法求热功当量，所得的结果都是一致的。也就是说，热和功之间有一定的转换关系。后来经过精确实验测定得知 1cal＝4.184J。1850 年，焦耳的实验结果已使科学界彻底抛弃了“热质说”，公认能量守恒，而且能量的形式可以互换，从而建立起热力学第一定律：能量既不会凭空产生也不会凭空消失，它只会从一个物体转移到另一个物体，或者从一种形式转化为另一种形式。而在转化或转移的过程中，能量总量保持不变。

表征热力学系统能量的是内能。系统通过做功和传热与外界交换能量，使内能发生变化。根据普遍的能量守恒定律，系统由初态 1 经过任意过程到达终态 2 后，内能的增量 ΔU 应等于在此过程中外界对系统传递的热量 Q 和系统对外界做功 W 之差，即

$$\Delta U = U_2 - U_1 = Q - W \tag{2-1}$$

或者写作

$$dU = \delta Q + \delta W \tag{2-2}$$

这就是热力学第一定律的表达式。ΔU 是研究系统的内能变化，Q 为系统与环境之间交换的热量（吸热为正，放热为负），W 是系统与环境交换的功（外界对系统做功为正，系统对外做功为负）。

2.1.2 热力学第二定律

热力学第一定律定义了能量的守恒与转化，但没有对能量变化的方向进行描述。因为按照能量守恒定律，热和功应该是等价的。但人们在实际中却发现热和功并不是完全相同的，因为功可以完全变成热而不需要任何条件，而热产生功却必须伴随由热向冷的耗散。即热量可以自发地从较热的物体传递到较冷的物体，但不可能自发地从较冷的物体传递到较热的物体。两物体相互摩擦的结果使功转变为热，但却不可能将这摩擦热重新转变为功而不产生其他影响。对于扩散、渗透、混合、燃烧、电热和磁滞等热力学过

程，虽然其逆过程仍符合热力学第一定律，但却不能自发地发生。所以在自然界中任何的过程都不可能自动地复原，要使系统从终态回到初态必须借助外界的作用。由此可见，热力学系统所进行的不可逆过程的初态和终态之间有着重大的差异，这种差异决定了过程的方向，对此，人们采用状态函数熵（S）来描述这个差异[2]。

在孤立系统内对可逆过程，系统的熵总保持不变；对不可逆过程，系统的熵总是增加的。这个规律叫作熵增加原理。这也是热力学第二定律的一种表述。熵的增加表示系统从概率小的状态向概率大的状态演变，也就是从比较有规则、有秩序的状态向无规则、无秩序的状态演变。熵体现了系统的统计性质。

热力学第二定律的表达式可写为：

$$\mathrm{d}S \geqslant \frac{\delta Q}{T}\begin{pmatrix} >\text{不可逆} \\ =\text{可逆} \end{pmatrix} \tag{2-3}$$

式中，对不可逆过程应取用不等号，对可逆过程应取用等号。δQ 指系统实际过程热，T 为系统温度。

2.1.3 吉布斯自由能

热力学第一、第二定律在表述和公式上都具有简单和高度概括的特点，但在定量计算上并不能方便使用，需要进行一定的转化和限定。

将式(2-2) 代入式(2-3) 可得

$$T\mathrm{d}S \geqslant \mathrm{d}U - \delta W = \mathrm{d}U + p\,\mathrm{d}V \tag{2-4}$$

其中 $\delta W = -p\,\mathrm{d}V$ 是指系统做功仅通过体积的变化做功，这在大多数我们研究的系统中是成立的。

式(2-4) 在可逆的条件下，等号成立，即

$$T\mathrm{d}S_{\mathrm{eq}} = \mathrm{d}U + p\,\mathrm{d}V \tag{2-5}$$

式(2-5) 只有在 U 和 V 为常数时

$$\mathrm{d}S_{U,V,\mathrm{eq}} = 0 \tag{2-6}$$

在大多数化学反应中，特别是我们的锂离子电池电极材料的高温固相反应过程中，保持不变的要么是压强 p 和温度 T（反应容器是敞开的），要么是体积 V 和温度 T（反应容器是密闭的）。这两种条件下，U 和 V 通常不同为常数，我们无法利用式(2-6)。此时需要引入新的热力学函数，来考察实际化学反应过程中的变化。

由于 $T\mathrm{d}S = \mathrm{d}(TS) - S\mathrm{d}T$，故可将式(2-4) 改写为

$$\mathrm{d}(TS) - S\mathrm{d}T \geqslant \mathrm{d}U + p\,\mathrm{d}V \tag{2-7}$$

移项整理后可得

$$\mathrm{d}(U - TS) \leqslant -p\,\mathrm{d}V - S\mathrm{d}T \tag{2-8}$$

定义赫姆霍兹（Helmholtz）自由能 $A \equiv U - TS$，则热力学第二定律可改写为

$$\mathrm{d}A \leqslant -p\,\mathrm{d}V - S\mathrm{d}T \tag{2-9}$$

式(2-9) 在恒温恒容的反应条件下可以方便地使用，当反应处于平衡时

$$\mathrm{d}A_{\mathrm{eq},T,V} = 0 \tag{2-10}$$

当不可逆反应发生时

$$dA_{ir,T,V}<0 \tag{2-11}$$

上述两式表明，当化学反应在一个固定容器中通过加热器控制恒定温度进行时，反应开始后，赫姆霍兹自由能不断下降。当反应达到平衡时，赫姆霍兹自由能不再变化，意味其达到了最小值。

考虑到

$$d(pV)=p\mathrm{d}V+V\mathrm{d}p \tag{2-12}$$

将式(2-12) 代入式(2-9) 中，可以得到

$$d(A+pV)\leqslant -S\mathrm{d}T+V\mathrm{d}p \tag{2-13}$$

定义吉布斯（Gibbs）自由能 $G\equiv A+pV$，则热力学第二定律可改写为

$$dG\leqslant -S\mathrm{d}T+V\mathrm{d}p \tag{2-14}$$

因为 $A=U-TS$，所以

$$G=A+pV=U-TS+pV \tag{2-15}$$

定义焓 $H\equiv U+pV$

这样一来，

$$G=H-TS \tag{2-16}$$

根据式(2-14)，恒温恒压条件下，当

$$dG_{eq,T,p}=0 \tag{2-17}$$

即意味着反应达到了平衡

而当

$$dG_{ir,T,p}<0 \tag{2-18}$$

表明不可逆反应正在发生。

上述两式表明，当化学反应在一个固定压力下通过加热器控制恒定温度进行时，反应开始后，吉布斯自由能不断下降。当反应达到平衡时，吉布斯自由能不再变化，意味其达到了最小值。

式(2-10) 和式(2-17) 分别代表了恒温恒容条件和恒温恒压条件下达到热力学平衡时的热力学第二定律表达式。

另外，对于式(2-16)，更为常见的形式是

$$\Delta G=\Delta H-T\Delta S \tag{2-19}$$

一个潜在反应，如果热力学的计算显示吉布斯自由能 ΔG 的变化是负值的时候，表明这个反应可以发生并且将释放能量。释放的能量等于这个化学反应所能够做的最大的功。相反，如果 ΔG 为正值，能量必须通过做功的方式进入反应系统使得此反应能够进行。

吉布斯自由能的物理含义是在等温等压过程中，除体积变化所做的功以外，从系统所能获得的最大功。换句话说，在等温等压过程中，除体积变化所做的功以外，系统对外界所做的功只能等于或者小于吉布斯自由能的减小。

由于吉布斯自由能的绝对值很难求出，同时它又是一个状态函数，所以实际应

用时，就采用各种物质与稳定单质的相对值，即生成吉布斯自由能，全称标准摩尔生成吉布斯自由能变。它是由处于标准状况下的稳定单质生成 1mol 标准状况下（温度为 298.15K，压力为 1atm，1atm=101325Pa）的化合物的吉布斯自由能变，用符号 $\Delta_f G^0_{298.15}$ 表示。通过生成吉布斯自由能，我们能算出标准反应自由能。标准反应自由能是指在标准状况下，反应物生成产物所需要的能量变化，即用生成物的生成吉布斯自由能与各自的化学计量系数相乘后减去的反应物的生成吉布斯自由能与各自的化学计量系数相乘后的乘积，常用符号 $\Delta_r G^0_{298.15}$ 表示。

2.2 钴酸锂的热力学数据

尽管 $LiCoO_2$ 早在 1980 年就被发现，但其基本热力学数据直到 21 世纪初才有报道，Kawaji 在 2002 年采用绝热量热法测量了 $LiCoO_2$ 在标准条件下的熵值为 52.45J/(mol・K)[3]，Wang 等 2004 年报道了采用滴落量热法（drop solution calorimetry）测量了 O3 型 $LiCoO_2$ 的标准生成焓为 679.4kJ/mol[4]，为了使用式(2-19)来计算获得 $\Delta_f G^0_{298.15}$，还需获得 $\Delta_f S^0_{298.15}$。

$$\Delta_f S^0_{298.15}=S^0_{298.15}(LiCoO_2)-S^0_{298.15}(Li)-S^0_{298.15}(Co)-S^0_{298.15}(O_2) \quad (2\text{-}20)$$

其中 Li、Co、O_2 单质的标准熵值可以通过物理化学手册查询获得

$$S^0_{298.15}(Li)=29.12\text{J/(mol}\cdot\text{K)}$$

$$S^0_{298.15}(Co)=30.04\text{J/(mol}\cdot\text{K)}$$

$$S^0_{298.15}(O_2)=205.15\text{J/(mol}\cdot\text{K)}$$

将这些数据代入式(2-20)，

$$\begin{aligned}\Delta_f S^0_{298.15}&=(52.45-29.12-30.04-205.15)\text{J/(mol}\cdot\text{K)}\\&=-211.86\text{J/(mol}\cdot\text{K)}\end{aligned} \quad (2\text{-}21)$$

再通过式(2-19)计算可获得

$$\Delta_f G^0_{298.15}=[-679.4-298.15\times(-0.21186)]\text{kJ/mol}=-616.2\text{kJ/mol} \quad (2\text{-}22)$$

2.3 钴酸锂的热力学计算

有了 $LiCoO_2$ 在标准状态下的热力学数据，我们就可以开始计算合成 $LiCoO_2$ 的反应的反应自由能了。计算分为两步，第一步是计算标准条件下的标准反应自由能，第二步是计算实际反应条件下的反应自由能。

对于一般反应： $aA+bB \longrightarrow cC+dD$

它的标准反应自由能可以表达为

$$\Delta_r G^0_{298.15}=[c\Delta_f G^0_{298.15}(C)+d\Delta_f G^0_{298.15}(D)]-[a\Delta_f G^0_{298.15}(A)+b\Delta_f G^0_{298.15}(B)] \quad (2\text{-}23)$$

工业上合成钴酸锂通常采用Li_2CO_3和Co_3O_4为原料，其反应方程式可写为

$$\frac{1}{2}Li_2CO_3+\frac{1}{3}Co_3O_4+\frac{1}{12}O_2 \longrightarrow LiCoO_2+\frac{1}{2}CO_2 \tag{2-24}$$

则该反应在标准条件下（25℃，1atm）的反应自由能可表达为

$$\Delta_r G^0_{298.15}=\left[\Delta_f G^0_{298.15}(LiCoO_2)+\frac{1}{2}\Delta_f G^0_{298.15}(CO_2)\right]-\left[\frac{1}{2}\Delta_f G^0_{298.15}(Li_2CO_3)+\frac{1}{3}\Delta_f G^0_{298.15}(Co_3O_4)+\frac{1}{12}\Delta_f G^0_{298.15}(O_2)\right] \tag{2-25}$$

单质的生成吉布斯自由能为零，而CO_2、Li_2CO_3、Co_3O_4在标准状态下的热力学数据均已为前人所测量获得，可在各种物理化学手册等参考资料中获取[5]。加上我们刚刚获得的$LiCoO_2$的基本热力学数据，可得到表 2-1 的数据。

表 2-1 反应式(2-24) 所涉及物质的基本热力学数据

物 质	$\Delta_f G^0_{298.15}$/(kJ/mol)	$\Delta_f H^0_{298.15}$/(kJ/mol)	$S^0_{298.15}$/[J/(mol·K)]
Li_2CO_3	−1132.120	−1216.038	90.171
Co_3O_4	−794.871	−910.020	114.286
O_2	0	0	205.147
CO_2	−394.389	−393.522	213.795
$LiCoO_2$	−616.2	−679.4	52.45

将表 2-1 中的数据代入式(2-25)

$$\begin{aligned}\Delta_r G^0_{298.15}&=\left\{\left[-616.2+\frac{1}{2}\times(-394.389)\right]-\left[\frac{1}{2}\times(-1132.120)+\frac{1}{3}\times(-794.871)\right]\right\}\text{kJ/mol}\\&=17.6\text{kJ/mol}\end{aligned} \tag{2-26}$$

可见该反应在标准条件下无法自发进行，需要改变反应条件。在实际应用中，最常用的手段就是在常规压力下（可视为标准大气压）升高反应温度。温度变化之后，物质的生成焓和熵变化相对较小，但生成吉布斯自由能的变化较大。

在非标准温度下的反应吉布斯自由能变化，从定义上来看，是产物和反应物在该温度下的生成吉布斯自由能的差值。因此只要获得这些物质在该温度下的生成吉布斯自由能数值，即可通过简单的加减运算获得。但在目前的无机化合物热力学基本数据库中，我们无法找到非标准条件下$LiCoO_2$的热力学数据。因此无法直接根据$LiCoO_2$在不同温度下的生成吉布斯自由能来计算。

要计算标准压力不同温度下的反应式(2-24) 的$\Delta_r G^0_T$数据，可以根据式(2-19) 来进行。因为不同温度下的$\Delta_r H^0_T$和$\Delta_r S^0_T$都可以根据标准状态下的$\Delta_r H^0_{298.15}$和$\Delta_r S^0_{298.15}$，以及常压下比热容C_p随温度的变化函数来确定。

$$\Delta_r H^0_T=\Delta_r H^0_{298.15}+\int_{298.15}^{T}C_p\,dT \tag{2-27}$$

$$\Delta_r S_T^0 = \Delta_r S_{298.15}^0 + \int_{298.15}^{T} \frac{C_p}{T} dT \tag{2-28}$$

因此所有的热力学测试都归结于不同温度下比热容的测量及其对温度依赖关系的确定。对于比热容的测量有以下工作：Kawaji 首先在 2002 采用绝热量热法测量了 $LiCoO_2$在 1.8～300K 低温范围内的比热容[3]；2008 年 Ménétrier 采用弛豫量热法同样测量了 1.8～300K 范围内的比热容[6]；2011 年 Emelina 采用差示扫描量热法（DSC）测量了 140～570K 范围内的比热容[7]。这些测量数据吻合得很好，Chang 等通过拟合，给出了 O3 型 $LiCoO_2$在 250K 以上温度的比热容随温度变化的公式[8]：

$$C_p = (87.71 + 0.0214T - 1.992 \times 10^6 T^{-2}) \text{J/(mol·K)} \tag{2-29}$$

根据此式，我们可以计算不同温度下的反应式(2-24) 的 $\Delta_r G_T^0$ 数据

$$\begin{aligned} \Delta_r G_T^0 &= \Delta_r H_T^0 - T\Delta_r S_T^0 \\ &= \Delta_r H_{298.15}^0 + \int_{298.15}^{T} C_p dT - T\left(\Delta_r S_{298.15}^0 + \int_{298.15}^{T} \frac{C_p}{T} dT\right) \\ &= \Delta_r H_{298.15}^0 - T\Delta_r S_{298.15}^0 + \int_{298.15}^{T} C_p dT - T\int_{298.15}^{T} \frac{C_p}{T} dT \end{aligned} \tag{2-30}$$

该式前两项可以根据表 2-1 中的数据进行计算获得，

$$\begin{aligned} \Delta_r H_{298.15}^0 &= \left\{\left[-679.4 + \frac{1}{2} \times (-393.522)\right] - \right. \\ &\quad \left.\left[\frac{1}{2} \times (-1216.038) + \frac{1}{3} \times (-910.020)\right]\right\} \text{kJ/mol} \\ &= 35.2 \text{kJ/mol} \end{aligned} \tag{2-31}$$

$$\begin{aligned} \Delta_r S_{298.15}^0 &= \left[\left(52.45 + \frac{1}{2} \times 213.79\right) - \right. \\ &\quad \left.\left(\frac{1}{2} \times 90.171 + \frac{1}{3} \times 114.286 + \frac{1}{12} \times 205.147\right)\right] \text{J/(mol·K)} \\ &= 59.07 \text{J/(mol·K)} \end{aligned} \tag{2-32}$$

将式(2-29)、式(2-31) 和式(2-32) 代入式(2-30)，得到

$$\begin{aligned} \Delta_r G_T^0 &= 35200 - 59.07T + \int_{298.15}^{T} (87.71 + 0.0214T - 1.992 \times 10^6 T^{-2}) dT - \\ &\quad T\int_{298.15}^{T} \left(\frac{87.71}{T} + 0.0214 - 1.992 \times 10^6 T^{-3}\right) dT \end{aligned} \tag{2-33}$$

现在根据 T 即可确定 $\Delta_r G_T^0$，表 2-2 列出了 300～1200K 温度范围内的工业制备钴酸锂反应的吉布斯自由能变化值。

表 2-2　不同温度下的反应式(2-24) 的反应吉布斯自由能变化

T/K	300	400	500	600	700	800	900	1000	1100	1200
$\Delta_r G_T^0$/(kJ/mol)	17.5	10.4	1.2	−9.8	−22.4	−36.5	−51.7	−68.2	−85.7	−104.2

根据表 2-2 的数据可以绘制获得图 2-1。

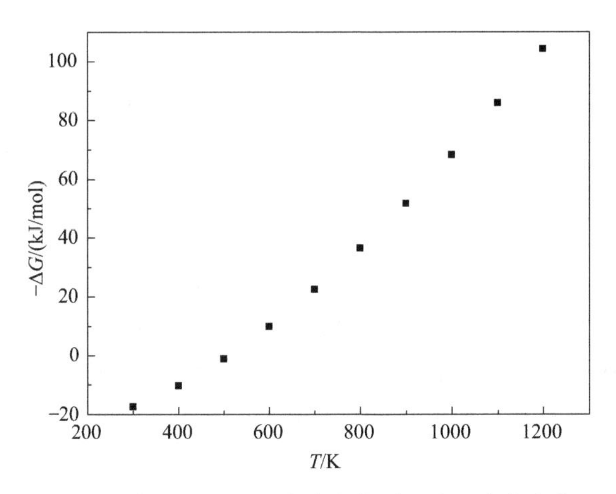

图 2-1　式(2-24) 的反应自由能随反应温度的变化

从图中可以看出，工业上采用固相法合成钴酸锂的反应需在一定温度之上才能热力学自发进行，该温度点在 250℃左右。随着温度的升高，反应的吉布斯自由能变化就越来越负，这表明其自发反应的趋势越明显。所以对于该反应，温度越高反应越容易进行。

以上只是纯粹从热力学计算角度来考虑问题，事实上以上的计算要求反应体系是一个封闭系统，即与环境只能发生热量交换而不发生物质交换。但在我们的实际生产中，反应的炉子通常并不是密封的，反应所需的氧气和反应所产生的二氧化碳都可以自由进出反应体系。因此严格来说，这不是一个符合热力学计算的封闭系统。但在反应式(2-24) 中，气体对反应吉布斯自由能的影响相对较小，在近似计算中可以认为其处于密闭系统中。对于采用钟罩炉等密封炉的工艺流程，由于气体参与了反应，其压力是有一定变化的，因此不属于一个恒压体系，但当这种压力的变化较小时（物料相对于反应炉体来说较少，产生的气压变化小），上述的计算也是很好的近似。

2.4 动力学的基本概念和定律

与热力学研究化学反应的方向和可能性不同，动力学研究的是化学反应的反应速率及反应机理，是从一种动态的角度观察化学反应，研究反应系统转变所需要的时间，以及其中涉及的微观过程。热力学关注的是能量、平衡和最终的转化率，对中间态和达到平衡的时间不考虑。但在一些情况下，热力学上可行的化学反应由于反应速率太慢而失去实际应用意义。在动力学研究中，引入了时间因素，对反应物随时间的减少和产物随时间的增加的情况进行详细的考虑。通过对影响反应速率的各种因素的了解和掌握，我们可以提出合理的化学反应机理。

2.4.1 反应速率

反应速率是化学反应快慢程度的量度，是参与反应的物质的量随时间的变化量的绝对值，可用单位时间内反应物的减少量或生成物的增加量来表示[8]。

$$v=-\frac{dn_R}{dt}=\frac{dn_P}{dt} \tag{2-34}$$

式中，v、dn_R 和 dn_P 分别代表在一个小的时间间隔 dt 内，反应速率、反应物减少的物质的量和产物增加的物质的量。由于反应物是被消耗减少的，所以加上负号以保证反应速率为正值。在有气体和液体参与的反应中，浓度对反应速率有影响的情况下，为了对各种反应的速率进行比较，往往采用单位浓度下的反应速率。

$$v=-\frac{d[R]}{dt}=\frac{d[P]}{dt} \tag{2-35}$$

式中，$d[R]$ 和 $d[P]$ 分别代表在时间间隔 dt 内，反应物浓度的减少量和产物浓度的增加量。

对于一般的反应

$$aA+bB \longrightarrow cC+dD$$

$$v=-\frac{1}{a}\times\frac{d[A]}{dt}=-\frac{1}{b}\times\frac{d[B]}{dt}=\frac{1}{c}\times\frac{d[C]}{dt}=\frac{1}{d}\times\frac{d[D]}{dt} \tag{2-36}$$

通过实验测定反应物或产物浓度随时间的变化，并绘制浓度-时间曲线，曲线上点所对应的切线斜率即为此时的瞬时反应速率。不同反应阶段的反应速率往往是不同的。

人们发现对于一般的反应，反应速率与反应物的浓度直接相关，具体可以表达为：

$$v=k[A]^a[B]^b \tag{2-37}$$

k 为反应速率常数，与温度有关，它是各反应物的浓度均为 1 时的反应速率。式(2-37) 称为速率方程，该方程中各物质的浓度指数 a、b 等，称为相应物质的反应级数。如上式中，物质 A 的反应级数为 a，物质 B 的反应级数为 b。所有反应物质的反应级数之和称为该反应的“总反应级数”，也可简称为“反应级数”。反应的级数往往不能由化学方程式直接推断，它与反应机理有关。如对于某个反应

$$A+2B \longrightarrow C$$

表面上看起来反应级数为 3，但是实际的反应可能是分步进行的：

$$(a)\ A+B \longrightarrow I\text{(慢步骤)}$$

$$(b)\ I+B \longrightarrow C\text{(快步骤)}$$

此时，整个反应的速率由步骤(a) 的速率控制，其实际的反应级数即为 2。在实际应用中，往往通过对反应速率的测量来推断反应机理。

反应级数可以是整数，也可以是分数，还可以是负数。常见的反应级数有零级、一级和二级，四级和四级以上的反应很少。因为反应速率是正比于反应物分子

之间的碰撞概率的，四个分子同时发生碰撞的概率比两个或三个分子的碰撞概率要小得多。

控制化学反应速率是许多实践活动的需要。绝大多数化学反应的速率都是随着反应进行而不断减慢的，并且对于同一反应，浓度、温度、压力、相态、是否使用催化剂以及催化剂的种类和用量，都会对反应速率造成不同的影响[9]。

2.4.2 影响反应速率的因素

2.4.2.1 反应物性质

化学反应的速率与反应物的结构与性质有着很大的关系。有些热力学可行的反应，在动力学上却因为速率太慢而几乎不发生，如常温下氢气和氧气化合生成水，金刚石在常温常压下转化为石墨。一般限制这些反应发生的因素，称为动力学因素，可归咎于反应物的结构、化学键的类型及过渡态方面。

爆炸反应、强酸与强碱的中和反应以及离子交换反应的速率非常快，但岩石的风化、钟乳石的生长以及铀的衰变等，却需要千百万年才有显著的变化。一般而言，反应活性大的物质的反应速率快。如氢气和卤素的反应：

$$H_2+X_2 \longrightarrow 2HX$$

反应速率：$F_2>Cl_2>Br_2>I_2$。

不涉及键的破坏与生成的反应，速率较快；涉及化学键破坏越多或越强的化学反应越慢。通常无机化学反应较快，而有机反应涉及键的破坏较多，故反应速率较慢。

2.4.2.2 浓度

反应物及生成物的浓度也会在很大程度上左右化学反应速率。根据碰撞理论，反应物浓度增加时，反应中的分子碰撞频率即“频率因子”增加，反应速率加快。根据速率方程，反应速率与一个或多个反应物的浓度或其浓度的指数成正比，因此增加反应物浓度通常会使反应速率增大。对于均相反应，反应物接触较充分，一般速率较快，如水溶液中的中和反应及沉淀反应；而异相反应中的反应物只限于在接触面反应，速率较慢，且一般需要剧烈摇晃或搅拌容器，以充分混合使反应物接触面积增大。在磷酸铁锂的应用中，磷酸铁锂在电解液中的嵌脱锂反应就是固液异相反应，人们通过减小磷酸铁锂活性颗粒的大小来增加反应物的接触面积，从而提高功率特性，即反应速率。

当然，对于反应级数为零的反应，反应物浓度对反应速率没有影响；而对于反应级数为负数的反应，增加反应物浓度则会使反应速度降低。

2.4.2.3 温度

温度升高，化学反应的速率增大，无论是放热反应还是吸热反应，都是如此。分子在高温时热能及振动能增大，与其他反应物分子碰撞的频率也会随之增大，使化学反应速率加快。对均相反应，一般反应温度增加10℃，反应速率通常会增大到原来的2～3倍。温度对反应速率的影响通常用阿累尼乌斯方程来表达：

$$k=Ae^{-E_a/(RT)}$$

式中，k是速率常数；T是温度；R是气体常数；A和E_a分别称为“指前因子”和“活化能”。指前因子和活化能的值随温度变化，但阿累尼乌斯对它们采取线性化处理，简化了该方程。事实证明，大多数反应在一定温度区间做该近似是完全允许的。

温度对速率常数k的影响主要在于指数项，化学反应速率随温度升高而增大的快慢，与它的E_a值有关。同一温度区间内，E_a越小的反应，温度升高速率增大得越快，E_a值增大会使温度升高，反应速率减慢。由于该方程是指数函数，因此T的微小变化会使速率常数发生很大的变化。

2.4.2.4 催化剂

1836年，Berzelius首先发现有一些物质可以增大化学反应的速率，但其本身并不发生变化。他认为这些物质是打开了反应物的化学键，从而增大了反应速率。因此将这一现象称为催化，而这些物质即称为催化剂。一般的可以将催化剂定义为：可以改变反应速率但在反应前后并不改变组成的物质。工业上一般将催化剂称为触媒，而生物学上的催化剂即为酶。

催化剂在化学反应前后，其质量和化学组成都不会发生变化，但是催化剂的物理特性是有可能变化的。通常很少量的催化剂就可以很明显得影响化学反应速率，如10^{-8}～10^{-6}mol/L的Pt系金属离子可以充分催化各种氧化还原反应。催化剂不会改变化学反应的能量变化，也不会影响化学平衡的终态，不会影响达到平衡时的各组分浓度，它影响的只是达到平衡的速度快慢。

2.5 反应机理

大多数化学反应并不像化学反应方程式所写的那么简单，往往是经过几步完成的，描述化学反应的微观过程的化学动力学分支称为反应机理。反应机理详细描述化学反应的每一步转化的过程，包括过渡态的形成，键的断裂和生成，以及各步的相对速率大小，等等[10]。完整的反应机理需要考虑到反应物、催化剂、反应的立体化学、产物以及各物质的用量。有些化学反应看上去是一步反应，但实际上却经由了多步，例如如下反应：

$$CO+NO_2 \longrightarrow CO_2+NO$$

该反应中，实验测得的速率方程为：$R=k[NO_2]^2$。因此，反应可能的反应机理为：

$$2NO_2 \longrightarrow NO_3+NO(慢)$$

$$NO_3+CO \longrightarrow NO_2+CO_2(快)$$

反应机理中，每一步反应都称作基元反应，具有特定的速率方程和反应分子数。所有基元反应加和得到的净反应必须与原反应相同。基元反应中反应物的分子数总和称为反应分子数。

这些基元反应中，反应速率最慢的一个称为速率控制步骤，简称“控速步骤”，是决定总反应的速率的步骤。总反应的速率方程由反应机理中最慢的一步，也就是速率控制步骤所决定。通常情况下，控速步骤外的任何基元反应对反应速率是丝毫没有贡献的。上例中第一步为控速步骤，是一个双分子反应，速率方程为 $R=k[NO_2]^2$。由此很容易便可以求得总反应的速率方程。

为了由提出的反应机理推导出实验得到的速率方程，一般采取两种方法：平衡假设法和稳态近似法。前者方法中，假设互逆反应在反应中可以达到平衡，然后推出反应的控速步骤，进一步得到控速步骤的速率方程，并将该方程中不属于计量方程式的反应物用其他表达式代替；后者方法中，假设中间产物的浓度在反应过程中保持近似不变，并假设某一步为控速步骤，推导出最后的表象速率方程。

2.6 固相反应动力学模型

在锂离子电池正极材料的合成中，最常遇到的就是固/固反应，即反应物均为固体，而产物中至少有一种固体。固相反应的机理和动力学参数的获得一般都需要借助反应动力学理论模型来分析实验数据，同时辅以诸如微观形貌、谱学分析、XRD 衍射分析等补充手段[11]。

动力学的研究起始于均相反应，特别是气相反应，将其获得的公式和理论运用于异相的固相反应时，需要考虑固相反应特有的影响规律。

对于固相反应，一般可以用下式表示动力学方程

$$\frac{d\alpha}{dt}=k(T)f(\alpha)=Ae^{-\left(\frac{E_a}{RT}\right)}f(\alpha) \tag{2-38}$$

式中，α 为转化率；t 为反应时间；T 为反应温度；$k(T)$ 表示反应速率常数为温度的函数；$f(\alpha)$ 是由反应模型决定的函数；A 为指前因子；E_a为活化能；R 为气体常数。转化率 α 可由下式定义：

$$\alpha=\frac{m_0-m_t}{m_0-m_\infty} \tag{2-39}$$

m_0、m_t和 m_∞分别表示反应物的初始质量、反应时间为 t 时刻的质量和最终质量。

等温过程的动力学参数可由式(2-38) 计算获得，包括反应模型、指前因子和活化能。而对于升温速率保持为常数的非等温过程，可通过式(2-40) 进行变换

$$\frac{d\alpha}{dT}=\frac{d\alpha}{dt}\times\frac{dt}{dT} \tag{2-40}$$

式中，$\frac{d\alpha}{dT}$是非等温过程的反应速率；$\frac{d\alpha}{dt}$是等温过程的反应速率；$\frac{dT}{dt}$是升温速率，可用 β 表示。将式(2-38) 代入式(2-40) 可得到

$$\frac{d\alpha}{dT}=\frac{A}{\beta}e^{-\left(\frac{E_a}{RT}\right)}f(\alpha) \tag{2-41}$$

式(2-38) 和式(2-41) 分别是等温过程和非等温过程动力学方程的微分反应形式。如果对其进行分离变量，并积分，可以得到等温过程和非等温过程动力学方程的积分反应形式分别为：

$$\int_0^{\alpha}\frac{d\alpha}{f(\alpha)}=A\int_0^{t}e^{-E_a/(RT)}dt=Ae^{-E_a/(RT)}t \tag{2-42}$$

$$\int_0^{\alpha}\frac{d\alpha}{f(\alpha)}=\frac{A}{\beta}\int_0^{T}e^{-E_a/(RT)}dT \tag{2-43}$$

定义 $g(\alpha)=\int_0^{\alpha}\frac{d\alpha}{f(\alpha)}$，称为反应模型函数的积分形式，则式(2-38) 和式(2-41) 分别为：

$$g(\alpha)=Ae^{-E_a/(RT)}t \tag{2-44}$$

$$g(\alpha)=\frac{A}{\beta}\int_0^{T}e^{-E_a/(RT)}dT \tag{2-45}$$

根据反应机理的假设，可以将固相反应模型分为四类：成核模型、几何收缩模型、扩散模型、反应级数模型[11]。

根据式(2-38) 和式(2-41)，可以看出，通过一次扫描法处理热分析数据即可求出动力学参数，但是这样测量所获得的动力学结果并不可靠，往往不能反映固态反应的复杂本质。国际热分析及量热学学会（ICTAC）于 1996 年发起了一个“动力学项目”，旨在评价各种动力学计算方法。通过将 6 套实际测得的和 2 套计算机模拟的碳酸钙和高氯酸铵在氮气和真空中等温和非等温分解的动力学数据交由自愿参与项目的课题组进行计算，由此建立了一批计算方法和软件。他们的结果也表明在不同的实验条件下，即使是同一反应过程，其动力学参数也是不同的。利用单扫描速率法求得的动力学参数具有很高的不确定性，尤其对于非等温实验数据。这主要是因为：一方面这种动力学分析是迫使实验数据适合事先假定的反应机理函数，且非等温动力学所采用的动力学基本方程是从等温动力学方程演化而来的，但与等温动力学不同的是对于单个非等温实验来说，T 和 α 是同时变化的，反应速率 $k(T)$ 和 $f(\alpha)$ 是不可以分离的，所以，当只用一条热分析曲线同时确定动力学三因子（活化能、指前因子和动力学模型）时，E 和 A 值可以通过相互补偿以使所有的模式函数都能有一个良好的线性。所以，除非 $f(\alpha)$ 预先确定，否则其得到的结果是不确定的。另一方面由于固体反应一般都是非基元反应，其反应机理容易随着温度而变化，反应很有可能是具有不同活化能的多步反应，传统的单扫描速率法得到的动力学参数并不能反映这一点。所以，为了弥补以上缺陷，ICTAC 建议用多重扫描速率法来测定热分析的数据，同时用等转化率法来求解反应动力学参数，并用其求得的结果核实单扫描速率法所求结果的准确性。

2.7 钴酸锂的合成反应动力学计算

尽管钴酸锂在工业上已有成熟的合成工艺，但很少有文献报道其化学反应过程的动力学参数。

对于

$$\frac{1}{2}Li_2CO_3+\frac{1}{3}Co_3O_4+\frac{1}{12}O_2 \longrightarrow LiCoO_2+\frac{1}{2}CO_2$$

这一反应，需要采用一定的测量手段来表征反应过程的转化率，最常用的是热分析手段，即用热重方法测量质量的变化，然后换算成为转化率。通过不同升温速率下达到相同转化率所对应的温度可以作出 $\ln(\mathrm{d}\alpha/\mathrm{d}t)$ vs $1/T_\alpha$ 曲线，根据斜率即可获得不同转化率下的反应活化能 E_a。在这一过程中，并不需要采用特定的模型，因此也避免了选择模型所带来的误差，所以该方法也称为无模型方法[12,13]。

采用无模型方法计算活化能的具体实验过程为：设定不同的升温速率，记录每一个升温速率下转化率 α 和对应的 T 值，α 的取值为 0 到 1 之间一定数量个值，以 $\ln(\mathrm{d}\alpha/\mathrm{d}t)$ 对 $1/T_\alpha$ 进行作图，然后将各条曲线上相同 α 的点连在一起，并通过最小二乘方法拟合直线。计算该直线的斜率，从而获得活化能。表 2-3 为某次实验所获得的数据。

表 2-3　不同升温速率下达到一定转化率时的温度

升温速率 β /(K/min)	转化率达到 7%时温度/K	转化率达到 10%时温度/K	转化率达到 20%时温度/K	转化率达到 50%时温度/K	转化率达到 99%时温度/K
1	804	812	822	831	839
5	830	842	853	864	875
10	847	861	874	885	895
20	861	874	876	887	901
30	862	879	893	907	921
40	876	891	905	920	933

作 $\ln[(\mathrm{d}\alpha/\mathrm{d}t)]$ vs $1000/T$ 曲线，可以得到图 2-2。图中显示了不同升温速率下获得

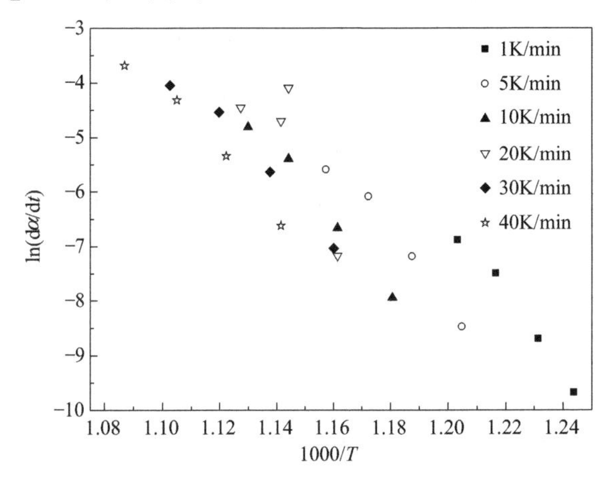

图 2-2　不同升温速率下 $\ln(\mathrm{d}\alpha/\mathrm{d}t)$-$1000/T$ 曲线

的数据系列。将各个系列中相同转化率的点连接在一起，可以获得系列直线，为清楚起见，重新作图于2-3。拟合后得到的直线斜率及依据其计算获得的活化能数据列于表2-4。

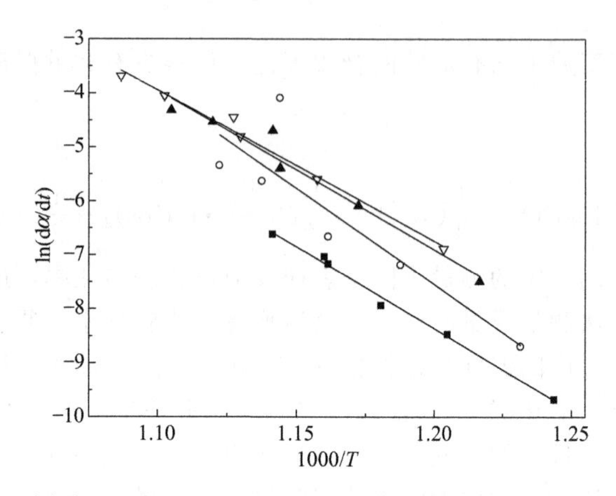

图2-3　不同升温速率下 $\ln(d\alpha/dt)$-$1000/T$ 曲线上相同转化率点的拟合

表2-4　根据图2-3计算获得的活化能数据

转化率	$\ln(d\alpha/dt)$-$1/T$ 斜率	活化能 E_a/(kJ/mol)	转化率	$\ln(d\alpha/dt)$-$1/T$ 斜率	活化能 E_a/(kJ/mol)
0.1	−30.3704	252	0.5	−29.55325	246
0.2	−35.6080	296	0.99	−28.01745	233

可以看到求得的活化能在不同转化率时具有不同的数值，这表明碳酸锂和四氧化三钴在空气中反应生成钴酸锂的反应并不是简单的基元反应[14]，可能涉及较复杂的多步反应，在不同的温度区间内具有不同的活化能和反应机理。结合反应热重-差示扫描量热（TGA/DSC）曲线（见图2-4），可以做以下简单分析：

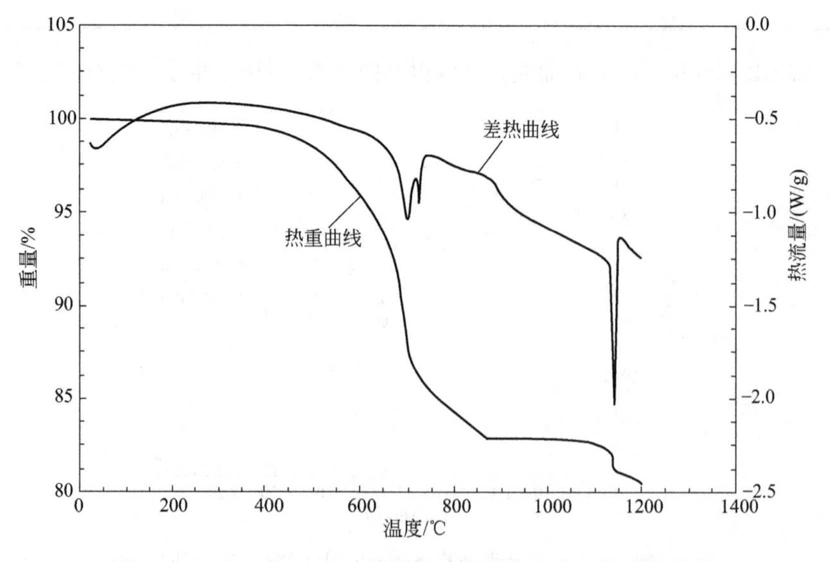

图2-4　Li_2CO_3 和 Co_3O_4 混合物的热重和差示扫描量热曲线

在 700～900K 区间，Li_2CO_3开始发生分解，但是失重比例远小于理论值，这说明可能存在 Li_2CO_3的团聚，阻碍其产生的 CO_2的释放，因此在该温度区间，反应速率较慢，活化能较大。而在 900～1000K 区间，Li_2CO_3发生熔化，CO_2释放容易，DSC 曲线上出现较大的吸热峰，同时 TG 曲线显示明显失重。一旦 Li_2CO_3熔化成为液相，其可以充分包围 Co_3O_4固体颗粒，使反应速率明显加快，锂离子通过液固界面扩散进入 Co_3O_4颗粒，此时的活化能较小。尽管 Li_2CO_3和 Co_3O_4的反应是放热的，但被 Li_2CO_3熔化和 CO_2释放的大吸热峰所掩盖，无法在 DSC 曲线上观察到。而在 1000K 以上，发生的反应主要是锂离子和钴离子迁移进入可占据的八面体位置，所需的活化能中等。

参 考 文 献

[1] Keszei，Ernö. Chemical thermodynamics ：an introduction [M] . New York ：Springer，2012.

[2] Metiu，Horia. Physical chemistry：Thermodynamics [M] . New York ：Taylor & Francis Group，2006.

[3] Kawaji H，Takematsu M，Tojo T. Low temperature heat capacity and thermodynamic functions of $LiCoO_2$ [J] . Journal of Thermal Analysis and Calorimetry，2002，68：833-839.

[4] Wang Miaojun，Navrotsky Alexandra. Enthalpy of formation of $LiNiO_2$，$LiCoO_2$ and their solid solution，$LiNi_{1-x}Co_xO_2$ [J] . Solid State Ionics，2004，166：167-173.

[5] Chase M W. NIST-JANAF Thermochemical Tables. 4th edition. Journal of Physical and Chemical Reference Data，1998，(9) .

[6] Michel M′en′etrier，Dany Carlier-Larregaray，Maxime Blangero，et al，On “really” stoichiometric $LiCoO_2$ [J]. Electrochemical and Solid-State Letters，Electrochemical Society，2008，11：A179-A182.

[7] Emelina A L，Bykov M A，Kovba M L，et al. Golubina，Thermochemical properties of lithium cobaltate [J] . Russian journal of physical chemistry，2011，85：357-363.

[8] Keke Chang，Bengt Hallstedt，Denis Music. Thermodynamic description of the layered O3 and O2 structural $LiCoO_2$-CoO_2 pseudo-binary systems [J] . Calphad：Computer Coupling of Phase Diagrams and Thermochemistry，41 (2013)：6-15.

[9] Santosh K，Upadhyay. Chemical kinetics and reaction dynamics [M] . New York ：Springer，2006.

[10] Margaret R. Wright，An introduction to chemical kinetics [M] . New Jersey：Wiley，2004.

[11] Ammar K，Douglas R F，Solid-state kinetics：basics and mathematical fundamentals [J] . The Journal of Physical Chemistry B，2006，110：17315-17328.

[12] Ammar Khawam. Application of solid-state kinetics to desolvation reactions [D] . Iowa City：the University of Iowa，2007.

[13] Henry L Friedman. Kinetics of thermal degradation of char-forming plastics from thermogravimetry：Application to a phenolic plastic [J]. J Poly Sci C，1964，6：183-195.

[14] Henry L Friedman. New methods for evaluating kinetic parameters from thermal analysis data [J]. Polymer Letters，1969，7：41-46.

[15] Scott A Wicker，Edwin H Walkerr. Revisited：decomposition or melting? Formation mechanism investigation of $LiCoO_2$ via in-situ time-resolved X-ray diffraction [J] . Inorganic Chemistry，2013，52：1772-1779.

第3章

正极材料生产的关键设备

锂离子电池正极材料的工业化合成主要是高温固相法，其生产工艺流程大致如下：原料准备—称重计量—配料—混合—干燥—烧结—粉碎分级—合批—除铁—包装。

早期的生产线为间歇式生产或半自动化、半连续式生产，为了保证产品的一致性，目前一些大公司已开始采用自动化连续生产线。根据生产工艺流程，锂离子电池正极材料生产的主要关键设备如下。

3.1 计量与配料系统

锂离子电池正极材料在原料输送、储存、配料、混料、破碎粉磨、除尘以及包装等方面采用了称重计量作为工艺过程中的检测与控制手段。

称重计量的主要设备是电子衡器[1~4]。电子衡器称重测量速度快，读数直观方便，能在恶劣的环境条件下工作。称重计量是非接触式测量，金属材质的传感器与物料没有直接接触，可防止金属单质对物料的污染。在整个系统中既可作为一个独立的单元具备控制和检测的功能，又可方便地与大系统集成，实现称重技术和过程控制自动化，所以当前已广泛应用于锂离子电池正极材料生产过程中。

工艺流程中的现场称重典型应用有：各种储存料仓的称重计量、配料过程中的定量称重、成品物料包装计量。目前工艺上采用的料仓称重、混合机称重系统、配料秤以及自动定量秤，都是重力式装料衡器，它们的共同结构都是包含供料装置、称重计量、显示装置、控制装置以及具有产能统计和通信等功能。最后再由中央控制将各部分连成一体，构成一个闭环自动控制系统。

3.1.1 称重计量的原理

称重技术的中心任务是确定被测物的重量（或质量），典型的称重系统是由1只或若干只称重传感器和数字显示的称重控制仪表组成，人们常称为计量衡器。商贸计价和生产工艺中用得很多的有非自动电子衡器和自动定量衡器两种。非自动电子衡器的称重过程中需要人工操作或干预，例如电子台秤和地上平台秤。而自动衡器的工作则是按事先确定好的自动处理程序进行工作，这种衡器包括定量包装秤、定量配料秤。现在统称为固定式电子衡器，执行的国家标准为 GB/T 7723—2008《固定式电子衡器》。

称重计量可以分为静态计量方式和动态计量方式。静态计量应用于非连续累计称重的生产工艺中，它是一种比较理想的散装粉料称量方法。称量时料仓或料斗基本上是静态的，因此称重精度较高，称重控制参数的调校相对独立，比较容易操作和设定参数。动态计量应用于连续累计式生产工艺，它一般用于测量输送过程中物料的流量，称重控制参数的调校比较复杂，受牵制因素较多，因此称重计量精度稍差些。当前生产工艺中都是利用物料的重力进行装料，即重力装料秤，属于静态秤的范畴。它的工作原理是由秤体（料仓、料斗或机器本体）将被称的粉料重量传递给称重传感器，称重传感器将输出的电信号由称重显示控制器进行信号测量和处理后再反过来控制秤体上的供料装置和卸料装置，形成一个闭环的测控系统。这个反馈过程中的主控器件可以是智能称重仪表本身，也可以是可编程控制器（PLC）或工业控制计算机（PC）。信号的形式可以是开关量数字信号也可以是模拟量信号，甚至直接由数字通信的形式传递。具体的组成方式很多，主要取决于生产系统的规模大小和复杂程度。智能称重控制仪表的原理框图见图 3-1。

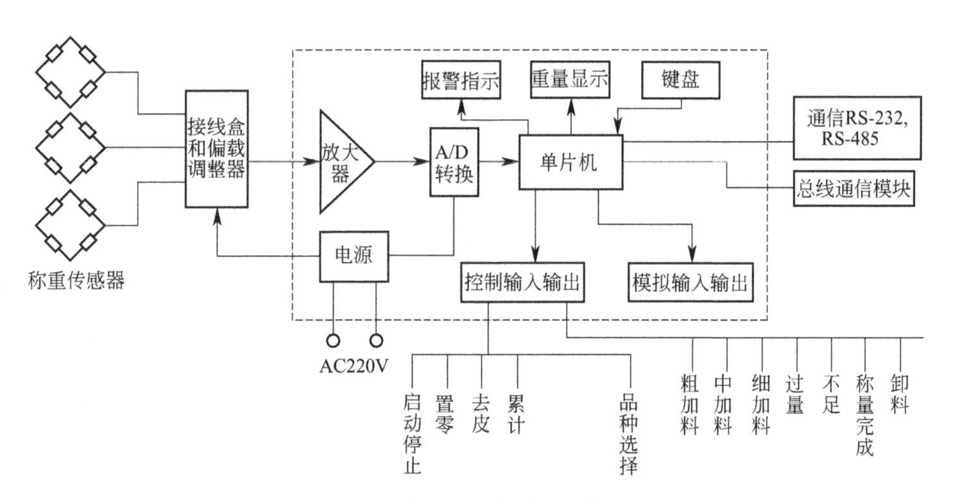

图 3-1　称重控制仪表原理框图

中等以上规模的生产线往往有若干个称重控制仪表，被控制的对象有电动的也有气动的。因此整体控制的协调可由 1 台可编程控制器 PLC 来执行。此时，每台称重仪表的输出信号经过转换形成统一形式的信号接至 PLC 的输入端，而称重仪表的控制信号则由 PLC 的输出端引至各个称重仪表的输入端，这中间由 PLC 按工艺程序来协调各台称重设备的工作。较大规模的系统配备工业控制计算机或作为该工程集散控制系统的一个部分时，则可通过通信系统如现场总线或工业以太网监测现场各种称重计量装置，如若干个料仓称重系统、配料秤、称重式混合机和成品料计量秤，它们各自在现场显示的重量值通过组态画面集中在计算机屏幕上进行同步显示，并参与系统实时控制。

3.1.2 电子衡器的精度等级

3.1.2.1 固定式电子衡器的精确度

称重传感器、称重显示控制仪表以及秤的机械结构连接起来组成一台电子衡器后，它的准确度才具有真正实际意义。一台衡器的综合误差（非线性误差、滞后误差以及温度对量程、灵敏度的影响）是以均方根来表示的，其中称重传感器占0.7误差因子，而称重显示仪表和秤的机械结构连接件各占0.5误差因子，可见称重传感器的性能占有重要的地位。至于称重显示仪表，由于当今电子技术水平的提高，尤其是微处理器技术广泛应用到电子秤上后，称重显示仪表的性能有了很大的提升。

早期电子秤的准确度评定是按照相对满量程误差（F·S）来评价的（少数国家现还用这种评价方法），但这种方法有一个弊端，认为整个称量段内允差的绝对值不变。例如一台额定称重500kg、准确度等级为±0.1%F·S，在任一称量段，其误差按满量程500kg的±0.1%来计算，总是500g。其实不然，秤在不同的量程段，称重误差是不同的。我们将最大称量表示为总分度数（n）与最小分度值（e）的积，即$M_{max}=ne$，由于衡器的误差是最小分度值的函数，所以直接用最小分度值的倍数来进行分段，划分为大、中、小三个称量段。

在低于常用称量范围的小称量段（$0<m\leqslant500e$），由于零点变化以及温度等外界干扰因素变化所引起显示数值的变化值与实际重量引起的真实值数量级上相近，因此相对误差会较大。而在高于常用的称量段（$m>2000e$），由于载荷量过大，秤的结构变形加剧相对误差也将增大。因此对不同的称量段规定有不同的允差值，这样才能充分发挥衡器本身的性能。用分度值来表示允差比较直观，检定的人员也只要根据分度的大小就可立即判断是否超差，而不必经过换算，因此可特别防止使用时在数显仪表中对显示位数与衡器准确度之间关系而引起的误解。根据GB/T 7723—2008规定，称重传感器的最大分度值n_{LC}应不小于组秤后衡器的检定分度数n，因此采用3000分度的C级称重传感器的衡器，它的检定分度数最多只能达到3000。同样规定称重传感器的最小检定分度值ν_{min}不应大于衡器的检定分度值e，且符合$\nu_{min}\leqslant\dfrac{eR}{\sqrt{N}}$。式中$R$为载荷传递装置的缩比（简称杠杆比），一般的衡器$R=1$，$N$为称重传感器的数量。例如：一台额定称量为500kg的配料秤，精度等级为0.1%，考虑到秤斗的皮重和外加载荷，选用3只额定称量为300kg的C3级称重传感器组秤。配料秤斗直接坐落在称重传感器上，故杠杆比$R=1$，因此传感器的最小检定分度值 $\nu_{\min}=\dfrac{300\text{kg}}{3000}=100\text{g}$。组秤以后，秤的检定分度值 $e=\nu_{\min}\times\sqrt{3}=173\text{g}$，取整 $e=200\text{g}=0.2\text{kg}$。称重仪表显示应是小数点后 1 位，且逢 2 跳变才是合理和真实的。秤名义上可以调到仪表稳定显示小数点后面 2 位数，即分度值似乎可稳定在 0.01kg，但这是不真实的，因为该值已远小于称重传感器所具有的真实的最小检定分度值，而且从秤的最大分度数看 $n=\dfrac{M_{\max}}{\partial}=\dfrac{500}{0.01}=50000$，已超出了Ⅲ级秤所规定的分度值范围。Ⅲ级秤采用 1000～3000 分度已足以满足生产工艺和商贸结算所需的精确度的要求。应该指出的是，由于微处理机技术广泛应用于电子秤后，称重仪表性能有很大的提升，仪表内部分度数为几万或十几万，但这是必需的，因为仪表与称重传感器一起组秤后，仪表需要在零位和满度时进行数字量化处理和调整，零位和满度数字量化后产生的量化误差应远小于秤的允许误差，这样才能保证秤的精确度。以为可用称重仪表所具有的高分度值来代替秤的精确度，忽视了称重传感器本身对分度值的限制，这种认识是错误的。

国际上通用规定非自动衡器的 4 个准确度等级符号标志是椭圆内加罗马数字来表示，如Ⓘ、Ⓘ、Ⓘ、Ⓘ。

3.1.2.2 自动定量衡器的精确度

自动定量衡器如定量包装秤、减量秤、配料秤等，它们的准确度等级是以每次定量称量的相对准确度来衡量的，用百分数（%）来表示恒定的相对误差。自动定量衡器往往是规定每次额定称量为多少，这个规定的定量值的精确度是必须保证的，因此自动定量衡器的检定规程中对定量值做严格的检定，而对该值以外的其他称量值则没有这样严格的要求。自动电子衡器准确度等级的符号是正圆内加数字来表示，如(0.1)、(0.2)、(0.5)、(1.0)、(2.0)。

非自动电子衡器和自动定量衡器所用的称重传感器是一样的，只是秤体结构不同而已。此外称重显示仪表基本结构也相同，仅是自动定量衡器所带的对内对外输出功能比非自动电子衡器多一些而已，因此在误差的判定，检测和检定上，这两种秤的方法是一样的。

3.1.3 称重计量装置的连接和信号传输

3.1.3.1 称重传感器的并联接法和偏载调整

锂离子电池正极材料生产线上用的料仓称重系统或是配料秤、成品包装秤，其结构都较大。截面有圆形、方形、矩形、半月牙形，它们通过金属构架坐落在三只或四只称重模块上。模块内的称重传感器则通过并联后与称重显示控制仪表相连。采用并联的方法好处是它们共同使用称重显示仪表中的电源，系统简单、经济。但是并联使用后要求各只称重传感器的型号、性状完全一样，输入输出阻抗一致，尤其是输出阻抗的平均偏差要小。此外，由于称重料仓、料斗结构及制造误差、重心不完全在中心，投入的物料可能偏在某一侧，造成各个传感器受力并不均匀（偏载）。因此在各个传感器共同使用一个转接盒进行并联时，这个接线盒除起并联连接功能外，还起偏载调整的功能。在每个传感器的两个信号输出端各串联两个隔离电阻，由于传感器的内阻总是输出信号的函数，串入隔离电阻能降低电阻变化对输出的影响，但两个隔离电阻本身的阻值必须相等，而且具有最小的温度变化参数。每个称重传感器所用的隔离电阻型号、阻值、特性也都要求相同，这样才能减少因传感器输出阻抗不相等或传感器各性能系数不一致时对传感器总输出的影响。对于结构引起偏载的影响，引起各个传感器输出会有差异，因此在各个传感器信号输出端又安装了两只电阻，其中一只为可调电位器，调节电位器阻值后，在输出桥臂中产生一个分流从而调节称重传感器的输出电压，使各个传感器输出均衡，对偏载信号进行平衡。

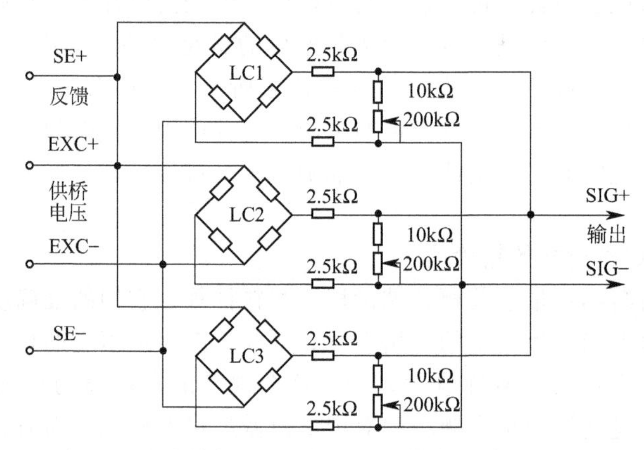

图 3-2　具有偏载调整功能的称重传感器并联接线盒

图 3-2 为并联接线盒内的电路图，其中 LC1、LC2、LC3 为电阻应变件式称重传感器，是一个惠斯登电桥。常用的输出阻扰为 350Ω，现在还有输出阻扰为 1000Ω 的，但使用较少。串联在桥臂上的 2.5kΩ 电阻即为隔离电阻，用于减少各传感器并联后的环流，并联在桥臂上的 10kΩ 和 200kΩ 电位器即是电压调节电阻，用于偏载调节。

图中还可看到称重控制仪表给各传感器的电源 EXC＋和 EXC－，并联在供桥电源上还有两根线 SE＋和 SE－，那么这两根线起什么作用呢？这是因为在生产车间内，称重传感器与称重显示控制仪表可能会相距甚远，要用长的电缆连接显示仪表与传感器，长供电电缆的电阻会导致供电电压的下降，电压损失的程度由电缆电阻而定，电缆电阻的大小取决于电缆的长度和截面积，由于称重传感器的输出是很小的毫伏级电压，因此电缆电阻造成的压降影响就会很大。其次，电缆的电阻并非常数，随温度的变化关系为 $\alpha=0.004\mathrm{K}^{-1}$，这意味着电缆的电阻随温度上升而上升，电缆电阻随温度变化造成了在不同季节中同一台秤会有不同的称量结果，这显然是不允许的。因此，现在采用 6 线制传输方法，在供桥电路上增加两条长度与截面均相同的导线 SE＋和 SE－。这两条线的电阻随温度变化的信息随时被称重仪表中的微处理器监测并进行修正，从而防止长线传输铜导线电阻随温度变化而引起不同季节时的称量误差。

3.1.3.2 秤的标定

称重计量装置的标定是十分重要的工作，它直接关系到计量的准确程度。用于商贸结算的秤是法定必须标定的。而用于过程控制的工艺秤虽然并非法定要标定，但同一条生产线上的所有秤都应有相同的准确性，因此严格的标定仍是必需的。称重装置的标定有两种方法，大量使用的是砝码标定法。但砝码标定工作十分烦琐，且砝码的搬上搬下劳动量很大，这是称重计量系统应用上的瓶颈。随着科技的进步和发展，免砝码标定技术已经得到应用，例如梅特勒-托利多公司和美国哈帝公司均已开发了免砝码标定技术，完全从软件上解决标定问题，每次标定都变得十分简单和快速，这对于大型料仓的称重系统标定具有特别重大的意义。小型的称重装置，如用于成品计量的定量包装秤、配料秤采用砝码标定则可以保证有很高的精度，所以现在在生产现场仍大量采用砝码标定技术。砝码的精度等级须高于秤的精度要求，如当前生产和计价用Ⅲ级非自动电子秤和⓪.①、⓪.②级自动定量秤标定时，采用 E2 级和 M1 级的砝码。标定的主要步骤首先是要确定秤的最大称量值和分度值 d（一般情况下标定时取分度值 d 与检定时用的分度值 e 相等），还要确定显示值中小数点的位置和零点确认（空秤确认）。除了零点确认外，还要标定满量程点和选定的几个称量点，如最小称量值 $50e$，小称量值 $500e$，中称量值 $2000e$。不仅要对加载过程还要对卸载过程考核，反复几次调正后才能完成。除此之外，还要进行偏载检测和用感量小砝码进行分度值的检测。

计量称重装置使用一段时间或经过维护保养后的电子秤都应定期进行标定，以保证秤的长期准确性。当使用过程中发现仪表数字显示不稳定时，首先应检查秤台基础是否稳固，外界干扰如振动、冲击、风载是否存在，秤上的加料机构、气动管路是否移位后产生侧向牵引力，称重仪表内部动态滤波参数是否正确，秤的软连接上是否积料。做完检查维护后在再次使用前仍应用砝码做标定。

3.1.3.3 秤的调校

① 选分度值　我们在生产过程和商贸结算中常用普通准确度的Ⅳ级秤或中等准确度的Ⅲ级秤。Ⅳ级可用于料仓秤、工艺秤，Ⅲ级可用于配料秤、成品包装秤和计价结算秤。使用时首先必须先确定分度值，一般都规定将检定分度值 e 与实际显示分度值 d 相等。对Ⅲ级秤检定分度数 n 最高取 3000，一般取 1000 就够了。对Ⅳ级秤检定分度数 n 最高取 1000，一般 400 就够了，因此可选定Ⅲ级秤的分度值 $d=e=\frac{最大称量}{3000}$；Ⅳ级秤 $d=e=\frac{最大称量}{1000}$。

② 确定最大称量值及单位　称量单位常用“千克（kg）”或“吨（t）”。

③ 小数点位置的确定　使用中若称重单位为“吨（t）”，则可选用小数点后 1 位，选用单位为“千克（kg）”或“克（g）”则可选用小数点后 1 位或 2 位。

3.1.3.4 称重仪表的基本控制参数

① 零点或零区的大小，其中零区的大小应根据物料的黏度、粒度、流动性来考虑。每次开启排料时总有少量粉料黏附在料仓壁上，这是不可避免的，但允许积存的量须控制在零区这一很小的范围内，一般不允许超过总量的±2%。

② 秤的定量值，即称量的目标量，以及“大投入量”、“中投入量”、“小投入量”。一般的料有两种投入速度便可以了，期间投入不用时，设定值不能设为零，应设一定值，该值在“大投入”和“小投入”之间。此外，“小投入”实际上是落差控制值。当停止投入进料时，关闭料门需有一个提前量，以控制料门关闭后留在空中，最终落入秤量斗内的物料正好达到定量设定值所规定的重量。这个落差量与秤的结构，落料路径的长短，物料的相对密度、精度、粒度等性能，还有料门等机构摩擦和滞后等结构因素关系很大，因此每一台称量装置都要经过若干次试验后才能确定落差量的大小。对于减量秤来说，还需设定供料量的上限值和下限值。

③“过量”与“不足”，判断物料投入量正确与否还需设置“过量”、“不足”两个判断参数，这与物料的特性有关，有的仪表将这两个值统称为“超差”值。

3.1.3.5 秤的高级控制参数

由于秤的结构各不相同，还有秤的计量功能和控制形式的不同，有许多针对性的参数要考虑。如称量速度和称量精度需要有机协调，在既要保证称量精度又要提高称量速度时便要考虑各种时间参数，如判定时间、比较禁止时间、输出时间、补偿投入时间、自动清零的次数、超差判定次数、自动落差修正规定值等。如秤结构不同有减量秤和增量秤，配料秤和单物料包装秤，则在计量功能上是不一样的，针对不同的秤须选定不同的功能设定。如要考虑秤的稳定度、精确度时，便要设定合适的数字滤波、动态检测、零点自动跟踪、重力加速度等。

对于配料秤，每种物料均需设置一套独立的基本控制参数和高级控制参数，如要与上位机 PC 进行通信，参与整个生产线上数据传输、报表统计，那么便要对仪表设定通信方式及波特率。

3.1.3.6 称量结果的判定

① 不管称量结果如何变化，任何一次称量结果的误差都应不大于秤的最大允许误差。

② 多次称量结果之差，都应不大于该称量的最大允许误差的绝对值。

③ 对于秤的支撑点的个数（一般指称重传感器的个数）$N \leqslant 4$ 的衡器在每个偏载区域内，用秤的总量值（物料重量加秤的皮重）的 1/3 载荷加上去后，仪表的示值误差不应大于秤的最大允许误差。

④ 秤的鉴别力判定，秤在稳定的状态下，轻缓地放上或取下 $1.4e$ 的附加砝码（感量砝码）时，秤的示值有改变。

3.1.4 自动化生产线称重计量装置

3.1.4.1 料仓称重系统

料仓称重系统的功能，相当于料位计的作用，不仅可显示整个料仓（包括附属于秤体的进、出料阀门等构件）的空仓重量，又可实际显示料仓内物料的净重，因此对生产工艺来讲最直接、最直观。料仓称重系统组成十分简单，中小型的圆筒料仓经过机械构架作用于三个称重模块上。大型的圆筒料仓或矩形料仓，甚至圆筒形的卧槽可作用于四个称重模块上，作为偏载调整用的传感器并联接线盒安装于称重传感器（模块）附近的构架上。称重显示控制仪表应布置在料仓附近，操作工或巡视工人易于观察路径某处的墙上或构架上。至于称重显示仪表的选择，需根据工程规模或控制功能的要求来决定。最简单的功能是只把它当显示器使用，通过简单的按键操作，可以让工人了解到是料仓内物料的净重还是设备的总重。如果有中央集中检测要求的，则可选择带 4～20mA 模拟量输出或选择带数字通信如 RS-485 通信的远传结构的仪表。在有些生产线中若该料仓有承上启下的控制功能，可以选择带有若干个预置点输出的称重显示控制仪表，如深圳杰曼科技公司的 GM8806A-C 仪表，该仪表可以有 6 个重量预置点，在不同的重量预置点上自动输出一个信号，用于控制供料机构运行、排料阀门开闭或满仓报警、空仓报警等，使用十分灵活、方便。

料仓称重应用最典型的例子，如配料秤上方的原料供应仓称重系统，该原料仓上方是由密相正压气力输送装置（正压发送罐）供料，每次供料量是恒定的（几十至几百千克），原料仓下方是配料秤。因此仓的上方有供料阀，下方有排料阀，这两个阀门的控制信号都由料仓称重仪表上的预置点给出。例如：原料仓称重仪表取用 4 个重量预置点，有两个是工艺流程用的控制信号，如高位点用于停止供料信号，低位点用于请求投料信号，这两个信号都上传给正压发送罐控制系统，作为该系统的联锁信号。还有两个点是报警，如高高位点，用于满仓报警，低低位点用于无料报警，前者仍上传到正压发送罐控制系统，正压发送罐控制系统获得这个联锁信号后，待正在发送的一罐料发送完以后，即停止工作。低低位信号下传到配料秤控制系统，作为配料控制的联锁信号，待正在配料的一次流程结束后即停止下一次配料。料仓称重系统和正压发送罐结合的例子可见图 3-3。

料仓称重系统的各个预置点都是可通过仪表面板上的重量值显示出来，设置和修改十分方便。预置点的重量数值均可通过仪表的通信装置远传到上位机的计算机上进行显示或通过组态软件进行图形化的报表统计。

3.1.4.2 配料秤

配料秤是锂离子电池正极材料生产中的关键设备，既要求每一种料有独立的定量值，又要求投入其中的各种料比例必须正确，因为这是关系到正极材料性状的重要指标。

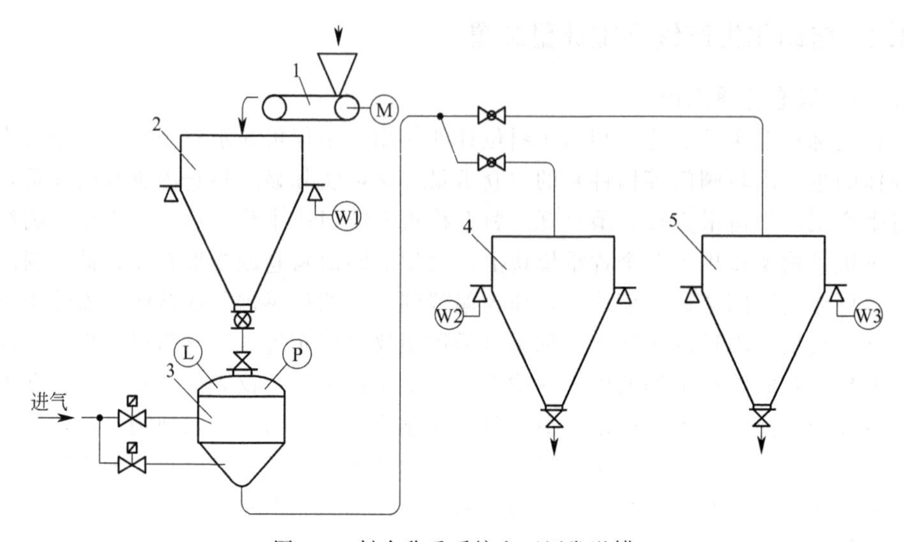

图 3-3　料仓称重系统和正压发送罐

1—输送机；2—原料仓；3—正压发送罐；4—Ⅰ接收料仓；5—Ⅱ接收料仓

(1) 称量配料秤

这是目前应用最多的一种配料方式，其构成如图 3-4 所示。

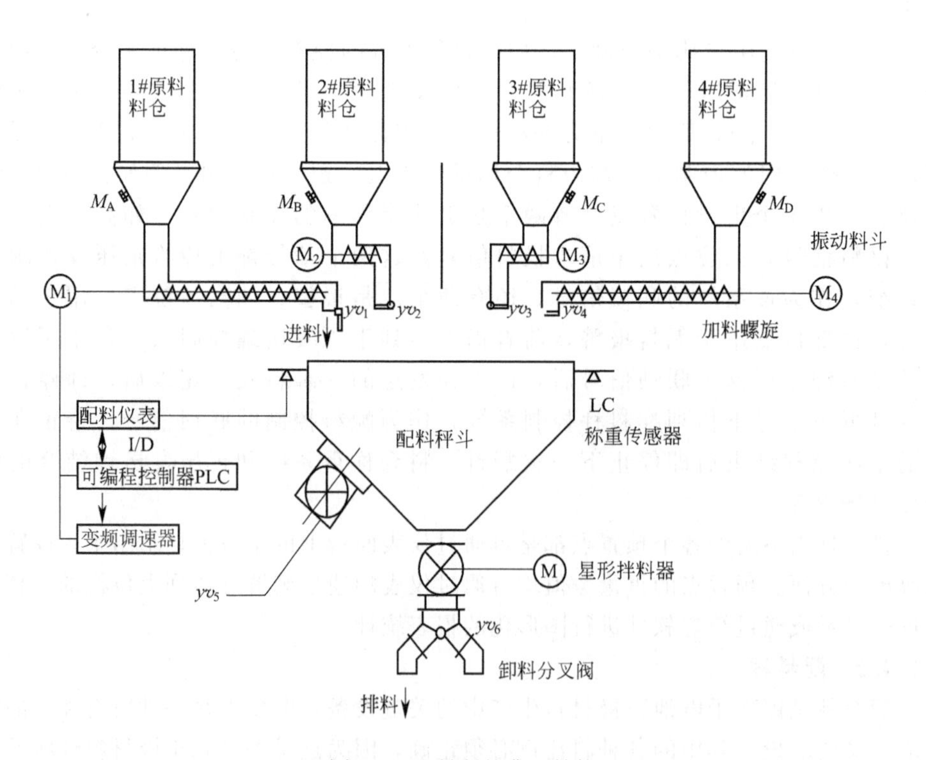

图 3-4　配料秤的典型结构

图 3-4 中所示的配料秤适用于所配的若干种物料用料相差不大的场合。配料秤的称重传感器额定称量值的选择是以总量来确定的，称量的精确度指的是总量精度。由于配方中各种物料的料性和配比可能相差较大，为了确保每一种料都有基本相同的称量精度，因此必须考虑配方中用的最少一种料的定量值，不应落在 $0<m\leqslant 500e$ 的小量程段范围内，因为在小称量段，称量误差较大，小料的称量精度就无法保证，但往往小料的价格很高，而且在混合后对整个成品料的性质有很重要的影响。因此如果配方中有用量特别少而对成品料影响较大的小料，最好还是另用 1 台小秤进行单独计量。工程中有的配方可能多达十余种，为了确保每一种料的称量精度，常常将它们分为几组，用量相近的几种料分为一组，各用一台配料秤进行定量配比，然后汇总进入下道混合工序。

配料的过程是依次将若干种料投入，配料仪表可以对每一种料的额定加料量、投入速度、超差量的允许值设置最合理的数值，便于使用。实际使用证明，这种形式的配料秤已能满足大部分配料工艺，因此得到广泛的应用。

配料仪表显示部分一般有两组，一组大字符显示当前正在配料的某一号物料的加料量，一组小字符显示正在配的是第几号料，还有一些辅助的字符显示正在配的这种料的加料速度、超差报警、零位报警等提示功能。

配料仪表由于输入输出信息较多，各种物料投入的方法不一样（如螺旋加料机供料、振动供料、自由落料等），供料阀门的结构形式不一样（如电动或气动），所以配料仪表往往借助于可编程控制器（PLC）和继电器阵列来实现整个配料系统各机件的协调运行。

这种形式的配料秤属于增量法定量秤，是间断运行的静态秤，相对于动态计量的连续秤（如皮带秤、失重秤、螺旋秤等），静态秤的结构简单、计量精度高、调校容易。

（2）自动协调和修正的配料秤

这种配料秤适用于自动化程度较高的生产线上，主料和辅料用量相差悬殊，而配比精度又要求较高的场合，如图 3-5 所示。

每一种料都有独立的称量装置，只是辅料的投入量按比例严格地跟踪主料投入量的变化，因此保证随时有精确的配比精度。每一种料由于是独立的秤，称重传感器的选择只要保证自身一种物料的称量而不是几种物料的总量，因此主料秤和辅料秤可以选择独立的称量精度，虽然这种秤性能更好，但造价较高。当主辅料品种规格数量较多时，自动协调和修正的程序可以由配制了触摸屏的可编程控制器来完成，相应称重控制仪表不必具有主从协调功能，同样也可达到上述独立精确称量，相互又确保精确配比的目的，只是 PLC 的程序需要增加一定的工作量。

（3）减量秤

减量秤是锂离子电池正极材料生产工艺中常用的一种设备，减量秤顾名思义就是从料仓中用减量的方法，每次排出规定数量的物料。把几台不同物料的称重料斗，用减量的方法在控制系统的协调下，各自排出规定数量的物料，如果相互之间

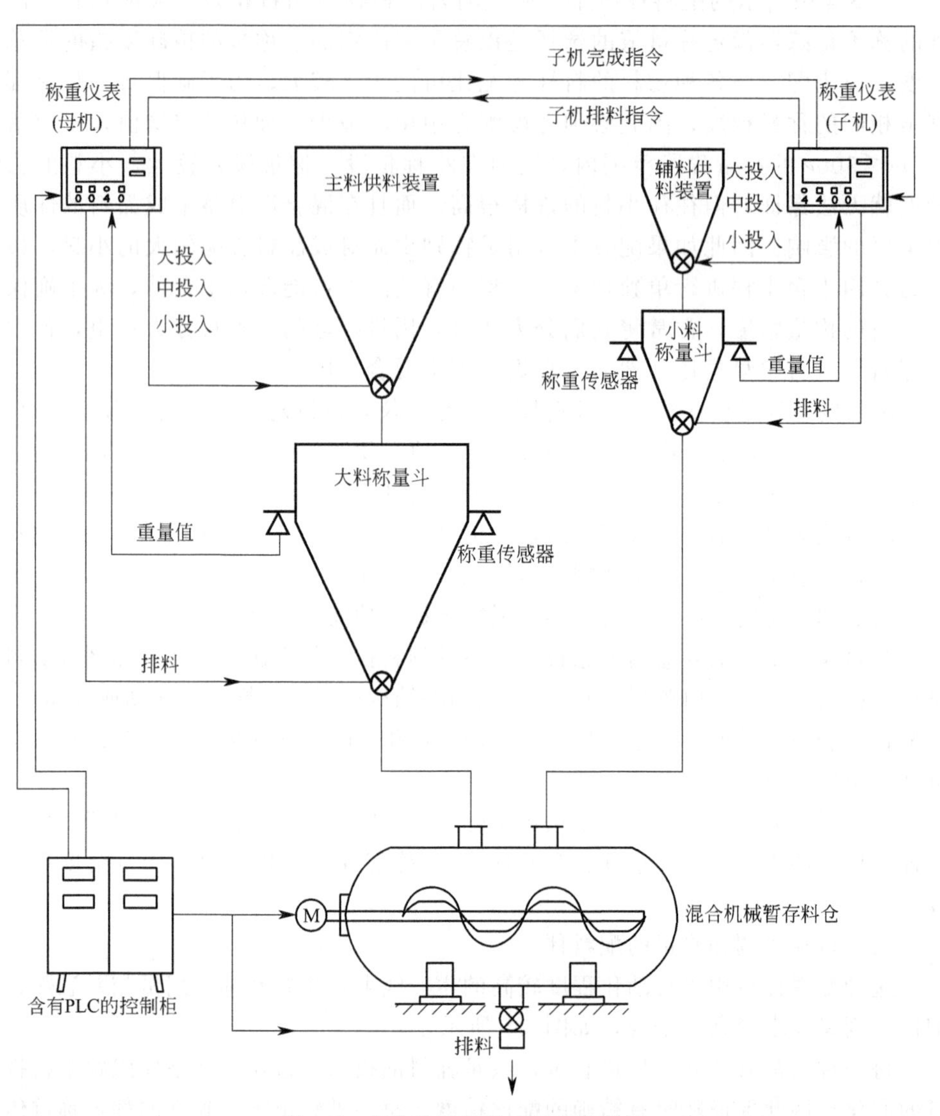

图 3-5　自动协调和修正的配料系统

规定了配合的比例，那么同样可组成一台配料秤。但是正如我们前面章节中所讲的，减量式称重装置的称量精确度与称重传感器额定称量值的大小和该装置每次减量排出物料的多少有相当大的关系。减量秤要想应用在如配料秤这样称量精度较高的场合时，称重传感器的额定称量值应控制在减量排出量的 1～3 倍为宜。

减量秤应用在工艺料位控制即料仓每次排出量精确度要求不高的场合是比较有优势的，因为它很方便实用。另一个很大的实用性是每次排料量（定量）是准确的，与物料性状相关甚少，物料的黏度和吸湿性造成在料仓每次排料时总有一定的料排不干净而粘在料仓或秤斗的壁上，这在增量式称重装置中是很难处理的事，往往造成称量超差，必须采取很多措施防止称重料仓或称量斗积料，而减量秤只排出规定数量的物料，秤斗中残存的少量物料不影响排出料的称量精度。

减量秤与增量秤在外形上差别不大，但在控制时序上不同，结构上增量秤是在加料机构上有大、中、小三种投料控制（大、中、小加料门），分别用来控制和调节加料量，保证进入称量斗物料的重量达到预设的重量值，它的排料门只有 1 个。而减量秤进料门只有 1 个，只须保证每次给减量秤称斗的供料量控制在预设的高位、低位重量预设值之间，但减量秤斗的排料门有大、中、小三种开度。排料时控制和调节排料门的开度和时间，从而保证称量斗排出的物料重量达到预设的重量值。

锂离子电池正极材料生产线上采用减量秤的地方有：储存料仓向下方的混合机定量排出一次混料所用的物料量，还有成品粉料储仓向下方的装料小车定量排出装满一车所需的粉料量。在生产现场操作工人只需按一下按钮，储仓便会按仪表设定的排料量一次排出规定量的粉料，使用十分方便。

（4）大惯性机械设备的称重

在锂离子电池正极材料生产线上有高速混合机和低速混合机，这些机械的产能、混合时间和微量辅料的投入都是自动化工艺流程控制所需采集的参数。混合和搅拌设备一次混合的量也有采用称量计量方式的，例如，称重式的低速螺带混合机和锥形混合机采用四个或三个称重传感器进行称量。由于混合机具有很大的动力设备和搅拌混合机构，因此机器本身的重量（皮重）就很大，而每次混合的料重量往往比机器设备本身要小或小很多。但称重传感器额定称量的选择是按照设备总重（皮重＋物料净重）来选择的，因此称重传感器的量程大部分用于支撑皮重，造成有用信号被大大压缩。虽然在称重仪表上可以用置零的办法将设备本身重量置为零，但实际上控制和显示的灵敏度大大降低了。

此外，低速混合机属于大惯性运动机械，当搅拌机构低速旋转到某一个称重传感器一侧时，该称重传感器便受到一个额外的载荷，称重仪表的显示便发生波动。而高速混合机在转速切换时，干扰振动又会施加到称重传感器上，同样造成称重仪上指示数值的波动。因此对于这种大惯性运动机械要采用称重办法计量时不可能达到精确的计量结果，只能较为粗略地反映内部物料的多少。此外，称重显示仪表在调校时应仔细选择合适的动态滤波参数，在可选择的几种参数值中经过多次对比挑选一个相对较好的动态滤波参数。性能较为高档的称重控制仪表如美国哈帝（HARDY）称重仪表公司的称重仪表采取振动忽略软件后，技术上已能做到忽略 0.25Hz 以上的振动信号，调试十分简单，效果显著。

（5）平台秤

在锂离子电池材料生产线的最后成品工段，对成品粉料装袋、装箱或装桶常用平台秤作最后的计量。小型的平台秤只有一个称重传感器配一台称重仪表，稍大一些的平台秤，称量在 200～1000kg 的平台秤则常用四个称重传感器并联后再配一台称重仪表，对于后者必须调整秤的四角负荷平衡（调偏载）。

平台秤是典型的非自动称量衡器，精度等级为Ⅲ级。

3.1.5 计量装置安装调试中应注意的问题

3.1.5.1 称重计量装置的连接

称重计量装置与固定的机架、机座之间，两个称量计量装置之间的连接无论是称重料仓、配料秤、定量包装秤、平台秤、混合机称重系统，它们的本体都应该是一个独立的称量系统，对上和对下的连接必须采用软连接。但是软连接不单是用一个布套加两个卡箍便能解决的。软连接除了隔绝计量称重装置与外界有重力的联系之外，还要注意软连接必须垂直地将秤体和上部的供料设备和下部的排料设备做柔性的连接，不能拉紧，也不能倾斜连接，防止软连接对秤体造成作用在称重传感器上的附加垂直力和侧向力。而且软连接的另一个作用是防止进、排料时粉体的泄漏，还要防止软连接本体上粉料堆积。

称重的全部重量必须完全地、没有任何分力地作用在称重传感器上。但是在生产流程中可以发现称重料仓上面的附加设备是比较多的，尤其是配料秤，配几种料便有几个进料口，它们都分布在料仓上各个位置，进料和排料口上都装有电动阀门和气动阀门还有阀门上的位置传感器，因此在各个进料、排料口上还有许多电线和管道，尤其是气动控制所用的 PE 气管，其柔性程度不如电线。电线和气管从不同方向与设备连接，稍有不慎便造成对称重传感器侧向牵制，在连续生产时由侧向力作用而引起的称重误差有时较难发现，有时在料仓或秤斗排空物料重量不回零时才会发现，因此对计量称重设备必须严格调校，定期标定和仔细维护。专用的称重模块是抑制侧向力的重要手段，因为称重模块在结构上已经考虑了抑制侧向力的导杆，自归位的摆动支承以及在失荷时的移动保护。选用称重模块时还须考虑动态载荷、静态载荷和湿度热负荷，设计和安装都应仔细验证和调整。

3.1.5.2 物料的落差对称重计量的影响

生产线设计布置要讲究物料的落差对称重装置的影响，称重装置的进料段要求尽可能的短。但在厂房结构已确定的情况下，设备的布置常常不能做到这一点，若称重料仓的进料管道垂直高度太大，对于相对密度较大的物料在自由落料进入称量斗时，由于重力会对秤斗造成冲击，冲击力作用在称重传感器上造成一个虚假的重量，而当落料稳定后，冲击力又会消失。这冲击力所造成的虚假的重量会造成瞬间超载，称重仪表发出超重报警。因此落差太大的计量秤调校比较困难。对于定量包装秤来讲，控制精度常常难以保证。

3.1.5.3 外界干扰对称重计量装置的影响

外界干扰是必须考虑的问题，振动负荷会造成整个机架或厂房振动，例如，生产线上的振动式粉磨机、破碎机，这些设备运行时产生的干扰振动具有一定的振幅，造成一个或多个交变载荷，当该处的称重计量装置称重传感器支撑座不做任何加固或减震措施时，该称重计量秤便无法正常的工作，尤其是称量精度要求较高的配料秤。在钢结构的厂房中，振动、搅拌、破碎机械因个头重量都较大，故被布置在最底层。物料采用重力自上而下自然流动方式生产时，称重式料仓、配料秤等往往被布置在顶层或稍高的层次。这样当底部重型的大惯性机械开动时，钢结构不可避免地发生一定程度的摇晃和振动。这些摇晃和振动对位于高处的称重装置恰恰是很不利的工况，因此工艺流程及钢结构强度和刚度设计时一定要关注这个问题。当摇晃和振动不可避免时，针对各个称重计量装置要设计和制作合适的减震装置。首先作为某个称重计量秤必须专门设计、制作一个刚性和强度足够的安装构架，称重模块稳固坐落在这个构架上，必要时还要在这个刚性构架下面加设经过计算和试验的减震垫。

3.1.6 自动化生产线配料流程

图 3-6 为某生产线中的配料流程示意图，本图中 W 代表称重装置，W1 为以减量秤方式工作的料斗称重系统，W2、W3、W4 为有多个重量预置点设定的，对上对下有联锁控制要求的料斗称重系统，W5 为称重式稀相负压输送系统，W6 为配料秤。

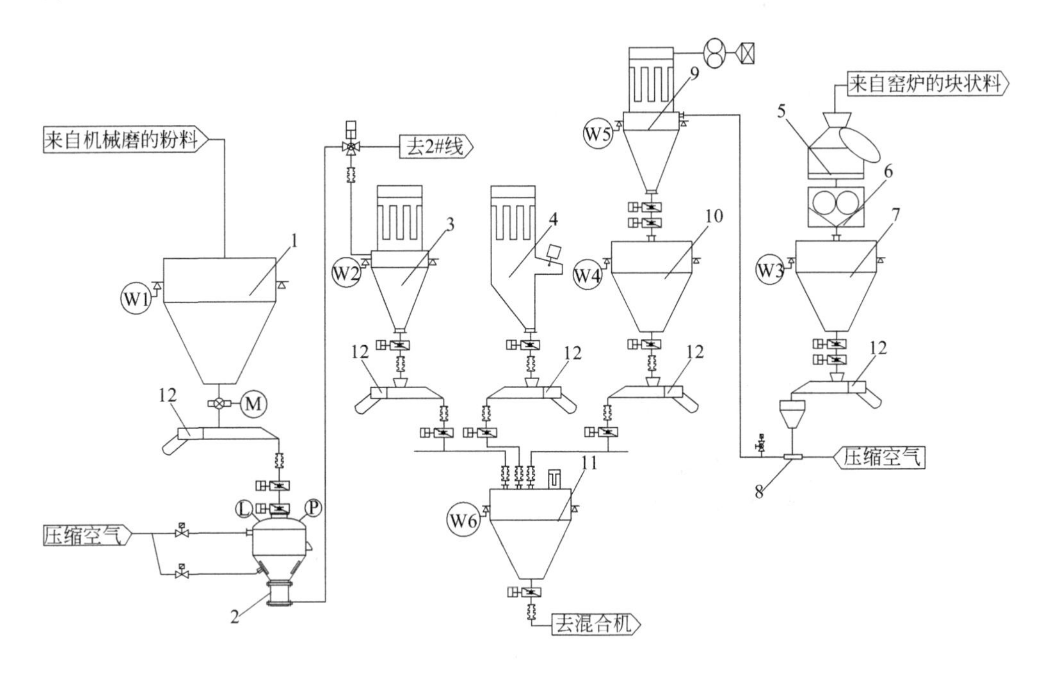

图 3-6　某生产线中配料流程示意图

1—粉碎料仓；2—密相正压发送罐；3—称重式粉料料仓；4—开袋投辅料站；5—颚式破碎机；6—双对辊破碎机；7，10—暂存料仓；8—文丘里管；9—稀相负压输送；11—配料秤；12—振动输送机；软连接；气控阀；称重传感器；Ⓛ 表面涂覆特氟龙的料位开关；Ⓟ 压力变送器为图形简洁起见，未按比例绘制，尚有许多进行防护的附属设备未示出。图中料仓和所有过料的阀门，管道内壁均涂有特氟龙，稀相负压气力输送管道采用防静电 PU 管道，其目的为避免金属材质的容器和阀门与锂离子电池正极材料接触，防止金属单质的污染。

3.2 混合设备

目前锂离子电池正极材料的工业化生产一般采用高温固相反应法，即将有关原材料进行精确计量后一起进行均匀混合，然后高温煅烧，再经过粉碎分级、包装即得成品。而高温固相反应是一个多相反应，发生反应的组分不像均相体系如溶液体系中组分分布那么均匀，均相体系中各组分能达到分子或原子级均匀分布。高温固相反应的各组分由于受扩散速率的限制，反应速率慢，反应时间长。因此，为了提高高温固相反应的速率与材料结构的均匀性，物料的均匀混合是必要条件。

物料的混合分湿法混合与干法混合，湿法混合主要有搅拌球磨机和砂磨机，干法混合主要有高速混合机、高效循环混合机和机械融合机等，下面分别加以介绍。

3.2.1 搅拌球磨机

搅拌球磨机也称搅拌磨或搅拌磨机[5]，它是由一个装有小直径研磨介质（如氧化锆球）的筒体和一个搅拌装置组成的，通过搅拌装置搅动研磨介质产生摩擦、剪切和冲击，从而粉碎物料的一种超细粉碎设备。图 3-7 是立式搅拌球磨机原理示意图和实物照片。

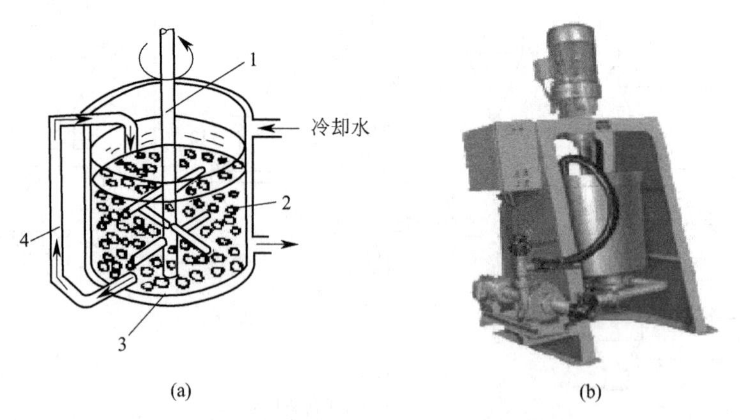

图 3-7 立式搅拌球磨机原理图和实物照片

1—搅拌轴；2—研磨介质；3—筒体；4—物料循环系统

搅拌球磨机筒体内衬和搅拌装置可根据不同的用途采用不同的材质，例如不锈钢、聚氨酯和工程陶瓷等。对于锂离子电池正极材料而言，由于对金属单质控制非常严格，通常采用氧化铝陶瓷内衬，搅拌轴采用氧化锆陶瓷包裹增加耐磨性。

搅拌球磨机的应用领域很广泛，包括纳米材料、精密陶瓷、电子陶瓷、硬质合金、粉末冶金、电池材料、磁性材料、玻璃、非金属矿、金属片状粉末、食品、高档涂料、汽车漆、油墨、颜料、染料、医药、橡胶、催化剂等。

搅拌球磨机作为一种超细研磨设备用于锂离子电池正极材料合成前的混合，除了具有优异的混合功能外，还具有机械化学活化功能。机械化学活化是将粉末混合料与研磨介质一起进行机械研磨，经过反复形变、破裂，其特点是在机械过程中引入大量的应变、缺陷，从而使颗粒内产生大量的缺陷。由于机械研磨过程中产生大量空位，显著降低了元素的扩散激活能，使得各组分间可在室温下进行原子或离子扩散。同时，粉末在碰撞过程中不断细化产生大量的新鲜表面，扩散距离也变短。研究表明，通过机械力的作用不仅可使颗粒破碎，增大反应物的接触面积，而且可使物质的晶格中产生各种缺陷、错位、原子空位以及晶格畸变等，有利于离子的迁移，同时还可使新生表面活性增大、表面自由能降低，促进高温固相反应的进行。

目前搅拌球磨机已应用于锂离子电池正极材料钴酸锂、磷酸铁锂高温固相合成前的物料球磨与混合。

3.2.2 砂磨机

砂磨机[6,7]也称珠磨机，是搅拌球磨机的改进型，以珠代球，即砂磨机中的研磨介质比搅拌球磨机中的研磨介质更小，一般砂磨机的研磨珠直径小于1mm。锂离子电池正极材料磷酸铁锂由于导电性差，除了采用碳包覆改性提高导电性外，通常将磷酸铁锂颗粒做小，如纳米化，减小锂离子的扩散路径，从而提高磷酸铁锂的电化学性能。因此在磷酸铁锂高温固相烧结前要将物料通过砂磨机进行超细研磨与混合。经过砂磨机研磨的物料粒径可达到100～500nm。图3-8和图3-9分别是卧式砂磨机的结构示意图和实物照片。

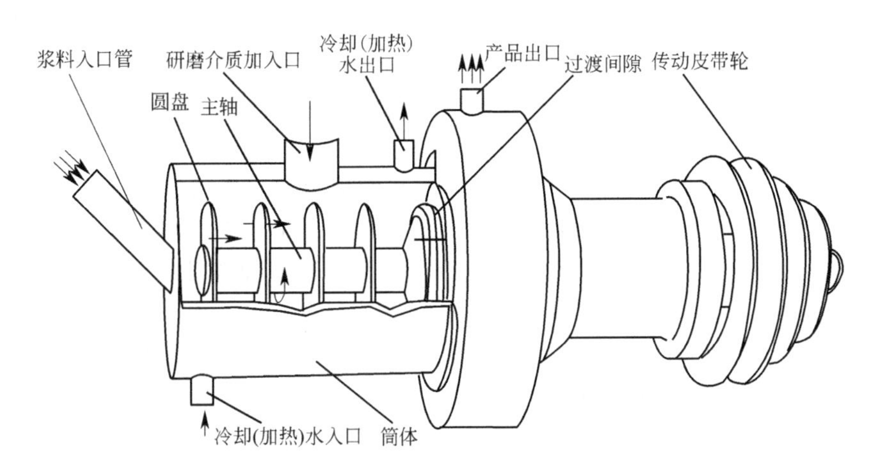

图3-8　卧式砂磨机结构示意图

图 3-9　卧式砂磨机实物图

3.2.3　斜式混料机

斜式混料机[8]属于干法混合设备，锂离子电池正极材料生产过程中有些产品对颗粒形貌有要求，如三元系 NCM、NCA 等，要求保留原来前驱体的球形形貌，在烧结前的混合过程不能采用湿法球磨工艺，不然会破坏颗粒形貌，因而通常采用干法高效混合方式。

斜式混料机是在卧式干法球磨机基础上改进而成的，卧式干法球磨机在球磨混料过程中通常留有死角，而斜式混料机可以克服这一缺点。斜式混料机筒体为八边形并与转动轴成一定的角度，由于筒体的特殊结构，决定了物料在筒体内的运动。物料在筒体内除了做圆周运动外还随着筒体的上下和左右颠倒而做轴向和横向运动。物料在径向、轴向、横向的运动状态下经过筒体内介质球的作用，团聚的物料被打散，而使物料充分混合。经过斜式混料机混合的物料不会因为团聚、物料的相对密度不一样而出现分层现象。图 3-10 是斜式混料机结构示意图。

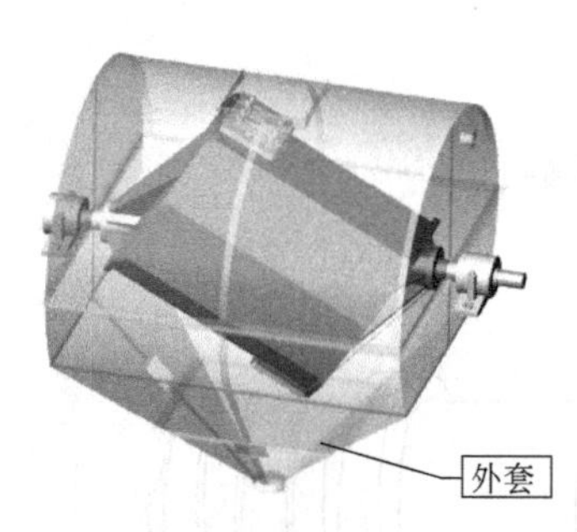

图 3-10　斜式混料机结构示意图

斜式混料机筒体内的介质球有钢球、聚氨酯球、氧化铝球和锆球等，不同种类筒体内衬有氧化铝陶瓷和聚氨酯等。目前锰酸锂烧结前的混合一般采用氧化铝内衬筒体和氧化锆介质球。而三元系材料一般采用氧化铝内衬筒体和聚氨酯包裹的钢球，因为聚氨酯球表面比较柔软，球磨混料过程中不易破坏前驱体原料的球形形貌。

3.2.4　高速混合机

锂离子电池三元正极材料的前驱体一般都是由共沉淀法制备而得到的类球形粉末，所以，混合设备如果采用具有强剪切力的设备，会造成破坏，进而影响后期性能，即使采用聚氨酯球的斜式混料机有时也会造成粉体形貌破坏，微粉偏多。另外，斜式混料机混合时间长，有时长达4～5h。所以目前许多企业采用一种称为高速混合机的设备[9]。其原理是在混合机底部设计一个搅拌叶片，通过叶片的高速旋转实现各种粉末物料的强力对流混合、扩散混合、剪断混合，从而快速混合均匀，一般混合时间为10～20min，对物料形貌不会有破坏性影响。图3-11是高速混合机的底部搅拌桨和机器外观照片。

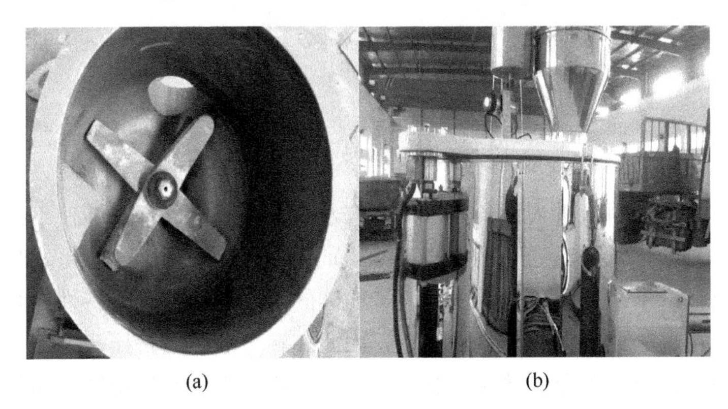

(a)　　(b)

图3-11　高速混合机

混合筒体采用不锈钢板制作，内表面经过涂层处理，筒体外设夹层，便于通循环水冷却。锅盖和放料三通为铝合金翻砂铸造，加工后再经过涂层处理[10]。

搅拌桨为不锈钢翻砂铸造，机床加工后，通过平衡测试，最后再经过涂层处理。搅拌桨一般分上、中、下三层，呈一定的弧度和角度、可全方位覆盖。若因工艺要求，为增加搅拌效果，也可增设侧搅拌系统。

主轴密封，采用机械密封、油封密封、气密封等数道工艺，确保在高速状态下不漏料。

3.2.5　高速旋风式混合机

高速旋风式混合机[11]，英文名为Cyclomix，是一种动态强剪切混合机，具有锥形混合腔体，并配有中心转轴，其桨叶顶端线速度可达20m/s。通过转轴的速度产生离心力将产品推向混合腔体内壁。此时腔体的锥形形状使产品产生一个沿内壁向上的运动。产品再由特别设计的机盖引导到混合机的中心，并回落到混合腔的底部，重新开始新一轮的混合过程（见图3-12）。Cyclomix混合设备能够确保混合均匀的终端产品和非常短的混合时间。该种设备与前面介绍的高速混合机具有相似的功能，可以用于锰酸锂、三元材料烧结前物料的混合。

3.2.6　机械融合精密混合机

机械融合设备主要是针对电池行业的精密混合，物料（负极材料、导电剂、粘

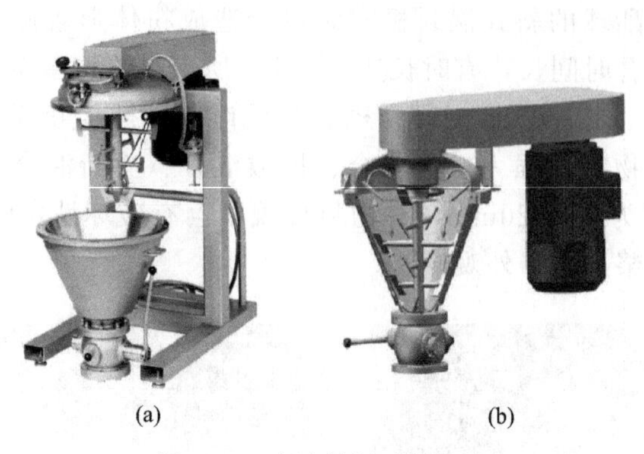

图 3-12　高速旋风式混合机

接剂、电解质）从进料口进入设备经机械融合及高精密混合处理，能使不同材料的成分颗粒之间进行复合化，降低产品的 BET 比表面积，让产品颗粒致密化。此设备能将纳米级粉末包覆在微米级的颗粒上，从而改进粉体的许多物理、化学特性。物料在转子中高速旋转时，在离心力的作用下紧贴器壁，因此在转子和定子挤压头之间高速穿过。因此在这个瞬间，物料同时受到挤压力和剪切力的作用，由于高速旋转，物料在转子和定子之间循环往复，不断地受到挤压力和剪切力的作用，并在摩擦力的作用下颗粒表面达到一种机械熔融状态，从而将纳米级的超细粉末包覆在微米级的颗粒上，图 3-13 为机械融合机的原理与示意图。图 3-14 是将纳米碳包覆到钴酸锂表面的过程示意图，这种包覆可以提高被包覆材料的导电性。用此设备可以将磷酸铁锂材料与包覆碳进行机械融合，降低材料的比表面积，提高材料的振实密度。也可以用此设备对高温固相烧结前的物料进行精密深度混合，其混合效果要强于之前所介绍的干法混合设备。目前，此设备由日本细川密克朗公司生产，价格昂贵。国内无锡新光粉体设备有限公司、无锡新洋设备有限公司等厂家有仿制产品，但性能与日本产品仍有较大差距。

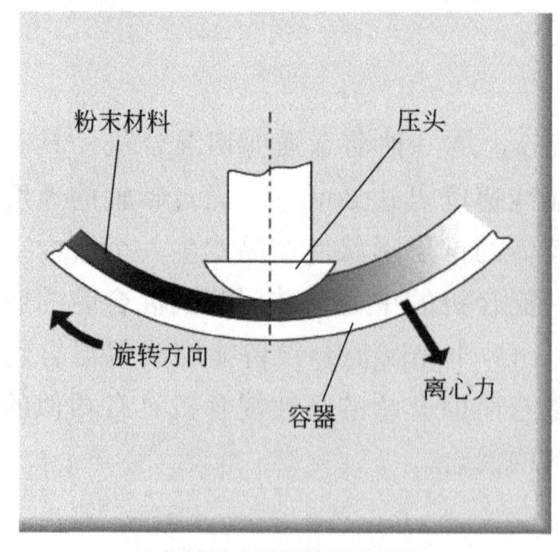

(a) 机械混合系统的基本原理

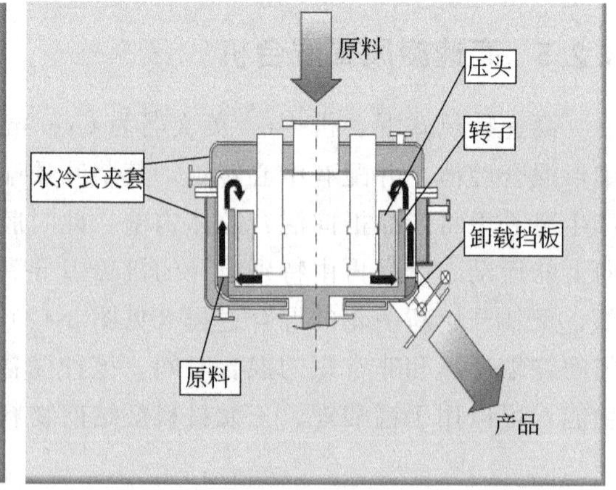

(b) 循环型机械融合系统(AMS型号)示意图

图 3-13　机械融合机的原理与示意图

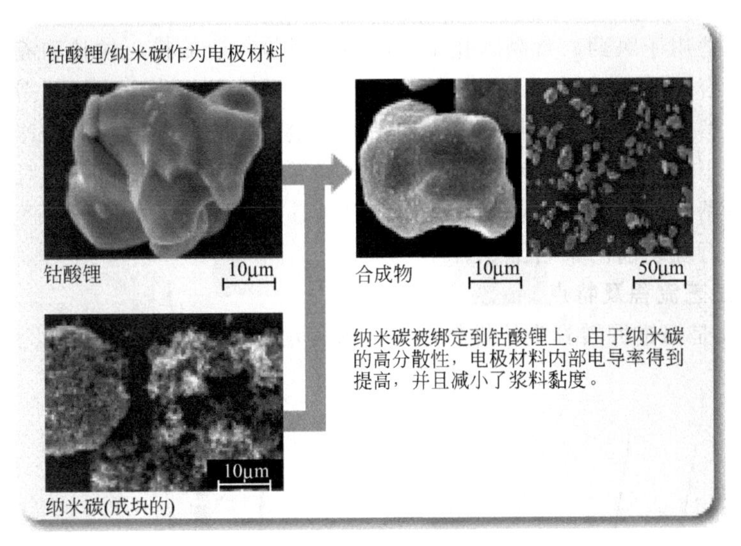

图 3-14　锂离子电池正极材料钴酸锂与纳米碳的融合示意图

3.3 干燥设备

当锂离子电池正极材料生产过程中采用湿法混料工艺时，经常遇到干燥问题，湿法混料所用溶剂不一样，所采用的干燥工艺和设备也就不一样。湿法混料工艺所用的溶剂目前主要有两种，一种是非水溶剂即有机溶剂如乙醇、丙酮等，另一种就是水作为溶剂。锂离子电池正极材料湿法混料的干燥设备主要有以下几种。

3.3.1 真空回转干燥机

3.3.1.1 工作原理

双锥回转真空干燥机[12]为双锥形回转罐体，设备中间为圆柱形，两端为圆锥形，圆锥顶部一头设计为敞开式投料（兼作人孔），另一端为蝶阀出料。罐体内、外共分三层，中间夹套加热介质可以是蒸汽、热水或导热油，保温层为硅酸铝棉，设备运行耗能极少。内层投放物料，工作时罐内处在真空状态下，向夹套内通入导热油、热水或蒸汽等热媒进行加热，热量通过罐体内胆传递给湿物料。

由于罐体内处于真空状态，各种物料中的溶剂（包括水）在真空的条件下均能在较低的温度下迅速汽化，且罐体的回转让物料不断地上下、内外翻动，使得物料不断地更新与器壁接触的表面，从而充分利用器壁所传导的热量，加快物料的干燥速度，提高干燥效率，并能达到均匀干燥的目的。

湿物料吸热后蒸发的溶剂气体，通过真空泵经真空抽气管被抽出，经袋滤器过滤后进入冷凝回收系统，利用自来水（或冷冻水）等冷媒对蒸发的溶剂进行冷却以达到回收的目的。本设备生产成本低，对环境无污染。

3.3.1.2 应用范围

本设备适用于医药、食品、化工、电池材料等行业的粉、粒状和液体物料的真空干燥及混合，尤其适用于干燥热敏性物料、高温下易氧化的物料、需回收溶剂的物料和对物料形态有要求的物料。早期钴酸锂生产工艺采用酒精湿法球磨混料和双锥回转真空干燥机干燥，相对于防爆型闭式喷雾干燥设备投资小，可对物料进行造粒并回收酒精，目前有些企业仍在使用该设备进行干燥。磷酸铁锂生产工艺也有采用此设备进行烧结前的浆料干燥。

3.3.1.3 工艺流程及特点

图 3-15 是双锥回转真空干燥机的工艺流程示意图。该设备具有以下优点：

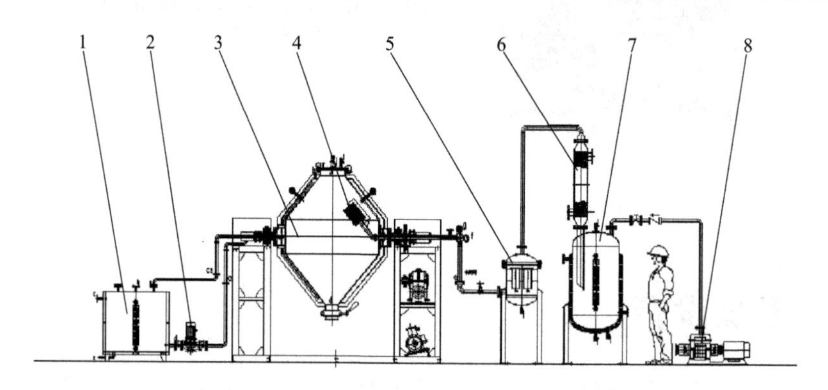

图 3-15 双锥回转真空干燥工艺流程图

1—加热水箱；2—热水循环泵；3—双锥回转真空主机；4—抽真空罩；5—袋滤器；6—螺旋管冷凝器；7—缓冲罐；8—水环式真空泵

① 主机人孔上装有真空上料口，利用真空泵在主机负压状态下快速上料，降低操作强度；

② 回转真空干燥机内胆、夹套和轴套焊接成一体后，经大型镗床对轴座端面平面度及筒体的同轴度进行镗孔加工，以保证两端主轴的径向跳动不超过 0.2mm，减小旋转接头的磨损，提高其使用寿命；

③ 筒体两端密封均采用蒸汽专用型旋转接头，旋转接头密封采用球面石墨密封技术进行密封，改善了填料密封容易磨损而漏真空、漏水的不良现象；

④ 设备采用变频调速的方式，使设备启动平稳，电机电流不过大，延长设备寿命；

⑤ 在系统压力测量方面，除了在真空管路上设有真空表显示系统压力外，还在罐体上设置了隔膜式真空表，以反映罐内真空度，这样可以防止系统“假真空”现象的发生，并防止一些意外事故的发生；

⑥ 冷凝器采用了技术先进的高效螺旋缠绕管式冷凝器，其有以下优点：换热系数高，冷凝效果好，单位面积的换热能力是传统冷凝器的 3～5 倍；占地面积小，安装维护方便，同等工况下体积只有传统冷凝器的 1/5，重量是传统冷凝器的

1/10；

⑦ 缓冲罐在原有基础上加装水夹套，降低回收下来的溶剂液体温度，防止液体在高真空度下二次挥发，提高溶剂回收率。

3.3.2 真空耙式干燥机

真空耙式干燥机[13]，是一种通用型干燥设备，主要应用在制药、食品、轻工、冶金等行业，特别在化学工业中的有机半成品和染料干燥中得到广泛应用。适用于干燥热敏性物料，在高温下易氧化的物料，干燥时容易产生粉末的物料（如各种染料），或是干燥时易板结的物料，以及不耐高温和干燥中排出的蒸汽须回收的物料。

耙式真空干燥机是利用物料中的水分在真空状态下沸点降低的特点来进行干燥的设备。如图 3-16 所示，该设备用蒸汽夹套间接加热，水分受热蒸发并被及时抽除。在干燥机壳体内部，耙齿通过传动轴带动，耙齿端与轴线设计有一定夹角，主轴通过正向反向转动使物料沿轴向移动以利于干燥和出料。壳体内部可加入 2 根或 4 根敲击棒，以利于物料的快速干燥及粉碎。敲击棒为与壳体等长的空心厚壁不锈钢管，其在壳体内部是自由运动的，敲击棒在内部不断敲击物料，使物料不断被敲碎（物料获得更大的比表面积）以加速干燥过程，使得成品物料质量更佳。我国有些企业的磷酸铁锂生产工艺采用此种设备进行物料干燥并回收溶剂酒精。

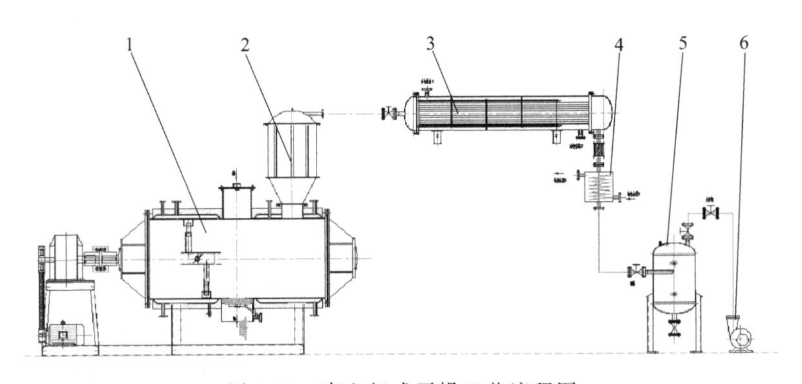

图 3-16 真空耙式干燥工艺流程图

1—耙式干燥机；2—袋滤器；3—列管冷凝器；4—蛇管冷凝器；5—缓冲罐；6—真空泵

针对磷酸铁锂浆料液固比大，干燥时物料形态变化大（从液态→膏状→干燥物料），应对原有真空耙式干燥机做一些调整使设备更适合于磷酸铁锂的干燥。

① 实心全不锈钢主轴设计。不同于空心厚壁管式设计，因物料在干燥过程中形态变化较为复杂，在干燥过程中物料会变得黏稠，实心轴的良好刚性能够充分保证干燥过程稳定进行。

② 筒体选用较厚钢板制作，正常夹套设计压力为 0.5MPa。

③ 铸造不锈钢耙齿。大多厂家设计为空心管焊制耙齿，在干燥过程中容易弯曲、断裂，尤其在干燥机内部加入敲击棒后，空心管焊制耙齿故障率较高，经常出现耙齿弯曲、断裂现象。不锈钢耙齿的高强度及稳定性，使内部加入敲击棒后工况更加稳定。

④ 进、出料体人性化设计。进料体为快卸法兰，装料快捷方便。出料体为蜗轮蜗杆封闭式出料体结构，出料方便，操作简便，出料口底部无存料，出料时装袋方便。

⑤ 摒弃传统的旋风分离器的除尘方式，最好采用除尘效果更佳的袋式过滤器，采用快装结构便于设备的安装、清洗，与筒体内的抽真空头组装成三级过滤，极大提高过滤效率，防止物料跑到后面的冷却回收系统（降低换热系数），提高溶剂回收效果。

3.3.3 喷雾干燥机

3.3.3.1 敞开式离心喷雾干燥

(1) 工作原理及特点

喷雾干燥是液体工艺成形和干燥工业中应用最广泛的工艺，最适用于从溶液、乳液、悬浮液和糊状液体原料中生成粉状、颗粒状固体产品。因此，当成品的颗粒大小分布、残留水分含量、堆积密度和颗粒形状必须符合精确的标准时，喷雾干燥是一道十分理想的工艺[14]。

如图 3-17 所示，敞开式喷雾干燥为开式对流干燥系统，齿轮传动离心雾化，使其微负压运行。干燥介质（空气）经初效过滤器、中效过滤器和亚高效空气过滤三级过滤，由鼓风机吸入送给热风发生系统加热至工艺要求的温度，再经过耐高温的高效空气过滤器过滤进入热风蜗壳，经热风分配器螺旋进入干燥室。料液由螺杆

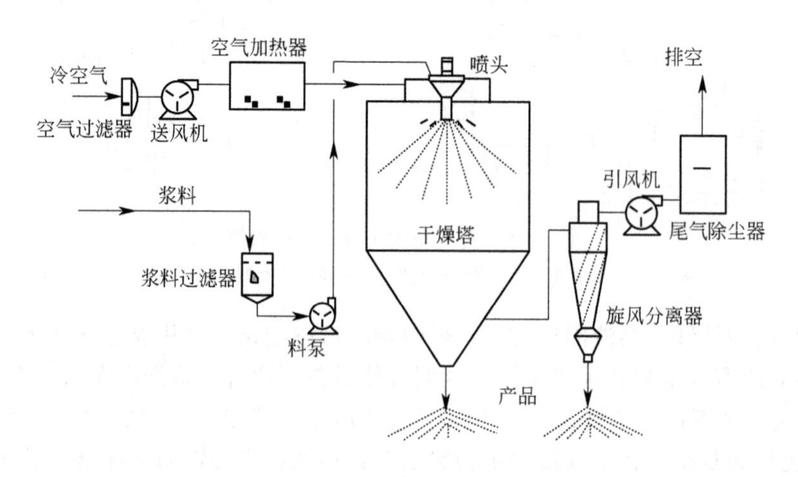

图 3-17 离心喷雾干燥工作原理

泵输送给离心雾化器，雾化器将料液分散成小的雾滴，雾滴与热空气充分接触混合螺旋沉降，在螺旋沉降过程中实现干燥，料液中的固体物形成粉料，料液中的水溶剂生成水蒸气。粉料由脉冲袋滤器收集，洁净的水蒸气排出系统外。

喷雾干燥的特点：

① 干燥速度快，料液经雾化后表面积大大增加，在热风气流中，瞬间就可蒸发95%～98%的水分，完成干燥仅需数秒，特别适用于热敏性物料的干燥。

② 产品具有良好的均匀度、流动性和溶解性，产品纯度高、质量好。

③ 生产过程简化，操作控制方便。对于湿含量为40%～60%（特殊物料可达90%）的物料能一次干燥成粉粒产品，干燥后不需粉碎和筛选，减少生产工序，提高产品纯度。对产品粒径、松密度、水分，在一定范围内可通过改变操作条件进行调整，控制和管理都很方便。

（2）供液系统

① 储罐设置搅拌机构，防止料液沉淀。

② 在进入雾化器前，设置磁性过滤器去磁性物质，保证产品纯度。

③ 选用电动机直驱雾化器。相对齿轮传动类雾化器重量轻，噪声低，线速度相对齿轮变速箱高，产品粒度细，且可调范围宽、无漏油的可能性，无需配套葫芦起吊，并配置变频器控制雾化器转速。

④ 雾化盘孔道嵌抗腐蚀、耐磨损的氧化锆套，氧化锆套磨损后成批更换，无需更换雾化盘。

⑤ 配置变频器控制输液泵，方便控制恒定出风温度，保证产品的终水分含量。

（3）干燥介质

① 对电加热器的控制，设计可控硅控制，保证进风温度的稳定性。

② 干燥介质经过初、中效空气过滤器处理后加热，加热后再经过耐高温空气过滤器处理进入干燥室，保证干燥介质的洁净度。

（4）热风蜗壳

螺旋沉降式热风蜗壳、水平导风片和热风分配器两层导风叶片，把热风气流整流成理想状态，与雾化器喷出的雾滴充分接触，并引导雾滴螺旋下降，不至于吸顶和粘壁。

（5）干燥室

① 干燥室选用不锈钢镜面板，材质有304或316L供用户选择，板厚2～3mm，满焊，焊缝抛光$Ra \leqslant 0.8$，保证在干燥室的粉尘不附壁。

② 干燥室下料锥角设计为50°，保证产品顺利排出干燥室。

③ 在干燥室外壁设置气锤，脉冲发生器控制间隔敲打，防止粉尘附壁。

（6）引风管道

为了保证产品的纯度，在干燥过程中产品尽可能少与金属材料接触，流程应简短，干燥塔底部不出料，电池材料的密度偏大，为了流畅地收集产品只设计一级脉冲袋滤器。在干燥塔底部拐弯处专门设2种导流器，一种是锥形导流器，一种是月亮弯形导流器，目的在于提高拐弯处的风速，超过管内 25m/s，产品不至于沉积在拐弯处。为了解决产品沉积在拐弯处的问题，在拐弯处设置搅拌清理装置。

(7) 脉冲袋滤器

① 由于排风温度高，一般在 100～130℃，为了防止滤袋因高温引起的着火燃烧，在脉冲袋滤器含尘室设置冷风口和箱内温度检测，一旦箱内温度超过安全温度，自动打开冷风口，并关闭热源等关联设备。

② 为了防止结露，对脉冲袋滤器保温。

(8) 控制系统

配备触摸屏操作，可编程器控制，数显温度、压力、雾化器和输液泵运行频率，按工艺要求自动控制进风温度，根据工艺要求设定的出风温度自动调节输液泵的转速来恒定出风温度，保证产品的终水分含量。

目前国内许多生产锂离子电池正极材料磷酸铁锂的企业以磷酸铁和碳酸锂为原料，以纯水作分散介质，采用搅拌球磨和砂磨工艺后进行喷雾干燥，然后再进行氮气保护烧结。

3.3.3.2 防爆型闭式喷雾干燥系统

防爆型闭式循环喷雾干燥系统[15,16]是在密闭的环境下工作，干燥介质为惰性气体，一般为 N_2，适用于有机溶剂的物料干燥和有毒性气体产生的物料或干燥过程中易发生氧化的物料干燥。

如图 3-18 所示，氮气经加热器加热后进入干燥塔，液体物料经螺杆泵输送至离心喷头处，液体被高速旋转的离心雾化器雾化成液滴，在干燥塔内完成热质交换过程，被干燥后的粉状物料从塔底排出，被蒸发的有机溶剂气体在风机的作用下，把夹在气体中的粉尘通过旋风分离器、喷淋塔除尘后，饱和的有机溶剂气体经冷凝器冷凝成液体排出冷凝器，不凝性气体介质被连续加热后作为干燥载体在系统内重新循环使用。常规的普通离心喷雾干燥是通过不断地送风、排风达到

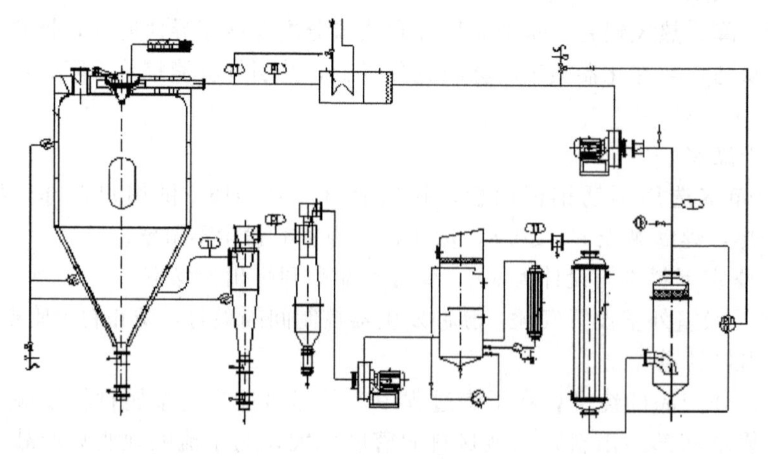

图 3-18　防爆型闭式循环离心喷雾干燥机系统流程图

排湿的目的，这也是防爆型闭式离心喷雾干燥设备与普通离心喷雾干燥设备的明显区别之处。

干燥系统内干燥介质为 N_2，内部为正压操作，保持一定的正压值，如果内部压力下降，由压力变送器来自动控制 N_2 进量，保证系统压力平衡。由于采用 N_2 之类的惰性气体作为循环气体，对干燥的物料具有保护作用，循环气体经历载湿、去湿的过程，介质可重复使用。

有些企业在锂离子电池正极材料磷酸铁锂生产过程中，烧结前的物料采用酒精介质进行球磨混料，采用普通型喷雾干燥会发生酒精的燃烧爆炸的危险，只能用防爆型闭式喷雾干燥。但该设备价格昂贵，目前国内还不能生产，国际上日本、丹麦可以生产。

3.3.4 真空带式干燥机

真空带式干燥机[17,18]是一种连续进料、连续出料形式的接触式真空干燥设备。如图 3-19 所示，待干燥的料液通过输送机构直接进入处于高度真空的干燥机内部，摊铺在干燥机内的若干条干燥带上，由电机驱动特制的胶辊带动干燥带以设定的速度沿干燥机筒体方向运动，每条干燥带的下面都设有三个相互独立的加热板和一个冷却板，干燥带与加热板、冷却板紧密贴合，以接触传热的方式将干燥所需要的能量传递给物料。当干燥带从筒体的一端运动到另一端时，物料已经干燥并经过冷却，干燥带折回时，干燥后的料饼从干燥带上剥离，通过一个上下运动的铡断装置，打落到粉碎装置中，粉碎后的物料通过两个气闸式的出料斗出料。由于物料直接进入高真空度下经过一段时间逐步干燥（通常是 30～60min），干燥后所得的颗粒有一定程度的结晶效应，同时从微观结构上看内部有微孔。直接粉碎到所需要的粒径后，颗粒的流动性很好，可以直接压片或者灌胶囊，同时由于颗粒具有微观的疏松结构，速溶性极好。而且颗粒的外观好，对于速溶（冲剂）产品，可以大大提升产品的档次。带式真空干燥机分别在机身的两端连续进料、连续出料。

对于黏性高、易结团、热塑性、热敏性的物料，不适于或者无法采用喷雾干

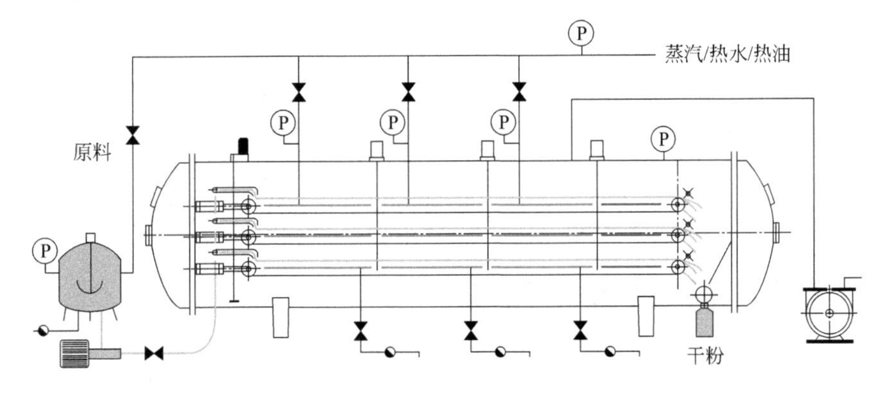

图 3-19 真空带式连续干燥机原理图

燥，带式真空干燥机是最佳选择。而且，可以直接将浆料送入带式真空干燥机进行干燥。产品在整个干燥过程中，处于真空、封闭环境，干燥过程温和（产品温度40～60℃），对于有机溶剂可以进行回收循环使用，操作成本低，环境友好。带式真空干燥机可以进行完全的在线清洗，在批与批、产品与产品之间可以非常方便地进行在线清洗，使得更换产品非常方便，大大地降低了工人的劳动强度，也保证了产品的质量。

真空带式干燥机主要由带双面铰链连接的可开启封盖、圆柱状壳体，装于壳体上的多个带灯视镜、可调速喂料泵、新型不粘履带、履带可调速驱动系统、真空设备、冷凝器、横向摆动喂料装置、一组全自动温控系统、加热板、收集粉碎装置、收集罐、清洗装置等组成。低温真空履带式干燥机的干燥处理量和履带面积可按照需要进行设计和制造，可以在不改变干燥机壳体的前提下通过增加壳体内的履带层数来实现，同时只需相应加大真空设备的排量和温控单元的容量即可，控制系统几乎无须做任何改动。多层式低温真空履带干燥机更有利于提高设备的经济性和使用效益，图 3-20 是真空履带连续干燥机实物图。

真空履带连续干燥机分别在机身的两端连续进料、连续出料，配料和出料部分都可以设置在洁净间中，整个干燥过程完全封闭，不与外界环境接触，安全环保。

图 3-20　真空履带连续干燥机实物图

锂离子电池正极材料磷酸铁锂的生产工艺由于前期球磨混料过程中加入了较大比例的有机碳如葡萄糖、蔗糖、树脂等，无论是真空回转干燥、真空耙式干燥还是喷雾干燥，都存在比较严重的粘壁现象，造成干燥过程难以连续进行，需要定期对设备进行清洗，而采用真空带式连续干燥可以较好地解决这一难题。

3.4 窑炉自动装卸料系统

锂离子电池正极材料生产原料经均匀混合、干燥后装入窑炉进行烧结，然后从窑炉卸料后进入粉碎分级工序。早期国内正极材料生产一般采用手工装卸料，产品品质一致性差，劳动效率低，工作环境恶劣。随着下游电池厂家对正极材料品质要求越来越严格，特别是动力电池对产品一致性要求非常严格，一些一线品牌企业开始采用全自动化生产线，窑炉自动装卸料系统[19]是自动化生产线的重要组成部分。

以锂离子电池正极材料钴酸锂的生产工艺为例，它是由碳酸锂、氧化钴和一些其他原料按比例混合而成，均以粉体的形式存在，在配料和混合工序后还需要在窑炉中经历高温烧结过程。本节不讨论窑炉内的烧结机理和温度控制过程，而是着重介绍在自动化生产过程中两次配混以后的粉料如何进入窑炉以及烧结完成离开窑炉后如何进入下道工序的各种自动化机械设备。

炉窑的结构形式及容量大小差别较大，但是粉体都是定量盛放于耐火材料制成的钵中才能送入窑炉中进行高温焙烧的，因此窑炉自动装卸料系统都是围绕粉体装钵和卸（倒）钵两大部分进行的。除此以外，还有两个问题是自动装卸料过程中必须注意的。一是任何装卸料系统都必须考虑锂离子电池正极材料的粉体怎样防止被水分、杂质，尤其是金属单质污染；二是烧结后的料并不再是粉状，而是呈不规则的块状，块状料必须经过大块破碎，小粒径粉磨，达到某一小粒径（微米级）后才能进入下一道工序。然而经过上述流程后，粉体的流动性会有较大的差异，刚从粉磨设备中出来的粉料由于粒径小，含气量又高，因此流动性好。但是，若在容器中储存一段时间，空气泄出后，粉体的流动性大大降低，甚至还会在储料仓中沉积和发生粘壁及结拱现象。自动装卸钵系统要兼顾到这两种截然相反的情况，保证在任何时刻都能对粉料进行装卸操作。

3.4.1 钵的形式和在窑炉中的排列

装粉料的钵是由不含铅锌铜元素的非金属耐火材料制成的，形状有方形和圆形。目前，生产线上主要是用方形的钵，较少用圆形的，因为方形的钵在窑炉中可以紧密排列不留或少留间隙。这对充分利用窑炉空间，保证窑炉内温度场的均匀以及钵在窑炉内匀速、顺序地行进有很大好处。常用的方形钵，长度和宽度为 320mm 或稍大些。目前经常使用的方形钵高度有两种，高度为 100mm 的低钵，钵的上沿四周各有一个宽约 100mm，深约 20mm 的缺口。如图 3-21 所示。

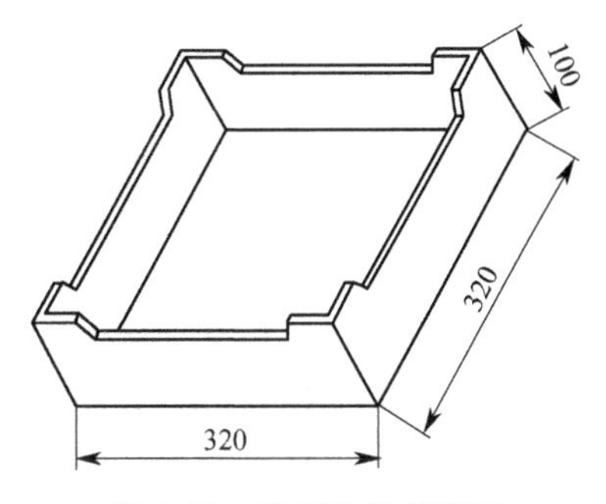

图 3-21　常用钵的外形图

另一种高度为 110mm 的高钵，钵的上沿四周无缺口。两种钵的选用取决于窑炉炉膛的高度以及产能的要求。一般的窑炉进口是两只钵叠放在一起，然后四叠排成一行。两排钵之间可以是无间隙或留有少量间隙，这是根据该台窑炉温度场的分布而决定的。两只叠起来的钵可以全是 100mm 高的低钵，也可以是下层是 1 只 100mm 的低钵，其上再叠一只高度为110mm的高钵。低钵上沿开有四个缺口的功用是：有了这个缺口，叠放在下层的钵在窑炉内高温气体可通过这个缺口进入钵中，可使叠放在下层的钵与上层的钵一样受热均匀。出窑以后人工或机械手的手指可方便地插入这个缺口中将上下钵分离。每只钵装料量的多少与烧结的次序有关，因此，装钵量的多少以及采用何种形式的钵进入炉窑完全与产能有关。

窑炉自动装卸料系统从功能上分可以有：自动定量装钵机、满钵的排序、分配机、高低钵检测机、叠钵机、拆分机、倒钵机、破损检测剔除机以及与生产过程配套的积放、阻挡、输送机等。

3.4.2 炉窑装卸料过程的特点和要求

以钴酸锂的烧制为例，氧化钴、碳酸锂按工艺的比例混合后的第一次烧结，炉窑内部烧结温度在1100℃左右，有的品种要求烧结温度更高。第二次烧结则是除了定量加入一些其他材料进行二次配料外往往还加入某些材料进行包覆处理。炉窑内部烧结温度也达到600～800℃。因此炉窑周边的辐射温度很高，夏天时分，窑炉周边的辐射温度有时达到50℃以上，尤其是在出口，当满载烧结后物料的钵缓慢输出时，钵体的温度可达130℃，因此出窑段辐射温度更高，可达60℃左右。出窑后锂离子电池正极材料还需防止空气中的灰尘、游离的金属单质或是湿空气对它的污染，希望暴露在空气中的时间越短越好。有的要求品质更高的材料，甚至需用氮气进行保护。正因为有此要求，所以盛满物料的钵出窑后要迅速将钵与物料分离。在实现自动化生产前是完全依靠人工将尚处于高温状态的钵翻转过来，将钵中的料倒出。因此，工人劳动强度极大，尤其是夏天，既不能开风扇调节气温，也不能用冷水降温。因此，即使体格强壮的工人，每次也难以支撑几十分钟时间，再加上钵是一种易碎易破的耐火材料制成品，每只钵的价格为几十元，要在高温环境下人工戴着厚重手套连续快速地将重达十余千克的钵翻过来倒掉而又要轻拿轻放，实在是很难做到的事。因此，炉窑生产工段工作的人员体能消耗相当大，迫切需要用自动化设备来替代人工操作。然而，实现自动化操作亦有不少难度。第一，自动化设备都是金属材质构成的，金属机构在工作时有相对运动，由于摩擦而产生金属单质，很易污染刚从窑炉内出来的物料；第二，有相对运动的机械必然有润滑系统，润滑油在辐射温度很高的现场容易挥发，一方面由于挥发减少了润滑能力，另一方面润滑油挥发产生的气体又会造成锂离子正极材料的污染；第三，自动化系统需要在生产线上设置许多检测传感器，大部分传感器工作温度均要求在40℃以下，过高的环境温度会造成传感器失灵或检测可靠性下降，例如，检测工作位置用的磁性开关、光电开关使用寿命会很短；第四，作为自动化执行机构的气缸、电动机的机件在高辐射温度的场合执行力和寿命将大大下降，甚至普通的电线电缆在高环境温度下的绝缘强度和寿命也会受到影响。

3.4.3 装料机械和卸料机械

3.4.3.1 装料机械

装料机械主要是指以下几种机械设备：

① 装钵前空钵需要先进行清扫，高低钵型检测。

② 定量装钵，装钵机主体为定量秤。该秤有两种形式，一种是增量型方式，即原料仓以快慢两种速度给称量斗加料，称量斗称完一只钵所用的料后，开料门将料排入钵中；另一种是减量型方式，原料仓给称量斗加很多料，然后称量斗分若干次，每次用快慢两种速度排出一只钵所用的料。增量秤称量精度较高，但速度稍慢，减量秤则反之，称量精度稍低些，但速度较快。这两种装钵用的定量秤在锂离子电池正极材料自动装钵机上均有应用，效果都还不错。如果产能统计或工艺质量控制需监测每一次装钵的用料量，或对每一次装钵量均有严格要求的话，可以选用增量型定量称重方式。若对每次装钵量没有严格要求的话，可以选用减量型定量称重方式，装钵速度可望提高。目前生产线上应用的装钵 5kg 的定量秤，其速度达到每分钟装一钵，基本上可满足两台窑炉用钵量。

③ 装料钵的输送和分配。一台装钵机供两台窑炉生产用量时，装钵机位于两台窑炉进料口前方居中的位置，定量装钵完成后，再将钵向左右两台窑依次供钵。此外，每台窑炉钵的进入是要求两只钵叠起来后再排成一排四列，因此，从装钵机输送过来的单只满钵先要叠钵，叠钵后再排序，这两个动作的中间先要经过转向、等待并成为一行四列后才能输出，所以机构动作较复杂。除此之外，由于空钵传送，定量装钵过程中，有时间差常常会造成后道传送路径上钵的布置是不均匀的，有时堆积，有时空缺。因此钵的传送路径的某些位置上还要设置阻挡器进行积放。由于钵是耐火材料制作的，脆性易碎，不耐撞击，所以采用差速链辊子输送机，一旦传送过程的钵被阻挡时，输送机本身还在运转，但利用辊子与其轴之间打滑而使钵不受冲击地停止在原地，这样做在传送过程中需要阻挡和积放时可以对钵进行保护。

3.4.3.2 卸钵机械

卸钵机械主要指以下几种机械设备：

① 从窑炉出来的钵与进窑炉时的形态是一样的，即横向一排四行，共八只钵，出窑口后在转向输送机上被改变成一纵四列，其控制流程恰与进窑相反，所以同样有排序机，移送分配机，然后再由叠钵机将两只叠起来的钵拆分成一只一只的钵放回差速链辊子输送机上。由于将叠起来的钵拆成单钵，在拆分停顿的时间里，辊子链输送机仍是不停止运行的，因此同样仍需将行进中的钵暂停，作业结束后再放行，所以在钵移送路径上仍要布置合适的阻挡器和积放器。

② 拆分后单个的钵便可进入自动卸钵机将钵翻转 180°使钵和料分离。倒出来的料还具有一定的温度而且可能成块状，适当的降温、粗破碎、细粉碎后才可以采用气力输送系统传递到合适的工位或下道工序。上述几个工步若要用自上而下的垂

直流动方式，那么需一定的高度空间和升降设备，若用水平方式布置这些工步则需水平传送手段和较大的占地面积。目前各企业生产工艺中根据厂房结构两种方法都有采用。机械手在卸钵操作中的应用已越来越广泛，六轴机械手可实行 X、Y、Z 三个方向的自动操作，对于空间狭小的场所特别适用。然而在窑炉出料口的恶劣环境中使用还有一定的局限性。

③ 倒掉料之后的空钵应移送到装钵机内循环再装料，装料前需要做破损检测和清扫。破损检测目前企业较多利用人工，因劳动强度不大，钵移送速度不快，所以用目力检测可以达到目的。无人值守的全自动生产线上有一种钵破损检测机，是利用专用的小锤对移动中的钵进行敲击，完好的钵声音清脆，破损的钵声音沙哑，但由于生产车间里噪声干扰较大，检测传感器易受干扰，因此听音法破损检测设备可靠性还不够，应用上还未推广。

④ 清扫机是利用小电机高速旋转驱动一个圆柱形毛刷按一定的移动程序在空钵中自中心向左右前后移动并辅以吸尘器吸取粉尘。

3.4.3.3 自动装钵机

自动装钵机由下列机构组成：称重式供料仓、振动加料机、除铁器、用增量法运行的定量秤以及有两个开度的排料阀、滚子输送机、压钵分划机等。见图 3-22。

3.4.3.4 定量称重装置

定量秤是本机的核心，采用增量法称量还是减量法称量在生产上都有应用。氧化钴和碳酸锂两种主料在配料混合后，将混合后的粉料排入自动装钵机的供料仓中，该供料仓是一个设置了上下两预置点的称重式料仓，上预置点与混合机的排料阀联锁，当供料仓处于高位预置点时即向混合机控制系统发出“禁止排料”的联锁信号。下预置点与本系统定量装钵秤联锁，当供料仓内物料少于一次装钵量时即发出“无料报警”信号并使本次装钵称量结束后不再进行下一次装钵计量。在供料仓与定量秤之间有一个输送量可调的振动输送机，它接收下方定量装钵秤的大加料和小加料，再经调压型振动控制器转换成大振幅和小振幅两种电信号，实现振动输送机的双速均衡给料，振动给料机下方的气控蝶阀则根据定量秤的小加料信号提前关闭阀门，实现“落差”控制，从而达到精确定量控制。当定量秤完成称重计量任务后，开启排料门将料排入下方的钵中。排料门是一种具有两种开度的阀门，因为混合料的流动性较好，定量秤开门排料时，混合料排放速度较快，不仅有粉尘泄出而且落入钵中的料有飞溅状，因此损耗较大。该排料阀先将开度开启一半再过渡到全开状态，从而有效防止飞溅的发生。为了更好地控制飞溅，在下方接收物料的钵在定量秤排料时由下方的顶升气缸向上顶升一段距离，缩短钵与定量秤排料门的距离。此外为了使落入钵中的物料保持平面状态，当钵升起接收定量秤排料的同时，加入了摇晃和振动环节，以防止钵中物料中间高、四周低的情况发生。这样还可使在窑炉烧结过程中钵内物料均匀受热，整体质量达到一致。减量法定量装钵也有很多企业在使用，减量法定量称重计量方式称重料仓容量较大，一次进料后，连续多次以减量计量的方式排出物料。因为该定量秤的料仓所用的称重传感器是以秤的总

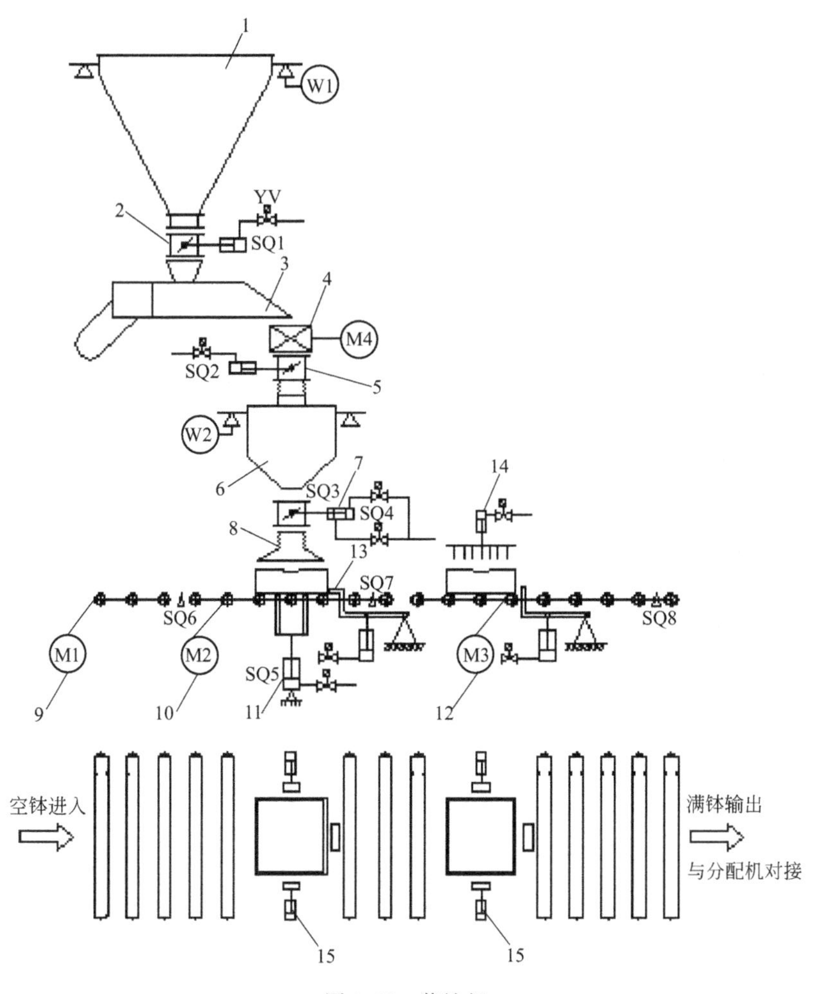

图 3-22 装钵机

1—原料仓；2—原料仓排料阀；3—振动输送机；4—除铁器；5—定量秤供料阀；6—定量秤；7—具有两个开度的排料阀；8—防尘罩和软连接；9—空钵输送机；10—装钵输送机；11—钵顶升气缸；12—压钵划块输送机；13—阻挡器；14—压钵划块气缸；15—夹钵气缸；SQ1—排料门开启位置开关；SQ2—进料门开启位置开关；SQ3—小开度排料位置开关；SQ4—大开度排料位置开关；SQ5—钵顶升到位开关；SQ6—空钵进入确认；SQ7—装钵输送确认；SQ8—压钵划块输出确认

重来选择额定称量值的，但若以减量方式排出的料次数过多，每次排出料的重量只占额定称量的几分之一，每次称量都是在 $0<m\leqslant 500e$ 的小称量段，就会造成称量误差较大，但定量装钵的速度可以提高，结构也简单。

3.4.3.5 划块和分割

混合料在第一次窑炉烧结后，在高温下会结块，出窑后将烧结后的块料倒出来并非易事，而且结块较大不易破碎。因此在装钵后再加一道压钵划块的工序，该工序是将一个非金属制作的分割架对准钵中的物料压一下，相当于将钵中的粉料在纵向和横向划一下，虽然粉体仍呈流动状态，但纵向和横向划过后在划过的地方粉料的松密度变小了，在炉窑内高温烧结后从钵中倒出来的料虽然仍可能是结块的，但在有纵向和横向划痕的地方很容易断裂，大块料变成了小块料就可以方便地进入破碎机的喂料口。

3.4.3.6　定量秤的供、排料机械

自动装钵机的定量秤，无论是增量法称量还是减量法称量，其加料机械和排料装置的形式和种类较多，选用的依据除了加料或排料的速度稳定可调外，必须考虑防止机械零件间相互摩擦而产生的金属单质对锂离子电池正极材料的污染。目前常用的机械有螺旋输送机、振动给料机和星型卸料机等。电气控制上对电机速度可以采用变频调速器，对电磁振动器可以用振幅或频率可调的可控硅控制器。在防止金属单质污染这一环节上，目前常用的有非金属螺旋或非金属的星型卸料阀，它们的活动部件常采用尼龙等非金属材料。此外，壳可以用金属材质，但其内腔涂以特氟龙进行防护，对于活动构件特氟龙涂层较厚，一般可达 200～300μm，对于静止的不锈钢容器内壁则涂层厚度可以薄一些，达到 20～30μm，但需定期维护这些设备，检查特氟龙涂层的完整性。第二次配混料或包覆后的混合料流动性太好，因此加料或排料机械在设备尚未开动时便会发生自流现象，在这种场合往往还要加入某些节流装置，如开度可调的插板阀或是将两个加料机械串接，如用星型卸料阀门与供料螺旋串联起来的方法实现节流控制。

3.4.3.7　附属设备

自动装钵机上还有一些附属的设备，一是在定量秤的供料路径上增加了一台除铁器，而且该除铁器不是普通静止的磁力架，而是由电机带动的一个磁力架以一定的速度在粉料流过的过道中旋转，大大增加了粉料与磁铁的接触机会又不至于造成磁力架对粉料的阻滞作用。另一个是在供料仓，定量秤的秤斗，以及落料的管道上，压钵切割架的上方都加了气动振荡破拱器。高速混合机排出来的料具有一定的温度和较好的流动性，但若在供料仓中存一两天后再进行装钵，那么混合料的状态会有变化，尤其是流动性和黏性的变化直接影响装钵的流通性，因此物料在上述所讲的流通环节上会发生阻滞、粘壁的情况，所以在物料的流动环节上还需增加振动破拱装置，这样可以防止搭拱和粘料，也给换料清理带来方便。

3.4.3.8　控制系统

自动装钵机的控制系统是由一台 PLC 负责系统的运行和操作，PLC 检测各工步位位置开关的信号，定量秤的输入/输出信号，对各种执行电机及由电磁阀控制的阀门的开启和关闭等。装钵机的动力装置功率都不大，均用交流 380V 作动力电源，控制电源用直流 24V 开关电源供电。

自动装钵机是自动化生产线上的一套重要设备，对上连接混合机，对下连接窑炉系统，因此必须与上位机进行通信。上位机有 Modbus 总线和以太网两种通信接口，因此 PLC 无论采用何种品牌，Modbus 和以太网通信模块必有一种是配置的。

3.4.4 自动移载、分配和排序

当前生产中一台装钵机的装钵速度大体上有两种，一种是每钵装料为5kg，定量装一钵料以及将粉料整平，切割分划的速度约为45s；另一种是每钵装料为8kg，则需60s。按每分钟装一钵料来核算，一台自动装钵机可以同时为两台窑炉供钵。小型辊道式窑炉进钵一般是四钵排成一行后推进，在机械布置上，常把自动装钵机布置在两台窑炉进口的中间位置，借助于分配机将装满料的钵一次分别向左右两台自动排序机供钵，由排序机完成四钵一行排序后再送入各自对应的窑炉。有的大型窑炉要求双钵叠加再以一行四列八钵，那么可在排序机的前端各配置一台叠钵机，叠钵机的功能是将单独行进的钵按两只一叠的形式叠起来，然后输送机将已叠好的钵传送到排序机上，依次排成一行四列八钵，然后一并推向窑炉入口。

3.4.4.1 移载分配机

移载分配机的结构示意图见图3-23，它的功能是将自动装钵机已装完料的钵转移和分配到左右两台窑炉中。移载分配机由一台顶升移载机和一台可左右双向运动的滚子链输送机组成。其中顶升移载机又是由一台滚筒输送机和顶升机构共同组成，它安装在滚子链输送机的中间。当顶升机构上升到高位时，滚筒输送机的表面与自动装钵输送机的表面齐平。顶升气缸下降到低位时，滚筒输送机的表面略低于滚子链输送机的表面。滚子链输送机横向两滚子之间的宽度与钵的宽度相匹配，因此当托举着钵的滚筒输送机被顶升气缸往下移动时，一旦滚筒输送机表面低于滚子

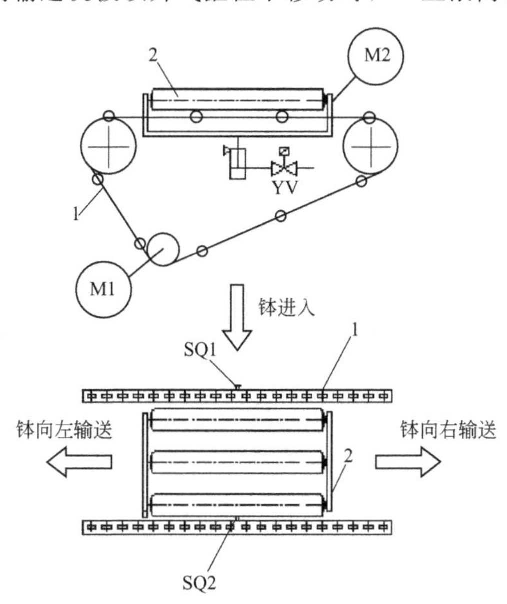

图3-23 钵的移载和左右两方向分配

1—滚子链输送机；2—滚筒输送机；M1—正反转控制的电动机；M2—滚筒输送机电动机；SQ1—移载接钵起点行程开关；SQ2—接钵终点行程开关；YV—滚筒输送机的顶升气缸

链输送机表面时，钵便被移载到滚子链输送机上。

滚子链输送机有几种形式，常用的是单倍速链条，链内部双套轴的速度是不变的，链条较大，滚轮具有积放功能。当链条上输送的物被阻挡时，滚子链内部的双套轴系统自行打滑，输送物在输送线上就积存，而链条仍在运转，驱动装置能保持不停机。当输送机前方阻挡器撤销后积存的物品又恢复正常运输。

当自动装钵机将一装满料的钵送到两台输送机交界面时，行程开关 SQ1 便被感知，该信号使移载接钵的滚筒输送机电动机 M2 得电运转，钵便被转移到滚筒输送机上，当钵达到滚筒输送机的指定位置时，被后置行程开关 SQ2 感知，SQ2 行程开关信号有三个作用，一是使 M2 失电，滚筒输送机停机；二是使 M1 得电，滚子链输送机运行；三是顶升气缸下降，钵便移载到滚子链输送机上，滚子链输送机可以向左运行，也可向右运行。这是根据程序控制的安排，M1 电机正转或反转，依次将钵向左或向右送出，从而实现向左右两台窑炉供钵。

3.4.4.2 排序上钵机

排序上钵机的结构见图 3-24，它由一台滚子链输送机、一台四钵顶升移载机

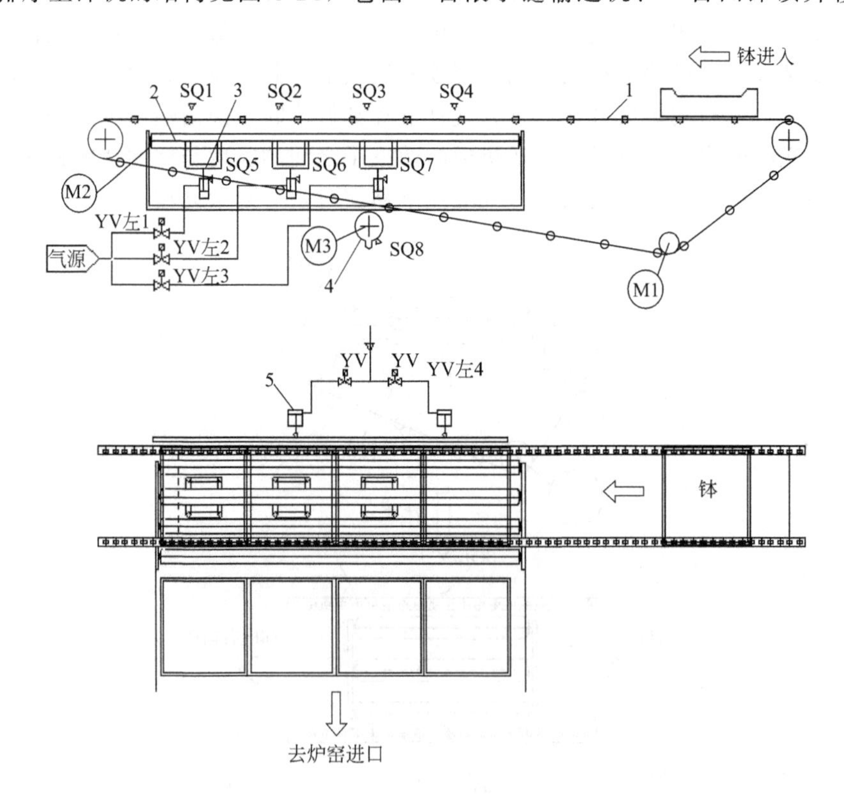

图 3-24　四钵排序上钵机

1—滚子链输送机；2—四钵移载滚筒输送机；3—单钵顶升气缸；4—顶升凸轮；5—钵推平机构；M1—滚子链输送机电机；M2—移载输出电机；M3—凸轮顶升电机；SQ1～SQ4—开关；SQ5～SQ8—磁性开关

和一套排序机组成。它的功用是将行进中的钵整合成一排四钵，然后一起送入窑炉的进口。在滚子链输送机的后段，中间有一台长度可容纳四个钵的滚筒输送移载机，这一台滚筒输送机的机架下方有一个顶升凸轮，由电机驱动顶升凸轮升到高位时，滚筒输送机的表面高于滚子链输送机的表面，又与窑炉进口的滚筒输送机表面齐平。当凸轮转动下降到底位时，滚筒输送机的表面又略低于滚子链输送机的表面。在这台滚筒输送机末端的机架上又布置了由三个独立小气缸构成的顶升排序机构，顶升气缸的头部是一个排列成四方形的顶升叉杆，顶升叉杆隐藏于滚筒输送机两个滚筒之间，当顶升气缸进气升起时，顶升叉杆的四根顶杆可从两个滚筒之间升起，并高于滚子链输送机的表面。顶升气缸排气时，四根顶杆又低于两个滚筒的表面，因此无论顶升气缸升起或下降都不会影响滚筒输送机的运动。初始状态是四钵移载滚筒输送机的凸轮处于最低位，三台顶升气缸处于排气状态，所以也在最低位。

钵的进入并依次进行排序的信号均由位于输送机上不同位置的光电开关和气缸上的磁性开关给出，辊子链输送机的速度一般控制在每分钟5～6m，由变频调速器调速，整套系统的动作协调由一台可编程控制器PLC来完成。

四钵移载上钵机的动作流程是当第一只钵进入滚子链输送机并向后（窑炉入口方向）传送，途中经过各个光电开关时，虽有信号发出，但在PLC程序控制下被屏蔽，只有最后一只光电开关信号开通，因此这一只钵只有到达末端光电开关时，滚子链输送机延迟2s后停机，同时位于该光电开关下的顶升气缸升起，将这只钵托举并离开滚子链输送机的表面，且一直维持在顶升状态，并解除前面一只光电开关信号的屏蔽。滚子链输送机再启动，第二只钵到达该光电开关时，只有这只光电开关下的顶升气缸升起，又将第二只钵托举并离开输送机的表面。同理，第三、第四钵进入。但第四钵进入光电开关检测区后下面没有设置顶升气缸，在第四个光电开关信号控制下，排序机的三台气缸同时排气下降，三台被顶升叉杆机托举的钵随之下降，当顶升叉杆下降到滚子链输送机以下时，三只钵便被移载到滚子链输送机上，连同已到达第4个位置的钵，四个钵便被排成一行。在PLC控制下，启动四钵移载机下方的凸轮电机，移载机整体被抬起，凸轮转动达到顶点时，四钵移载机上面的滚筒便高于滚子链输送机的表面。四个排成一行的钵又被移载到滚筒输送机的表面上，此时滚筒输送机的表面所处的高度与窑炉输入输送机的高度是一致的，而且为了排列整齐，在滚筒输送机的另一侧还布置了由两个水平短气缸共同伸缩的长条推板，当四钵排成一行后，PLC控制两个气缸同步伸出，将长条推板向四个钵的侧面推一下，促使四个钵排成整齐的一行。然后启动滚筒输送机，将一行四个钵一起推向炉窑进口输送机，完成一行四钵的进窑转接过程。

3.4.5 叠钵机和拆分机

3.4.5.1 叠钵机

叠钵机的结构示意图见图3-25。

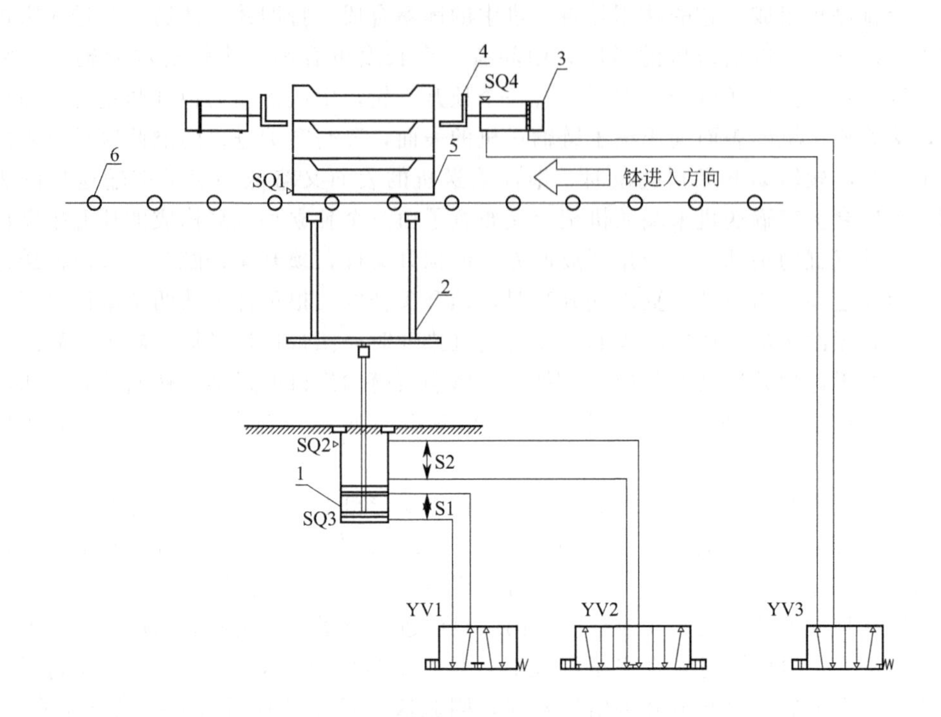

图 3-25 叠钵机的结构示意图

（图中夹钵气缸的轴向位置与输送机方向成90°，本图仅示意表示）

1—双行程（串联）气缸；2—顶升架；3—夹钵气缸；4—夹持器；

5—钵；6—滚子链输送机；SQ1～SQ4—位置开关

叠钵机和拆分机实际结构基本相同，但控制程序相反。叠钵机位于分配机和排序机的中间，横跨在滚子链输送机上。滚子链输送机是连续运行的，因此装满料的钵运动是连续的，而且其排列往往是无序的，但是叠钵动作是间歇的。当有两只钵在进行叠钵动作的同时，不仅要对被叠钵进行准确定位，还要对后续的钵进行阻挡和积放。因此在钵传输路径上还需恰当地布置阻挡器和积放器，整个系统的协调都是由布置在系统各地的位置开关给出信号并由可编程控制器PLC进行控制。

叠钵机各个动作的执行机构是气动的，叠钵动作的主体是由一只串联式双气缸配置一台三位五通双电控中位排气式电磁阀。这只串联式双气缸上一节气缸的行程为两只钵的高度，下一节气缸的行程为一只钵的高度。这样气缸总的行程组合便有几个状态（以滚子链输送机表面为基准，即钵的底平面）：①初始状态两只气缸都不进气，活塞均处于气缸的低位，串联气缸的顶升头略低于滚子链输送机的表面，因此钵仍停留在输送机的表面；②上下两节气缸全进气，两节气缸活塞都上升，气缸处于最高位置，此时便是顶起两只钵的高度，在这个高度上横向布置的两只夹钵气缸进气，活塞伸出，便可将第一只钵夹持并保持在该位置；③两气缸全缩回，串联气缸回复原位，积放器放行第二只钵，当钵进入阻挡器定位后，该串联气缸中的下一节气缸进气，而上一节气缸的进气口和排气口全与大气接通，上节气缸的活塞便处于自由状态，因此该串联气缸实际仅将第二只钵升起一只钵的高度，而且第二只钵处于第一只的下方，此时PLC控制夹持气缸排气，活塞返回，第一只钵便被松开并直接落到第二只钵的上方，实现两钵相叠加的效果；④串联气缸的下节气缸也排气，上节气缸仍处于泄压状态，因此两气缸活塞全部回到底部，被托举的两只钵便落到滚子链输送机上。然后PLC控制阻挡器下降放行，两只被叠好的钵便被输出叠钵机，第二轮的叠钵动作随即可以再次开始。

叠钵机的位置开关SQ1是1只光电开关，它与阻挡器一样位于滚子链输送机一侧，它起钵进入叠钵机的定位作用。SQ2和SQ3是串联式双气缸中布置在最高位和最低位的磁性开关，串联式双气缸中的两个活塞上都带有磁环，上部气缸活塞运动到最高位时，套在气缸外壁上的磁性开关SQ2即会发出信号，同理下部气缸活塞返回最低位置时磁性开关SQ3即发出信号。可编程控制器采集到磁性开关信号时便可执行下一步预完的程序控制。磁性开关SQ4安装在横向布置的夹钵气缸上，它同样给PLC发出钵被夹持或松开的信号。

3.4.5.2 拆分机

拆分机的结构与叠钵机相同，但控制程序则相反，两只原先处于叠加在一起的钵进入阻挡器SQ1的感受区后，双行程气缸中的下节气缸进气，活塞上升，上节气缸处于泄压状态。因此该双节气缸只升起了S1行程，然后夹持气缸进气将上层钵夹住，接着双行程升降气缸排气，将下层的钵放到输送机表面并被送走。然后双行程气缸中的上层气缸进气，将顶升架升起两只钵的高度，即达到最高位，此时夹持气缸排气，夹持架缩回，将原来夹住的上层钵松开落入顶升架上，接着双行程气缸上层气缸排气，收缩到最低位置，被托举的钵便又落到输送机表面并被送走，从而完成拆分过程。

3.4.6 积放夹钵器和阻挡器

在滚子链输送机上行进的钵，无论是要去进行装料的空钵、还是要去叠放或拆分的满钵，它们的移动是连续的但排列可能是无序的，间隔有大有小，甚至连续几只无间隔。因此在进行装钵、叠放和拆分时，行进中的钵需要停顿且逐只放行。所以自动化生产线在输送机的某个位置需布置积放器和阻挡器，积放器结构形式实际上是一对轴线与输送机轴线相垂直的夹持气缸，而阻挡器则是用于钵的定位。在滚子链输送机上行进的钵先经过积放器再进入叠钵（拆分）点，阻挡器便布置在叠钵（拆分）点下方的滚子链输送机中间的空档处，阻挡器往往与一只行程开关（如机械式开关或光电开关）连用。图3-26为积放器（a）和阻挡器（b）示意图。

正常状态下，阻挡器永远处于升起状态，即阻挡块高于输送机表面，该处的行程开关信号有两个作用：当钵第一次进入时，起叠钵或拆分动作的启动信号；当操

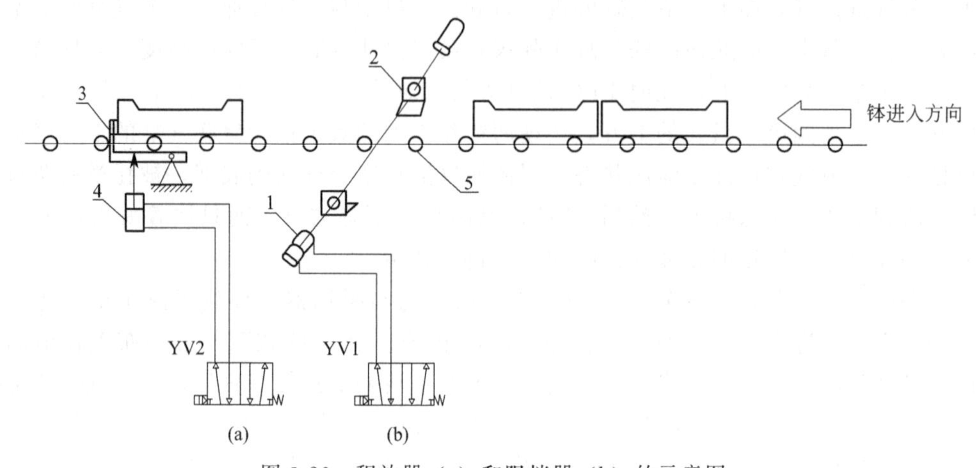

图 3-26　积放器（a）和阻挡器（b）的示意图

1—积放器夹钵气缸；2—积放器夹钵块；3—阻挡器；4—阻挡气缸；5—滚子链输送机

作完成，钵回到原位触发的第二次信号则用于阻挡器控制电磁阀得电，使阻挡器气缸进气，将阻挡块往下拉，失去了阻挡块的制约，钵便被滚子链输送机带走。与此同时，在 PLC 的程序控制下，积放器气缸也收缩几十秒钟，只放行一只钵后再将后续的钵夹住。上述所有的动作和延时时间均由 PLC 控制。

积放器和阻挡器往往是在滚子链输送机上配合使用的，在二者之间可布置如叠钵、拆分、装钵、清扫、检钵等工序，因此，在钵的自动化传送路径上是不可或缺的设备。

3.4.7 高钵和低钵的自动检测

锂离子电池正极材料在配混料以后需装钵后进入窑炉烧结，所用的钵呈正方形，边宽 320mm，但钵的高度有 110mm 和 100mm 两种，前者称为高钵，后者称为低钵，且低钵的四个周边中间有下凹 15～20mm 的缺口。钵的装料量是根据混合料的相对密度而定，如高钵可装料 8kg，而低钵可装料 5kg。进入炉窑时钵的排序往往是两只钵相叠然后再以四列成一行并行推进。根据产能要求，工艺上叠钵可能是高钵在上，低钵在下，也可能上下两只都是低钵。然而在自动输送线上传输的钵并不是一高一低有序排列，很可能是参差不齐的。因此进入自动装钵机中的定量秤之前，需对高低钵的钵形进行检测，PLC 的检测程序自动将高低钵的检测结果传递给自动装钵机的定量秤，从而实现当高钵进入定量秤时自动称量 8kg 后排入高钵中，而当低钵进入时，自动称量 5kg 排入低钵中。

3.4.7.1　高低钵检测机

高低钵检测机的原理见图 3-27。被检测的钵进入检测区后被阻挡器停住并定位，升降气缸接到检测命令后下降，带动位置开关和感应金属架一起下降，若下方的钵是高钵，则检测压条抵达钵的上沿时，弹簧并不被压缩，位置开关与感应金属

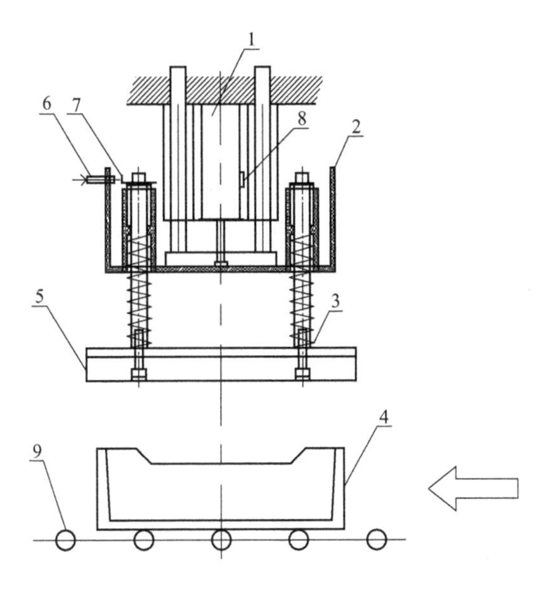

图 3-27　高低钵检测机

1—带导柱的升降气缸；2—检测架；3—弹簧；4—被检测的钵；
5—检测压条；6—位置开关；7—感应金属架；8—位置开关
（磁性开关）；9—滚子链输送机

架之间没有相对位移，因此不会发出检测信号。若下方的钵是低钵，则检测压条实际最终抵达钵缺口的下沿，气缸的行程变大，弹簧被压缩，位置开关与检测金属架之间发生了相对位移。位置开关没有了金属感应片的约束后便发出检测信号，控制系统的 PLC 根据位置开关发出的不同信号便可判断下方被检测的钵是高钵还是低钵。

3.4.7.2　高低钵检测机在生产线上的灵活配置

（1）与自动装钵机配套

在高低钵检测机的后方可以直接配置自动装钵机，自动装钵机称重仪表内部程序设置两套称重程序，在可编程控制器 PLC 统一协调下，对于高钵进入加料区时，定量秤调用大料设定程序，对于低钵进入加料区时，定量秤调用小料设定程序，从而达到两种钵加不同重量的识别与控制。

（2）与剔除机配套

高低钵检测机的后方也可以加剔除机，同样由可编程控制器 PLC 控制，剔除机将高钵和低钵分开成两路独立传送。

（3）与叠钵机配套

也可在两者之间设置一台叠钵机，同样在 PLC 控制下自动在叠钵机上做到高钵在上低钵在下的叠钵方式控制。而当两只或数只高钵或低钵同时进入时，控制程序操作剔除机将误排列的钵剔除出去，只保证一只高钵和一只低钵依次有序地进入后道的叠钵工序。

3.4.8 自动倒钵和清扫机

从窑炉里出来已烧结的料为了防止吸收水分，防止灰尘和金属单质的污染，同时又为提高生产效率，因此尽管还处于较高的温度，仍需尽快地将钵与料分离。用人工倒钵不但劳动强度大，而且太高的温度辐射使工作环境变得很差，所以自动倒钵在生产线上的应用有很大的实用意义。

3.4.8.1 自动倒钵机的构成

自动倒钵机的构造示意图见图 3-28。

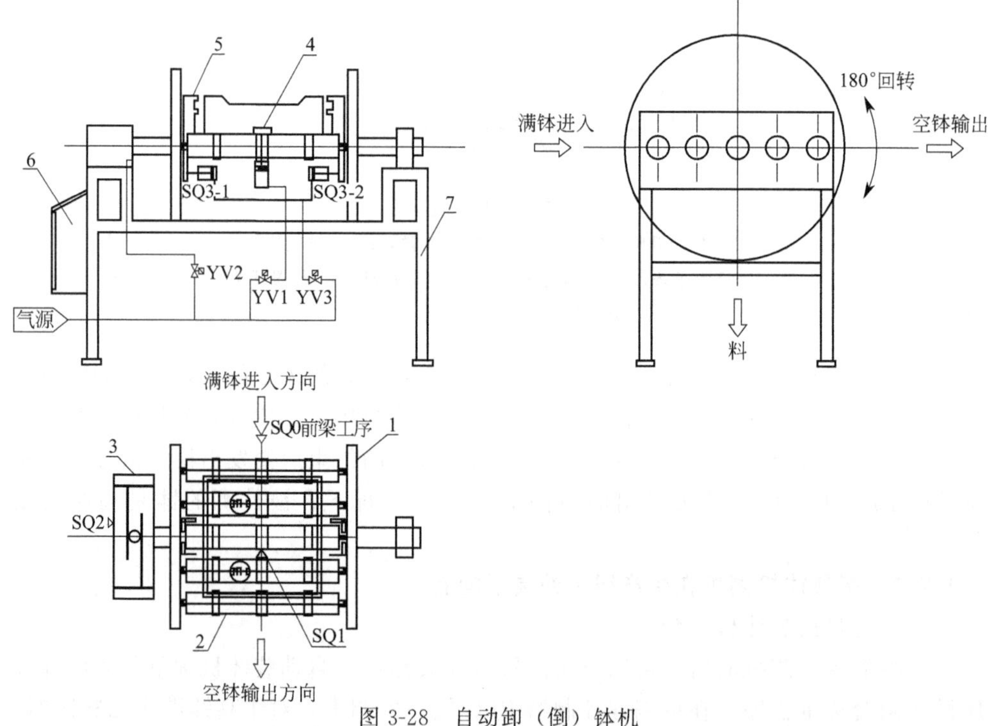

图 3-28 自动卸（倒）钵机

1—倒钵机主体；2—电动滚筒；3—回转气缸；4—挡钵机构；5—夹钵；6—电控箱；7—机架；SQ0—钵进入行程开关；SQ1—钵到位行程开关；SQ2—旋转到位磁性开关；SQ3-1，SQ3-2—夹钵到位磁性开关

自动倒钵机居于钵输送线的中段，其前与后均有输送机与之对接，因此倒钵机的主体是一台小的辊子输送机，但这台小辊子输送机连同其构架均可回转 180°。当满钵进入该辊子输送机后被阻挡器定位在输送机的中心位置上（也就是回转轴心上），辊子输送机停止且钵被夹钵机构夹住，然后回转机构启动，将钵连同输送机和夹持机构一起翻转 180°，并停留几秒钟，钵中物料便与钵分离，落入下方的料仓中，回转机构随后恢复原位。然后，夹持机构和阻挡器均松开并再次启动辊子输

送机，空钵便被送出。上述过程由 PLC 按设定程序完成，在各个动作转化处，均有位置开关（行程开关和磁性开关）给出信号并伴有延时控制。

辊子输送机一般有 5 根辊子，它们由一只小电机带动，也可以三只居于中间位置的电动滚筒来拖动，这样结构上更简洁一起，同样回转机构可以是电动的，也可以是用气控的回转气缸。

3.4.8.2 自动倒钵机的布置

由于倒钵机将物料从钵中倒出时尚有较高的温度，而且烧结料呈不规则的块状，因此还要进行破碎和粉磨。目前常用的是颚式破碎机作第一段的粗破碎，用双对辊作第二段的细破碎，然后再用气力输送机或机械输送机将细粉碎后的料输送到下道工序。为了节省生产场地，上述三台设备是自上而下串联起来的，因此就有一定的高度。实际上自动倒钵机是被安置在最顶层，先将装满料的钵送上去，由自动倒钵机将钵中料倒空，再将空钵递下来，所以自动倒钵机的前后就需布置两台提升机，提升机的进口和出口必须是两台与自动倒钵机主体辊子输送机形式相同的水平段辊子输送机。然而，钵在输送线上的传输是连续而随机的，因此钵的排列可能是无序的，而自动倒钵机的运行恰恰是间隔和有序的。所以真正的自动倒钵控制流程较为复杂，不仅有许多转换点要有序协调，而且由于自动倒钵机处于生产线的最高处，且无人值守，因此控制动作的可靠性十分重要。整套自动倒钵流程由一台独立的可编程控制器 PLC 配合人机界面、触摸屏来进行监控。

3.4.8.3 自动清扫机

倒完料的空钵并非十分干净，可能会有少量粉末和碎屑黏附其上，因此在空钵送往自动装钵机进行重新充填时需做适当清扫和检查，清扫必有粉尘。锂离子电池正极材料的粉尘含有一定的毒性，因此需用自动清扫机清扫。自动清扫机的构造示意图见图 3-29。

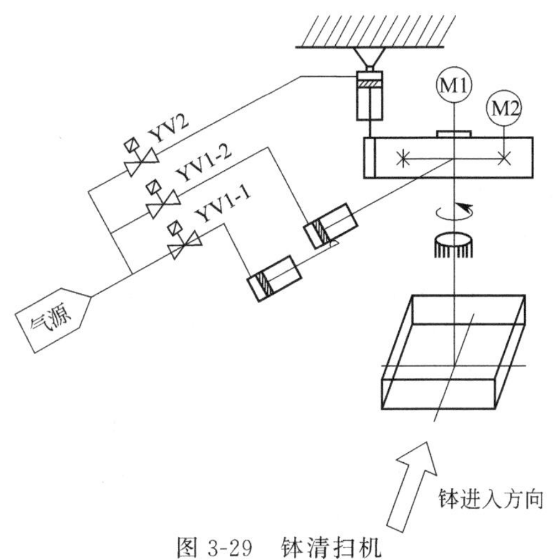

图 3-29 钵清扫机

M1—清扫头旋转电机；M2—直线驱动器电机；YV1-1，YV1-2—两只叠起来的气缸所用的电磁阀；YV2—清扫机构升降气缸用电磁阀图中钵定位阻挡器、夹持器和输送机均未示出。清扫头是一把圆柱形的毛刷，由小电机高速旋转，并配以吸尘机将扬起的粉尘吸走。但是钵是方形的，清扫毛刷是圆形的，因此旋转的小型清扫头必须在钵的四周包括中心位置游走。空钵进入指定位置后被定位且被夹持，旋转的清扫刷垂直下降至空钵中心位置，然后按回转路径向前后左右移动一周后再升起清扫刷，放行空钵。清扫头在钵中横向运动是由2只叠起来的扁气缸控制的，其过程见图3-30。

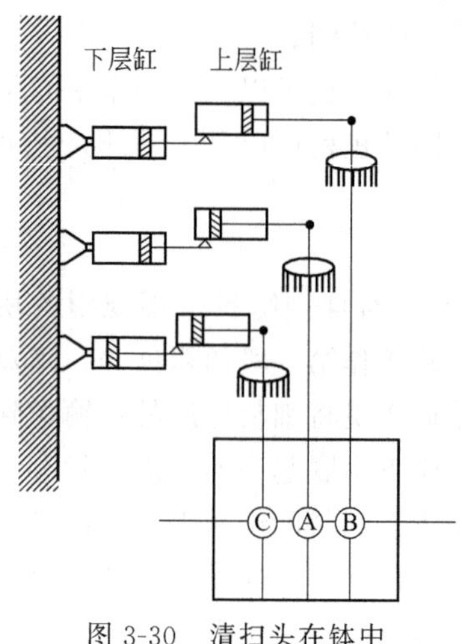

图3-30 清扫头在钵中横向运动轨迹的控制

图中，下层缸由YV1-1控制，上层缸由YV1-2控制，清扫头初始位置在A位，下气缸伸出即初始位置A，上下气缸全伸出为位置B，上下气缸全收缩为位置C。

清扫头在钵中纵向运动是由直线移动电机驱动的，纵向和横向运动配合起来后即完成一个清扫周期。这个过程控制也由一台小型PLC控制，执行机构是小电机和气动控制元件。

3.5 烧结设备

锂离子电池正极材料工业化生产通常采用高温固相烧结合成工艺，其核心关键设备是烧结窑炉。对正极材料生产而言，窑炉的控温精度、温度均匀性、气氛控制与均匀性、连续性、产能、能耗和自动化程度等技术经济指标至关重要。目前用于正极材料生产的主要烧结设备有以下几种。

3.5.1 推板窑

推板窑[20]是一种连续式加热烧结的小型隧道窑，烧成工件或产品直接或间接放在耐高温、耐摩擦的推板上，并由推进系统推送产品，使产品按照工艺要求在狭长型的炉腔体内移动，并完成产品的烧制过程。

炉腔体的两侧或上下分别布置加热器，以满足狭长型炉腔不同位置点对应有不同的温度、气氛或压力条件。根据产品在狭长型炉腔内移动的速率对应不同的工艺条件，从而可组合出适合产品烧制的工艺。在锂离子电池正极材料生产过程中，特别是在早期的烧结设备中，推板窑占有绝对的主导地位，它以工艺稳定、产量大（连续式生产）和性价比高等特点受到生产厂家的追捧。

3.5.1.1 设备炉型

按照炉体单炉膛中并列的推板数量可分为单推板窑、双推板窑；按照推板的运行循环可分为全自动、半自动；按照烧结产品的气氛可分为氧化性气氛、中性气氛、还原性气氛、碱性气氛或酸性气氛等。

在锂离子电池正极材料生产中，推板窑主要有两大类。

(1) 空气窑（分单推、双推或三推窑）

该窑炉主要用于锰酸锂材料、钴酸锂材料、三元材料等需要氧化性气氛的材料烧结。

(2) 气氛窑

该窑炉主要用于NCA三元材料、磷酸铁锂（LFP）材料[21]、石墨负极材料等需要气氛（如N_2或O_2）气体保护的烧结材料。

3.5.1.2　设备组成

窑主体由金属外壳、内部耐火材料砌筑组成。

窑体外壳为框架钢结构，采用钢型材、钢板等分段焊接而成，牢固可靠，外观布局合理，操作维修方便。窑炉主体无需特殊基础，普通平整的水泥地面即可安装。

内部窑衬由特种耐火材料、各类轻质保温材料等砌筑成复合炉墙保温结构，在保障结构强度的基础上保温效果明显。而炉衬着火面材质需通过烧制不同产品的不同工艺要求来选取，通常锰酸锂等锂离子电池正极材料选用复合高铝材质即可。

窑炉主体上设置有不同点位，根据点位功能不同（例如测温、控温监测）均有设工位标志。

(1) 加热系统

窑炉的加热方式取决于烧制产品的工艺要求和当地的燃烧条件，在锂离子电池正极材料的推板窑中通常采用电加热方式。

锂离子电池材料的烧制温度一般在600～1200℃范围内，相对属于低温，所以通常采用电阻丝或者硅碳棒作为加热元件。电阻丝属于恒电阻模式，不受加热温度的变化而发生电阻的变化，所以相对温度的控制更加稳定，为该类型窑炉加热器的首选。

根据锂离子电池材料烧结工艺要求，窑炉一般分为预热排水段、升温段、恒温段和降温段四个部分，各区段根据要求又细分成若干个上下加热控温段。通过控制系统调节加载到加热器上的电压、电流大小，从而来实现加热和加热控制的目的。

(2) 气氛、压力管路系统

锂离子电池产品在加热烧制的过程中，将会发生一系列的物理化学反应，伴随有大量的水汽、胶气或酸碱根离子等废弃物的排放。为能够及时将这些废弃物从炉内排出，在炉主体上设置有送、排气管路。

其中送气管路一般由送风机、过滤器、送气管道、阀门、定量流量计等组成，主要起到补充新鲜空气的作用，也是我们通常所说的气氛管道。由于锂离子电池粉体材料对部分金属和磁性物质（例如铁、锌、铜等）有严格的含量要求，所以对气氛管路的材质和制作规范有严格的要求，不能在送气过程中因空气与管路的摩擦等造成磁性物质的引入，从而造成对产品的污染。

顶部抽气管路一般由抽气管道、温度计、调节阀门及抽风机等组成，通过调节顶部抽风机压力大小和阀门开度，并配合送气管路的调整，从而调节炉内压力，保障炉内废弃物排空的同时尽量减少热气体的排出，避免热量的过量损失，确保能耗。

(3) 循环推进及控制系统

为能够有序地使产品通过狭长型炉膛，使产品能够在设置的工艺条件下有效地烧制出成品，窑炉均配备有循环推进系统。

推板的推进一般采用电机丝杆驱动或液压驱动两种。

在锂离子电池正极材料的推板窑中通常采用液压循环驱动模式。窑炉配置一个送料控制柜，各种控制元件均安装在控制柜内，控制柜台面上设有循环动作模拟盘。为便于操作，在窑尾也设有手动操作盘。全窑动作的控制分为手动控制和自动控制，自动控制分为随时启动（用于停电而造成的运行停止，来电时重新启动）和初始位置启动（用于运行出现故障停机，排除故障后的启动），方便操作，也可避免故障还未完全排除又启动而造成更大损失。

设备通常选用进口的可编程序控制器，以确保控制系统的可靠性。

在控制逻辑的编写上，有合理的程序设计，使产品进窑时间控制准确，可靠的联锁与互锁防止了误操作对设备的损坏。同时设有运行周期报警及每个动作运行超时失误报警，进一步保证了产品运行的可靠性，缩短了设备发现故障的时间，保证了烧制产品的质量。

同时，考虑到用户的操作方便，提供温度曲线的显示与历史数据查询功能，配备的触摸屏能够保存1年以上温度数据（10min保存1次），所有数据存储在U盘中，查询与维护更便捷。

(4) 温度检测及控温系统

窑炉分为若干个温度控制段，每个温度控制段分上下或左右控温点，通过测温温度计或热电偶来检测温度与工艺需求设定温度的高低，并经由控温系统来调节温度与设定温度的一致，从而实现控温的目的。

锂离子电池正极材料推板窑采用智能温度控制仪来显示和调节温度高低，通过控制控温系统中晶闸管的触发角来实现各点的温度控制，各点之间无干扰。在各加热点上设有二次超温报警、断偶报警等功能，特别是当晶闸管击穿导通，温度失控后，能迅速切断调压器控制信号，从而断开主电路，并声光报警。采用的高级调压器具有限流功能，可以有效地防止可控硅击穿，增加可控硅的使用寿命，有效保证系统的稳定性。

(5) 密闭系统

在锂离子电池正极材料烧制过程中，不同的材料需要不同的工艺条件，例如磷酸铁锂、钛酸锂等材料的烧制则需要在氮气氛保护条件下进行。因此对窑炉炉主体和循环推进系统提出了密闭要求。

① 炉主体的密闭

a. 壳体焊接时要求检漏，保障壳体的密闭。

b. 炉体相接法兰密封处理，连接时需增加纤维纸板、高温密封泥等材料进行密封。

c. 加热窗口封板的密封。

d. 顶盖板采用环氧处置或密封条处理密封。

e. 气氛管路的密封。

② 循环推进系统的密闭　为避免产品推进的过程中，窑炉外的空气随产品带入炉内，产品需先经由密闭的过渡舱进行气体的置换后方可进入炉内，在窑炉的入口和出口处都设立有两道垂直闸门，隔离出一个密闭的空间用于气体的置换，产品先通过推进系统送入置换仓体内，经过氮气的置换后方可从仓内移出。

经过炉本体和循环推进系统的密闭处理后，窑炉的狭长型炉腔属于一个独立的封闭空间，经过气氛管道送入如氮气等工艺保护气体，从而保障产品烧制的工艺条件，也就是我们的气氛推板窑的形成。

3.5.1.3　设备原理

图 3-31 为典型推板窑的原理图。相应的实物照片见图 3-32 和图 3-33。

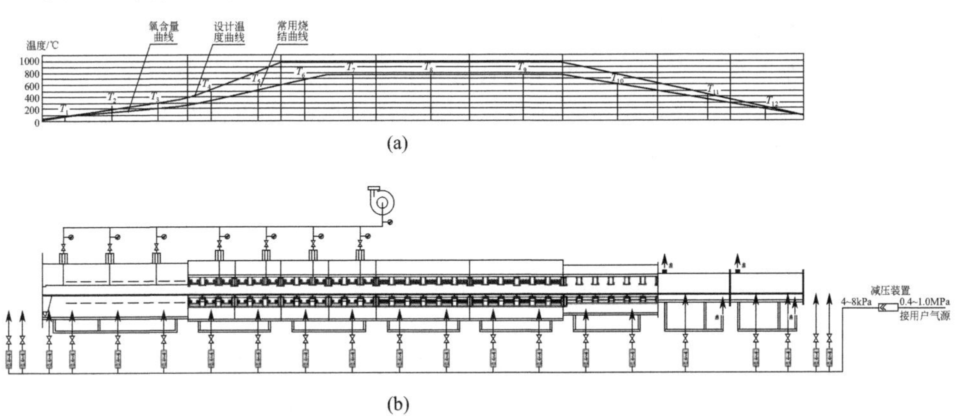

图 3-31　推板窑工作曲线及原理图

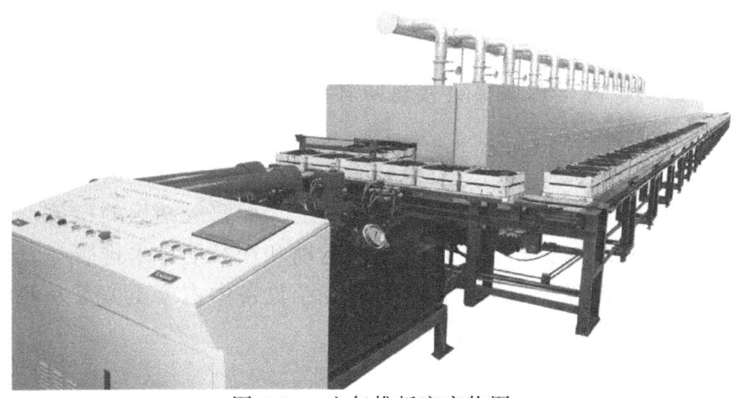

图 3-32　空气推板窑实物图

图 3-33　气氛保护密封推板窑实物图

3.5.1.4　操作注意事项

本设备复杂程度较高，在进行现场筑炉、安装、调试的过程中使用单位需派技术人员跟班对口学习，熟悉和掌握操作方法，以便对设备进行正确的使用与保养。

目前空气推板窑主要用于生产钴酸锂、锰酸锂、三元材料。气氛推板窑主要用于生产磷酸铁锂（氮气保护）、NCA（氧气保护）。推板窑由于炉膛尺寸比较高，温度与气氛分布均匀性差，由于存在推板，推进阻力大，设备长度不宜太长，目前已逐渐被辊道窑所取代。

3.5.2　辊道窑

辊道窑[22,23]是一种连续式加热烧结的中型隧道窑，与推板窑的区别主要在于以下几个方面：

① 产品工进方式不同，推板窑是间歇式工进，辊道窑是连续式工进。

② 推进动力不同，推板窑是通过液压或丝杆推进，而辊道窑是通过减速电机驱动链条或齿轮来带动辊筒滚动，一个属于滑动摩擦，一个属于滚动摩擦。

③ 窑腔大小结构不同，相比推板窑而言，辊道窑是大窑腔，宽截面，在窑腔内布置有若干挡火墙，便于温度、压力及气氛的调控和稳定。

④ 窑炉耗材的不同，辊道窑直接将匣钵或垫板放置在辊棒上滚动工进，较推板窑减少了推板的损耗。

从以上几点区别和优点看出，辊道窑采用滚动摩擦工进，因此在窑炉长度上不会受到推进力的影响，理论上可以做到无限长度。而窑腔结构的特色，烧制产品时一致性更好，大窑腔结构更利于炉内气流的运动和产品的排水排胶等。

因此，辊道窑在锂离子电池正极材料的烧结设备中占据至关重要的地位，是替代推板窑真正实现大规模生产的首选设备。

3.5.2.1　设备炉型

锂离子电池材料烧结通常采用匣钵装料，匣钵尺寸经过几年的发展基本上统一了规格（标准规格为320mm×320mm或330mm×330mm两种，高度75～150mm不等）。因此辊道窑也以并行匣钵数量和层数来定义窑炉规格，如四列单层辊道窑、四列双层辊道窑等，在锂电行业中目前最大做到六列双层，即每次出钵12个。

按照炉体气氛可分空气窑、气氛窑两大类。

（1）空气窑

如图3-34所示的空气辊道窑主要用于锰酸锂材料、钴酸锂材料、三元材料等需要氧化性气氛的材料烧结。

图3-34 空气辊道窑

（2）气氛窑

图3-35所示的气氛保护辊道窑炉主要用于NCA三元材料、磷酸铁锂（LFP）材料、石墨负极材料等需要气氛（如N_2、O_2等）保护的烧结材料。

图3-35 气氛保护密封辊道窑

3.5.2.2 设备组成

（1）炉主体

窑主体由金属外壳、内部耐火材料砌筑组成。

窑体外壳为框架钢结构，采用钢型材、钢板等分段焊接而成，牢固可靠，外观布局合理，操作维修方便。窑炉主体无需特殊基础，普通平整的水泥地面即可安装。

内部窑衬由特种耐火材料、各类轻质保温材料等砌筑成复合炉墙保温结构。在保障结构强度的基础上保温效果明显。而炉衬着火面材质需通过烧制不同产品的不同工艺要求来选取。通常锰酸锂等锂离子电池正极材料选用复合高铝材质即可。

窑炉主体上设置有不同点位，根据点位功能不同（例如测温、控温监测）均有设工位标志。

(2) 加热系统

窑炉的加热方式取决于烧制产品的工艺要求和当地的燃烧条件。在锂离子电池正极材料的辊道窑中通常采用电加热方式。

而锂离子电池材料的烧制温度一般在600～1200℃范围内，相对属于低温，所以通常采用电阻丝或者硅碳棒作为加热元件。而电阻丝属于恒电阻模式，不受加热温度的变化而发生电阻的变化，所有相对温度的控制更加稳定，对于窑腔宽度较窄的辊道窑来讲，电阻丝可作为该类型窑炉加热器的首选，相对于窑腔宽度较宽的例如四列辊道窑等，考虑到截面宽度、抗腐蚀性能等综合因素，硅碳棒则为加热器首选。

根据锂离子电池材料烧结工艺要求，窑炉一般分为预热排水段、升温段、恒温段、降温段等四个部分，各区段根据要求又细分成若干个上下加热控温段。通过控制系统调节加载到加热器上的电压、电流大小，从而来实现加热和加热控制的目的。

(3) 气氛、压力管路系统

锂离子电池产品在加热烧制的过程中，将会发生一系列的物理化学反应，伴随有大量的水汽、胶气或酸碱根离子等废弃物的排放。为能够及时将这些废弃物从炉内排出，在炉主体上设置有送、排气管路。

其中送气管路一般由送风机、过滤器、送气管道、阀门、定量流量计等组成，主要起到补充新鲜空气的作用，也是我们通常所说的气氛管道。由于锂离子电池粉体材料对部分金属和磁性物质（例如铁、锌、铜等）有严格的含量要求，所以对气氛管路的材质和制作规范有严格的要求，不能在送气过程中因空气与管路的摩擦等造成磁性物质的引入，从而造成对产品的污染。

顶部抽气管路一般由抽气管道、温度计、调节阀门及抽风机等组成，通过调节顶部抽风机压力大小和阀门开度，并配合送气管路的调整，从而调节炉内压力，保障炉内废弃物排空的同时尽量减少热气体的排出，避免热量的过量损失，确保能耗。

(4) 循环工进及控制系统

为能够有序地使产品通过狭长型炉膛，使产品能够在设置的工艺条件下有效地烧制出成品。窑炉均配备有循环工进系统。

匣钵的工进是依靠支撑匣钵的辊棒转动来带动匣钵的前后移动，而辊棒的转动一般采用减速电机驱动链条或斜齿轮来带动。

根据窑炉长度可分若干段分别驱动，每段长度需根据辊棒大小及承重等来设置，一般不超过15m/段，减速电机的转动由变频电机控制转动速率。例如，40m辊道窑可分3段控制。

窑炉配置一个送料控制柜，各种控制元件均安装在控制柜内，控制柜台面上设有循环动作模拟盘。为便于操作，在窑尾也设有手动操作盘。全窑动作的控制分为手动控制和自动控制，自动控制分为随时启动（用于停电而造成的运行停止，来电时重新启动）和初始位置启动（用于运行出现故障停机，排除故障后的启动），方便操作，也可避免故障还未完全排除又启动而造成更大损失。

设备通常选用进口的可编程序控制器，以确保控制系统的可靠性。

在控制逻辑的编写上，有合理的程序设计，使产品进窑时间控制准确，可靠的联锁与互锁防止了误操作对设备的损坏。同时设有运行周期报警及每个动作运行超时失误报警，进一步保证了产品运行的可靠性，缩短了设备发现故障的时间，保证了烧制产品的质量。

同时，考虑到操作方便，提供温度曲线的显示与历史数据查询功能，配备的触摸屏能够保存1年以上温度数据（10min保存1次），所有数据存储在U盘中，查询与维护更便捷。

（5）温度检测及控温系统

窑炉分为若干个温度控制段，每个温度控制段分上下或左右控温点，通过测温温度计或热电偶来检测温度与工艺需求设定温度的高低。并经由控温系统来调节温度与设定温度的一致，从而实现控温的目的。

锂离子电池正极材料辊道窑采用智能温度控制仪来显示和调节温度高低，通过控制控温系统中晶闸管的触发角来实现各点的温度控制，各点之间无干扰。在各加热点上设有二次超温报警、断偶报警等功能，特别是当晶闸管击穿导通，温度失控后，能迅速切断调压器控制信号，从而断开主电路，并声光报警。采用的高级调压器具有限流功能，可以有效地防止可控硅击穿，增加可控硅的使用寿命，有效保证系统的稳定性。

（6）密闭系统

在锂离子电池正极材料烧制过程中，不同的材料需要不同的工艺条件，例如磷酸铁锂、钛酸锂等材料的烧制则需要在氮气氛保护条件下进行。因此对窑炉主体和循环推进系统提出了密闭要求。

① 炉主体的密闭

a. 壳体焊接时要求检漏，保障壳体的密闭。

b. 炉体相接法兰密封处理，连接时需增加纤维纸板、高温密封泥等材料进行密封。

c. 加热窗口封板的密封。

d. 顶盖板采用环氧处置或密封条处理密封。

e. 气氛管路的密封。

f. 炉传动系统的密封。

② 循环工进系统的密闭　为避免产品工进的过程中，窑炉外的空气随产品带入炉内，产品需先经由密闭的过渡舱进行气体的置换后方可进入炉内，在窑炉的入口和出口处都设立有两道或三道垂直闸门，隔离出一个或两个密闭的空间用于气体的置换，产品先通过每个仓体单独的传动系统循序送入各置换仓体内，经过氮气的置换后方再从仓内移出。

经过炉本体和循环工进系统的密闭处理后，窑炉的狭长型炉腔属于一个独立的封闭空间，在这个独立的封闭空间里设定有若干挡火墙锁口，这些锁口将该空间隔断成若干个小空间，经过气氛管道送入如氮气等工艺保护气体，使各个小空间有不同的气氛、温度和压力条件，从而保障产品烧制的工艺条件，也就是气氛辊道窑的形成。

3.5.2.3 设备原理

典型的辊道窑工作原理见图 3-36。

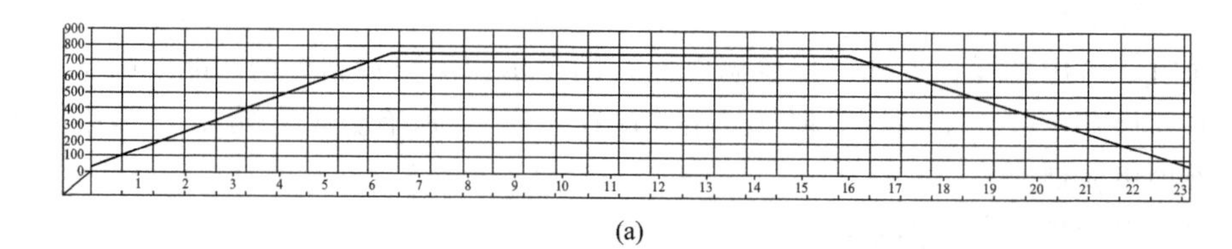

(a)

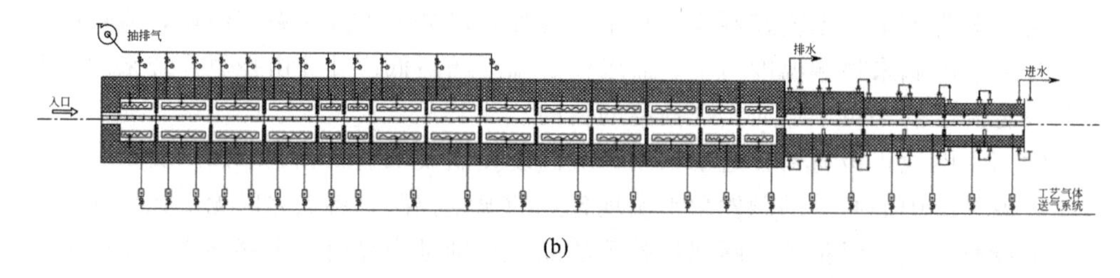

(b)

图 3-36　辊道窑工作曲线及原理图

3.5.2.4 操作注意事项

本设备复杂程度较高。在进行现场筑炉、安装、调试的过程中用户需派技术人员跟班对口学习，熟悉和掌握操作方法，以便对设备进行正确的使用与保养。

目前锂离子电池正极材料钴酸锂、三元、锰酸锂等均采用空气辊道窑进行烧结，而磷酸铁锂采用氮气保护的辊道窑进行烧结，NCA 则采用氧气保护的辊道窑进行烧结。

3.5.3 钟罩炉

随着材料技术的发展和经济的繁荣，各种新材料都越来越倾向高档次、小批量和多品种，并且要求交货周期短、一致性好。以往的隧道式推板窑、辊道窑都不能满足这种高档产品和多变的要求，钟罩式烧结炉（称钟罩炉）应运而生。目前有少数厂家用钟罩炉来生产磷酸铁锂。

钟罩炉[24]是一种间歇式加热烧结设备，它采用全纤维炉衬、分区分组加热、循环强制冷却和计算机全自动控制等技术，具有批次产量大、温度和气氛均匀性好、被烧结产品一致性高和成品率高等优越特性。与隧道式推板窑或辊道窑相比，其操作使用更加灵活、控制精度更高，特别适合于各种新材料的研发、送样，中小批次产品的烧结。

3.5.3.1　设备炉型

锂离子电池材料烧结通常采用匣钵装料，通常匣钵尺寸为320mm×320mm或330mm×330mm两种，高度75～150mm不等。

在锂电材料烧结中钟罩炉根据用途可分为实验炉、中试炉、大生产炉三类产品。而根据工艺条件可再细分为空气炉和气氛炉两种。

目前锂离子电池正极材料生产采用的是中大型窑炉，通常能放置8～16叠匣钵，每叠匣钵叠高1m左右，主要用于高档产品的批量化生产。根据不同的产品和使用要求，通常也分空气炉和气氛炉两种。

3.5.3.2　设备组成

钟罩炉主要由炉体、升降炉床窑车、循环冷却单元、流量控制单元、电气控制单元等组成。

(1) 炉体（以8叠匣钵、方形气氛炉为例）

炉体为长方形，沿长度方向，硅碳棒加热器分五个竖排布置，将整个炉膛空间分隔成四个小工作区，每个小工作区摆两叠匣钵，共摆八叠（故称八堆钟罩炉，如图3-37所示）。炉体外围是耐火保温炉衬，由陶瓷纤维构成。每个竖排加热器是分别控制加热的，以补偿各处的吸放热不一致造成的空间分布温差，保证整个炉膛的温度均匀度，同时分区加热也便于被烧结产品更通畅地吸放热，使分布在各处的被烧结产品在升降温过程中保持一致，从而保证升降温过程的温度均匀度。此外分区加热、分区摆料也便于气体的自由扩散和强制对流，从而保证气氛的温度均匀度和快速降温。

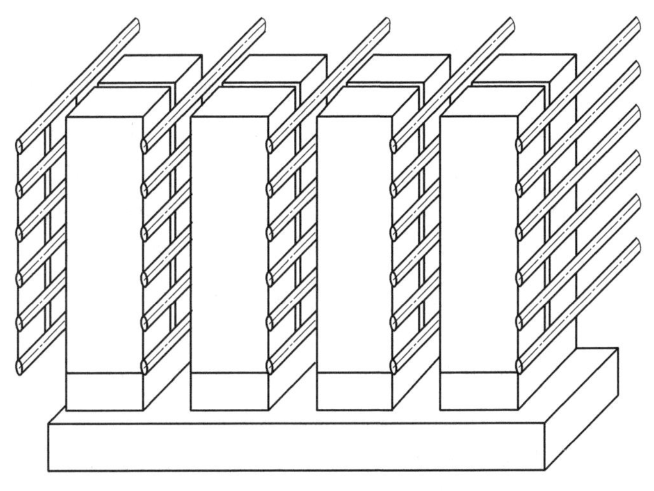

图3-37　加热及摆料示意图

炉床底部安装有小轮，故称炉床窑车。共配置两部，当一部窑车升上工作时，另一部窑车沿导轨平移出炉外装卸料，交替使用，提高工作效率。用链轮链条传动升降，小车升上到位后弹簧锁紧。底盘与炉体底部有双圈密封橡胶条，弹簧锁紧密封时双圈之间通入工艺气体，形成气密锁，保证密封的可靠性。

(2) 循环冷却单元

循环冷却单元由高温管道、热交换器、风机、阀门等组成。由炉内排出的热气经高温管道抽入热交换器进行冷却，冷却后的气体一部分由风机压入炉内，对工件进行强制对流冷却；另一部分回馈到高温管道夹层对高温气体进行稀释性的气冷。周而复始，循环往复，既节约了工艺气体又加速了降温。在上下相邻的两根加热器之间安装有循环气体进入炉内的喷嘴，一面墙三竖排，另一面墙两竖排，对工件装载区而言对角分布形成大流量的涡旋紊流气流场，有效地将工件散发出的热量带走，如图 3-38 所示。

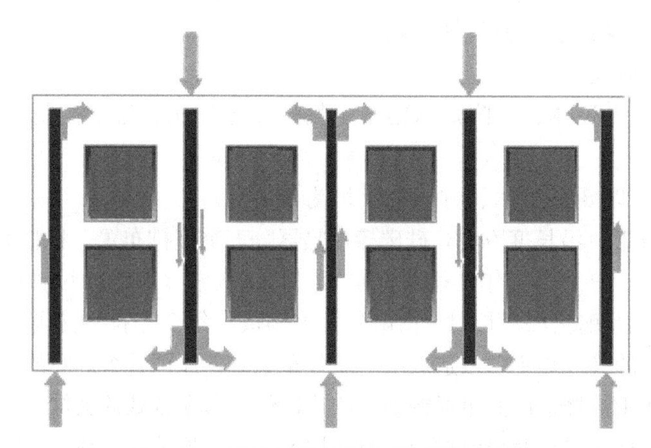

图 3-38 循环气流场的水平截面示意图

(3) 流量控制单元

流量控制单元主要由流量控制器、电磁阀、减压阀等流量控制部件组成。它将工艺气体按工艺要求送入炉内，并通过计算机给出数值。电气控制单元由小型集散控制系统（DCS）组成，模拟参数如温度、气氛、流量、压力等由智能仪表及其执行器构成各自的闭环控制环路，阀门等开关量由计算机直接控制。除工艺必需的温度、气氛闭环控制环路外，还加入了送气流量控制环和炉压控制环，保证了氧含量曲线的稳定运行，为使温度、气氛、流量、压力各条曲线能同步运行和设备全自动运行，通过一台 SCC 计算机系统，进一步保证了设备运行的重复性和稳定性。

3.5.3.3 设备原理

图 3-39 是典型气氛保护钟罩炉结构原理图，图 3-40 为对应的实物照片。

3.5.3.4 操作注意事项

本设备自动化程度和复杂程度较高，在安装、调试的过程中使用单位需派技术人员跟班对口学习，熟悉和掌握操作方法，以便对设备进行正确的使用与保养。

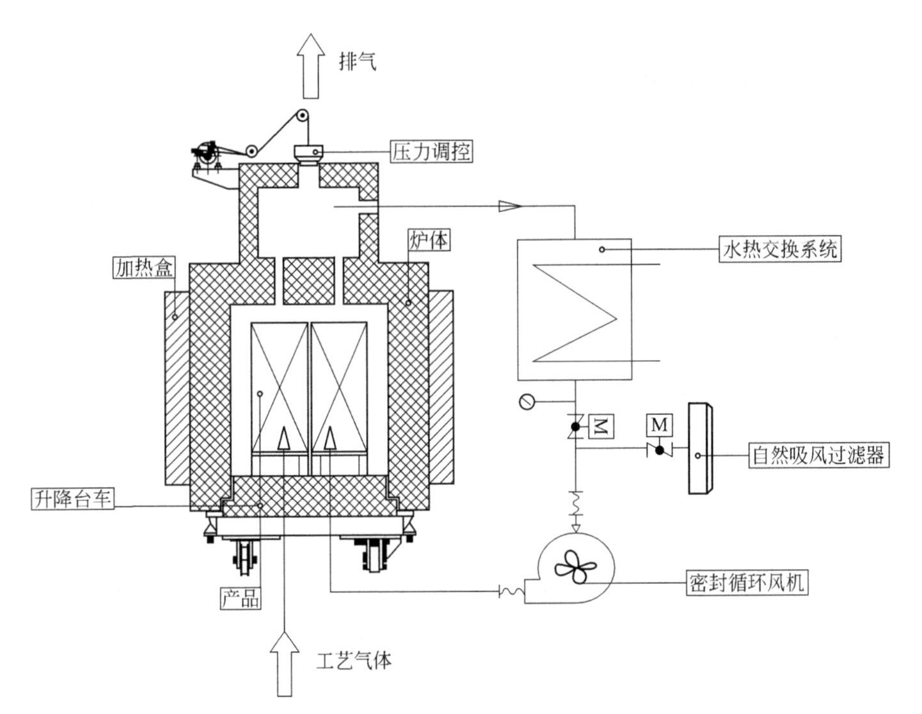

图 3-39　气氛保护钟罩炉原理图

图 3-40　气氛保护钟罩炉实物照片

窑炉是锂离子电池正极材料生产的核心关键设备，以上介绍的几种窑炉目前已全部国产化，生产企业主要有：中国电子科技集团公司第四十八研究所，湖南新天力科技有限公司，中国电子科技集团公司第四十三研究所，NGK（苏州）精细陶瓷器具有限公司，高砂（佛山）工业株式会社，苏州汇科机电设备有限公司，江苏前锦炉业有限公司等。

3.6 粉碎与分级设备

经过高温烧结工序出来的半成品一般需要经过粉碎分级才能达到产品标准，不同的正极材料烧结温度不同，有些材料由于烧结温度较高，结块比较严重，需要进行不同级别的粉碎，如需要颚式破碎、辊式破碎和超细粉碎等。

3.6.1 颚式破碎机

颚式破碎机[5]俗称颚破，又名老虎口。它是由动颚和静颚两块颚板组成破碎腔，模拟动物的两颚运动而完成物料破碎作业的破碎机。它广泛运用于矿山冶炼、建材、公路、铁路、水利和化工等行业中各种矿石与大块物料的破碎。被破碎物料的最高抗压强度为320MPa。

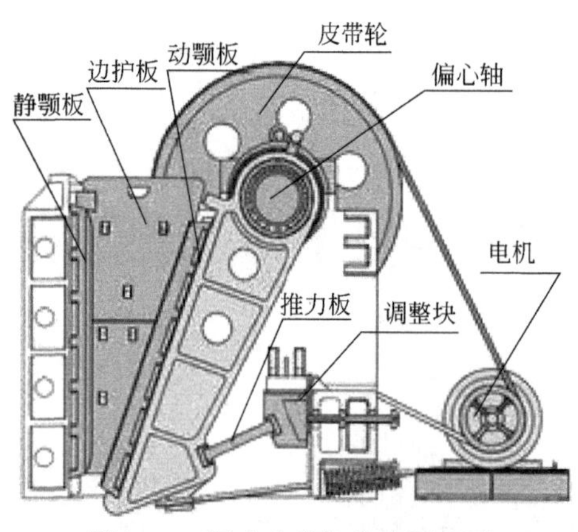

图 3-41 颚式破碎机结构原理图

颚式破碎机在矿山、建材、基建等部门主要用作粗碎机和中碎机。按照进料口宽度大小来分可分为大、中、小型三种，进料口宽度大于600mm的为大型机器，进料口宽度在300～600mm的为中型机，进料口宽度小于300mm的为小型机。颚式破碎机结构简单，制造容易，工作可靠。用于锂离子电池正极材料的颚式破碎机一般均是小型机，要求与物料接触的部件采用陶瓷材料如氧化铝刚玉或氧化锆陶瓷制成。

颚式破碎机的工作部分是两块颚板，一是固定颚板（定颚），垂直（或上端略外倾）固定在机体前壁上，另一是活动颚板（动颚），位置倾斜，与固定颚板形成上大下小的破碎腔（工作腔）。图3-41是其结构原理图。

颚式破碎机工作时，活动颚板对固定颚板做周期性的往复运动，时而靠近，时而离开。当靠近时，物料在两颚板间受到挤压、劈裂、冲击而被破碎；当离开时，已被破碎的物料靠重力作用而从排料口排出。对于锂离子电池正极材料而言，经过鳄式破碎机破碎后的物料粒度应小于5mm。

3.6.2 辊式破碎机

锂离子电池正极材料经过颚式破碎后粒度仍太粗，需要将粒度破碎至1mm以下才能进入后续超微粉碎，一般经过辊式破碎可以将粒度破碎至1mm以下。辊式破碎机[5]分为对辊式破碎机、四辊式破碎机、齿辊式破碎机。图3-42是双辊式破碎机工作原理及结构示意图。两辊轮之间装有楔形或垫片调节装置，楔形装置的顶端装有调整螺栓，当调整螺栓将楔块向上拉起时，楔块将活动辊轮顶离固定轮，即两辊轮间隙变大，出料粒度变大。当楔块向下时，活动辊轮在压紧弹簧的作用下两轮间隙变小，出料粒度变小。垫片装置是通过增减垫片的数量或厚薄来调节出料粒度大小的，当增加垫片时两辊轮间隙变大，当减少垫片时两辊轮间隙变小，出料粒度变小。

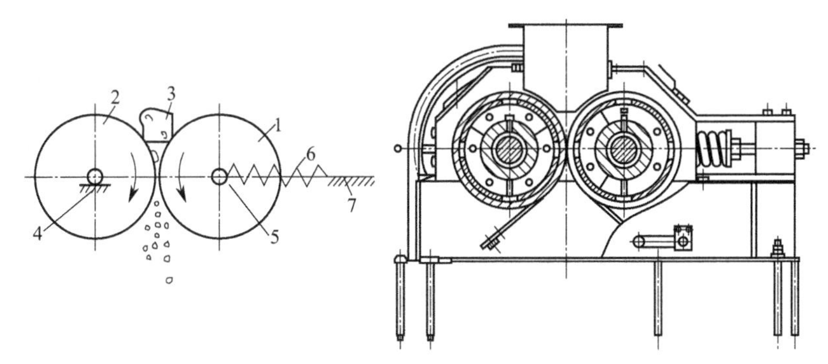

图 3-42　双辊式破碎机工作原理及结构示意图

1，2—辊子；3—物料；4—固定轴承；5—可动轴承；6—弹簧；7—机座

目前用于锂离子电池正极材料的对辊式破碎机的辊子表面都衬有氧化铝或氧化锆陶瓷，其他凡是与物料接触的地方均有四氟涂层或其他非金属涂层，以防带进金属磁性异物。

3.6.3 旋轮磨

高温烧结后的锂离子电池正极材料半成品经过颚式破碎和辊式破碎后才能进入超微粉碎工序。目前国内厂家开发出了一款称为旋轮磨[25]的设备，其功能相当于颚式破碎与辊式破碎之组合。图 3-43 是旋轮磨的工作原理图，其破碎原理是块状物料进入物料仓，先经过强力挤压破碎进入输送系统，物料输送到陶瓷粉碎研磨筐，经氧化锆陶瓷磨盘粉碎至所需粒度，粒度一般可小于 1mm。

该设备的特点有：进料粒度大，出料粒度均匀，产量高，无金属离子污染；自动化程度高，无粉尘污染；占地面积小，能耗低；基本无噪声。

3.6.4 高速机械冲击式粉碎机

高速机械冲击式粉碎机[5]（high speed impact mills）也称气流涡旋超微粉碎机，是利用围绕水平或直轴高速旋转的回转体（棒、锤、板等）对物料以猛烈的冲击，使其与固定体碰撞或颗粒之间冲击碰撞，从而使物料粉碎的一种超细粉碎设备。目前，其主要类型有高速冲击锤式粉碎机、高速冲击板式粉碎机、高速鼠笼式（棒销）粉碎机等。根据转子的布置方式和锤子排数可分成垂直立式与水平卧式及单排、双排和多排等。图 3-44 是高速冲击锤式粉碎机的结构示意图。

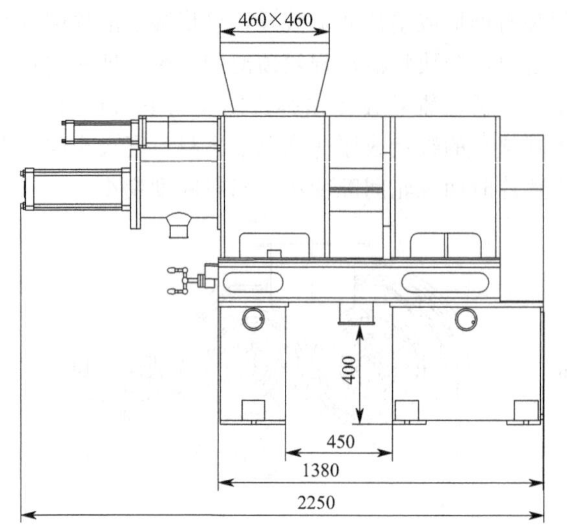

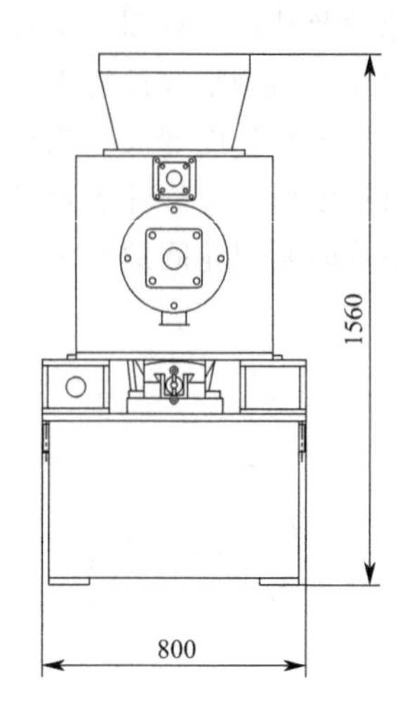

图 3-43　旋轮磨的工作原理图

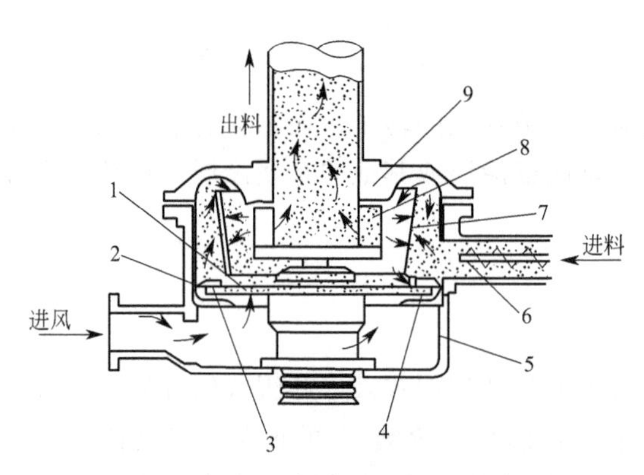

图 3-44　高速冲击锤式粉碎机原理图

1—粉碎盘；2—齿圈；3—锤头；4—挡风盘；5—机壳；6—加料螺旋；7—导向圈；8—分级叶轮；9—机盖

高速冲击式粉碎机与其他类型粉碎机（如球磨机）相比，具有单位功率粉碎比大，易于调节粉碎粒度，应用范围广，机械安装占地面积小，且可连续闭路粉碎等优点。因而其广泛应用在化工、建材、矿业、农药、食品、医药和非金属等工业中粉碎中等硬度物料。近年来其广泛用于锂离子电池正极材料如三元材料、锰酸锂、磷酸铁锂等的粉碎。由于电池材料对金属异物的含量要求极其严格，如对单质铁的含量要求低于 3×10^{-8}。所以该粉碎机中与物料接触的所有部件均要求采用陶瓷材质。图 3-45 是其主要零部件图。

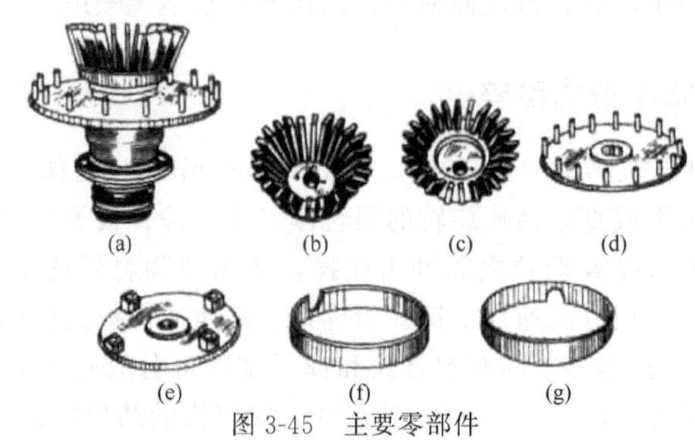

图 3-45　主要零部件

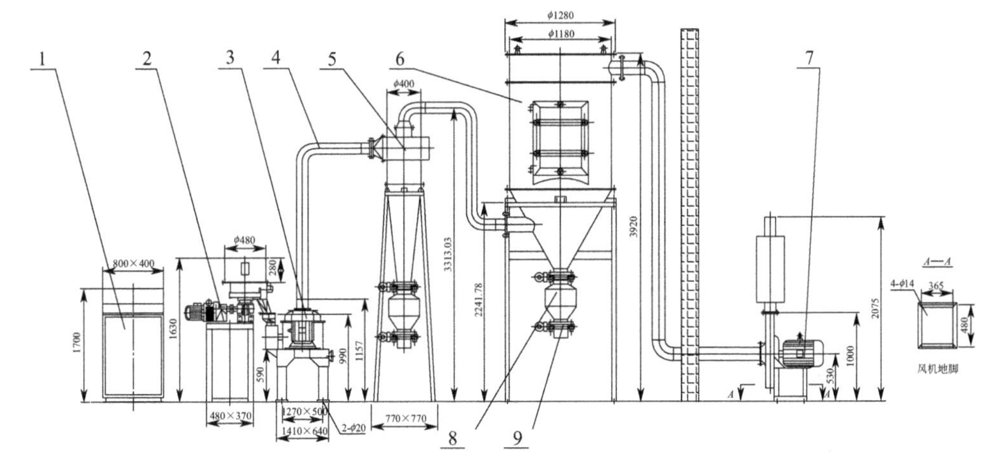

图 3-46 高速机械冲击式粉碎工艺流程图

1—控制柜；2—自动加料机；3—高速机械冲击式粉碎机；4—软管；
5—旋风分离器；6—布袋捕集器；7—风机；8—过渡料仓；9—气动阀

采用该粉碎机可以将物料粒度粉碎至 D_{50} 在 1～20μm，相对于气流粉碎而言，采用此种粉碎机可以防止过粉碎，粉碎粒度分布较好，产品收率高，一般可以达95%以上，特别细的微粉占5%以下。一级收料从旋风分离器收集，一般为成品，通常要求占95%以上，二级收料从布袋捕集器收集，应小于5%，此种料称为微粉，粒度很细，比表面大，振实密度小，一般不能作为成品销售，只能作为废品由专业回收公司回收。由于正极材料一般都比较贵，如钴酸锂、三元材料等，目前许多公司将此种料进行二次烧结使其粒度长大后再掺入正品中进行销售。图 3-46 是高速机械冲击式粉碎工艺流程图。

3.6.5 气流粉碎机

气流粉碎机也称气流磨[5]，它是利用高速气流（300～1200m/s）喷出时形成的强烈多相紊流场使其中的颗粒自撞、摩擦或与设备内壁碰撞、摩擦而引起颗粒粉碎的一种超细粉碎设备。超细气流磨在工业上的应用始于20世纪30年代，于今已发展成非常成熟的超细粉碎技术。锂离子电池正极材料钴酸锂由于硬度比较大，用高速机械冲击式粉碎机时，对粉碎盘和分级叶轮磨损大，一般采用气流粉碎机进行粉碎。目前用于锂离子电池正极材料粉碎的气流磨主要有两种，即流化床气流粉碎机和扁平式气流粉碎机。

气流粉碎机与其他超细粉碎机相比具有以下特点：

① 产品细度可达1～25μm可调，粒度分布较窄、颗粒表面光滑、颗粒形状规则、分散性好。

② 产品受污染少。因为气流粉碎机是根据物料的自磨原理而对物料进行粉碎的，粉碎腔体对产品的污染少，若粉碎腔内壁采用陶瓷内衬，则基本上可以防止金

属杂质的污染，因而非常适合于锂离子电池正极材料的粉碎。

③ 适合粉碎低熔点和热敏性材料及生物活动制品，因为气流粉碎机以压缩空气为动力，压缩气体在喷嘴处的绝热膨胀会使系统温度降低，所以工作过程中不会产生大量的热。

④ 生产过程连续，生产能力大，自控、自动化程度高。

3.6.5.1 流化床气流粉碎机

图 3-47 是流化床气流粉碎机的工作原理图，压缩空气经拉瓦尔喷嘴加速成超音速气流后射入粉碎区使物料呈流态化（气流膨胀呈流态化床悬浮沸腾而互相碰撞），因此每一个颗粒具有相同的运动状态。在粉碎区，被加速的颗粒在各喷嘴交汇点相互对撞粉碎。粉碎后的物料被上升气流输送至分级区，由水平布置的分级轮筛选出达到粒度要求的细粉，未达到粒度要求的粗粉返回粉碎区继续粉碎。合格细粉随气流进入高效旋风分离器得到收集，含尘气体经收尘器过滤净化后排入大气。

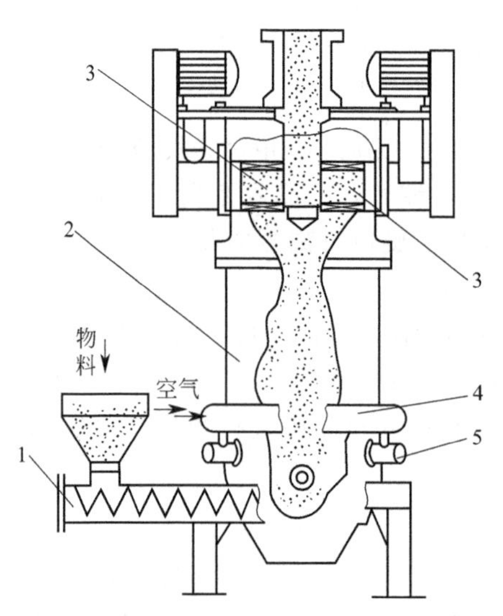

图 3-47 AFG 型流化床逆向喷射气流磨原理图

1—螺旋加料器；2—粉碎室；3—分级叶轮；4—空气环形管；5—喷嘴

气流磨设备组成：

① 气源 这是气流粉碎机粉碎过程的动力，由空气压缩机提供。对压缩空气的要求可在 0.7～0.8MPa，保持压力稳定，即使有波动，但是频率不宜过高，否则影响产品的质量。其次，对气体质量，要求洁净、干燥，应对压缩空气进行净化处理，把气体中的水分、油雾、尘埃清除，使被粉碎的物料不受污染，特别对要求纯度较高的物料的粉碎要求更高。

② 原料供给 是用提升机把原料提升至原料仓内，然后通过输料阀把原料送入气流粉碎机的加料斗，经过螺旋加料器输送至研磨室，一般要求初始粒度大于 100～300 目。

③ 粉碎与分级 粉碎过程是将压缩空气从特殊设计加工的喷嘴射入研磨室，使物料流态化，物料在超音速的喷射气流中被加速，在各喷嘴交汇处汇合，自身相互碰撞，而达到粉碎的目的。当物料粒径被粉碎到分级粒径以下时，由分级器分级出合格粒径产品。粉碎和分级在同一研磨室内进行，大大提高了粉碎和分级的工效，未被分级精选的粗料又返回到研磨室继续粉碎，最后产品经输出管输送至微粉收集系统，微粉收集系统由旋风分离器和粉尘收集组成。超细粉通过密封管道进入旋风分离器，气流在旋风分离器内旋转，把超细粉甩出降落，由排料系统排出包装即得成品。旋风分离器可以用一级或两级，从旋风分离器飘出的气流，还有部分粉尘进入

粉尘收集器，通过布袋收尘。

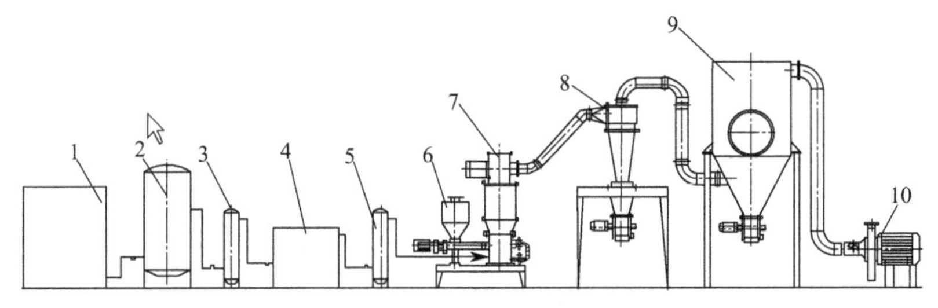

图 3-48　气流粉碎流程图

1—空气压缩机；2—储气罐；3—前置过滤器；4—冷冻干燥机；5—后置过滤器；
6—喂料系统；7—气流粉碎分级机；8—旋风收集器；9—除尘器；10—引风机

图 3-48 是气流粉碎的流程图。对锂离子电池正极材料的粉碎而言，要求在旋风分离器分离出来的产品越多越好，一般要求此级分离得到的产品收率要大于 95%。布袋收尘得到超细尾粉，可降级使用，或返回烧结工序重新烧结使其粒径长大。

3.6.5.2　扁平式气流粉碎机

扁平式气流粉碎机[5]结构简单，容易制造，因而应用广泛。它主要由粉碎室、喷嘴口、出料口、气流出口、压缩气入口、分级区等组成。图 3-49 是其工作原理图。

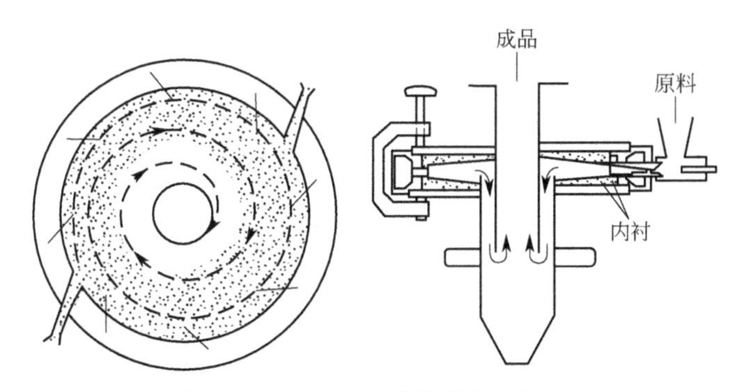

图 3-49　扁平式气流粉碎机原理图

这种粉碎机通过装在粉碎室内的喷嘴把压缩空气或过热蒸汽变为高速气流，当物料通过加料器送入粉碎室时受到调整气流的剪切作用，强烈的冲击和剧烈的摩擦使其颗粒物料粉碎成超细产品。这种气流磨机还有一个特点，根据设计的喷嘴角度所产生的旋涡流，不仅达到粉碎的要求，而且由于离心力的作用还能达到分级的目的，可以使超细产品分离出来。粉碎产品的粒径由该机喷嘴的安置角决定，并通过调节投料量的办法来实现简便的控制。

对于锂离子电池正极材料的粉碎而言，由于扁平式气流粉碎机的分级精度不如流化床气流粉碎机，对粒度分布要求严格且收率要求高的正极材料粉碎一般采用流化床气流粉碎机。由于正极材料对金属磁性异物含量要求极低，气流粉碎机中粉碎腔必须采用氧化铝或氧化锆陶瓷内衬，所有输送管道采用塑料波纹管，除尘器内壁加环氧树脂涂层或聚四氟乙烯涂层。

3.7 合批设备

尽管在锂离子电池正极材料生产过程中采取了严格品管手段，但为了保证产品的一致性，对不同批次生产的产品进行合批，合成一个大批次，使同一个大批次的产品均匀化。目前普遍采用大型混合机进行混合合批处理。

3.7.1 双螺旋锥形混合机

双螺旋锥形混合机[26]的搅拌部件为两条不对称悬臂螺旋，长短各一，它们在绕自己的轴线转动（自转）的同时，还环绕锥形容器的中心轴，借助转臂的回转在锥体壁面附近又做行星运动（公转）。该设备通过螺旋的公、自转使物料反复提升，在锥体内产生剪切、对流、扩散等复合运动，从而达到混合的目的。该机根据工艺要求可在混合机筒体外增加夹套，通过向夹套内注入冷热介质来实现对物料的冷却或加热。冷却一般泵入工业用水，加热可通入蒸汽或电加热导热油。三元材料对水分比较敏感，目前采用夹套加热方式，混合后的产品含水比较低。图 3-50 是双螺旋锥形混合机的实物照片和结构示意图。

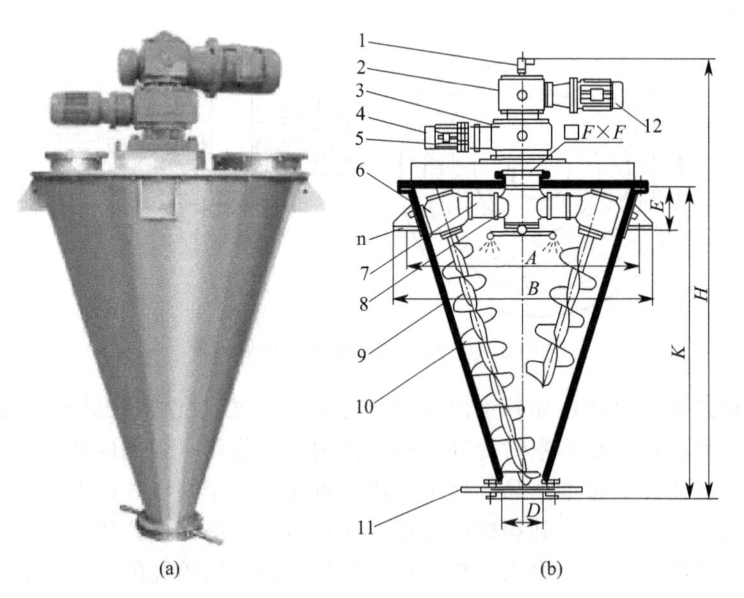

图 3-50 双螺旋锥形混合机原理图

1—喷液器；2—主减速器；3—减速器；4—电机；5—减速机；6—传动头；7—转臂；8—传动箱；9—锥体；10—螺旋；11—出料阀；12—主电机

3.7.2 卧式螺带混合机

螺带混合机[27]是高效、应用广泛的单轴混合机，半开管状筒体内的主轴上盘绕蜗旋形式且成一定比例的双层螺带。盘旋的螺旋带依附主轴运转，能推使物料随螺旋带蜗旋方向行进。图 3-51 是卧式螺带混合机内部结构图。该设备采用底部出料方式：粉体物料采用气动大开门结构形式，具有卸料快、无残余等优点；高细度物料或半流体物料采用手动蝶阀或者气动蝶阀，手动蝶阀经济适用，气动蝶阀对半流体的密封性好，但造价比手动蝶阀高。在需要加热或冷却的场合，可配置夹套。加热方式有电加热和导热油加热两种方式可选：电加热方便，但升温速度慢，能耗高；导热油加热需要配置油锅和导油动力、管道，投资较大，但升温速度快，能耗较低。冷却工艺可直接向夹套内注入冷却水，夹套换热面积大，冷却速度快。电机与搅拌主轴之间通过摆线针轮式减速机直联，结构简单，运行可靠度高，维护方便。

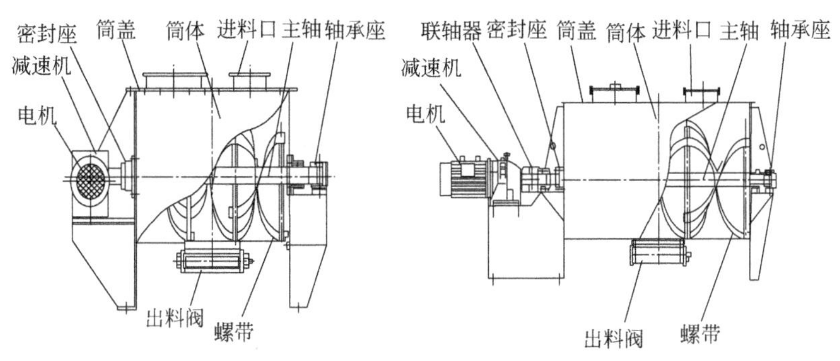

图 3-51　卧式螺带混合机内部结构图

目前锂离子电池正极材料厂家选择双螺旋锥形混合机进行混合合批的比较多，但有些厂家由于厂房高度的原因，放弃双螺旋锥形混合机而改用卧式螺带混合机。

3.8 除铁设备

2006 年日本发生首起索尼笔记本电脑起火伤人事件，事后调查认为起火原因源于索尼锂离子电池，很可能是因为电池某部分在制造过程中混入了细小金属颗粒引发的微短路造成的过热。自此次事件后，锂离子电池生产企业对锂离子电池正极材料中的微量磁性异物控制非常严格，如韩国三星 SDI 在中国采购的正极材料要求单质铁的含量小于 2×10^{-8}。磁性单质铁通常是在加工过程中物料与不锈钢设备、管道以及车间设备磨损的微细铁屑进入空气中后落入正极材料中所造成。因此，锂离子电池正极材料整个生产过程要严格防止物料与金属设备或部件的接触。由于微量单质铁在正极材料中的分布是极不均匀的，有时带有很大的偶然性，所以为了确保产品的品质，目前在产品最后进入包装工序之前要加一套除铁工序。

除铁方法很多，现有的粉料除铁方法有淘洗法、水力旋流法、酸洗法、电泳分离法、高频感应法和磁选法等。磁选法尤其是电磁选法效率高、成本低、弃铁简单易行而被普遍采用。锂离子电池正极材料中的磁性物质含量通常情况下非常低，用电磁除铁时，要求磁场强度非常高，目前国内生产的电磁除铁机难以满足要求，通常从日本和韩国进口。

电磁除铁原理[28]见图 3-52。当粉料从加料口加入时，安装有多层分离栅网的振动料筒在 2 台自同步感应电机的驱动下做垂直方向振动，同时通过磁轭产生磁场，铁杂质被吸附于栅网上，以此达到粉料与铁杂质分离的目的。该机工作一段时间后，要进行弃铁处理，弃铁时首先停止进料并排出料筒中的余料，使翻板盖住出料口，关闭励磁电源，继续振动数分钟以使栅网所吸附的铁杂质全部从排铁口排出，然后又可恢复除铁工作。图 3-53 为电磁除铁机的结构示意图和实物照片。

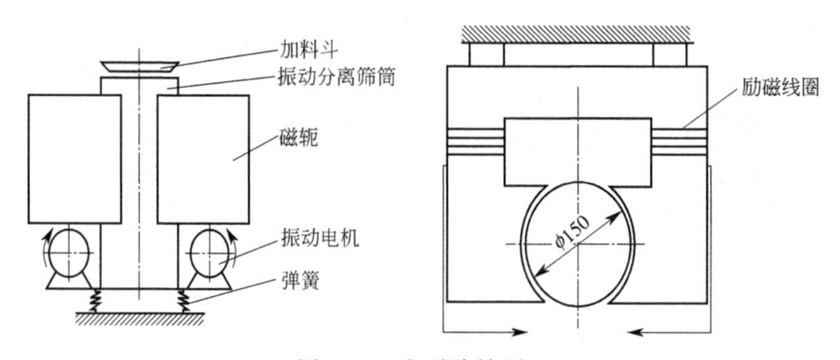

图 3-52　电磁除铁原理

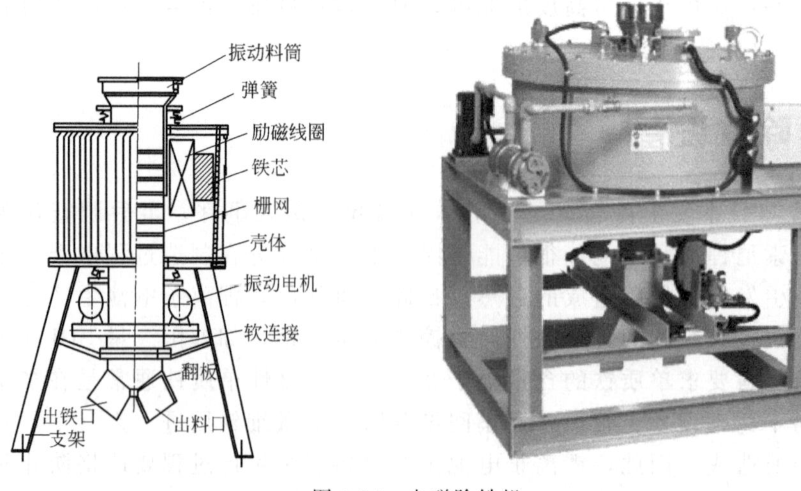

图 3-53　电磁除铁机

3.9 包装计量设备

3.9.1 锂离子电池材料包装计量设备的现状

锂离子电池材料无论是正极材料、负极材料有很多品种和规格，在生产线上最终的成品是以粉料的形式存在。成品粉料制备完成后供应电池制作商之前还有一个储存及周转运输的过程。其周期可能较长，储存时间不确定，再加上这些成品料价格较贵，尤其不能在储存和周转过程中使材料本身受到外界的污染。因此成品粉料制备完成后应尽快装袋、计量和密封保存，为了在周转过程中对其外包装进行保护还需装桶或装箱并做好信息的贴标和记录登记。当前常用的成品粉料装袋容器材质为有一定强度和韧性的铝塑复合包装袋（中间为铝膜，内外均为 PE 膜），少数厂家直接用具有一定厚度的圆筒形 PE 薄膜。铝塑复合袋是将铝塑复合卷材剪裁成矩形后两两相对再用热塑办法将其三边热压后制成，而单纯的 PE 袋则是将圆筒状 PE 膜每隔一段距离热封后再切断制成的。目前生产量较少的厂家往往用勺子进行人工灌装，用数字台秤进行称重计量，最后用手工挤出袋中一部分空气后再用条状热封机对袋口热合密闭。这种办法劳动强度大，有粉尘飞扬，在通风除尘不好的场所粉尘往往易被包装粉料的工人吸入体内，时间长了便会对人的呼吸系统造成伤害。在产量稍大一点的工厂中成品粉料的包装计量则五花八门，有各种各样的半自动包装秤，但是常规的用于各种粉料行业的包装秤一般对锂离子电池材料的特殊性考虑不够，例如，金属材质的包装秤尤其是与物料接触的关键部件很容易使金属单质污染成品粉料。此外，普通的包装秤往往不大考虑全密封粉料灌装过程，因此粉尘泄漏量仍较大，对环境和人身造成污染也相应较大，因此目前在锂离子电池材料成品料的包装计量方面还相对较为落后。

3.9.2 锂离子电池材料包装计量设备的形式和种类

用于一般粉体材料包装计量的形式非常多，但若要用于锂离子电池材料包装和计量尚需考虑一些特殊的地方：①与物料接触的部件尽量要采用非金属或不锈钢主体内壁涂以特氟龙等非金属耐磨介质以防止金属单质对锂离子电池材料的污染；②锂离子电池材料的粉尘对环境和人身都有害，因此在整个包装计量过程中必须尽可能地做到密闭，粉尘少泄漏或不泄漏；③包装计量完成后还需密封，防止外界空气中的水分和灰尘影响锂离子电池材料。

3.9.2.1 毛重秤和净重秤

包装秤的加料机构通过称量架采用压或挂的办法将载荷均衡地加载在 1～4 个称重传感器上。袋装秤则是将包装袋挂在夹袋机构上，夹袋机构又是称量架的一个组成部分。桶装或箱装秤则通过无动力滚子输送机将重力传输到称量架上。由于称量架本身有一个已知的恒定的重量，所以在秤初始调整时便可通过“置零”的办法将这个重量值扣除，所以未装料时称重仪表显示的值为零。

(1) 毛重秤

毛重秤是称量前先将待装料的空袋或空桶、空箱先放置在称量架上，由于制造中的误差，每个容器的质量是有差别的，因此实际称量时，将袋或桶、箱挂放到称量装置上时，称重传感器先感受的是皮重的重量，按下称重启动开关后称重仪表将这个皮重记录在案，然后发出“去皮”信号，这个皮重的重量值在显示器上便被清除显示为 0.00，紧接着发出“大加料”信号，粉料便被高速度地装入袋（或桶、箱）中，待显示值达到中加料或小加料设定值时，加料装置转化为中速或低速加料，直到称重显示值达到“落差”值时，加料装置提前关闭供料阀门，待停留在空中残余粉料全部落入袋中（或桶、箱）时，称量“完成‘信号发出后立即进行’超差判别”信号，判别“过量”还是“不足”，若是正量则自动发出“落袋”信号，将夹持在称重机构上的袋连同里面的粉料一起释放到下方的输送机上，然后自动或人工驱动输送机将已灌装并称重计量合格的料一起送出。毛重秤在称重过程中，称重仪表显示出来的读数是粉料净重的值，因此很直观地在现场告诉人们在袋、桶或箱中实际灌装了多少粉料。但在报表管理中上位机计算机可以在称重仪表的相应接口中连续获取生产线上每次计量和灌装的粉料的总（毛）重值、皮重值和净重值。毛重秤由于每次都要先对皮重（袋、箱、桶）进行称量，所以包装速度比较慢，在锂离子电池材料单秤称量时大约可做到每分钟 1 次。但当袋、箱或桶质量非常一致的情况下，在预先获知本批包装材料质量的情况下可在称重仪表中将“预置皮重”设置为该值，这样每次计量时，自动扣除这个值，因此称量速度便可加快。

(2) 净重秤

净重秤与毛重秤的差别是净重秤增加了一个称量斗环节。这个称量斗直接是称量架的一部分，而且称量斗本身具有排料门和气动开门机构，这个斗和开门机构的质量都是恒定的，因此称量斗的称量架一起可用“置零”的办法将初始的结构重量扣除掉，因此称量开始时不必再经过去皮环节，称重仪表显示的就是称量斗中物料的重量，待灌装的包装袋套在夹带机构并被夹持的过程或将空桶或空箱放置在输送机上的过程与称重计量过程没有关系。一旦空袋被夹好或空桶、箱放置到位后操作人员按下排料按钮后，已被称好的物料立即开启料门将物料排至下方的袋或桶、箱中。因此净重秤的计量速度和计量精度都可高于毛重秤。

锂离子电池材料由于目前的生产规模与产能低于其他如粮食或化工行业，因此包装速度要求并不太高，但对称重精度和防止粉尘泄漏确有较高的要求，因此锂离子电池行业包装计量采用毛重秤的比较多。因为净重秤的称量斗开料门排料时粉尘泄出不易控制，而毛重秤则可方便地实现全过程密闭灌装。

图 3-54 和图 3-55 分别是目前用于锂离子电池材料的包装秤。应该指出的是包装是最后一道工序，成品粉料灌装入包、桶、箱后便可进入流通环节，供电池制作商制作各种形式的锂离子电池了。因此称量正确度是贸易结算中重要的指标。贸易

结算秤均为Ⅲ级秤，因此无论是净重秤还是毛重秤它们的称量精度均要求达到±0.2%左右的级别，所以称重传感器必须选用C3级，具体的选用规则和方法本书前面章节中已详细阐述过了。

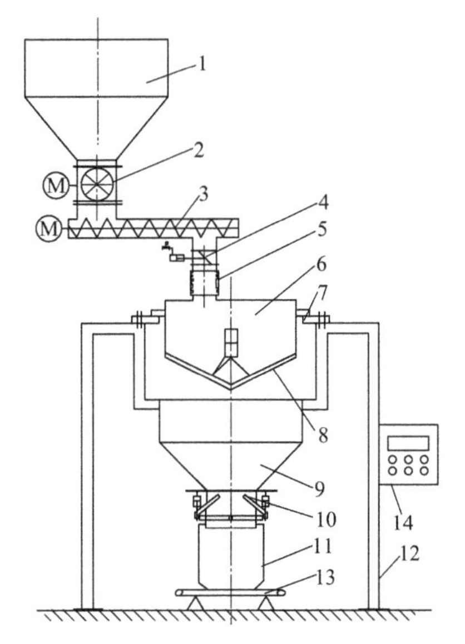

图 3-54　螺旋加料净重秤

1—供料仓；2—星形给料机；3—加料螺旋机；4—气动蝶阀；5—软连接；6—称量斗；7—称重传感器；8—气控排料门；9—冲料斗；10—气控夹袋机构；11—包装袋；12—机架；13—输送机；14—电控箱

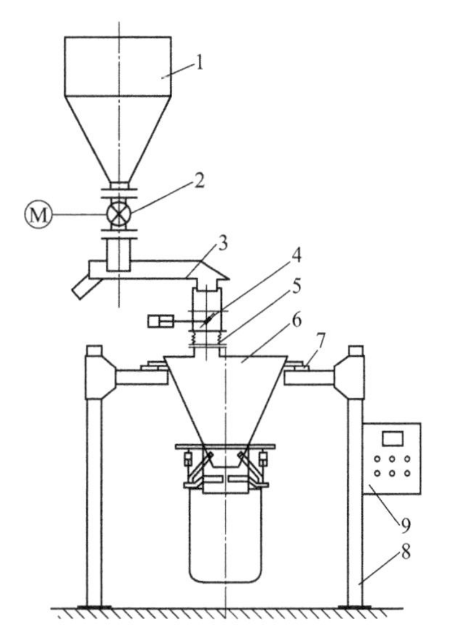

图 3-55　振动加料毛重秤

1—供料仓；2—星形给料机；3—电磁振动给料机；4—气动蝶阀；5—软连接；6—冲料斗和气控夹袋机构；7—称重传感器；8—机架；9—电控箱

3.9.2.2　两种气囊夹袋秤

气囊夹袋机构是粉料包装秤中防粉尘泄漏、密闭灌装的很有效的方法，锂离子电池材料粉尘有一定的毒性，吸入呼吸系统是有害的，粉尘泄漏对环境的污染是当前环境重点关注对象。气囊夹袋机构将空的包装袋套在秤的排料灌装口上，利用气囊充气膨胀将包装袋口紧紧裹在灌装口上，目前有两种形式：一是外气囊，外气囊本身就是灌装口的一部分，将空包装袋采用人工或自动上袋机吸盘套在气囊上，按下“夹袋”按钮后气囊向外膨胀，将袋口全部撑开并绷紧在灌装口上，然后启动大、小两种速度灌装称量程序进料；另一种是内气囊，内气囊外形像一个车胎，但它的“轮毂”是在外面，“轮毂”呈环形槽且是内侧开口，气囊嵌在其中，当向气囊充气时由于气囊的外周和上下周边被毂限制，因此气囊只能向内侧膨胀，气囊中间的通径变小。包装机的排料口就是通过气囊的中间，但两者留有适当的间隙，整个内气囊机构又是装在一个与包装机机体一体立柱的摇臂上，并由气缸控制可沿立柱做上下位移。当将气囊摇臂转到灌装口的下方用人工方式将包装袋的上口自下而上穿过内气囊并翻边 5cm 左右后，按下夹袋按钮，外气囊升降机构将气囊与包装袋一起上升并套住包装机的灌装排料口，启动灌装称量程序后，首先气囊充气，充气时气囊只能向内侧膨胀，因此可将包装袋紧紧箍在灌装口上。

图 3-56 和图 3-57 分别是内气囊和外气囊夹袋机构的示意图。

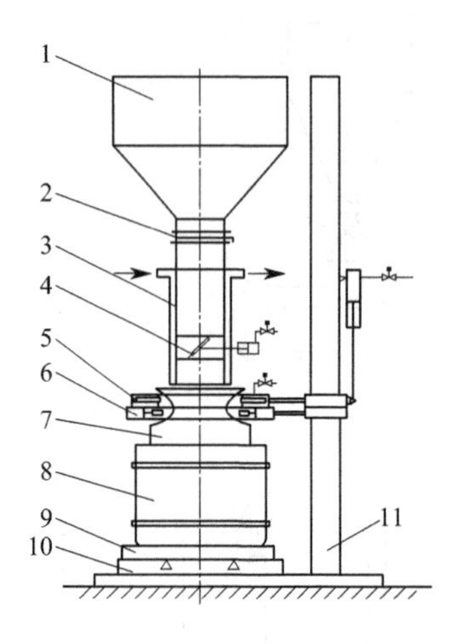

图 3-56　自由落料内气囊夹袋粉料灌装秤示意图

1—供料仓；2—插板阀；3—充气/抽气、吸气夹套；4—气动蝶阀料门；5—可升降和回转运动的外气囊夹袋机构；6—装在矩形框架中的双面对夹式热合机；7—装在桶中的包装袋（袋口被拉出并穿过热合机和气囊夹袋机）；8—塑料外包装桶；9—无动力滚子输送机；10—平台秤；11—机架

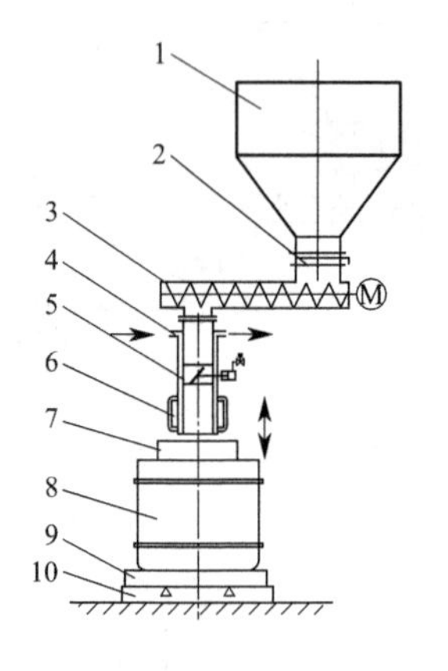

图 3-57　螺旋加料外气囊夹袋粉料灌装秤示意图

1—供料仓；2—插板阀；3—螺旋加料机；4—充气/抽气、吸尘夹套；5—气动蝶阀料门；6—外气囊夹袋机构；7—装在桶中的包装袋（袋口被拉出并套上外气囊）；8—塑料外包装桶；9—无动力滚子输送机；10—平台秤

气囊式夹袋机构有两点是需要说明的：一是这两种夹袋机构适用于毛重秤，它的称重装置可以是压或悬吊在称重传感器上的称量架，也可以是一台平台秤。外气囊夹袋的毛重秤是在平台秤上放置一台无动力的不锈钢小滚柱输送机，在输送机上再放置待灌装的塑料桶或纸箱，桶或箱内才是铝塑复合包装袋或 PE 透明包装袋，因此无动力滚柱输送机和塑料桶或箱，连同桶或箱中的包装袋都作为这台平台秤的皮重，由于包装袋柔软且有足够的长度，因此袋中物料的重量经由桶（或箱）及输送机完全作用于平台秤上，同样可完成称重计量过程。

外气囊夹袋式毛重秤，也可不采用平台秤而直接依靠内气囊膨胀将包装袋悬吊在气囊上，由于这种秤，内气囊与秤的排料灌装口安装在一体上，所以称重传感器仍处于称量架的上方。但这种形式的内气囊夹袋秤常适用于小包装上，只能灌装几千克或十余千克的粉料，因为它是完全靠包装袋和气囊之间的摩擦力来承受灌装后整袋的重量。由于这种内气囊夹袋毛重秤结构相对简单，与自动上袋机配合比较容易，因此包装速度比较快，称量精度又可较高，但对包装袋的强度有一定要求，以免袋口撑破。

气囊夹袋秤由于是全密闭粉料灌装，因此包装袋在灌装粉料前需要充气张开，但在灌装粉料的过程中又要将袋中的气体排光，因此这种秤的灌装排料口实际是两个同心的圆筒，内筒是粉料灌装的通道而外层圆筒与充气与排气除尘系统相连，由两套阀门系统进行控制。外筒与内筒之间的间隙约为 1cm。

3.9.2.3 两种形式的吨包装机

产能较大的工厂，锂离子电池材料成品粉料的包装有 200kg、500kg、750kg 甚至 1000kg 的包装要求，因此对这种大包装量的秤一般采用有门架形式并配合有动力的滚柱输送机将有四个吊攀的塑料编织大包装袋或内衬铝塑复合包装袋的大圆桶送入或移出包装秤（俗称吨包装）。

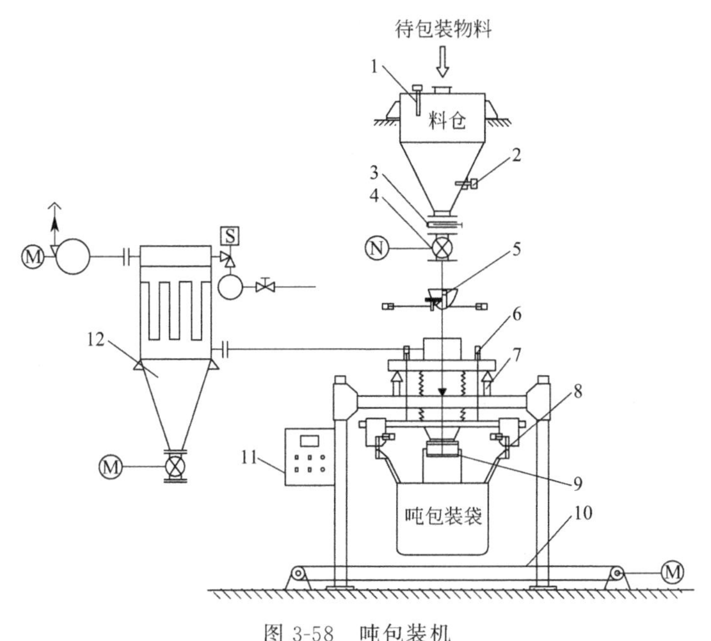

图 3-58　吨包装机

1—高料位计；2—低料位计；3—插板阀；4—星形给料机；5—料门；6—称量架升降气缸；7—称重传感器；8—气动挂袋装置；9—气囊夹袋装置；10—滚柱输送机；11—电气控制箱；12—袋式除尘器

吨包装秤的结构原理与 3.2.1 节和 3.2.2 所述的内容大同小异。不同的是吨包装袋外袋呈正方形，有内袋和外袋两层结构，外袋是强度很大的塑料编织袋，顶部四边有四个便于起重机悬挂的吊攀，中间有一个圆筒状的加料口，内袋除了没有吊攀以外形状与外袋基本相同，只是内袋中间的圆筒状加料口比较长，可伸出在外袋加料口的袋口外。这种秤的排料灌装口一般都采用外气囊夹袋形式，操作人员只需把内袋的加料口套住气囊，当气囊充气膨胀后便可将内衬 PE 袋的袋口全部紧绷在气囊上，再将外袋的四个吊攀悬挂在秤的专用气动挂钩上便可将整个吨包装袋提起。灌装启动前先要通过灌装排料口的外筒通以压缩空气，使内袋撑张起来，而在计量开始内筒灌装粉料的同时外筒要抽排出原先撑张内袋的空气。吨包装秤同样有两种结构，图 3-58 便是一种较先进的吨包装机。另外一种较简易的吨包装秤是在包装机的中间地上放置一台 1.2m×1.2m 的大平台秤，在平台秤上放置同样尺寸大小的无动力滚柱输送机，吨包装袋就放在该输送机上。吨包装袋的四个吊攀虽然仍悬挂在秤架上，但结构上保证即使吨包装袋充满物料时，这四个吊攀仍是柔性，不受力的状态。若是圆筒包装，那么圆筒直接放置在滚柱输送机上，将筒内内衬的 PE 透明包装袋或铝塑复合袋的袋口夹持在气囊夹袋机构上即可，一般情况下内衬 PE 袋或铝塑复合袋比较长，在袋口被气囊夹持后或灌装完毕，袋内充实物料后，袋口仍呈柔性和不受力状态。所有的重力只由下方的平台秤承受，从而保持计量准确性。

3.9.3 自动化包装线上的配套设备

自动化包装线[29]上的自动称重计量设备是关键设备，前面几章已有详细的介绍，在保证称重计量正确度的前提下才可以进入自动线上进行后续的流程，在无人值守或只有少数巡视人员的生产线上，自动化包装流程最重要的运行指标便是可靠性和安全性。本章节针对上述要求介绍几种在线自动化设备。

3.9.3.1 自动上袋设备

该设备是将空包装袋自动套到秤的排料口上。由于锂离子电池材料的成品粉料称重计量和灌入包装袋要求是密闭无粉尘泄漏的，因此大都采用气囊夹袋，两种气囊夹袋机构中，直接与秤排料口安装在一起的外气囊夹袋，因为套袋操作比较方便因此应用较多。自动上袋机其原理上相当于一个气动控制的机械手。抓取铝塑复合袋或塑料薄膜袋的主要工具是排成一行的若干只真空吸盘。它的流程是：真空吸盘从平铺的一叠袋子中吸取一只并将包装袋提起且转向 90°后呈垂直状态，包装袋另一侧的一对吸盘组运动过来并与之吸合，然后两对吸盘组反向运动将口袋拉开，在平移长气缸的推移下将这两对吸盘移到包装秤的排料口下，气控机械手的最后一个动作是一对垂直气缸将已撑开的包装袋口上升套在内气囊夹袋机构上。当位置开关检测到袋口已正确到位后，气囊即刻充气膨胀将袋口撑紧，延时几秒后气路转换，真空泵排空，真空吸盘全部在常压下恢复无吸力状态，各个移动气缸依次复位，待包装秤物料灌装结束，气囊夹紧机构排气复位松开包装袋，袋便落在下方的输送机上，自动上袋机构再次启动，真空再次建立，进行第二只空袋的抓取。

已灌装好的包装袋在输送机上被传送到下道热合封口机。输送机一般是滚柱型的，但因为包装袋是柔性的，在输送过程中受到震动，直立并敞口的包装袋可能会倾倒，因此与输送机同步运行的还有包装袋的扶持机构。扶持机构有多种形式，最简单的是用在输送机上方的两根相距 5cm 左右的长圆棒和护板分别对袋口和袋两侧进行扶持。图 3-59 是自动上袋机的结构示意图。

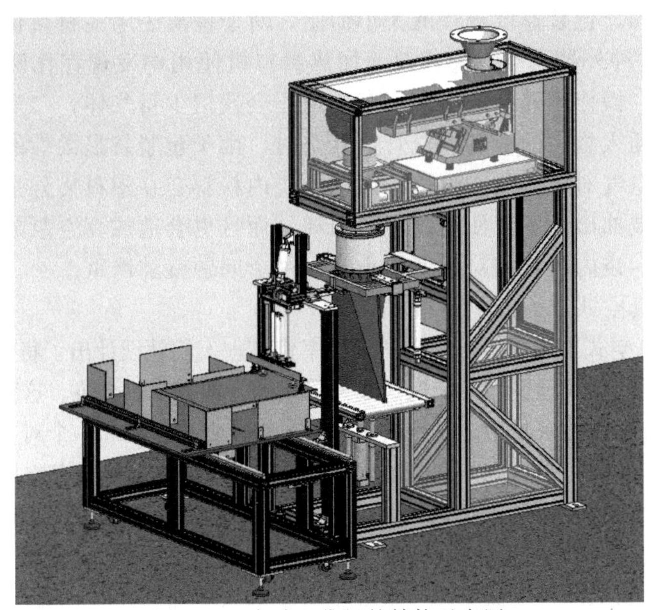

图 3-59　自动上袋机的结构示意图

3.9.3.2　热合封口机

热合封口机用于粉体包装的塑料薄膜封口，一种是用金属丝或尼龙带扎紧袋口，另一种是对袋口加热压紧熔融密封。但是扎口的办法不易保证密封度，所以已很少使用。塑料薄膜袋和铝塑复合包装袋常采用热合封口的办法，对于铝塑复合包装袋来讲这是唯一的办法。

（1）手动双面加热封口

最简易的办法是人手挤压已灌装粉料的塑料薄膜袋或铝箔袋的上方空间挤压出空气，再用双面对夹式加热封口机将袋口的两层膜加热至熔融状态并对夹压紧而实现封口，但是这种办法手工挤压空气毕竟有限，残留在袋内的空气和水分还是会引起物料的氧化和吸湿，也不利于储存和运输。这种双面加热对夹式加热封口机市场供应量很大，价格便宜。

（2）外抽真空式双面加热封口

为了解决排出袋内残存空气的问题，现在有立式外抽真空包装机，它是在双面加热对夹式加热封口机的两加热条空隙中垂直安装由气缸控制的可伸缩（行程约10cm）的扁嘴型抽气管，抽气管的后方连接一台真空泵。操作工人将已灌装物料的包装袋提到操作台上方，然后将袋口穿过对夹式加热封口机两加热条所形成的缝隙，再将扁嘴型抽气管插入袋口一定距离，启动封口程序后先是真空泵工作通过插入袋口的扁嘴抽气管将袋内空气抽出，紧接着两加热条相对运动将袋口夹紧，同时气缸运动将扁嘴型抽气管退出包装袋口，随后袋口被压紧热熔，完成抽真空封装。这种外抽真空双面加热封口机功率为 2.5kW 或 3kW，热功率 500W 左右，真空泵750W，热封口长度为 600～1000mm 四种，热封口的宽度为 8mm 或 10mm，极限真空−0.08MPa，包装速度视袋的大小而定，对于锂离子电池材料包装封口每次约需10～30s。这种外抽真空对夹式双面加热封口机使用中发现存在两个问题：一是抽真空度不高，操作不熟练或不协调时袋内还会残留少量气体；二是袋内粉料损耗率较大，因为插入袋内的扁嘴型气管抽真空时，由于包装袋是柔性的，袋内空气被抽走时，袋外空气对包装袋产生挤压，因此袋内粉料会在塑料袋外挤压的过程中被压向抽气口而被抽出，不仅使袋内物料损耗，而且也会造成真空泵故障，降低真空泵的使用寿命，袋内粉料相对密度越小时，这个问题就越严重。

(3) 内抽真空式双面加热封口

由于外抽真空式加热封口机的粉料损耗率较高，人们就设计出了将整个包装袋，甚至连同外包装桶或箱一起进入一个柜式或钟罩式的内抽真空热合机。这种机器最简易的形式是一个可开关门的密封柜，在柜内布置一个袋口夹持挂架和一个对夹式双面加热热合机。在柜顶部有一个抽气口与外部的真空泵相连，真空泵的抽真空能力达$40m^3/h$。操作工将待热合的包装袋送入柜内并将袋口松松地夹持在热合封口机的两个加热条之间。关闭密封门后启动热封程序，真空泵将整个柜内空气抽出，包装袋内粉料中的空气也随之被抽出，袋的体积也被压缩，松装堆密度大大增加，此时启动双面加热封口机，袋口在真空状态下被热合。立柜式真空热合机在锂离子电池材料成品粉料抽真空热合封口时要注意柜体上的抽真空口一定要布置在恰当的地方，并控制好抽真空的速度从而使包装袋收缩对粉料产生挤压作用时，粉料不会从袋口挤出去。

这种柜式内抽真空加热封包机因为操作不太方便，不利于无人值守的全自动包装线上应用。目前已开发出一种在线式、由两个相对盒形体组成的对开式柜体的内抽真空式热合机，这两个对开式半柜一个是固定的，另一个是可移动的，图3-60是这种在线式内抽真空热合机的结构示意图。

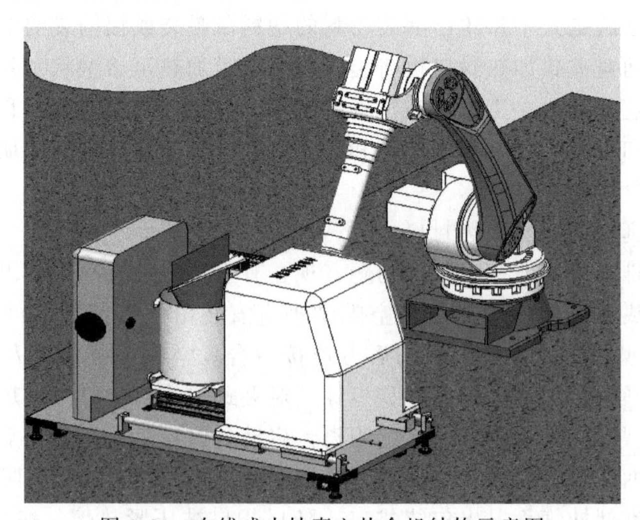

图3-60　在线式内抽真空热合机结构示意图

由机械手将已灌装好的包装袋拎到两个对开式半柜的中间，在这个位置上分别布置了夹袋装置和双面加热封口机，机械手将待封口的包装袋拎到位后，将袋口转位到夹袋机构上并处于两加热封口压条的中间。启动抽真空封口程序后，首先是可移动的半柜沿导轨合拢并密合，将包装袋包含其中。启动真空泵后，柜内压力下降，达到设定的真空度后再启动热合程序将包装袋袋口加热熔融封口。热合结束后夹袋机构和热合机的热封条复位，气路切换，柜内解除真空，恢复到常压后，两柜体自动分离，已抽真空和热合后的包装袋便由机械手拎到下一个工位上。根据生产线的设计和布置，在这种内抽真空热合封口机中可以单独对已灌装的包装袋抽真空热合，也可先将包装袋放入桶或箱中，然后一起进入柜中抽真空热合。

双面加热封口机的加热条结构大都相同，一般都是由电热丝或电热带外包加热布构成，宽度 8～10mm，成品的对夹式加热条长度为几十厘米至 1m。热合功率在 500W 或以上。

3.9.3.3 贴标与喷墨打印

信息管理系统是自动化生产线上必不可少的一个环节，产品信息应该表示哪些指标以及图标，一般是由企业自行设计的。产品信息标签一般由条形码、二维码以及用汉字、拼音甚至外文表示。装箱、装桶或是吨袋包装目前采用的是不干胶塑料标贴贴上去或是用喷墨打印机自动在线打印。图 3-61 是某一种喷墨打印机的产品构成图，它一般安置在自动化生产线的末端。贴标机和喷墨打印机都是智能化、自动化程度较高的产品，内部有单片机控制的一套程序，参数设定和修改都很方便。

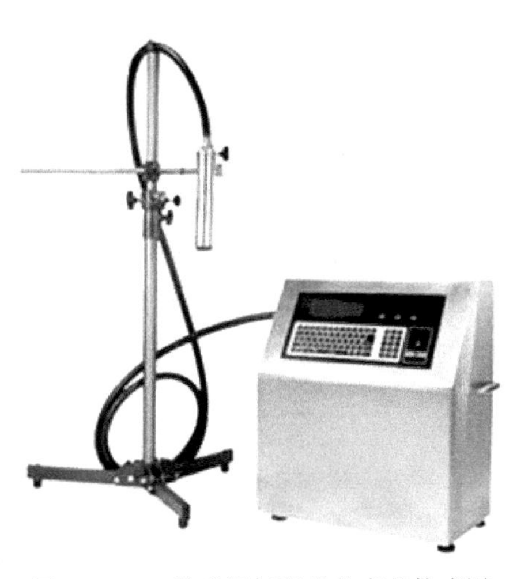

图 3-61 一种喷墨打印机的产品构成图

3.9.3.4 自动码垛机和缠包机

锂离子电池材料粉体包装线上最后一道工序是自动化码垛。成品粉料袋式包装常有 20kg、50kg，还有 200kg、500kg，最大的为 1000kg。但锂离子电池生产厂家大都是采用将塑料桶或纸板箱作为铝塑复合袋或塑料薄膜袋的外包袋。因此采用机器人码垛机最为方便。少数企业或当产品和生产区域相对固定的情况下采用高架码垛或低架码垛，但这两种码垛机占地面积较大，对被码垛产品改变后调试比较复杂。图 3-62 是一种用液压升降台构成的码垛机示意图。先进的机器人码垛机采用六自由度运动的机械手臂和不同形式的抓手以及智能控制系统，能识别和区分产品的规格品种的变化，不同的包装形式和适应相对较狭窄的堆场，因此目前应用最为广泛。码垛是在一个木制或塑模压制的托盘上将自动化流水线上送来的袋、箱、桶按一定的规则和顺序一层一层地叠放，简称为排序。例如：桶装或箱装产品要求每层以两种阵式码放，单层为二直三横，双层就要求三直二横，层与层之间相互错开、交替重叠，这样才能保证各层之间有较好的结合力，防止滑移倾覆。各种堆垛方式在机器人码垛机控制程序中都可设定和调用。

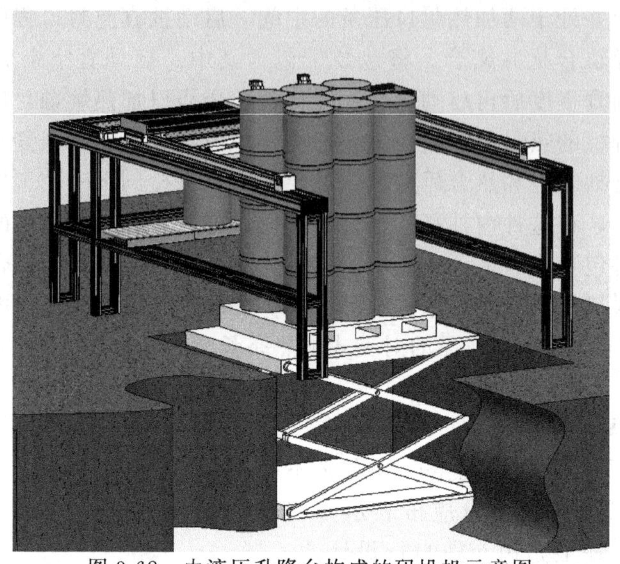

图 3-62　由液压升降台构成的码垛机示意图

码垛结束后，用铲车将已码垛好的货物连同托盘一起输送到最后一个缠包工位，缠包的目的是对已码垛的货物进行整体包装，防止码垛盘上的货物在运输过程中倾倒散失，增强其在仓储和物流运输中的整体稳定性。

(a) 缠膜机构旋转式缠包机　　(b) 货架旋转式缠包机

图 3-63　两种缠包机的外形图

缠包机由膜架、托盘、旋转机构、电控箱等组成。铲车将已码垛好的货物连同托盘一起放置在缠包机的转盘中央。启动工作后托盘旋转，位于立柱上的送膜机构一边将塑料包装膜送出一边做垂直上下运动，送膜机构在程序控制下用拉伸的薄膜将满垛货物进行螺旋式裹包。

另一种形式的缠包机是没有转盘，满垛货物不动而送膜机构通过环绕的圆形轨道既做旋转运动又做上下送膜运动，同样对满垛货物进行螺旋式包裹。图3-63是这两种缠包机的外形图。

目前更先进的还有全自动旋转在线式缠绕机，它直接布置在码垛机的后方。普通的缠包机往往只做货物周边螺旋形缠膜，而这种全自动缠包机还可以在缠包前先在码垛货物的顶部预先压顶一个塑料膜，然后再进行缠包，这样可把整个码垛货品全部覆膜保护，可防止物流过程中被雨淋湿。

缠包机采用预拉伸膜架，对薄膜预拉伸，因此缠包后膜的张紧力很大，缠包后，货物稳定得更牢固，缠包的转速都采用变频调速。

参 考 文 献

[1] 熊仲银．基于PLC的自动配混料生产线控制系统．电气时代，2003（8）：94-95.
[2] 施汉谦，宋文敏．电子秤技术．北京：中国计量出版社，1993.
[3] SMC（中国）有限公司．现代实用气动技术．北京：机械工业出版社，1998.
[4] 格特高码拉．称重传感器的安装和应用．HBM公司（德），2000.
[5] 张国旺．超细粉碎设备及其应用．北京：冶金工业出版社，2005.
[6] 张平亮．砂磨机微粉碎理论及技术参数的研究．中国粉体技术，1999（1）：10-13.
[7] 位世阳，程广振，马佳航，等．双冷却系统湿法研磨砂磨机．机床与液压，2015（20）：34-36
[8] 刘建平，杨济航．自动化技术在粉体工程中的应用．北京：清华大学出版社，2012.
[9] 王港，黄锐，陈晓媛，等．高速混合机的应用及研究进展．中国塑料，2001（7）：11-14.
[10] 徐大鹏，白城，关世文，等．HL1900型高速混合机的应用//2011全国不定形耐火材料学术会议论文集，2011.
[11] 袁文．高速旋风式混合机．医药工程设计，1999（6）：5-6.
[12] 何咏涛，何崇勇，肖宜波，等．双锥回转真空干燥机的特性和影响因素分析及研究．机电信息，2013（2）：29-32.
[13] 何德强，岳永飞，张毅，等．新型真空耙式干燥机的开发．化工进展，2002（5）：352-353.
[14] 钟余发，程小苏，曾令可，等．利用离心喷雾干燥制备球形粉体的工艺因素研究．材料导报，2009（2）：147-150.
[15] 查国才，陈红斌．防爆型闭式循环离心喷雾干燥机的特点与新理念．机电信息，2006（4）：18-20.
[16] 杨学铎，杨靖．闭式循环离心喷雾干燥机的新技术在催化剂干燥中的应用．河北化工，2011（5）：65-67.
[17] 王娟，陈人人，杨公明．高效节能的真空带式连续干燥设备介绍．农业工程学报，2007（3）：117-120.
[18] 赵丽娟，李建国，潘永康．真空带式干燥机的应用及研究进展．化学工程，2012（3）：25-29.
[19] 宋霞．电热推板窑的设计．陶瓷工程，1996（6）：21-23.
[20] 李争．磷酸铁锂烧结设备——全纤维材料气氛双推板窑的研制．电子工业专用设备，2007（150）：31-35.
[21] 孙桂章．电热辊道窑．陶瓷，1983（5）：21-23.
[22] 潘雄．新型辊道窑节能减排技术应用探讨．佛山陶瓷，2014（5）：45-47.
[23] 刘杰．钟罩式氮气氛炉关键技术研究［D］．长沙：国防科学技术大学，2009.
[24] 魏唯，甘和明，刘杰．软磁铁氧体烧结专用设备——钟罩式气氛烧结炉的研制．磁性材料及器件，2004（8）：27-29.
[25] 罗文海，叶杰华．用于粉碎粉体烧结物的旋轮磨机：CN，201420570420.9.
[26] 马宪章，代玉胜，刘飞．双螺旋混合机的技术改造．化工机械，2015（4）：274-275.
[27] 张晟玮，朱胜美．卧式螺带混合机：CN，203123883U.
[28] 王绪然．振动电磁除铁器基本设计参数的选取．中国铸造装备与技术，1996（2）：50-53.
[29] 方先其．全自动粉体包装生产线在低碳包装方面的意义及其产业化前景分析．经济师，2011（11）：286-288.

第4章 钴酸锂

钴酸锂也称氧化钴锂或锂钴氧，分子式 $LiCoO_2$，简写为 LCO。J. B. Goodenough 在 1980 年首次提出 $LiCoO_2$ 可以用于锂离子电池的正极材料，之后更多的研究者开始研究 $LiCoO_2$ 的结构和性能，从而使 $LiCoO_2$ 得到了广泛的研究。$LiCoO_2$ 因其合成方法简单、循环寿命长、工作电压高、倍率性能好等优点成为最早用于商品化的锂离子电池的正极材料，也是现阶段应用最广泛的正极材料。

4.1 钴酸锂的结构与电化学特征

4.1.1 钴酸锂的结构

$LiCoO_2$ 具有 α-$NaFeO_2$ 结构（图 4-1），属六方晶系，$R\bar{3}m$ 空间群，其中 6c 位上的 O 为立方密堆积，3a 位的 Li 和 3b 位的 Co 分别交替占据其八面体空隙，在 [111] 晶面方向上呈层状排列。理想的层状 $LiCoO_2$ 晶格参数为：$a=2.816(2)$ Å（1Å=0.1nm，下同），$c=14.08(1)$ Å。

图 4-2 为 $LiCoO_2$ 的 XRD 图。图中（003）衍射峰反映的是六方结构，而（104）衍射峰反映的是六方结构和立方结构的总和。I_{003}/I_{104} 和 c/a 值越大，(006) / (102) 和 (108) / (110) 分裂越明显，说明材料的六方晶胞有序化程度越高，越接近于理想的六方结构，晶体结构越完整。一般情况下 c/a 值应大于 4.90，I_{003}/I_{104} 值应大于 1.20。

4.1.2 钴酸锂的电化学特征

4.1.2.1 钴酸锂充放电过程中的结构变化

Li_xCoO_2 在充电过程中，随着 Li^+ 不断地脱出（即 x 不断减小），发生相变的同时，晶胞参数也发生变化，如图 4-3(a)、(c)和(d)所示。晶胞参数 a 变化幅度不大：在 x 从

1减小到0.6的过程中，a 值逐渐地略微减小，在 x 从0.4减小到0的过程中，a 值又逐渐地略微增大。a 值在开始阶段的减小主要是由于随着 Li^{+} 的脱出，Co^{3+} 被氧化成 Co^{4+} 引起的。然而晶胞参数 c 值的变化与 a 值变化截然不同，即 c 值先增大后减小。当 $x>0.9$ 时，只存在单一的六方结构。继续脱Li后开始发生一级相变，由六方晶系的H1相转变为六方晶系的H2相，在 $0.78<x<0.9$ 的范围内为H1和H2两相共存区。当 $0.5<x<0.78$ 时，H1相消失，此时只存在H2相，在此范围内，c 值呈线性增加。此范围 c 的增加主要是由于随着 Li^{+} 的继续脱出，相邻的 CoO_2 层间的O—O之间的静电排斥力增大引起的。在 $x=0.46\sim0.51$，六方晶相的结构发生单斜（M1）扭曲，部分六方相转化为单斜结构；当 $x<0.46$ 时，单斜相（M1）重新转化为六方相（H2），这一现象可以由典型的 $LiCoO_2$ 循环伏安曲线上的两个峰反映出来，如图4-3(b)所示，一般第一个峰的位置在4.08V左右，第二个峰的位置在4.15V左右。

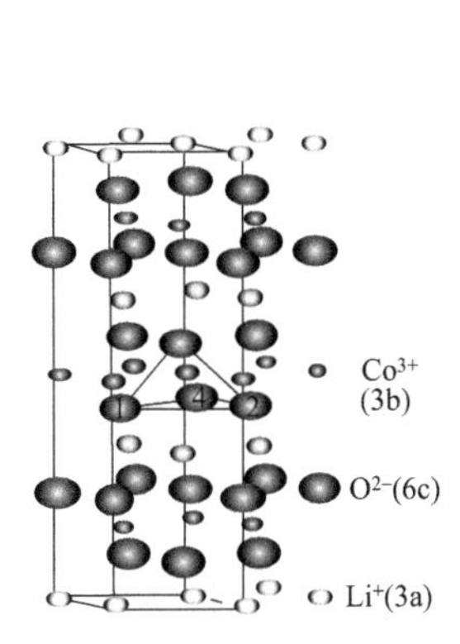

图4-1 $LiCoO_2$ 结构示意图

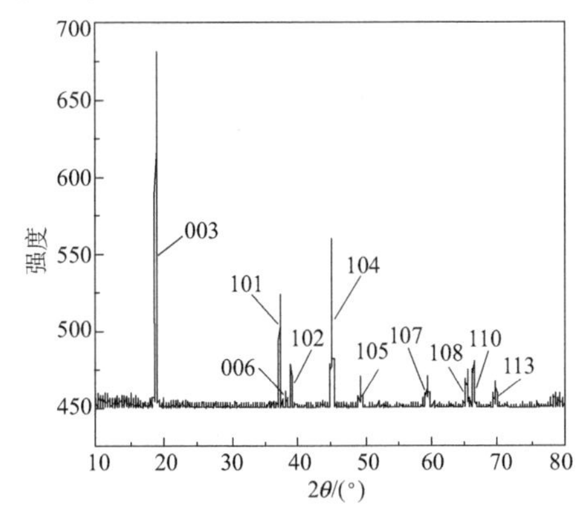

图4-2 $LiCoO_2$ 的XRD图

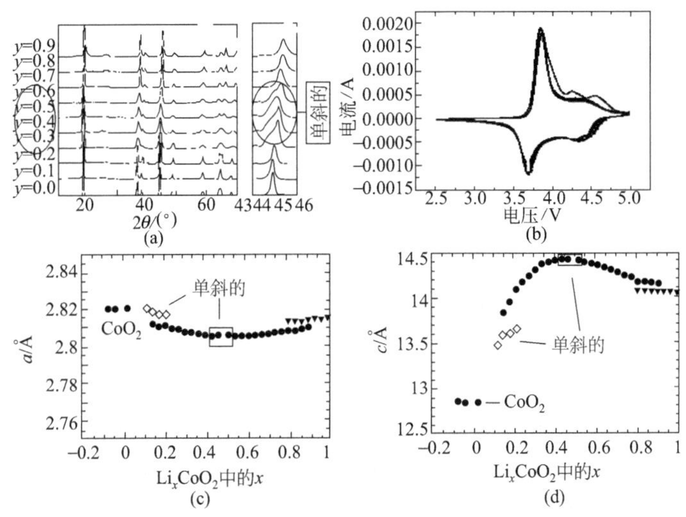

图4-3 (a) Li_xCoO_2 的XRD；(b) $LiCoO_2$ 循环伏安；(c) Li_xCoO_2 中 a 值变化；(d) Li_xCoO_2 中 c 值变化[1]

当充电电压超过 4.2V 时，c 值达到顶峰值并开始急剧减小。当电压达到 4.5V 左右，即$x=0.22$左右的时候，六方相逐渐开始转化为单斜相（M2），此相变可由循环伏安曲线上 4.55V 左右的峰反映出来。Ohzuku 和 Ueda[2] 认为此时的相变主要是由于 Jahn-Teller 中低自旋的 d^5 离子引起的。在 $0.148<x<0.22$ 范围内为六方、单斜两相共存区。当 $x<0.148$ 时，单斜相逐渐被六方相取代，随着 Li^+ 的全部脱出，最终变为具有类似于 CdI_2结构的层状六方相 CoO_2。

然而实际应用的 $LiCoO_2$ 的充电截止电压都限制在 4.2V 以下，在此范围内 $LiCoO_2$具有平稳的电压平台（约 3.9V），充放电过程中不可逆容量损失小，循环性能非常好，同时也为了避免 Li^+ 的过度脱出生成更多强氧化性的 CoO_2，引起电解液发生分解反应，加速对主体材料的腐蚀，造成较大的不可逆容量损失[3]。

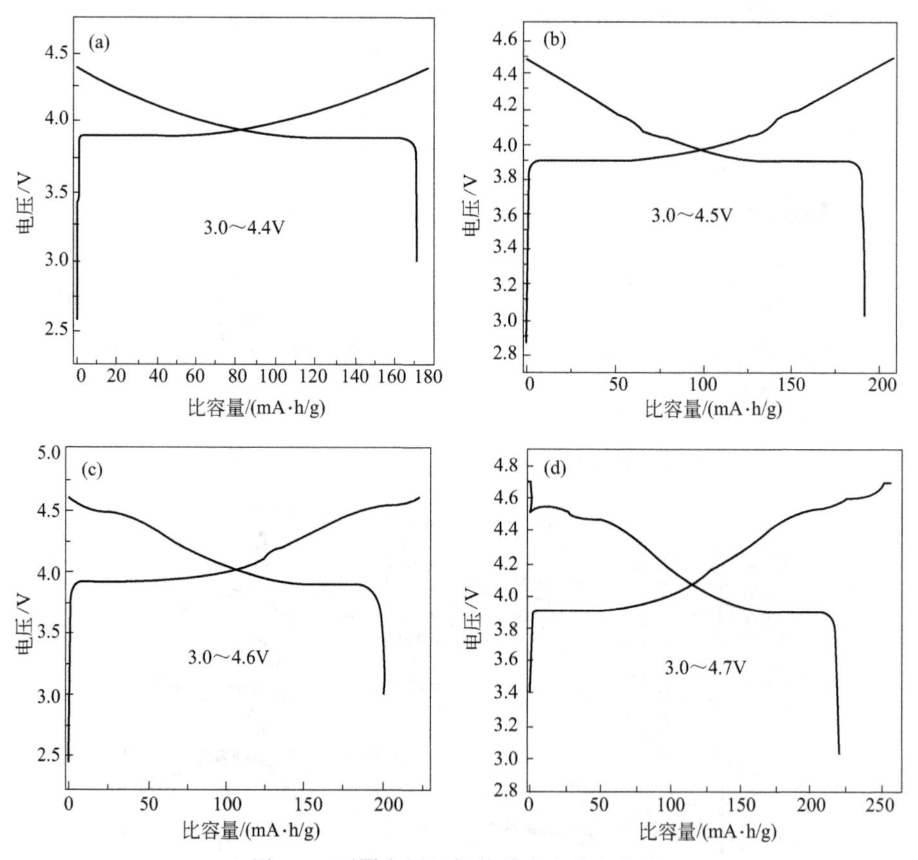

图 4-4　不同电压区间的首次充放电曲线

图 4-4 为 $LiCoO_2$ 在不同电压区间的首次充放电曲线。从图可以看出，四组曲线在 4.2V 左右会出现拐点，这主要是由于部分六方相转化为单斜造成的。随着电压上限的提升，$LiCoO_2$的放电比容量得到大幅提升，因此，提高充电电压上限是提高 $LiCoO_2$能量密度最有效的方法之一。但是，随着电压上限>4.5V 时，充放电曲线在 4.55V 左右出现一个明显的充放电平台[图 4-4(c)和(d)]，这主要是因

为，随着 Li^+ 的过度脱出，更多的 Co^{3+} 被氧化成 Co^{4+}，因此该平台对应的是 Co^{3+}/Co^{4+} 的氧化还原。由于该平台的出现，导致了材料发生不可逆的容量损失。

图 4-5 为钴酸锂的循环伏安曲线。从图中可以看出，当扫描范围为 2.8～4.6V 时，在3.95V 和 3.85V附近存在一对强烈的氧化还原峰，此对峰对应的是 Co^{3+}/Co^{4+} 的氧化还原，在充放电曲线上表现为在 3.93V 左右的充放电平台。而在 4.05～4.2V范围内存在两对弱小的氧化还原峰，此处对应的是钴酸锂基体结构在充放电过程中发生的六方→单斜→六方的相变过程，在充放电曲线上对应在 4.05～4.2V范围内的拐点。当充放电电压超过 4.5V 时，在 CV 曲线上又出现一对强烈的氧化还原峰，该氧化还原峰也是对应 Co^{3+}/Co^{4+} 的氧化还原，在充放电曲线上表现为在 4.5～4.55V 附近的充放电平台。由此可以得知，当充电电压超过 4.5V 时，Co^{3+} 进一步被氧化成 Co^{4+}，材料容量得到提升的同时，基体的结构得到破坏，材料的稳定性变差。

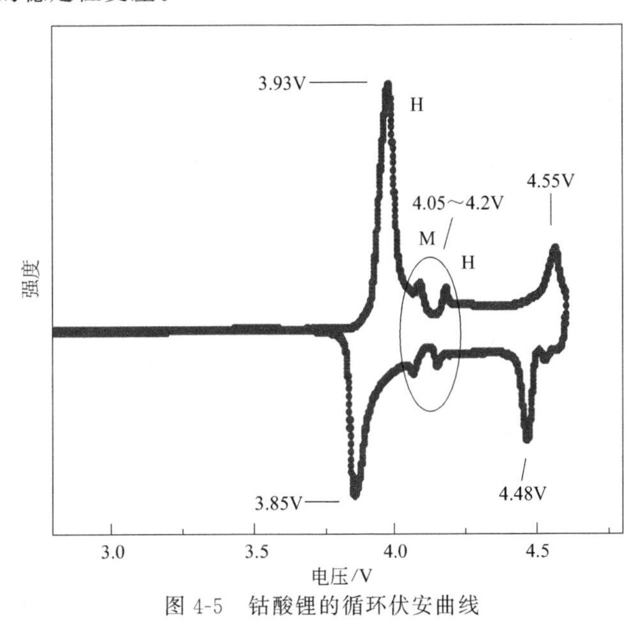

图 4-5 钴酸锂的循环伏安曲线

4.1.2.2 $LiCoO_2$ 在高电压条件下的衰减机理

在常规的充放电电压范围内（<4.2V），$LiCoO_2$ 的放电比容量仅有 140mA·h/g 左右。而提高其充放电电压是提高 $LiCoO_2$ 放电比容量的最有效的途径。早期的工作者通过不同的检测方法研究了 $LiCoO_2$ 在高电压条件下的结构变化、热稳定性以及电化学性能，等试图找出 $LiCoO_2$ 在高电压条件下的容量衰减机理，为后期的科研工作奠定基础。其中，R. Yazami[4] 等人利用透射电镜研究了 $LiCoO_2$ 正极材料在充电到 4.7V 时的容量衰减机理，TEM 结果表明，在充电到高电压条件时，部分六方相转变为尖晶石相，相变的发生引起了晶体内部位错密度和压力的增加。Y. Baba[5] 则研究了 Li_xCoO_2 中不同 Li 含量时的结构稳定性。研究结果表明

$Li_{0.49}CoO_2$在190℃开始发生放热反应，在该温度下析氧反应并未发生，且放热反应主要是由于$LiCoO_2$结构由层状向尖晶石结构转变引起的。同时，研究还发现$Li_{0.49}CoO_2$与电解液发生反应呈现出两个放热峰，在190℃左右的放热峰主要是由于电解液与具有活性的$LiCoO_2$发生反应导致其分解引起的；在230℃左右的放热峰主要是由O从$Li_{0.49}CoO_2$中析出引起的。Veluchamy[6]通过TGA-DSC手段研究认为在100℃左右处的放热峰是由电解液的酸性环境诱发$LiCoO_2$表面的SEI膜分解引起的。

总而言之，提高充电电压（>4.2V）后，$LiCoO_2$的容量衰减主要概括为三个方面：一是锂离子深度脱出后，贫锂的六方相热稳定性变差，结构很容易被破坏；二是随着锂离子的不断脱出，Co^{3+}被氧化成Co^{4+}，强氧化性的Co^{4+}加速电解液的分解，进而导致Co的溶解，使电池循环性能变差；三是锂离子过度脱出导致O的析出，使电池的安全性变差。

4.2 钴酸锂的合成方法

目前，人们采用各种方法成功合成了层状$LiCoO_2$正极材料，根据制备过程大致可以分为固相法和软化学法。

4.2.1 固相法

① 高温固相法　一般是将锂源（碳酸锂、氢氧化锂等）和钴源（氧化钴、碳酸钴等）按照一定的化学计量比混合均匀，在高温下烧结，进行固相反应生成$LiCoO_2$。高温固相法一般合成过程简单，易于工业化生产，是目前制备$LiCoO_2$正极材料的最主要的方法。但是高温固相法也有缺陷，比如反应温度较高，时间长，产物颗粒粗大，需要后期破碎处理等。胡国荣等[7]用不同的Co_3O_4和Li_2CO_3为原料，采用高温固相法合成了$LiCoO_2$。研究结果表明：采用比表面积较大的Co_3O_4为原料合成出的$LiCoO_2$具较更高的首次放电比容量，而采用微晶尺寸较大的Co_3O_4为原料合成的$LiCoO_2$则具有更好的循环性能。

② 微波合成法　相较于高温固相法，微波合成法加热快，大大缩短了合成时间[8]。该方法易于产业化生产，但是产物的形貌较差。于永丽等[9]采用微波法合成了$LiCoO_2$，并考察了输出功率、反应时间和反应温度对产物的影响。

③ 自蔓延高温合成法　自蔓延高温合成是通过反应物之间的反应热来实现原料的自加热和自传导，反应过程能耗少，设备和工艺简单，效率高，成本低，易于产业化生产。文衍宣等[10]以四氧化三钴和碳酸锂为原料，尿素为燃烧剂，采用自蔓延法成功制备出层状$LiCoO_2$，文中考察了尿素的用量、烧结温度、烧结时间和Li/Co摩尔比等条件对产物的结构的电化学性能的影响。结果表明：当$n_{Li}/n_{Co}=1.05$、$n_{尿素}/n_{Co}=1:1$，在800℃下烧结2h所得的$LiCoO_2$首次放电比容量达到

155mA·h/g，循环10次后容量保持率为95%。

④ 低热固相法　低热固相法是先制备出分解温度比较低的固相金属配合物，然后将固相配合物进行热分解而得到产物。整个过程中不需要水或其他溶剂，反应工艺简单，有利于环保，是一种非常有潜力的制备工艺。唐新村等[11]采用氢氧化锂、乙酸钴和草酸为原料，采用低热固相法合成了 $LiCoO_2$ 的前驱体，最后在高温下烧结得到了 $LiCoO_2$ 材料。测试结果表明：烧结温度在700℃下合成的材料初始放电比容量仅有115.3mA·h/g，且首次效率比较低，材料的极化比较严重，制备工艺有待提高。夏熙等[12]也采用了低热固相法合成出纳米 $LiCoO_2$，材料的电化学性能也较差，因此采用低热固相法合成 $LiCoO_2$ 正极材料的工艺还需要进一步改善。

4.2.2 软化学法

针对固相法反应温度高、烧结时间长、产物颗粒和形貌不易控制等缺点，研究工作者开始转向研究利用软化学法来制备 $LiCoO_2$ 正极材料。软化学法具有独特的优势：反应原料充分混合均匀，甚至达到分子级别；反应温度和反应时间大大降低和缩短。软化学法主要包括：共沉淀法、喷雾干燥法、溶胶-凝胶法、多相氧化还原法、水热法等。

① 共沉淀法　共沉淀法是将金属可溶性盐溶解后加入适量的沉淀剂使各组分按比例同时沉淀出来，然后进行预烧处理得到前驱体以供下一步进行材料的制备。共沉淀法不仅可以制备各组分均匀分布的材料，也可以根据要求制备核壳材料和梯度材料。该法具有合成温度低、前驱体颗粒和形貌易于控制、过程简单等优点，已广泛应用到电池材料的制备当中。同时，共沉淀法也有缺点，例如混入沉淀物中的杂质离子需要反复洗涤、过程中废水处理等问题。彭正军等[13]以硝酸钴为原料，氢氧化钠和氨水混合溶液作沉淀剂首先制备出钴的沉淀物，然后再加入氢氧化锂和碳酸氢铵离心得到前驱体，最后经烧结后得到 $LiCoO_2$。齐力等[14]用草酸沉淀法合成了正极材料 $LiCoO_2$ 并研究了沉淀剂用量和pH值对产物的影响。

② 喷雾干燥法　喷雾干燥法是将锂盐和钴盐混合后加入聚合物进行喷雾干燥。该工艺的优点是各组分原料可以混合均匀，但是由于喷雾干燥时的温度较低，所以制备的前驱体结晶度较低，需要进一步的高温处理。K. Konsantinov 等[15]将碳酸锂和乙酸钴按照 Li/Co=1.04∶1 的比例在水溶液中混合后进行喷雾干燥，最后经过高温处理得到 $LiCoO_2$ 产品。李阳兴等[16]以乙酸锂和乙酸钴为原料，采用气流式喷雾干燥器干燥得到乙酸盐的混合粉体，最后经过高温烧结制备出性能良好的 $LiCoO_2$。

③ 溶胶-凝胶法　溶胶-凝胶法是近年来兴起的材料制备方法，该法可以制备性能优异的材料，但是由于制备过程复杂，大多采用有机物酸作螯合剂，因此不适合产业化生产，是实验室阶段合成材料的重要方法之一。M. K. Kim 等[17]用硬脂酸锂和乙酸钴为原料，2-甲氧基乙醇和乙酸为溶剂成功制备出 $LiCoO_2$ 薄膜。

S. G. Kang 等[18]将碳酸锂和硝酸钴溶解与柠檬酸的水溶液中，用氨水控制 pH 值在 3～4，在真空下蒸发多余的溶液得到前驱体，最后经过高温煅烧制备出两种结构的 $LiCoO_2$。刘兴泉等[19]采用了氧化还原溶胶-凝胶法合成 $LiCoO_2$，具体过程如下：首先将硝酸钴和氢氧化锂分别溶于去离子水中，用氨水调整 pH 值，过量的双氧水为氧化剂，将氢氧化锂溶液缓慢加入到硝酸钴溶液中，生成溶胶后快速蒸干，最后通过煅烧得到 $LiCoO_2$样品。测试结果表明，产品的颗粒分布均匀，首次放电比容量超过 160mA·h/g，循环性能良好。

④ 多相氧化还原法　多相氧化还原法制备 $LiCoO_2$可以实现钴的可溶性盐在水溶液中发生嵌锂反应，合成具有 $LiCoO_2$结构的超细前驱体，最后经过热处理得到最终产物。该方法制备 $LiCoO_2$大幅降低了生产成本，提高了产品的竞争力。刁小明等[20]以价格低廉的可溶性钴盐为原料首次采用多相氧化还原法成功合成出 $LiCoO_2$超细粉体，并探讨了温度、浓度等对反应的影响。

⑤ 水热法　水热法一般是在高压、高温（100～300℃）的条件下，在水溶液/水蒸气或者其他液相流体中进行的化学反应过程。水热法在制备橄榄石结构材料上应用广泛，而用来合成 $LiCoO_2$则较少见。Amatucci[21]等报道了以羟基氧化钴为前驱体，利用水热法合成了 $LiCoO_2$，由于合成的 $LiCoO_2$结晶度不高，直接导致性能不好。

4.3 钴酸锂的改性

钴酸锂是锂离子电池最早商业化的正极材料，它具有结构稳定、电化学性能优良、循环稳定性好等特点，但钴酸锂在充放电过程中会发生结构变化，同时也会与电解液发生反应，从而降低了钴酸锂的循环稳定性。为了提高钴酸锂的结构稳定和循环性能，通常要对钴酸锂进行改性，目前主要的改性方法是掺杂与表面包覆。

4.3.1 钴酸锂的掺杂

钴酸锂的充放电反应由下式表示。

$$LiCoO_2 + 6C \rightleftharpoons Li_{1-x}CoO_2 + Li_xC_6\ (x<0.5)$$

$LiCoO_2$电化学的理论容量为 274mA·h/g，实际容量约为理论容量的一半，即 140mA·h/g 左右。通过充电约一半锂离子脱嵌（$x\approx0.5$），一般认为是由于构造上由六方晶体向单斜晶体转化的结果。Ohzuku（图 4-6）等报道当 $x<0.25$ 时六方晶与单斜晶共存，$x>0.75$ 时有两种六方晶共存。因此钴酸锂的实际容量进一步提高的话，活性物质的不可逆容量有增大的倾向。随着锂脱嵌反应的进行，氧的层间距扩大，当一半以上锂脱嵌时结构有破坏的趋势。由此推断，$x=0.5$时应设法减轻六方向单斜相转变的趋势，这是改善钴酸锂结构稳定性的基本原则。

Reimers 等[22]在 1992 年首次提出 Li_xCoO_2正极材料在 $x=0.5$ 时会发生单斜

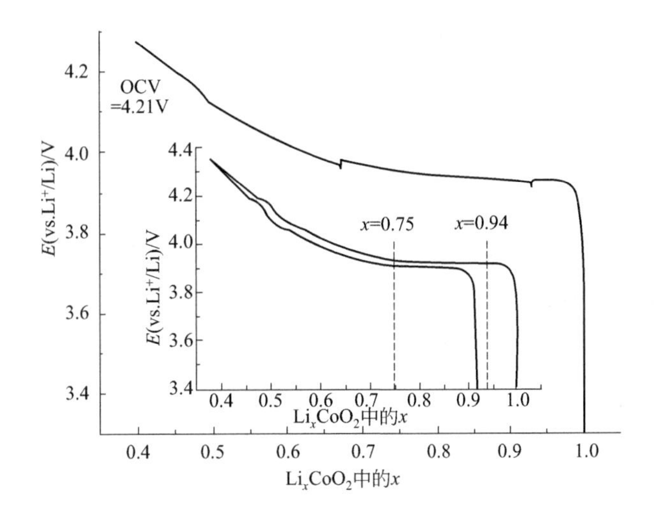

图 4-6　纯钴酸锂的充放电曲线

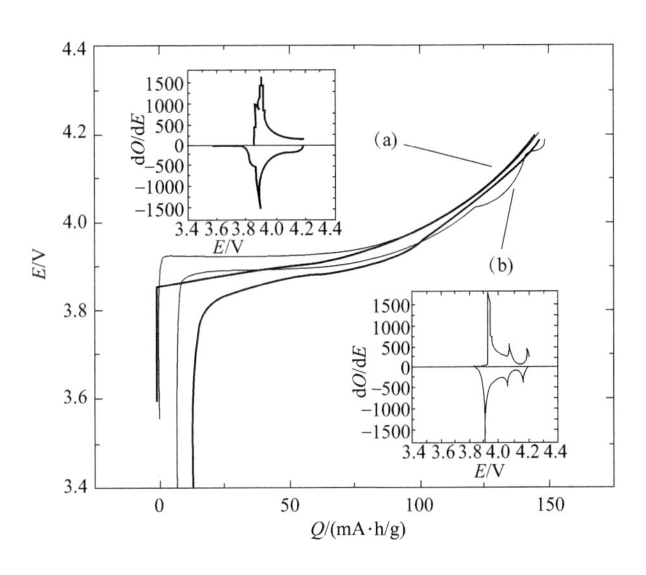

图 4-7　掺杂钴酸锂和纯钴酸锂充放电曲线的比较

和六方晶系的转变。因此，人们大量尝试，钴的一部分用镍置换或者铝、镁、锰或其他元素掺杂使其结构稳定，以此改善电池的性能（如图 4-7 所示）。为此，日本人在一批专利文献（参考文献［23］～［29］）中公布了如下方案，即在合成钴酸锂时添加 V、Cr、Fe、Mn、Ni、Al、Ti、Zr 等异种元素 M 而得到由通式 $LiCo_{1-x}M_xO_2$ 表示的含有锂的钴复合氧化物。这些专利文献所公开的由通式 $LiCo_{1-x}M_xO_2$ 表示的含有锂的钴复合氧化物，和钴酸锂（$LiCoO_2$）相比可以抑制钴向电解液中的溶出，所以可以使负载性能及充放电循环性能显著提高。

关于抑制钴酸锂在充放电中的六方与单斜晶型之间的转换，世界各地的研究机构和各大电池公司做了大量的研究，特别是欧洲、美国、日本和加拿大的研究机构，发表了大量的学术论文和专利文献。其中，Umicore 公司的 Delmas 以及日本的电池和材料公司（Sanyo、Sony、Matsushita、Nippon Chemical Corporation、Seimi Chemical Corporation、Nichia Chemical Corporation、Toda、Sumitomo、Mitsui）申请了大量的相关专利信息。

Sony（索尼）公司在特开 2000－139152 中通过添加 Al、Fe、Cr、V、Mn、B、Ca、Mg 等元素消除了钴酸锂充放电过程中的相变情况，提高了钴酸锂材料的工作电压、循环性能和安全性能。

Matsushita（松下电器）在特开 2003－217582 中提到了抑制钴酸锂材料在充放电过程中的相变的一种方法。通过在合成过程中添加 Al、Ti、Ca、Sr、Ni、Mg 等金属离子消除了此种现象，增加了结构的稳定性，因而提高了材料的安全性能。

Seimi Chemical Corporation（西米化学）在特开 2004—119218 中提出了利用在钴酸锂材料中添加 Ti、Zr、Hf、Nb、Ba 等金属离子抑制相变，使得钴酸锂材料能够在更高的电压范围内工作，提高了材料的容量，增强了材料的安全性能。

Nippon Chemical Corporation（日本化学）在特开 2004－342554 中提出了抑制钴酸锂材料晶型转变的重要性，并通过在合成过程中添加含金属离子 Ti、Mg、Al、Ni、Nb 等的材料来抑制此种现象。

Sanyo（三洋公司）在特开 2004－288579 中也提出了相同的问题，通过在合成过程中添加含有金属离子 Al、Ni、Sr、Ca、Na、Ba、Mg 等的材料抑制了相变，使得合成的材料具有优异的循环特性和安全性能。

Toda（户田工业株式会社）在特开 2004－51471 中提出了在前驱体中添加金属离子 Al、Ba、Sr、Ca、Fe、Na、Mg 等，再与锂盐混合得到的钴酸锂材料能够抑制相变，提高安全性能。

Nichia Chemical Corporation（日亚化学公司）在特开 2005－50712 中提出了解决钴酸锂相变的问题，通过在合成过程中添加了含有 Ca、Na、Ba、Mg 等系列金属离子的材料抑制了相变。

综上所述，抑制钴酸锂相变的问题不仅在学术界引起了相当大的重视，在工业应用领域也得到了大量的应用。特别是日本的电池企业，包括 Sanyo、Sony、Panasonic 以及它们的主要正极材料供应商 Seimi、Nippon、Nichia、Toda、Mitsui、Sumitomo 等都投入了大量的人力、财力进行研究，取得了令人振奋的结果。

在电池的安全性能愈来愈受重视的今天，目前日本、韩国电池公司使用的主流材料是没有晶型转变的钴酸锂正极材料。湖南瑞翔新材料股份有限公司于 2004 年在国内率先合成无晶型转变钴酸锂，其产品率先出口韩国三星 SDI。

目前掺杂方式多种多样，有阳离子掺杂、阴离子掺杂和复合掺杂等。不同元素的掺杂所引起的材料性能差异也很大。目前关于掺杂的机理也一直未能得到确切的解释，主要原因是掺杂的具体位置还无法得到确切的证明，而且掺杂方式不同对材料的性能影响很大。

① 阳离子掺杂　阳离子掺杂是提高 $LiCoO_2$ 结构稳定性最有效的方法之一。目前，研究者研究较多的掺杂元素主要有 Mg、Al、Cr、Ti、Zr、Ni、Mn 和稀土元素等等。Tukamoto 等[30]最早报道了掺杂微量的 Mg 元素可以显著提高 $LiCoO_2$ 的电导率，并且晶体结构没有改变。而 Levasseur 等[31]利用 XRD 和核磁共振研究了 $LiCoO_2$ 掺杂 Mg 后的结构，结果表明在 Mg 掺杂量为 6% 的材料中检测出大量 MgO 的存在。同时 S. Q. Shi 等人[32]利用第一性原理研究了 Mg 掺杂对 $LiCoO_2$ 的结构和电性能的影响。Mg 的掺杂改变了材料的费米能级，同时由于 Mg^{2+} 的半径大于 Co^{3+}，Li^+ 更容易从晶格中脱出，因此提高了材料的导电性。然而，由于 Mg 在电化学过程中是非活性的，且过多的 Mg 会导致晶格扭曲从而大大降低了材料的克容量。T. Ohzuku[33]研究了 Al 掺杂对 $LiCoO_2$ 结构的影响，结果表明 Al^{3+} 可以维持层状结构的距离从而抑制了结构的各向异性变化。Y. I. Jang 等人[34]通过研究证实由于 Al^{3+} 和 O 具有更强的结合能，因此掺杂 Al 可以提高 Li 的嵌入电位。S. T. Myung[35]通过计算证实了当微量的 Al 掺入 Co 位可以提高 $LiCoO_2$ 结构的稳定性，随着 Al 掺杂量的增加，材料的放电比容量随之下降。徐晓光[36]利用基于密度泛函理论的第一性原理研究了 Mg 和 Al 对 $LiCoO_2$ 电子结构的影响，实验中通过对能带及态密度的分析得出 Mg 掺杂后引起价带出现电子态空穴，因此提高了材料的电导率，同时通过歧化效应改变了 Co 的 3d 电子在各能级的分布；Al 的掺杂仅仅是增强了 O^{2-} 的离子性。S. Madhavi 等人[37]通过高温固相法合成 Cr 掺杂的 $LiCoO_2$，并且研究了不同 Cr 的掺杂量对材料结构和性能的影响。XRD 和 FT-IR 测试结果表明当 Cr 掺杂量过高时会导致晶格中的阳离子混排，从而影响材料的性能。杜柯等[38]研究了添加 Pt 元素对 $LiCoO_2$ 性能的影响，研究发现当 Pt 以氧化物形式掺入 $LiCoO_2$ 中后形成了 $LiCoO_2$-Li_2PtO_3-Pt 混合化合物系统。较之纯 $LiCoO_2$，该 $LiCoO_2$ 复合材料显示出更优的倍率性能，并通过恒电流滴定法测定了该材料中 Li^+ 的扩散系数。赵黎明等[39]以硝酸锰为锰源合成了锰掺杂的 $LiCoO_2$ 材料，同时还研究了掺杂前后材料的结构和电化学性能。结果发现，Mn 掺杂对 $LiCoO_2$ 的结构和电化学性能影响不大，Mn 占据 Co 的位置，但不完全。

② 阴离子掺杂　相较于阳离子掺杂，阴离子掺杂的研究并不多。掺入阴离子如 B、F、Cl 和 P 等等，主要取代层状结构中的部分氧元素。由于 F 的电负性比 O 大，与金属离子的结合能力强，从而可以提高材料的结构稳定性。

③ 复合掺杂　复合掺杂是指在层状结构中引入两种或者两种以上的离子进行掺杂。复合掺杂的效果通常会强于单一元素的掺杂。钱文生[40]采用固相法制备 $LiCo_{0.98-x}Ti_{0.02}La_xO_2$（$x$=0，0.01，0.03，0.05）。通过扫描电镜和电化学测试检测表明：La 掺杂后，材料的粒度略有增大，放电平台升高，当 x=0.01 时的电

化学性能最好。李畅等人[41]用柠檬酸配位聚合法制备了掺杂 Mg 和 Al 的正极材料 $LiAl_{0.3}Co_{0.7-x}Mg_xO_2$，通过 XRD 研究发现材料仍为六方层状结构。湛雪辉等[42]掺入超细 ZrO_2 和 TiO_2 合成了 Zr、Ti 复合掺杂的 $LiCoO_2$，Zr 和 Ti 的掺入增大了六方结构的层间距，更有利于锂离子的脱嵌，提高了锂离子的扩散系数；另外，Zr 和 Ti 掺杂后 $LiCoO_2$ 材料的晶粒更加细小，晶界增多，缩短了锂离子的扩散距离，减少了材料的扩散内阻，提高了材料的倍率性能。易雯雯等[43]采用高温固相法合成出掺杂 Ni 和 Mn 的一系列材料 $LiNi_xMn_xCo_{1-x}O_2$（x=0.17，0.25，0.34，0.40，0.45）。当 Ni 和 Mn 的掺杂量很高，类似于高钴三元系材料，钴含量越高，层状结构越稳定，循环性能越好。曹景超等人[44,45]合成了 $LiNi_{0.05}Mn_{0.05}Co_{0.9}O_2$ 正极材料，结果表明 $LiNi_{0.05}Mn_{0.05}Co_{0.9}O_2$ 具有和 $LiCoO_2$ 相同的结构与电化学特征，材料即使在 3.0～4.5V 的充放电电压条件下仍具有很好的循环性能。掺入的 Mn 元素以 Mn^{4+} 形式存在，在结构中起到支撑骨架作用，有利于提高材料的稳定性；Mn^{4+} 在电化学过程中为非活性状态，过多 Mn 的掺入会导致材料的比容量降低。Ni 的掺入会提高材料的放电比容量，尤其是在电压大于 4.4V 的条件下。然而，由于 Ni^{2+} 和 Li^+ 半径很接近，高温条件下 Ni^{2+} 占据了 Li^+ 的位置，Li^+ 占据 Ni^{2+} 的位置，即出现阳离子混排现象。

随着智能手机的发展，对锂离子电池的容量提出了更高的要求。早期为了保证锂离子电池的安全性，锂离子电池的充电截止电压限制在 4.2V，此时钴酸锂大约能放出 140mA·h/g 的容量，随着美国苹果手机的异军突起，苹果公司将手机锂离子电池的截止电压提高到了 4.35V，甚至更高，目前主要高电压钴酸锂产品有 4.35V 和 4.4V，容量由常规 4.2V 产品的 140mA·h/g 提高至 155mA·h/g 和 160mA·h/g，未来有可能将 $LiCoO_2$ 的电压提高至 4.5V，甚至 4.6V，其容量将相应提高至 185mA·h/g 和 215mA·h/g。正是由于高电压 $LiCoO_2$ 的发展才延缓了其被三元系材料替代的速率。

不同的掺杂元素对提高钴酸锂性能的机理也略有差异。钴酸锂中掺入适当的 Al 可以提高其热稳定性能，且具有较高的充放电电压。但是 Al 的掺入会降低材料的放电比容量，同时 Al 在高温条件下与钴酸锂基体材料反应形成 $LiCo_{1-y}Al_yO_2$ 固溶体材料的生成焓为正值，易分解成 $LiCoO_2$ 和 $LiAlO_2$，造成循环性能降低。Nobili 等人[46]研究了 Mg 掺杂对钴酸锂的影响，他们认为 Mg 的引入起到两方面的作用：一是 Mg 的掺杂可以提高钴酸锂材料的导电性能，另一个是提高离子的传输性质。Mg 的掺杂改变了材料的费米能级，同时由于 Mg^{2+} 的半径大于 Co^{3+} 的，Li^+ 更容易从晶格中脱出，因此提高了材料的导电性。由于 B 的离子半径小，因此，B 的掺入可以使晶胞参数降低，稳定 $LiCoO_2$ 的层状结构。周健等人[47]等人认为掺入三价元素 B 可以改善钴酸锂的六方系结构，CoO_2 键发生细微变化，从而影响了钴酸锂的性能。

曹景超[48]研究了 Mg-B 共掺杂对钴酸锂结构的影响。图 4-8 显示了不同掺杂

量的 $LiCo_{1-2y}Mg_yB_yO_2$（y＝0.005，0.01，0.03，0.05）的 XRD 衍射图谱。从图中可以看出所有样品的衍射峰都为纯相的层状结构。掺杂 Mg 和 B 的样品中没有发现 Mg 和 B 的化合物的衍射峰，说明 Mg 和 B 掺杂进入层状结构中，部分取代了 Co。

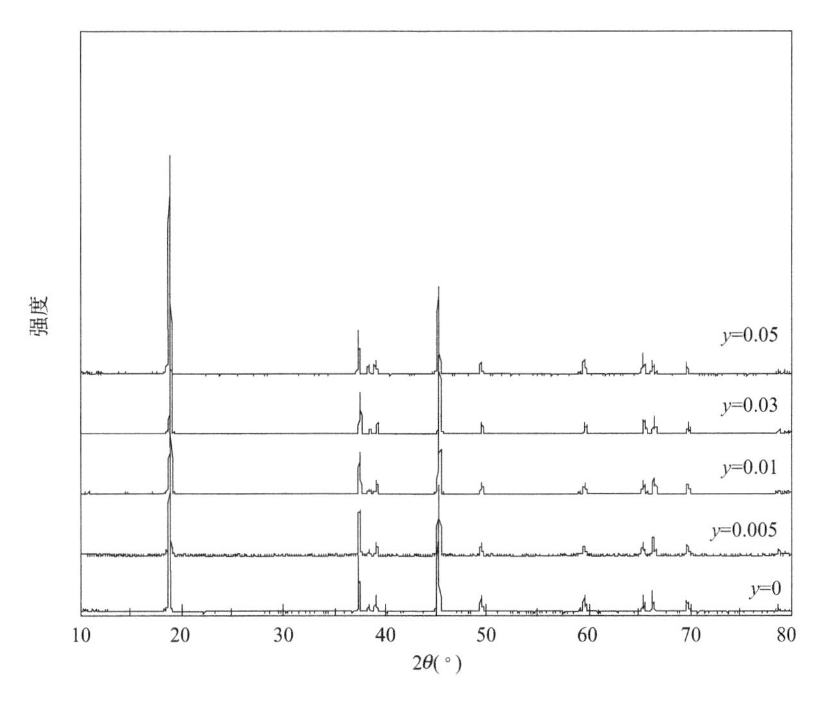

图 4-8　$LiCo_{1-2y}Mg_yB_yO_2$ 的 X 射线衍射图谱

从 XRD 数据中可以得到掺杂 Mg 和 B 后样品的晶胞参数，表 4-1 列出了所有样品的晶胞参数。从表中可以很容易地看出，晶胞参数 a 和 c 随着掺杂量的增加而减小，这可能是因为 B^{3+} 和 Mg^{2+} 的平均离子半径比 Co^{3+} 大（$r_{B^{3+}}$＝0.027nm，$r_{Mg^{2+}}$＝0.072nm，$r_{Co^{3+}}$＝0.0545nm）。进一步比较 c/a 值发现 Mg 和 B 的掺入引起 a 值的减小程度大于 c 值的程度，从而 c/a 的值还是呈增大趋势，说明了 Mg 和 B 进入了晶格，使晶格参数发生畸变，而 I_{003}/I_{104} 值的增大也说明了掺杂后钴酸锂的层状结构得到了优化。

表 4-1　$LiCo_{1-2y}Mg_yB_yO_2$ 的晶格参数

样品	a	c	c/a	I_{003}/I_{104}
$LiCoO_2$	2.8286	14.1053	4.9867	1.211
$LiCo_{0.99}Mg_{0.005}B_{0.005}O_2$	2.8216	14.0948	4.9953	1.347
$LiCo_{0.98}Mg_{0.01}B_{0.01}O_2$	2.8206	14.0926	4.9963	1.601
$LiCo_{0.94}Mg_{0.03}B_{0.03}O_2$	2.8198	14.0912	4.9972	1.727
$LiCo_{0.9}Mg_{0.05}B_{0.05}O_2$	2.8195	14.0881	4.9967	1.706

未掺杂的 $LiCoO_2$ 材料和 Mg-B 共掺杂的 $LiCoO_2$ 材料的电化学首次充放电曲线如图 4-9 所示。从图中可以看出未掺杂的 $LiCoO_2$ 材料的中值电压为 3.968V，而掺杂后的样品中值电压略有提升，当掺杂的摩尔总量达到 10%时，放电中值电压为 3.971V。说明 Mg 和 B 掺入晶格中后，样品的电压平台提高。但是从图中也可以看出掺入 Mg 和 B 后材料首次放电比容量下降。未掺杂的 $LiCoO_2$ 材料的初始放电比容量是 195.5mA·h/g，当掺杂量 $y=0.005$，0.01，0.03 和 0.05 时，样品的初始放电比容量分别为 191.9mA·h/g，190.0mA·h/g、188.6mA·h/g 和 183.1mA·h/g。材料的放电比容量随着掺杂量的增大而降低，主要是由于过多的 Mg 和 B 掺入会形成氧化物残留在基体材料表面，这些残留物在电化学过程为非活性的，因此导致容量降低。未掺杂的 $LiCoO_2$ 和 Mg 与 B 共掺杂的 $LiCoO_2$ 材料的首次库仑效率都在 93%左右。这可能是由于在初始充放电过程中，未掺杂和 Mg 与 B 共掺杂的 $LiCoO_2$ 材料的电极表面形成 SEI 膜，造成了容量的损失；另外，电解液在 4.5V 的充放电电压下与氧化性较强的 Co^{4+} 发生的副反应也会造成放电比容量损失。

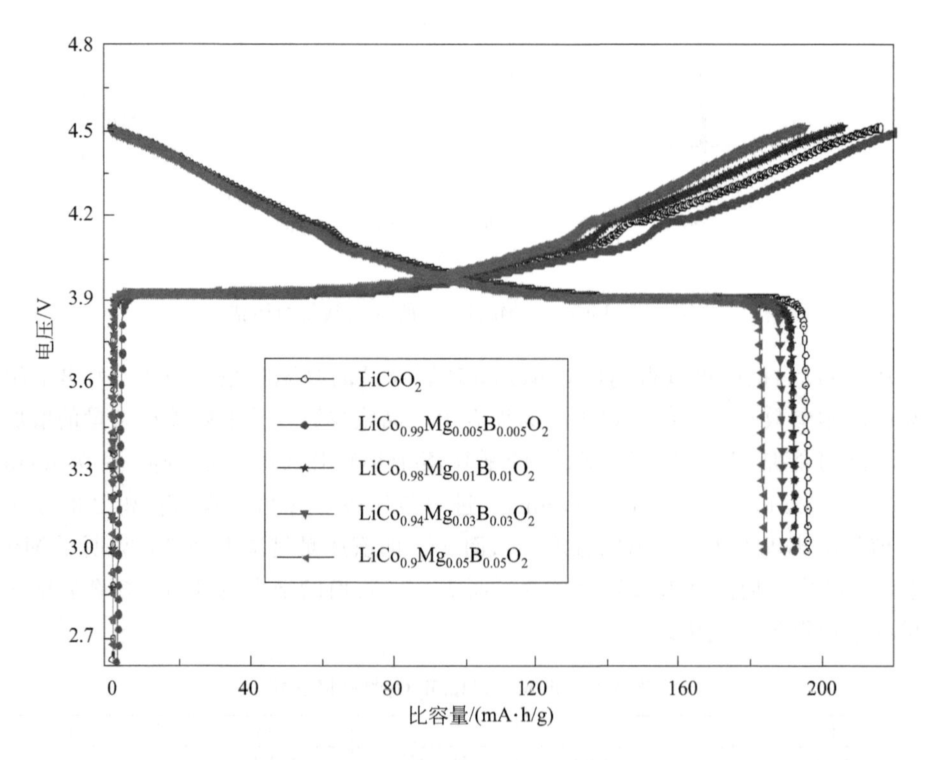

图 4-9　不同样品首次充放电曲线对比

图 4-10 为掺杂前后 $LiCoO_2$ 的循环曲线图。测试条件为以 0.2C 充放电，电压区间为 3.0～4.5V，测试温度为恒温 25℃。从图 4-9 中已经可以看出，未掺杂的 $LiCoO_2$ 样品的首次充放电容量最高，随着掺杂量的增多，样品的放

电比容量略有下降。从图 4-10 的循环曲线对比图看出，在所有样品中，前 20 次循环未掺杂的$LiCoO_2$样品循环衰减相对较慢，而掺杂的 $LiCoO_2$ 样品相对衰减较快。但是在后续的循环过程，未掺杂的 $LiCoO_2$ 样品容量衰减较严重，掺杂 Mg 和 B 后相对减缓了容量的衰减趋势。未掺杂的 $LiCoO_2$ 样品经过 100 次循环后容量仅为 143.6mA·h/g，容量保持率为 75.1%。当掺杂量 $y=0.005$，0.01，0.03 和 0.05 时，循环 100 次的容量分别为 149.3mA·h/g、167.2mA·h/g、163.9mA·h/g 和 153.2mA·h/g，相应的容量保持率分别为 78.5%、88.6%、88.1%和 83.7%。由此可以看出，掺杂 Mg 和 B 后可以改善 $LiCoO_2$样品在高电压条件下的循环稳定性。而且由此实验可知 Mg 和 B 的最佳掺杂总量为 2.0%（原子分数），即 $y=0.01$。

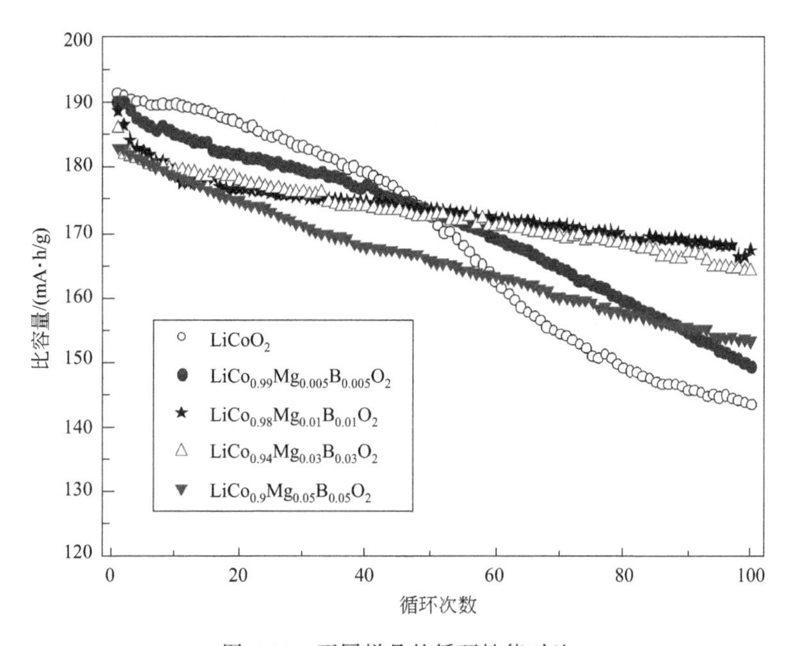

图 4-10　不同样品的循环性能对比

为了对比掺杂 Mg 和 B 后与未掺杂的 $LiCoO_2$样品的倍率性能，将电池依次在 0.2C、1C、2C 和 5C 下各循环 5 次，最后再返回 0.2C 充放电 5 次。图 4-11 为未掺杂及掺杂 Mg 和 B 后的样品的倍率性能对比图。表 4-2 列出了所有样品在不同倍率下的放电比容量。从中可以看出，未掺杂的样品在 0.2C 时的放电比容量为 190.7mA·h/g，2C 和 5C 下的放电比容量分别为 173.5mA·h/g 和 150.4mA·h/g，相应的容量保持率（xC/0.2C，$x=2$，5）为 91%和 78.9%。尽管掺杂后的样品首次放电比容量有所降低，但是材料的倍率有了明显的提高，尤其是在大倍率的情况下。当掺杂量总量为 2.0%（原子分数）时，样品在 0.2C 时的放电比容量为 185.2mA·h/g，2C 和 5C 时的放电比容分别为 169.5mA·h/g 和 164.1mA·h/g，相应的容量保持率为 91.5%和 88.6%。掺杂 Mg 和 B 后材料的倍率的性能得到提升主要原因一方面是由于掺杂元素稳定了材料的晶体结构，另一方面 Mg 的掺入提高了材料的电导率，有利于材料的大倍率充放电。然而继续增加掺杂量，样品的倍率性能略有下降，多余的掺杂元素在基体材料表面形成氧化物等残留物阻碍了锂离子的脱嵌，从而导致倍率性能略有下降。

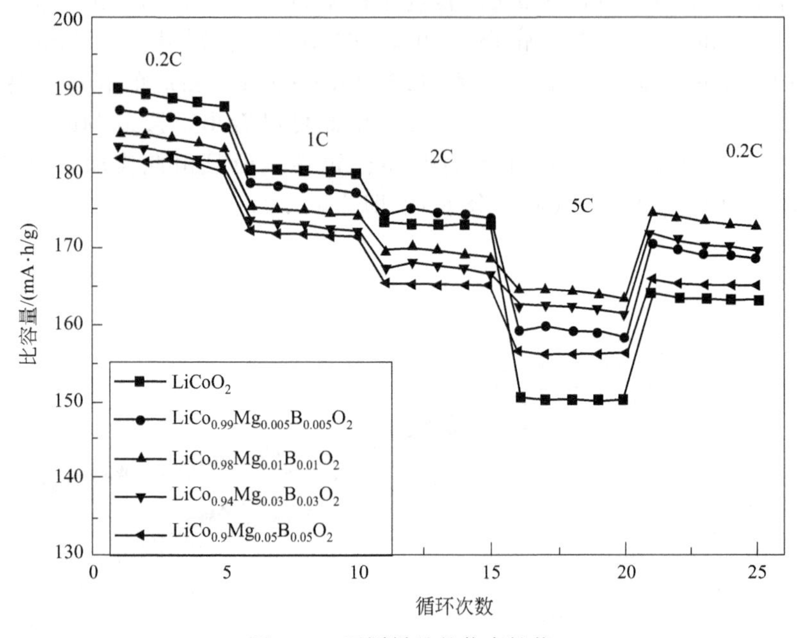

图 4-11 不同样品的倍率性能

表 4-2 样品在不同倍率下的放电比容量

放电比容量/(mA·h/g) 倍率 样品	0.2C	1C	2.0C	5.0C	0.2C
$LiCoO_2$	190.7	180.1	173.5	150.4	163.9
$LiCo_{0.99}Mg_{0.005}B_{0.005}O_2$	188.1	178.4	174.2	159.2	170.5
$LiCo_{0.98}Mg_{0.01}B_{0.01}O_2$	185.2	175.4	169.5	164.1	174.4
$LiCo_{0.94}Mg_{0.03}B_{0.03}O_2$	183.2	173.2	167.2	162.2	171.1
$LiCo_{0.9}Mg_{0.05}B_{0.05}O_2$	181.5	172.1	165.4	156.7	165.9

4.3.2 钴酸锂的表面包覆

体相掺杂可以提高 $LiCoO_2$ 材料结构的稳定性，但是通常只是在常规充放电电压范围内。当充电电压上限提高到 4.4V 以上时，Co 的溶解与 O 的析出导致 $LiCoO_2$ 的循环性能依然较差。为了提高 $LiCoO_2$ 在高电压条件下的结构稳定性，研究人员采取了包覆的手段阻止了 $LiCoO_2$ 界面与电解液的直接接触，抑制了 Co 的溶解。$LiCoO_2$ 表面上包覆的物质主要可以分为氧化物、氟化物、磷酸盐、其他正极材料及高分子导电有机物等等。

① 氧化物　$LiCoO_2$表面包覆氧化物是研究最多的包覆手段。这些氧化物主要包括：Al_2O_3、MgO、ZrO_2、NiO、ZnO、CuO、La_2O_3、Li_2O 和 TiO_2 等。G. T. K. Fey[49]认为 Al_2O_3 在 $LiCoO_2$表面上形成一层保护层阻止了 $LiCoO_2$与电解液的直接接触，同时也抑制了电化学过程中的相变（H2-M1-H2），从而提高了 $LiCoO_2$的循环稳定性。S. Oh 等人[50]认为 Al_2O_3包覆层与 $LiCoO_2$发生反应生成 Li-Al-Co-O 的固溶体。新相的生成形成一层壳体，保护内部 $LiCoO_2$ 的结构。L. J. Liu[51]认为在 $LiCoO_2$表面上包覆一层 Al_2O_3后抑制了 Co 在电解液中的溶解，减少了 Co 的损失，因此提高了材料结构的稳定性。无论是 Al_2O_3还是其他氧化物，包覆后提高 $LiCoO_2$性能的机理主要就是包覆层在 $LiCoO_2$表面形成一层保护外套，阻止了 $LiCoO_2$与电解液的直接接触，抑制了表面副反应的发生，减少了 Co 的溶解。然而王兆祥等[52]认为氧化铝包覆能够抑制 Li 和 Co 的溶出，氧化铝与电解质反应生成一种固体酸，有助于清除钴酸锂表面的绝缘杂质，提高电极表面 SEI 的离子电导率，另外氧化铝在后期热处理过程中会与钴酸锂基体材料发生反应，在表面形成一层固溶体，提高钴酸锂的循环稳定性和热稳定性，有效地抑制了钴酸锂在高电位下循环时氧气的析出。K. Y. Chung[53]通过原位 X 射线衍射法研究了 $LiCoO_2$包覆 ZrO_2的机理，结果表明在 5.3V 和 6.05V 分别发生六方相向单斜相转变、单斜相向六方相转变的结构变化。包覆 ZrO_2后可以提高相变发生的电压，同时包覆 ZrO_2后能够有效地抑制表面副反应的发生，提高 $LiCoO_2$在高电压条件下的结构稳定性。J. W. Lee 等[54]利用 XRD、TG-DTA 和 EDS 分析了包覆 V_2O_5后的 $LiCoO_2$的结构变化和电化学性能。他们认为包覆 V_2O_5后能够提高 $LiCoO_2$在高电压条件下的电化学性能主要是由于在高电压充放电过程中包覆层可以抑制离子的混排，同时又可以减小基体材料和电解液的直接接触面积。

② 氟化物　与氧化物不同，氟化物在 HF 体系中相当稳定，包覆在 $LiCoO_2$表面可以提高材料的循环性能。氟化物可以与表面的 $LiCoO_2$反应生成相当于掺杂 F 的 Li-Co-O-F 化合物，由于 F 具有更高的电负性，因此氟化物包覆可以有效地阻止 $LiCoO_2$ 在过度脱锂时 O 的析出。常用的氟化物有 LiF[55]、MgF_2[56,57] 和 AlF_3[58]。

③ 磷酸盐　与氧化物包覆相比，磷酸盐包覆后 $LiCoO_2$具有更好的安全性。$LiCoO_2$包覆磷酸盐后，材料与电解液的界面减小，有效地减少了 Co 的溶解，使稳定性得到提高。Zhou 等[59]采用溶胶-凝胶法制备出 $AlPO_4$包覆改性的 $LiCoO_2$正极材料，并对包覆后的材料的电性能、热稳定性和微观结构进行了研究。研究发现：$LiCoO_2$表面包覆 $AlPO_4$的分解峰向温度高的方向偏移，且放热峰的面积减小，证实了 $AlPO_4$包覆后对材料热稳定有一定的提高。Cho[60]的研究结果证实 $AlPO_4$可以有效地抑制在高电压下 $LiCoO_2$和电解液之间的放热反应，从而提高了材料的热稳定性。Li 等[61]研究了包覆 $FePO_4$的 $LiCoO_2$的电性能。包覆后的材料在 2.7～4.4V 的充放电电压范围内放电比容量为 155mA·h/g，循环 400 次后容量保持率高达 82.5%，较之包覆前 $LiCoO_2$材料的性能有了大幅的提升。

④ 其他正极材料　$LiCoO_2$表面上包覆其他正极材料通常采用溶胶-凝胶法和共沉淀法。G. T. K Fey 等人[62]利用机械法成功制备了表面包覆 $Li_4Ti_5O_{12}$ 的 $LiCoO_2$ 正极材料。包覆量为1%的材料显示出良好的循环性能，在2.75～4.4V电压范围内材料的首次放电比容量为171mA·h/g，循环148次后容量保持率仍有80%。N. Ohta 等[63]采用喷雾干燥法在 $LiCoO_2$ 表面上包覆了一层 $LiNbO_3$。由于 $LiNbO_3$ 具有比 $Li_4Ti_5O_{12}$ 更好的电导率，$LiNbO_3$ 包覆层有效地减小了界面之间的阻抗，从而提高了材料的倍率性能。Cao 等[64]选取了富锂锰基材料 $Li[Li_{0.2}Mn_{0.6}Ni_{0.2}]O_2$ 作为包覆材料，原因在于富锂锰基材料在高电压条件下具有稳定的结构。W. S. Yoon 等[65]在 $LiCoO_2$ 表面包覆了一层尖晶石 $LiMn_2O_4$，研究结果证实包覆后材料的热稳定提高，但是没有提及材料的电化学性能。

⑤ 聚合物　常用的聚合物主要包括聚亚酰胺（polyimide）、聚3,4-亚乙基二氧噻吩（PEDOT）和聚吡咯（PPy）。J. H. Park 等[66,67]认为聚亚酰胺（polyimide）能够提高 $LiCoO_2$ 在4.4V条件下循环性能的主要原因是 polyimide 薄膜有效地抑制了 $LiCoO_2$ 和电解液之间的副反应。高分子导电有机物有多方面的优势：一方面聚合物包覆作用与碳相似，能够提高材料的导电性，同时还能起到保护层的作用，降低 Co 的溶解，抑制界面副反应的发生；此外，聚合物本身具有电化学活性，能够提高材料的可逆容量及容量保持率。

尽管学术界对钴酸锂表面包覆进行了广泛研究，但真正工业化的方法不多，目前商业化钴酸锂以包覆氧化铝为多，图4-12为比利时 Umicore 钴酸锂包覆氧化铝的 SEM 图。图4-12(a)为未包覆的钴酸锂，图4-12(b)为包覆氧化铝的钴酸锂。

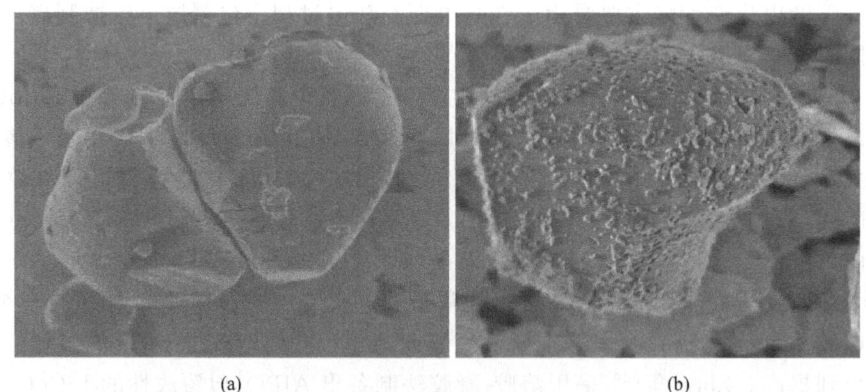

图4-12　Umicore 钴酸锂未包覆与包覆氧化铝的 SEM 图

4.4 生产钴酸锂的主要原料及标准

4.4.1 四氧化三钴

Co_3O_4 的用途很广，主要用于催化剂、电化学、耐高温耐腐蚀材料和磁性材料，以及锂离子电池、燃料电池等领域。在气-固反应体系中，Co_3O_4是一种高效、持久的催化剂，主要用于氧化反应[68]。比如氨的氧化反应，废气处理中CO的催化氧化，废水中氯的催化分解，液相氢氧化物的还原和NaN_3、H_2O_2的热分解。在固液电化学体系中，Co_3O_4可用于活化金属电极，包覆RuO_2的Co_3O_4具有优良的电催化性能。自2000年以来，随着国内锂离子电池行业的迅速发展，Co_3O_4作为制备锂离子电池正极材料$LiCoO_2$最重要的原料之一，在国内的消费量增长迅猛。

工业生产钴酸锂的钴原材料主要有碳酸钴、草酸钴、氢氧化钴、羟基氧化钴、三氧化二钴、四氧化三钴等，碳酸钴、草酸钴、氢氧化钴由于干燥过程中易分解造成钴含量不稳定，且合成钴酸锂过程中放出二氧化碳和水等气体造成失重大产能小等，工业上目前很少采用。羟基氧化钴和三氧化二钴成分不太稳定，使计量操作不方便，目前应用也很少。四氧化三钴结构稳定，钴含量高且非常稳定，目前成为生产钴酸锂的主要原材料。

四氧化三钴通常由沉淀法生产的碳酸钴或氢氧化钴经过高温煅烧而成，其化学成分比较稳定，其中钴含量稳定在73.5%左右。四氧化三钴的标准参见YS/T 633—2015。表4-3为某公司四氧化三钴的入库标准。

表4-3 某公司四氧化三钴的入库标准

测试项目	标准	典型值
Co/%	73.3～73.8	73.4
Ni/%	<0.02	0.005
Fe/%	<0.02	0.005
Ca/%	<0.03	0.01
Mg/%	<0.02	0.005
Na/%	<0.02	0.01
Mn/%	<0.01	0.005
Cu/%	<0.01	0.005
H_2O/%	<0.1	<0.03
粒径D_{50}/μm	4～8	6
振实密度/(g/cm³)	2.4～3.2	2.8
比表面积/(m²/g)	0.5～1.5	0.7

4.4.2 碳酸锂

工业生产钴酸锂的锂原材料主要有氢氧化锂和碳酸锂。氢氧化锂由于含有结晶水，锂含量常有波动；而且刺激性很强，操作环境恶劣，其成本比碳酸锂高。因此目前生产钴酸锂全部采用碳酸锂为原料。碳酸锂性能稳定，相对于氢氧化锂，刺激性小。电池级碳酸锂的标准参见工业和信息化部公告2013年第23号，行业标准备案公告2013年第7号（总第163号）标准号：YS/T 582—2013。表4-4为某公司电池级碳酸锂入库标准。

表 4-4 某公司电池级碳酸锂入库标准

项目	指标	单位
主含量	电池级≥99.5	%
水分	≤0.2	%
灼失量	≤0.5	%
Na	≤0.02	%
Fe	≤0.002	%
Ca	≤0.005	%
Mg	≤0.005	%
SO_4^{2-}	≤0.06	%
Cl^-	≤0.003	%
Si	≤0.002	%
D_{50}	3～6	μm
S_{BET}	0.5～2.5	m^2/g
振实密度	0.5～1.0	g/cm^3

4.5 钴酸锂生产工艺流程及工艺参数

钴酸锂生产以四氧化三钴、碳酸锂及其他掺杂元素为原料，进行计量、配料、混合、烧结、粉碎分级、除铁、包装等工序。早期钴酸锂生产一般采用间歇式半自动化生产。由于间歇式半自动化生产作业环境恶劣，工人劳动强度大，产品一致性差，目前一些品牌企业已经采用全自动化生产线进行生产。

4.5.1 计量配料与混合工序

钴酸锂是一种成分和物相纯度要求很高的锂离子电池正极材料，对原料配方要求很精确。因此对原料计量准确度和精确度要求很高，对混合均匀性也要求很严格，否则将造成钴酸锂局部不均匀，产生杂相，影响产品性能。

图 4-13 所示为钴酸锂生产工艺计量配料与混合工序。

4.5.1.1 计量配料

钴酸锂自动化生产线中的计量配料工序采用自动计量与配料设备。原料仓 A 为四氧化三钴料仓，原料仓 B 为碳酸锂料仓，原料仓 C 为掺杂元素如氧化铝、氧化镁、二氧化钛等料仓，原料仓 C 可根据钴酸锂的型号作为可选件。由于钴酸锂材料对金属单质含量要求极低，因此料仓内壁要求采用涂层或内衬，如四氟涂层或塑料内衬等。

目前计量与配料工艺上采用料仓称重，混合机称重系统，配料秤以及自动定量秤都是重力式装料衡器，它们的共同结构都是包含供料装置、称重计量、显示装置、控制装置以及具有产能统计、通信等功能。最后再由中央控制将各部分连成一体，构成一个闭环自动控制系统。

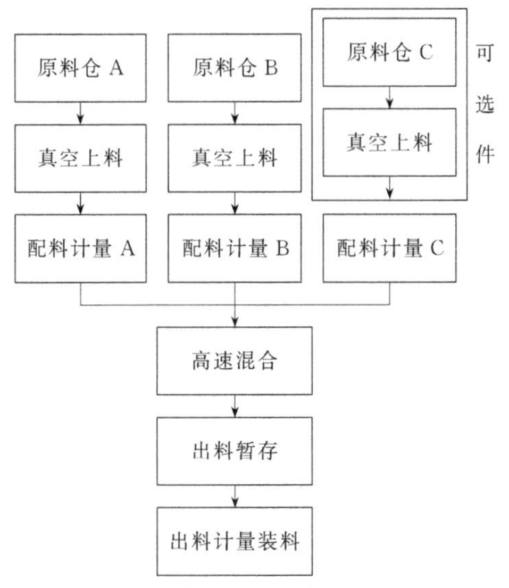

图 4-13 钴酸锂生产——计量配料与混合工序流程

钴酸锂配料的关键是配方，钴酸锂生产原料主要是四氧化三钴和碳酸锂，根据反应方程式确定两种原料的计量比。由于钴酸锂合成温度很高，最高温度达到950～1000℃，碳酸锂在高温下会发生挥发，使得实际得到的钴酸锂成分比按理论计量比设计的配方合成的钴酸锂成分的锂钴比偏小。因此在实际生产过程中将配方中的锂钴原子比设计为 1.01～1.05。配方中锂钴原子比越高，钴酸锂产品中的残留锂含量越高，产品 pH 越高，产品粒度、产品振实密度和压实密度也越高，但产品循环性能变差。若要生产电化学性能优异的产品，要求钴酸锂产品的锂钴原子比在 1.00±0.02，pH=10.0～11.0。由于各厂家生产设备与工艺参数不一样，即使同样的配方，最后产品的锂钴原子比也有较大差异，因此钴酸锂生产配方一般是一个经验数据，需要生产厂家严格进行品质管控。

4.5.1.2 混合工艺

混合工艺要求将物料混合非常均匀，不同厂家采用的混合设备与工艺也有所不同。早期国内外钴酸锂生产工艺均采用湿法混合，如采用搅拌球磨机，以酒精或丙酮为分散介质，以氧化锆球为磨介，进行超细研磨同时也达到混合均匀的目的。采用湿法混合工艺，由于产生了机械化学活化效果，物料分散和混合效果最佳，使烧结过程时间缩短，高温固相反应更充分，反应转化率高，产品电化学性能优。但湿法混合工艺需要酒精、丙酮等有机溶剂，成本高、设备需要防爆、造价高，由于有机溶剂易燃易爆，生产安全存在风险和隐患。采用湿法混合工艺还需增加干燥工序，使得工艺复杂化和成本更高，因此，目前自动化生产钴酸锂已弃用湿法混合工艺而采用干法混合工艺。干法混合工艺尽管混合效果不如湿法混合，但干法混合成本低、效率高、环保安全，同时可以保证不破坏前驱体的形貌，产品性能可以通过调节烧结工艺参数如烧结温度、时间、气氛等来保证。干法混合设备参见第 3 章。

干法混合每批次的混合量可以是 100～1000kg 不等，时间 20～40min。

4.5.2 烧结工序

钴酸锂的烧结工序如图 4-14 所示。

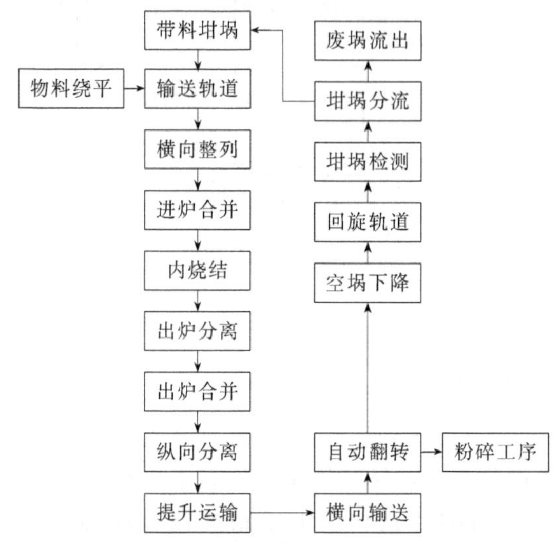

图 4-14　钴酸锂生产——烧结工序流程

烧结工序是钴酸锂生产的最核心工序，是生产过程中最关键的控制点。早期的烧结设备一般采用电加热连续式隧道推板窑，推板窑一般设计成 2 列双层或三层，推板尺寸一般为340(长)mm×340(宽)mm×10(高)mm，推板材质为莫来石或碳化硅。装料容器称为匣钵，匣钵尺寸一般为 320(长)mm×320(宽)mm×(60～110)(高)mm。常用钵的外形图参见图 3-21。

由于推板窑炉膛截面高度较大，使得炉膛内温度分布均匀性较差，有些企业为了提高产能，将推板窑每块板上放置 3 层匣钵，造成上中下各层匣钵温度差别较大，使烧结的产品性能差异较大，一致性差。推板窑的推板会带来热损耗，推进过程由于磨损造成粉尘，推板也会阻碍炉膛内气氛的流通，这些缺点使得推板窑烧结工艺时间长、能耗高、产品均匀性差等。此外由于推板窑推进过程中容易造成拱板（即推板位置错乱）以及推进摩擦阻力的存在，使得推板窑的长度不能设计太长，因而推板窑产能有限，推板窑的长度一般不超过 35m。目前钴酸锂生产普遍采用辊道窑。辊道窑由于炉膛截面高度小，温度均匀性比推板窑好，由于没有推板，气氛流动性好，烧结的产品性能优于推板窑。物料在辊道窑中的前进靠辊棒的滚动来实现，滚动摩擦阻力比推板窑的滑动摩擦小，辊道窑理论上可以设计很长，有些辊道窑长度可达到 100m 以上，钴酸锂生产用的辊道窑长度一般在 40～60m。辊道窑一般设计成单层 4 列，最多的有 6 列，由于温度和气氛均匀性好，烧结时间比推板窑短，其产能比推板窑大 2～3 倍。有些企业为了进一步提高产能，将辊道窑设计成 2 层 4 列或 2 层 6 列。

烧结工序的主要工艺参数是烧结温度、时间、气氛。

4.5.2.1 烧结温度

钴酸锂的合成反应：

$$2Co_3O_4+3Li_2CO_3+1/2O_2 \longrightarrow 6LiCoO_2+3CO_2$$

根据热力学分析，钴酸锂的最小合成温度约为 250℃（参见本书第 2 章）。考虑到动力学因素，结合碳酸锂作锂源，碳酸锂的熔点为 720℃，当加热到熔点附近后，碳酸锂开始发生分解：

$$Li_2CO_3 \longrightarrow Li_2O+CO_2$$

实际情况下碳酸锂在 650℃左右发生软化处于半熔融状态，为了促进钴酸锂的烧结，通常将钴酸锂的烧结曲线设计成从室温升至 650～750℃保温一段时间，在此温度下碳酸锂处于熔融状态，有助于高温下离子的扩散迁移。本来钴酸锂的合成为高温固相反应，由于碳酸锂的液化，使得固-固反应变成了固-液反应或者部分固-液反应，可以降低钴酸锂反应的活化能，提高反应速率和反应的转化率，在此阶段锂离子可以扩散和渗透至四氧化三钴分子周围和孔穴中，与四氧化三钴发生反应初步生成钴酸锂。650～750℃保温一段时间后再升至 900～1000℃保温一段时间，在此阶段碳酸锂发生分解变成 Li_2O 并同时与四氧化三钴发生化学反应生成钴酸锂，钴酸锂的晶体生长并趋于完整化。早期的钴酸锂一般为小颗粒团聚的二次粒子，钴酸锂的结晶性较差，其振实密度和压实密度偏小，后来由于电池厂家追求锂离子电池的体积能量密度，要求钴酸锂的压实密度越高越好，目前钴酸锂的压实密度由早期的 3.6g/cm^3 提高到了 4.0g/cm^3 以上。当温度继续升高，如大于 1000℃时，合成钴酸锂的电化学容量不但没有升高，反而有所下降。实际上，在高于 1000℃的煅烧温度下钴酸锂可能发生分解，特别是锂的挥发增加，煅烧所生成的产物中可能还含有 CoO、Co_3O_4 及缺锂型钴酸锂，它们在高温下形成固溶体，冷却后形成坚硬的烧结块状物使产物出现板结现象，试验发现随着温度升高，板结程度加剧。这给粉碎分级等后续工序带来很大的困难，且产品的电化学性能急剧恶化。因此，950℃为合成钴酸锂的较佳温度。

从图 4-15 可知，随着温度的升高，钴酸锂的晶粒长大，晶型趋于完整形成单晶状钴酸锂，此种钴酸锂粒度分布好，结晶度高，制作电池时压实密度高，电池的体积能量密度高。

4.5.2.2 烧结时间

钴酸锂的烧结时间取决于混料的均匀度、烧结设备以及对产品性能的要求。液相混合由于均匀度好，烧结时间较短，辊道窑由于温度均匀性和气氛均匀性好，烧结时间相对推板窑要短很多。有时为了调整产品的某项指标如为了获得更大粒度的钴酸锂，也可以通过延长烧结时间来实现。工业生产由于对产能和效率的要求，在保证产品质量的前提下，一般要求烧结时间尽可能缩短。对于辊道窑烧结来说，钴酸锂的烧结时间可以设计为：从室温升至第一保温时间（650℃）为 2～4h，第一保温时间为 3～5h，然后从第一保温时间升至高温段（950℃）1～3h，高温段保温

(a) 800℃ (b) 950℃

图 4-15 烧结温度分别为 800℃和 950℃的钴酸锂 SEM

时间为 6～10h，然后降温至 100℃以下，需要 6～8h，降温不能太快，否则装料的匣钵由于急降温会发生破裂。整个烧结时间为 15～25h。

4.5.2.3 烧结气氛

钴酸锂的生产的原料是四氧化三钴和碳酸锂，四氧化三钴分子式为 Co_3O_4 即 $CoO \cdot Co_2O_3$，钴的化合价平均为 2.67 价。而钴酸锂 $LiCoO_2$ 中钴的化合价为 3 价，因此钴酸锂的合成反应必须在氧化气氛中进行。工业上生产钴酸锂采用空气气氛，早期窑炉气氛控制由进气管道和出口烟囱的阀门进行手工调节，自动化生产线采用流量计进行精确自动调节，以确保产品的一致性。

4.5.3 粉碎分级工序

锂离子电池生产过程中对正极材料钴酸锂的粒度及其分布有严格要求，粒度大小用 D_{50} 来表示平均粒径，D_{10} 表示小颗粒的粒径，D_{90} 表示大颗粒粒径（具体参见 10.2.1 粒度测试）。粒度大小影响材料的许多性能，如粒度影响电池制浆工艺的加工性能、极片的压实密度、电池的倍率性能等。一般来说粒度分布好，电池制浆加工性能好，极片光滑柔韧性好。如果粒度分布差，如细粉偏多材料比表面积偏大，则浆料的黏结性能差，极片容易发脆掉粉。若材料的粗颗粒偏多，则有可能刺穿隔膜造成电池短路，严重时引起燃烧爆炸。因此对钴酸锂材料的粒度及其分布制定了严格的标准。目前商业化钴酸锂的粒度要求：D_{50}，10～20μm；D_{10}，1～5μm；D_{90}，20～30μm。D_{50} 越小，材料的倍率性能越好，但压实密度小，电池体积密度偏小；D_{50} 越大，材料的倍率性能越差，但压实密度大，电池体积密度大。早期钴酸锂的粒度比较小，D_{50} 在 6～12μm，后来为了提高材料的压实密度，钴酸

锂的粒度 D_{50} 在 10～20μm，甚至有大于 20μm 的钴酸锂出现。

经过窑炉烧结合成的钴酸锂结块严重，必须经过颚式破碎将粒度破碎至 1～3mm，经过辊式破碎将粒度破碎至 50～100 目，最后经过机械粉碎或气流粉碎使粒度达到 D_{50} 为 10～20μm、D_{10} 为 1～5μm、D_{90} 为 20～30μm。图 4-16 为钴酸锂生产过程中的粉碎工序流程。钴酸锂破碎和粉碎过程中应注意的事项：①防止单质铁的带入，因此凡是与物料接触的易磨损的部件均需要采用非金属陶瓷，而与物料接触的管路应采用塑料，料仓可用不锈钢材质表面喷特氟龙涂层；②要防止过粉碎，目前粉碎设备均带有分级轮，粗颗粒由于不能通过分级轮而进行循环粉碎，主要是要防止过粉碎造成细粉偏多，如果细粉偏多则要进行后续分级。目前钴酸锂经过机械粉碎或气流粉碎一级旋风收料应大于 95%，而布袋捕集器收料应小于 5%。捕集器收的物料粒度偏小，不能作为钴酸锂正品使用，可以降级销售，有时也作为废品卖给上游前驱体厂家回收钴。

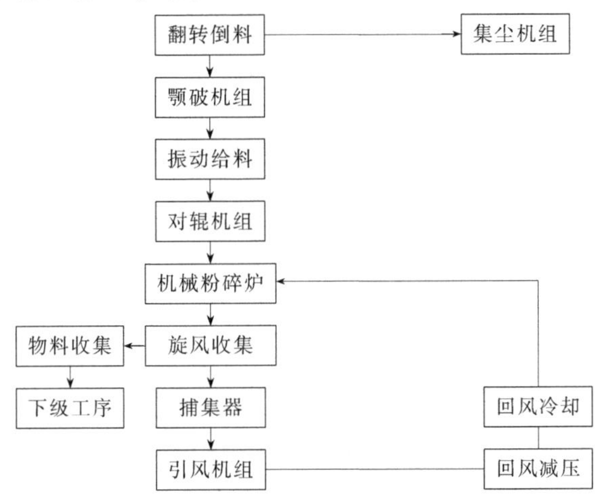

图 4-16　钴酸锂生产——粉碎工序流程

钴酸锂的粉碎至关重要，早期粉碎设备主要是机械粉碎机，也称高速机械冲击式粉碎机，目前国内能生产。由于钴酸锂粒度越来越大，钴酸锂的硬度和相对密度也越来越大，机械式粉碎机磨损严重，且机械式粉碎机粉碎效率太低，目前已被气流粉碎机所取代。

4.5.4 合批工序

钴酸锂经过前面配料混合、烧结、粉碎分级等工序后，产品已成型。但钴酸锂是一种超细粉末产品，产品品质从肉眼上是看不出来的，产品品质受人（man）、机（machine）、料（material）、法（method）、测量（measurement）、环境（environment）（简称 5M1E）的影响，每一批次的产品质量总是存在或大或小的差别，必须将不同批次产品的质量均匀化或一致化，因此，钴酸锂生产过程中在粉碎分级后经过一个合批工序，即将不同批次原料、不同设备、不同时间生产的小批次产品经过混合合成一个大批次，保证在这一大批次下的产品其质量是一致的均匀的，这对下游客户对产品的试用是非常有益的。目前合批工序使用的设备主要有双螺旋锥形混合机和卧式螺带混合机。根据生产规模和客户需求，合批的单一批次的数量一般是 5～10t。

4.5.5 除铁工序

正极材料中的 Fe 在充电过程中会溶解，然后在负极上还原成铁，铁的晶核较大，又具有一定的磁性，晶体的生长很快，所以很容易在负极形成铁枝晶，有可能会造成电池的微短路，电池的安全性能存在很大隐患。国际一线品牌电池企业对钴酸锂中的单质铁含量要求在 20×10^{-9} 以下。单质铁的引入是由原材料中带入，制造过程中金属设备带入，生产环境中由于机器磨损、门窗开关磨损造成空气中微量铁带入等，因此要求原材料厂家预先除铁，所有与物料接触的机器设备采用非金属陶瓷部件或内衬和涂覆陶瓷或特氟龙涂层等。早期除铁采用永磁磁棒制造的除铁器除铁，效果不佳。现已改用高磁场强度的电磁除铁器除铁，效果好，产能大，效率高。早期的除铁设备基本上均从日本或韩国引进，现在国内已能生产。除铁工序最好放在粉碎、合批工序之后和包装工序之前。图 4-17 为钴酸锂生产过程中的除铁工序流程。

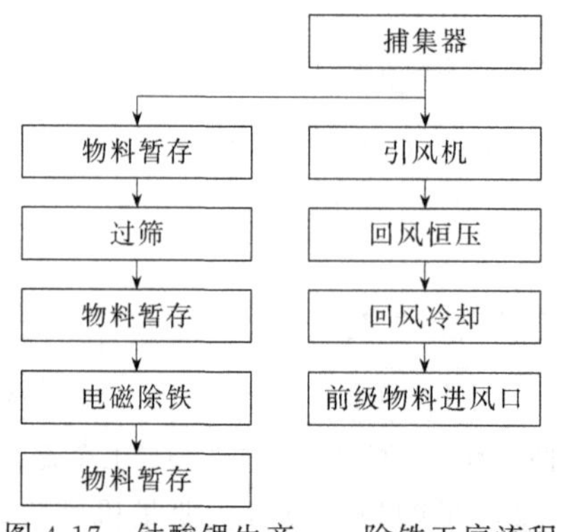

图 4-17　钴酸锂生产——除铁工序流程

4.5.6 包装工序

钴酸锂是一种易扬尘的粉末，价格比较高，对包装要求严格，精度要求高。早期采用普通的真空包装机，目前规模企业均采用自动化的粉体包装机。采用铝塑复合膜真空包装，10～25kg/袋，置于牛皮纸桶或塑料桶内，为了降低包装成本，现在也有用吨袋包装。包装车间最好与生产车间隔离，要求恒温除湿，相对湿度最好小于 30%。包装车间的墙、顶、门窗等不要采用金属材质，以防带入金属杂质。

4.6 钴酸锂的产品标准

钴酸锂已有国家标准，具体参见 GB/T 20252—2014。不同厂家根据客户的需求对国家标准有所调整，以下是某厂家的企业标准。

名称：钴酸锂；

外观：黑色粉末固体，无结块；

用途：锂离子电池正极活性物质；

包装：铝塑复合膜真空包装，12.5kg/袋，2袋/桶，置于牛皮纸桶或塑料桶内。

（1）物理性能（见表4-5）

表4-5 钴酸锂物理性能

测试项目		单位	LCO-1
粒度分布	D_{10}	μm	≥4.0
	D_{50}		8.0～12.0
	D_{90}		≤25
	D_{max}		≤45
比表面积		m^2/g	0.2～0.5
振实密度		g/cm^3	≥2.5

（2）化学成分与电化学性能（见表4-6）

表4-6 钴酸锂化学成分与电化学性能

测试项目		单位	LCO-1
金属含量	锂(Li)	%	6.80～7.20
	钴(Co)	%	59.00～61.00
	钠(Na)	%	0.002～0.005
	钙(Ca)	%	0.002～0.005
	铜(Cu)	%	0.0005～0.0010
	磁性异物	10^{-9}	≤25
pH值		—	10.00～12.00
水分含量		%	≤0.08
压实密度		g/cm^3	≥3.90
1C初始容量(vs. C)		mA·h/g	≥145
每周容量衰减率		%	≤0.05
初始3.6V平台率(vs. C)		%	≥85

4.7 钴酸锂的种类与应用领域

钴酸锂由于具有生产工艺简单和电化学性能稳定等优势，在锂离子电池正极材料中是最先实现商品化的。钴酸锂具有放电电压高、充放电电压平稳、比能量高等优点，在小型消费品电池领域中具有重要应用，由于消费类电子产品的巨大市场，钴酸锂仍在锂离子电池正极材料的销售中占有很大的比例。

钴酸锂正极材料的缺点主要是：成本高，钴资源短缺价格昂贵；比容量利用率低，电池正极实际利用比容量仅为其理论容量274mA·h/g的50%左右；电池寿命短，钴酸锂的循环寿命一般只有500次左右，因为其抗过充电性能较差，过充即可引起电池循环寿命迅速降低，不适合用于电池组；安全性差，钴酸锂电池过充可能发生锂枝晶短路，引起安全事故。

根据不同的应用领域，市场上具有不同的钴酸锂产品型号，如小粒径高倍率型钴酸锂、大粒径高压实钴酸锂、高电压钴酸锂等。其中高电压钴酸锂已逐渐成为3C应用领域的主流产品。

一般来说，对层状材料而言提高工作电压可以释放出更高的容量。如果能够将高电压和高容量两者结合起来那将是再好不过了，事实上这正是目前3C锂离子电池正极材料发展的重要方向。

钴酸锂（LCO）一直是高端移动设备锂离子电池的最主流正极材料，并且这种格局在未来数年之内很难改变，根本原因就在于LCO真正找到了适合自己的领域，这也正应了一句话“适合的就是最好的”。LCO从1990年产业化至今一直在发展，直到今天仍然在改进完善，堪称锂电材料发展史上的最经典案例。从最开始的大粒径高压实（压实4.1g/cm^3，全电4.1V，145mA・h/g容量），发展到i-Phone4上的第一代高压（4.2V全电，155mA・h/g容量），到应用在i-Phone5上第二代高压LCO（4.3V全电，超过165mA・h/g容量），以及正在开发完善中的第三代高压LCO体系（4.4V全电，接近175mA・h/g容量），虽然充电上限电压每次仅仅提高了0.1V而已，但背后需要的技术积累和进步，却需要正极材料厂家进行持续的技术攻关才能实现。

未改性的LCO只能充电到4.1V，通常的解释是在高充电电压下由于材料发生了不可逆相变而导致循环性恶化。但原位同步辐射X射线衍射证实LCO的相变过程在本质上是可逆的，其事实上的不可逆主要是由于充电到高压过程中的表面副反应导致材料脱氧所致，因此其本质上是个界面问题。那么利用表面包覆人为地制造出“新鲜”的表面而使之与电解液隔绝，就是高压LCO材料设计的基本原理之一。第一阶段4.2V的改性相对比较容易，原理主要是掺杂改性（当然不可避免会形成表面层）。第二阶段技术难度更高，需要体相掺杂+表面包覆并用，于是就发展出了“Insulate Cathode”的概念，目前国际上已经有少数几家公司产业化了。高端LCO技术的关键在于掺杂什么元素，如何掺杂，以及掺杂的量的多少。同样，表面包覆的难点首先在于选择什么样的包覆物，再就是采用什么样的包覆方法以及包覆量的多少的问题。虽然干法掺杂和包覆目前是主流，但也有公司选择在前驱体阶段进行湿法改性，效果也非常理想。根据不同的掺杂和包覆要求，优化温度和烧结工序以及表面再处理工艺，这是高电压LCO生产的核心技术。

目前制约高压LCO应用的主要瓶颈在于电解液。高压LCO需要与之匹配的高压电解液，否则其容量优势将不能充分发挥，并且会带来安全隐患。出于安全考量，在i-Phone5S上仍然采用4.3V上限电压。高压电解液何时产业化，将是制约高电压正极材料发展的关键因素。

4.4V高压LCO的体积能量密度目前还没有其他正极材料可以超越，下一代i-Phone电池将仍然使用高压LCO。但是我们仍然要重视LCO电芯在高压下的安全性问题。不管是用固相法还是液相法，都很难做到LCO表面完全被一层氧化物均匀并且完整地包覆，这个技术难题就决定了 LCO 的上限充电电压不能很高，否则 LCO 晶体结构坍塌和电解液的氧化分解将不可避免。下一代的上限充电电压将会达到 4.35V，然后维持一两年以后再继续升高到 4.4V。虽然目前高压 LCO 在试验中已经可以充电到 4.45V 高压了，但是我们要清醒地认识到，高压电解液依然是制约因素，毕竟高温测试条件下荷电能力以及安全性和循环性是考核的关键。考虑到国内智能机厂家的跟进，高端 LCO 将还会有一定的稳定发展时期。

总之，钴酸锂作为锂离子电池最早的正极材料，由于其高压实、高电压所表现出的高容量特性，在 3C 数码类电子产品中的应用具有不可替代性，仍将具有难以预料的应用周期。但在电动车领域，由于高电压钴酸锂的安全性问题、循环寿命问题难以获得应用，三元系材料 NCA、NCM 等替代钴酸锂将获得广泛应用。

参 考 文 献

[1] Amatucci G G，Tarascon J M，Klein L C. CoO_2，the end member of the Li_xCoO_2 solid solution [J]. J Elctrochem Soc，1996，143：1114-1123.

[2] Ohzuku T，Ueda A. Solid state redox reaction of $LiCoO_2$ (R-3m) for 4 volt secondary lithium cells [J]. J Electrochem Soc，1994，141 (11)：2972-2977.

[3] Paulsen J M，Mueller-Neuhaus J R，Dahn J R. Layered $LiCoO_2$ with a different oxygen stacking (O2 structure) as a cathode material for rechargeable lithium batteries [J]. J Electrochem Soc，2000，147 (2)：508-516.

[4] Yazami R，Ozawa Y，Gabrisch H，et al. Mechanism of electrochemical performance decay in $LiCoO_2$ aged at high voltage [J]. Electrochemica Acta，2004，50：385-390.

[5] Baba Y，Okada S，Yamaki J I. Thermal stability of Li_xCoO_2 cathode for lithium ion battery [J]. Solid State Ionics，2002，148：311-316.

[6] Veluchamy A，Doh C H，Kim D H，et al. Thermal analysis of Li_xCoO_2 cathode material for lithium ion battery [J]. J Power Sources，2009，189：855-858.

[7] 胡国荣，石迪辉，张新龙，等. Co_3O_4 对 $LiCoO_2$ 电化学性能的影响 [J]. 电池，2006，36 (4)：286-287.

[8] Balaji S，Mutharasu D，Subramanian N S，et al. A review on microwave synthesis of electrode materials for lithium-ion batteries [J]. Ionics，2009，15：765-777.

[9] 于永丽，翟秀静，符岩. 等. 微波法合成锂离子电池材料 $LiCoO_2$ 的研究 [J]. 分子科学学报，2004，20 (3)：7-11.

[10] 文衍宣，肖卉，甘永乐，等. 自蔓延高温合成锂离子电池正极材料 $LiCoO_2$ [J]. 无机材料学报，2008，23 (2)：286-290.

[11] 唐新村，何丽萍，陈宗璋，等. 低热固相反应法制备锂离子电池正极材料 $LiCoO_2$ [J]. 功能材料，2002，33 (2)：190-192.

[12] 努丽燕娜，夏熙，郭再萍. 低热固相反应法制备纳米 $LiCoO_2$ 的研究：(Ⅱ) 纳米 $LiCoO_2$ 的电化学性能 [J]. 电源技术，2000，24 (2)：81-83.

[13] 彭正军，李法强，诸葛芹，等. 共沉淀发制备正极材料 $LiCoO_2$ 及其电化学性能研究 [J]. 盐湖研究，2008，16 (3)：25-29.

[14] 齐力，林云青，景遐斌，等. 草酸沉淀法合成 $LiCoO_2$ 正极材料 [J]. 功能材料，1998，29 (6)：623-625.

[15] Konstantinov K，Wang G X，Yao J，et al. Stoichiometry-controlled high performance $LiCoO_2$ electrode materials prepared by a spray solution technique [J]. J Power Sources，2003，119-121：195-200.

[16] 李阳兴，姜长印，万春荣，等. 喷雾干燥法制备 $LiCoO_2$ 超细粉 [J]. 无机材料学报，1999，14 (4)：657-661.

[17] Kim M K，Park K S，Son J T，et al. The electrochemical properties of thin-film $LiCoO_2$ cathode prepared by sol-gel process [J]. Solid State Ionics，2003，152-153：267-272.

[18] Kang S G, Kang S Y, Ryu K S, et al, Electrochemical and structural properties of HT- $LiCoO_2$ and LT-$LiCoO_2$ prepared by the citrate sol-gel method [J] . Solid State Ionics, 1999, 120: 155-161.

[19] 刘兴泉，李淑华，何泽珍，等．氧化还原溶胶-凝胶法制备 $LiCoO_2$ [J]．电池，2002，32 (5)：258-260.

[20] 刁小明，廖达前．多相氧化还原法制备钴酸锂前驱体的研究 [J]．矿业工程，2012，52 (4)：93-96.

[21] Amatucci G G, Tarascon J M, Larcher D. Synthesis of electrochemically active $LiCoO_2$ and $LiNiO_2$ at 100℃ [J] . Solid State Ionics, 1996, 84 (3-4): 169-180.

[22] Reimers J N, Dahn J R, Electrochemical and *In Situ* X - Ray Diffraction Studies of Lithium Intercalation in Li_xCoO_2. J Electrochem Soc, 1992 (139): 2091.

[23] Watanabe Shoichiro, Nishiyama Akiyoshi, Koshina Hide, et al. Non-aqueous electrolyte secondary battery: JP, H04319260 (A) .

[24] Ito Yuichi, Aoki Taku, Nakamitsu Kazuhiro. Non-aqueous electrolyte secondary battery: JP, 2000123834 (A) .

[25] Hosoya Yosuke. Positive active material and non-aqueous electrolyte battery, and their manufacturing method: JP, 2001319652 (A) .

[26] Enomoto Akira. Multilayer printed wiring board, method of manufacturing the same, and single-sided circuit board therefor: JP, 2002198651 (A) .

[27] Totsuka Hirofumi, Yoshida Ichiro. Nonaqueous electrolyte battery: JP, 2001273896 (A)

[28] Totsuka Hirofumi, Yoshida Ichiro, Nakane Ikuro, et al. Nonaqueous electrolyte battery: JP, 2001068167 (A) .

[29] Arimoto Shinji, Okuyama Takahiro, Nagayama Masatoshi, et. al. Positive electrode activator for nonaqueous electrolyte secondary battery, and manufacturing method of the same: JP, 2004-047437 (A) .

[30] Tukamoto H, West A R. Electronic conductivity of $LiCoO_2$ and its enhancement by magnesium doping [J] . J Electrochem Soc, 1999, 144 (9): 3164-3168.

[31] Levasseur S, Ménétrier M, Delmas C. On the dual effect of Mg doping in $LiCoO_2$ and $Li_{1+\delta}CoO_2$: Structural, electronic properties and Li MAS NMR studies [J] . Chem Matter, 2002, 25: 3584-3590.

[32] Shi S Q, Ouyang C Y, Lei M S, et al. Effect of Mg-doping on the structural and electronic properties of $LiCoO_2$: A first-principles investigation [J] . J Power Sources, 2007, 171: 908-912.

[33] Ohzuku T, Ueda A, Kouguchi M. Synthesis and characterization of $LiAl_{1/4}Ni_{3/4}O_2$ for lithium-ion batteries [J] . J Electrochem. Soc, 1995, 142 (12): 4033-4039.

[34] Jang Y I, Huang B Y, Wang H F, et al. $LiAl_yCO_{1-y}O_2$ intercalation cathode for rechargeable lithium batteries [J] . J Electrochem Soc, 1999, 146 (3): 862-868.

[35] Myung S T, Kumagai N, Komaba S, et al. Effects of Al doping on the micro structure of $LiCoO_2$ cathode materials [J] . Solid State Ionics, 2001, 139: 47-56.

[36] 徐晓光，魏英进，孟醒，等．Mg，Al 掺杂对 $LiCoO_2$ 体系电子结构影响的第一原理研究 [J]．物理学报，2004，53 (1)：210-213.

[37] Madhavi S, Rao G V S, Chowdari B V R, et al. Effect of Cr dopant on the cathode behavior of $LiCoO_2$ [J] . Electrochemica Acta, 2002, 48: 219-226.

[38] 杜柯，其鲁，王银杰，等．Pt 元素添加提高 $LiCoO_2$ 的电化学性能 [J]．无机材料学报，2005，20 (2)：351-358.

[39] 赵黎明，章福平，孔令宇，等．锰掺杂钴酸锂 $LiMn_xCo_{1-x}O_2$ 的性能研究 [J]．电池工业，2007，12 (2)：105-108.

[40] 钱文生．$LiCo_{0.98-x}Ti_{0.02}La_xO_2$ 的高温固相法合成及其电化学性能 [J]．电源技术，2010，34 (10)：1002-1004.

[41] 李畅，徐晓光，陈岗，等．高电导率 $LiAl_{0.3}Co_{0.7-x}Mg_xO_2$ 的制备与表征 [J]．高等化学学报，2003，24 (3)：462-464.

[42] 湛雪辉，肖忠良，湛含辉，等．锆、钛复合掺杂锂钴氧化物正极材料制备及电化学性能研究 [J]．功能材料，2009，40 (2)：230-232.

[43] 易雯雯，肖汉宁，胡鹏飞．$LiNi_xMn_xCo_{1-x}O_2$ 的高温固相合成与电化学性能 [J]．电源技术，2007，31 (4)：266-269.

[44] 曹景超，胡国荣，彭忠东，等．高倍率锂离子电池正极材料 $LiCo_{0.9}Ni_{0.05}Mn_{0.05}O_2$ 的合成及电化学性能 [J]．中国有色金属学报，2014，24 (11)：2813-2820.

[45] Cao J C, Hu G R, Peng Z D, et al. Synthesis of spherical $LiCo_{0.9}Ni_{0.05}Mn_{0.05}O_2$ with $Co_{0.9}Ni_{0.05}Mn_{0.05}CO_3$ precursor and its electrochemistry performance [J] . J Alloys Comp, 2014, 617: 800-806.

[46] Nobili F, Dsoke S, Croce F, et al. An ac impedance spectroscopic study of Mg-doped $LiCoO_2$ at different temperatures: electronic and ionic transport properties [J]. Electrochemica Acta, 2005, 50: 2307-2313.
[47] 周健，戴秀珍．B元素对正极材料 $LiCoO_2$ 结构及性能的影响 [J]．安徽大学学报自然科学版，2007，31 (2)：67-70.
[48] 曹景超．$LiCoO_2$ 在高电压条件下的改性研究及球形 $LiCo_{0.9}Ni_{0.05}Mn_{0.05}O_2$ 的合成 [D]．长沙：中南大学，2015.
[49] Fey G T K, Kao H M, Muralidharan P, et al. Electrochemical and solid-state NMR studies on $LiCoO_2$ coated with Al_2O_3 derived from carboxylate-alumoxane [J]. J Power Sources, 2006, 163: 135-143.
[50] Oh S, Lee J K, Byun D, et al. Effect of Al_2O_3 coating on electrochemical performance of $LiCoO_2$ as cathode materials for secondary lithium batteries [J]. J Power Sources, 2004, 132: 249-255.
[51] Liu L J, Wang Z X, Li H, et al. Al_2O_3-coated $LiCoO_2$ as cathode material for lithium ion batteries [J]. Solid State Ionics, 2002, 152-153: 341-346.
[52] 王兆祥，陈立泉，黄学杰．锂离子电池正极材料的结构设计与改性 [J]．化学进展，2011，23 (2-3)：284-301.
[53] Chung K Y, Yoon W S, Mcbreen J, et al. In situ X-ray diffraction studies on the mechanism of capacity retention improvement by coating at the surface of $LiCoO_2$ [J]. J Power Sources, 2007, 174: 619-623.
[54] Lee J W, Park S M, Kim H J. Enhanced cycleability of $LiCoO_2$ coated with vanadium oxides [J]. J Power Sources, 2009, 188: 583-587.
[55] Murakami M, Yamashige H, Arai H, et al. Association of paramagnetic species with formation of LiF at the surface of $LiCoO_2$ [J]. Electrochimica Acta, 2012, 78: 49-54.
[56] Lee H J, Park Y J. Interface characterization of MgF_2-coated $LiCoO_2$ thin films, [J]. Solid State Ionics, 2013, 230: 86-91.
[57] Bai Y, Jiang K, Sun S W, et al. Performance improvement of $LiCoO_2$ by MgF_2 surface modification and mechanism exploration [J]. Electrochemica Acta, 2014, 134: 347-354.
[58] Sun Y K, Han J M, Myung S T, et al. Significant improvement of high voltage cycling behavior AlF_3-coated $LiCoO_2$ cathode [J]. Electrochemistry Communications, 2006, 8: 821-826.
[59] Zhou Z T, Qin Y F. Study on the safety of $LiCoO_2$ by nanopartical $AlPO_4$ coating [J]. China Academic Journal Electronic Publishing House, 1993-2013: F57-F59.
[60] Cho J. Improvement thermal stability of $LiCoO_2$ by nanopartical $AlPO_4$ coating with respect to spinel $Li_{1.05}Mn_{1.95}O_4$ [J]. Electrochemistry Communications, 2003, 5: 146-148.
[61] Li G, Yang Z X, Yang W S. Effect of $FePO_4$ coating on electrochemical and safety performance of $LiCoO_2$ as cathode material for Li-ion batteries [J]. J Power Sources, 2008, 183: 741-748.
[62] Fey G T K, Huang C F, Muralidharanm P, et al. Improved electrochemical performance of $LiCoO_2$ surface treated with $Li_4Ti_5O_{12}$ [J]. J Power Sources, 2007, 174: 1147-1151.
[63] Ohta N, Takada K, Sakaguchi I, et al. $LiNbO_3$-coated $LiCoO_2$ as cathode material for all solid-state lithium secondary batteries [J]. Electrochemistry Communications, 2007, 9: 1486-1490.
[64] Hu G R, Cao J C, Peng Z D, et al. Enhanced high-voltage properties of $LiCoO_2$ coated with $Li[Li_{0.2}Mn_{0.6}Ni_{0.2}]O_2$ [J]. Electrochemica Acta, 2014, 149: 49-55.
[65] Yoon W S, Chung K Y, Nam K W, et al. Characterization of $LiMn_2O_4$-coated $LiCoO_2$ film electrode prepared by electrostatic spray deposition [J]. J Power Sources, 2006, 163: 207-210.
[66] Park J H, Kim J S, Shim E G, et al. Polyimide gel polymer electrolyte-nanoencapsulated $LiCoO_2$ cathode materials for high-voltage Li-ion batteries [J]. Electrochemistry Communications, 2000, 12: 1099-1102.
[67] Park J H, Cho J H, Kim J S, et al. High-voltage cell performance and thermal stability of nanoarchitectured polyimide gel polymer electrolyte-coated $LiCoO_2$ cathode materials [J]. Electrochemica Acta, 2012, 86: 346-351.
[68] 王文祥．单分散超细钴氧化物的制备 [D]．长沙：中南大学，2001.

第5章 锰酸锂

由于锰的价态变化复杂，锰的氧化物的组成结构多种多样，因此对于Li-Mn-O三元化合物来讲，其结构也极其复杂。图5-1为Li-Mn-O三元体系的相图[1]，图5-1(b)为图5-1(a)中MnO-Li_2MnO_3-λ-MnO_2相区部分的放大。图中标出了已知结构的锂锰氧化合物的位置，并重点划出了尖晶石和岩盐（层状）结构在三元体系相图中对应存在的区域。其中Mn_3O_4-$Li_4Mn_5O_{12}$连线表示具有化学计量的尖晶石相，而MnO-Li_2MnO_3连线表示具有化学计量的岩盐相。图中Ⅰ区即Mn_3O_4-$Li_4Mn_5O_{12}$-λ-MnO_2所构成的三角形区域为有缺陷的尖晶石相区，Ⅱ区即MnO-Li_2MnO_3-$Li_4Mn_5O_{12}$-Mn_3O_4所构成的四边形区域为有缺陷的岩盐相区。图中虚线表示脱嵌锂反应过程。

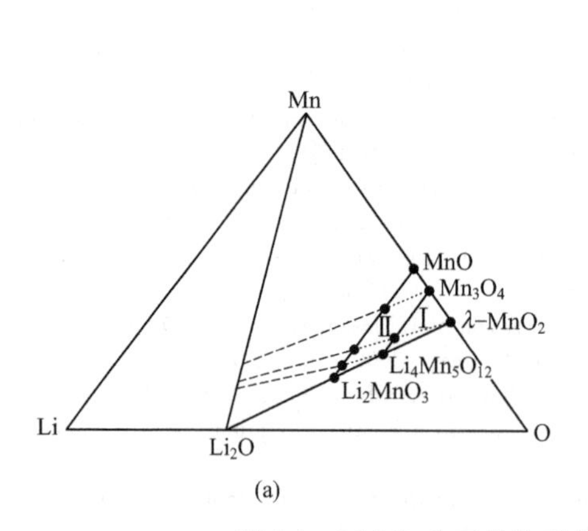

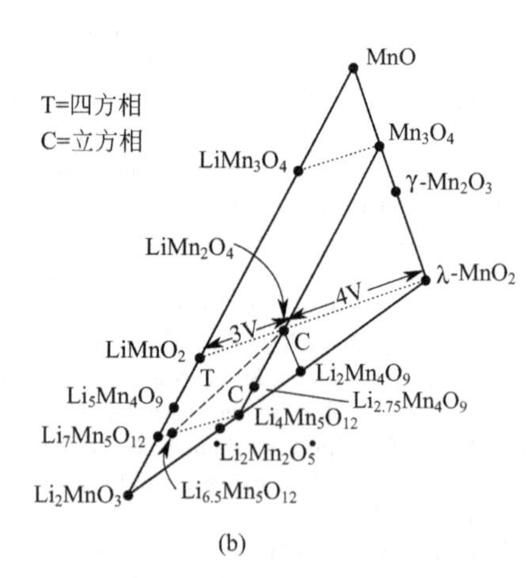

图5-1 Li-Mn-O三元体系的相图（a）及局部放大图（b）

在众多锂锰氧化物中，人们最感兴趣的是尖晶石结构的$LiMn_2O_4$。围绕其展开的主要研究有[2]：①$Li_x[Mn_2]O_4$（$0\leqslant x\leqslant 1$），即尖晶石$LiMn_2O_4$中锂离子脱嵌过程，对应图中$LiMn_2O_4$与λ-MnO_2连接的虚线；②$Li_{1+\delta}Mn_{2-\delta}O_4$（$0\leqslant\delta\leqslant 0.33$），富锂型的尖晶石结构，对应图中$LiMn_2O_4$-$Li_4Mn_5O_{12}$连线；③$Li_2O$·

$y MnO_2$（$y \geqslant 2.5$），富空穴缺陷型尖晶石结构，即 Li_2O 与 MnO_2 形成的固溶体，典型的化合物有 $Li_2Mn_3O_7$（$y=3$）和 $Li_2Mn_4O_9$（$y=4$），对应图中 $Li_4Mn_5O_{12}$-λ-MnO_2 连线。实际合成时，Li/Mn 值、气氛和温度等发生变化对产物组分的影响都很大，在 $LiMn_2O_4$ 附近还会以 $LiMn_2O_{4-z}$ 的缺氧尖晶石形式出现，使其组分情况变得更加复杂。

5.1 锰酸锂的结构与电化学特征

5.1.1 锰酸锂的结构

$LiMn_2O_4$ 属于立方尖晶石结构（$Fd\bar{3}m$），其结构如图 5-2 所示。该结构中，氧离子为面心立方密堆积，占据晶格中 32e 的位置，Li 原子处于 1/8 的四面体 8a 位置，Mn 原子处于 1/2 的八面体 16d 位置，其余 7/8 的四面体间隙（8b 及 48f）以及 1/2 的八面体间隙 16c 为全空，故其结构式可以表示为 $Li_{8a}[Mn_2]_{16d}O_4$。在脱锂状态下，有足够的 Mn 存在每一层中保持 O 原子理想的立方密堆积状态，构成一个有利于 Li^+ 扩散的 Mn_2O_4 骨架。四面体晶格 8a 和 48f 及八面体晶格 16c 共面而构成互通的三维离子通道，Li^+ 通过 8a-16c-8a 的路径进行嵌入和脱出，$LiMn_2O_4$ 中 Li^+ 的扩散系数达 $10^{-14} \sim 10^{-12} m^2/s$。充电时，$Li^+$ 从 8a 位置脱出，Mn^{3+} 氧化为 Mn^{4+}，$LiMn_2O_4$ 的晶格发生各向同性收缩，晶格常数从 8.24Å 逐渐收缩到 8.05Å（2.5%）；放电则反之，整个过程中尖晶石结构保持立方对称，没有明显的体积膨胀或收缩。

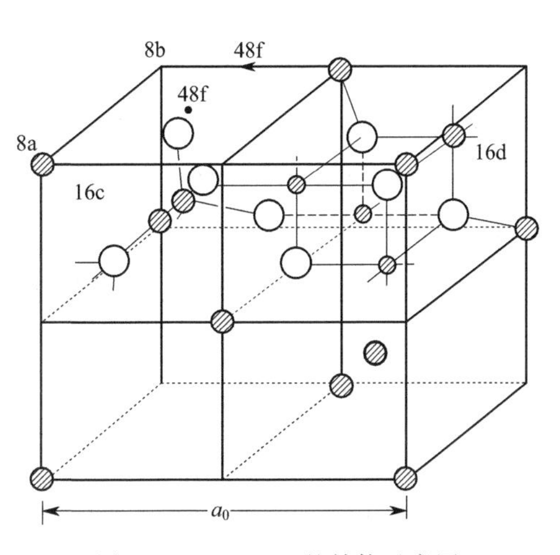

图 5-2　$LiMn_2O_4$ 的结构示意图

5.1.2 锰酸锂的电化学特征

Li^+ 在 8a 位置的电化学嵌入和脱出，构成了尖晶石 $Li_xMn_2O_4$ 在 4V 区域的充放电电压平台。发生的电化学反应如下：

充电：　$[Li^+]_{8a}[Mn^{3+}Mn^{4+}]_{16d}[O_4^{2-}]_{32e} \longrightarrow [\,]_{8a}[Mn_2^{4+}]_{16d}[O_4^{2-}]_{32e} + Li^+ + e^-$

放电：　$[\,]_{8a}[Mn_2^{4+}]_{16d}[O_4^{2-}]_{32e} + Li^+ + e^- \longrightarrow [Li^+]_{8a}[Mn^{3+}Mn^{4+}]_{16d}[O_4^{2-}]_{32e}$

$Li_xMn_2O_4$（$0<x<1$）的理论容量为 148mA·h/g，实际容量一般为 100～120mA·h/g。如图 5-3 所示，尖晶石 $Li_xMn_2O_4$ 的充放电曲线在 4V 区域的平台

有明显的两个阶段，对应图5-4中循环伏安曲线4V区域两对氧化还原峰。以放电为例，两个阶段分别对应 $0<x<0.5$ 和 $0.5<x<1$ 的嵌锂过程。其中，在 $0<x<0.5$ 时，$Li_{0.5}Mn_2O_4$ 和 λ-MnO_2 两个立方相共存，平台特征明显；而 $0.5<x<1$ 时，Li^+ 随机地占据均一相的8a位置，呈现倾斜的连续曲线特征。

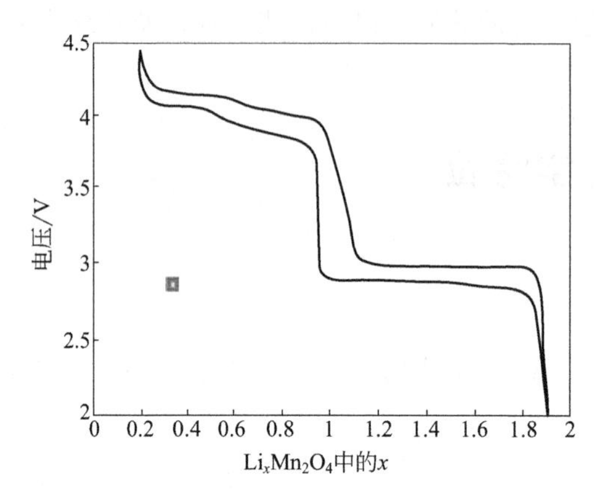

图5-3 Li/$Li_xMn_2O_4$ 电池的充放电曲线（$0<x<2$）

当 Li^+ 继续嵌入 $LiMn_2O_4$ 时，$Li_xMn_2O_4$（$1<x<2$）在3V区域形成另一个电位平台，该平台与4V区域的相差较大，如图5-3所示。此时 Li^+ 嵌入尖晶石结构八面体16c的空位并向四方结构转变，涉及 E_g 能级双重简并所导致的立方相（$c/a=1.0$）到四方相（$c/a=1.16$）的一级相变，这就是所谓的Jahn-Teller形变。图5-5为λ-MnO_2、$LiMn_2O_4$（$x=1$）和 $Li_2Mn_2O_4$（$x=2$）的XRD谱，λ-MnO_2 嵌锂后晶胞膨胀，在XRD上表现出 $LiMn_2O_4$ 谱峰的 2θ 值向左微移，峰强变强说明 Mn_2O_4 尖晶石结构变得更加稳定，而 $Li_2Mn_2O_4$ 谱峰中尖晶石结构[311]和[400]峰的分裂表明其向四面体结构变形。变形使 c/a 值增加16%，对尖晶石电极产生的剧烈影响，使其不能承受锂离子多次的电化学嵌入或脱出。巨大的体积变化产生的微应力使尖晶石材料很难保持结构完整性，循环时容量会迅速衰减，因此 $LiMn_2O_4$ 的应用研究主要在4V区域内。

$$[Li^+]_{8a}[Mn^{3+}Mn^{4+}]_{16d}[O_4^{2-}]_{32e}+Li^++e^- \longrightarrow [Li^+]_{8a}[Li^+]_{16c}[Mn_2^{3+}]_{16d}[O_4^{2-}]_{32e}$$

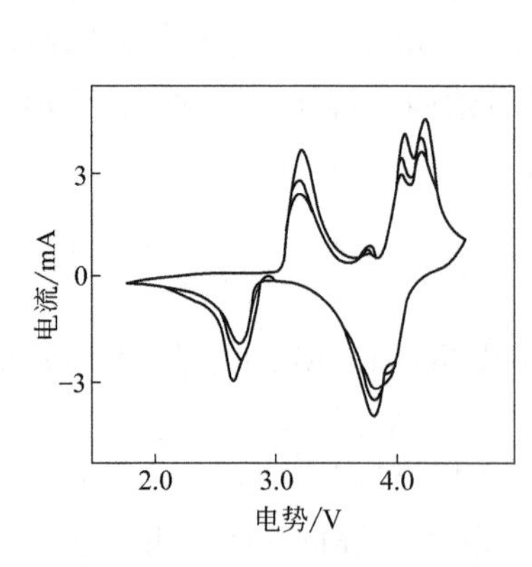

图5-4 $LiMn_2O_4$ 电极的循环伏安曲线（金属锂为参比电极）

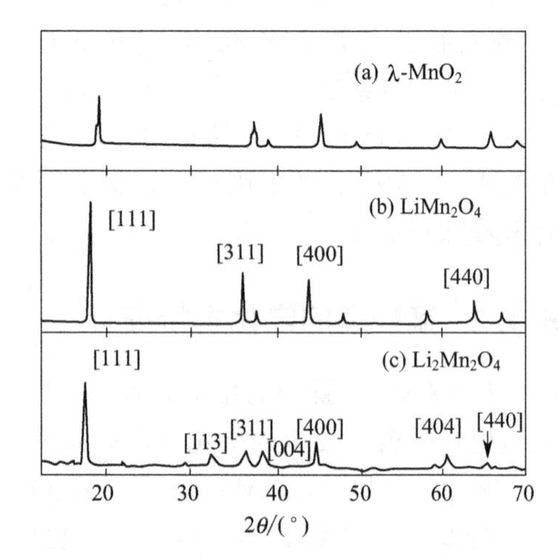

图5-5 λ-MnO_2、$LiMn_2O_4$（$x=1$）和 $Li_2Mn_2O_4$（$x=2$）的XRD图

5.2 锰酸锂的制备方法

目前，人们已采用各种常规和非常规方法成功合成了尖晶石锰酸锂（$LiMn_2O_4$）正极材料。根据尖晶石锰酸锂的制备过程，可以将锰酸锂的制备方法大体分为固相法和软化学法。

5.2.1 固相法

① 高温固相法　将锂化合物（LiOH、Li_2CO_3 或 $LiNO_3$）与锰化合物（EMD、CMD、硝酸锰、醋酸锰等）按一定比例混合均匀，在高温下煅烧，进行固相反应合成。该法是锂离子电池正极材料制备的常用方法，合成过程简单，易于工业化生产；但其反应温度较高，一般在750～800℃；反应时间较长，煅烧时间为20h左右；存在产物颗粒较大、不均匀等现象。为了保证混合的均一，一般进行多次研磨和烧结工艺，还可借助机械力的作用使颗粒破碎，使反应物质晶格产生各种缺陷（位错、空位、晶格畸变等），增加反应界面和反应活性点，促进固相反应的顺利进行。合成中锂源和锰源的性质、形貌以及合成温度等条件对材料的电化学性能影响较大。

② 微波合成法　将微波直接作用于原材料转化为热能，从材料内部开始对其进行加热，实现快速升温，大大缩短了合成时间。该法易于实现工业化生产，但产物形貌通常较差，产物的物相受微波加热功率和加热时间影响很大。Fu等[3]以碳酸锂和二氧化锰为原料，在微波炉中先采用600 W功率加热10min，然后在850W下加热6min即合成了尖晶石锰酸锂正极材料。

③ 熔盐浸渍法　利用锂盐熔点较低，先将反应混合物在锂盐熔点处加热几小时，使锂盐渗入到锰盐材料的孔隙中，极大地增加了反应物间的接触面积，提高了反应速率，可在较低的温度和较短的时间里得到均匀性较好的产物。实验证明该法制备的材料电化学性能十分优异，但是由于操作繁杂、条件较为苛刻，因而不利于产业化。杜柯等[4]考察了熔盐种类、焙烧时间和焙烧温度等因素对熔盐法制备锰酸锂性能的影响，优化实验条件后得到的材料在0.5C倍率下首次放电容量为125mA·h/g，50次循环后容量保持率为95%。

④ 低热固相法　在室温或近室温的条件下先制备出可在较低温度下分解的固相金属配合物，然后将固相配合物在一定温度下进行热分解得到最终产物。该法的特点是制备前驱体时不需要水或其他溶剂作介质，保持了高温固相反应操作简便的优点，同时具有合成温度低、反应时间短的优点。唐新村[5]采用低热固相法以醋酸锰、氢氧化锂和柠檬酸为原料，先在室温下混合研磨制得固相配位前驱体 $LiMn_2C_{10}H_{11}O_{11}$，然后在一定温度下焙烧一段时间，合成了尖晶石 $LiMn_2O_4$ 粉末。研究结果表明，该法在合成温度、时间、产物性能方面都优于高温固相法。

5.2.2 软化学法

为了克服传统高温固相反应烧结温度高、时间长及掺杂相在产品中分布不均匀的缺点，“软化学”方法引起了研究者的广泛关注。“软化学”方法可以使原料达到分子级混合，降低反应温度和反应时间，主要包括溶胶-凝胶、共沉淀、水热、燃烧、离子交换、化学气相沉积、磁控溅射、乳胶干燥法、模板法和微乳法等。

① 溶胶-凝胶法　基于金属离子与有机酸能形成螯合物，把锰离子和锂离子同时螯合在大分子上，再进一步酯化形成均相固态高聚物前驱体，然后烧结前驱体制得锰酸锂。该法比高温固相法合成温度低，反应时间短，产物颗粒均匀，但原料价格较贵，合成工艺相对复杂，不宜工业化生产。Tan 等[6]以醋酸锂和醋酸锰为原料，以柠檬酸为螯合剂，用氨水调节 pH 值为 6～7，在 800℃下煅烧 24h，得到锰酸锂的初始容量为 120mA・h/g，经过 100 次循环后，容量保持在 89mA・h/g。

② 共沉淀法　将两种或两种以上的化合物溶解后加入过量沉淀剂使各组分溶质尽量按比例同时沉淀出来，然后焙烧干燥后的共沉淀物来制备材料。该法混合均匀，合成温度低，生成物质的颗粒小，过程简单，易于大规模生产，目前该法用于 $Li[Ni_{1/3}Co_{1/3}Mn_{1/3}]O_2$ 的研究已逐渐趋于成熟。但由于各组分的沉淀速度和溶度积存在差异，不可避免出现组成的偏离和均匀性的部分丧失，而且沉淀物中混入的杂质还需反复洗涤以除去。Naghash 等[7]采用硬脂酸和四甲基氨水溶液为沉淀剂，$MnSO_4$ 和 Li_2CO_3 为原料，制得化学计量的锂锰共沉淀物，干燥后在空气下焙烧得到尖晶石 $LiMn_2O_4$ 正极材料。

③ 喷雾热解法　直接用 Li^+ 和锰离子合成，不需添加其他试剂和附加的合成过程。其过程为：将原料溶于去离子水中，在 0.2MPa 大气压下，通过喷射器进行雾化形成前驱体，然后进行干化，进口温度为 220℃，出口温度为 110℃，最后煅烧制得材料。Wu 等[8]以醋酸锂和醋酸锰为原料，通过喷雾热解法合成的锰酸锂煅烧时间短，结晶度高，颗粒粒径小，电化学性能优越，在电流密度 0.1C 下，初始电容量为 131mA・h/g。

④ 微乳法　利用两种互不相溶的溶剂在表面活性剂的作用下形成均匀的微乳液，从微乳液液滴中析出固体，这样可使成核、生长、聚结、团聚等过程局限在一个微小的球形液滴内，从而形成球形颗粒，又避免颗粒之间进一步团聚。该法具有粒度分布较窄并且容易控制等特点。Seungtaek 等[9]将硝酸锂和硝酸锰（物质的量比 1∶2）溶于水，混合 12h，将配好的溶液在室温下逐滴加入吐温-85 乳化剂和煤油的混合物中，并且不停地搅拌，直至生成乳胶状物。将乳状物在 300℃下燃烧 15min，再在不同温度下煅烧 24h。通过 XRD、循环伏安（CV）测试等分析表明，在不同的温度下都能得到单相尖晶石型锰酸锂，初始放电容量为 120mA・h/g。

⑤ 燃烧法　直接将溶液燃烧合成。Fey 等[10]将 $LiNO_3$ 与 $Mn(NO_3)_2$ 以适当比例与 NH_4NO_3 混合，采用乌洛托品（环六亚甲基四胺，HMTA）作为助燃剂，500℃加热 15min 后，得黑色粉末，再在不同温度下保温得到尖晶 $LiMn_2O_4$ 样品。

样品颗粒大小为30nm左右，比表面积为1.28m^2/g，初始放电容量为120mA·h/g，循环200次后衰减率为20%。

⑥ 水热法　通过高温（通常是100～350℃）高压条件，在水溶液或水蒸气等流体中进行化学反应制备材料，该法在电池正极材料制备方面的应用已经有较多报道。Kang等[11]将含锂化合物溶于一种含氧化剂和沉淀剂的混合溶液中，然后在强力搅拌下，将上述混合溶液加入到一种含锰的化合物溶液中，使其发生原位氧化还原沉淀，制得前驱体，然后将其转入内衬聚四氟乙烯的不锈钢高压釜中，在120～260℃和自生压力下进行水热晶化6～72h。水热样品在400～850℃热处理2～48h，即得$Li_xMn_{2-y}M_yO_4$产品。

⑦ 离子交换法　锰氧化物对锂离子有较强的选择性和较强的亲和力，可通过固体锰氧化物中阳离子与锂盐溶液中锂离子发生交换反应制备锰酸锂。离子交换法制备过程复杂，消耗大量的锂，容易引入杂质，不适合工业化生产。

⑧ 模板法　以有机分子或其自组装的体系为模板剂，通过离子键、氢键和范德华力等作用力，在溶剂存在的条件下使模板剂对游离状态下的无机或有机前驱体进行引导，从而生成具有特定结构的粒子或薄膜。其优点是利用模板的空间限域和调控作用，可以控制合成材料的粒径、形貌和结构等性质。

5.3 锰酸锂的改性

尖晶石锰酸锂正极材料在应用过程中还存在高温循环性能差等缺陷。研究认为，导致容量衰减的原因主要有以下几点：

① 锰的溶解　锰的化合价很多，在尖晶石锰酸锂中，锰的平均价态为+3.5价，一部分的Mn以+3价形式存在，而Mn^{3+}很不稳定，容易发生歧化反应，反应式如下：

$$2Mn^{3+}(固体) \longrightarrow Mn^{4+}(固体) + Mn^{2+}(溶液)$$

生成的Mn^{2+}溶解在电解液中，使得材料的骨架Mn_2O_4结构遭到破坏，循环过程中材料结构不稳定，最终导致循环性能下降。同时，锂离子电池电解液中含有少量的水分，这些水分与电解液主要成分$LiPF_6$反应生成HF，其反应式如下：

$$LiPF_6 + H_2O \longrightarrow POF_3 + 2HF + LiF$$

$$4H^+ + 2LiMn_2O_4 \longrightarrow 3\lambda\text{-}MnO_2 + Mn^{2+} + 2Li^+ + 2H_2O$$

从以上反应可以看出，HF的存在不但导致了锰溶解而且生成H_2O，从而进一步促进HF的形成，如此形成了一个恶性循环，高温环境条件下这种现象更加明显。因此，锰溶解是导致$LiMn_2O_4$循环性能特别是高温循环性能变差的主要原因之一。

② Jahn-Teller效应　Jahn-Teller效应是指对称非线性分子中，电子级轨道中高能级轨道发生畸变而降低轨道能量，消除简并性。如图5-6所示，过渡金属d轨道与配位体之间的相互作用力形成了八面体配合物。过渡金属离子的5个能量相同

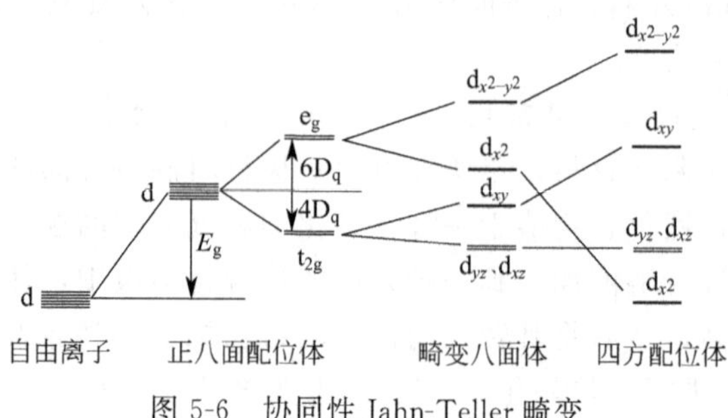

图 5-6　协同性 Jahn-Teller 畸变

的 d 轨道的空间取向不同，配位时与八面体之间的作用力也不尽相同，导致轨道能级分裂成两组不同的能级。在正八面体场中，金属离子位于正八面体中心，6 个配位体紧密堆积在中心离子周围。d_{z^2} 与 $d_{x^2-y^2}$ 轨道上电子云的极大值与配位体正面相碰而受到排斥，导致轨道能量大于 d 轨道在球对称配位体场中的平均能量 E_S，称为 e_g轨道；而 d_{xy}、d_{yz} 及 d_{xz} 轨道上的电子云极大值与配位体错开，接触较少，受到的排斥力较小，轨道能量小于 E_S，称为 t_{2g}。八面体配离子的 e_g 电子轨道在 O_h→D_{4h}形变中，能量减小而趋于稳定。Mn^{3+}（$t_{2g}^3e_g^1$，高自旋，磁矩较大）为质子型 Jahn-Teller 离子，尖晶石 $LiMn_2O_4$ 在充放电过程中在 Mn 的平均化合价接近或低于＋3.5 时，将发生 Jahn-Teller 畸变，导致晶胞做非对称性膨胀与收缩引起尖晶石结构由立方对称向四方对称转变，材料的循环性能恶化。

③ 电解液的分解　电解液是锂离子电池四大主要组成部分之一，其溶剂主要为有机酸酯。在 $LiMn_2O_4$ 充电过程高氧化性的 Mn^{4+} 将会导致有机溶剂发生分解反应，分解产物与 Li^+ 发生反应生成 Li_2CO_3 膜附在活性物质表面，导致了体系中具有电化学活性的 Li 元素量减少和电池内部阻抗增加，最终造成 $LiMn_2O_4$ 正极材料循环容量衰减。

④ 氧缺陷　Yoshio 等[12]认为尖晶石型 $LiMn_2O_4$ 循环性能差，高温容量衰减快等问题与材料的氧缺陷有很大关系。氧缺陷主要来自两个方面：由于合成条件的影响造成氧相对于标准化学计量比不足，如合成时温度过高或氧气不足得到缺氧型 $LiMn_2O_{4-\delta}$；循环过程中 $LiMn_2O_4$ 与电解液相互作用，引起电解液的催化氧化，而其本身发生被还原而失去氧。

⑤ 两相共存　Xia 等[13]通过 *ex-situ* XRD 研究发现，$LiMn_2O_4$ 在低温（小于 50℃）循环过程中的容量衰减主要发生在 4.12～4.5V 高电压范围内，而导致这一衰减的主要原因是两个立方相共存。这两个晶格常数不同的立方相在循环过程中势必对晶格产生微应力，从而对材料的电性能造成影响。研究者通过多种研究手段证实了这种两相共存的现象，并且认为通过 Ni 等元素掺杂或者制备富氧 $LiMn_2O_{4+\delta}$ 材料能有效抑制这种两相共存，从而改善 $LiMn_2O_4$ 的循环性能。

根据影响尖晶石 $LiMn_2O_4$ 材料性能的几大主要原因，改善尖晶石锰酸锂材料性能的主要原理是抑制锰溶解、稳定材料的结构以及开发 $LiMn_2O_4$ 电池专用电解液。目前改善尖晶石 $LiMn_2O_4$ 材料性能的主要手段主要集中在掺杂、表面包覆以及制备具有特殊形貌的材料。

5.3.1 锰酸锂的掺杂

表面和体相掺杂是改善尖晶石 $LiMn_2O_4$ 正极材料性能最简单直接有效的方法。根据掺杂离子种类的不同，大致分为阳离子掺杂、阴离子掺杂和共掺杂。部分元素掺杂对锰酸锂半电池高温性能的改善如表 5-1 所示。

表 5-1　元素掺杂的典型例子

元素	方程式	电化学性能(首容;容量保持率:圈数、倍率、温度)
Al	$LiAl_{0.3}Mn_{1.7}O_4$	108mA·h/g,95% (50,0.2mA/cm²,45℃)
	$LiAl_{0.2}Mn_{1.8}O_4$	107mA·h/g,98.5% (50,C/3,50℃); 105mA·h/g,95% (50,C/3,80℃)
	$Li_{1.039}Al_{0.146}Mn_{1.815}O_{4.017}$	101mA·h/g,99.34% (50,0.4mA/cm²,60℃)
	$Li_{1.10}Mn_{1.90}Al_{0.10}O_4$	—,99% (30,50mA/g,50℃)
	$LiAl_{0.08}Mn_{1.92}O_4$	116.2mA·h/g,99.3% (50,50mA/g,55℃)
	$LiAl_{0.1}Mn_{1.9}O_4$纳米棒	—,80% (100,1C,60℃)
	Li ∶Al∶Mn 原子比= 1 ∶0.10∶1.74	—,80% (200,5C,55℃)
	3D 孔状 $LiAl_{0.1}Mn_{1.9}O_4$	120mA·h/g,85% (50,1C,55℃)
	$Li_{1.08}Mn_{1.89}Al_{0.03}O_4$	—,93.3% (200,1C,55℃)
Cr	$Li_{1.05}Cr_{0.04}Mn_{1.96}O_4$	$Cr(CH_3COO)_3$:117.2mA·h/g,93.3% (30,C/5,55℃); $Cr_2(SO_4)_3$:116mA·h/g,90.5% (30,C/5,55℃); Cr_2O_3:113.2mA·h/g,90.0% (30,C/5,55℃)
Co	$Li(Co_{1/6}Mn_{11/6})O_4$	—,98% (80,0.5C,50C)
	表面掺杂 1%Co 的 $LiMn_2O_4$	113mA·h/g,83% (50,0.5mA/cm²,55℃)
Ga	$LiGa_{0.05}Mn_{1.95}O_4$	117.5mA·h/g,91% (50,0.5C,55℃)
Gd	$LiGd_xMn_{2-x}O_4$ (x=0.02,0.04,0.08)	—,79%,83%,85% (70,1C,60℃)
La,Ce, Nd,Sm	$LiMn_{1.9}RE_{0.1}O_4$ (RE=La,Ce,Nd,Sm)	(101.4mA·h/g,101.2mA·h/g,101.3mA·h/g, 102.1mA·h/g),(95%,93%,91%,92%) (50,0.5C,55℃)
Tb	$LiTb_{0.01}Mn_{1.99}O_4$	128mA·h/g,81.9%(50,1C,60℃)
Ni	浓度梯度 $LiMn_{1.87}Ni_{0.13}O_4$	108.2mA·h/g,90.2% (200,0.5C,55℃)
Sn	$LiSn_{0.04}Mn_{1.96}O_4$	107.5mA·h/g,86.4% (50,0.5mA/cm²,55℃)
Li	$Li_{1.1}Mn_{1.9}O_4$	103mA·h/g,89% (80,0.5mA/cm²,55℃)
	$Li_{1.094}Mn_{1.906}O_{4.025}$	100mA·h/g,97% (50,0.4mA/cm²,60℃); —,几乎 100% (60,0.4mA/cm²,60℃, 尖晶石/MCMB 全电池)
Li 和 M (M=Al, Ni,Co)	$LiMn_{1.93}Li_{0.06}M_{0.01}O_4$ ($M=Al^{3+},Ni^{2+}$)	—,>99.9%多个循环(100,—,55℃)
	$Li(Li_{0.1}Al_{0.1}Mn_{1.8})O_4$	114mA·h/g,92% (50,0.5 C,55℃)
	$Li_{1.05}Co_{0.10}Mn_{1.85}O_4$	—,85% (100,1C,55℃,尖晶石/石墨全电池)
Y 和 Co	体相 0.5% Y 和表面共掺杂 0.5% Co 的 $LiMn_2O_4$	111mA·h/g,82.7% (50,0.5mA/cm²,55℃)

续表

元素	方程式	电化学性能(首容;容量保持率;圈数、倍率、温度)
Zn 和 Ti	$LiMn_{1.7}Zn_{0.25}Ti_{0.05}O_4$, $LiMn_{1.7}Zn_{0.19}Ti_{0.11}O_4$, $LiMn_{1.7}Zn_{0.05}Ti_{0.25}O_4$	(73mA·h/g,85mA·h/g,86mA·h/g), (95%,91.9%,84.4%) (50,C/5,55℃)
Cu-Al-Ti	$LiMn_{1.94}Cu_{0.02}Al_{0.02}Ti_{0.02}O_4$	132mA·h/g,91% (50,C/2,55℃)
Li-Co-Gd	$Li_{1.15}Mn_{1.96}Co_{0.03}Gd_{0.01}O_{4+d}$	128.1mA·h/g,99.983%每个循环(100,C/2,50℃)
Li-F	5% F 表面掺杂具有 Li ∶Mn 为 1.15∶2 的尖晶石	104mA·h/g,87.5% (50,0.5mA/cm^2,55℃)
Li-M-F (M=Ti, Ni,Cu)	$LiMn_{2-y-z}Li_yM_zO_{4-\eta}F_\eta$ (M=Ti,Ni,Cu)	102mA·h/g,98.1% (50,C/5,60℃)
	$LiMn_{1.8}Li_{0.1}Ni_{0.1}O_{3.8}F_{0.2}$	—,83%(30,C/5,60℃,尖晶石/碳全电池)
Li-Zn-F	$LiMn_{1.85}Li_{0.075}Zn_{0.075}O_{3.85}F_{0.15}$	113mA·h/g,94.6% (50,C/5,60℃)
Li-M-F (M=Fe, Co,Zn)	$LiMn_{2-2y}Li_yM_yO_{4-\eta}F_\eta$ (M=Fe,Co,Zn), $LiMn_{1.7}Li_{0.15}Co_{0.15}O_{3.76}F_{0.24}$	105mA·h/g,96.2% (50,C/5,55℃)
Li-Cl	$Li_{1.05}Mn_{1.95}O_{3.95}Cl_{0.05}$	112mA·h/g,86.5% (40,C/5,55℃)
Al-S	$LiAl_{0.24}Mn_{1.76}O_{3.98}S_{0.02}$	104mA·h/g,97% (50,C/3,50℃); 99mA·h/g,95% (50,C/3,80℃)
	$LiAl_{0.18}Mn_{1.82}O_{3.97}S_{0.03}$	107mA·h/g,97% (50,C/3,50℃); 100mA·h/g,95% (50,C/3,80℃)

5.3.1.1 阳离子掺杂

研究认为，少量阳离子取代部分 Mn^{3+} 进入八面体的 16d 位可以明显改善尖晶石 $LiMn_2O_4$ 的循环性能，究其原因主要有三：①根据化学价平衡原理，通过低价阳离子掺杂可以提高尖晶石 $LiMn_2O_4$ 中锰的平均价态，从而抑制 Jahn-Teller 效应的发生；②离子半径较小的阳离子掺杂可以减小尖晶石 $LiMn_2O_4$ 的晶胞参数，稳定循环过程中材料的结构；③阳离子掺杂可以减少尖晶石 $LiMn_2O_4$ 中三价锰的含量，自然抑制了歧化反应的发生，最终抑制了锰的溶解。翻阅文献，元素周期表中几乎所有的阳离子都被研究过，但是主要还集中在 Co、Al、Mg、Cr、Ni 等及一些稀土元素 La、Ce、Nd、Sm、Gd、Er 等。研究认为大部分阳离子掺杂都能成功取代锰位，改善材料的循环性能，只有少量的金属元素 Zn、Fe 取代锂位，造成阳离子混排，导致材料的循环性能有所下降。

少量阳离子掺杂可以有效减少尖晶石 $LiMn_2O_4$ 中三价锰的含量，从而改善其循环性能，但是由于电化学活性离子 Mn^{3+} 含量的降低，导致了尖晶石 $LiMn_2O_4$ 容量的降低。同时研究还表明，阳离子掺杂对材料的放电平台也有影响。

5.3.1.2 阴离子掺杂

F、S、I 等阴离子掺杂取代部分氧原子也能改善 $LiMn_2O_4$ 的循环性能，其改善原理主要有：F 的电负性较 O 强，因此其吸引电子的能力更强，可以抑制 Mn 溶解，提高了材料的稳定性，最终提高了材料的容量和改善了材料循环性能；I、S 的原子半径比 O 大，增加了材料的晶胞大小，锂离子的脱/嵌对材料的结构影响更小，从而提高了循环过程中材料结构的稳定性，改善了 $LiMn_2O_4$ 的循环性能。

5.3.1.3 复合掺杂

复合掺杂对尖晶石 $LiMn_2O_4$ 的电化学性能的改善效果往往好于单元素掺杂，这是因为不同离子之间的协同效应对材料结构起到了稳定作用。复合掺杂包括多个阳离子复合掺杂或阴阳离子复合掺杂，学术界对阴阳离子复合掺杂的研究居多。Li 等[14]通过 F、Al 阴阳离子复合掺杂制备 $LiAl_{0.1}Mn_{1.9}O_{3.9}F_{0.1}$ 材料，该材料具有结构稳定、电导率高、结晶度强等特点，并且材料具有较好的循环性能，常温循环 20 次容量保持率为 96.27%，高温循环 30 次容量保持率为 95.64%。Li 认为阴阳离子复合掺杂使 $LiMn_2O_4$ 达到完全固溶，提高了材料成分的均匀性和结构的稳定性，从而改善了 $LiMn_2O_4$ 的循环性能。

5.3.2 锰酸锂的表面包覆

尖晶石 $LiMn_2O_4$ 在充放电过程中电解液与电极界面会发生一系列副反应，导致锰溶解。通过表面包覆可以直接减少尖晶石 $LiMn_2O_4$ 与电解液的接触，避免副反应的发生，抑制循环过程中锰的溶解，最终改善尖晶石锰酸锂的循环性能。文献报道较多的包覆物有：氧化物、磷酸盐、金属、其他锂离子电池正极材料、碳、氟化物以及其他新型材料。典型的包覆对锰酸锂高温性能的改善如表 5-2 所示。

表 5-2 表面包覆的典型例子

材料	最佳包覆条件	电化学性能(首容;容量保持率:圈数、倍率、温度)
Al_2O_3	3%～5%(质量分数)Al_2O_3 包覆的 $LiMn_2O_4$	130.3mA·h/g,84%(100,C/2,60℃)
	Al_2O_3包覆的(10nm 厚) $LiMn_2O_4$	130mA·h/g,92.3%(100,C/2,55℃); 132.5mA·h/g,90%(400,C/2,55℃) (Al_2O_3 为多功能助剂)
	纳米尺寸的 Al_2O_3 包覆的 $LiMn_2O_4$	117mA·h/g,90.6%(50,C/2,55℃)
	1%(质量分数)无定形 Al_2O_3 包覆的 $LiMn_2O_4$	—,90%(95,1C,65℃)
	2%(质量分数)无定形 Al_2O_3 包覆的(5nm 厚) $LiMn_2O_4$	118.6mA·h/g,76%(25,0.2C,55℃)
	3%(质量分数)晶体 Al_2O_3 包覆的 $LiMn_{1.97}Ti_{0.03}O_4$	130mA·h/g,91.2%(50,C/2,55℃); 125mA·h/g,91.9%(50,C/2,55℃) (尖晶石/石墨全电池)
ZnO	2%(质量分数)ZnO 包覆的 $LiMn_2O_4$	108mA·h/g,97%(50,C/3,55℃)
	ZnO 包覆的 $LiMn_2O_4$	121mA·h/g,97%(60,1mA/cm²,55℃)
	6%ZnO ALD 包覆的(1.02nm 厚) $LiMn_2O_4$	90.8mA·h/g,61.8%(100,1C,55℃)
	纳米尺寸 ZnO 包覆的 $LiMn_2O_4$	109.8mA·h/g,93.5%(100,C/2,55℃)
	无定形 ZnO-包覆的 $LiAl_{0.04}Mn_{1.96}O_4$	104mA·h/g,95.9%(100,60mA/g,55℃)
	2%(质量分数)ZnO 包覆的(10nm 厚) $Li_{1.05}Al_{0.1}Mn_{1.85}O_{3.95}F_{0.05}$	104mA·h/g,98.5%(50,0.5C,55℃); —,80%(300,1C,55℃) (尖晶石/MCMB 全电池)

续表

材料	最佳包覆条件	电化学性能(首容;容量保持率:圈数、倍率、温度)
ZrO_2	4%(质量分数)胶体 ZrO_2 包覆的 $LiMn_2O_4$ 和 $Li_{1.05}Ni_{0.05}Mn_{1.9}O_4$	122mA·h/g,96.7%(30,/,50℃);102mA·h/g,88%(60,/,50℃)
	1%(质量分数)无定形 ZrO_2 包覆的(6nm厚)$LiMn_2O_4$	134mA·h/g,95%(55,1C,65℃)
	4%(质量分数)纳米孔状 ZrO_2 包覆的 $LiMn_2O_4$	122mA·h/g,85%(50,1C,55℃)
	6% ZrO_2 ALD 包覆的(1.74nm厚)$LiMn_2O_4$	89mA·h/g,58%(100,—,55℃)
	6% ZrO_2 ALD 包覆的(1.2nm厚)$LiMn_2O_4$	136mA·h/g,81.8%(100,1C,55℃)
MgO	1%(质量分数)无定形 MgO 包覆的 $LiMn_2O_4$	—,95%(95,1C,65℃);
	5.5%(质量分数)MgO 包覆的 $LiMn_2O_4$	118mA·h/g,55.1%(100,0.2C,60℃)
Cr_2O_3	1%(质量分数)Cr_2O_3 包覆的 $LiMn_2O_4$	105mA·h/g,68.6%(70,1 C,55℃)
La_2O_3	2%(质量分数)纳米尺寸 La_2O_3 包覆的 $LiMn_2O_4$	113mA·h/g,81.5%(100,0.5 C,60℃)
	5%(质量分数)纳米尺寸 La_2O_3 包覆的 $LiMn_2O_4$	118.1mA·h/g,82.6%(95,1C,55℃)
Co_3O_4	0.3%(质量分数)Co_3O_4 包覆的(20nm厚)$Li_{1.1}Mn_{1.9}O_4$	105mA·h/g,97.1%(100,1C,55℃)
CeO_2	2%(质量分数)CeO_2 包覆的 $LiMn_2O_4$	117mA·h/g,82%(40,0.5 C,60℃)
	1%(质量分数)纳米尺寸 CeO_2 包覆的 $LiMn_2O_4$	125mA·h/g,93%(100,0.5C,60℃)
TiO_2	4%(质量分数)纳米孔状 TiO_2 包覆的 $LiMn_2O_4$	122mA·h/g,85%(50,1C,55℃)
	4%(质量分数)TiO_2 包覆的 $LiMn_2O_4$	104mA·h/g,90%(30,1C,55℃)
SiO_2	4%(质量分数)胶体 SiO_2 包覆的 $LiMn_2O_4$	113mA·h/g,98%(30,—,50℃)
	2%(质量分数)纳米尺寸 SiO_2 包覆的 $LiMn_2O_4$	123mA·h/g,91.1%(100,0.5C,60℃)
	纳米尺寸 SiO_2 包覆的 $LiMn_2O_4$	113.3mA·h/g,92%(70,0.2 C,55℃)
CoAl-MMO	CoAl-MMO[掺杂3%(质量分数)Co和0.5%(质量分数)Al,基于 $LiMn_2O_4$]包覆的 $LiMn_2O_4$	107mA·h/g,86%(50,0.2mA/cm^2,55℃)
ITO	0.5%(质量分数)ITO 包覆的 $LiMn_2O_4$	108mA·h/g,94%(100,0.2mA/cm^2,55℃)
SrF_2	2%(摩尔分数)SrF_2 包覆的 $LiMn_2O_4$	108mA·h/g,97%(20 110mA/g,55℃)
MgF_2	3%(质量分数)MgF_2 包覆的 $LiMn_2O_4$	117.51mA·h/g,76.73%(100,1C,55℃)
MgF_3	2.92%(质量分数)MgF_3 包覆的 $LiMn_2O_4$	117.1mA·h/g,84.2%(100,1C,55℃)
FeF_3	5%(质量分数)FeF_3 包覆的 $LiMn_2O_4$	108.1mA·h/g,61.5%(100,0.2C,55℃)
BiOF	0.25%(质量分数)纳米晶 BiOF 包覆的(10nm厚)$Li[Li_{0.1}Al_{0.05}Mn_{1.85}]O_4$	104mA·h/g,96.1%(100,1C,55℃)
$AlPO_4$	1%(质量分数)$AlPO_4$ 包覆的 $LiMn_2O_4$	112.9mA·h/g,92.4%(50,C/2,55℃);
	0.3%(质量分数)$AlPO_4$ 包覆的 $Li_{1.09}Mn_{1.83}Al_{0.08}O_4$	103mA·h/g,88%(200,1C,60℃);98mA·h/g,78%(200,0.5C,60℃)(软包型尖晶石/MCMB全电池)

续表

材料	最佳包覆条件	电化学性能(首容;容量保持率:圈数、倍率、温度)
$AlPO_4$	3%(质量分数)无定形 $AlPO_4$ 包覆的 $LiMn_2O_4$	118mA·h/g,66% (80,0.2C,55℃)
	3%(质量分数)无定形 $AlPO_4$ 包覆的(3nm 厚)$Li_{1.06}Al_{0.05}Mg_{0.025}Mn_{0.925}O_4$	—,90.3% (100,0.5C,55℃)
YPO_4	3%(质量分数)YPO_4 包覆的 $LiMn_2O_4$	107.2mA·h/g,80.3% (100,0.2C,55℃)
$LaPO_4$	2%(质量分数)$LaPO_4$ 包覆的 $LiMn_2O_4$	103mA·h/g,82%(100,0.5C,50℃)
Li_3PO_4	1%(质量分数)纳米晶 Li_3PO_4 包覆的(7nm 厚)$LiMn_2O_4$	114.2mA·h/g,85% (100,1C,55℃)
Li_xCoO_2	3%~5%(质量分数)$LiCoO_2$ 或 $Li_{0.75}CoO_2$ 修饰的 $LiMn_2O_4$	113.1mA·h/g,92.5%(100,C/2,60℃); 124.4mA·h/g,92% (100,C/2,60℃)
	$LiCoO_2$ 修饰的 $LiMn_2O_4$	102.8mA·h/g,97.4%(100,C/2,55℃)
	5%(质量分数)$LiCoO_2$ 包覆的 $LiMn_2O_4$	113mA·h/g,94% (40,0.5mA/g,55℃)
	$LiCoO_2$ 修饰的 $LiMn_2O_4$[2.19%(原子分数)Co]	115mA·h/g,99.92%每个循环(100,—,65℃)
$LiNi_xCo_{1-x}O_2$	3%~5%(质量分数)$LiNi_{0.5}Co_{0.5}O_2$ 修饰的 $LiMn_2O_4$	111.4mA·h/g,97.2% (100,C/2,60℃)
	$LiNi_{0.8}Co_{0.2}O_2$ 修饰的 $LiMn_2O_4$[2.24%(原子分数)Ni 和 0.61%(原子分数)Co]	110mA·h/g,99.92%每个循环 (100,—,65℃)
$LiNi_{0.5}Mn_{0.5}O_2$	5%(质量分数)$LiNi_{0.5}Mn_{0.5}O_2$ 包覆的 $LiMn_2O_4$	—,几乎 100% (50,C/2,60℃)
$Li_xTi_5O_{12}$	5%(摩尔分数)$Li_4Ti_5O_{12}$ 包覆的 $LiMn_2O_4$	—,99.55%每个循环(45,C/2,55℃)
	$Li_{3.5+x}Ti_5O_{12}$ 包覆的 $LiMn_2O_4$(Ti 和 Mn 的比例为 2∶98)	114.4mA·h/g,95.3% (50,1 C,55℃)
Li-Al-Si-O	Li-Al-Si-O(LASO)包覆的 $Li_{1.05}Co_{0.1}Mn_{1.9}O_{3.95}F_{0.05}$(LCMOF)	93.9mA·h/g,96.3%(200,10C,55℃)
$La_{0.61}Li_{0.17}TiO_3$	$La_{0.61}Li_{0.17}TiO_3$(LLT)包覆的 $LiMn_2O_4$[3.86%(质量分数)Ti 和 3.72%(质量分数)La]	99mA·h/g,91% (100,0.5C,55℃)
LBS	LBS 玻璃(20% Li_2O-80% [$0.2B_2O_3+0.8SiO_2$])修饰的 $LiMn_2O_4$	120mA·h/g,71.6% (70,1 C,55℃)
$Li_7La_3Zr_2O_{12}$	2%(质量分数)$Li_7La_3Zr_2O_{12}$(LLZO)包覆的 $LiMn_{1.95}Ni_{0.05}O_{3.98}F_{0.02}$(LMNO)	113mA·h/g,91.4% (100,C/2,55℃)
$LiAlO_2$	$LiAlO_2$ 修饰的 $LiMn_2O_4$	97mA·h/g,90% (200,1C,55℃)
Li_2MnO_3	Li_2MnO_3 包覆的 $Li[Li_yMn_{2-y}]O_{4z}F_z$(LF02)	113mA·h/g,92.3% (100,C/2,55℃)
石墨	石墨部分包覆的 $LiMn_2O_4$ 颗粒(LMO/G),和石墨层修饰的(G-LMO)	97mA·h/g,82% (225,1C,55℃); 96mA·h/g,92% (500,1C,55℃)
$CaCO_3$	$CaCO_3$ 包覆的 $LiMn_2O_4$	125.3mA·h/g,70.5% (70,1 C,55℃)
P(MA-AM)	P(MA-AM)包覆的 $LiMn_2O_4$	117mA·h/g,69.6% (45,C/6,55℃)

5.3.2.1 氧化物

氧化物包覆能有效抑制锰的高温溶解反应，明显改善其循环性能。这些氧化物包括：纳米 SiO_2、ZnO、MgO、ZrO_2、Al_2O_3、CeO_2以及钴铝混合金属氧化物。

5.3.2.2 磷酸盐

磷酸盐具有较好的化学稳定性，包覆在尖晶石表面形成一层保护伞，能有效改善材料的热稳定性以及材料的循环性能。Liu 等[15]通过 $AlPO_4$包覆尖晶石锰酸锂，结果发现包覆后的 $LiMn_2O_4$ 循环 50 次，常温（30℃）和高温（55℃）容量保持率分别由原始的 82.1%和 67.1%提高到 97.4%和 92.4%，循环性能得到明显改善。

5.3.2.3 金属

众所周知，金和银电阻小，是非常好的导体，因此，将其包覆在 $LiMn_2O_4$ 电极表面能提高材料的导电性从而提高材料的电化学性能。Tu 等[16]通过离子喷溅技术成功在 $LiMn_2O_4$ 表面包覆一层纳米金薄膜，包覆减少了 $LiMn_2O_4$ 与电解液的直接接触面积，抑制了锰溶解，提高了材料常温容量保持率。Zhou 等[17]报道 Ag 包覆降低了 $LiMn_2O_4$ 的容量，改善了材料的循环性能，当包覆质量分数为 0.1%的 Ag 时，40 次循环后容量最高，达到 108mA·h/g。Sona 等[18]同样报道了金属 Ag 包覆纳米锰酸锂，结果表明包覆 3.2%的 Ag 材料在 2 C 的倍率下表现出优越的循环性能。

5.3.2.4 电极材料

通过溶胶-凝胶或微乳法在 $LiMn_2O_4$ 表面包覆高温稳定、无催化效应的电极材料 $LiNi_{0.8}Co_{0.2}O_2$、$Li_4Ti_5O_{12}$、$LiNi_{0.05}Mn_{1.95}O_4$以及 $LiCu_xMn_{2-x}O_4$，可以抑制锰溶解的电解液分解，最终改善材料的电化学性能。Park 等通过改进的 Pechini 法和溶胶-凝胶法[19]成功在 $LiMn_2O_4$ 表面包覆了一层 $LiCoO_2$ 和 $LiNi_{0.8}Co_{0.2}O_2$，未包覆的 $LiMn_2O_4$ 在 65℃储存 80h 表面由于锰溶解形成很多微孔，而 $LiCoO_2$包覆后的 $LiMn_2O_4$ 表面完好无损，高温（65℃）储存 300h 容量没有衰减，而未包覆的容量下降了 19%。材料的电化学阻抗高温储存后都有所上升，但是包覆后的阻抗由 13Ω 增加到 19Ω 左右，而未包覆的由 15Ω 增加到 28Ω。$LiCoO_2$ 包覆的 $LiMn_2O_4$ 初始容量相对未包覆的下降了 5mA·h/g，但是每次高温循环容量衰减率只有 0.08%，同时由于包覆的 $LiCoO_2$ 材料电子电导率为 10^{-2}S/cm，远远高于 $LiMn_2O_4$ 的电子电导率 10^{-6}S/cm，导致其倍率性能得到大大的改善，20C 容量保持初始容量的 85%。$LiCoO_2$ 包覆大大降低了材料的阻抗，提高了材料的倍率性能、高温储存性能和高温循环性能。$LiNi_{0.8}Co_{0.2}O_2$ 包覆尽管初始容量降低 2～3mA·h/g，但是高温容量保持率远远优于未包覆的 $LiMn_2O_4$ 中锂离子的电子电导率。

5.3.2.5 碳

碳的导电性好、比表面积大，因此碳包覆不但能提高材料的电导率而且能提高材料对有机溶剂的吸附能力，同时，碳包覆层还能防止金属氧化物受到化学腐蚀。Han 等[20]研究认为非晶和多环芳香烃碳层能改变立方尖晶石 $LiMn_2O_4$ 中锂的排列，碳包覆层提供了一个良好的导电网，将颗粒很好地连接起来，同时为 $LiMn_2O_4$ 表面提供了一层保护伞，避免了化学腐蚀。Patey 等[21]报道 LMO/C 纳米复合材料具有良好的大倍率放电能力，以 LMO/C 纳米复合材料为正极，碳为负极的全电池在 50 C 的倍率下，能量密度可以达到 78W·h/kg。

5.3.2.6 氟化物

根据同离子效应，即使在 HF 体系中氟化物也非常稳定，因此氟化物包覆在 $LiMn_2O_4$ 正极材料表面可以抑制锰的溶解，改善 $LiMn_2O_4$ 的循环性能。Li 等[22]通过 SrF_2 包覆研究发现，SrF_2 包覆可以明显改善 $LiMn_2O_4$ 的高温循环性能，当摩尔包覆量为 2.0%，高温 20 次循环容量保持率高达 97%。Lee 等[23]通过 BiOF 包覆 $Li_{1.1}Al_{0.05}Mn_{1.85}O_4$ 将材料高温 100 次循环容量保持率由 84.4%提高到 96.1%。

5.3.2.7 其他新型材料

熔融 Li_2O-$2B_2O_3$（LBO）固溶体具有良好的润湿性、流动性，同时具有非常好的离子电导率，在锂离子电池工作电压平台（约 4V），LBO 抗氧化能力非常强。通过在 $LiMn_2O_4$ 表面包覆一层玻璃相 LBO 可以明显抑制充放电过程中发生的副反应和锰溶解。Chan 等[24]通过固相法合成 LBO 包覆 $LiMn_2O_4$，材料显示出良好的循环性能，但是在 0.1C 循环 10 次，容量损失率依然达到 2.63%。Sahan 等[25]通过固相和液相法包覆对比发现，液相法合成的 LBO 包覆 $LiMn_2O_4$ 常温 1C 循环 30 次容量几乎没衰减。

聚合物拥有非常好的抗氧化能力以及在电解液中较慢的扩散能力，将其包覆在 $LiMn_2O_4$ 电极表面能提高材料的高温循环性能。Hu 等[26]报道高分子功能材料包覆 $LiMn_2O_4$ 大大改善了材料的高温储存性能，高温 45 次循环容量由原始的 56.8mA·h/g 提高到 81.4mA·h/g。Arbizzani 等[27]报道了 3,4-亚乙基二氧噻吩（PEDOT）和聚吡咯（PPy）代替碳作为电子导体，改善了非化学计量比 $Li_{1.03}Mn_{1.97}O_4$ 的可逆容量和容量保持率。

5.4 生产锰酸锂的主要原料及标准

常用来合成锰酸锂的原料，锂的化合物有 LiOH、Li_2CO_3、$LiNO_3$ 等，锰的化合物有 MnO_2、Mn_3O_4、$MnCO_3$、$Mn(NO_3)_2$ 等。不同合成条件下锂锰氧正极材料的容量见表 5-3。

表 5-3 不同合成条件下锂锰氧正极材料的容量

化学式	电压范围/V	循环容量/(mA·h/g)	合成条件
$LiMn_2O_4$	3.5～4.5	113	LiOH＋γ-MnO_2,650℃,空气
$LiMn_2O_4$	3.5～4.5	110	Li_2CO_3＋MnO_2,800℃,空气
$LiMn_2O_4$	3.5～4.5	120	Li_2CO_3＋MnO_2,750℃,空气
$LiMn_2O_4$	3.0～4.3	125	$LiNO_3$＋CMD,750℃,空气
$LiMn_2O_4$	3.5～4.5	125	$LiNO_3$＋EMD,650℃,氮气
$LiMn_2O_4$	3.5～4.5	127	$LiNO_3$＋CMD,650℃,氮气

表5-3为不同研究者用不同方法所合成锂锰氧正极材料的放电性能。由表可知，不同的原料，在不同的条件下所合成的锂锰氧的循环容量有较大的差别。就锂源而言，虽然硝酸锂所合成的锂锰氧具有较优异的循环容量，但$LiNO_3$在分解的时候，分解产物中含有大量的有毒气体NO_2，对环境造成较大污染。而且$LiNO_3$中含有结晶水，其含量不稳定，极易随环境改变，因此在配料时对原料的配比难以掌握，所以硝酸锂在大规模工业生产锰酸锂时不宜用作锂源。而氢氧化锂和碳酸锂比较，对锂锰氧材料的循环容量影响不大，但碳酸锂不含结晶水，性能比较稳定，容易精确控制原料的配比，得到符合化学组成的锂锰氧材料。而且，碳酸锂可以根据要求预粉碎到所需要的颗粒直径，易实现材料的均匀混合，同时碳酸锂分解时，仅有少量的二氧化碳气体产生，不会对环境构成污染，因此从大规模工业生产出发考虑，碳酸锂是比较合适的锂源材料。

实际上，锰化合物具有结构和性质多样性，即使是同一类型的锰化合物，其稳定性、晶体结构、化学组成、杂质含量、颗粒大小、形貌、比表面积及粒度分布等的差异对最终产品锰酸锂的物理和化学性质都有很大的影响。对此，人们也开展了积极的研究，以期通过锰前驱体的优化改善尖晶石锰酸锂的性能。

5.4.1 电解二氧化锰

二氧化锰原料易得，本身也具有电化学活性，在碱锰电池方面已经有很成熟的应用，很自然成为高温固相合成锰酸锂的首选材料。但在碱性电池中，二氧化锰的电化学活性与质子的嵌入有关；而在用于锂离子电池正极材料锰酸锂的制备时，则主要是期望其有利于锂离子嵌脱。

二氧化锰的组成和晶体结构多种多样，存在5种主晶和30余种次晶。其基本结构单元是由1个锰原子与6个氧原子配位形成的六方密堆积结构和立方密堆积结构。二氧化锰按照结构的不同大体上可分为3大类，即一维隧道结构、二维层状结构和三维网状结构，其基本结构单元是由1个锰原子与6个氧原子配位形成的六方密堆积和立方密堆积结构。表5-4总结了几种常见二氧化锰的结构特征及主要性质。

表5-4 各种二氧化锰的结构特征

项目	化合物	晶系	结构特征	性质	PDF卡号
一维隧道结构	α-MnO_2类	单斜/四方	$T[1\times1]/T[2\times2]$	大隧道结构有利于吸附	44-0141
	β-MnO_2	四方	$T[1\times1]$	结构稳定,但小隧道不利于嵌锂	12-0716
	R-MnO_2	正交	$T[1\times2]$	热力学上不稳定	7-222
	γ-MnO_2	六方	$T[1\times1]/[1\times2]$	晶体缺陷多,有利于嵌锂	14-0644
	ε-MnO_2	六方	$T[1\times1]/[1\times2]$	晶体缺陷多,无序度大,易于转变为尖晶石结构	30-0820
	γ-MnOOH	正交	与β-MnO_2接近	制备的尖晶石锰酸锂是由立方和四方晶系结构混合组成	41-1379

续表

项目	化合物	晶系	结构特征	性质	PDF 卡号
二维层状结构	δ-MnO_2类	正交/六方/菱形	二维无限片层	热稳定性差	23-1046
三维网状结构	λ-MnO_2	立方	$T[1\times1]$隧道互联的三维网络	由 $LiMn_2O_4$ 制得	

在众多的二氧化锰同素异形体中，一般选用 γ-MnO_2来制备尖晶石锰酸锂。Hill 等[28]认为具有大隧道的斜方锰矿［1×2］结构更有利于锂嵌入，而微孪晶缺陷将抑制锂离子在该结构中的迁移，采用水热-电解技术制备了一系列 α-MnO_2、β-MnO_2 和 γ-MnO_2，并研究了其嵌锂特性，其中制备的 γ-MnO_2微孪晶缺陷较少，α-MnO_2和 γ-MnO_2都具有较好的嵌锂特性。

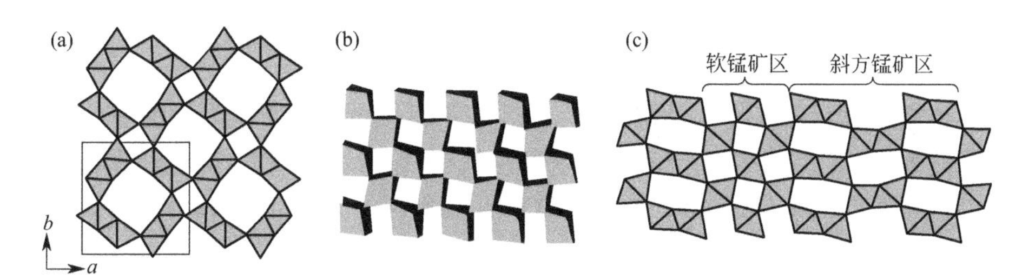

图 5-7　不同晶型 MnO_2的结构示意图

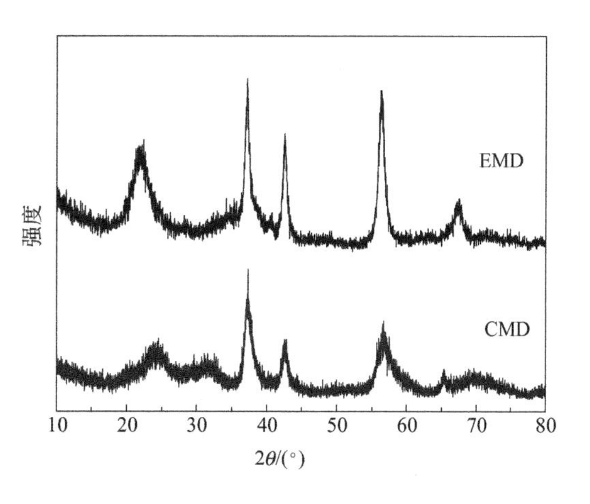

图 5-8　典型 EMD 和 CMD 的 XRD 图

γ-MnO_2具有一维隧道结构，略为畸变的八面体［MnO_6］在晶体中以共用棱或共用角排列，软锰矿［1×1］隧道与斜方锰矿［1×2］隧道晶胞沿 c 轴方向交替的无序的生长（如图 5-7 所示），使得晶体中具有大量的缺陷（如堆垛层错）、非理想配比、空位等，有利于锂离子的嵌入。γ-MnO_2多用化学法与电解法在一定条件下制备，不同方法制得 γ-MnO_2的 XRD 峰位和强度都有些微不同，如图 5-8 所示。对各种 EMD 的测试表明，在 $2\theta=22.2°$附近有 1 个特征宽峰，在 37.1°、42.4°和 56.2°等附近有 3 个较尖锐的主峰，在 40.5°处有一小峰。不同 EMD 有不同的谱峰，有的多达十几个谱峰。CMD 与 EMD 在中心区域内的谱峰是相似的，CMD 在 $2\theta=24°$和 31°处有宽峰，而 EMD 中却不存在。一般来说，CMD 的峰数较 EMD 的多。

就颗粒形貌而言，电解二氧化锰为参差不齐的尖锐棱角颗粒，而化学二氧化锰一般呈现出“云状”粒，化学二氧化锰平均粒径比电解二氧化锰小，比表面积比电解二氧化锰大，内部孔隙率也比电解二氧化锰大。目前用于电池方面的锰氧化物多数采用 EMD。实际上，目前商品化的电解二氧化锰和化学二氧化锰通常形貌不规则、密度低、比表面积大，不适于直接制备高性能锰酸锂。因此，很多研究致力于如何制备得到高密度、低比表面积、形貌规整的二氧化锰，或对现有的 EMD 或 CMD 进行改性研究，以期得到有利于锂离子嵌脱的锰前驱体。

电解条件对 EMD 的晶体结构有很大的影响，在远离平衡条件下，如高电流密度时可得到 ε-MnO_2。ε-MnO_2 与 γ-MnO_2 结构相似但不相同，ε-MnO_2 中锰原子高度无序分布在六方密堆积氧原子的八面体空隙中，隧道形状不规则。这种晶体的缺陷、晶格点的高度无序被认为更容易转变为尖晶石结构。Ferracin 等[29]控制电解条件得到的 EMD 为 ε 型（PDF：30-0820），再与 LiOH 高温固相反应后得到晶型完美的尖晶石锰酸锂，其初始放电容量为 110mA・h/g，说明 ε-MnO_2 作为锰酸锂锰前驱体具有一定的前景。

首先通过电解制备掺杂的 EMD，然后采用掺杂的 EMD 作为锰前驱体制备掺杂的锰酸锂也是一个很好的思路，该法能够提高掺杂的均匀性。对锰酸锂进行体相掺杂可以有效抑制 Jahn-Teller 形变，过渡金属阳离子部分取代锰后，晶格常数减小，晶胞收缩，尖晶石结构的稳定性增强，锰的平均价态得到提高。童庆松等[30]由掺钛电解二氧化锰和氢氧化锂固相烧结制得系列尖晶石锂锰氧化物，发现掺钛明显改善尖晶石样的储存性能。交流阻抗实验表明掺钛可以保持尖晶石样品存放过程电荷传递阻抗和 SEI 层阻抗的稳定，并明显减小充电-储存样的这两项阻抗。XRD 表明掺钛改善了存放过程样品晶粒的稳定性。中科院青海盐湖研究所[31]利用特殊的低温电解技术制取球形复合金属氧化物的 MnO_2 微粒，然后通过熔融扩散过程引入锂离子，经热反应得尖晶石 $LiM_xMn_{2-x}O_4$ 正极材料，这种球形正极材料很好地改善了 $LiMn_2O_4$ 正极材料的性能。

除了 EMD 的主要化学组成外，EMD 的钠、钾等杂质含量也逐步引起人们的重视，众多研究发现电解后 EMD 的中和洗涤步骤对最终产品锰酸锂的性能也有很大的影响。日本三井金属矿业和松下电器对电解二氧化锰的中和条件做了研究，认为将粉碎的 EMD（5～30μm）在一定的条件下用氢氧化钠或碳酸钠中和，其中少量的残留钠对制备的尖晶石锰酸锂的循环性能有所改善，中和的 pH 值越高，在高温下锰的溶解量就越少，但初始放电容量也会降低，优选的 pH 值为 2～4。进一步研究发现，用氢氧化钾、碳酸钾或氢氧化锂来中和粉碎的 EMD，再与锂材料混合烧结，得到的锰酸锂在高温下的保存性能和循环性能都有较好的改善。杜拉塞尔公司将 EMD 先用硫酸洗涤，除去其中夹杂的痕量钠离子或其他可离子交换的阳离子，再漂洗，并向悬浮液中加入氢氧化锂直至 pH 值达到 7～11，形成化学计量式 Li_xMnO_2（$0.015>x>0.070$）预锂化的二氧化锰，随后干燥并热处理使其转变为 $Li_xMn_2O_3$。最后与碳酸锂混合煅烧，得到化学计量式为 $Li_xMn_2O_{4+\delta}$ 的尖晶石锰酸锂。据推测预锂化过程至少构成了一部分尖晶石晶体结构的晶格骨架，使得生成的尖晶石锰酸锂的晶体结构具有较少裂纹，从而提高了其电化学性能。

此外，对 EMD 进行表面包覆也是一种可取的改性手段。丁淑荣等[32]应用液相表面处理法在电解二氧化锰表面包覆一层化学二氧化锰与铋的氧化物，形成 EMD/CMD-Bi 复合物。用液相化学修饰方法得到的改性电解二氧化锰样品有更规则的形貌和更多的孔状表面结构。

5.4.2 化学二氧化锰

CMD 的合成方法有碳酸锰热解法、硝酸锰热解法、硫酸锰碱式氧化法和高锰酸钾还原法等。不同方法合成的 CMD 的结构、化学组成和杂质含量都不同，而这些因素对锂锰氧化物的性能同样具有重大的影响。詹晖等[33]采用 8 种典型的化学方法合成 8 种不同的 CMD 材料，并进一步以它们为原料合成了锂锰氧化物。通过对各种 CMD 及锂锰氧化物的组成和结构的分析，研究影响锂锰氧化物性能的关键因素。结果发现：合成 CMD 时使用钾盐，则最终产物的钾含量较高，即使多次反复洗涤也很难去除，而钾在二氧化锰隧道孔隙中的停留将造成嵌锂量不足，锰的价态偏高，并形成 $LiMnO_2$、Mn_2O_3或其他贫锂相副产物；而使用钠盐合成时，因钠离子半径小，在去离子水多次洗涤下，较容易去除，使得最终产物中钠含量较低；使用铵盐时，尽管铵离子也会存在于二氧化锰隧道中，但在随后的加热处理过程中，最终将分解为 NH_3而逸出，因此，对产物结构也不会造成什么影响。在晶型方面，他们也得出结论，即 δ-MnO_2由于其热稳定性差，不适宜作为高温合成锰酸锂的锰源。

国内外化学二氧化锰主要采用碳酸锰热解法制备，全世界生产 CMD 最大的比利时 Sedema 公司采用的就是碳酸锰热解法。我国几十年来对碳酸锰热解等制备方法进行过比较系统的研究，但一直没有工业化生产，主要原因是产品密度低，电化学性能不好。传统 CMD 密度低，比表面积大，掺锂后得到的锰酸锂产品也继承此特点，造成电极片制片困难，并且电池的体积比能量低。因此，研发制备高密度 CMD 成为研究重点。

二氧化锰纳米晶一直是研究的热点。Lim 等[34]采用水热法制备的 MnO_2纳米线作为模板，制备了尖晶石锰酸锂纳米棒，并对此进行 ZrO_2表面包覆，得到的包覆产物为粒径小于 100 nm 的颗粒，尽管该纳米颗粒的比表面积很大，但是电化学分析结果表明该产物的倍率性能和循环寿命都有很大提高。

据报道，α-MnO_2具有特别的一维通道结构，因此有着很好的吸附能力，这十分有利于 Li^+ 的嵌入，在合成锰酸锂的过程中也有很大的优势。Wang 等[35]采用自制的分级球形 α-MnO_2与 LiOH 反应（600℃，10h）制备出微米级球形锰酸锂，0.2C 充放电条件下，25℃和 55℃的初始放电容量分别为 128.6mA・h/g和 114.6mA・h/g，30 次循环后容量保持率分别为 93.5%和 81.6%。Fang 等[36]通过 $MnSO_4$与 $(NH_4)_2S_2O_8$ 水热反应制备出一维 α-MnO_2纳米棒，并以此为锰源在较低温度和较短时间条件下（600℃，4h）制备出了结晶好的纯相锰酸锂，其颗粒大小约 10nm，与同条件下采用商品二氧化锰制备的锰酸锂相比具有更好的电化学性能，证明了 α-MnO_2纳米棒是较好的制备尖晶石锰酸锂的原材料。

李志光等[37]以自制 γ-MnO_2和 EMD 为原料，采用流变相法合成了尖晶石型锂锰氧材料。其自制 γ-MnO_2是将 $KMnO_4$还原，并经过水热、晶化处理而得。结果发现以自制 γ-MnO_2为锰源较 EMD 为锰源在相同条件下合成的尖晶石材料的比表面积更大，粒度更小，首次充、放电容量更高。

日本专利报道[38]在硫酸锰的硫酸溶液中通入臭氧进行氧化制备得到小于 50μm 的葡萄状的二氧化锰，经 XRD 检测发现与 ε-MnO_2（PDF：No. 30-820）衍射峰相符。采用此 ε-MnO_2与 $LiOH \cdot H_2O$ 水溶液混合，喷雾干燥后煅烧得到尖晶石锰酸锂首次放电容量为 127mA·h/g，20 次循环后为 119mA·h/g，容量保持率为 94%。

Liu 等[39]先将 $KMnO_4$与十六烷基三甲基溴化铵（CTAB）进行凝胶反应，制得 $CTAMnO_4$固体，并以此为锰源与 $LiOH \cdot H_2O$ 水热反应数小时，结果发现反应温度大于 70℃时，$CTAMnO_4$即分解为 MnO_2胶体，而该原位生成的 MnO_2胶体反应活性非常高，在 70℃的低温下即可与 LiOH 反应生成尖晶石相产物。

众多研究表明，二氧化锰的结构多样性决定了其性质的多样性，并且同样晶体结构的二氧化锰其性质也会与其形貌、粒度、密度、化学组成、杂质含量等因素有关。目前 EMD 的市场份额较大，但是生产成本高、能耗大，且杂质含量较高，用于制备高性能锰酸锂还需要进一步改性；CMD 是将来重点发展的方向，目前主要研究了晶体结构、密度、粒径、形貌等对锰酸锂的制备和性能的影响，其中二氧化锰纳米晶或胶体作锰前驱体，反应活性高，在制备纳米锰酸锂时具有独特的优势。

5.4.3 四氧化三锰

锂离子电池正极材料的电化学性能与前驱体的纯度、颗粒大小、形貌息息相关。为改善 $LiMn_2O_4$ 的循环性能，很多研究转向以 Mn_3O_4、$MnCO_3$、Mn_2O_3、MnO_x、MnOOH 等为锰源。四氧化三锰是一种黑色四方结晶，别名辉锰、黑锰矿、活性氧化锰，经灼烧成结晶，属于尖晶石类，离子结构为 $Mn^{2+}(Mn^{3+})_2O_4$，氧离子为立方紧密堆积，Mn^{2+} 和 Mn^{3+} 分别占据四面体和八面体空隙，由于 Mn_3O_4 和 $LiMn_2O_4$ 同为尖晶石结构，因此以其为锰源制备 $LiMn_2O_4$ 过程中结构上变化相对较小，引起的内应力更小，材料结构更加稳定，容量和循环性能相比其他锰源都有所改善，由 Mn_3O_4制备 $LiMn_2O_4$ 正逐步成为研究热点。但目前商品化的 Mn_3O_4主要应用于磁性材料行业，对于锂离子电池正极材料而言，此种 Mn_3O_4存在铁含量高、粒度小、比表面积大、振实密度小、形貌不规则等缺点，因而研发适应于锂离子电池正极材料锰酸锂专用的 Mn_3O_4成为迫切解决问题。

5.4.4 其他锰化合物

固相法制备锰酸锂除了采用二氧化锰作锰前驱体外，也可以使用碳酸锰、氢氧化锰或其他锰氧化物，其中碳酸锰在煅烧过程中将产生大量CO_2气体，使产品振实密度低，因此一般都是将其热分解为锰氧化物，再进行混锂煅烧。而用液相法合成碳酸锰时，因其形貌、颗粒大小、振实密度和化学组成等比较好控制，给制备球形高密度的锰酸锂提供了一条很好的道路。清华大学核研院何向明等[40]首先采用控制结晶法制备均匀球形碳酸锰，再在560℃下加热5h将其完全转化为三氧化二锰，最后混锂煅烧得到的锰酸锂为均匀的球形颗粒，其在25℃和0.4C倍率下的首次充、放电容量分别为131mA·h/g和125mA·h/g，90次循环后容量保持率为84%。该法是通过控制锰源的形貌来制备球形锰酸锂，对产物的形貌、颗粒大小、振实密度等进行控制，并且在控制结晶制备碳酸锰的过程中实现均相掺杂，或对球形三氧化二锰进行表面包覆制备表相掺杂的产物。天津巴莫公司则在控制结晶法沉淀出的球形碳酸锰基础上再继续沉淀包覆$CoCO_3$及$La_2(CO_3)_3$，然后高温焙烧获得掺杂Co和La的Mn_3O_4粉末，最后与锂混合进行焙烧得到均匀掺杂Co、La的锰酸锂正极材料，该法稳定和保持了电池容量，提高了电池的循环性能。

前文提到湿化学合成法一般采用可溶性锰盐作为锰前驱体，常用的锰盐有硫酸锰、醋酸锰、硝酸锰等。如果仅从热力学角度考虑，水溶液中软化学合成锰酸锂将是很容易的，可以将Mn^{2+}在中性条件下直接氧化。但是要制得物相纯净、晶型完整、粒度分布均匀、晶粒尺寸适中的尖晶石锰酸锂就需要对合成方法及合成条件进行深入研究。不同合成方法对锰盐的要求不尽相同，如溶胶-凝胶法一般采用易分解的醋酸锰；燃烧法需要产气量大的原料如醋酸锰或硝酸锰；低热固相法则要求锰前驱体含有一定量的结晶水等。因此具体采用何种锰盐作锰源需要依据具体情况而定，除了这些常用的锰盐外，其他有机锰盐也具有很大的优势。

5.5 锰酸锂生产工艺流程及工艺参数

目前，规模生产锂离子电池正极材料锂锰氧的最普遍的方法是高温固相法，即将分别含锂和锰的两种固体原料均匀混合后在一定温度和时间内煅烧制成。

Tarascon等[41]详细报道了合成条件，得出循环衰减最小组分为$Li_{1.05}Mn_2O_4$，容量可达125mA·h/g。研究表明，高温固相合成锂锰氧尖晶石的适宜合成温度为650～850℃，最佳合成温度为750℃。当热处理温度高于780℃时，锂锰氧开始失氧，而且随着淬火温度的升高和冷却速度加快，缺氧现象越来越严重。在840℃的空气中，$LiMn_2O_4$可由立方相变为四方相。

对于高温固相反应来说，热处理制度包括升温速率、保温时间、热处理温度及冷却时间等关键的因素。但其他因素如原料的种类和形态、原料的配比等也对合成材料的电化学性能具有重大影响。

5.5.1 锰酸锂生产工艺流程

中南大学胡国荣教授课题组系统研究了采用高温固相法合成锂锰氧尖晶石材料的合成条件，并进行了规模生产锂锰氧材料的研究，解决了规模生产锂锰氧正极材料的一些关键因素，包括原料选择及原料的预处理、设备的选型、工艺条件的优化等。工艺流程如图 5-9 所示，其所生产的批量产品放电比容量达到 125mA·h/g，循环 500 次后，容量衰减小于 15%。同时也具有比较优良的高温性能。

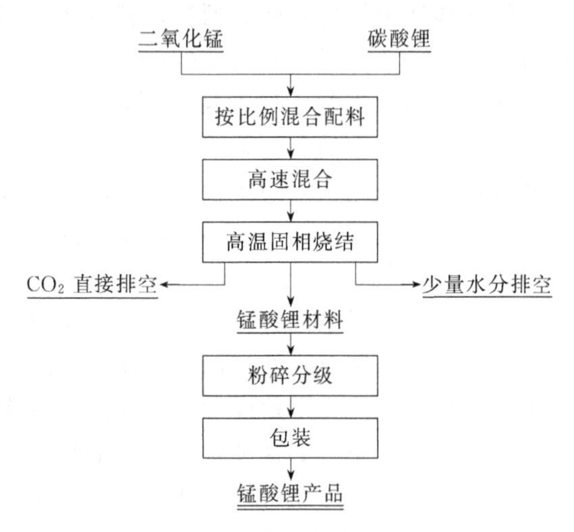

图 5-9　高温固相法合成锂锰氧尖晶石材料的工艺流程图

5.5.1.1　配料

将原料二氧化锰和碳酸锂检测入库后按比例分别称取所需的量，送入混料车间。

5.5.1.2　混料

采用干法工艺混合物料。干混的主要设备为高效混合机。把二氧化锰和碳酸锂加入到高效混合机内，混合 20min。混合料送烧结工序。

5.5.1.3　烧结

采用隧道窑炉烧结产品，首先按照烧结工艺要求设置好各温区烧结温度，然后采用陶瓷坩埚装料放置于隧道窑炉推板上，随推板前进的同时完成烧结。二氧化锰和碳酸锂在高温下合成锰酸锂产品，将产品装好送破碎车间。

5.5.1.4　粉碎分级

烧结后产品一般都结块，为了方便粉碎和分级，在破碎阶段采用对辊机破碎物料，以便于粉碎分级。将破碎好的物料送粉碎分级，为了使产品的粒度粒径得到较好的控制，我们加了这段工艺，主要通过旋风分级来实现物料的分级，调节引风量和粉碎力度，严格控制各项参数，获得符合粒度要求的产品。

5.5.1.5 包装

将最后制备的产品送入成品库，按照要求包装。表 5-5 列出了主要设备及其参数。

表 5-5 主要设备计算及选型

序号	设备名称	每台的处理量	计算参数	选择设备规格
1	电子台秤	5000kg/d	操作周期:3min	TCS-50
2	高效混合机	5000kg/d	操作周期:20min	GH-200
3	深度混合机	5000kg/d	操作周期:20min	MF200
4	辊道窑	1000kg/d	操作周期:24h	TZLSQ-Ⅲ
5	原料破碎机	5000kg/d	操作周期:8h	GP-230 辊式破碎机
6	原料粉碎机	5000kg/d	操作周期:8h	CJM-400
7	原料分级机	5000kg/d	操作周期:8h	BF-200
8	产品破碎机	5000kg/d	操作周期:8h	GP-230 辊式破碎机
9	产品粉碎机	5000kg/d	操作周期:8h	CJM-400
10	产品分级机	5000kg/d	操作周期:8h	BF-200
11	磁选机	5000kg/d	操作周期:8h	JP-20000
12	混合机	5000kg/d	操作周期:2h	DSH-5 双螺杆锥形混合机
13	振动筛	5000kg/d	操作周期:1h	ZS-1000 振动筛
14	包装机	5000kg/d	操作周期:1h	

5.5.2 锰酸锂生产工艺参数

5.5.2.1 不同 Li/Mn 比例的影响

为了得到化学计量的 $LiMn_2O_4$ 化合物，原料中锂锰元素的摩尔比一般选取 1∶2，但为了提高锂锰氧的电化学性能，在合成锂锰氧时，人们常将锂过量。

表 5-6 为以碳酸锂和电解二氧化锰为原料，按照图 5-9 所述工艺流程，在不同锂锰比例下合成锂锰氧材料的电化学容量。

表 5-6 具有不同锂锰比例的锂锰氧试样的锂锰含量及电化学容量

Li/Mn（摩尔比）	Li(实测,质量分数)/%	Mn(实测,质量分数)/%	锰平均价态	比容量/(mA·h/g)
1.15/2	4.32	59.8	3.515	119.2
1.1/2	4.12	60.3	3.508	120.4
1.05/2	3.95	60.8	3.502	121.5
1.00/2	3.80	61.0	3.495	119.7
0.95/2	3.62	61.5	3.484	117.2
0.9/2	3.51	61.8	3.475	115.2

由表 5-6 可知，随着锂锰比例的增加，合成锂锰氧正极材料的电化学比容量先是增大，当锂锰配比为 1.05/2 时，所合成的锂锰氧正极材料具有较佳的电化学可逆容量，然后，随着锂锰比例的增加，合成锂锰氧正极材料的比容量却慢慢减小。而锰的平均价态随着锂的增加不是减小反而是增大，这说明锂锰在高温下反应时并不是生成所谓的贫锂或富锂化合物 $Li_{1-x}Mn_2O_4$ 或 $Li_{1+x}Mn_2O_4$，而是有新相生

成。其实由图 5-1 Li-Mn-O 的相图可知，锂锰氧的化合物很多，在不同的条件下可以相互转化，而且可相互转化的化合物 $Li_2Mn_4O_9$、$Li_4Mn_5O_{12}$、Li_2MnO_3、$Li_2Mn_2O_5$ 等，其化合价均大于 3.5，因此要得到均相，无杂相存在的正尖晶石锂锰氧化合物，必须严格控制锂锰的摩尔比。实验表明，只有当 Li/Mn=(0.98～1.05)/2 时才能得到无杂相的具有标准尖晶石结构的锂锰氧化合物。

同时由不同锂锰比例下合成锂锰氧材料的 XRD 图亦可知，当 Li/Mn=1.15/2 和 Li/Mn=0.9/2 时，所合成锂锰氧正极材料的 XRD 图谱上明显出现了其他相的衍射峰。当 Li/Mn=1.15/2，杂相为 Li_2MnO_3，当 Li/Mn=0.9/2 时，杂相为 Mn_2O_3。这也正说明了为什么随着锂锰配比的增高，所合成锂锰氧化物中锰的平均价态不降反升，因为形成的 Li_2MnO_3 中锰的价态为+4，而 Mn_2O_3 中，锰的价态为+3。

5.5.2.2 不同热处理制度的影响

不同的热处理制度对合成锂锰氧正极材料的性能有着重大影响。

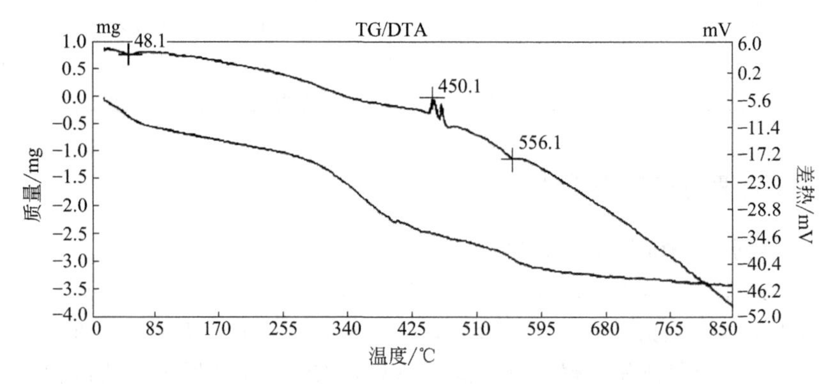

图 5-10 Li_2CO_3 和 EMD 合成 $LiMn_2O_4$ 的 TG/DTA 曲线

图 5-10 是以 Li_2CO_3 和 EMD 混合物的热重/差热曲线，由图可知，在温度低于 300℃时，热重曲线变化平稳，而差热曲线则变化缓慢，在 48.1℃时的吸热峰表现为失水过程，在 450℃左右时有一个明显的吸放热峰，这可能是在机械液相活化过程中，有机物与锂或锰形成有络合物，在此时开始氧化分解，同时开始形成尖晶石相的 $LiMn_2O_4$。在 556℃左右，又出现一小的吸热峰，这是碳酸锂继续分解和尖晶石相继续形成共同作用所致。当温度大于 650℃后，差热曲线和热重曲线都趋于稳定。在此过程中发生的反应可能有：

$$Li_2CO_3 \longrightarrow Li_2O + CO_2$$

$$4MnO_2 \longrightarrow 2Mn_2O_3 + O_2$$

$$Li_2O + MnO_2 \longrightarrow Li_2MnO_3$$

$$Li_2O + Mn_2O_3 \longrightarrow 2LiMnO_2$$

$$3LiMnO_2 + 1/2O_2 \longrightarrow LiMn_2O_4 + Li_2MnO_3$$

$$2Li_2MnO_3 + 3Mn_2O_3 + 1/2O_2 \longrightarrow 4LiMn_2O_4$$

由以上分析可知，在温度大于450℃时，尖晶石已基本形成，而当温度大于650℃时，一系列反应也已基本完成。在 $T=480℃$，650℃和750℃三个温度下合成的锂锰氧正极材料都具有标准的尖晶石结构，只是随着温度的升高，晶面间距略有增大，不断接近标准的晶面间距值，如表5-7所示。随着温度的升高，合成的锂锰氧的结构越来越完整，而且晶粒也越来越大。

表5-7 不同温度下合成的锂锰氧正极材料的晶面间距

hkl	dA				
	PDF值	$T=480℃$	$T=650℃$	$T=750℃$	$T=850℃$
111	4.764	4.745	4.749	4.752	4.761
311	2.487	2.474	2.479	2.482	2.486
400	2.062	2.054	2.055	2.057	2.060

当 $T=850℃$ 时，尽管合成的锂锰氧具有标准的尖晶石结构，而且其晶石间距值也基本与标准卡片上的一致，但材料中出现了杂相 Li_2MnO_3 和 Mn_2O_3，这是由于高温下合成的锂锰氧开始分解，发生如下反应：

$$4LiMn_2O_4 \longrightarrow 4LiMnO_2 + 2Mn_2O_3 + O_2$$

$LiMnO_2$ 在低温下不稳定，在冷却过程中分解为 $LiMn_2O_4$ 和 Li_2MnO_3。

$$3LiMnO_2 + 0.5O_2 \longrightarrow LiMn_2O_4 + Li_2MnO_3$$

同时，由于所生成的 Li_2MnO_3 和 Mn_2O_3 又可发生如下反应：

$$2Li_2MnO_3 + 3Mn_2O_3 + 1/2O_2 \longrightarrow 4LiMn_2O_4$$

因此在合成锂锰氧正极材料时，为得到具有标准尖晶石结构且均匀无杂相的锂锰氧，最高热处理温度不要超过850℃，同时降温时要严格控制降温速率，特别是在刚开始降温的时候。

5.6 锰酸锂的产品标准

如今市场上锰酸锂产品主要分为容量型（B类）和循环型（A类）两种。A类材料的主要指标为：可逆容量在100～115mA·h/g，循环500次以上仍保持80%的容量（1C充放）；B类材料容量较高，一般要求在120mA·h/g左右，但对于循环性相对要求较低，300～500次不等，容量保持率可达60%以上即可。当然，A类的价格与B类的价格还有一定的距离。两类材料的主要指标如表5-8所示。

表5-8 不同种类锰酸锂的产品标准

项目		循环型	容量型
粒度	$D_{min}/\mu m$	>2	>1
	$D_{10}/\mu m$	7.5～9.5	2.0～6.0
	$D_{50}/\mu m$	17.5～21.5	14～22
	$D_{90}/\mu m$	30～40	28～45
	$D_{max}/\mu m$	<50	<55
振实密度/(g/cm³)		1.9～2.5	1.8～2.5

续表

项目	循环型	容量型
比表面积/(m^2/g)	0.3～0.8	0.5～1.2
水分/%	≤0.08	≤0.08
Mn 质量分数/%	58.0～60.5	58.0～60.0
Li 质量分数/%	3.8～4.5	3.8～4.2
pH 值	8.0～11.0	8.0～11.0
Fe 质量分数/%	<0.05	<0.05
Ni 质量分数/%	<0.01	<0.01
Na 质量分数/%	<0.05	<0.5
Ca 质量分数/%	<0.05	<0.02
比容量/(mA·h/g)	100～115	>120
循环寿命/次	>1000	>500

5.7 锰酸锂的种类与应用领域

除了上面介绍的尖晶石 $LiMn_2O_4$，一般意义上的锰酸锂还包括层状结构的 $LiMnO_2$ 和 Li_2MnO_3、尖晶石结构的 $Li_4Mn_5O_{12}$ 和 $LiNi_{0.5}Mn_{1.5}O_4$，下面分别进行简单介绍。

5.7.1 层状 $LiMnO_2$

化合物 $LiMnO_2$ 以两种晶体结构形式存在：单斜 m-$LiMnO_2$ 和正交 o-$LiMnO_2$。单斜 m-$LiMnO_2$ 具有 α-$NaFeO_2$ 型结构，C/2m 空间群。该层状结构为锂离子脱嵌提供隧道，相对尖晶石型结构脱嵌更容易，扩散系数也大，理论容量达 285mA·h/g，约为尖晶石型的 2 倍。但 m-$LiMnO_2$ 为热力学亚稳态结构，在首次充电过程中层状结构会发生向尖晶石相转变的结构变化，从而导致循环容量衰减较快。正交 o-$LiMnO_2$ 具有层状岩盐结构，Pmnm 空间群，在 o-$LiMnO_2$ 中，氧原子为扭曲的立方密堆排列，锂离子和锰离子占据八面体的空隙形成交替的 [LiO_6] 和 [MnO_6] 褶皱层，阳离子层并不与密堆积氧平面平行。o-$LiMnO_2$ 在脱锂后不稳定，由于 Mn^{3+} 发生 Jahn-Teller 效应，使 MnO_6 八面体结构被拉长约 14%，其理论容量也为 285mA·h/g。

层状 $LiMnO_2$ 的制备方法有很多，如离子交换法、固相合成法、溶胶-凝胶法、水热法等。

通过掺入少量金属元素，可以抑制晶体结构的畸变效应，理顺多维空间隧道结构，为锂离子迁移提供良好的脱嵌平台。在层状 $LiMnO_2$ 中掺入金属元素后，在晶格结构上发生阳离子位置序列的重排，抑制了 Mn^{3+} 的 Jahn-Teller 畸变效应，稳定了材料的结构，从而改善了材料的电化学性能。

Al^{3+} 半径比 Mn^{3+} 小，且没有 Jahn-Teller 畸变效应，层状 $LiMnO_2$ 引入 Al

后，能有效地抑制 Mn^{3+} 的 Jahn-Teller 畸变效应，阻止 Mn^{3+} 在电化学循环过程中向内层迁移，从而起到稳定 $LiMnO_2$ 结构的作用，同时还可以起到降低材料面积阻抗率，提高 Li^+ 的插入电势和能量密度的作用，从而在一定程度上优化材料的电化学性能。

Co^{3+} 的离子半径和 Mn^{3+} 相近，掺杂后可以占据 Mn^{3+} 的八面体位置，稳定材料结构，并对 Jahn-Teller 效应有一定抑制作用。但是，具有 O3 结构的层状 $LiMnO_2$ 的 Co 掺杂产物在电化学循环过程中仍能转化为尖晶石结构，其转化速率取决于掺杂的 Co 量，Co 量越高，转化速率越慢。

层状 $LiMnO_2$ 掺 Cr，其中 Cr 呈三价，占据（Mn,Cr)O_2 层的八面体位置，由于 Cr^{3+} 的离子半径较 Mn^{3+} 小，导致 Mn—O 键缩短，晶粒尺寸减小，一定程度上稳定了八面体位置的 Mn^{3+}。在电化学过程中，Cr^{3+} 一直处于（Mn,Cr)O_2 层的八面体位置，抑制了 Mn^{3+} 向内层 Li^+ 层扩散，从而提高了层状 $LiMnO_2$ 的电化学性能。但同时，具有 O3 结构的掺杂产物 $LiMn_{1-x}Cr_xO_2$ 仍能向尖晶石结构转变。

层状 $LiMnO_2$ 掺 Ni 后，Ni 的氧化态一般呈 2 价，Ni^{2+} 占据 Mn^{3+} 的位置，而维持过渡金属价态为＋3，导致 Mn 的平均化合价升高，减少了 Mn^{3+} 的 Jahn-Teller 畸变效应，从而稳定层状结构，提高材料的结构稳定性。虽然掺入 Ni 后能使其电化学性能得到改善，但在掺杂量很小的情况下，具有 O3 结构的产物在电化学过程中仍旧会向尖晶石结构转化，但当 Ni 的掺杂量足以使得 Mn 的价态升为＋4 价时，便可以得到具有良好性能的产物。$LiNi_{0.5}Mn_{0.5}O_2$ 正极材料由于缺少了能引起 Jahn-Teller 效应的 Ni^{3+} 和 Mn^{3+}，因此具有结构稳定、循环稳定性好、比容量高等优点，已成为一种很有发展前景的正极材料。

层状 $LiMnO_2$ 掺杂 Mg 后也可以提高 Mn 的平均价态。由于 Mg^{2+} 的半径较 Mn^{3+} 大，掺杂后，导致晶胞体积增大。随着 Mg 掺杂量的增加，晶胞参数 c/a 的值也随之增大，使得层状属性更加明显。

层状 $LiMnO_2$ 掺杂 Li 后，Li 取代 Mn 形成 $Li_{1+x}Mn_{1-x}O_2$，Li 占据原来 Mn 的 3b 位置，提高了 Mn 的平均价态，其抑制 Jahn-Teller 效应的效果比掺杂 Mg 的更加有效。

层状 $LiMnO_2$ 除了掺杂单一元素阳离子可以改善其电化学性能外，进行多元素掺杂和阴离子掺杂也能使其电化学性能得到提高。

5.7.2 层状 Li_2MnO_3

Li_2MnO_3，也可表示为 $Li[Li_{1/3}Mn_{2/3}]O_2$，同 $LiCoO_2$ 一样都是理想的层状结构材料，它是由单独的锂层，1/3 锂与 2/3 锰混合层和氧层构成。当 Li 从层状结构 $Li[Li_{1/3}Mn_{2/3}]O_2$ 晶格中脱出时，Mn^{4+} 不能被氧化成高于＋4 价的氧化态，因此 $Li[Li_{1/3}Mn_{2/3}]O_2$ 是非电化学活性材料。使用酸处理的方式，可以将 Li_2MnO_3 中的 Li_2O 移出，或者将 Li_2MnO_3 转变为 $LiMn_2O_4$。

近年来，一些研究者尝试着以 Li_2MnO_3 和 $LiMO_2$ （M＝Cr、Ni、Co）合成层状固溶体体系，研究该系列的合成、结构及电化学性能。虽然 Li_2MnO_3 在电化学过程中为非活性物质，但其可以稳定 $LiMO_2$ 的结构。这一类材料将在第 9 章中详细介绍。

5.7.3 尖晶石结构 $Li_4Mn_5O_{12}$

$Li_4Mn_5O_{12}$ 为化学计量的尖晶石结构，其结构式可以表示为 $Li^{8a}[Li_{1/3}Mn_{5/3}]^{16c}O_4$，其中 Mn 的价态为＋4，因此 Li 不能够从中脱出，但是在 3V 电压平台可以进行锂离子的嵌入，因此可以作为 3V 锂二次电池的正极材料。$Li_4Mn_5O_{12}$ 的理论容量为 163mA・h/g，实际容量可达 130～140mA・h/g。$Li_4Mn_5O_{12}$ 中 Mn 为＋4 价，氧化性较强，合成时热处理温度宜在 500℃左右，过高易发生歧化分解产生部分 Mn^{3+}。

如同尖晶石 $LiMn_2O_4$ 一样，也可以通过掺杂来提高其电化学性能。例如，Co 掺杂尖晶石 $Li_{4-x}Mn_{5-2x}Co_{3x}O_{12}$ （$0\leqslant x\leqslant 1$）中，$x=0.25$ 时具有最佳效果，在 25mA/g 电流密度下的可逆容量为 150mA・h/g，而且没有明显的容量衰减。其中掺杂 Co 位于四面体 8a 位置，对应将 Li 换到 16d 位置，从而防止充放电过程中离子无序度的增加。

5.7.4 尖晶石结构 5V 正极材料

5V 正极材料是区别于前面所说的放电平台为 3V 及 4V 附近的材料而言，放电平台在 5V 左右。目前发现的 5V 材料主要有两种：尖晶石结构的 $LiM_xMn_{2-x}O_4$ 和反尖晶石结构的 V[LiM]O_4 （M＝Ni，Co）。

对于尖晶石结构的 $LiM_xMn_{2-x}O_4$ （M＝Ni，Co，Cr，Fe，Cu，V 等）体系而言，其中 4V 区域的电压平台对应的是 Mn^{3+}/Mn^{4+} 电对的氧化还原过程，而 4.5V 以上的电压平台对应的是过渡金属电对的氧化还原过程。而 $LiM_xMn_{2-x}O_4$ 材料的容量和平台取决于掺杂过渡金属 M 的种类和含量 x，表 5-9 列出了不同掺杂元素在 5V 区域对应的氧化还原电位。

表 5-9　尖晶石 $LiMn_2O_4$ 掺杂元素后在 5 V 区的氧化还原电位

组成	$LiNi_xMn_{2-x}O_4$	$LiVMnO_4$	$LiCr_xMn_{2-x}O_4$	$LiCu_xMn_{2-x}O_4$	$LiCoMnO_4$	$LiFe_xMn_{2-x}O_4$
电位/V	4.7	4.8	4.8	4.9	＞5.0	4.9

比较研究几种 5V 正极材料，发现只有 $LiNi_{0.5}Mn_{1.5}O_4$ 具有较好的稳定性能。$LiCr_{0.5}Mn_{1.5}O_4$ 在循环过程中容量衰减非常快，$LiCo_{0.5}Mn_{1.5}O_4$ 循环后放电电压从 5.0V 下降至 4.8V，$LiFe_{0.5}Mn_{1.5}O_4$ 在 4.0V 和 4.8V 处的实际容量与理论容量有很大的差距。$LiNi_{0.5}Mn_{1.5}O_4$ 的实际首次放电容量在 140mA・h/g 左右，接近理论容量，充放电平台在 4.7V 左右，对应 Ni^{2+}/Ni^{4+} 的氧化还原过程，4.0V 左右

没有平台，即 Mn 不发生氧化还原反应，充放电 50 次后容量保持率在 96%以上。此外，$LiNi_{0.5}Mn_{1.5}O_4$合成简单，因此成为目前研究最多的 5V 正极材料之一。

Park 等[42]采用喷雾技术制备了 5V 正极材料 $LiNi_{0.5}Mn_{1.5}O_4$，首次放电容量达 138mA·h/g，经过 50 次循环后容量衰减不到 3%。为了进一步提高循环性能，尤其是高温循环性能，Fey 等[43]用某些金属元素部分取代 Ni，得到 $LiM_yNi_{0.5-y}Mn_{1.5}O_4$（M=Fe，Cu，Al，Mg 等），材料的循环性能得到极大的改善。Park 等采用溶胶-凝胶法制备了 $LiNi_{0.5-x}Mn_{1.5}Cr_xO_4$，随着 Cr 含量增加，材料的放电比容量增加，循环性能提高。

上述 5V 正极材料从能量密度的角度而言很有吸引力，但是它们会带来严重的安全问题。在高电压下电解质易发生氧化，电池体系会遭到破坏。更为严重的是，金属 3d 价带与氧的 2p 价带在 Mn 的较高氧化态下发生重叠，从而易发生失氧反应，产生安全问题。此外，5V 高压电解质，锂离子的扩散和迁移机理，极化和容量衰减等方面也需要进一步深入研究。

5.7.5 锰酸锂的应用领域

我国已成为电池行业最大的生产国和消费国。近年来，我国电池应用领域发生了翻天覆地的变化，从 20 世纪 60 年代的手电筒到 70 年代的半导体收音机，从 80 年代的小家电到 90 年代的通信和电脑，已经迅速扩展到 21 世纪的电力、交通等新能源领域，成为高科技产业之一，其应用及市场前景十分广阔。锂离子电池的市场，随着镉镍电池市场的逐渐萎缩，手机、数码相机和游戏机对电池的需求，以及 3G 移动电话服务推出，再加上手提电脑、数码相机及其他个人数码电子设备日渐普及，在未来几年仍将保持快速增长，其市场潜力将更庞大。锰酸锂锂离子电池因具有价格低、电位高、环境友好、安全性能高等优点而备受欢迎，其主要应用领域有：

① 便携式电子设备，如笔记本电脑、摄像机、照相机、游戏机、小型医疗设备等。

② 通信设备，如手机、无绳电话、卫星通信、对讲机等。我国移动通信业的高速增长有目共睹，尤其是手机市场的爆炸式增长，使得以锂离子电池为主流的手机电池越来越多地受到业内各方的普遍关注。手机电池是消耗品，其保用循环寿命为 300～500 次，比手机使用寿命短许多。因此，手机电池的市场不但是巨大的而且既长期又稳定，极具持久力和潜力。

③ 军事设备，如导弹点火系统、大炮发射设备、潜艇、鱼雷及一些特殊的军事用途。在国防军事领域，锂离子电池覆盖了陆地（单兵系统、陆军战车、军用通信设备）、海洋（潜艇、水下机器人）以及太空（卫星、飞船）等诸多兵种，成为现代和未来军事装备不可缺少的重要能源。

④ 交通设备，如电动汽车、摩托车、自行车、小型休闲车等。锂离子电池产

业向动力型电源领域迅速发展，成为电动车的主导型产业。电动汽车中的锂离子电池的使用率正在明显上升，2015年电动汽车中的锂离子电池的使用率约占28.26%的比例。据预测2016年电动车用电池的产量将达到33.4GW·h。

⑤ 装配荷载平衡和不间断电源。与太阳能、风能发电的不稳定电源配套开发，提高新能源使用率，储存多余电力在高峰时段使用，使新能源的综合开发更加完善。

目前，中国已经成为全球最大的锂离子电池生产制造基地之一，但是我国锂离子电池产业是以手机和笔记本电脑等便携式电器上使用为主，而电动汽车、电动摩托车驱动电源等引领的锂离子动力电池产业发展尚欠成熟。近来，各国政府纷纷加大对新能源汽车的支持力度，国家发改委、科技部也都出台了新能源汽车规划，这对于锰酸锂动力电池来说无疑是一个很好的发展机遇和挑战。

锰酸锂动力电池在成本和安全性能方面有很大的优势，其高温循环性能是拟解决的关键问题之一。除了对锰酸锂材料本身进行优化外，在电解液等方面都有一些配套的工作需要改进，相信通过不断的改性及采用一些先进的合成方法，锰酸锂的电化学性能可以在一定程度上得到提高，高温循环性能可以得到很好的解决，锰酸锂作为动力电池正极材料的发展趋势可以说是不可阻挠的，锂离子动力电池的发展必将上一个新台阶。

参考文献

[1] Gummow R J, Kock A D, Thackeray M M. Improved capacity retention in rechargeable 4 V lithium/lithium-manganese oxide (spinel) cells [J]. Solid State Ionics, 1994, 69: 59-67.

[2] Thackeray M M. Manganese oxides for lithium batteries [J]. Prog Solid St Chem, 1997, 25: 1-71.

[3] Fu Y P, Su Y H, Wu S H, et al. $LiMn_{2-y}M_yO_4$ (M=Cr, Co) cathode materials synthesized by the microwave-induced combustion for lithium ion batteries [J]. Journal of alloys and compounds, 2006, 426 (1-2): 228-234.

[4] 杜柯，杨亚男，胡国荣，等. 熔融盐法制备 $LiMn_2O_4$ 材料的合成条件研究 [J]. 无机化学学报, 2008, 24 (4): 615-620.

[5] 唐新村. 低热固相反应制备锂离子电池正极材料及其嵌锂性能研究 [D]. 长沙：湖南大学, 2002.

[6] Tan C L, Zhou H J, Li W S, et al. Performance improvement of $LiMn_2O_4$ as cathode material for lithium ion battery with bismuth modification [J]. Journal of Power Sources, 2008, 184 (2): 408-413.

[7] Naghash A R, Lee J Y. Preparation of spinel lithium manganese oxide by aqueous co-precipitation [J]. Journal of Power Sources, 2000, 85: 284-293.

[8] Wu H M, Tu J P, Yuan Y F, et al. Electrochemical performance of nanosized $LiMn_2O_4$ for lithium-ion batteries [J]. Physical Review B: Condensed Matter, 2005, 369 (1-4): 221-226.

[9] Seungtaek M, Hoontaek C, Shinichi K, et al. Capacity fading of $LiMn_2O_4$ electrode synthesized by the emulsion drying method [J]. Journal of Power Sources, 2000, 90: 103-108.

[10] Fey G T K, Cho Y D, Kumar T P. Nanocrystalline $LiMn_2O_4$ derived by HMTA-assisted solution combustion synthesis as a lithium-intercalating cathode material [J]. Materials Chemistry and Physics, 2006, 99 (2-3): 451-458.

[11] Kang S H, Goodenough J B, Rabenberg L K, et al. Nanocrystalline lithium manganese oxide spinel cathode for rechargeable lithium batteries [J]. Electrochemical and Solid State Letters, 2001, 4 (5): A49-A51.

[12] Deng B, Nakamura H, Yoshio M. Capacity fading with oxygen loss for manganese spinels upon cycling

at elevated temperatures [J]. Journal of Power Sources, 2008, 180 (2): 864-868.

[13] Xia Y Y, Yoshio M. An Investigation of Lithium Ion Insertion into Spinel Structure Li-Mn-O Compounds [J]. Journal of The Electrochemical Society, 1996, 143: 825-833.

[14] Li T, Qiu W H, Zhao H L, et al. Electrochemical properties of spinel $LiMn_2O_4$ and $LiAl_{0.1}Mn_{1.9}O_{3.9}F_{0.1}$ synthesized by solid-state reaction [J]. Journal of University of Science and Technology Beijing, 2008, 15 (2): 187-191.

[15] Liu D Q, He Z Z, Liu X Q. Increased cycling stability of $AlPO_4$-coated $LiMn_2O_4$ for lithium ion batteries [J]. Materials Letters, 2007, 61 (25): 4703-4706.

[16] Tu J, Zhao X B, Cao G S, et al. Improved performance of $LiMn_2O_4$ cathode materials for lithium ion batteries by gold coating [J]. Materials Letters, 2006, 60: 3251-3254.

[17] Zhou W J, He B L, Li H L. Synthesis, structure and electrochemistry of Ag-modified $LiMn_2O_4$ cathode materials for lithium-ion batteries [J]. Materials Research Bulletin, 2008, 43: 2285-2294.

[18] Sona J T, Park K S, Kim H G, et al. Surface-modification of $LiMn_2O_4$ with a silver-metal coating [J]. Journal of Power Sources, 2004, 126: 182-185.

[19] Park S C, Kim Y M, Kang Y M, et al. Improvement of the rate capability of $LiMn_2O_4$ by surface coating with $LiCoO_2$ [J]. Journal of Power Sources, 2001, 103: 86-92.

[20] Han A R, Kim T W, Park D H, et al. Soft Chemical Dehydration Route to Carbon Coating of Metal Oxides: Its Application for Spinel Lithium Manganate [J]. The Journal of Physical Chemistry C, 2007, 111: 11347-11352.

[21] Patey T J, Büchel R, Ng S H, et al. Flame co-synthesis of $LiMn_2O_4$ and carbon nanocomposites for high power batteries [J]. Journal of Power Sources, 2009, 189: 149-154.

[22] Li J G, He X M, Zhao R S. Electrochemical performance of SrF_2-coated $LiMn_2O_4$ cathode material for Li-ion batteries [J]. Transactions of Nonferrous Metals Society of China, 2007, 17: 1324-1327.

[23] Lee K S, Myung S T, Amine K, et al. Dual functioned BiOF-coated $Li[Li_{0.1}Al_{0.05}Mn_{1.85}]O_4$ for lithium batteries [J]. Journal of Materials Chemistry, 2009, 19: 1995-2005.

[24] Chan H W, Duh J G, Sheen S R. Electrochemical performance of LBO-coated spinel lithium manganese oxide as cathode material for Li-ion battery [J]. Surface & Coatings Technology, 2004, 188-189: 116-119.

[25] Şahan H, Göktepe H, Patat Ş, et al. The effect of LBO coating method on electrochemical performance of $LiMn_2O_4$ cathode material [J]. Solid State Ionics, 2008, 178: 1837-1842.

[26] Hu G H, Wang X B, Chen F, et al. Study of the electrochemical performance of spinel $LiMn_2O_4$ at high temperature based on the polymer modified electrode [J]. Electrochemistry Communications, 2005, 7: 383-388.

[27] Arbizzani C, Mastragostino M, Rossi M. Preparation and electrochemical characterization of a polymer $Li_{1.03}Mn_{1.97}O_4$/PEDOT composite electrode [J]. Electrochemistry Communications, 2002, 4: 545-549.

[28] Hill I Laurie, Alain V, Dominique G. MnO_2 (α-,β-,γ-) compounds prepared by hydrothermal-electrochemical synthesis: characterization, morphology, and lithium insertion behavior [J]. Journal of Power Sources, 2003, 119-121: 226-231.

[29] Ferracin C Luiz, Fabio A, et al. Characterization and electrochemical performance of the spinel $LiMn_2O_4$ prepared from ε-MnO_2 [J]. Solid State Ionics, 2000, 130: 215-220.

[30] 童庆松，杨勇，连锦明．掺钛电解二氧化锰制掺杂 $LiMn_2O_4$ 的电化学性能 [J]．无机化学学报，2005，(21) 12：1784-1790.

[31] 中国科学院青海盐湖研究所．球形尖晶石 Li-Mn-Oxide 锂离子电池正极材料的制备方法 [P]：CN，1744353A，2006-3-8.

[32] 丁淑荣，李新海，王志兴，等．电解二氧化锰的改性研究 [J]．电化学，2007，13 (2)：165-170.

[33] 詹晖，周运鸿．以不同二氧化锰为原料制备的锂锰氧化物的性能研究 [J]．高等学校化学学报，2002，23 (6)：1100-1104.

[34] Lim S H, Cho J. PVP-Assisted ZrO_2 coating on $LiMn_2O_4$ spinel cathode nanoparticles prepared by MnO_2 nanowire templates [J]. Electrochemistry Communications, 2008, 10: 1478-1481.

[35] Wang X, Li Y D. Selected-Control Hydrothermal Synthesis of α- and β-MnO_2 Single Crystal Nanowires [J]. Journal of the American Chemical Society, 2002, 124: 2880-2881.

[36] Fang H S, Li L P, Yang Y, et al. Low-temperature synthesis of highly crystallized $LiMn_2O_4$ from alpha manganese dioxide nanorods [J]. Journal of Power Sources, 2008, 184: 494-497.

[37] 李志光，刘素琴，黄可龙．不同锰源合成尖晶石型 $Li_xMn_2O_4$ 及其性能 [J]．中国有色金属学报，

2003, 13 (4): 526-529.
[38] 真岛宏. 锰酸锂及其制备方法和用途 [P]. 日本公开特许: P2002-53321A. 2002-2-19.
[39] Liu Z, Wang W L, Liu X, et al. Synthesis of nanostructured spinel $LiMn_2O_4$ by hydrothermal method at 70℃ [J]. Inorganic Chemistry Communications, 2004, 7: 308-310.
[40] 何向明, 蒲薇华, 蔡砚, 等. 基于控制结晶法制备的锂离子电池正极材料球形锰酸锂 [J]. 中国有色金属学报, 2005, 15 (9): 1390-1395.
[41] Tarascon J M. Li metal-free rechargeable batteries based on $Li_{1-x}Mn_2O_4$ cathode and carbon anode [J]. J Electrochem Soc, 1991, 138: 2864-2868.
[42] Park S H, Oh S W, Myung S T, et al. Effects of synthesis condition of $LiNi_{1/2}Mn_{3/2}O_4$ cathode material for prepared by ultrasonic pyrolysis method [J]. Solid State Ionies, 2005, 176: 481-486.
[43] Fey G T, Lu C Z, Kumar T P. Preparation and electrochemical properties of high-voltage cathode materials $LiM_yNi_{0.5-y}Mn_{1.5}O_4$ (M=Fe, Cu, Al, Mg; $y=0.0\sim0.4$) [J]. J Power Sources, 2003, 115: 332-345.

第6章 镍钴锰酸锂(NCM)三元材料

三元层状镍钴锰酸锂（NCM）正极材料综合了$LiCoO_2$、$LiNiO_2$和$LiMnO_2$三种锂离子电池正极材料的优点，三种过渡金属元素存在明显的协同效应。该体系中，材料的电化学性能及物理性能随着这三种过渡金属元素的比例改变而不同。引入Ni，有助于提高材料的容量，但是Ni^{2+}含量过高时，与Li^+的混排导致循环性能恶化；通过引入Co，能够减少阳离子混合占位，有效稳定材料的层状结构，降低阻抗值，提高电导率，但是当Co的比例增大到一定范围时会导致晶胞参数a和c减小且c/a增大，容量变低。引入Mn，不仅可以降低材料成本，而且还可以提高材料的安全性和稳定性，但是当Mn含量过高时会使容量降低，破坏材料的层状结构。因此，该材料的一个研究重点就是优化和调整体系中Ni、Co和Mn三种元素的比例。

目前，研究热点主要集中在以下几种比例的材料，如$LiNi_{1/3}Co_{1/3}Mn_{1/3}O_2$、$LiNi_{0.4}Co_{0.2}Mn_{0.4}O_2$、$LiNi_{0.5}Co_{0.2}Mn_{0.3}O_2$、$LiNi_{0.6}Co_{0.2}Mn_{0.2}O_2$和$LiNi_{0.8}Co_{0.1}Mn_{0.1}O_2$。下面简单介绍这几种镍钴锰酸锂正极材料的结构、电化学特征及研究进展。

6.1 镍钴锰酸锂的结构与电化学特征

6.1.1 镍钴锰酸锂的结构

6.1.1.1 $LiNi_{1/3}Co_{1/3}Mn_{1/3}O_2$正极材料的结构特性

$LiNi_{1/3}Co_{1/3}Mn_{1/3}O_2$正极材料具有与$LiCoO_2$相似的单一的基于六方晶系的$\alpha$-$NaFeO_2$型层状岩盐结构，空间点群为$R\bar{3}m$，Y. Koyama和T. Ohzuku等人采用第一原理计算法对其结构特性进行了深入的研究[1,2]。在该晶体结构中，氧离子占据6c位置，呈面心立方堆积构成结构骨架。每个Ni、Co和Mn离子由周围的6个氧离子包围构成MO_6八面体结构，而Li^+则嵌在氧与过渡金属原子形成的$Ni_{1/3}Co_{1/3}Mn_{1/3}O_6$层之间。由于二价镍离子与锂离子的半径非常接近，因此在实

际合成的 $LiNi_{1/3}Co_{1/3}Mn_{1/3}O_2$ 正极材料中，会有一部分的 Ni^{2+} 进入锂层。E. Shinova 等[3]人采用电子顺磁共振光谱法深入研究了在不同合成温度下 Ni^{2+} 进入锂层的比例，他们发现采用氢氧化物前驱体为原料在合成温度为 850～950℃ 的条件下会有 2%的 Ni^{2+} 占据锂层。在充放电过程中，其在 3.6～4.6V 有两个平台，一个在 3.8V 左右，另一个在 4.5V 左右，主要归因于 Ni^{2+}/Ni^{4+} 和 Co^{3+}/Co^{4+} 这两个电对，在 2.3～4.6V 电压范围内，放电比容量为 190mA·h/g。在 2.8～4.3V，4.4V 和 4.5V 电位范围内进行电性能测试，放电比容量分别为 159mA·h/g、168mA·h/g 和 177mA·h/g。镍钴锰酸锂正极材料的层状结构如图 6-1 所示。

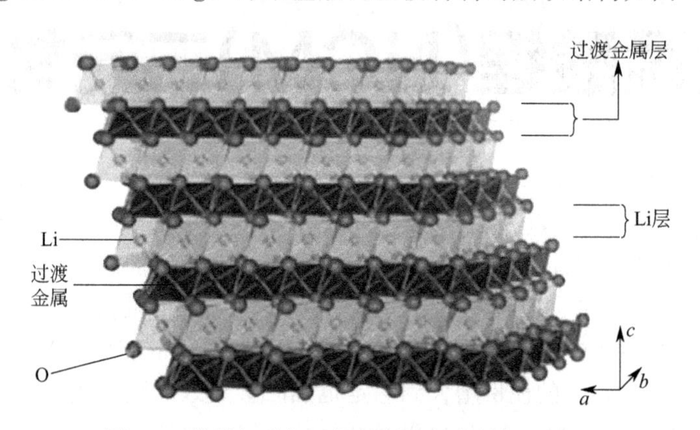

图 6-1　镍钴锰酸锂正极材料的层状结构示意图

6.1.1.2　$LiNi_{0.4}Co_{0.2}Mn_{0.4}O_2$ 正极材料的结构特性

$LiNi_{0.4}Co_{0.2}Mn_{0.4}O_2$ 三元正极材料同 $LiNi_{1/3}Co_{1/3}Mn_{1/3}O_2$ 相似，同属于六方晶系的 α-$NaFeO_2$ 型层状岩盐结构，空间点群为 $R\bar{3}m$。将 Ni/Mn 两种金属元素的摩尔比固定为 1∶1，以维持三元过渡金属氧化物的价态平衡。J. K. Ngala 等人[4]采用 XRD 精修和 XPS 分析等方法对 $LiNi_{0.4}Co_{0.2}Mn_{0.4}O_2$ 的合成条件、晶体结构以及电化学性能进行了详细的研究，他们发现该材料的最佳合成温度为 800～900℃。XRD 精修表明 Co 元素能有效地抑制阳离子混排，而 Ni 则能促进过渡金属阳离子向锂层迁移。XPS 研究结果显示：在该材料结构中全部的 Co 元素均为＋3 价；Ni 元素的价态分布为：20%呈＋3 价，80%呈＋2 价；Mn 元素的价态分布为：20%呈＋3 价，80%呈＋4 价。在 2.5～4.3V，0.1mA/cm² 的充放电条件下，其首次放电比容量为 180mA·h/g；当电流密度增加到 2.0mA/cm² 时，放电比容量仍有 155mA·h/g，显示了较好的倍率性能。Ma 等人[5]采用 X 射线衍射和中子衍射相结合的方法对材料中原子的占位情况进行了精修，研究发现仅有 4.4%的 Ni^{2+} 占据了 Li 位，过渡金属原子在 3b 位置随机排列，阳离子混排程度较小。此外还发现，在合成过程中加入稍微过量的锂可以进一步减小 Ni^{2+} 进入 Li 层。Li 等[6]详细研究了 $Li[Ni_{0.4}Co_{0.2}Mn_{0.4}]O_2$ 的储存性能，即对空气中水分和 CO_2 的敏感度，结果发现该材料具有良好的储存特性，即使暴露在空气中长达 8 个月之后，放电比容量的保持率仍然相当可观。Bie 等[7]采用交/直流磁化率和磁滞曲线等方法对固相法合成和溶胶-凝胶法合成的 $LiNi_{0.4}Co_{0.2}Mn_{0.4}O_2$ 做了磁学性质的研究，经磁性研究可以表明，材料中的 Co 含量降低将会导致 Li^+/Ni^{2+} 混排程度升高，因而较低 Co 含量的 $LiNi_{0.4}Co_{0.2}Mn_{0.4}O_2$ 中 Li^+/Ni^{2+} 混排在自旋玻璃转变中起到了主导作用。此外，当 Co 含量降低时还会导致过渡金属层中的各不同元素出现程度更大的混排，生成了 Ni 或 Mn 离子富集区域。

6.1.1.3 $LiNi_{0.5}Co_{0.2}Mn_{0.3}O_2$ 正极材料的结构特性

马全新等人[8]采用氢氧化物共沉淀-高温固相烧结法合成的 $LiNi_{0.5}Co_{0.2}Mn_{0.3}O_2$ 材料具有很好的 α-$NaFeO_2$ 层状结构，其晶胞参数 $a=2.8637Å$，$c=14.2239Å$。在 2.5～4.3V，电流密度为 20mA/g 充放电条件下，最高首次放电比容量为 175mA·h/g。Kong 等人[9]采用溶胶-凝胶法合成了多孔状的 $LiNi_{0.5}Co_{0.2}Mn_{0.3}O_2$ 材料，在烧结温度 800℃下，$I(003)/I(104)$ 值最大而 $[I(006)+I(102)]/I(101)$ 值最小，说明层状结构的结晶度最好，阳离子混排程度最小。在 2.5～4.3V，电流密度为 50mA/g 充放电条件下，首次放电比容量为 167.9mA·h/g。在电流密度为 1000mA/g 时，放电比容量为 138.2mA·h/g。Wang 等人[10]研究了在不同浓度的氧气气氛下烧结对 $LiNi_{0.5}Co_{0.2}Mn_{0.3}O_2$ 材料的影响。结果表明，在氧气浓度为 40%（体积比）的气氛下，每摩尔分子中只有 0.006mol 的镍离子进入 Li 层，大大低于在氧气浓度为 10%的气氛下（0.083mol）合成的材料。在 3.0～4.25V 下，0.2C 和 1C 的放电比容量分别为 161.1mA·h/g、150.3mA·h/g。在高电压 3.0～4.6V 下，5C 下放电比容量仍可达到 156.8mA·h/g。Kong 等人[11]详细研究了烧结温度及配锂量对 $LiNi_{0.5}Co_{0.2}Mn_{0.3}O_2$ 材料性能的影响。结果表明，Li_2CO_3 是合成该正极材料最合适的锂源，在烧结过程中，过量 Li 有利于抑制结构中的阳离子混排以及提高层状结构结晶度。在烧结温度为 850℃下，锂过量系数 1.1 的条件下合成的材料，其 Li^+/Ni^{2+} 混排程度最小，电化学性能最佳。Wu 等人[12]研究了不同形貌的三种商业化的 $Ni_{0.5}Co_{0.2}Mn_{0.3}(OH)_2$ 前驱体对合成正极材料的影响，得出结果如下：$LiNi_{0.5}Co_{0.2}Mn_{0.3}O_2$ 材料与其前驱体的形貌保持一致；提高烧结温度会导致颗粒的一次粒径增大，粒度分布变宽；前驱体的一次颗粒粒径越小则合成的正极材料 $LiNi_{0.5}Co_{0.2}Mn_{0.3}O_2$ 的一次颗粒粒径越大；松散的团聚、颗粒表面不规整会导致正极材料振实密度低；均匀一致且一次颗粒粒径较小则材料的循环性能较好，结晶度良好以及阳离子混排程度低则会使材料的初始放电比容量升高。此外，采用溶胶-凝胶法和水热法[13,14]合成的 $LiNi_{0.5}Co_{0.2}Mn_{0.3}O_2$ 材料也有较好的效果。

6.1.1.4 $LiNi_{0.6}Co_{0.2}Mn_{0.2}O_2$ 三元正极材料的结构特性

Cao 等人[15]采用 NaOH-NH_3 共沉淀法制备了 $Ni_{0.6}Co_{0.2}Mn_{0.2}(OH)_2$ 前驱体，以 $LiOH·H_2O$ 为锂源，在烧结温度为 800～900℃的空气气氛下合成了 $LiNi_{0.6}Co_{0.2}Mn_{0.2}O_2$ 正极材料，XRD 数据结果表明 $LiNi_{0.6}Co_{0.2}Mn_{0.2}O_2$ 材料具有单一的 α-$NaFeO_2$ 型层状岩盐结构，属六方晶系。在 2.8～4.3V，0.2C 下首次放电比容量为 170mA·h/g，0.4C 循环 50 次后放电比容量保持在 150mA·h/g 以上。循环伏安数据表明在 3.2～

4.6V只有一对氧化还原峰，这说明在此电压区间内没有发生从六方晶相向单斜晶相的转变。Zhang等人[16]采用Na_2CO_3-NH_3共沉淀法制备了$Ni_{0.6}Co_{0.2}Mn_{0.2}CO_3$前驱体，以$Li_2CO_3$为锂源（按照Li/Me摩尔比1.03：1配），在900℃的空气气氛下烧结10h合成了$LiNi_{0.6}Co_{0.2}Mn_{0.2}O_2$正极材料，其在2.8～4.3V，0.2C充放电条件下，首次放电比容量为180mA·h/g。Yue等人[17]采用喷雾干燥-固相烧结法制备了亚微米形貌的$LiNi_{0.6}Co_{0.2}Mn_{0.2}O_2$正极材料，其晶胞参数$a=2.8714$Å，$c=14.2191$Å；代表层状结构结晶度的（006）/（102）和（108）/（110）分裂明显；代表阳离子混排水平的$I(003)/I(104)$为1.451，说明Li/Ni混排程度较低。Ahn等人[18]以硝酸盐和尿素为原料，采用燃烧法合成了具有较好层状结构的$LiNi_{0.6}Co_{0.2}Mn_{0.2}O_2$正极材料，XRD分析结果表明该材料具有α-$NaFeO_2$型层状岩盐结构。XPS分析结果表明，在800℃下合成的该正极材料中的$Ni^{3+}/(Ni^{2+}+Ni^{3+})$比值为0.69，接近于其理论值0.67，因此在该材料中各元素的价态分布可以表示为$LiNi^{2+}_{0.2}Ni^{3+}_{0.4}Co^{3+}_{0.2}Mn^{4+}_{0.2}O_2$。在20mA/g放电倍率下，放电比容量为170mA·h/g，在高倍率下的循环性能仍较好。此外，Gan等人[19]以Li_2CO_3、NiO、Co_3O_4和MnO_2为原料，按照一定的比例在球磨机中混合均匀后直接高温烧结合成了$LiNi_{0.6}Co_{0.2}Mn_{0.2}O_2$正极材料，虽然其放电比容量偏低，但是其循环性能较好。

6.1.1.5 $LiNi_{0.8}Co_{0.1}Mn_{0.1}O_2$三元正极材料的结构特性

José J. Saavedra-Arias等人[20]以Li_2O、NiO、Co_3O_4和MnO_2为原料在异丙醇介质中经球磨24h干燥后，在空气气氛下900℃煅烧48h，合成了$LiNi_{0.8}Co_{0.1}Mn_{0.1}O_2$正极材料。XRD结果表明该材料具有空间群为$R\bar{3}m$的α-$NaFeO_2$层状结构，XRD精修测试结果显示有3.5%的$Ni^{2+}$进入了Li层。采用原位X射线衍射结构研究和拉曼光谱研究了材料在3.0～4.5V电压区间内不同阶段的嵌锂和脱锂过程中的性能，主体的层状结构保持较好。在3.0～4.5V，1/14C下，首次放电比容量较低，为132mA·h/g。这可能是由于其煅烧气氛以及阳离子混排较严重所致。Kima等人[21]采用氢氧化物共沉淀法以及$LiOH\cdot H_2O$为锂源在氧气气氛下750℃煅烧20h合成了球形度较高的$LiNi_{0.8}Co_{0.1}Mn_{0.1}O_2$正极材料，平均粒径在10～15μm。XRD测试表明该正极材料有较完整的层状α-$NaFeO_2$型结构。相比$LiNi_{0.8}Co_{0.2}O_2$正极材料，由于Mn取代了一部分的Co，而Mn^{3+}（0.645Å）的离子半径比Co^{3+}（0.545Å）的大，因此$LiNi_{0.8}Co_{0.1}Mn_{0.1}O_2$材料的晶胞参数$a$、$c$以及晶胞体积增大，$c/a$值变小，其中$a=2.8687$Å，$c=14.2531$Å。在3.0～4.3V，放电电流密度为20mA/g（0.1C）下，首次放电比容量达198mA·h/g。Lu等人[22]分别采用溶胶-凝胶法、Na_2CO_3-NH_3共沉淀-高温固相法合成了$LiNi_{0.8}Co_{0.1}Mn_{0.1}O_2$材料，并将二者进行了详细的对比。在结构和形貌方面，XRD结果表明两种方法合成的材料均具有较好的层状结构，XRD精修计算表明溶胶-凝胶法合成的正极材料中的Ni^{2+}在Li层的比例为2.44%，共沉淀法合成的材料为4.02%。电化学数据测试结果表明溶胶-凝胶法合成的材料，其首次放电比容量、循环性能以及倍率性能均优于共沉淀法合成的材料。在 2.5～4.3V，0.1C（18mA/g）下，首次放电比容量为 200mA·h/g，在放电电流为 0.5C 下循环 50 次，容量保持率为 82.2%。此外，岳鹏等人[23]合成了微米级的 $LiNi_{0.8}Co_{0.1}Mn_{0.1}O_2$ 材料，并深入研究了烧结温度对材料结构、循环性能以及倍率性能的影响。

6.1.2 镍钴锰酸锂的电化学特征

镍钴锰酸锂（NCM）三元正极材料的结构与钴酸锂的结构类似，可以说是一种 Ni、Co、Mn 固溶体氧化物正极材料。由于 Ni、Co 和 Mn 三种元素的化学性质较接近，其离子半径也相近，因而很容易形成 $LiNi_{1-x-y}Co_xMn_yO_2$ 型固溶体，即 $LiCoO_2$ 结构中部分 Co 的位置被 Ni 和 Mn 所替代，却仍然保持着 $LiCoO_2$ 的空间结构。但是由于 Ni 和 Mn 的替代，使得材料的电化学性能发生了较明显的变化，并且三种元素比例不同，材料所表现出来的相应的电化学性能也有较明显的区别。在低镍型 $LiNi_{1-x-y}Co_xMn_yO_2$ 中，如 $LiNi_{1/3}Co_{1/3}Mn_{1/3}O_2$，Co 与 $LiCoO_2$ 中的一样，表现为+3 价，而 Ni 和 Mn 则分别为+2 价和+4 价。在电化学充放电过程中，Mn 元素的化合价基本保持不变，主要起到一个稳定材料结构的作用，而电极材料容量的贡献则主要来自于低价态的+2 价 Ni 和部分+3 价的 Co。而在富镍型 $LiNi_{1-x-y}Co_xMn_yO_2$ 中，如 $LiNi_{0.5}Co_{0.2}Mn_{0.3}O_2$、$LiNi_{0.6}Co_{0.2}Mn_{0.2}O_2$ 和 $LiNi_{0.8}Co_{0.1}Mn_{0.1}O_2$ 等，这类材料中 Co 为+3 价，Ni 为+2/+3 价，Mn 元素依然为+4 价。充放电过程中，Ni^{2+}、Ni^{3+} 和 Co^{3+} 发生氧化，Mn^{4+} 不发生变化，在材料中起着稳定结构的作用，这三种元素在材料中起着不同的作用。镍钴锰酸锂三元正极材料的实际比容量可以达到 180mA·h/g 以上，被认为是一种非常有前途的正极材料，并且目前已经逐步替代 $LiCoO_2$ 正极材料在实际中的应用。相比于 $LiCoO_2$ 正极材料，其不仅具有较高的比容量，而且用较便宜的 Ni 和 Mn 来替代昂贵的 Co，大大降低了材料的成本。此外，材料的安全性能也相对较好。

图 6-2～图 6-5 分别给出了 $LiNi_{1/3}Co_{1/3}Mn_{1/3}O_2$、$LiNi_{0.5}Co_{0.2}Mn_{0.3}O_2$、

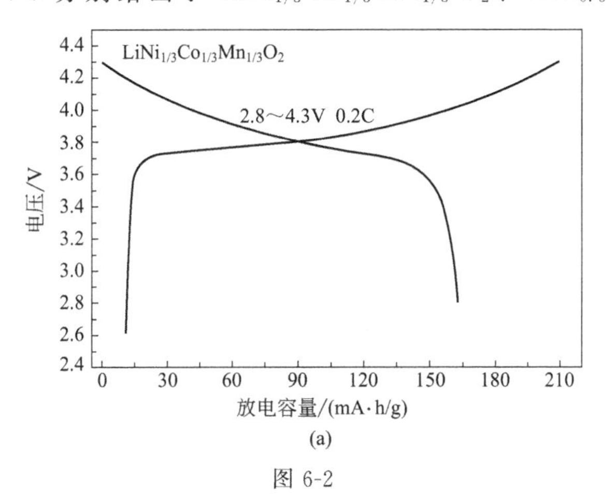

(a)

图 6-2

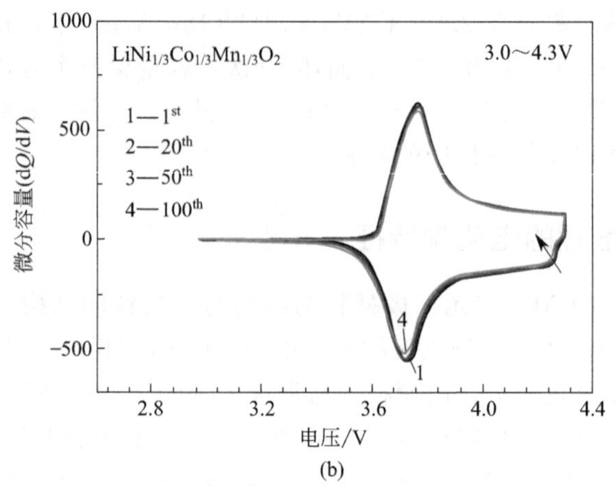

(b)

图 6-2 $LiNi_{1/3}Co_{1/3}Mn_{1/3}O_2$材料在电压 2.8～4.3V，电流密度 0.2C 下的首次充放电曲线和相应的微分容量-电压曲线

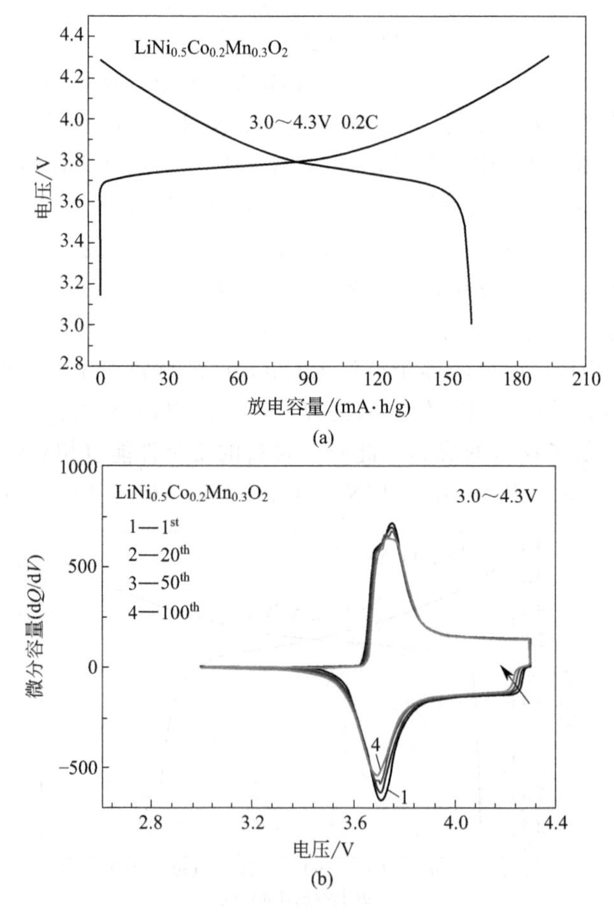

(b)

图 6-3 $LiNi_{0.5}Co_{0.2}Mn_{0.3}O_2$材料在电压 3.0～4.3V，电流密度 0.2C 下的首次充放电曲线和相应的微分容量-电压曲线

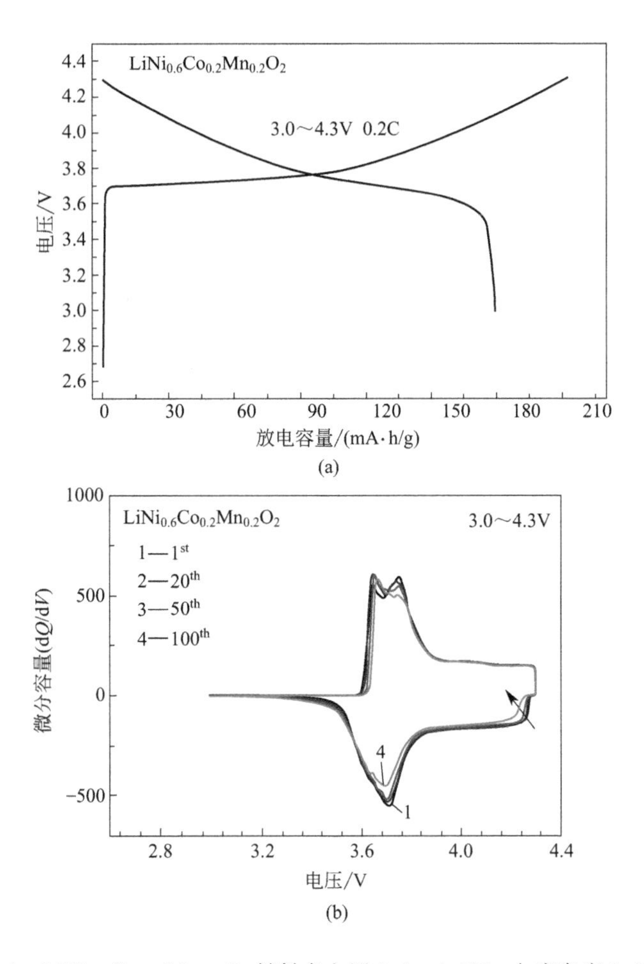

图 6-4 $LiNi_{0.6}Co_{0.2}Mn_{0.2}O_2$材料在电压 3.0～4.3V，电流密度 0.2C 下的首次充放电曲线和相应的微分容量-电压曲线

$LiNi_{0.6}Co_{0.2}Mn_{0.2}O_2$和 $LiNi_{0.8}Co_{0.1}Mn_{0.1}O_2$四种材料在电压区间为 3.0～4.3V，电流密度为 0.1C 下的首次充放电曲线和相应的微分容量-电压曲线。可以看出，在相同的充放电制度下，随着镍含量的增加，材料的可逆放电比容量逐渐升高。从这几种材料的微分容量-电压曲线可以看出，$LiNi_{1/3}Co_{1/3}Mn_{1/3}O_2$材料首次循环的氧化峰和还原峰位分别位于 3.76V 和 3.72V 附近。当镍含量增加至 $x=0.5$ 和 0.6 时，在 $LiNi_{0.5}Co_{0.2}Mn_{0.3}O_2$、$LiNi_{0.6}Co_{0.2}Mn_{0.2}O_2$中于 3.65V 附近出现了一个新的氧化峰。当镍含量增加至 $x=0.8$ 时，在 $LiNi_{0.8}Co_{0.1}Mn_{0.1}O_2$ 材料中的微分容量-电压曲线中，出现了四对明显的氧化还原峰，它们对应着在次富镍材料的充放电循环过程中，材料逐渐由六方相向单斜相（H1/M），单斜相向六方相（M/H2）和六方 H2 相向六方 H3 相的转变。在材料长期的充放电过程中，低镍型材料的氧化还原峰位非常稳定，而随着镍含量的增加，氧化还原峰位

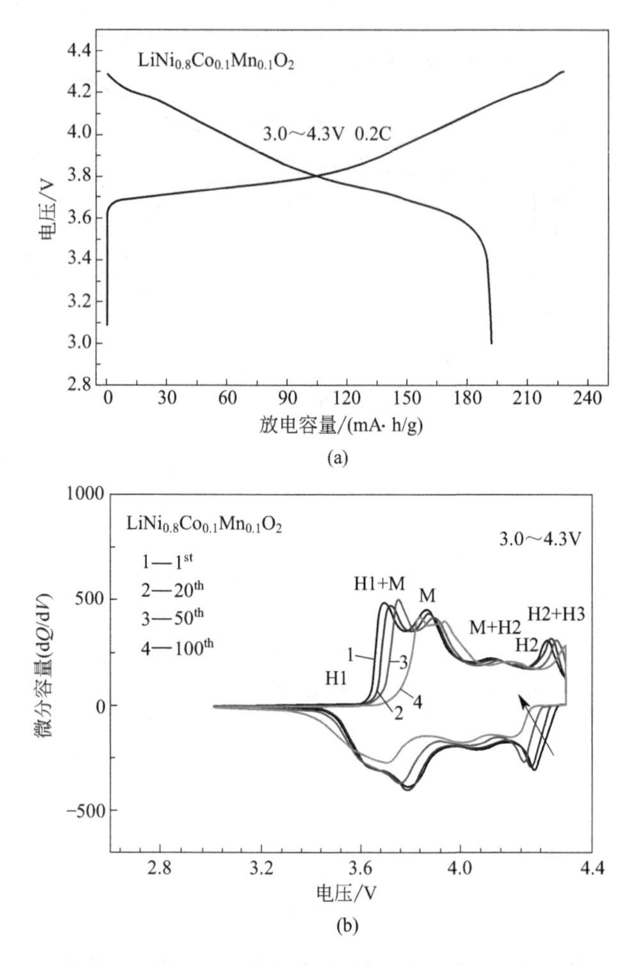

图 6-5 $LiNi_{0.8}Co_{0.1}Mn_{0.1}O_2$ 材料在电压 3.0～4.3V，电流密度 0.2C 下的首次充放电曲线和相应的微分容量-电压曲线

之间的差值越来越大，说明极化现象越来越严重。这是由于富镍材料在循环过程中由六方 H2 相向六方 H3 相之间的不可逆转变，导致晶胞的体积收缩，是造成富镍材料放电比容量衰减的主要原因。而在低镍型材料中没有发生这种不可逆的相变，循环过程中晶胞的体积变化小，因此该类材料的晶体结构比较稳定，能够表现出较好的循环性能。

6.2 镍钴锰酸锂的合成方法

镍钴锰酸锂（NCM）三元正极材料微观结构的改善和宏观性能的提高与制备方法密不可分，不同的制备方法导致所制备的材料在结构、粒子的形貌、比表面积和电化学性能等方面有很大的差别。目前镍钴锰酸锂（NCM）三元材料的制备方法主要有高温固相合成法、化学共沉淀法、溶胶-凝胶法、水热合成法、喷雾热解法等。其中化学共沉淀法制备前驱体结合高温固相法合成三元材料最具代表性，已经被应用于大规模工业化生产中。

6.2.1 高温固相合成法

一般以镍钴锰和锂的氢氧化物或碳酸盐或氧化物为原料，按相应的物质的量配比混合，在700～1000℃煅烧，得到相应的产品。Liu等[24]以金属醋酸盐作为原材料，采用高温固相反应法制备三元层状氧化物。他们先将原材料通过球磨进行均匀的混合，再在150℃下真空干燥，最后将得到的混合物分别在600℃、700℃和800℃下进行热处理，得到最终的$LiNi_{1/3}Co_{1/3}Mn_{1/3}O_2$三元层状锂离子电池正极材料。XRD测试表明，不同温度下都能得到均相的$LiNi_{1/3}Co_{1/3}Mn_{1/3}O_2$氧化物粉末。其颗粒大小在200～500nm，并且在700℃下得到的材料在2.7～4.35V间首次放电容量达到了167mA·h/g。而800℃下得到的材料则具有最好的循环稳定性。

但是该方法主要采用机械手段进行原料的混合及细化，易导致原料微观分布不均匀，使扩散过程难以顺利地进行。同时，在机械细化过程中容易引入杂质，且煅烧温度高，煅烧时间长，锂损失严重，难以控制化学计量比，易形成杂相。产品在组成、结构和粒度分布等方面存在较大差异，因此电化学性能不稳定。

6.2.2 化学共沉淀法

一般是把化学原料以溶液状态混合，并向溶液中加入适当的沉淀剂，使溶液中已经混合均匀的各个组分按化学计量比共沉淀出来，或者在溶液中先反应沉淀出一种中间产物，再把它煅烧分解制备出微细粉料。化学共沉淀法分为直接化学共沉淀法和间接化学共沉淀法。直接化学共沉淀法是将Li、Ni、Co和Mn盐同时共沉淀，过滤洗涤干燥后再进行高温焙烧。间接化学共沉淀法是先制备Ni、Co和Mn三元混合共沉淀，然后再过滤洗涤干燥，最后与锂盐混合烧结；或者在生成Ni、Co和Mn三元混合共沉淀后不经过过滤而是将包含锂盐和混合共沉淀的溶液蒸发或冷冻干燥，然后再对干燥物进行高温焙烧。与传统的固相合成技术相比，由于在高精度的条件控制下，确保三种元素能够不断同时沉淀出来，保证了前驱体分子级别的混合程度。并且这种慢共沉淀的生长方式有利于形成球形的二次颗粒，很大程度上提高了三元材料的振实密度，从而能够满足高能量密度的需求。这是一种十分具有应用前景的合成方法。共沉淀法最主要的缺点是操作较复杂，且耗水量大。根据沉淀剂的不同，共沉淀法可以分为氢氧化物共沉淀法、碳酸盐共沉淀法和草酸盐共沉淀法等。目前很多科学研究所采用的三元材料前驱体都是通过氢氧化物共沉淀法制备而来的。

氢氧化物沉淀法是目前合成镍钴锰酸锂（NCM）三元材料前驱体最常用的方法。通常选用金属硫酸盐或硝酸盐或氯化盐作为反应原料，NaOH 或 LiOH 溶液作为沉淀剂，NH_4OH 作为配位体，通过控制沉淀反应过程中的 pH 值、反应温度、氨水浓度和搅拌速度等，来得到镍钴锰酸锂（NCM）三元材料前驱体 $Ni_{1-x-y}Co_xMn_y(OH)_2$。在前驱体合成过程中由于锰离子沉淀形成 $Mn(OH)_2$，容易被逐渐氧化生成 Mn^{3+}(MnOOH)和 Mn^{4+}(MnO_2)，因此需要惰性气体氮气或者氩气保护。将所得到的镍钴锰酸锂（NCM）三元材料前驱体 $Ni_{1-x-y}Co_xMn_y(OH)_2$ 与锂源碳酸锂或者氢氧化锂混合均匀后，经过高温煅烧得到镍钴锰酸锂（NCM）三元材料 $LiNi_{1-x-y}Co_xMn_yO_2$。

K. K. Cheralathan 等[25]细致地研究了在氧氧化物沉淀剂下 pH 值、氨与金属的比例和沉淀时间对产物形貌、微结构、振实密度的影响。研究表明，pH 值及络合程度对产物有着重要的影响。所制备的 $LiNi_{0.8}Co_{0.15}Mn_{0.05}O_2$ 在最优的条件下具有有序的六方层状结构，在 3.0～4.3V 的电压区间、放电倍率 1C 下首次放电容量为 176mA・h/g，并且在 40 个循环后容量仍保持在 91%以上。

此外，为了降低颗粒长大对材料的影响，使材料能适用于高能量密度应用领域，C. Deng 等[26]在低温下（273K）进行共沉淀反应，制备出了颗粒细小，性能优越的 $Li[Ni_{1/3}Mn_{1/3}Co_{1/3}]O_2$ 三元材料。共沉淀法作为一个比较成熟的制备三元材料的方法，已经被广泛研究并且应用于工业化生产上。但是这种共沉淀法也有其不足之处。首先，对反应设备及条件要求高，需要精确控制并调节 pH、加料速度等参数；反应过程耗时长；产物一次颗粒通常有几百纳米，不利于大电流充放电的进行等。因此很多其他制备方法也常被用于获取不同特性的三元材料，以满足不同实际应用领域的需求。

6.2.3 溶胶-凝胶法

先将原料溶液混合均匀，制成均匀的溶胶，并使之凝胶，在凝胶过程中或在凝胶后成型、干燥，然后煅烧或烧结得所需粉体材料。鉴于其本身的特点，使用该方法可以快速地得到具有分子级混合程度的金属盐溶胶和凝胶，可以制备出具有纳米级颗粒的三元氧化物正极材料。与传统固相反应法相比，它具有较低的合成及烧结温度，可以制得高化学均匀性、高化学纯度的材料。

Li 等[27]以 $Ni(NO_3)_2 \cdot 6H_2O$、$Co(NO_3)_2 \cdot 6H_2O$、$Mn(CH_3COO)_2 \cdot 4H_2O$ 和 $LiNO_3$ 为原料，以柠檬酸为配位剂，通过溶胶-凝胶法制备了 $Li[Ni_{1/3}Co_{1/3}Mn_{1/3}]O_2$，其一次粒子粒径在 200～300nm，在 3.0～4.5V 和 0.1C 倍率下，首次放电比容量达到 183mA・h/g，循环 30 次后容量保持率为 87.5%。Xia 等[28]以 $Mn(NO_3)_2$、$Ni(NO_3)_2 \cdot 6H_2O$、$Co(NO_3)_2 \cdot 6H_2O$ 和 $LiNO_3$ 为原料，采用柠檬酸-乙烯醇双配位剂的改进溶胶-凝胶法制备了 $Li[Ni_{1/3}Co_{1/3}Mn_{1/3}]O_2$。结果表明，在 900℃下焙烧 12h 制备的材料具有相对较小的粒径、较低的 Li/Ni 混排率和良好的倍率

性能。

溶胶-凝胶法与共沉淀法一样，也是三元材料研究中常用的一种获得研究对象的制备方法。但是该合成工艺成本较高，多数工艺流程在实际生产中的可操作性较差，工业化生产的难度较大。

除了这三种制备方法外，还有许多制备三元材料的方法。如燃烧法：将金属盐作为原材料，同时加入有机燃料和助燃剂，点燃后借助燃烧反应瞬间产生的大量能量来得到颗粒细小均匀的三元材料。此外，常见的制备方法还有水热合成法、熔盐法、流变相法和喷雾分解法等。

6.3 镍钴锰酸锂的改性

6.3.1 镍钴锰酸锂的掺杂

近年来，新能源汽车如混合动力汽车（HEVs）和电动汽车（EVs）的快速发展，而 $LiNi_{1/3}Co_{1/3}Mn_{1/3}O_2$ 三元正极材料由于其较高的比容量、低成本、安全性能高被认为是应用在动力电池上的正极材料之一。但是，Li^+/Ni^{2+} 的阳离子混排以及表面过渡金属的溶解使其循环稳定性，倍率性能，特别是低温性能有待进一步的提高。在改善 Li^+/Ni^{2+} 离子混排方面，目前主要通过优化烧结制度以及体相掺杂阳离子、阴离子或者阳离子阴离子共同掺杂。

在 $LiNi_{1/3}Co_{1/3}Mn_{1/3}O_2$ 正极材料的掺杂改性方面，目前研究较多的有 Mg、Al、Zr、Zn、Cr、Fe、Mo、F、Al 和 F 共掺杂等。其中共掺杂 Al 和 F 元素虽然会导致材料的首次放电比容量有所降低，但是循环性能得到明显改善。

Shin 等人[29,30]研究了阳离子 Mg^{2+} 掺杂 Mn 位和阴离子 F^- 掺杂氧位的双重掺杂对 $Li[Ni_{0.4}Co_{0.2}Mn_{0.4}]O_2$ 正极材料的影响，研究发现，经 Mg 和 F 两元素共掺杂的材料 $Li[Ni_{0.4}Co_{0.2}Mn_{0.36}Mg_{0.04}]O_{1.92}F_{0.08}$，相比未掺杂的 $Li[Ni_{0.4}Co_{0.2}Mn_{0.4}]O_2$ 材料和单独掺杂 Mg 元素的 $Li[Ni_{0.4}Co_{0.2}Mn_{0.36}Mg_{0.04}]O_2$，放电比容量稍有下降，但是其容量保持率，电池界面阻抗，热稳定性都得到较大的提高，尤其在高电压条件下，当充电至 4.6V 时，共掺杂材料的放电比容量为 189mA·h/g，循环 50 次后没有衰减，而未掺杂的材料在同等条件下却衰减 8%。

近年来，国内外学者通过各种手段对 $LiNi_{0.5}Co_{0.2}Mn_{0.3}O_2$ 正极材料进行了改性研究。在离子掺杂方面，Hua 等人[31]以 $Ni_{0.5}Co_{0.2}Mn_{0.3}(OH)_2$、$Li_2CO_3$ 和 Na_2CO_3 为原料，经高温烧结合成了在 Li 位掺杂 Na^+ 的 $Li_{0.97}Na_{0.03}Ni_{0.5}Co_{0.2}Mn_{0.3}O_2$ 正极材料，经 Na 掺杂后，材料的一次颗粒粒径增大，振实密度提高，倍率性能得到显著改善。在 3.0～4.6V 下，30C 和 50C 的放电比容量仍可达到 95.56mA·h/g，60.09mA·h/g，其主要原因是 Na^+ 掺杂扩大了 Li^+ 的扩散空间即 Li^+ 扩散系数增大，电荷转移阻力变小，抑制了阳离子混排。Zhu 等人[32]对 $LiNi_{0.5}Co_{0.2}Mn_{0.3}O_2$ 正极材料进行了 V 掺杂，结果发现，合成的 $Li[Ni_{0.5}Co_{0.2}Mn_{0.3}]_{0.97}V_{0.03}O_2$ 正极

材料不仅放电比容量得到提高，而且相比未掺杂材料，倍率性能以及循环性能均得到显著改善。

Fu等人[33]在Co位进行了Mg^{2+}掺杂实验，采用Na_2CO_3-NH_3共沉淀法和高温固相法制备了$LiNi_{0.6}Co_{0.2-x}Mg_xMn_{0.2}O_2$（$x$=0.00，0.03，0.05和0.07）正极材料。Mg^{2+}的掺杂能够有效地降低材料中的阳离子进入Li位，虽然在掺杂后材料的首次放电比容量降低，但是材料的循环性能得到大幅度的改善。结果显示，当Mg掺杂量为0.03时，放电比容量最高，材料的循环性能最好。通过样品的SEM形貌分析表明，Mg掺杂后的$LiNi_{0.6}Co_{0.17}Mg_{0.03}Mn_{0.2}O_2$正极材料可以得到粒径相对较大的一次颗粒。在3.0～4.3V，0.5C下，首次放电比容量为165mA·h/g。在5C下循环30次后容量保持率为89.3%，而未掺杂的材料在5C下循环30次后容量保持率仅为63.31%。Yue等人[34]将以氢氧化物共沉淀法合成$LiNi_{0.6}Co_{0.2}Mn_{0.2}O_2$材料和$NH_4F$混合均匀后在低温450℃条件下煅烧5h后，制备了氧位掺杂阴离子F的$LiNi_{0.6}Co_{0.2}Mn_{0.2}O_{2-z}F_z$（$z$=0，0.02，0.04，0.06）系列材料。其原理是利用氟离子较强的电负性，可以有效地提高材料的结构稳定性。XPS以及EDS研究表明，氟离子均匀地掺杂在材料的颗粒内部。电化学数据研究表明，当F^-掺杂量为0.02时，在电压区间为2.8～4.3V，电流密度为17mA/g（0.1C）条件下，首次放电比容量为164mA·h/g，稍低于未掺杂的169mA·h/g。但是其在25℃以及55℃下，电流密度为170mA/g下循环50次的容量保持率显著高于未掺杂的材料。特别是在高倍率5C条件下，掺杂F^-为0.02mol的放电比容量为106.9mA·h/g，而未掺杂的仅为87.9mA·h/g。

在Ni位掺杂方面，Li等人[1]合成了Cr掺杂的$LiNi_{0.8-x}Co_{0.1}Mn_{0.1}Cr_xO_2$（$x$=0，0.01，0.02，0.03）材料，随着掺杂Cr^{3+}的增加，材料的放电比容量以及循环性能下降，这是因为掺杂过量的Cr会导致生成的Cr^{6+}进入Li层，以及表面Mn^{3+}的生成。适量的Cr^{3+}掺杂能显著地提高材料的电化学性能，除了能够降低阳离子混排程度，适量的Cr^{3+}能把材料表面的Ni^{3+}还原为Ni^{2+}，从而抑制了材料表层由层状结构向尖晶石结构的不可逆相变，导致材料的电化学性能变差。Zhang等人[35]研究了Mg^{2+}以及Cr^{3+}共同掺杂Ni位对材料电化学性能的影响，结果显示当Mg^{2+}及Cr^{3+}的掺杂量均为0.01mol时，对材料的改善效果明显。其在电压区间为2.7～4.3V，电流密度为18mA/g条件下，首次放电比容量为202.5mA·h/g，高于未掺杂的材料的192.4mA·h/g。因为在此条件下Ni/Li混排程度最小（2%），首次放电效率提高。此外，倍率性能也得到较大改善，在10C下放电比容量为132.6mA·h/g，而未掺杂的仅为123.1mA·h/g。

6.3.2 镍钴锰酸锂的表面包覆

在表面改性方面，为了防止材料在电解液中溶解，防止充放电过程中析气反应的发生，常在材料表面包覆一层具有较好的化学兼容性，热稳定性，又能使锂离子通过的保护层。

通过表面包覆手段对 $LiNi_{1/3}Co_{1/3}Mn_{1/3}O_2$ 正极材料的改性材料主要有：ZrO_2、TiO_2、Al_2O_3、SrF_2、AlF_3、LiF，此外也采用了石墨烯和碳材料等。其中 Shi 等人[36]包覆 LiF 后材料在 2.5～4.5V 电压区间的首次放电比容量为 187.2mA·h/g，仅稍低于未包覆的 189.8mA·h/g。但是包覆后的 $LiNi_{1/3}Co_{1/3}Mn_{1/3}O_2$ 正极材料的循环性能以及倍率性能均得到很大的提高，特别是在低温（0℃，−20℃）和高温（60℃）下的循环性能得到大幅度的改善。

Ni 等人[37]采用溶胶-凝胶法在 $Li[Ni_{0.4}Co_{0.2}Mn_{0.4}]O_2$ 正极材料表层包覆了 Li_2ZrO_3。研究表明，Li_2ZrO_3包覆层能够有效地减少材料表面在长期循环中受到电解液发生副反应产生 HF 的腐蚀，抑制颗粒表层过渡金属离子的溶解和副反应的发生，从而使材料倍率性能和容量保持率，尤其在高温下的容量保持率都得到明显提高。此外，Rong 等人[38]采用石墨烯对 $Li[Ni_{0.4}Co_{0.2}Mn_{0.4}]O_2$材料进行包覆，在改善材料的电化学性能方面也取得了较好的效果。

$LiNi_{0.4}Co_{0.2}Mn_{0.4}O_2$ 正极材料同 $LiNi_{1/3}Co_{1/3}Mn_{1/3}O_2$ 正极材料相比，其 Mn 含量高决定了其热稳定性能更加优越，同时还有一定的价格优势，商业应用前景较好。但是该材料的放电比容量相对较低，循环稳定性仍有待改进。

在 $LiNi_{0.5}Co_{0.2}Mn_{0.3}O_2$正极材料的表面修饰改性方面，Yang 等人[39]采用液相法在材料颗粒表面包覆 AlF_3后，大大改善了材料的循环性能以及倍率性能。尤其是在高电压 2.8～4.5V 下，在 4C 放电倍率下，其放电比容量为 149.7mA·h/g，循环 100 次后，容量保持率达到 98%。其主要原因是 AlF_3能够较稳定在电极界面产生的 HF 中存在，从而抑制了氧化态的活性物质受到 HF 的腐蚀。但是在包覆过程中一般会造成氟污染，因此该方法还没有应用到实际生产中。Liu 等人[40]以硝酸钇为原料，采用液相法在材料颗粒表面均匀地包覆了一层 Y_2O_3，当包覆量为 2%（质量分数）时表现出了较好的电化学性能。在高电压 2.8～4.6V，在放电倍率为 10C（1800mA/g）下循环 100 次容量保持率可达到 76.3%。而未包覆材料的容量保持率仅为 8.3%，当充电截止电压提高至 4.8V 时，在放电倍率为 10C 下循环 100 次容量保持率仍可达到 49%，未包覆材料的容量保持率却仅为 5.9%，Y_2O_3 的包覆在很大程度上提高了 $LiNi_{0.5}Co_{0.2}Mn_{0.3}O_2$ 正极材料的电化学循环稳定性和热稳定性。此外，近年来主要采用的包覆材料还有：Li_2ZrO_3、MoO_3、TiO_2、三（三甲基硅烷）磷酸酯、三（三甲基硅烷）硼酸酯、一些复合碳纳米管以及其他碳材料等。

在表面包覆一层结构较稳定的材料也是提高 $LiNi_{0.6}Co_{0.2}Mn_{0.2}O_2$ 正极材料电化学性能的一个重要手段。Chen 等人[41]以 γ-Al_2O_3为原料在乙醇介质中使用超声分散法和低温烧结在 $LiNi_{0.6}Co_{0.2}Mn_{0.2}O_2$ 正极材料表面包覆了一层 20～25nm 的 Al_2O_3。Al_2O_3作为一种非活性物质，当包覆量较多时会阻碍 Li^+ 的扩散，并且抑制 Li^+ 在电极材料界面的嵌入和脱嵌。研究结果表明，当包覆量为 1.0%（质量分数）时电化学性能较好，其在高电压 3.0～4.5V，电流密度为 0.2C（28mA/g）

下，放电比容量为197.1mA·h/g，明显高于未包覆的187.9mA·h/g，循环性能以及倍率性能都有显著的改善。这主要是因为有较强结合力的Al—O键能够降低活性物质在电极界面的活性，从而减少在高电压条件下活性物质与电解液反应的概率，抑制电解液的快速分解。Cho等人[42]以平均粒径在10nm以下的纳米级SiO_2为原料，在异丙醇介质中采用超声分散包覆了一层厚度小于10nm的SiO_2。包覆后的$LiNi_{0.6}Co_{0.2}Mn_{0.2}O_2$正极材料的循环性能以及倍率性能都得到了较大的提高，特别是在高温60℃下，包覆材料在0.5C下循环50次后的放电比容量仍高达164.2mA·h/g，而未包覆的材料循环50次后放电比容量降低到144.7mA·h/g。这主要归因于包覆的SiO_2能够优先与电解液中副反应产生的HF发生反应，防止HF与电极材料表面发生反应，从而达到保护活性材料的目的。Ju等人[43]在*N*-甲基吡咯烷酮［*N*-methyl pyrrolidone (NMP)］介质中制备了聚（3,4-亚乙二氧基噻吩)-聚（苯乙烯磺酸）和乙二醇双重导电聚合物包覆的$LiNi_{0.6}Co_{0.2}Mn_{0.2}O_2$正极材料。热重分析法表明双重导电聚合物的在材料表面的包覆量为0.78%（质量分数)，聚(3,4-亚乙二氧基噻吩)-聚(苯乙烯磺酸）和乙二醇的摩尔比为41∶59。透射电子显微镜显示双重导电聚合物在材料表层的厚度为11～18nm。相比金属氧化物不均匀且不连续的沉积在材料表面，导电聚合物则是厚度均匀的包覆在颗粒表面，包覆后的材料电子电导率为0.2S/cm，大大高于未包覆材料的电子电导率（1.6×10^{-6}S/cm)。此外，双重导电聚合物还能够减少活性正极材料中过渡金属离子的溶解。Chen等人[44]在乙醇介质中利用钛酸丁酯的水解，在$LiNi_{0.6}Co_{0.2}Mn_{0.2}O_2$正极材料表面包覆了一层厚度为25～35nm的$TiO_2$，材料的电化学性能以及热稳定性得到了较大的提高。与$LiNi_{1/3}Co_{1/3}Mn_{1/3}O_2$、$LiNi_{0.4}Co_{0.2}Mn_{0.4}O_2$和$LiNi_{0.5}Co_{0.2}Mn_{0.3}O_2$材料相比，$LiNi_{0.6}Co_{0.2}Mn_{0.2}O_2$正极材料拥有较高放电比容量，较好的倍率性能，同时较高的Mn含量可以满足对循环稳定性以及安全性能的要求，是未来有潜力大规模应用在新能源电动汽车上的正极材料之一。

近年来，大量的研究学者采用不同的合成方法合成了层状结构较好的$LiNi_{0.8}Co_{0.1}Mn_{0.1}O_2$正极材料，虽然其放电比容量较高，可达到200mA·h/g，但是其循环性能以及倍率性能仍需要较大改善。在表面修饰改性方面，由于$LiNi_{0.8}Co_{0.1}Mn_{0.1}O_2$材料的镍含量高，当材料暴露在空气中时，材料表面晶格中的O^{2-}会与空气中的CO_2或者H_2O反应生成CO_3^{2-}或者OH^-，材料表面残余的Li（以Li_2O形式存在）就会和CO_3^{2-}或者OH^-反应生成Li_2CO_3或者LiOH，这些在材料表面形成的杂质会严重影响材料的加工性能以及电化学性能，此外，这些杂质还加剧电解液的分解，产生的HF会造成对材料颗粒表面的腐蚀。为了解决这些问题，Xiong等人[45,46]采用包覆V_2O_5以及水洗来减少材料表面的这些杂质含量。HRTEM以及在碳酸二甲酯中滴定法测试HF研究表明，沉积在材料表面的V_2O_5一方面会与颗粒表面的含Li的杂质化合物反应，减少电解液中HF的产生，在电解液和颗粒表面起到隔绝作用，在长期的储存过程中就大大减少了过渡金属元素由于电解液腐蚀而造成的溶解以及在高温充放电下材料结构由层状向尖晶石结构的转变。另一方面，XPS研究表明，当材料长期暴露于空气中时，材料表面中的 Ni^{3+} 会被晶格中的阳离子还原成 Ni^{2+}，导致 Li/Ni 离子混排严重，促进表面氧气的释放以及残余 Li 杂质的生成，而包覆 V_2O_5 后就很好地抑制了这一现象的发生。电化学数据表明，在 2.8～4.3V，400mA/g（2C）条件下，其首次放电比容量达 171mA·h/g，循环 300 次后容量保持率高达 67.7%。

除此以外，$LiNi_{1/3}Co_{1/3}Mn_{1/3}O_2$、LiF、$AlPO_4$、$ZrO_2$ 以及一些碳材料和石墨烯等也被用以包覆在 $LiNi_{0.8}Co_{0.1}Mn_{0.1}O_2$ 材料的表面，在提高材料的循环性能以及结构稳定性方面都起到了较好的效果。

6.4 生产三元材料的主要原料及标准

近年来，国家对新能源汽车的关注度越来越高，出台的扶持政策应接不暇，而动力型锂离子电池是新能源电动汽车发展的关键。镍钴锰酸锂三元正极材料因能量密度高，循环寿命较长和安全性较好等优点，成为近几年全球市场增量极大的正极材料。这一方面得益于平板电脑、智能手机等数码产品用锂离子电池的稳步增长，另一方面得益于电动自行车、电动汽车等电动交通工具用动力锂离子电池市场的启动。图 6-6 为锂离子电池正极材料自 2012 年以来市场发展趋势预测，可以看出，由于中国推行了一系列新能源汽车政策，刺激着动力电池正极材料的需求，再一次振兴了三元正极材料行业。

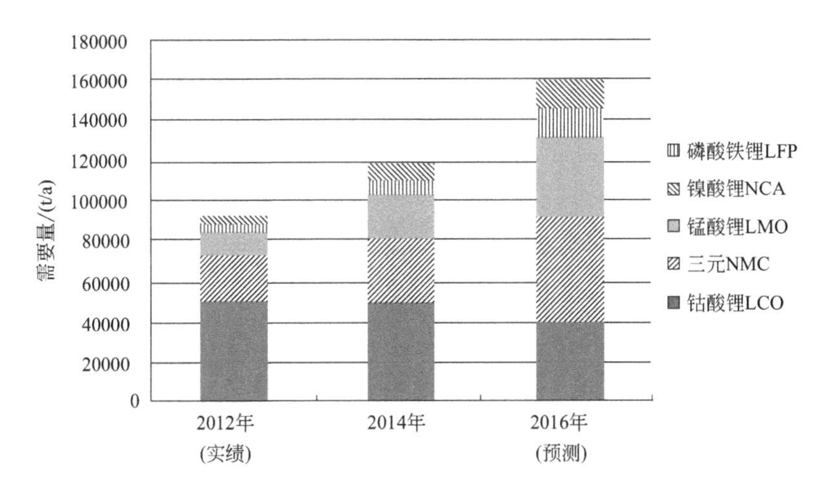

图 6-6　锂离子电池正极材料市场发展趋势预测

镍钴锰酸锂（NCM）正极材料制备过程中的金属盐消耗主要是镍盐、钴盐、锰盐和锂盐的消耗。为了获得能量密度较高的镍钴锰酸锂（NCM）正极材料，对材料的形貌特征提出了较高的要求。目前市场上生产镍钴锰酸锂

（NCM）正极材料普遍采用的方法是将镍钴锰氢氧化物前驱体和碳酸锂或氢氧化锂混合，经高温煅烧后得到镍钴锰酸锂（NCM）正极材料。除此之外，在镍钴锰氢氧化物前驱体的生产过程中常用的原料主要还有沉淀剂如氢氧化钠，配位剂如氨水等。

对于镍盐原料，国内主要的镍盐生产厂家主要有金川集团有限公司、吉林吉恩镍业股份有限公司、新疆新鑫矿业股份有限公司、江西江锂科技有限公司、云锡元江镍业有限责任公司等，金川集团有限公司和吉林吉恩镍业股份有限公司是国内最大的镍盐生产厂商。表 6-1 为国内某镍钴锰氢氧化物前驱体生产厂家硫酸镍入库标准。

对于钴盐原料，由于钴和镍常常相伴而生，所以一些大型的镍生产企业也是主要的钴生产商，如金川集团有限公司和吉林吉恩镍业股份有限公司。表 6-2 为国内某镍钴锰氢氧化物前驱体生产厂家硫酸钴入库标准。

对于锰盐原料，国内的主要的硫酸锰、氯化锰生产厂家主要有湖南汇通科技有限公司、中信大锰矿业责任有限公司、广西新发隆锰科技有限公司、湖北元港化工有限责任公司等。表 6-3 为国内某镍钴锰氢氧化物前驱体生产厂家硫酸锰入库标准。

此外，氢氧化钠采用符合国家标准 GB/T 2009—2006 的工业氢氧化钠；氨水采用符合国家化工部标准 HG 1-88-81 的工业用氨水。

表 6-1 国内某镍钴锰氢氧化物前驱体生产厂家硫酸镍入库标准

检测项目	标准	检测方法	取样要求
化学式	$NiSO_4 \cdot 6H_2O$	参考质保书	—
外观	翠绿色，略带白点的颗粒状结晶，允许有可碎性结块	目测	随机抽样（≥6 个）
(Ni+Co)质量分数/%	≥22.2	化学滴定法	
Ni 质量分数/%	≥22.0		
pH 值	>5.0	pH 计	
金属 Fe 含量/10^{-9}	≤100	ICP	
Co 质量分数/%	≤0.31		
Fe^{2+}、Fe^{3+}浓度/10^{-6}	≤20		
Ca 质量分数/%	≤0.004		
Mg 质量分数/%	≤0.004		
Cu 质量分数/%	≤0.0005		
Zn 质量分数/%	≤0.002		
Pb 质量分数/%	≤0.002		
Cd 质量分数/%	≤0.0005		

表 6-2　国内某镍钴锰氢氧化物前驱体生产厂家硫酸钴入库标准

检测项目	入库标准	检测方法	取样要求
化学式	$CoSO_4 \cdot 7H_2O$	参考质保书	—
外观	玫瑰红色晶体，允许有可碎性结块	目测	随机抽样(≥6 个)
Co 质量分数/%	≥20.2	化学滴定法	
pH 值	≥4.00	pH 计	
金属 Fe 含量/10^{-9}	≤100	ICP	
Ni 质量分数/%	≤0.004		
Fe 质量分数/%	≤0.003		
Ca 质量分数%	≤0.002		
Mg 质量分数%	≤0.002		
Cu 质量分数%	≤0.0008		
Pb 质量分数%	≤0.0005		
Zn 质量分数%	≤0.0005		
Cd 质量分数%	≤0.001		

表 6-3　国内某镍钴锰氢氧化物前驱体生产厂家硫酸锰入库标准

检测项目	入库标准	检测方法	取样要求
化学式	$MnSO_4 \cdot H_2O$	参考质保书	—
外观	白色，略带粉红色结晶粉末，无结块	目测	随机抽样(≥6 个)
Mn 质量分数/%	≥31.8	化学滴定法	
pH 值	≥4.00	pH 计	
金属 Fe 含量/10^{-9}	≤100	ICP	
Ni 质量分数/%	≤0.003		
Fe 质量分数/%	≤0.003		
Ca 质量分数/%	≤0.05		
Mg 质量分数/%	≤0.05		
Cu 质量分数/%	≤0.003		
Pb 质量分数/%	≤0.0008		
Zn 质量分数/%	≤0.003		
Cr 质量分数/%	≤0.003		
As 质量分数/%	≤0.003		
Ba 质量分数/%	≤0.001		
Cd 质量分数/%	≤0.003		

生产三元材料的原材料碳酸锂与生产钴酸锂的碳酸锂原料相同。

6.5 三元生产工艺流程及工艺参数

三元材料生产以氢氧化镍钴锰前驱体、碳酸锂及其他掺杂元素为原料，进行计量、配料、混合、烧结、粉碎分级、除铁、包装等工序。与钴酸锂生产类似，早期三元材料生产一般采用间歇式半自动化生产。由于间歇式半自动化生产作业环境恶劣，工人劳动强度大，产品一致性差，目前一些品牌企业已经采用全自动化生产线进行生产。与钴酸锂生产不同的是，三元材料由于镍钴锰的比例不一样，其烧结的温度、气氛以及锂盐的种类均有不同。如低镍材料如 111、424、523 等三元材料可以采用较高温度、空气气氛和碳酸锂原料，而高镍材料如 622、811 等三元材料需要采用较低温度、氧气气氛和氢氧化锂原料。总体而言，除了高镍三元如 811 材料外，三元材料生产工艺与钴酸锂生产工艺基本相同，其生产线基本上可以兼容。

6.5.1 计量配料与混合工序

三元材料生产计量配料与混合工序与钴酸锂生产工艺基本相同，详见第 4 章。

6.5.1.1 计量配料

三元材料采用自动化生产线进行计量配料，设备参见第 4 章。

三元材料配料的关键是配方，生产原料主要是氢氧化镍钴锰和碳酸锂（或氢氧化锂）以及少量掺杂元素，根据反应方程式确定几种原料的计量比。高温固相法生产三元材料，碳酸锂或氢氧化锂在高温下会发生挥发，使得实际得到的三元材料成分比按理论计量比设计的配方合成的三元材料成分的锂与镍钴锰金属比偏小。由于三元材料中镍钴锰的比例不一样，其合成温度也不一样，锂盐挥发程度也不一样，锂的配比也就不一样。因此在实际生产过程中将配方中的锂/镍钴锰原子比设计为 1.01～1.05。由于各厂家生产设备与工艺参数不一样，即使同样的配方，最后产品的锂与镍钴锰金属原子比也有较大差异，因此三元材料生产配方一般是一个经验数据，需要生产厂家严格进行品质管控。

6.5.1.2 混合工艺

混合工艺要求将物料混合非常均匀，不同厂家采用的混合设备与工艺也有所不同。生产三元材料的前驱体氢氧化镍钴锰是一种形貌非常好的球形颗粒，为了烧结后仍能保持良好的球形形貌，三元材料的原材料一般不采用湿法球磨混合，因为湿法球磨会破坏球形形貌。因此，目前自动化生产三元材料采用干法混合工艺，干法混合工艺尽管混合效果不如湿法混合，但干法混合成本低、效率高、环保安全，同时可以保证不破坏前躯体的形貌，产品性能可以通过调节烧结工艺参数如烧结温度、时间、气氛等来保证。干法混合设备参见第 3 章。三元材料的干法混合目前有两种工艺，一种是采用高效混合机，高效混合每批次的混合量可以是100～1000kg不等，时间为20～40min。

另一种是采用干法球磨机混合，为了不破坏前驱体的形貌，一般采用钢球外包聚氨酯，由于聚氨酯比较软，对形貌破坏小。干法球磨混合每批次的混合量可以是500～2000kg不等，时间为4～5h。

6.5.2 烧结工序

烧结工序是三元材料生产的最核心工序，是生产过程中最关键的控制点。为了提高产能，目前三元材料生产普遍采用辊道窑。辊道窑由于炉膛截面高度小，温度均匀性比推板窑好，由于没有推板，气氛流动性好，烧结的产品性能优于推板窑。物料在辊道窑中的前进靠辊棒的滚动来实现，滚动摩擦比推板窑的滑动摩擦小，辊道窑理论上可以设计很长，有些辊道窑长度可达到100m以上，三元材料生产用的辊道窑长度一般在40～60m。辊道窑一般设计成单层4列，最多的有6列，由于温度和气氛均匀性好，烧结时间比推板窑短，其产能比推板窑大2～3倍。有些企业为了进一步提高产能，将辊道窑设计成2层4列或2层6列。

烧结工序的主要工艺参数是烧结温度、时间、气氛。

6.5.2.1 烧结温度

三元材料的合成反应：

$$Ni_{1-x-y}Co_xMn_z(OH)_2+1/2Li_2CO_3+1/4O_2 \longrightarrow LiNi_{1-x-y}Co_xMn_zO_2+1/2CO_2+H_2O$$

$$Ni_{1-x-y}Co_xMn_z(OH)_2+LiOH \cdot H_2O+1/4O_2 \longrightarrow LiNi_{1-x-y}Co_xMn_zO_2+5/2H_2O$$

不同比例的三元材料烧结温度也不同，一般情况下，镍含量越高，煅烧温度越低。这是因为三价镍在高温下具有热力学不稳定性，容易分解为二价镍，并放出氧气。例如 $LiNi_{1/3}Co_{1/3}Mn_{1/3}O_2$ 正极材料的烧结温度一般控制在900～1000℃。$LiNi_{0.8}Co_{0.1}Mn_{0.1}O_2$ 的烧结温度一般为750～800℃。

对于高镍材料，由于烧结温度比较低，相应的原材料锂盐需要采用氢氧化锂替代碳酸锂，因为氢氧化锂的熔融温度和分解温度比碳酸锂低，有利于在较低温度下与氢氧化镍钴锰发生反应生成三元材料。

6.5.2.2 烧结时间

三元材料的烧结时间取决于混料的均匀度、烧结设备以及对产品性能的要求。辊道窑由于温度均匀性和气氛均匀性好，烧结时间相对推板窑要短很多。在一定范围内，烧结时间对材料容量、比表面积、振实密度的影响不大，但对材料表面锂残留量和产品一次颗粒大小影响比较大。一般情况下，烧结时间短，表面锂残留量和pH增大，一次颗粒减小。工业生产由于对产能和效率的要求，在保证产品质量的前提下，一般要求烧结时间尽可能缩短。

6.5.2.3 烧结气氛

三元材料的生产原料是氢氧化镍钴锰［$Ni_{1-x-y}Co_xMn_z(OH)_2$］和碳酸锂或

氢氧化锂，$Ni_{1-x-y}Co_xMn_z(OH)_2$ 分子式中镍钴锰的化合价均为+2 价，而在富镍型 $LiNi_{1-x-y}Co_xMn_yO_2$ 中，如 $LiNi_{0.5}Co_{0.2}Mn_{0.3}O_2$、$LiNi_{0.6}Co_{0.2}Mn_{0.2}O_2$ 和 $LiNi_{0.8}Co_{0.1}Mn_{0.1}O_2$ 等，这类材料中 Co 为+3 价，Ni 为+2/+3 价，Mn 元素依然为+4 价。因此三元材料的合成反应必须在氧化气氛中进行。工业上生产低镍三元材料如 $LiNi_{1/3}Co_{1/3}Mn_{1/3}O_2$、$LiNi_{0.4}Co_{0.2}Mn_{0.4}O_2$、$LiNi_{0.5}Co_{0.2}Mn_{0.3}O_2$ 采用空气气氛，而生产高镍三元材料如 $LiNi_{0.6}Co_{0.2}Mn_{0.2}O_2$、$LiNi_{0.8}Co_{0.1}Mn_{0.1}O_2$ 采用纯氧气气氛。

由于三元材料所用的原料为氢氧化镍钴锰和碳酸锂，高温反应时会放出大量的水蒸气和二氧化碳，严重影响炉内的氧气浓度即氧分压，造成反应不完全，早期的三元材料生产工艺采用二次烧结才能生产出合格的三元材料产品。后来为了降低成本，改用一次烧结工艺，但需要加大排气强度，减小炉内水蒸气和二氧化碳浓度，增大氧气浓度。为了促进氧气向反应原料粉体中的扩散，有些工厂在装料匣钵中的粉体上插上许多小孔。

对于高镍材料如 $LiNi_{0.8}Co_{0.1}Mn_{0.1}O_2$ 除需要采用纯氧气气氛外，还需要采用密闭式窑炉，窑炉需要保持一定的正压。

6.5.3 粉碎分级工序

与钴酸锂的粉碎分级类似，三元材料通过烧结工序后会有一定程度的板结，通常需要进行粗破碎和超细粉碎。粗破碎传统工艺采用颚式破碎和辊式破碎，目前采用旋轮磨可以替代颚式破碎和辊式破碎，破碎颗粒粒度一般可以在 1mm 以下，可以直接进行超细粉碎，超细粉碎一般采用气流粉碎和机械粉碎机。气流粉碎机产能大，但能耗高，有时会产生过粉碎，使产品收率降低，增大了产品成本。机械粉碎机能耗低，产品过粉碎程度小，收率高，但产能较小。目前这两种粉碎方式都盛行。

6.5.4 合批工序

三元材料经过前面配料混合、烧结、粉碎分级等工序后，产品已成型。但仍需将不同批次原料、不同设备、不同时间生产的小批次产品经过混合合成一个大批次，保证在这一大批次下的产品其质量是一致的均匀的，这对下游客户对产品的试用是非常有益的。目前合批工序使用的设备主要有双螺旋锥形混合机和卧式螺带混合机。根据生产规模和客户需求，合批的单一批次的数量一般是 5～10t。由于三元材料尤其是高镍三元材料比钴酸锂容易吸水受潮，目前许多厂家在三元材料的合批设备中采用夹套加热，一般温度为 150～250℃，在混合合批过程中将水分蒸发，实现三元材料的干燥，降低水分含量。

6.5.5 除铁工序

正极材料中的 Fe 在充电过程中会溶解，然后在负极上还原成铁，铁的晶核较大，又具有一定的磁性，晶体的生长很快，所以很容易在负极形成铁枝晶，有可能会造成电池的微短路，电池的安全性能存在很大隐患。由于三元材料已被广泛应用于动力锂离子电池中，国际一线品牌电池企业对三元材料中的单质铁等磁性异物含量要求在 2×10^{-8} 以下。单质铁的引入是由原材料中带入，制造过程中金属设备带入、生产环境中由于机器磨损、门窗开关磨损造成空气中微量铁带入等，因此要求原材料厂家预先除铁，所有与物料接触的机器设备采用非金属陶瓷部件或内衬和涂覆陶瓷或特氟龙涂层等。早期除铁采用永磁磁棒制造的除铁器除铁，效果不佳。现已改用高磁场强度的电磁除铁器除，铁效果好，产能大，效率高。

6.5.6 包装工序

三元材料是一种易扬尘的粉末，价格比较高，对包装要求严格，精度要求高。早期普遍采用真空包装机，目前规模企业均采用自动化的粉体包装机。采用铝塑复合膜真空包装，10～25kg/袋，置于牛皮纸桶或塑料桶内。包装车间最好与生产车间隔离，要求恒温除湿，相对湿度最好小于 30%，对于高镍三元材料如 811 材料，相对湿度要求控制在 10%以下。包装车间的墙、顶、门窗等不要采用金属材质，以防带入金属杂质。

6.6 三元材料的产品标准

目前已商业化的三元材料主要有 $LiNi_{1/3}Co_{1/3}Mn_{1/3}O_2$（简称 111）、$LiNi_{0.4}Co_{0.2}Mn_{0.4}O_2$（简称 424）、$LiNi_{0.5}Co_{0.2}Mn_{0.3}O_2$（简称 523），而高镍三元材料如 $LiNi_{0.6}Co_{0.2}Mn_{0.2}O_2$（简称 622）和 $LiNi_{0.8}Co_{0.1}Mn_{0.1}O_2$（简称 811）还处于试产阶段。表 6-4 为某公司的三元材料的入库标准。

表 6-4　某公司三元产品入库标准

性能		数值	单位	测试方法
化学成分	Li	7.00～8.00	%	AAS
	Ni+Mn+Co	58～60	%	AAS
	Fe	≤0.01	%	AAS/ICP
	Mg	≤0.01	%	AAS/ICP
	Pb	≤0.005	%	AAS/ICP
	Cd	≤0.005	%	AAS/ICP
	Cr	≤0.005	%	AAS/ICP
	Na	≤0.02	%	AAS/ICP
	Ca	≤0.01	%	AAS/ICP

续表

性能				数值	单位	测试方法
化学成分	Pb			≤0.01	%	AAS/ICP
	Cu			≤0.005	%	AAS/ICP
	单质 Fe 含量			≤0.03	10^{-6}	AAS/ICP
	Li_2CO_3			≤0.15	%	电位滴定法
	LiOH			≤0.10	%	电位滴定法
	pH 值	523 型		10.5～11.5		pH 酸度测试仪
		111 型		10.0～11.0		
		622 型		11.0～12.0		
	含水量			≤0.05	%	卡尔水分仪
物理性能	振实密度	523 型		≥2.30	g/cm^3	振实密度测试仪
		111 型		≥2.20		
		622 型		≥2.30		
	粒度分布(D_{min})			≥3.3	μm	粒度分析测试仪
	粒度分布(D_{10})			≥6.0	μm	粒度分析测试仪
	粒度分布(D_{50})			9.5～12.5	μm	粒度分析测试仪
	粒度分布(D_{90})			≤25	μm	粒度分析测试仪
	粒度分布(D_{max})			≤35	μm	粒度分析测试仪
	比表面积			0.2～0.5	m^2/g	比表面分析测试仪
电化学性能	充放电曲线			—	—	标准扣式电池(2.7～4.2V)(0.2C)
	初始比容量及首次库仑效率	523 型		≥155 ≥85%	mA·h/g	
		111 型		≥152 ≥86%	mA·h/g	
		622 型		≥173 ≥85%	mA·h/g	
	循环寿命	第 100 周	523 型	≥94	%	标准全电池常温 0.5C 充放电循环
			111 型	≥95		
			622 型	≥90		
		第 300 周	523 型	≥84	%	标准全电池常温 0.5C 充放电循环
			111 型	≥88		
			622 型	≥80		

续表

性能				数值	单位	测试方法
加工性能	压实密度	111 型	$\geqslant$3.60g/cm^3	极片柔韧性好，不粘辊、不断片（极片对辊、烘烤、装配测试）		标准全电池
		523 型	$\geqslant$3.40g/cm^3			
		622 型	$\geqslant$3.50g/cm^3			
安全性能	过充 3C，5.0V			电池不爆炸，不起火		恒流恒压源，防爆箱
运输	包装			桶装，铝塑袋封装，运到时包装完好，无破损		
	目测			黑色固体粉末，颜色均一，无结块		

6.7 镍钴锰酸锂三元材料的种类与应用领域

正极材料作为锂离子电池的核心组成部分，对整个锂离子电池系统性能的优劣起决定性作用。目前电池市场上已经成功商品化的正极材料主要有层状结构的钴酸锂（$LiCoO_2$）材料、立方尖晶石结构的锰酸锂（$LiMn_2O_4$）材料和橄榄石结构的磷酸亚铁锂（$LiFePO_4$）材料。$LiCoO_2$材料价格昂贵，且结构稳定性、热稳定性及过充安全性较差，不适合作大型动力和储能锂离子电池正极材料；$LiMn_2O_4$ 的比容量较低（约 120mA·h/g），高温循环稳定性较差，在较高电压下容量衰减过快；$LiFePO_4$虽具有循环寿命长和安全性能好等优点，但其电子电导率低（$<10^{-9}$S/cm），比容量也被限制在 170mA·h/g 以下，大倍率电流充放电性能较差，且压实密度低，体积能量密度低。具有高容量和高压实密度以及较高电压平台的三元镍钴锰酸锂正极材料 $LiNi_{1-x-y}Co_xMn_yO_2$ 得到了广泛应用。

在 2005 年以前，钴酸锂几乎一统天下，占锂离子电池正极材料市场 95%以上。随着锂离子电池对成本及安全性的要求，2005 年以后，三元材料发展迅速，特别是随着移动电源（俗称充电宝）快速发展，带动了三元材料的爆发式增长，目前移动电源几乎百分之百采用三元正极材料。

2013 年以来，全球新能源汽车发展迅猛，NCA 和镍钴锰三元材料由于其放电比容量大、能量密度高，成为电动汽车用动力锂离子电池的正极材料，与磷酸铁锂材料并行为动力锂离子电池的两种主流正极材料。近年来，我国对新能源汽车出台的扶持政策应接不暇，而动力型锂离子电池是新能源电动汽车发展的关键。为了节约成本以及提高电动汽车的续航里程，具有高能量密度的锂离子电池三元正极材料就成为了其中的首选。

$LiNi_{0.5}Co_{0.2}Mn_{0.3}O_2$ 材料已广泛应用于移动电源、自动自行车等领域。$LiNi_{1/3}Co_{1/3}Mn_{1/3}O_2$、$LiNi_{0.4}Co_{0.2}Mn_{0.4}O_2$ 由于安全性好，开始应用于电动小轿车锂离子电池。出于续航里程的考虑，国内外开始开发 $LiNi_{0.6}Co_{0.2}Mn_{0.2}O_2$、

$LiNi_{0.8}Co_{0.1}Mn_{0.1}O_2$型动力锂离子电池。

参 考 文 献

[1] Li L J, Wang Z X, Liu Q C, et al. Effects of chromium on the structural, surface chemistry and electrochemical of layered $LiNi_{0.8-x}Co_{0.1}Mn_{0.1}Cr_xO_2$. Electrochimica Acta, 2012, 77: 89-96.

[2] Ohzuku T, Makimura Y. Layered lithium Insertion of $LiCo_{1/3}Ni_{1/3}Mn_{1/3}O_2$ for lithium-ion batteries [J]. Chemistry Letters, 2001, 30: 642-643.

[3] Shinova E, Stoyanova R, Zhecheva E, et al. Cationic distribution and electrochemical performance of $LiCo_{1/3}Ni_{1/3}Mn_{1/3}O_2$ electrodes for lithium-ion batteries. Solid State Ionics, 2008, 179: 2198-2208.

[4] Ngala J K, Chernova N A, Ma M, et al. The synthesis, characterization and electrochemical behavior of the layered $LiNi_{0.4}Mn_{0.4}Co_{0.2}O_2$ compound [J]. Journal of Materials Chemistry, 2004, 14: 214-220.

[5] Ma M M, Chernova N A, Toby B H, et al. Structural and electrochemical behavior of $LiMn_{0.4}Ni_{0.4}Co_{0.2}O_2$ [J]. J Power Sources, 2007, 165: 517-534.

[6] Li J, Zheng J M, Yang Y. Studies on Storage Characteristics of $LiNi_{0.4}Co_{0.2}Mn_{0.4}O_2$ as Cathode Materials in Lithium-Ion Batteries [J]. J Electrochem Soc, 2007, 154: A427-432.

[7] Bie X F, Liu L N, Helmut Ehrenberg, et al. Revisting the layered $LiNi_{0.4}Co_{0.2}Mn_{0.4}O_2$: a magnetic approach. RSC advances, 2012, 2: 9986-9992.

[8] 马全新，孟军霞，杨磊，等．锂离子电池正极材料 $LiNi_{0.5}Co_{0.2}Mn_{0.3}O_2$的制备及电化学性能．中国有色金属学报，2013，23：456-462.

[9] Kong J Z, Zhai H F, Ren C, et al. Synthesis and electrochemical performance of macroporous $LiNi_{0.5}Co_{0.2}Mn_{0.3}O_2$ by a modified sol-gel method. Journal of Alloys and Compounds, 2013, 577: 507-510.

[10] Wang F, Zhang Y, Zou J Z, et al. The structural mechanism of the improved electrochemical performances resulted from sintering atmosphere for $LiNi_{0.5}Co_{0.2}Mn_{0.3}O_2$ cathode material. Journal of Alloys and Compounds, 2013, 558: 172-178.

[11] Kong J Z, Yang X Y, Zha H F, et al. Synthesis and electrochemical properties of Li-excess $Li_{1+x}[Ni_{0.5}Co_{0.2}Mn_{0.3}]O_2$ cathode materials using ammonia-free chelating agent. Journal of Alloys and Compounds, 2013, 580: 491-496.

[12] Wu K C, Wang F, Gao L L, et al. Effect of precursor and synthesis temperature on the structural and electrochemical properties of $Li(Ni_{0.5}Co_{0.2}Mn_{0.3})O_2$. Electrochimica Acta, 2012, 75: 393-398.

[13] Kong J Z, Zhou F, Wang C B, et al. Effects of Li source and calcination temperature on the electrochemical properties of $LiNi_{0.5}Co_{0.2}Mn_{0.3}O_2$ lithium-ion cathode materials. Journal of Alloys and Compounds, 2013, 554: 221-226.

[14] Li Y J, Han Q, Ming X Q, et al. Synthesis and characterization of $LiNi_{0.5}Co_{0.2}Mn_{0.3}O_2$ cathode material prepared by a novel hydrothermal process. Ceramics International, 2014, 40: 14933-14938.

[15] Cao H, Zhang Y, Zhang J, et al. Synthesis and electrochemical characteristics of layered $LiNi_{0.6}Co_{0.2}Mn_{0.2}O_2$ cathode material for lithium ion batteries, Solid State Ionics, 2005, 176 : 1207-1211.

[16] Zhang Y, Cao H, Zhang J, et al. Synthesis of $LiNi_{0.6}Co_{0.2}Mn_{0.2}O_2$ cathode material by a carbonate co-precipitation method and its electrochemical characterization. Solid State Ionics, 2006, 177: 3303-3307.

[17] Yue P, Wang Z X, Li L J, et al. Spray-drying synthesized $LiNi_{0.6}Co_{0.2}Mn_{0.2}O_2$ and its electrochemical performance as cathode materials for lithium ion batteries. Powder Technology, 2011, 214: 279-282.

[18] Ahn W, Lim S N, Jung K N, et al. Combustion-synthesized $LiNi_{0.6}Mn_{0.2}Co_{0.2}O_2$ as cathode material for lithium ion batteries. Journal of Alloys and Compounds, 2014 (609): 143-149.

[19] Gan C L, Hu X H, Zhan H, et al. Synthesis and characterization of $Li_{1.2}Ni_{0.6}Co_{0.2}Mn_{0.2}O_{2+\delta}$ as a cathode material for secondary lithium batteries. Solid State Ionics, 2005, 176 : 687-692.

[20] José J, Saavedra-Arias, Karan K N, et al. Synthesis and electrochemical properties of $Li(Ni_{0.8}Co_{0.1}Mn_{0.1})O_2$ cathode material: Ex situ structural analysis by Raman scattering and X-ray diffraction at various stages of charge-discharge process. Journal of Power Sources, 2008, 183: 761-765.

[21] Kima M H, Shin H S, Shin D W, et al. Synthesis and electrochemical properties of $Li[Ni_{0.8}Co_{0.1}Mn_{0.1}]O_2$ and $Li[Ni_{0.8}Co_{0.2}]O_2$ via co-precipitation. Journal of Power Sources, 2006, 159: 1328-1333.

[22] Lu H Q, Zhou H T, Svensson A M, et al. High capacity $LiNi_{0.8}Co_{0.1}Mn_{0.1}O_2$ synthesized by sol-gel and co-precipitation methods as cathode materials for lithium-ion batteries. Solid State Ionics, 2013, 249-250: 105-111.
[23] 岳鹏，彭文杰，王志兴，等．正极材料 $LiNi_{0.8}Co_{0.1}Mn_{0.1}O_2$ 的合成及电化学性能．中国有色金属学报，2011，21（7）：1600-1606.
[24] Liu J, Qiu W, Yu L, et al. Synthesis and electrochemical characterization of layered $LiNi_{1/3}Co_{1/3}Mn_{1/3}O_2$ cathode materials by low-temperature solid-state reaction [J]. Journal of Alloys and Compounds, 2008, 449 (1-2): 326-330.
[25] Cheralathan K K, Kang N Y, Park H. S, et al. Preparation of spherical $LiNi_{0.8}Co_{0.15}Mn_{0.05}O_2$ lithium-ion cathode material by continuous co-precipitation [J]. Journal of Power Sources, 2010, 195 (5): 1486-1494.
[26] Deng C, Zhang S, Fu B L, Yang S Y, Ma L. Synthetic optimization of nanostructured $Li[Ni_{1/3}Mn_{1/3}Co_{1/3}]O_2$ cathode material prepared by hydroxide coprecipitation at 273 K. Journal of Alloys and Compounds, 2010, 496: 521-527.
[27] Li X L, Shi X J, Huang Z H, et al. Nanostructured $LiNi_{1/3}Co_{1/3}Mn_{1/3}O_2$ as a cathode material for high-power lithium-ion battery [J]. Asia-Pac J Chem Eng, 2008, 3 (5): 527-530.
[28] Xia H, Wang H L, Xiao W, et al. Properties of $LiNi_{1/3}Co_{1/3}Mn_{1/3}O_2$ cathode material synthesized by a modified Pechini method for high-power lithium-ion batteries [J]. J Alloys Compd, 2009, 480 (2): 696-701.
[29] Shin H S, Shin D W, Sun Y K. Synthesis and electrochemical properties of $Li[Ni_{0.4}Co_{0.2}Mn_{(0.4-x)}Mg_x]O_{2-y}F_y$ via a carbonate co-precipitation. Current Applied Physics, 2006, 6S1: e12-e16.
[30] Shin H S, Shin D W, Sun Y K. Improvement of electrochemical properties of $Li[Ni_{0.4}Co_{0.2}Mn_{(0.4-x)}Mg_x]O_{2-y}F_y$ cathode materials at high voltage region. Electrochimica Acta, 2006, 52: 1477-1482.
[31] Hua W B, Zhang J B, Zheng Z, et al. Na-doped Ni-rich $LiNi_{0.5}Co_{0.2}Mn_{0.3}O_2$ cathode material with both high rate capability and high tap density for lithium ion batteries. Dalton Trans, 2014, 43: 14824-14832.
[32] Zhu H L, Xie T, Chen Z Y, et al. The impact of vanadium substitution on the structure and electrochemical performance of $LiNi_{0.5}Co_{0.2}Mn_{0.3}O_2$. Electrochimica Acta, 2014, 135: 77-85.
[33] Fu C Y, Zhou Z G, Liu Y H, et al. Synthesis and Electrochemical Properties of Mg-doped $LiNi_{0.6}Mn_{0.2}Co_{0.2}O_2$ Cathode Materials for Li-ion Battery. Journal of Wuhan University of Technology-Mater Sci Ed, 2011, 4: 212-216.
[34] Yue P, Wang Z X, Li X H, et al. The enhanced electrochemical performance of $LiNi_{0.6}Co_{0.2}Mn_{0.2}O_2$ cathode materials by low temperature fluorine substitution. Electrochimica Acta, 2013, 95: 112-118.
[35] Zhang B, Li L J, Zheng J C, et al. Characterization of multiple metals (Cr, Mg) substituted $LiNi_{0.8}Co_{0.1}Mn_{0.1}O_2$ cathode materials for lithium ion battery. Journal of Alloys and Compounds, 2012, 520: 190-194.
[36] Shi S J, Tu J P, Tang Y Y, et al. Enhanced electrochemical performance of LiF-modified $LiNi_{1/3}Co_{1/3}Mn_{1/3}O_2$ cathode materials for Li-ion batteries. Journal of Power Sources, 2013, 225: 338-346.
[37] Ni J F, Zhou H H, Chen J T, et al. Improved electrochemical performance of layered $LiNi_{0.4}Co_{0.2}Mn_{0.4}O_2$ via Li_2ZrO_3 coating. Electrochimica Acta, 2008, 53: 3075-3083.
[38] Rong H B, Xu M Q, Xie B Y, et al. Performance improvement of graphite/$LiNi_{0.4}Co_{0.2}Mn_{0.4}O_2$ battery at high voltage with added Tris (trimethylsilyl) phosphate. Journal of Power Sources, 2015, 274: 1155-1161.
[39] Yang K, Fan L Z, Guo J, et al. Significant improvement of electrochemical properties of AlF_3-coated $LiNi_{0.5}Co_{0.2}Mn_{0.3}O_2$ cathode materials. Electrochimica Acta, 2012, 63: 363-368.
[40] Liu X H, Kou L Q, Shi T, et al. Excellent high rate capability and high voltage cycling stability of Y_2O_3-coated $LiNi_{0.5}Co_{0.2}Mn_{0.3}O_2$. Journal of Power Sources, 2014, 267: 874-880.
[41] Chen Y P, Zhang Y, Wang F, et al. Improve the structure and electrochemical performance of $LiNi_{0.6}Co_{0.2}Mn_{0.2}O_2$ cathode material by nano-Al_2O_3 ultrasonic coating. Journal of Alloys and Compounds, 2014, 611: 135-141.
[42] Cho W S, Kim S M, Song J H, et al. Improved electrochemical and thermal properties of nickel rich $LiNi_{0.6}Co_{0.2}Mn_{0.2}O_2$ cathode materials by SiO_2 coating. Journal of Power Sources, 2015, 282: 45-50.
[43] Ju S H, Kang I S, Lee Y S, et al. Improvement of the Cycling Performance of $LiNi_{0.6}Co_{0.2}Mn_{0.2}O_2$ Cathode Active Materials by a Dual-Conductive Polymer Coating. Appl Mater Interfaces, 2014, 6:

2546-2552.

[44] Chen Y P，Zhang Y，Chen B J，et al. An approach to application for $LiNi_{0.6}Co_{0.2}Mn_{0.2}O_2$ cathode material at high cutoff voltage by TiO_2 coating. Journal of Power Sources，2014，256：20-27.

[45] Xiong X H，Wang Z X，Yan G C，et al. Role of V_2O_5 coating on $LiNiO_2$-based materials for lithium ion battery. Journal of Power Sources，2014，245：183-193.

[46] Xiong X H，Wang Z X，Yue P，et al. Washing effects on electrochemical performance and storage characteristics of $LiNi_{0.8}Co_{0.1}Mn_{0.1}O_2$ as cathode material for lithium-ion batteries. Journal of Power Sources，2013，222：318-325.

第7章 镍钴铝酸锂(NCA)材料

镍钴铝酸锂（NCA）材料是在镍酸锂材料基础上演化而来，与 $LiCoO_2$ 相似，理想的 $LiNiO_2$ 为 α-$NaFeO_2$ 型六方层状结构，$LiNiO_2$ 正极材料的理论容量为 275mA·h/g，实际容量达到 180～200mA·h/g，平均嵌锂电位约为 3.8V (vs. Li^+/Li)。相对于 $LiCoO_2$ 而言，镍的储量比钴大，价格便宜。但是镍酸锂合成困难，循环稳定性差，纯相 $LiNiO_2$ 实用性不大。因为 Co 和 Ni 具有相似的电子构型，相似的化学性质，离子尺寸差别很小，$LiNiO_2$ 和 $LiCoO_2$ 可以发生等价置换形成连续固溶体 $LiNi_{1-y}Co_yO_2$，并保持层状的 α-$NaFeO_2$ 型层状结构。为了得到更加稳定的高镍固溶体材料，除了加入钴外，添加 Al 可以进一步提高材料的稳定性和安全性，此种材料就是目前非常热门的 NCA 材料。NCA 是目前商业化正极材料中比容量最高的材料。

7.1 镍钴铝酸锂的结构与电化学特征

7.1.1 镍钴铝酸锂的结构

$LiNi_{1-x-y}Co_xAl_yO_2$（$x+y\leqslant 0.5$，后简称 NCA）是 Co-Al 共掺杂的镍酸锂正极材料。$LiNi_{1-x-y}Co_xAl_yO_2$ 作为 $LiNiO_2$、$LiCoO_2$ 和 $LiAlO_2$ 三者的类质同相固溶体，同时具备了容量高和热稳定性良好的特点，被认为是能够取代 $LiCoO_2$ 的第二代绿色锂离子电池正极材料。镍酸锂正极材料的晶体结构为 α-$NaFeO_2$ 型层状结构[1]。层状结构中氧离子在三维空间做紧密堆积，占据晶格的 6c 位，锂离子和镍离子填充于氧离子围成的八面体孔隙中，二者相互交替隔层排列，分别占据 3a 位和 3b 位。在 [111] 立方晶向上，锂离子层位于 MO_2($Ni_{1-x-y}Co_xAl_yO_2$) 层之间形成夹层化合物。在充放电过程中，锂离子沿着层状结构中的二维（2D）晶胞间隙迁移。富镍系正极材料中由于 Ni^{2+}（0.069nm）的半径小于 Li^+（0.076nm）的半径，材料中很容易出现因 Ni^{2+} 占据 Li^+ 的 3a 位的混排现象形成非化学计量比的 $(Li_{1-x}Ni_x)Ni_{1-x}O_2$

结构，如图 7-1 所示。当材料中存在 Ni^{2+} 与 Li^+ 混排现象时，离子混排会破坏（003）晶面的结晶度，在 XRD 中会表现出（003）峰值弱化。相反的，因为混排后的过渡金属占了 Li 位以后仍然在（104）晶面上，离子混排会导致（104）晶面结晶度变强，XRD 中对应（104）峰峰强变强。在层状结构材料中，往往采用 $I(003)/I(104)$ 峰强比来判断层状结构中的混排程度，离子混排越严重则比值越小。离子混排会使得锂夹层比均相结构窄，Ni^{2+} 在 3a 位阻碍离子迁移导致混排相具有较高的锂离子迁移自由能，恶化材料电化学性能。镍基材料中，混排现象越严重带来的负面影响越大，比如容量损失，结构坍塌，热稳定性差，深度脱锂状态下恶性放热、恶化电池循环稳定性和储存性能等等。

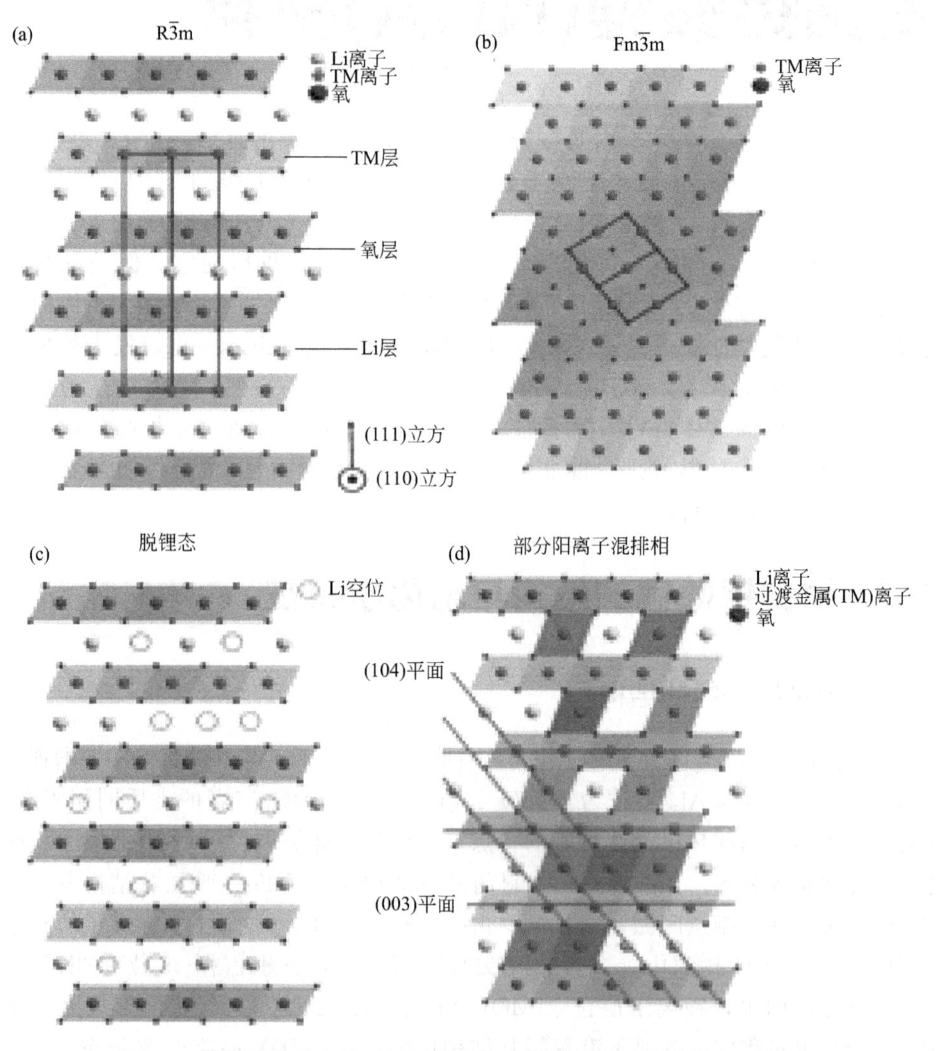

图 7-1　层状锂离子电池正极材料均相和混排相以及结构转变示意图

(a) 有序排布的 $R\bar{3}m$ 结构；(b) 具有 $Fm\bar{3}m$ 结构的离子混排相结构示意图；(c) 在深度充电状态下的 $R\bar{3}m$ 结构；(d) 部分锂镍混排的结构示意图

独特的电子结构是富镍系正极材料具有高可逆容量的另一个原因[2]。从晶体场角度分析，Ni、Co 在八面体场中 d 轨道发生能级分裂，形成 t_{2g} 和 e_g 轨道。Co^{3+}（$t_{2g}^6e_g^0$）与 Ni^{3+}（$t_{2g}^6e_g^1$）均处于低自旋态。在充放电过程中，Co^{3+}/Co^{4+} 对应 $t_{2g}^6e_g^0/t_{2g}^5e_g^0$，$Ni^{3+}/Ni^{4+}$ 对应 $t_{2g}^6e_g^1/t_{2g}^6e_g^0$。图 7-2 是 $LiCoO_2$ 和 $LiNiO_2$ 的电子结构示意图。Ni^{3+}/Ni^{4+} 对应的氧化还原反应活性的 e_g 能带与 O^{2-} 2p 能带顶端的重叠度非常小，而 Co^{3+}/Co^{4+} 对应的氧化还原反应活性的 t_{2g} 能带与 O^{2-} 2p 能带顶端的重合度较大，说明 Ni^{3+}/Ni^{4+} 具有更低的能带重叠。正因为 Co^{3+}/Ni^{4+} t_{2g} 能带与 O^{2-} 2p 能带有较大的重叠度，$LiCoO_2$ 在脱除 50%以上锂的状态下非常不稳定而 Ni^{4+} 能在材料脱除更多 Li 状态下的层状结构中存在，并发挥出高达220mA·h/g 的比容量。然而，电极材料本身固有的特性决定了材料在应用中的一些缺点。在充放电过程中，Co^{3+}/Co^{4+} 能量变化很小，所以半径变化小（$R_{Co^{3+}}=0.0545nm$，$R_{Co^{4+}}=0.053nm$）。而 Ni^{3+}/Ni^{4+} 因为电子在 t_{2g} 和 e_g 轨道之间变化，能量变化比较大，所以反应前后半径变化较大（$R_{Ni^{3+}}=0.056nm$，$R_{Ni^{4+}}=0.048nm$）。这种现象会对镍基材料产生很大的负面影响，比如热稳定性差，深度脱锂状态下剧烈放热、恶化材料循环稳定性和发生表面副反应等。

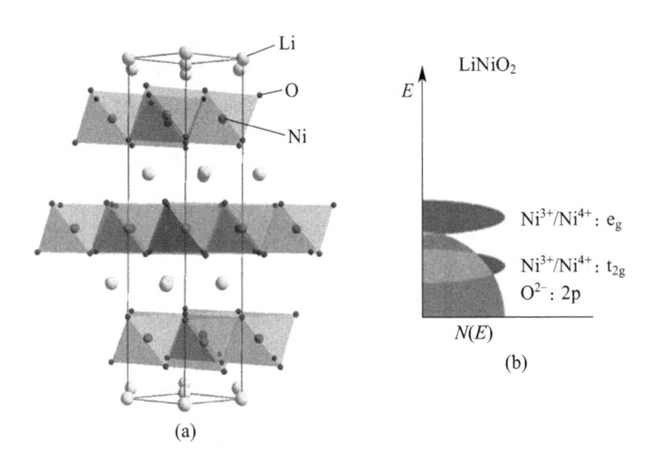

图 7-2 $LiNiO_2$ 的结构单元示意图和电子结构示意图

计量比的 $LiNiO_2$ 是无法制备的，且存在循环性能差、热稳定性差和储存性能差等缺陷，几乎没有实际应用价值。为此，人们选择掺杂的方式来进行改善，其中，掺杂 Co 是最有效的途径，既维持了材料的二维层状结构特性，又提高了材料的循环性能和倍率性能。掺入的钴不仅改善了 $LiNiO_2$ 的层状结构特性，也增加了材料在充电状态下的热稳定性，这是因为 Co—O 的键能大于 Ni—O 的键能（CoO_2 结合能为 1067kJ/mol，NiO_2 的结合能为 1029kJ/mol）。通过 DSC 实验分析，充电到 4.2～4.3V 时，$Li_{1-x}NiO_2$ 放出的热量多，表现为放热峰（大约在 195℃）高大，而 $Li_{1-x}Ni_{0.7}Co_{0.3}O_2$ 的放热峰小很多，出现放热峰的温度也更高（220℃）[3]。对 $Li_{1-x}Ni_{0.7}Co_{0.3}O_2$ 进行循环伏安测试表明，六方相和单斜相的转变消失了，甚至在充电电压达到4.4V，脱锂过程还是在单相范围内进行。根据Chebiam等[4]的研究，在$x<0.25$时，$Li_xNi_{0.85}Co_{0.15}O_2$材料存在两种六方相结构（H2和H3），而当材料处于全脱锂状态时，只存在一种立方相（H3）。这种行为与$LiCoO_2$（$x<0.45$时氧损失）不一样，这也是$Li_xNi_{0.85}Co_{0.15}O_2$的实际容量可以达到180mA·h/g，而$LiCoO_2$实际容量只有140mA·h/g的原因。但是，掺Co的$LiNiO_2$热稳定性并没有得到足够的改善，充电态的$Li_xNi_yCo_{1-y}O_2$（$x\approx0.5$）同样是不稳定的，金属-氧键容易断裂释放出热量和氧气，引起安全问题。如果在$LiNi_yCo_{1-y}O_2$的基础上再掺杂Al，由于Al—O键更强于Co—O键和Ni—O键，又因为Al_2O_3相对于Ni、Co的氧化物而言是一种更优异的热导体，故Al的掺杂不仅弱化了材料对电解液的氧化能力，而且有利于传导氧化电解液所产生的热量，电化学惰性的Al^{3+}在进一步提高了材料结构稳定性的基础上，大大提高了材料的热稳定性[5]。此外，Guilmard等[6]研究结果表明，Al^{3+}在四面体环境下非常稳定，在结构中会优先于镍离子由主晶层迁移到四面体位，可以有效地抑制阳离子重排形成类尖晶石相，降低无序的尖晶石相形成动力学。随着Al^{3+}的增加，相转变温度随之升高，因此NCA材料要比纯相$LiNiO_2$及$LiNi_{1-x}Co_xO_2$具有更好的稳定性。正因为以上原因，$LiNi_xCo_yAl_{1-x-y}O_2$已成为$LiNiO_2$基正极材料研究的重点，并且美国特斯拉纯电动汽车成功使用日本松下制造的镍钴铝酸锂（NCA）圆柱电池，成为高镍材料应用于电动车动力电池的典范。国内外许多大型企业都已经实现$LiNi_{0.8}Co_{0.15}Al_{0.05}O_2$材料的产业化，如德国BASF、比利时Umicore、法国SAFT公司、韩国Ecopro、日本JFE公司、日本TODA公司、住友金属等。

尽管$LiNi_{0.8}Co_{0.15}Al_{0.05}O_2$正极材料在价格、容量和热稳定性等方面基本上达到了实际应用的要求，有望取代已商品化的$LiCoO_2$。但是，$LiNi_{0.8}Co_{0.15}Al_{0.05}O_2$正极材料依然存在一些急需解决的问题。第一，在$LiNi_{0.8}Co_{0.15}Al_{0.05}O_2$正极材料中仍然存在着$Ni^{2+}$占据$Li^+$位的现象，致使材料在充放电过程中容量发生损失，循环性能下降。第二，充电态下Ni^{4+}与电解液直接接触氧化产生的热量与氧气依然会引起安全问题。第三，富镍$LiNiO_2$基正极材料的高碱性本质致使材料容易吸附水分和二氧化碳，从而导致材料储存后的电化学性能急剧下降。

7.1.2 镍钴铝酸锂的电化学特征

动力电池性能是决定电动汽车发展的限制性因素，现阶段由于动力电池续航能力不足、充电速度慢、成本偏高等问题制约了电动汽车普及发展，这也是让很多消费者望而却步的主要原因，动力锂电的性价比在很大程度上影响了电动汽车的市场普及程度。正极材料是动力锂电的核心关键材料，正极材料的能量密度高低与电动汽车的续航里程息息相关，而且其成本约占锂离子电池电芯成本的1/3，所以开发出高能量密度、长寿命、高安全、低成本的正极材料对动力锂电电动汽车的规模化商用至关重要。

目前国内外动力锂电正极材料技术主要有3类：磷酸铁锂、锰酸锂、三元[镍钴铝酸锂（NCA）和镍钴锰酸锂（NCM）]。其中磷酸铁锂作为正极材料的电池充放电循环寿命长、生产成本低，其缺点是能量密度低、低温性能、充放电倍率性能差；锰酸锂电池能量密度低、高温下的循环稳定性和存储性能较差，因而锰酸锂仅作为国际第一代动力锂电的正极材料；而三元材料因其具有综合性能和成本的双重优势日益被行业所关注和认同（见表7-1）。尤其是以2013年异军突起的特斯拉（Tesla）电动汽车为代表，其推出的Tesla Model S续航里程可达480km，其圆柱形电芯所采用的正极材料为NCA。从电池能量密度和电动车续航里程来看，含镍（Ni）的三元系优势明显，特别是高Ni三元系（NCA）材料制作的电池。高能量密度动力锂电的需求带动了高比容量的高Ni三元材料的应用和持续提升，并随着美国Tesla的热卖，锂电企业如日本的Panasonic、AESC、Nissan及韩国LGC、SKI、Samsung都把材料选择重点放在了高镍多元材料上面，由常规的$LiNi_{1/3}Co_{1/3}Mn_{1/3}O_2$（简称NCM111）逐步转向高镍含量的多元材料$LiNi_{0.5}Co_{0.2}Mn_{0.3}O_2$（简称NCM523）、$LiNi_{0.6}Co_{0.2}Mn_{0.2}O_2$（简称NCM622）、$LiNi_{0.8}Co_{0.1}Mn_{0.1}O_2$（简称NCM811）和更高镍的Ni含量为80%～89%的NCA材料发展。

表7-1 常用锂离子电池正极材料性能指标对比

项目	锰酸锂（LMO）	磷酸铁锂（LFP）	镍钴锰酸锂（NCM）	镍钴铝酸锂（NCA）
平台电压/V	3.8	3.3	3.6	3.6
比容量/(mA·h/g)	120	150	160	180
振实密度/(g/cm^3)	2.2～2.4	1.0～1.4	2.0～2.3	2.0～2.4
优点	锰资源丰富，价格较低，安全性能	高安全型，环保长寿	电化学性能稳定，循环性能好	高能量密度、低温性能好
缺点	能量密度低，电解质相容性差	低温性能差，能量密度低	用到一部分的钴价格昂贵	安全性能差，生产技术要求高

7.1.2.1 NCA充放电过程动力学

很多研究工作者研究了镍酸锂正极材料的充放电曲线的形状和晶体结构之间的关系[7]。电池在脱锂过程中的晶格参数变化显示，当Li_xNiO_2中$0.3<x<1$时，随着镍离子的氧化，同层中的Ni-Ni间距会减小，而邻层之间的间距会因为增加了锂离子脱除后邻近氧层间的静电斥力而增加。在高度脱锂状态下会出现邻近层间距急剧降低的现象，说明当结构存在较多的四价阳离子时Ni—O共价键会发生改变。Ohzuku等人[8]根据材料在不同放电深度下的晶格参数变化将Li_xNiO_2材料的电化学反应过程分成四个不同的区间（如图7-3所示），并通过原位XRD衍射实验和一系列的模拟计算揭示了Li_xNiO_2材料的电化学氧化还原反应动力学过程。充电曲线中的平台区域分别对应两相间的相转移。相应地，在循环伏安CV曲线上氧化/还原峰对应锂离子嵌入和脱出过程的相转变。

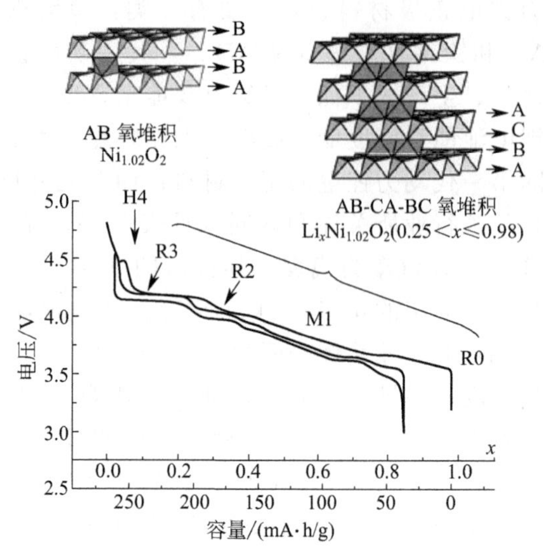

图 7-3　$LiNiO_2$ 充电过程充电深度与材料结构变化示意图

$LiNiO_2$ 基正极材料在充放电过程中要经历三次相变：①在充电过程中，3.7V 附近 Li_xNiO_2 由菱面体相 H1 向单斜晶相 M 转变；在 4.0V 附近则由 M 相转变为菱面体 H2 相；最后在 4.2V 左右由菱面体 H2 转变为新的菱面体 H3，这些电位与充电曲线中出现平台的电位相对应；②在放电过程中，相应的相变峰分别发生在 3.6V、4.0V 和 4.2V。表 7-2 总结了 $LiNiO_2$ 在 2.8～4.3V 范围内的主要相变过程，该材料在充放电过程中经历多次相变导致该类材料循环性不佳和可逆比容量衰减。图 7-4[9] 为 $LiNi_{0.8}Co_{0.15}Al_{0.05}O_2$ 正极材料的前三次循环伏安曲线。如图所示，$LiNi_{0.8}Co_{0.15}Al_{0.05}O_2$ 材料的第一次 CV 曲线与后续的 CV 曲线有明显的不同。首次 CV 循环曲线上，只有两个氧化峰，第一个氧化峰的电位处于 3.9V 和 4.18V 之间，峰电流明显较后续的 CV 曲线中的峰电流大，说明材料在首次充放电循环过程中结构发生了不可逆转变，导致材料在首次充电过程中脱出的锂离子在放电过程中不能完全嵌回到正极材料。在材料的充放电曲线上表现为首次充电曲线电位偏高和首次充放电容量出现较大的不可逆损失。

从第 2 次 CV 循环开始，后续的 CV 曲线具有非常好的重复性，说明材料的结构趋于稳定并具有良好的可逆性。从第二个循环开始，CV 曲线上出现了三对氧化还原电对（3.62～3.53V；3.99～3.98V；4.18～4.17V），对应材料中 H1-M，M-H2 和 H2-H3 相之间的转变。其中 3.62～3.53V 的氧化还原峰占据 CV 曲线中较大的面积，其余两个峰比较平缓。说明在电极氧化还原反应中，3.62～3.53V 的氧化还原峰对应的 H1 相（六方相）与 M 相（单斜相）之间的转变是主要的。对纯相 $LiNiO_2$ 正极材料来说，由于锂离子脱嵌过程中发生了较大的相变，导致 CV 曲线上呈现出三对尖锐的氧化还原峰。掺入 Co 和 Al 元素后，材料的不可逆相变得到了较好的抑制，掺杂提高了镍系材料在充放电过程中的结构稳定性。

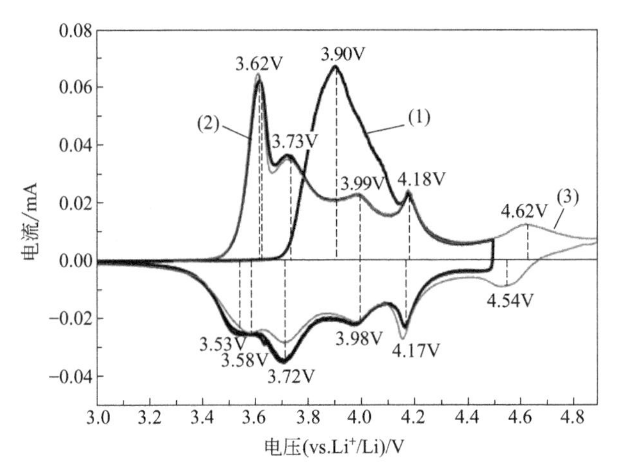

图 7-4 $LiNi_{0.8}Co_{0.15}Al_{0.05}O_2$-Li 电池循环伏安曲线[9]

表 7-2 $LiNiO_2$材料充放电的相变过程

充放电过程	电压	相变过程
充电过程	3.8V 左右	Li_xNiO_2由菱面体相 H1(rhomberhedral phase)转变为单斜晶相 M(monoclinic phase)
	4.0V 左右	Li_xNiO_2由单斜晶相 M 转变为菱面体相 H2
	4.2V 左右	Li_xNiO_2由菱面体相 H2 转变为菱面体相 H3
放电过程	4.1V 左右	Li_xNiO_2由菱面体相 H3 转变为菱面体相 H2,该过程是充电过程 4.20V 左右相变过程的逆过程
	4.0V 左右	Li_xNiO_2由菱面体相 H2 转变为单斜相 M,与充电过程 4.03V 左右相变过程相对应
	3.6V 左右	Li_xNiO_2由单斜晶相 M 转变为菱面体相 H1,该过程对应着充电过程 3.78V 左右的相变过程

对于接近理想化学计量比的材料，在充放电过程中会发生几组相转变。不同脱锂状态下的电子衍射研究表明，所有的相转变都归因于 Li/空位在邻层间的排序。在充放电过程中出现的所有相中，当 $0.50<x<0.75$（Li_xNiO_2）时对应一个独特的单斜晶相，结构简式为 $Li(4e)_{0.5}Li(2c)_{x-0.5}(2c)_{0.75-x}(2d)_{0.25}NiO_2$。其中 4e、2c 和 2d 为锂离子在 C2/m 空间群中的位置。对于 $Li_{0.5}NiO_2$材料而言，锂离子只在 4e 位。而 $Li_{0.75}NiO_2$材料中，锂离子既在 4e 位，也在 2c 位，剩下的 2d 位上为空。在 $0.50<x<0.75$ 区间时，2c 位只有部分离子填充。4e 位全充满和 2d 位全空的状态下原子堆垛往单斜相转变。如果过多的（约 7%）镍占据锂位，Li/空位的占位排序受到抑制，会导致在充电的全过程中都存在一个固溶体相。通过优化工艺条件合成计量比的镍酸锂一直以来就是一大挑战，锂缺陷对富镍系正极材料的电化学性能影响至关重要。部分镍取代锂位会导致首次不可逆容量非常大，不利于正负极容量的匹配。系统的 Li/Ni 比例与材料循环性能之间的影响关系的研究表明混排在锂位的镍离子在首次充电过程中氧化成三价，相应的位置就会存在邻近层结构倒塌，阻碍其附近的锂在夹层中的可逆脱嵌。从结构上看，一旦有一个镍离子占据锂

位，在较大或较为适当的倍率下充放电时，其邻近的 6 个位子的锂离子就无法可逆脱嵌[10]。

深度脱锂状态下，材料中会出现明显的锂镍混排。如果初始的材料为完美的层状结构，会得到氧原子作 AB 方式堆积的 NiO_2 相。实际上，结构中因为少量的混排镍和残留的 Li 的存在会导致部分氧原子作 ABCABC 形式堆垛。如果在锂位上的镍含量过高（>7%），AB 形式的氧就不稳定，正八面体位不能同时被两个镍离子占据。这样一来，板层间的滑移就不会产生，$Li_{1-z}Ni_{1+z}O_2$ 形成 ABCABC 堆垛。然而，对于组分接近极限值（$z=0.07$）的状态，由于镍不能理想地占到锂位，邻层中的部分 Ni^{2+} 由于体积比较小容易诱导在邻层间的滑移导致堆垛缺陷。在 XRD 中则表现为一些衍射线的异常宽化。

通过 Co-Al 共掺杂以后，材料的电化学稳定性得到了改善，目前流行的 NCA 正极材料能发挥出将近 200mA・h/g 的比容量，是电动汽车应用中最有前途的材料之一。

7.1.2.2 容量-倍率-循环性能

图 7-5 是目前流行的正极材料半电池充放电曲线对比图。从图中可以看出，$LiNi_{0.8}Co_{0.15}Al_{0.05}O_2$ 正极材料的可逆比容量超过 190mA・h/g，库仑效率高于 90%。G. Hu 等[11]采用控制结晶法制备了 $Ni_{0.8}Co_{0.15}Al_{0.05}(OH)_{2.05}$ 球形前驱体，以此前驱体和 $LiOH \cdot H_2O$ 为原料并采用加压氧化法制备 $LiNi_{0.8}Co_{0.15}Al_{0.05}O_2$ 正极材料研究结果表明，在此条件下合成的 $LiNi_{0.8}Co_{0.15}Al_{0.05}O_2$ 正极材料振实密度为 2.57g/cm^3，平均粒径为 14.567μm，在 2.8～4.3V 电位范围内，以 0.2C 进行充放电，首次放电比容量达到 190mA・h/g，30 次循环后容量保持率约为 91%。SonghunYoon 等[12]采用优化的共沉淀技术制备了球形 NCA 前驱体，经过锂化反应合成了性能优良的 NCA 正极材料（性能见图 7-6）。NCA 材料保留了 $LiNiO_2$ 高容量、倍率性能优良等优点，但也存在镍系正极材料共有的缺陷-容量循环衰减。NCA 材料容量衰减的原因主要是活性物质结构的变化、非活性物质的产生和界面膜的生成等。在材料存储过程中的失效主要是由于活性物质热力学稳定性差引起的。

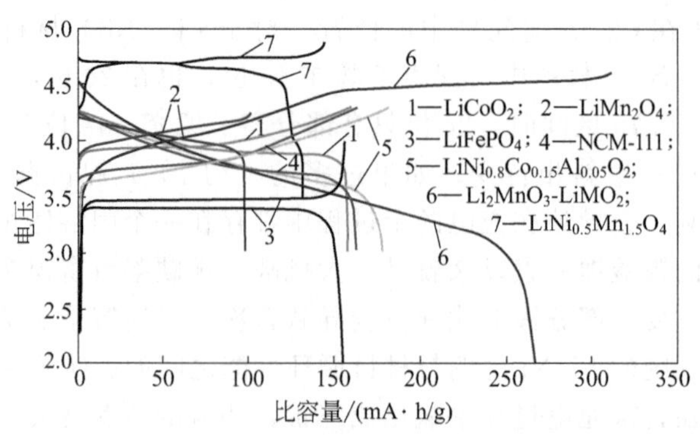

图 7-5 不同正极材料充放电曲线对比

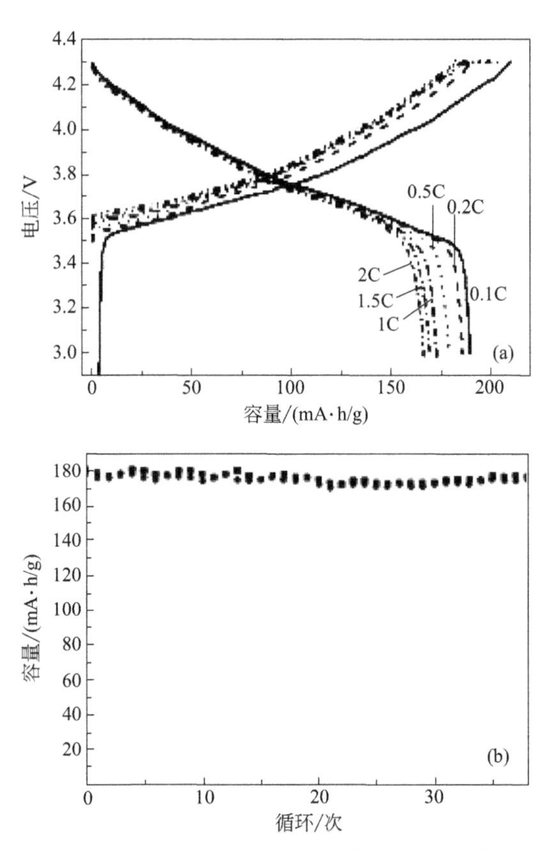

图 7-6　NCA 材料的充放电曲线和循环曲线[12]

一方面，在循环过程中，活性物质与电解液接触表面会形成一层类似 NiO 的立方岩盐相，该相没有电化学活性，离子电子传导率差。这些岩盐相主要集中在应力诱导产生的微裂纹和晶粒外表面上，厚度随着循环次数的增加和充放电深度的增大而增加。表相相变经历“六方相→尖晶石相→立方盐相”的转变过程。这些相态共用同样的氧原子框架，过渡金属离子从 3b 位置迁移至四面体位，形成扭变尖晶石相，再由此迁移占据 3a 位，形成岩盐相。表层缺锂程度相对本体更严重，更有利于过渡金属的迁移，因此恶化表面相变。Ni 是 NCA 中相变的主要元素。Ni 含量越高，越容易发生相变。利用不同充电状态（SOC）电子能量损失谱推算出非活性 Ni^{2+}、Ni^{3+} 的总含量，理论计算出的容量衰减值与实际值相吻合。该研究表明：电池容量的衰减主要应为正极材料中非活性物相的产生。NCA 材料中的缺氧区域与 NiO 的分布有内在联系，NiO 是由于脱锂并伴随着 O_2 逸出而产生，但是非活性 Ni^{3+} 的产生仍然无法解释。

另一方面，在循环过程中，活性物质表面会逐渐形成一层固体电解质相界面（SEI）膜，该膜的组成物质可为 LiF、Li_xPF_z、$Li_xPF_yO_z$、$ROCO_2Li$ 等物质。SEI 膜会消耗 Li^+；同时，SEI 膜成膜不均匀会导致高电压下高氧化态 Ni^{4+} 与电解液接触，使电解液分解，电化学反应环境恶化；而且，SEI膜本身的导电性差，不能像负极SEI膜一样具有良好的保护作用，且阻抗会随着充电深度的增大而增大。上述因素均会造成容量衰减。

此外，材料中的残碱和痕量水与$LiPF_6$反应生成HF，在循环过程中会溶解过渡金属，并形成单质或低价氧化物沉积在负极表面；由于Li^+传导性差，会造成电池阻抗增大，容量逐渐衰减。

7.1.2.3 电池储存性能

与钴酸锂比，NCA材料还具有更优的储存性能，Watanabe等[13]研究了NCA材料在高温状态下的储存性能，将NCA（NCR18650）和$LiCoO_2$（CGR18650）电池充到4.1V，在45℃储藏2年后取出，对两种电池长期储存后容量衰减进行了比较分析（见图7-7）。研究结果表明，NCR18650电池的储存性能优于CGR18650电池。储存过程中阻抗的增加和容量衰减主要是由于阴极的降解，其中LCO阴极恶化大于NCA阴极。高温存储过程中NCA材料形成立方相的速度比LCO缓慢，导致NCA具有较LCO优越的高温存储性能。

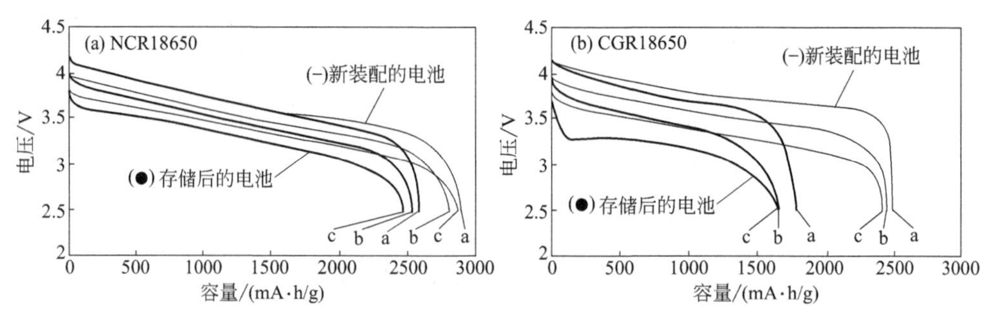

图7-7 新电池和4.1V，45℃储存2年电池的放电曲线

（a、b、c分别代表0.2C、1C和2C倍率放电）[13]

7.2 镍钴铝酸锂的合成方法

锂离子电池正极材料制备中，其原料性能和合成工艺条件都会对最终结构和电化学性能产生影响。因此，人们开发了高温固相法、共沉淀法、喷雾热分解法、溶胶-凝胶法、流变相法、熔盐法、微波合成法和水热法等10余种方法来制备镍系正极材料。在NCA材料的合成中，常见的合成方法主要有高温固相法、喷雾热解法、溶胶-凝胶法和共沉淀法。

7.2.1 高温固相法

高温固相法是一种制备锂离子电池正极材料的传统方法，通常将锂化合物（Li_2O、Li_2O_2、$LiOH \cdot H_2O$、Li_2CO_3、$LiNO_3$或$LiCH_3COO \cdot 2H_2O$等）与钴

[Co_3O_4、$CoCO_3$、$Co(OH)_2$、CoOOH、$Co(NO_3)_2$和$Co(CH_3COO)_2 \cdot 4H_2O$等]、镍[NiO、$NiCO_3$、$Ni(OH)_2$、NiOOH、$Ni(NO_3)_2$和$Ni(CH_3COO)_2 \cdot 4H_2O$等]、铝[$Al_2O_3$、$Al(NO_3)_3 \cdot 9H_2O$、$Al(OH)_3$和$Al(CH_3COO)_3 \cdot 6H_2O$等]化合物及其他掺杂化合物按一定比例混合均匀，在高温下焙烧以获得所需产物。高温固相法制备工艺流程简单，原料易得，易于工业化生产。但是，该法原料混合均匀性差，焙烧温度高，焙烧时间长；产品中各元素分布不均一，粒度和形貌难以控制；材料电化学容量有限，性能稳定性不好，批次与批次之间质量一致性差。

7.2.2 喷雾热分解法

将金属氧化物或金属盐按目标产物所需化学计量比配制成前驱体浆料或溶液，经雾化器雾化后，由载气带入高温反应炉中，快速完成溶剂蒸发、溶质沉淀形成固体颗粒且发生热分解，然后烧结成型的方法，称为喷雾热分解法。S. Ju 等[14]以镍、钴、铝的硝酸盐作原料采用喷雾热解法制得 Ni-Co-Al-O 前驱体后，配入氢氧化锂在 800℃焙烧 0.5～12h，所得$LiNi_{0.8}Co_{0.15}Al_{0.05}O_2$具有高达 200mA·h/g 的放电比容量，且具有良好的循环性能、高温性能和倍率性能。

喷雾干燥法可以在非常短的时间内实现热量和质量的快速转移，制备的材料化学计量比精确可控，且具有非聚集、球形形貌、粒径大小可控、分布均匀、颗粒之间化学成分分布均匀等优点，因而在锂离子电池正极材料制备领域具有独特的优势。但喷雾干燥法得到的前驱体含有大量酸根离子如氯离子、硫酸根离子、硝酸根离子，高温烧结合成 NCA 时会产生大量的有毒废气如氯气或氯化氢气体、二氧化硫气体、二氧化氮气体等，一方面污染环境，另一方面腐蚀设备，因此喷雾干燥法没有真正用于生产实践。而采用醋酸盐喷雾干燥法，尽管只有二氧化碳气体产生，但醋酸盐价格昂贵，生产成本高，也没有工业应用价值。

7.2.3 溶胶-凝胶法

溶胶-凝胶法是将金属醇盐或无机盐经溶液、溶胶、凝胶而固化，再经干燥和热处理制备出所需材料的过程。Chang Joo Han 等[15]以丙烯酸为络合剂，锂、镍、钴的醋酸盐和硝酸铝为原料，80℃真空蒸发 4h 后，在 140℃干燥 4h 形成凝胶，再于 500℃预处理 6h，置于氧气流中在 800℃焙烧 24h 获得$LiNi_{0.8}Co_{0.2-x}Al_xO_2$（$x$=0，0.01，003，0.05）。实验表明，随着 Al 含量的增加，材料的首次放电比容量减小，循环性能提高。

溶胶-凝胶法制备锂离子电池正极材料过程中，具有各组分比例容易控制、化学均匀性好、粒径分布窄、纯度高、反应易控制、合成温度低等优点，但是原料价格较高、处理周期长，工业化难度较大。

7.2.4 共沉淀法

共沉淀法制备 $LiNiO_2$ 基正极材料的重点主要在前驱体的合成上，可分为常规共沉淀法和改良型共沉淀法（或控制结晶法）。常规共沉淀法一般是将镍、钴及其他掺杂元素的可溶性盐配制成混合溶液，再往其中滴入碱性沉淀剂，得到无定形的 Ni-Co-M（M＝Al，Mn 等）氢氧化物前驱体。改良型共沉淀法或控制结晶法则是将镍、钴及其他掺杂元素的可溶性盐配制成混合溶液后，以碱性溶液作沉淀剂，氨水或碳酸氢铵等作络合剂，通过控制 pH 值合成球形 Ni-Co-M 氢氧化物或碳酸盐前驱体。然后将洗涤处理后的前驱体与锂源按一定比例混合均匀，进行高温焙烧制得所需产物。

制备镍基正极材料的前驱体最常用的方法就是控制结晶法。在 NCA 前驱体的制备过程中，将一定浓度的盐混合溶液（分开或混合）、一定浓度的 NaOH 溶液、络合剂溶液连续输入反应釜中，反应物料在充满反应釜后自然溢流排出。严格控制反应体系的温度、pH 值、固含量、金属离子浓度、加料速度、搅拌强度、停留时间及流体力学条件，使 $Ni_{0.8-x-y}Co_xAl_y(OH)_2$ 晶体的成核和生长速率保持合适的比例。在此条件下，从溶液中不断析出的 $Ni_{0.8-x-y}Co_xAl_y(OH)_2$ 即可经成核、长大、集聚和融合过程逐渐生长成为具有一定粒度分布的沉淀物料。用容器接收溢流出的反应液，经过洗涤、干燥后得到球形 $Ni_{0.8-x-y}Co_xAl_y(OH)_2$ 前驱体。在镍钴铝前驱体的制备过程中，控制 $Al(OH)_3$ 的单独形核是关键。所以在选择络合剂和工艺路线方面非常重要。

胡国荣等[16]采用控制结晶法制备了振实密度为 1.91g/cm^3、平均粒径为 13.932μm 的 $Ni_{0.8}Co_{0.15}Al_{0.05}(OH)_{2.05}$ 球形前驱体，以此前驱体和 $LiOH \cdot H_2O$ 为原料，采用加压氧化法制备 $LiNi_{0.8}Co_{0.15}Al_{0.05}O_2$ 正极材料，使氧气可渗透至物料的中间和底部而充分地氧化 Ni^{2+}，所得材料结构完善和电化学性能好。其振实密度为 2.57g/cm^3，平均粒径为 14.567μm，在 2.8～4.3V 电位范围内，以 0.2C 进行充放电，首次放电比容量达到 190mA·h/g，30 次循环后容量保持率约为 91%。Co 和 Al 的复合掺杂大大地抑制了 $LiNiO_2$ 材料的结构相变，提高了材料在循环过程中的结构稳定性和充放电性能。

为了防止 $Al(OH)_3$ 单独形核，另有文献单独配制 Al 络合溶液与金属盐并流加入反应器反应以制备大粒径高密度正极材料。Yongseon Kim 等[17]先制备稳定的 Al(OBu)(CHO) 络合溶液为 Al 前驱溶液，制备出物化指标优良的球形 NCA 前驱体，其制备工艺示意图和产品形貌如图 7-8 所示。

共沉淀法可以精确控制各组分的含量，使不同元素之间实现分子/原子级水平的均匀混合，容易制备出起始设计比例的最终材料。常规共沉淀法制备的材料容易团聚，呈片状或多角形，物理性能不好，实用价值不大。控制结晶法制备的材料，颗粒大小可控，振实密度高，流动性好，电化学性能稳定，重现性好，深受人们青睐。对于富镍系正极材料而言，球形正极材料具有高堆积密度、高体积比容量的突出优势，应用于锂离子电池可以显著提高电池的体积能量密度。球形材料被证明有利于降低电池容量的损耗。球状的正极材料相较于不规则的正极材料，其优点有高堆积密度、高体积电容量与高分散性。另外在表面包覆上也可以更均匀容易，此外球状表面发现有部分孔洞，这可帮助电解液接触球状正极材料内部，有助于锂离子的迁出。而控制结晶法是目前最成熟普遍利用的球形前驱体制备方法，因此，控制结晶法成了 NCA 和 NCM 前驱体生产的首选方法。

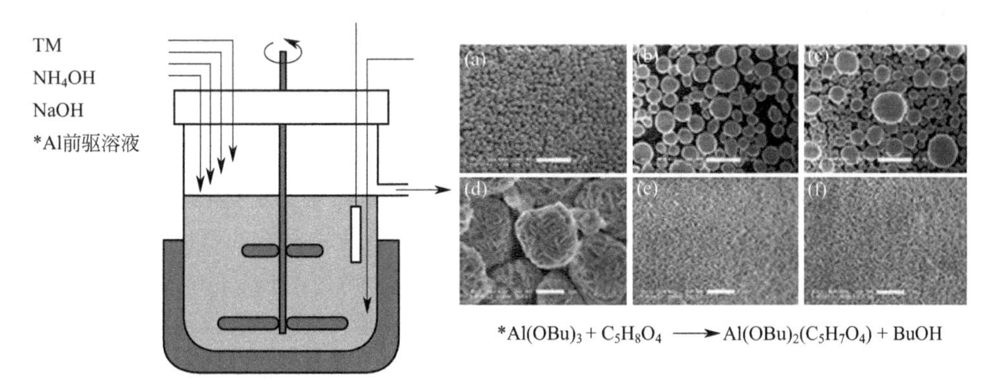

图 7-8 单独 Al(OBu)(CHO)络合溶液为 Al 前驱溶液制备高密度 NCA 材料

7.3 镍钴铝酸锂的改性

$LiNi_xCo_yAl_{1-x-y}O_2$ ($x\approx0.8$)正极材料的实际容量达 190～210mA・h/g，比 $LiCoO_2$成本低，无环境污染，可与多种电解液相容，是一种很有前途的锂离子电池正极材料。相对于钴系正极材料而言，$LiNi_xCo_yAl_{1-x-y}O_2$正极材料因其容量更高、成本更低、无环境污染而被人们看作是 $LiCoO_2$最有希望的替代者。但是 $LiNi_xCo_yAl_{1-x-y}O_2$材料仍然面临 $LiNiO_2$基材料存在的热稳定性差和储存性能差等缺陷。其原因主要在于：①Ni^{2+}氧化成为 Ni^{3+}存在较大的能垒，其氧化难以完全，残余的 Ni^{2+}势必要取代 Ni^{3+}的（3b）位置，使得阳离子电荷降低，为了保持电荷平衡，相应地，部分 Ni^{2+}要占据 Li^+的（3a）位置，形成非计量比的 $[Li^+_{1-x}\ Ni^{2+}_x]_{3a}[Ni^{3+}_{1-x}\ Ni^{2+}_x]_{3b}[O_2]_{6c}$(或写作 $Li_{1-x}Ni_{1+x}O_2$)；②高温下，锂源的挥发亦促使非化学计量比化合物 $Li_{1-x}Ni_{1+x}O_2$的形成；③高温下，六方相的 $LiNiO_2$材料容易发生相变与分解，生成电化学惰性的立方岩盐相；④在非计量比 $Li_{1-x}Ni_{1+x}O_2$中，由于 Ni^{2+}的半径（0.070nm）小于 Li^+的半径（0.076nm），且在脱锂过程中被氧化为半径更小的 Ni^{3+}（0.056nm）或 Ni^{4+}（0.048nm），导致层间局部结构塌陷，使得 Li^+很难再嵌入塌陷的位置，致使材料的容量损失，循环性能下降；⑤$Li_{1-x}Ni_{1+x}O_2$在充电过程中，会经历六方相 H1→单斜相 M→六方相 H2→六方相 H3 的相变，其中 H2→H3 是不可逆的，对材料的电化学性能影响很大；⑥充电状态下 Ni^{4+}具有强氧化性，与电解液反应放出热量与氧气，导致材料的热稳定性和安全性能差；⑦高温焙烧后，残留在材料表面的 LiOH 或 Li_2O 很容易吸收空气中的水分或二氧化碳，而且，Ni^{3+} 容易自发还原成 Ni^{2+}，使得材料的储存性能变差。

富镍 $LiNiO_2$ 基正极材料均不同程度地存在上述缺陷，对此，人们提出了各种各样的措施予以解决，归纳起来主要有两个方面：体相掺杂改性和表相修饰改性。

7.3.1 离子掺杂改性

综阅文献可知，基于成本与性能的考虑，$LiNi_{1-x}Co_xO_2$ 固溶体中 Ni 的比例处于 70%～90%，其余为 Co 或其他掺杂元素。其他元素的掺入，从不同角度进一步地改善了 $LiNi_{1-x}Co_xO_2$ 固溶体材料的结构特性、电化学性能和热稳定性，一般根据不同掺杂位可以分为氧位掺杂，3a 位掺杂和 3b 位掺杂。F^- 阴离子由于具有更高的电负性，掺入后能够增强材料的二维层状特性，改善材料的结构稳定性，并减弱金属阳离子的混排，提高材料的循环性能。$Li_{1.075}Ni_{0.755}Co_{0.17}O_{1.9}F_{0.1}$ 材料[18]具有 182mA · h/g 的首次放电比容量，100 次循环后容量仅衰减了 2.8%。B. J. Hwang 等[19]认为掺入过量的 Li^+ 能够减少 Ni^{2+} 在 3a 位的量，从而提高材料的电化学性能。他们采用溶胶-凝胶法制备了 Li^+ 过量的 $Li_{1.05}Ni_{0.75}Co_{0.25}O_2$，该材料的首次放电比容量为 189.3mA · h/g，20 次循环后容量为 157mA · h/g。在 3b 位掺杂中，Al^{3+}、Mn^{2+}、Mg^{2+} 是研究得最多的几种[20]。这些复合元素掺杂制备的 $LiNi_{1-x}Co_xO_2$ 基正极材料，同样以牺牲基体材料的容量为代价，进一步提高了材料的循环性能和热稳定性。$LiNi_{0.75}Co_{0.15}Al_{0.05}Mg_{0.05}O_2$ 材料在 60℃时，以 2C 在 3.0～4.1V 循环 500 次，容量仅衰减 9%，而未掺杂的材料衰减了 15%。掺杂可以减少 Ni-Li 混排，稳定层状结构，抑制循环过程中的相变，降低阻抗。

7.3.2 镍钴铝酸锂的表面包覆

NCA 材料是高镍系正极材料中能量密度和稳定性兼顾的材料，是电动汽车应用项目中很可观的正极材料，然而，NCA 材料在循环过程中表现出快速容量衰减、阻抗增大、稳定性恶化等问题。Hwang 等[21]对 $Li_xNi_{0.8}Co_{0.15}Al_{0.05}O_2$ 的透射电子显微镜（TEM）分析研究结果表明，充电时的 NCA 粒子表面的晶体和电子结构是不均匀的。由于充放电动力学的影响，颗粒表面 Li 的脱出量比体相内的大，导致表面相结构不稳定。这种不稳定会导致过渡金属离子还原并通过失去氧维持材料电中性，因而容易形成新相及空隙。在高温、大倍率下循环，材料容量衰减加速，主要是因为材料表面生成了没有电化学活性的岩盐结构 NiO 相。在过充状态下正极材料从内而外的结构为：具有 $R\bar{3}m$ 结构的核，接着是类尖晶石结构而表面则是岩盐相结构（见图 7-9）。这些相变在重复循环过程中伴随着氧气的释放并加速热释放，极易导致热失控而引起电池起火。相关的研究表明，适当的表面修饰及体相掺杂一方面改善了材料电子/离子传输动力学，另一方面抑制了以上负面反应的发生，提高了电池寿命及稳定性。

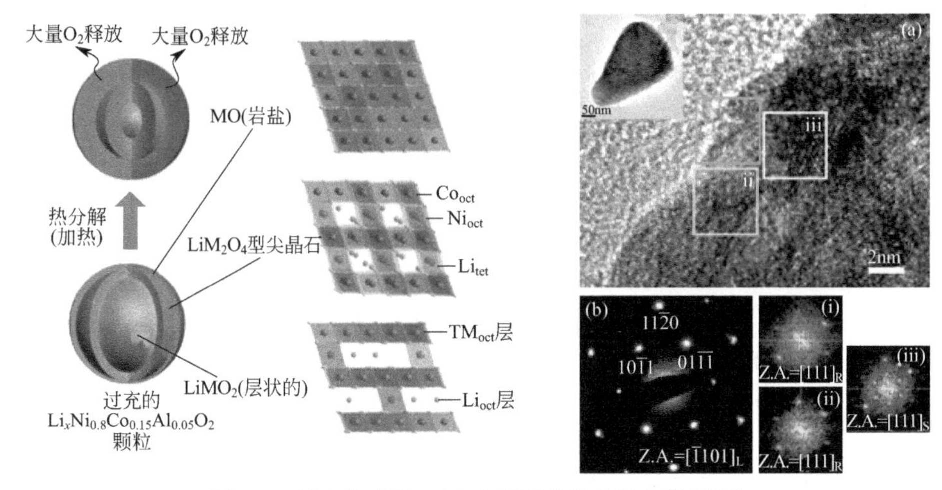

图 7-9　过充状态下 NCA 表面高分辨透射电镜图[21]

(a) 中的插图为研究颗粒 TEM 像；(b) 整个颗粒的电子衍射［(ⅰ)～(ⅲ) 分别代表 (a) 中对应区域的快速傅里叶转换图谱，其中 L、S 和 R 分别代表层状结构、尖晶石结构和岩盐相结构］

此外，锂离子电池富镍系 $LiNiO_2$ 基正极材料（$LiNi_{1-x-y}Co_xM_yO_2$，$1-x-y\geqslant0.8$）的储存性能受到了人们的极大关注。国内外文献通常将富镍基正极材料储存后电化学性能的下降归咎于材料表面 Li_2CO_3、LiOH 和 NiO 的生成。而关于表面杂质的生成机理具有一定的争议性，典型的观点主要有三种。第一种观点认为富镍基正极材料表面 Li_2CO_3 的生成是在环境 O_2 的参与下与 CO_2 反应完成的[22]。$LiNi_{0.81}Co_{0.16}Al_{0.03}O_2$ 材料放置在 25℃和 55%相对湿度的空气中 500h 后，生成了约 8%的 Li_2CO_3，且反应速率控制步骤为 CO_2 扩散通过致密的 Li_2CO_3 表面层的步骤，其转化率与样品在空气中放置时间的平方根成正比。整个反应过程可用如下方程式表示：

$$LiNi_{0.8}Co_{0.15}Al_{0.05}O_2+\frac{1}{4}xO_2+\frac{1}{2}xCO_2\longrightarrow$$

$$Li_{1-x}Ni_{0.8}Co_{0.15}Al_{0.05}O_2+\frac{1}{2}xLi_2CO_3 \tag{7-1}$$

第二种观点认为富镍基正极材料表面 Li_2CO_3 的生成是在材料表面晶格氧的参与下与 CO_2 反应完成的[23]。该观点认为富镍基正极材料表面的 Ni^{3+} 不稳定，在储存过程中会慢慢地自发还原成 Ni^{2+}，同时，材料晶格中的晶格氧负离子 O^{2-} 被氧化成活性氧负离子 O^-，使得 Ni—O 和 Li—O 键削弱。而位于材料表面的活性氧负离子 O^- 非常不稳定，容易发生歧化反应生成活性氧负离子 $O^{2-}_{(活性)}$ 和中性氧原子。一方面，中性氧原子的一部分与活性氧负离子 O^- 结合形成活性氧负离子 O_2^-，吸附在材料表面，另一部分又可相互结合生成 O_2，逸出材料表面；另一方面，材料表面的活性氧负离子 $O^{2-}_{(活性)}$ 则与空气中的 CO_2 和 H_2O 结合生成 CO_3^{2-} 和

OH^-，CO_3^{2-} 和 OH^- 再与因 Li—O 键削弱而自由度增大的表面 Li^+ 反应生成 Li_2CO_3和 LiOH，而 LiOH 再与 CO_2反应生成 Li_2CO_3。具体反应过程描述如下：

$$Ni^{3+} + O^{2-}_{(晶格)} \longrightarrow Ni^{2+} + O^- \tag{7-2}$$

$$O^- + O^- \longrightarrow O^{2-}_{(活性)} + O \tag{7-3}$$

$$O^- + O \longrightarrow O_2^-，或者\ O + O \longrightarrow O_2 \tag{7-4}$$

$$O^{2-}_{(活性)} + CO_2/H_2O \longrightarrow CO_3^{2-}/2\,OH^- \tag{7-5}$$

$$2Li^+ + CO_3^{2-}/2\,OH^- \longrightarrow Li_2CO_3/2LiOH \tag{7-6}$$

$$LiOH + CO_2 \longrightarrow LiHCO_3 \tag{7-7}$$

$$LiOH + LiHCO_3 \longrightarrow Li_2CO_3 + H_2O \tag{7-8}$$

总的反应方程式可写作：

$$LiNi_{0.8}Co_{0.2}O_2 + 0.4\,CO_2 \longrightarrow 0.4\,Li_2CO_3 + 0.8NiO + 0.2LiCoO_2 + 0.2O_2 \tag{7-9}$$

第三种观点认为富镍基正极材料表面 Li_2CO_3 的生成是由空气中的 H_2O 和 CO_2相互作用引起的[24]。其认为吸附在材料表面的 H_2O 与空气中的 CO_2反应生成 H_2CO_3，致使材料表面水分的 pH 值降至 5.5 左右，弱酸性的 CO_3^{2-} 很容易从材料表面晶格中夺取 Li^+，生成 LiOH 和 Li_2CO_3。与此同时，晶格中的氧负离子 O^{2-} 被氧化成氧原子，再结合成 O_2逃逸；而晶格中的 Ni^{3+} 被还原成 Ni^{2+}，生成 NiO。反应过程中的方程式主要有：

$$H_2O + CO_2 \longrightarrow H_2CO_3 \tag{7-10}$$

$$Li^+ + CO_3^{2-}/2\,OH^- \longrightarrow Li_2CO_3/LiOH \tag{7-11}$$

$$Ni^{3+} + O^{2-} \longrightarrow NiO + O_2 \tag{7-12}$$

尽管人们对于镍基正极材料表面 Li_2CO_3的生成机理有着不同的解释，但是，Li_2CO_3对正极材料造成的危害却是公认的。首先，由于 Li_2CO_3的电子电导率和离子电导率非常低，是电化学惰性的，Li_2CO_3的存在会将正极材料颗粒相互隔离，造成电子不连续、离子不连续以及阻碍锂离子在电解液中的运动，因而增大正极材料/电解液界面的阻抗。其次，Li_2CO_3的生成夺取了材料表面晶格中 3a 位的 Li^+，致使材料表面的结构与成分发生了变化。最后，表面 Li_2CO_3和 LiOH 的存在会引起电池的安全问题，高温下，LiOH 和 Li_2CO_3会分解放出 H_2、CO 和 CO_2等气体，致使电池发生溶胀甚至爆炸。

纵观上述三种富镍基正极材料储存后电化学性能下降的机理，可以看出，储存环境中 CO_2与 H_2O 的存在，是在正极材料表面生成 LiOH 和 Li_2CO_3杂质的主要因素，Ni^{3+} 自发还原成 Ni^{2+} 起到了促进作用。因此，要改善富镍基正极材料的储存性能，关键是要从根源上着手，切断整个反应链，阻止三种有害杂质的生成。

研究资料表明，有以下几条改善镍基正极材料储存性能的途径：其一，降低材料中镍的含量，提高钴或其他元素的含量；其二，将镍基正极材料与其他正极材料混合使用；其三，将材料隔绝空气进行储存；其四，在材料表面包覆能除去 LiOH

和 Li_2CO_3 杂质的材料；其五，用水洗涤除去镍基正极材料表面的杂质。

表相修饰改性是另一种改善锂离子电池正极材料性能的有效方法。表相改性层的存在，避免了基体材料与电解液的直接接触，抑制或减少了与 HF 之间副反应的发生，从而改善了基体材料的电化学性能和安全性能。纵观国内外参考文献，用于正极材料表相改性的物质可分为电化学惰性和电化学活性两大类[25]。

（1）电化学惰性物质表相改性

用于锂离子电池 $LiNiO_2$ 基正极材料表相改性的电化学惰性物质主要包括单质、氧化物、氟化物和磷酸盐等。其中，氧化物是研究的最多的一类，主要有 Al_2O_3、TiO_2、MgO、SiO_2、La_2O_3 和 CeO_2 等。其次是磷酸盐，包括 $AlPO_4$、$Ni_3(PO_4)_2$、$FePO_4$、$CePO_4$ 和 $SrHPO_4$ 等。此外，还有氟化物如 AlF_3 和单质如 C 等。实际上，采用电化学惰性物质对锂离子电池 $LiNiO_2$ 基正极材料进行改性，虽然提高了基体材料的循环性能和安全性能，但是牺牲了基体材料的放电比容量或能量密度。

（2）电化学活性物质表相改性

所谓电化学活性物质表相改性是指一种锂离子电池正极材料或嵌锂化合物对另一种锂离子电池正极材料或嵌锂化合物进行表相改性，以形成包覆型、核-壳型或梯度型材料。近年来，人们开发了一系列活性物质表相改性材料，如 $LiFePO_4$ 包覆 $LiCoO_2$，$LiMn_2O_4$ 包覆 $LiCoO_2$，$LiCoPO_4$ 包覆 $LiCoO_2$，$LiNi_{0.5}Mn_{1.5}O_4$ 包覆 $LiCoO_2$，$Li_4Ti_5O_{12}$ 包覆 $LiCoO_2$，$LiAlO_2$ 包覆 $LiCoO_2$，$LiCoO_2$ 包覆 $Li_{1.05}Ni_{0.35}Co_{0.25}Mn_{0.4}O_2$，$LiNi_{1-x}Co_xO_2$（$x=0.2$，1）包覆 $LiMn_2O_4$ 和 $LiCoO_2$ 包覆 $LiMn_2O_4$ 等包覆型材料；$Li_4Mn_5O_{12}$-Li_2MnO_3 等核-壳结构材料。就 $LiNiO_2$ 基正极材料而言，其活性物质表相改性材料主要有：$Li_4Ti_5O_{12}$ 包覆 $LiNi_{0.8}Co_{0.15}Al_{0.05}O_2$，$LiCoO_2$ 包覆 $LiNi_{0.8}Co_{0.2}O_2$，聚苯胺包覆 $LiNi_{0.8}Co_{0.15}Al_{0.05}O_2$ 和 $LiAlO_2$ 包覆 $LiNi_{1/3}Co_{1/3}Mn_{1/3}O_2$ 等包覆型材料；$Li(Ni_{0.8}Co_{0.15}Al_{0.05})_{0.8}(Ni_{0.5}Mn_{0.5})_{0.2}O_2$、$Li_2MnO_3$-$LiMn_{0.333}Ni_{0.333}Co_{0.333}O_2$ 和 $Li[(Ni_{1/3}Co_{1/3}Mn_{1/3})_{0.8}(Ni_{1/2}Mn_{1/2})_{0.2}]O_2$ 等核-壳结构材料；$LiNi_{0.64}Co_{0.18}Mn_{0.18}O_2$（$LiNi_{0.8}Co_{0.1}Mn_{0.1}O_2$ 体相-$LiNi_{0.46}Co_{0.23}Mn_{0.31}O_2$ 表相）和 $LiNi_{0.67}Co_{0.15}Mn_{0.18}O_2$（$LiNi_{0.8}Co_{0.15}Mn_{0.05}O_2$ 体相-$LiNi_{0.57}Co_{0.15}Mn_{0.28}O_2$ 表相）[26]等梯度材料。这些电化学活性物质表相改性材料在保持体相正极材料自身优势性能的同时，吸收了表相材料的优点，已成为近年来的研究热点。

7.4 生产镍钴铝酸锂材料的主要原料及标准

7.4.1 前驱体生产所用原料标准

镍钴铝前驱体可以是镍钴铝的氢氧化物、氧化物或碳酸盐。其中，目前最常用的是氢氧化物前驱体，而制备氢氧化镍钴铝前驱体的最主要的原料是硫酸镍、硫酸钴、硫酸铝或硝酸铝。下面就常用的原料分述原料标准。

(1) 硫酸镍

一般来讲，制备前驱体使用的镍盐可以是硫酸镍、硝酸镍或氯化镍。但是因为 NO_3^-、Cl^- 在前驱体制备过程中易腐蚀反应釜、储槽等不锈钢设备，前驱体中带有部分 NO_3^-、Cl^- 在烧结工段会释放出有害气体并且腐蚀窑炉设备，几乎没有厂家用其制备前驱体。一般工业生产条件下制备的硫酸镍为 $NiSO_4 \cdot 6H_2O$，其相对分子质量为 262.85，镍质量分数为 23.2%，晶体密度为 2.07g/cm^3，溶于水，易溶于乙醇和氨水。六水合硫酸镍在干燥的空气中容易风化失去水分，加热到 280℃ 时脱去全部水分，得到无水硫酸镍，无水硫酸镍为黄绿色结晶体，溶于水，不溶于乙醇、乙醚。一般合成电池材料所用的电镀级硫酸镍的国家标准如表 7-3 所示。

表 7-3 硫酸镍产品的国家标准

项目	指标		检测方法	
	Ⅰ类	Ⅱ类	仲裁法	其他适用方法
Ni(质量分数)/%≥	22.1	22.0	重量法	络合滴定法
Co(质量分数)/%≤	0.05	0.4	分光光度法	原子吸收光谱法
Fe(质量分数)/%≤	0.0005	0.0005	邻菲罗啉分光光度法	原子吸收光谱法
Cu(质量分数)/%≤	0.0005	0.0005	—	原子吸收光谱法
Na(质量分数)/%≤	0.01	0.01	—	原子吸收光谱法
Zn(质量分数)/%≤	0.0005	0.0005	—	原子吸收光谱法
Ca(质量分数)/%≤	0.005	0.005	—	原子吸收光谱法
Mg(质量分数)/%≤	0.005	0.005	—	原子吸收光谱法
Mn(质量分数)/%≤	0.001	0.001	—	原子吸收光谱法
Cd(质量分数)/%≤	0.0002	0.0002	—	原子吸收光谱法
Hg(质量分数)/%≤	0.0003	—	—	无火焰原子吸收光谱法，冷原子荧光法
总 Cr(质量分数)/%≤	0.0005	—	—	原子分光光度法
Pb(质量分数)/%≤	0.001	0.001	石墨炉原子吸收分光光度法	电感耦合等离子体原子发光射光谱法
水不溶物(质量分数)/%≤	0.005	0.005	—	重量法

(2) 硫酸钴

前驱体合成中硫酸钴为最常用的钴源。国家标准（GB/T 26523—2011）对精制硫酸钴的品质要求和检测方法规定如表 7-4 所示。表中要求优等品的镍含量小于 10mg/kg，一等品的镍含量小于 50mg/kg。对于制备 NCA 前驱体的硫酸钴而言，因为镍是前驱材料中的组分之一，所以 NCA 和三元前驱体所用硫酸钴对镍含量不需要控制非常严格，一般在配盐过程中会算入。

表 7-4 硫酸钴产品的国家标准

项目	指标		标准中规定的检测方法
	优等品	一等品	
Co(质量分数)/%≥	20.5	20.0	络合滴定法
Ni(质量分数)/%≤	0.001	0.005	原子吸收光谱法
Fe(质量分数)/%≤	0.001	0.005	邻菲罗啉分光光度法

续表

项目	指标		标准中规定的检测方法
	优等品	一等品	
Cu(质量分数)/%≤	0.001	0.005	原子吸收光谱法
Pb(质量分数)/%≤	0.001	0.005	原子吸收光谱法
Ca(质量分数)/%≤	0.005	0.05	原子吸收光谱法
Mg(质量分数)/%≤	0.02	0.05	原子吸收光谱法
Mn(质量分数)/%≤	0.001	0.005	原子吸收光谱法
Cd(质量分数)/%≤	0.001	0.005	原子吸收光谱法
Hg(质量分数)/%≤	0.001	0.005	无火焰原子吸收光谱法，冷原子荧光法
总 Cr(质量分数)/%≤	0.001	0.005	原子分光光度法
油分(质量分数)/%≤	0.001	0.001	红外光谱法
水不溶物(质量分数)/%≤	0.005	0.01	重量法
Cl^-(质量分数)/%≤	0.005	0.01	目视比色法
As(质量分数)/%≤	0.001	0.005	目视比色法
pH 值	4.5～6.5		pH 值测定通则

(3) 硫酸铝和硝酸铝

合成 NCA 前驱体主要采用的铝盐为硫酸铝和硝酸铝。

工业硫酸铝分为固体和液体两类。固体分三种型号：固体Ⅰ型主要用于工业废水和生活污水的处理及造纸、木材防腐等；固体Ⅱ型为低铁产品，用于钛白粉后处理、高档纸的生产和催化剂载体的生产；固体Ⅲ型为高铝低铁的精制产品。固体产品为白色、淡绿色或淡黄色片状或块状，液体工业硫酸铝为浅绿色或浅黄色液体。NCA 合成用硫酸铝一般为固体Ⅲ型精制产品。化工标准（HG/T 2225—2001）对硫酸铝的品质要求规定如表 7-5 所示。

表 7-5 工业硫酸铝化工标准（HG/T 2225—2001）

项目	指标					
	固体					液体
	Ⅰ型		Ⅱ型		Ⅲ型	
	一等品	合格品	一等品	合格品		
Al_2O_3(质量分数)/%≥	15.80	15.60	15.80	15.80	17.00	6.0
Fe(质量分数)/%≤	0.30	0.50	0.005	0.010	0.010	0.20
不溶物(质量分数)/%≤	0.10	0.20	0.20	0.20	0.10	—
pH 值(1%水溶液)≥	3.0	3.0	3.0	3.0	3.0	3.0

硝酸铝一般为九水合硝酸铝，分子式为 $Al(NO_3)_3 \cdot 9H_2O$，相对分子质量为 375.13，为白色透明晶体，有潮解性，易溶于水、醇，具有强氧化能力。前驱体制备过程中一般采用化学纯硝酸铝。表 7-6 陈列了对硝酸铝的品质要求。

表 7-6 硝酸铝品质要求

项　目	分析纯	化学纯
$Al(NO_3)_3 \cdot 9H_2O$(质量分数)/%≥	99.0	98.0
澄清度测试	合格	合格
不溶物(质量分数)/%≤	0.01	0.02

续表

项　　目	分析纯	化学纯
Cl^-(质量分数)/%≤	0.001	0.005
SO_4^{2-}(质量分数)/%≤	0.003	0.01
Fe(质量分数)/%≤	0.002	0.005
Pb 计重金属(质量分数)/%≤	0.0005	0.005
硫酸盐计碱金属及碱土金属(质量分数)/%≤	0.2	0.5

(4) 氢氧化钠、液碱、氨水及纯水

参考三元材料合成章节。

7.4.2 材料烧结所用原料标准

作为高镍材料制备的主要锂源，NCA 烧结对锂盐的要求比较高，主要包括锂主含量、粒度分布及杂质含量。国标 GB/T 26008—2010 中对电池级一水氢氧化锂的品质要求和检测方法规定见表 7-7。标准中将电池级氢氧化锂分为 $LiOH \cdot H_2O$-D1、$LiOH \cdot H_2O$-D2、$LiOH \cdot H_2O$-D3 三种规格。

表 7-7　国标对电池级一水氢氧化锂品质要求和检测方法规定

项目	规格			检测方法
	$LiOH \cdot H_2O$-D1	$LiOH \cdot H_2O$-D2	$LiOH \cdot H_2O$-D3	
$LiOH \cdot H_2O$(质量分数)/%≥	98.0	96.0	95.0	按照 GB/T 11064 中规定进行测试
Fe(质量分数)/%≤	0.0008	0.0008	0.0008	
K(质量分数)/%≤	0.003	0.003	0.005	
Na(质量分数)/%≤	0.003	0.003	0.005	
Ca(质量分数)/%≤	0.005	0.005	0.01	
Cu(质量分数)/%≤	0.005	0.005	—	
Mg(质量分数)/%≤	0.005	0.005	—	
Mn(质量分数)/%≤	0.005	0.005	—	
Si(质量分数)/%≤	0.005	0.005	—	
CO_3^{2-}(质量分数)/%≤	0.7	1.0	1.0	
Cl^-(质量分数)/%≤	0.002	0.002	0.002	
SO_4^{2-}(质量分数)/%≤	0.01	0.01	0.01	
盐酸不溶物(质量分数)/%≤	0.005	0.005	0.005	
外观	白色单晶，不得有可视杂物			目视法

图 7-10 为前驱体 $Ni_{0.8}Co_{0.15}Al_{0.05}(OH)_{2.05}$ 的热重（TGA）及差热（DTA）曲线。从图中可以看出，随着温度的升高，前驱体 $Ni_{0.8}Co_{0.15}Al_{0.05}(OH)_{2.05}$ 质量逐渐减小，在 100℃左右，DTA 曲线上出现小的谷，这是前驱体中的水分挥发吸热的缘故。温度上升到 240～280℃，TGA 曲线急剧下降，说明前驱体出现了最大的质量损失；在 DTG 曲线上出现尖锐的谷，说明此时前驱体吸收了大量的热。此阶段是前驱体 $Ni_{0.8}Co_{0.15}Al_{0.05}(OH)_{2.05}$ 的分解阶段，其反应化学式可能为：

$$Ni_{0.8}Co_{0.15}Al_{0.05}(OH)_{2.05} \xrightarrow{\triangle} (Ni_{0.8}Co_{0.15}Al_{0.05})O_{1.025} + 1.025H_2O \quad (7\text{-}13)$$

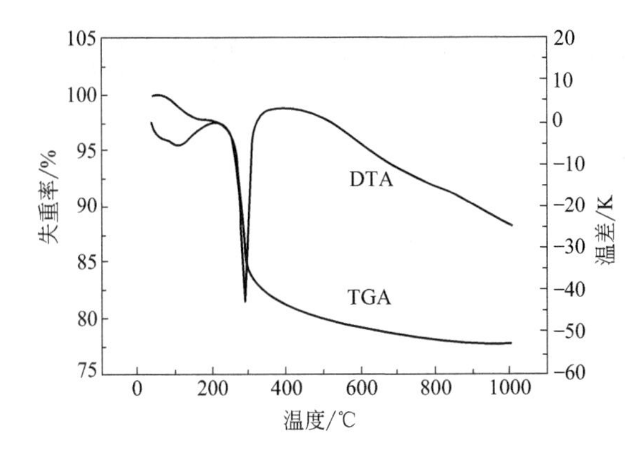

图 7-10 前驱体 $Ni_{0.8}Co_{0.15}Al_{0.05}(OH)_{2.05}$ 的热重（TGA）及差热（DTA）曲线

分析上式可知，式(7-1) 的理论失重率为 20.0%，而 DTG 曲线上谷底对应温度的实际失重率约为 15%，温度达到 500℃左右实际失重率才达到 20%，这可能是物质与空气中的氧气发生了如下反应：

$$(Ni_{0.8}Co_{0.15}Al_{0.05})O_{1.025}+\frac{x}{2}O_2 \xrightarrow{\triangle} (Ni_{0.8}Co_{0.15}Al_{0.05})O_{1.025+x} \quad (7\text{-}14)$$

温度继续升高，TGA 曲线缓慢地下降，说明物质的重量在缓慢地减少，物质仍然处于分解阶段。从 DTA 曲线上可以看出，在 450℃左右，曲线开始不断下降。结合 TGA 和 DTA 曲线可以判断，450℃左右 Co^{3+} 和 Ni^{3+} 开始还原成 Co^{2+} 和 Ni^{2+}，而且温度越高，还原趋势越大。温度达到 500℃以后，质量的损失速率减小，说明大部分的 Co^{3+} 和 Ni^{3+} 已经被还原。温度继续升高，少量的 Co^{3+} 和 Ni^{3+} 仍然被还原。当温度达到 850℃时，物质的质量保持稳定。这说明在较高的温度下，二价态比三价态的物质更稳定。

目前，国内市场上的镍钴铝材料并没有明确的国家标准或化工标准出台，表 7-8 为国内某厂家 NCA 前驱体的产品标准。

表 7-8 国内某厂家 NCA 前驱体产品指标

项目	结果	项目	结果
Ni 质量分数/%	50.00	Ca 质量分数/%	0.0030
Co 质量分数/%	9.33	SO_4^{2-}/%	0.14
Al 质量分数/%	0.97	湿度/%	1.42
Zn 质量分数/%	0.0015	外形	球形
Cd 质量分数/%	0.0001	松装密度,BD/(g/cm³)	1.42
Fe 质量分数/%	0.0040	振实密度,TD/(g/cm³)	1.81
Mn 质量分数/%	0.0040	中粒径,D_{50}/μm	11.64
Cu 质量分数/%	0.0008	比表面积,BET/(m²/g)	25.09
Mg 质量分数/%	0.0060		

7.5 镍钴铝酸锂生产工艺流程及工艺参数

7.5.1 前驱体生产工艺流程

NCA 前驱体 $Ni_{1-x-y}Co_xAl_y(OH)_2$ 制备工艺技术难度高，由于镍（Ni）钴（Co）元素与铝元素的沉淀 pH 差异较大，其溶度积常数（K_{sp}）：氢氧化镍 $Ni(OH)_2$ 为 10^{-16}、氢氧化钴 $Co(OH)_2$ 为 $10^{-14.9}$、氢氧化铝 $Al(OH)_3$ 为 10^{-33}，同时 Al^{3+} 很难与氨水发生络合反应，因此采用常规的共沉淀法，Al^{3+} 极易生成絮状产物，且 $Al(OH)_3$ 为两性氢氧化物，在较高的 pH 值下又分解为 AlO_2^-，导致镍钴铝沉淀产物元素分布不均匀，粒度难以长大，松装密度低，同时出现钠、硫等杂质较难处理的问题。针对 Al^{3+} 易水解的问题，比较常用的方法是铝盐单独配成稳定的络合溶液，以并流加料的形式和镍钴盐溶液、氢氧化钠溶液和氨溶液泵入反应釜进行反应。通过控制温度、pH、氨浓度、固含量、搅拌速度等条件可制备出振实密度在 $1.8\sim2.0g/cm^3$ 的球形镍钴铝前驱体。

球形氢氧化镍钴铝产品生产流程图见图 7-11。如图所示，前驱体合成流程可概述为：将金属盐分别溶解成一定浓度的水溶液并按照一定的配比调制成一定浓度的混合镍钴盐溶液和铝盐溶液。混合盐溶液、铝盐溶液、碱溶液和氨溶液经过净化处理后通过计量泵以一定的速度并流加入合成反应釜中进行连续反应。反应过程中控制合成温度、pH 值、络合剂浓度等条件以获得球形多元前驱体（图 7-12为某公司合成的球形 NCA 前驱体的 SEM 图），合成的前驱体经过陈化处理、洗涤过滤、干燥、混合、筛分及除铁后，得到符合锂离子电池材料用的前驱体材料。

7.5.2 NCA 材料烧结工艺

NCA 生产工艺与第 6 章三元材料生产工艺相似，也是经过计量配料、混合、烧结、粉碎分级、合批、除铁、包装等工序，在此只重点介绍烧结工艺。

相关资料显示，由于目前关键材料及电池技术上的限制，国内外厂商对 NCA 材料的开发和应用，还只局限于少量厂家，目前国内外主要 NCA 生产企业通常采用的技术路线有如下 3 种（见图 7-13）：

① 先制备 $Ni_{1-x}Co_x(OH)_2$，然后在 $Ni_{1-x}Co_x(OH)_2$ 表面包覆 $Al(OH)_3$，最后与 Li 盐混合烧结制备 NCA 正极材料；

② 直接采用 Ni、Co、Al 盐共沉淀制备 $Ni_{1-x-y}Co_xAl_y(OH)_2$，然后与 Li 盐混合烧结制备 NCA 正极材料；

③ 先制备 $Ni_{1-x}Co_x(OH)_2$，然后将 $Ni_{1-x}Co_x(OH)_2$ 与 $Al(OH)_3$、Li 盐一起混合烧结制备 NCA 正极材料。

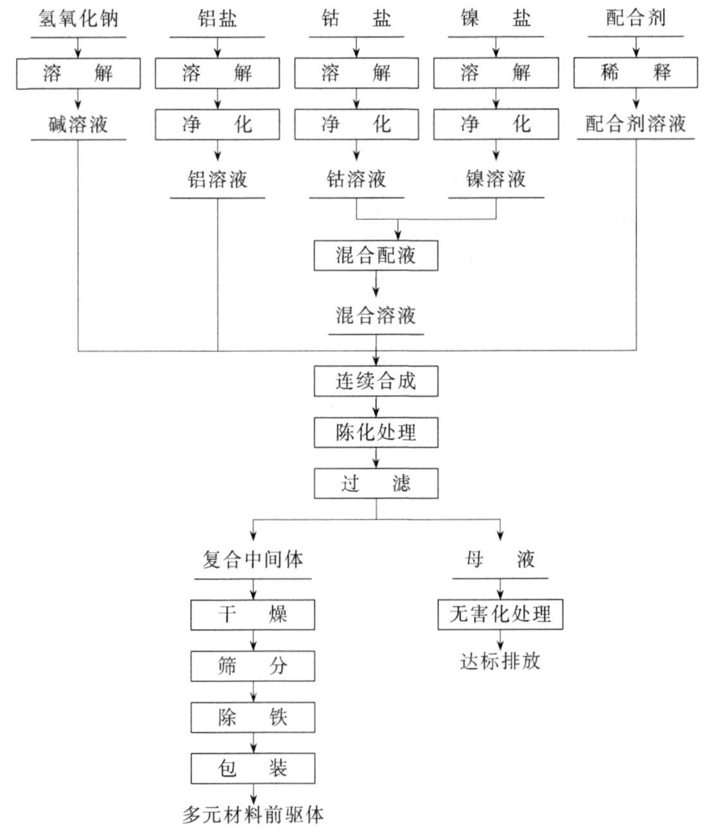

图 7-11 NCA 前驱体制备工艺流程图

上述 3 种工艺中，第①和第③种方案 Al 元素在后续烧结或包覆工艺中加入，此法 Al 元素分布不均匀，表层 Al 含量偏高，形成惰性层，降低最终产品容量，同时工艺复杂，增加生产成本。第②种方案 Al 元素可以均匀分布，产品性能更加优异，生产流程简单、成本低，但前驱体的制备技术难度更大。目前最主流的技术路线是 $Ni_{1-x-y}Co_xAl_y(OH)_2$ 制备工艺路线，如日本住友、日本户田，已进入量产阶段。该方法一般以硫酸盐为原料，通过氢氧化钠和络合剂制成 Ni、Co、Al 共沉淀的前驱体 $Ni_{1-x-y}Co_xAl_y(OH)_2$，再经过滤、洗涤、干燥等手段制成产品。这种工艺的优点在于生产成本低、流程简单，更适于大规模工业化生产。目前 Tesla 动力电池的正极材料供应商日本住友已完成了 Ni 含量在 85%～88%的新组分 NCA 的开发，较常规的 Ni 含量为 80%～85%的 NCA 材料，其能量密度提升了 5%。而韩国企业主要采用的是 $Ni_{1-x}Co_x(OH)_2$ 工艺路线，在火法阶段将 Al 源和锂（Li）源一起混合烧结制备 NCA 正极材料。与国外同行相比，国内企业在镍钴铝前驱体材料的技术和装备上水平较为接近，不管是 $Ni_{1-x}Co_x(OH)_2$ 还是 $Ni_{1-x-y}Co_xAl_y(OH)_2$ 组成的前驱体都初步具备量产能力，并且已经开始批量供应国际 NCA 材料企业，主要集中在小型电池应用，尚未进入车用动力电池领域。

图 7-12　某公司 $Ni_{1-x-y}Co_xAl_y(OH)_2$ 的 SEM 图[27]

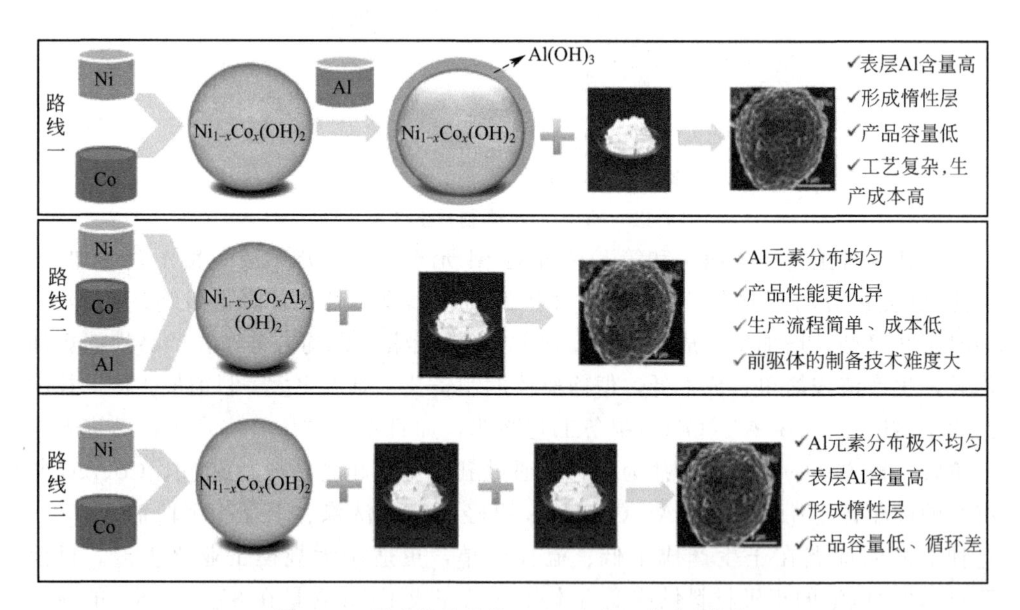

图 7-13　国内外常见的 NCA 生产工艺路线[27]

NCA 的原料锂源通常采用氢氧化锂，由于 NCA 烧结温度不能太高，一般不超过 800℃，采用碳酸锂为原料时，碳酸锂热分解不完全，造成 NCA 表面残留碳酸锂太多，使 NCA 表面碱性太强，对湿度敏感性增强；同时氢氧化锂的熔点比碳酸锂更低，对 NCA 的低温烧结更有利。但由于氢氧化锂挥发性较强，刺激气味较大，所以要求通风良好的生产环境。NCA 的烧结气氛需要在纯氧气气氛下，才能

保证 Ni^{2+} 氧化成 Ni^{3+}。

材料烧结过程包括多种物理化学变化，例如脱水、多相反应、熔融、重结晶等。跟 NCM 三元材料一样，NCA 的烧结也指在一定的温度下前驱体和锂源发生固相反应生成最终产物，经过一定时间的煅烧，得到完整晶型的层状结构产品。

图 7-14 是 $Ni_{0.80}Co_{0.15}Al_{0.05}(OH)_2$-$LiOH \cdot H_2O$ 混合前驱体的热重-差热曲线。热重曲线表明，混合前驱体的热失重过程由五个阶段组成：第一阶段发生在 30～150℃，质量损失约 20.8%，由前驱体表面吸附水和 $LiOH \cdot H_2O$ 结晶水的脱去引起；第二阶段发生在 150～275℃，质量损失约 5.3%，由 $Ni_{0.80}Co_{0.15}Al_{0.05}(OH)_2$ 的热分解引起，在差热曲线上表现为 180℃处的吸热峰；第三阶段发生在 275～500℃，质量损失约 2.7%，由 LiOH 的熔融分解引起，在差热曲线上表现为 418.7℃处的吸热峰；第四阶段发生在 500～800℃，没有明显的质量损失，在这一阶段前驱体生成了 $LiNi_{0.80}Co_{0.15}Al_{0.05}O_2$ 晶体；第五阶段发生在 800℃以上，质量随着温度的升高而明显下降，这是由已生成的 $LiNi_{0.80}Co_{0.15}Al_{0.05}O_2$ 晶体发生部分分解而引起的，因此 NCA 的最佳烧结温度在700～800℃。

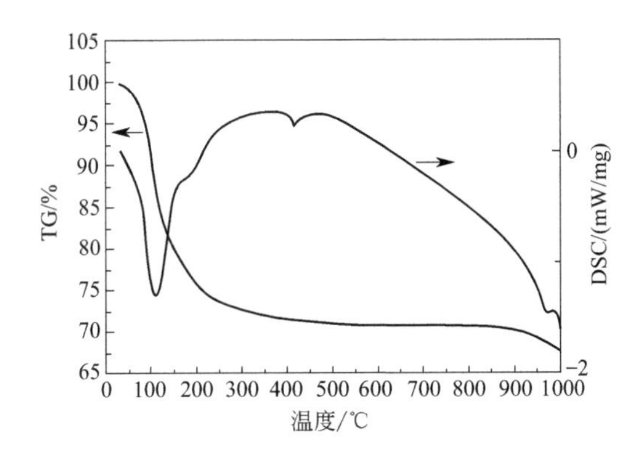

图 7-14　$Ni_{0.80}Co_{0.15}Al_{0.05}(OH)_2$-$LiOH \cdot H_2O$ 混合前驱体的 TG-DSC 曲线

NCA 通常采用氧气气氛密封连续式辊道窑生产，产品出窑后要迅速转移至相对湿度在 10%以下的干燥环境下进行破碎、粉碎、分级、合批、包装处理。

7.6 镍钴铝酸锂的产品标准

目前为止 NCA 材料在国内还未发行国家标准和化工标准，行业内根据所需性能要求对不同类型的 NCA 材料规定了技术指标要求。表 7-9、表 7-10 中列出了不同厂家不同型号 NCA 材料的主要技术指标。

表 7-9　某公司不同类型 NCA 材料主要技术指标

项目			NAT-7150	NAT-9152	NAT-7051	NAT-7050
组分:Ni-Co-Al			0.81-0.15-0.04	0.81-0.15-0.04	0.81-0.15-0.04	0.81-0.15-0.04
应用类型			能量型	能量&抗湿度敏感型	能量&寿命型	能量型
粉末特性	BET	m^2/g	0.16	0.16	0.47	0.41
	D_{50}	μm	13.7	14	6.2	6.3
	PD	g/cm^3	3.5	3.5	3.4	3.4
	pH	—	11.5	10.8	11.9	11.6
	LiOH(质量分数)	%	0.49	0.13	0.88	0.64
	Li_2CO_3(质量分数)	%	0.28	0.05	0.3	0.26
电池参数(4.3～3.0 V,0.1C)	首次充电比容量	mA·h/g	215	216	213	213
	首次放电比容量	mA·h/g	189	188	187	192
	首次效率	mA·h/g	88	87	88	90

表 7-10　国内 A、B 厂家 NCA 产品技术指标

项目	A 厂家	B 厂家
D_{10}/μm	5.60	5.94
D_{50}/μm	11.55	11.84
D_{90}/μm	24.83	22.53
D_{max}/μm	32.37	35.68
TD/(g/cm^3)	2.41	2.42
BET/(m^2/g)	0.52	0.31
$Li_2CO_3/10^{-6}$	6500	1120
$LiOH/10^{-6}$	3300	1610
0.1C 首次充电比容量/(mA·h/g)	218.6	220.9
0.1C 首次放电比容量/(mA·h/g)	199.9	204.3
首次效率/%	89.4	92.5

7.7 镍钴铝酸锂材料的种类与应用领域

NCA 材料（典型的组成 $LiNi_{0.8}Co_{0.15}Al_{0.05}O_2$）综合了 $LiNiO_2$ 和 $LiCoO_2$ 的优点，不仅可逆比容量高，材料成本较低，同时掺铝（Al）后增强了材料的结构稳定性和安全性，进而提高了材料的循环稳定性，因此 NCA 材料是目前商业化正极材料中研究最热门的材料之一。NCA 材料的产业化和普及应用对提高锂离子电池能量密度，扩大锂离子电池产业，促进锂离子电池大型化、高功率化具有十分重大的意义，将使锂离子电池在中大容量 UPS、中大型储能电池、电动工具、电动汽车中的应用成为现实。

2014 年全球 NCA 销售总量约为 6000t，占全部正极材料销量（约 125000t）的

5%左右。日本化学产业株式会社、户田化学（Toda）和住友金属（Sumitomo）是 NCA 材料的主要供应商，韩国的 Ecopro 和 GSEM 也有产品销售，Toda 主要供应日本 AESC 和韩国 LGC，Sumitomo 主要供应松下和 PEVE，韩国的 Ecopro 对应客户为 SDI。目前 NCA 产品主要的应用领域为电动汽车和小型电池，如 AESC 为日产（Leaf）、Panasonic 为美国 Tesla、PEVE 为丰田（Pruisα）等车型提供的动力电池，小型电池主要为电动工具和充电宝使用的圆柱形电池。

Tesla 在 2016 年用 NCA 动力电池的纯电动车销量达 7.6 万辆，其 2018 年的汽车销量目标为 50 万辆，预计使用正极材料 NCA 用量为 6.25 万吨。在 Tesla 效应的带动下，国内已有多家企业开始中试和小批量试产，如广州锂宝、当升科技、湖南杉杉新材料有限公司、深圳天骄科技开发有限公司（简称“深圳天骄”）、宁波金和新材料股份有限公司等。其前驱体生产厂家有当升科技、金瑞新材料科技股份有限公司、湖南邦普循环科技有限公司、深圳天骄等。与国外同行相比，国内生产企业虽已完成相关技术的初步探索，但受到国内外市场上常规镍锰钴多元材料（NMC）价格的持续走低及以市场需求仍以小型消费类电池为主等因素的综合影响。NCA 材料未在国内形成批量生产及销售，尚有一些技术问题需要解决。可以预见，随着电动汽车及储能市场的兴起，NCA 材料的市场需求会大幅增加。国内企业需要借此机会，加大投入，提前进行 NCA 材料的国产化开发工作。

人们对 NCA 的衰减机理、改性方法等进行了较广泛的研究。但是 NCA 目前在国内尚无大规模的应用，主要问题首先在于循环过程中尤其是在高温下的容量衰减较大和安全性能不理想。其次是 NCA 材料的制备技术难度较大，主要与 Ni 的性质有关，材料中 Ni 为＋3 价，合成的前驱体原料为＋2 价，Ni^{2+} 很难氧化成 Ni^{3+}，需要在纯氧条件下才能完全转化。由于 Ni^{3+} 的热力学不稳定性，NCA 的烧结温度不能太低也不能太高，温度太低 Ni^{2+} 难以氧化成 Ni^{3+}，温度太高 Ni^{3+} 又会分解为 Ni^{2+}。再次，因为 NCA 需要纯氧气气氛，对生产设备的密封性要求较高，同时窑炉设备内部元件的抗氧化性要求很高，生产普通多元材料的窑炉不能满足要求，而国内设备厂商适合高镍正极材料的专业窑炉的设计和制造经验不足，品质可靠性不高。由于 NCA 生产需要纯氧气气氛，纯氧的成本较高，同时 NCA 对湿度敏感性较强，需要生产环境湿度控制在 10%以下，加大了生产和管理的成本。最后，高镍材料荷电状态下的热稳定较低，导致电池的安全性下降，需要从电芯设计、电源系统设计、电源使用等环节进行系统可靠的安全设计，使得电池生产企业和终端产品用户对 NCA 电池的安全性心存顾虑；另外，充放电过程中严重的产气，导致电池鼓胀变形，循环及搁置寿命下降，给电池带来安全隐患，所以通常采用 NCA 正极材料制作 18650 型圆柱电池，以缓解电池鼓胀变形的问题。Tesla ModelS 采用与 Panasonic 共同研发的高容量 3.1A·hNCA 锂离子电池组，由 7000 颗 18650 圆柱电池组成。NCA 材料的表面碱性较高，电极浆料黏度不稳定，容易出现黏度增加甚至产生果冻现象，导致电池极板制作过程中的涂覆性能较差；NCA 材料对湿度敏感，容易吸潮，并且材料中的 Li_2O 持续与 CO_2 反应，导致材料性能劣化甚至失效，因此在电池生产过程中，电极浆料、极板、卷芯等对水分非常敏感，整个生产环境对湿度的要求比较苛刻，导致设备投入和生产成本较高。因此，国内电池生产厂家正在积极开发 NCA 电池体系，大多处于跟踪研究和技术探索阶段，距离工业化应用的要求还有一定的差距。

参 考 文 献

[1] DahnJ R，Sacken U，Juzkow M，et al. Rechargeable $LiNiO_2$/Carbon Cells. J Electrochem Soc，1991，138 (8)：2207-2211.

[2] Manthiram A，Murugan A V，Sarkar A，et al. Nanostructured electrode materials for electrochemical energy storage and conversion [J] . Energy & Environmental Science，2008，1：621-638.

[3] Martha K S，Sclar H，Framowitz Z，et al. A comparative study of electrodes comprising nanometric and submicron particles of $LiNi_{0.50}Mn_{0.50}O_2$，$LiNi_{0.33}Mn_{0.33}Co_{0.33}O_2$，and $LiNi_{0.40}Mn_{0.40}Co_{0.20}O_2$ layered compounds [J] . Journal of Power Sources，2009，189：248-255.

[4] Chebiam R V，Prado F，Manthiram A. Comparison of the chemical stability of $Li_{1-x}CoO_2$ and $Li_{1-x}Ni_{0.85}Co_{0.15}O_2$ cathodes [J] . Journal of Solid State Chemistry，2002，163：5-9.

[5] Epifanio A，Croce F，Ronci F，et al. Thermal，electrochemical and structural properties of stabilized $LiNi_yCo_{1-y-z}M_zO_2$ lithium-ion cathode material prepared by a chemical route [J] . Physical Chemistry Chemical Physics，2001，3：4399-4403.

[6] Guilmard M，Rougier A，Grune M，et al. Effects of aluminum on the structural and electro chemical properties of $LiNiO_2$ [J] . Journal of Power Sources，2003，115：305-314.

[7] Delmas C，Croguennec L. Layered Li(Ni，M)O_2 Systems as the Cathode Material in Lithium-Ion Batteries [J] . Mrs Bulletin，2002，608-612.

[8] Ohzuku T，Ueda A，Nagayama M. Electro chemistry and Structural Chemistry of $LiNiO_2$ (R3m) for 4 Volt Secondary Lithium Cells [J] . J Electrochem Soc，1993，140 (7)：1862-1870.

[9] Robert R，Bunzli C，Berg E J，et al. Activation Mechanism of $LiNi_{0.80}Co_{0.15}Al_{0.05}O_2$：Surface and Bulk Operando Electrochemical，Differential Electro chemical Mass Spectrometry，and X-ray Diffraction Analyses [J] . Chem Mater，2015，27：526-536.

[10] Aurbach D，Gamolsky K，Markovsky B，et al. The study of surface phenomena related to electro chemical lithium intercalation into Li_xMO_y host materials (M=Ni，Mn) [J] . Journal of the Electro chemical Society，2000，147 (4)：1322-1331.

[11] Hu G，Liu W，Peng Z，et al. Synthesis and electrochemical properties of $LiNi_{0.8}Co_{0.15}Al_{0.05}O_2$ prepared from the precursor $Ni_{0.8}Co_{0.15}Al_{0.05}OOH$ [J] . Journal of Power Sources，2012，198：258-263.

[12] Yoon S，Lee C，Bae Y，et al. Method of Preparation for Particle Growth Enhancement of $LiNi_{0.8}Co_{0.15}Al_{0.05}O_2$ [J] . Electro chemical and Solid-StateLetters，2009，12，11：A211-A214.

[13] Watanabe S，Kinoshita M，Nakura K. Capacity fade of $LiNi_{1-x-y}Co_xAl_yO_2$ cathode for lithium-ion batteries during accelerated calendar and cycle life test：I. Comparison analysis between $LiNi_{1-x-y}Co_xAl_yO_2$ and $LiCoO_2$ cathodes in cylindrical lithium-ion cells during long term storage test [J] . Journal of Power Sources，2014，247：412-422.

[14] Ju S，Jang H，Kang Y. Al-doped Ni-rich cathode powders prepared from the precursor powders with fine size and spherical shape [J] . Electrochimica Acta，2007，52：7286-7292.

[15] Han C，Yoon J，Cho W，et al. Electro chemical properties of $LiNi_{0.8}Co_{0.2-x}Al_xO_2$ prepared by a sol-gel method [J] . Journal of Power Sources，2004，136：132-138.

[16] 胡国荣，刘万民，彭忠东，等．一种锂离子电池正极材料球形掺铝镍钴酸锂的制备方法：ZL，201010594744.2.

[17] Kim Y，Kim D. Synthesis of High-Density Nickel Cobalt Aluminum Hydroxide by Continuous Coprecipitation Method [J] . ACS Appl Mater Interfaces，2012，4：586-589.

[18] Kubo K，Arai S，Yamada S，et al. Synthesis and charge-discharge properties of $Li_{1+x}Ni_{1-x-y}Co_yO_{2-z}F_z$ [J] . Journal of Power Sources，1999，81-82：599-603.

[19] Hwang B J，Santhanam R，Chen C. Effect of synthesis conditions on electro chemical properties of

$LiNi_{1-y}Co_yO_2$ cathode for lithium rechargeable batteries [J] . Journal of Power Sources, 2003, 114: 244-252.

[20] Madhavi S, Rao G, Chowdari B, et al. Cathodic properties of (Al, Mg) co-doped $LiNi_{0.7}Co_{0.3}O_2$[J] . Solid States Ionics, 2002, 152-153: 199-205.

[21] Hwang S, Chang W, Kim S, et al. Stach Investigation of Changes in the Surface Structure of $Li_xNi_{0.8}Co_{0.15}Al_{0.05}O_2$ Cathode Materials Induced by the Initial Charge [J] . Chem Mater, 2014, 26: 1084-1092.

[22] Matsumoto K, Kuzuo R, Takeya K, et al. Effects of CO_2 in air on Li deintercalation from $LiNi_{1-x-y}Co_xAl_yO_2$ [J] . Journal of Power Sources, 1999, 81-82: 558-561.

[23] Liu H, Zhang Z, Gong Z, et al. Origin of deterioration for $LiNiO_2$ cathode material during storage in air [J] . Electrochemical and Solid-State Letters, 2004, 7 (7): A190-A193.

[24] Eom J, Kim M, Cho J. Storage characteristics of $LiNi_{0.8}Co_{0.1+x}Mn_{0.1-x}O_2$ ($x=0$, 0.03, and 0.06) cathode materials for lithium batteries [J] . Journal of the Electrochemical Society, 2008, 155 (3): A239-A245.

[25] 刘万民．锂离子电池 $LiNi_{0.8}Co_{0.15}Al_{0.05}O_2$ 正极材料的合成、改性及储存性能研究 [D]．长沙：中南大学，2012.

[26] Sun Y, Myung S, Park B, et al. High-energy cathode material for long-life and safe lithium batteries [J] . Nature Materials, 2009, 8: 320-324.

[27] 冯海兰，陈彦彬，刘亚飞，等．高能量密度锂离子电池正极材料镍钴铝酸锂（NCA）技术及产业发展现状 [J]．新材料产业，2015，09：23-27.

第8章 磷酸盐材料

随着风电、光伏发电等新能源的出现，以及智能电网技术的发展，人们迫切需要建立规模储能技术，以迎合峰谷电力调配及波动性较强的新能源电力并网的需要。储能产业在我国还处于起步阶段，随着可再生能源和智能电网的快速发展，国内储能市场潜力巨大。同时在未来5～10年，可用于纯电动汽车（EV）/混合电动车（HEV）等领域的高性能动力电池将进入高速发展时期。目前面对大型化和大规模应用的需求，锂离子电池的成本和安全性问题是关系其发展的两大重要因素。电池的性能与电极材料的性能密切相关，电池的进步在很大程度上取决于电池材料的进展。正极材料是锂离子电池的重要组成部分，是制约锂离子电池大规模推广应用的瓶颈，更是提高性能、降低成本的关键。锂离子电池正极材料不但占据电池成本的30%以上，而且还在很大程度上决定电池的安全性能。进一步提高材料的比能量、降低成本和改善安全性能成为了当今锂离子电池正极材料的研究和发展的主导方向。$LiFePO_4$正极材料的问世，以其具有资源丰富、环境友好、安全性好、循环更稳定等优点而引起人们的广泛关注，特别是其高安全性能和环境友好的优点对锂离子电池的大型应用具有非常重要的意义，成为了有很大发展潜力的锂离子电池正极材料。$LiFePO_4$材料的开发和实际推广对动力锂离子电池产业发展具有重要的意义，将推动锂离子电池技术在清洁能源储备、混合动力汽车等领域的加速发展。

8.1 磷酸盐材料的结构与电化学特征

8.1.1 磷酸盐材料的结构

聚阴离子型化合物是一系列含有四面体或者八面体阴离子结构单元$(XO_m)^{n-}$（X=Si，Ge，P，S，As，Mo，W）的化合物的总称，这些结构单元通过强共价键连成的三维网络结构并形成更高配位的由其他金属离子占据的空隙，使得聚阴离子型化合物正极材料具有和金属氧化物正极材料不同的晶相结构以及由结构决定的各种突出的性能。聚阴离子型化合物正极材料有两个突出优点：一是材料的晶体框架结构稳定，即使大量锂离子脱嵌，也能保持稳定的结构，这一点与金属氧化物正极材料有较大的不同。聚阴离子型化合物正极材料具有开放性的三维框架结构，由 MO_6（M 为过渡金属）八面体和 XO_4（X＝P，Si，S 等）四面体通过共顶点或者共边的方式连接而成。因为聚阴离子基团通过 M—O—X 稳定了材料的三维框架结构，当锂离子在这类正极材料中嵌脱时，材料的结构重排很小，材料在锂离子嵌脱过程中保持良好的稳定性。二是可以通过配置不同的化学元素来调变材料的放电电位平台。正极材料的充放电电位取决于材料中氧化还原电对的能级，而该氧化还原电对的能级取决于作用于阳离子的静电场和阴阳离子间所成键的共价成分贡献。在聚阴离子型正极材料中，M—O—X 键中的 M 或者 X 原子的改变可以产生不同强度的诱导效应，导致 M—O 键的离子共价特性发生改变，从而改变了 M 的氧化还原电位。即便是相同的 M 和 X 原子，在不同的晶体结构环境中 M 的氧化还原电位也不一样。

基于聚阴离子型正极材料的高稳定性能和安全性能，结合经济和环境的角度，开发和应用磷酸系锂离子电池材料是非常理想的，其中磷酸铁锂和磷酸锰锂是现有电解液体系下稳定的正极材料。具有强共价键的聚阴离子 $(XO_4)^{y-}$ 通过 M—O—X 诱导效应稳定了 M^{3+}/M^{2+} 的反键态，从而可产生适宜的高电压，而且铁、锰化合物价格低廉、储量丰富、环境友好，因此磷酸铁锂和磷酸锰锂正极材料成为人们所关注的热点。

1997 年，美国得克萨斯大学的 J. B. Goodenough 小组发表了关于 $LiFePO_4$ 作为锂离子电池正极材料的原创性论文，在学术界引起了极大的轰动[1,2]。他们研究了不同磷酸盐结构对 Fe^{3+}/Fe^{2+} 氧化还原电位的影响，发现橄榄石型的 $LiFePO_4$ 具有脱嵌锂离子的可逆性，详细探讨了 $LiFePO_4$ 作为锂离子电池正极材料的性能和特点。与过渡金属氧化物正极材料相比，橄榄石结构的 $LiFePO_4$ 有如下优点：

① 较高比能量　较高的锂离子脱嵌电压和优良的平台保持能力，为 3.4～3.5V（vs. Li^+/Li）；较高的理论比容量为 170mA・h/g。

② 稳定性能好　在橄榄石结构中，所有阳离子与 P^{5+} 通过强的共价键结合形成 $(PO_4)^{3-}$，橄榄石晶体结构经循环充放不会发生变化，在完全脱锂状态下，橄榄石结构不会发生崩塌，提高了材料的稳定性和安全性。

③ 安全性能好　由于其氧化还原对为 Fe^{3+}/Fe^{2+}，当电池处于充满电时与有机电解液的反应活性低，充放电压平台 3.4～3.5V（vs. Li^+/Li）低于大多数电解液的分解电压。

④ 循环性能好　当电池处于充满电时，正极材料体积收缩 6.8%，刚好弥补了碳负极的体积膨胀，循环性能优越。

8.1.1.1　$LiFePO_4$ 的结构

$LiFePO_4$ 晶体具有规整的橄榄石型结构，属于正交晶系，Pnma 空间群。每个晶胞中有 4 个 $LiFePO_4$ 单元，其晶胞参数为 a＝1.0324nm，b＝0.6008nm 和 c＝

0.4694nm。在 $LiFePO_4$晶体结构中，氧原子以稍微扭曲的六方密堆方式排列。磷原子在氧四面体的 4c 位，铁原子和锂原子分别在氧八面体的 4c 位和 4a 位。在 b-c 平面上 FeO_6八面体通过共点连接起来。一个 FeO_6八面体与两个 LiO_6八面体和一个 PO_4四面体共棱，而一个 PO_4四面体则与一个 FeO_6八面体和两个 LiO_6八面体共棱，Li^+在 4a 位形成共棱的连续直线链并平行于 c 轴，使之在充放电过程中可以脱出和嵌入。

在 $LiFePO_4$晶体结构（图 8-1）中，O^{2-}与 P^{5+}形成 PO_4^{3-}的聚合四面体稳定了整个三维结构，强的 P—O 共价键形成离域的三维化学键使 $LiFePO_4$具有很强的热力学和动力学稳定性，从而使其在高温下更稳定、更安全。而且，O^{2-}中电子对 P^{5+}的强极化作用所产生的诱导效应使 P—O 化学键加强，从而减弱了 Fe—O 化学键。P—O—Fe 诱导效应降低了氧化还原电对的能量，Fe^{3+}/Fe^{2+}氧化还原对的工作电压升高，使 $LiFePO_4$成为非常理想的锂离子电池正极材料。然而因为 FeO_6八面体被 PO_4^{3-}分离，降低了 $LiFePO_4$材料的导电性；同时氧原子三维方向的六方紧密堆积只能为锂离子提供有限的通道，使得室温下锂离子在其中的迁移速率很小，固有的晶体结构限制了其电导性与锂离子扩散性能。

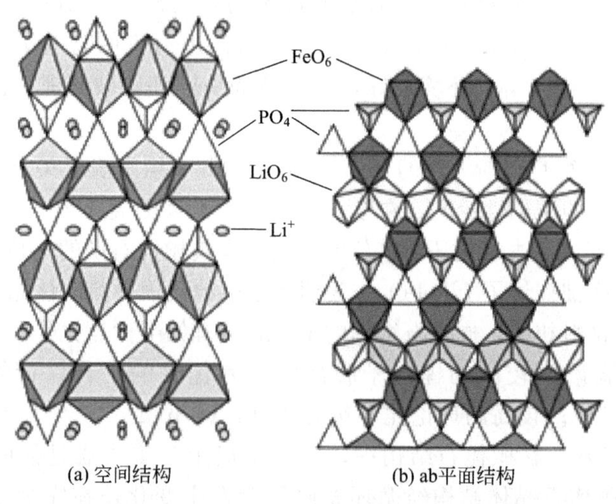

图 8-1 $LiFePO_4$晶体结构在［001］晶面上的投影示意图

虽然聚阴离子结构会增强材料的稳定性，但是 $LiFePO_4$表面与常用的电解质之间仍会有反应活性，常用电解液一般含有烷基碳酸酯与锂盐。正极材料在电解液中会发生很多可能的副反应，如在 $LiPF_6$电解液中，$LiFePO_4$与痕量 HF 之间的酸碱反应是不可避免的。电解液中 HF 的存在可能导致铁离子与质子间的发生反应；二是颗粒表面的 Li^+与 F^-反应生成 LiF，表层 LiF 的存在不利于 Li^+的扩散。$LiFePO_4$颗粒表面的铁离子会在电解液中溶解，一般来说，活性材料与黏结剂的接触位置最易于被侵蚀，而铁离子析出将会影响电池的寿命和自放电情况。对 LiFe-PO_4进行碳包覆改性可缓解表面结构的劣化，获得高纯度、高结晶性能、均匀碳包覆的磷酸铁锂，有效地控制碳含量及杂相量是提高 $LiFePO_4$ 循环性和稳定性的关键所在。

8.1.1.2 $LiMnPO_4$的结构特点

$LiMnPO_4$、$LiFePO_4$ 同属 $LiMPO_4$ 系列的成员，橄榄石结构的 $LiMnPO_4$ 属于正交晶系，空间群为 Pmnb，由微变形的六面体密堆积构架组成一个三维框架结构，MnO_6 占据三维空间框架的 2 个八面体，PO_4 占据 2 个八面体，LiO_6 占据 4 个八面体，其晶胞参数 $a=0.1045nm$，$b=0.0611nm$，$c=0.0475nm$。在 $LiMnPO_4$ 橄榄石结构中，由于 $P_{四面体}—O—M_{八面体}$ 存在诱导效应，使得 Mn^{3+}/Mn^{2+} 的相对氧化还原电极电势极具利用价值。同时 $LiMnPO_4$ 这种三维结构，使得锂离子具有一维扩散通道，即朝着 b 轴迁移。见图 8-2。

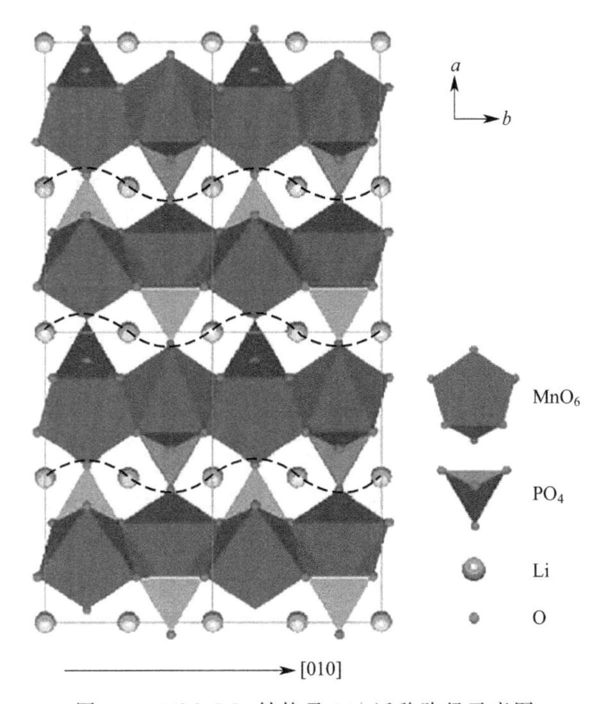

图 8-2 $LiMnPO_4$ 结构及 Li^+ 迁移路径示意图

尽管 $LiMnPO_4$ 由于牢靠的 P—O 共价键而保证了结构的稳定性，但与磷酸铁锂不同的是，由于三价锰的存在，脱锂相 $MnPO_4$ 存在 Jahn-Teller 效应，存在不利于结构稳定的因素。Nie 等[3]通过第一性原理计算，发现与其他过渡金属化合物如 $LiMn_2O_4$、$LiNiO_2$ 类似，$MnPO_4$ 的 Mn（Ⅲ）中存在 Jahn-Teller 效应，充电过程中正极材料晶胞扭曲变形，体积膨胀了 6.5%，从而不利于结构稳定性，但是 Jahn-Teller 效应却有益于电导率的改善。Yamada 等[4]也证实了 Jahn-Teller 效应使得 Mn（Ⅲ）周围存在大量极化子，而不利于锂离子的脱嵌。但目前未发现这种 Jahn-Teller 效应对磷酸锰锂的电化学性能有负面影响。

同时，磷酸锰锂的安全性还是存在疑问。Kim 等[5]研究了 Li_xMnPO_4 中富锂和贫锂相的热性能。在脱锂过程中，颜色由白变紫，通过连续的 XRD 测试，确定存在两相反应，其中相变严重影响了上述晶相的形貌。贫锂 Li_xMnPO_4 极其不稳定，特别是当进行 TEM 测试而暴露在电子束中时。同时，贫锂 Li_xMnPO_4 在测试温度（高达 410℃）下热稳定性好，且无结构变化。然而，提高温度会使单位晶胞体积和晶格参数增大。在相对低的温度下，只有 $LiMnPO_4$ 和 $MnPO_4$ 共存；一旦加热，$MnPO_4$ 部分转化为 $Mn_2P_2O_7$，并释放 O_2，反应方程式如下：

$$2MnPO_4 \longrightarrow Mn_2P_2O_7 + 1/2O_2$$

研究发现，$MnPO_4$ 分解放出氧气，存在点燃电解液有机溶剂的可能性，因此改善电解液的稳定性和提高 $MnPO_4$ 析出氧气的温度至关重要。然而，与其他材料充电态相比，$LiMnPO_4$ 放出的热量较少，安全性优于氧化物正极材料，具体如表 8-1 所示。

表 8-1　正极材料充电态放热量

正极材料	起始温度/℃	峰值温度/℃	电解液	放热量/(J/g)
$LiCoO_2$	180	231	EC/DEC(33/67)	760
$LiNiO_2$	184	214	EC/DEC(33/67)	1600
$LiMn_2O_4$	207	289	EC/DEC(33/67)	990
$LiNi_{0.8}Co_{0.2}O_2$	193	213	EC/DEC(33/67)	1200
$LiNi_{0.8}Co_{0.15}Al_{0.05}O_2$	220	253/268	EC/EMC(30/70)	980
$LiNi_{3/8}Co_{1/4}Mn_{3/8}O_2$	270	297	EC/DEC(33/67)	290
$LiNi_{1/4}Co_{1/2}Mn_{1/4}O_2$	280	285	EC/DEC(33/67)	178
$LiFePO_4$	250	280/315	PC/DMC	147
$LiMnPO_4$	150/215	175/256/300	EC/PC(50/50)	103/781

众所周知，从 P—O 共价键中脱出氧气是极其困难的，因此橄榄石型材料被认为是锂离子电池中热安全性的电极。Delacourt 等[6]认为 PO_4^{3-} 阴离子的热稳定性高达 500℃，并评估了 $Li_{1-x}FePO_4$ 不同复合物和其他聚合阴离子型电极的热稳定性。Ong 等[7]指出锰可能对磷酸盐分解释放氧气起到催化作用。

Martha 等[8]发现 $LiMnPO_4$ 和固溶体 $LiMn_{0.8}Fe_{0.2}PO_4$ 的热稳定性比 $LiFePO_4$ 更差。当以 1mol/L $LiPF_6$/（EC + DMC）为电解液时，脱锂态橄榄石型材料的放热反应（单位放热量）顺序如下：$Li_{0.1}MnPO_4 > Li_{0.05}Mn_{0.8}Fe_{0.2}PO_4 > Li_{0.05}FePO_4$，而以 1mol/L $LiPF_6$/（EC + PC）为电解液时，单位放热量顺序相反。此外，在加热橄榄石型材料 $LiMPO_4$（M＝Fe，Mn）时无氧气放出，这表明其结构稳定性比层状正极更好，且加热至 400℃前后，贫锂态橄榄石正极的 XRD 参数无明显变化。TGA 测试表明，当加热至如此高的温度时，Li_xMPO_4 与包覆碳反应，并可能伴随着新相的形成。这些结果清晰地表明，这三种完全脱锂的橄榄石相在高温基本稳定，也即高达 400℃，这与 Ong 等[7]通过第一性原理计算的仿真结果一致，如图 8-3 所示。相反的，其他贫锂态正极如 $LiCoO_2$ 和 $LiNi_{0.8}Co_{0.15}Al_{0.05}O_2$ 当加热至 400℃时，结构变化不明显，这表明 $LiMPO_4$ 化合物在贫锂态时具有较优的热稳定性。TGA-MS 测试也证实了上述结果。该作者表明目前科学界还没有对 $LiMnPO_4$ 和 $LiFePO_4$ 的认识和理解达成一致。此外，采用不同方法合成的不同批次的 $LiMnPO_4$ 在电化学性能和热稳定性方面表现不同。因此，Li_xMnPO_4 作为锂离子电池正极材料，其安全性的定论还为时过早。

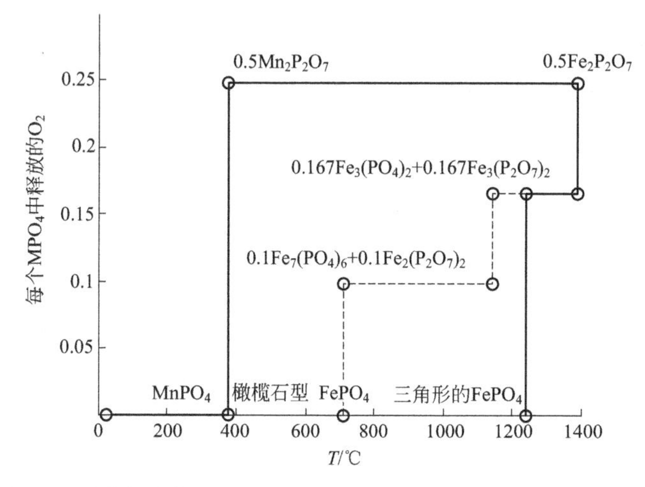

图 8-3 从贫锂态的 MPO_4（M＝Fe，Mn）中释放 O_2 的相对温度

与其他过渡金属氧化物相比，$LiMnPO_4$ 因磷酸盐的低碱度和氧原子的亲核性，以及规整的碳包覆层，其表面反应活性较低，副反应相对较小，电解液分解速度较缓慢。但是由于充电截止电压较高，以及性能优异的 $LiMnPO_4$ 粒径小而比表面积大，电解液分解速率快，当采用常规电解质溶液体系，$LiMnPO_4$ 容易发生副反应，库仑效率有待提高，特别是首次循环存在不可逆容量。当充电电压超过 4.3V 时，发现不可逆容量不是来自活性物质和集流体，可能是因为在碳包覆层发生不明的氧化反应；同时高电压下常规电解液体系发生分解反应，但是随着循环的进行，在电极表面形成的钝化层使得表面反应趋于稳定。因此，研发稳定的电解液体系，开发合适的电解液添加剂，是加快开发 $LiMnPO_4$ 应用的关键。

8.1.2 磷酸盐材料的电化学特征

8.1.2.1 $LiFePO_4$ 的电化学特性

由于纯 $LiFePO_4$ 的电导率约为 10^{-10} S/cm，直接导致材料电化学性能恶化。Y. M. Chiang 等人[9]的研究认为 $LiFePO_4$ 电子电导率低是因为嵌锂相 $LiFePO_4$ 和脱锂相 $FePO_4$ 中 Fe 均是单一价态，纯相 $LiFePO_4$ 中电子电导率大于离子电导率因而是 n 型导电机制；而掺杂后产生了 Fe 二价和三价的混合价态，掺杂后材料就以空穴导电为主因而是 p 型导电机制。A. Yamada 等[10]经过对 $LiFePO_4$ 的特性进行研究发现，$LiFePO_4$ 的禁带宽度为 0.3 eV，属于半导体。而如果 Li 完全从晶体中转移出去，则变成禁带宽度大约为 2eV 的绝缘体 $FePO_4$。F. Zhou 等人[11]用量子化学方法（GGA+U）计算 $LiFePO_4$ 的能隙为 3.7eV，与实验值（3.8～4.0eV）吻合很好。而这样大的能隙使得本征载流子浓度极低，材料的电子电导率（10^{-14} S/cm）低。计算表明本征 $LiFePO_4$ 材料的导电性并不是来自于电子离域化通过能隙，而是通过定域极化机制。载流子的浓度取决于脱嵌/嵌入过程共存于 $LiFePO_4$/$FePO_4$ 两相中偏离化学计量的锂离子的数目。Y. N. Xu 等人[12]使用第一原理方法，自旋极化计算表明：本征 $LiFePO_4$ 是 n 型导体；当外部掺杂后，空穴比电子具有更高的机动性，因而导电机制转变为 p 型为主。C. Delacourt 等[6]则利用原位 XRD 研究了 $LiFePO_4$ 在高温下的相变情况，他们认为 Li_xFePO_4 在高于 350℃是存在的，金属离子掺杂 $LiFePO_4$ 的 Li 缺陷是可能存在的。A. Yamada 等[13]利用测量电化学反应过程的熵变证明 Li_xFePO_4 在室温下存在一个固溶区间。他们认为，$LiFePO_4$ 固溶区间和聚阴离子的稳定结构为过渡金属离子掺杂提供了条件。

D. Morgan 等人[14]探讨了锂离子在橄榄石型材料中的导电性能。他们认为锂离子在橄榄石型材料中迁移有三种类型的通道，并计算了 $LiFePO_4$ 晶体中 Li^+ 的迁移常数，算得［010］、［001］和［101］方向计算的扩散常数分别为 $10^{-8}cm^2/s$、$10^{-45}cm^2/s$ 和 $10^{-19}cm^2/s$，因此就材料本性而言，锂离子在［010］方向扩散足够快。但实际上一维通道很容易为杂质或者缺陷所阻塞，从而导致这类材料的电化学性能不理想。中科院物理所 C. Y. Ouyang 等人[15]用第一性原理研究了锂离子的扩散，他们用 VASP 软件计算了 Li^+ 在 a、b、c 三个方向的迁移势垒，提出 Li^+ 沿次长轴 b 方向一维迁移。M. S. Islam 等[16]利用原子建模技术系统地从原子水平研究了 $LiFePO_4$ 正极材料的本征缺陷，杂质缺陷以及锂离子扩散问题。他们通过计算 Li^+ 在不同通道所需的活化能来判定 Li^+ 扩散的可能通道。选取了 Li^+ 三种最有可能的传输通道并计算其活化能：①靠近 Li 位沿着［010］方向；②通过 y 轴沿着［001］方向；③通过沿着［101］方向。研究表明，Li^+ 传输的最低能量轨道是沿着［010］方向进行。与 D. Morgan 结果一致，M. S. Islam 等认为 Li^+ 最有可能沿着［010］方向传输，而且迁移的轨迹不是沿着直线方向，如图 8-4 所示。扩散路径是一段曲线，扩散路径是波浪形状的，这样的长程迁移很容易被阻塞，特别是在 Li 位掺杂时，杂离子会阻碍 Li^+ 的迁移，从而导致性能的下降。Nishimura 等[17]通过中子衍射照射 $LiFePO_4$，来研究锂离子的运动状态，首次从实验上证实了该扩散路径。

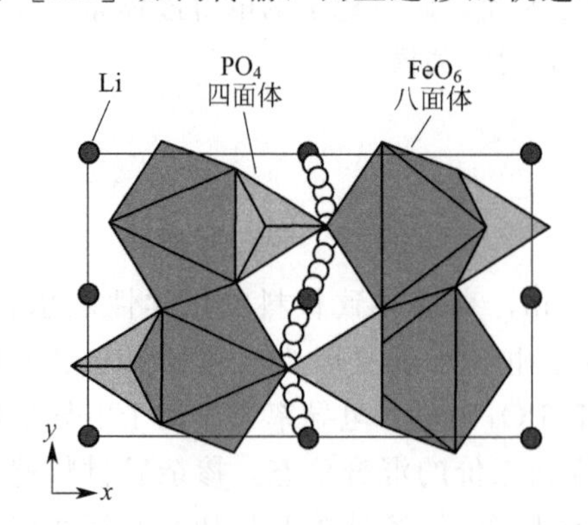

图 8-4　锂离子沿［010］方向的传输曲线

由上可知，Li^+ 的扩散是决定充放电倍率性能的主要因素，同时 $LiFePO_4$ 的电子导电性差，Li^+ 在材料中的固相扩散也受到电子迁移速度的影响，Li^+ 传输和电荷补偿必须协调一致才能保证电极过程的顺利进行。由此，需要同时提高 $LiFePO_4$ 的离子导电性和电子导电性才能保证材料具有好的电化学性能，如何增大锂离子与电子的电导率仍将是材料制备与改性的首要考虑因素。

$LiFePO_4$ 正极材料的理论容量为 170mA·h/g，相对金属锂的电极电位约为 3.4V，理论能量密度为 550W·h/kg。$LiFePO_4$ 的循环性能较好，主要是因为 $LiFePO_4$ 和 $FePO_4$ 在结构上的相似性。当 Li^+ 从 $LiFePO_4$ 中脱嵌后，晶格常数 a、b 会略微缩小，c 则稍稍增大，最终体积缩小 6.81%。另外，$LiFePO_4$ 和 $FePO_4$ 两种晶体在 400℃时结构仍保持稳定，因此 $LiFePO_4$ 在充放电过程中很稳定，不必考虑温度变化对晶体结构的影响。$LiFePO_4$ 充放电曲线的平台很长，说明 $LiFePO_4$ 的正极嵌脱锂的反应是两相反应，如图 8-5 所示为磷酸铁锂充放电过程的相变示意图。

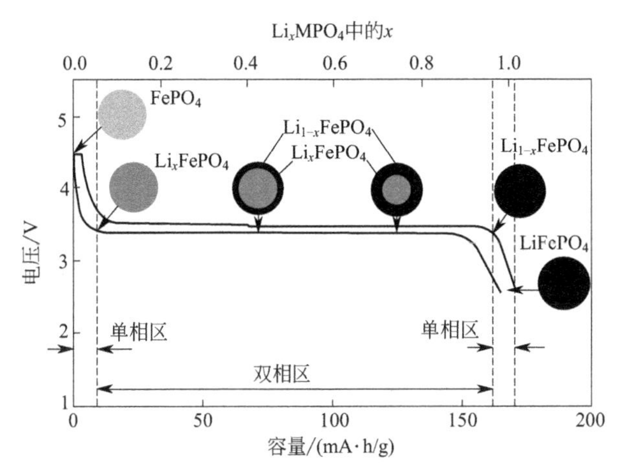

图 8-5 磷酸铁锂充放电过程的相变模型[18]

锂离子在磷酸铁锂材料中的嵌入和脱嵌是一个非常复杂的过程，在此过程中既有锂离子在电解液与电极体相中的扩散，又有在电极表面的成膜反应，还有在界面处的电荷转移反应等。

充电时，Li^+ 从 FeO_6 层间迁移出来，经过电解质进入负极，Fe^{2+} 被氧化为 Fe^{3+}，电子则经过相互接触的导电剂、集流体从外电路达到负极，放电过程进行还原反应，与上述过程相反，反应如下。

充电反应：$LiFePO_4 - xLi^+ - xe^- \longrightarrow xFePO_4 + (1-x)LiFePO_4$

放电反应：$FePO_4 + xLi^+ + xe^- \longrightarrow xLiFePO_4 + (1-x)FePO_4$

锂离子电池在充放电循环中具有良好的可逆性，如图 8-6 所示，这与锂离子脱/嵌后相态之间结构的相似性有关。在充放电过程中，电池容量的衰减与相态的转变动力学有密切的关系。

简而言之，放电时 Li^+ 从液态电解质内部向电极迁移，首先通过电极-电解液界面膜，然后到达固体电极界面，在界面处发生电荷转移，最后 Li^+ 由固体表面向内部扩散；充电过程为上述逆过程。一般认为，Li^+ 在 $LiFePO_4/FePO_4$ 界面间的扩散成为正极嵌锂/脱锂反应的控制步骤，电流密度、电极反应温度、晶粒大小以及导电性能均会对其扩散速度产生影响，从而影响放电容量。为此人们针对锂离子扩散速度引起的容量衰减机理进行了研究分析。

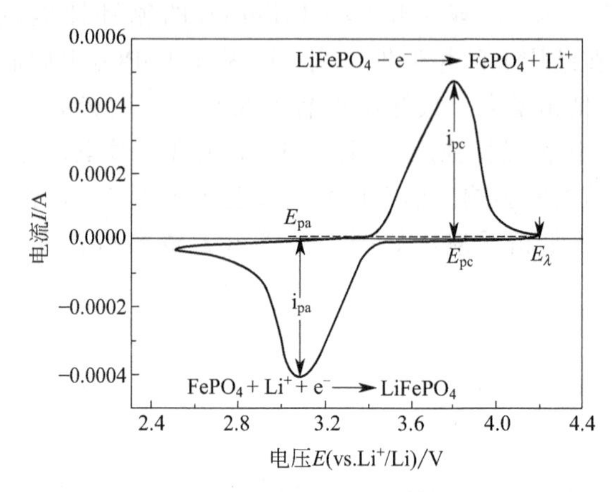

图 8-6　$LiFePO_4$ 电极循环伏安曲线

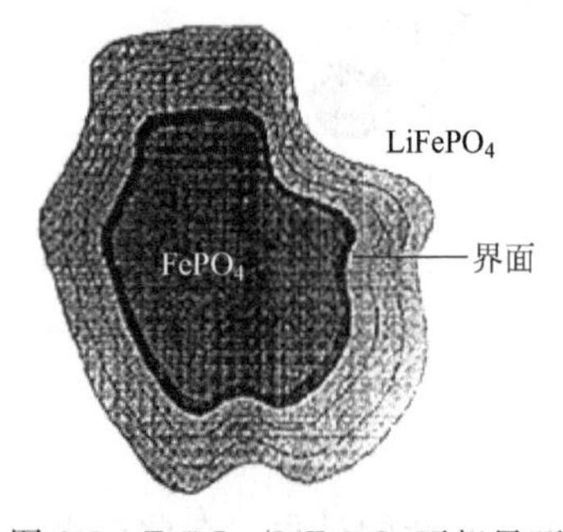

图 8-7　$FePO_4/LiFePO_4$ 两相界面

A. K. Pahdi 等[1]提出了缩核模型，如图 8-7 所示：正极颗粒在充电过程中，表层 Li^+ 向外扩散进入电解质，由此形成的 $FePO_4/LiFePO_4$ 界面不断向内收缩，界面越来越小，单位界面面积的 Li^+ 扩散速率在一定条件下为常数，此时颗粒中心部分的 $LiFePO_4$ 难以充分利用；在放电过程中，随着 Li^+ 的嵌入，界面面积不断缩小，当所有界面面积之和不能够支持放电电流时，放电终止。充放电电流密度越大，所需界面就越大，致使有效锂利用率下降，容量明显衰减。

A. S. Anderson 等[19]提出了两种模型以解释 $LiFePO_4$ 容量衰减的原因：辐射模型和马赛克模型，如图 8-8 所示。辐射模型认为锂离子脱嵌过程是在 $LiFePO_4/FePO_4$ 两相界面的脱嵌过程。充电时，两相界面不断向内核推进，外层的 $LiFePO_4$ 不断转变为 $FePO_4$，锂离子和电子不断通过新形成的两相界面以维持有效电流，但锂离子的扩散速率在一定条件下是常数，随着两相界面的缩小，锂离子的扩散量最终将不足以维持有效电流，这样，颗粒内核部分的 $LiFePO_4$ 将不能被充分利用，从而造成容量损失。此模型与上述缩核模型相似。马赛克模型认为锂离子脱嵌过程虽然是在 $LiFePO_4/FePO_4$ 两相界面的脱嵌过程，但是锂离子的脱嵌过程可以发生在颗粒的任一位置。充电时，$FePO_4$ 区域在颗粒的不同点增大，区域边缘交叉接触，形成很多不能反应的死角，从而造成容量损失。放电时，逆反应过程进行，锂离子嵌入到 $FePO_4$ 相中，核心处没有嵌入锂离子的部分造成容量的损失。

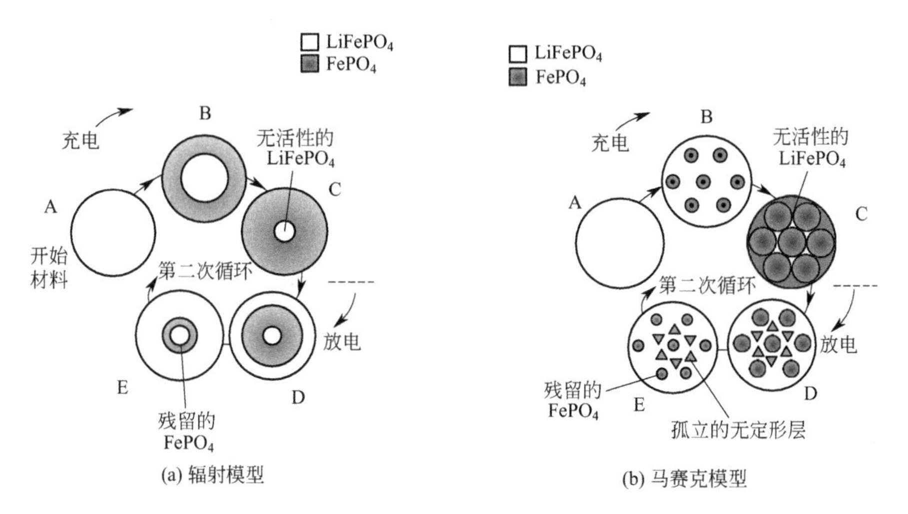

图 8-8 单个 $LiFePO_4$ 颗粒中两种锂离子脱/嵌模型示意图

D. Morgan 等[14]指出，锂的扩散是一维隧道状的，一维扩散中的阻挡完全不同于二维或三维扩散中的阻挡，因为在二维或三维扩散中，离子能达到该缺陷点的周围，而一维扩散被阻挡后，该缺陷后的隧道部分就不能发生锂扩散。假如一条隧道有两个锂位被异种离子占据，则两异种离子之间的部分不能发生锂的嵌入和脱嵌，导致这部分活性物质失活，造成不可逆容量损失。这种看法最大的特点是失活部分是一维线状的，而前面几种模型失活部分都是三维状的。

近来一种观点认为 $LiFePO_4$ 的脱嵌过程不是以相变方式进行是以单相固溶体 Li_xFePO_4 形式进行。N. Meetong 等[20]研究了不同尺寸的 $LiFePO_4$ 纳米粒子的电化学行为，他们发现当 $LiFePO_4$ 纳米粒子尺寸较大时，固溶体不会存在，而只有当粒子尺寸小于 45nm 时固溶体才会稳定存在。最近，P. Gibot 等[21]通过探索 $LiFePO_4$ 纳米粒子的锂插入与脱嵌过程发现当［010］方向的粒子尺寸减小到 40nm 时，$LiFePO_4$ 颗粒在 Li^+ 的脱嵌过程中展现出单相固溶体充放电机制，进一步证实了这个观点，这种尺寸效应与锂离子电池材料的充放电机制之间的关系则给人们一个新的思路。

尽管有关 $LiFePO_4$ 脱嵌过程及其容量衰减机理的解释不尽相同，但基于以上模型分析，锂离子与电荷的扩散动力学是整个电极材料实际应用的决定性因素。要使 $LiFePO_4$ 用作锂离子电池正极材料必须同时提高其电子电导和离子电导，改善其电化学动力学特性。

8.1.2.2 $LiMnPO_4$ 的电化学特性

$LiMnPO_4$ 的工作电压约 4.1V 跟现有电解液工作窗口相匹配，理论比容量与磷酸铁锂相当。表 8-2 是现在研究 $LiMPO_4$ 材料电化学特性的一个简单对比。对比可知 $LiMnPO_4$ 正极材料在现有电解液条件下最具应用潜力。

表 8-2 聚阴离子型正极材料性能参数比较

材料	理论容量/(mA·h/g)	电压平台/V	适应电解液
$LiFePO_4$	170	3.4	全部
$LiMnPO_4$	170	4.1	全部
$LiNiPO_4$	170	5.2～5.4	无
$LiCoPO_4$	167	4.8	部分

纯相 $LiMnPO_4$电导率低于 10^{-14} S/cm，远低于 $LiFePO_4$，扩散系数为 $5.1\times10^{-14}cm^2/s$，Ong 等[22]发现与 $Li_{1-x}FePO_4$相比，$Li_{1-x}MnPO_4$电子迁移势垒高出 50%以上，当 $x=0$、x、1 时，$Li_{1-x}FePO_4$的电子电导率分别为 $Li_{1-x}MnPO_4$的 177、77、11 倍。Islam 等[16]通过第一性原理对电子能级进行计算，得出电子在 $LiMnPO_4$中发生跃迁的能隙为 2eV，电子导电性极差，属于绝缘体。因此，Goodenough 团队[1]最早报道的 $LiMnPO_4$几乎没有容量。Delacourt 等[23]认为 $LiMnPO_4$的电化学活性低的根本原因是锂离子脱出速率缓慢，$LiMnPO_4$颗粒之间的离子或电子传递限制了 $LiMnPO_4$的电化学反应，而不是电荷转移步骤缓慢或者 $MnPO_4$相结构的不稳定性导致了 $LiMnPO_4$的电化学活性低。

与 $LiFePO_4$脱嵌过程类似，锂离子在聚阴离子型正极材料 $LiMnPO_4$中的脱嵌过程是一个两相反应，$MnPO_4$和 $LiMnPO_4$两相共存，Li^+的扩散要经过两相界面，$LiMnPO_4$的粒径会影响 Li^+的扩散能力。而且脱嵌两相的晶胞体积变化较大，$LiMnPO_4/MnPO_4$ $\Delta V=9.0\%\sim11\%$，在两相界面存在较大的机械应力，会减缓 Li^+在两相界面处的移动。$LiMnPO_4$电化学脱锂过程的两相特征目前还存在争议。不论何种模型，电子的转移和锂离子的扩散是两相转变的关键制约因素，其本身固有的较低的电子电导率和锂离子电导率限制了电化学反应的速率和程度，特别是表现在大倍率的场合。

$LiMnPO_4$的晶体结构诱导效应使其具有较高的锂离子可逆脱出和嵌入理论电压［4.0～4.1 V（vs. Li^+/Li）］和比容量。$LiMnPO_4$具有电压平台较高，能量密度较高，成本低廉，无毒，环境友好，资源丰富等优点，尽管电化学活性和库仑效率有待提高，安全性存在争议，但是相对其他过渡金属氧化物正极材料优势明显，同时目前为止并未发现 Jahn-Teller 效应的负面影响。$LiMnPO_4$材料处于产业化研究的前期，目前市场还未出现产品。国内外研究团队将其装配成全电池进行测试，以探究材料性能的优劣与应用在实际中的可行性。Martha 研究团队[24]将制备的 $LiMnPO_4$与 $Li_4Ti_5O_{12}$材料组装成全电池体系，其电化学性能如图 8-9、图 8-10 所示。放电平台十分平稳，0.1C 首次放电比容量接近 130mA·h/g，倍率为 2C 时，仍可获得 95mA·h/g，0.5C 循环 300 次后没有大的衰减。并通过 DSC、TG-MS 等测试表明该全电池具有良好的安全性和热稳定性，显示出应用在负载平衡电池系统的可行性。这样的体系还处于开发阶段，还需进一步提高来满足商业应用。

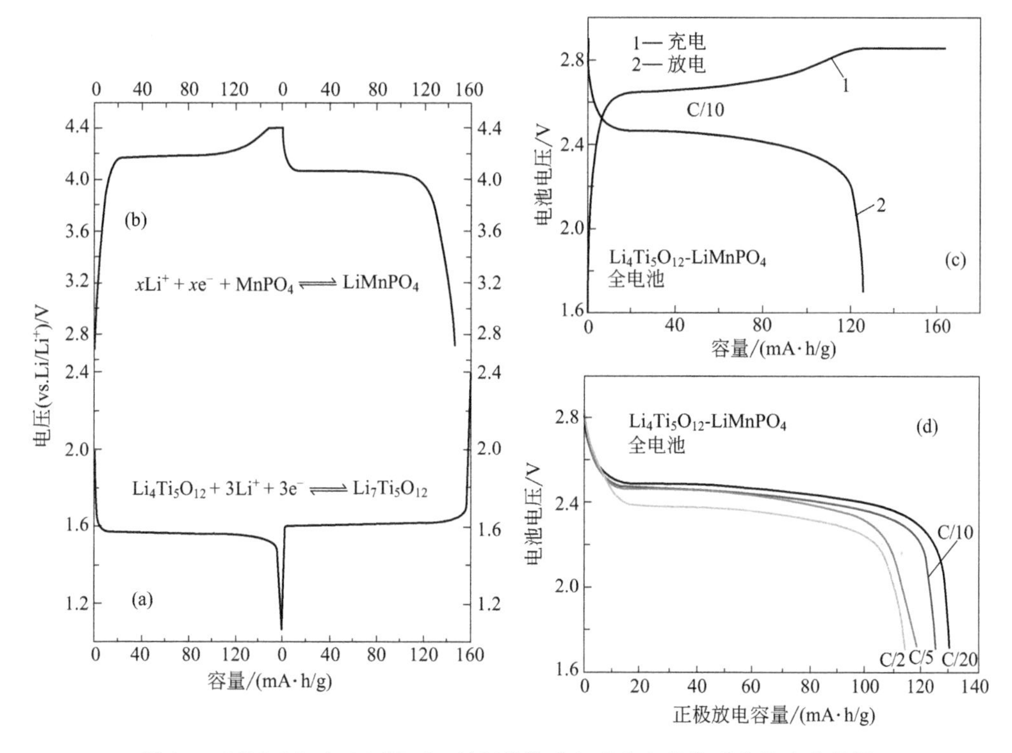

图 8-9　$LiMnPO_4$ 与 $Li_4Ti_5O_{12}$ 材料组装成扣式全电池体系充放电曲线图

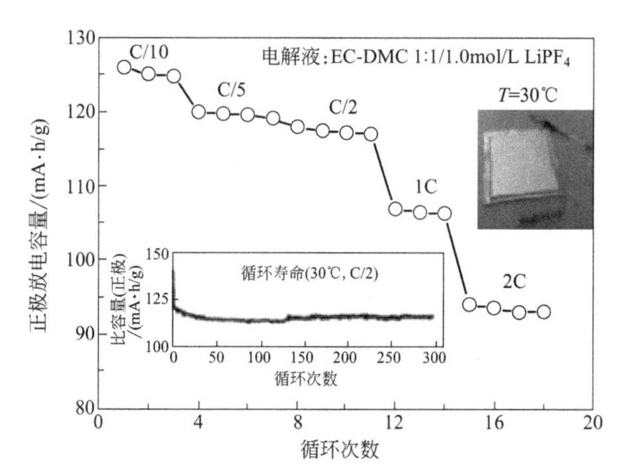

图 8-10　$LiMnPO_4$ 与 $Li_4Ti_5O_{12}$ 材料组装成软包全电池循环数据

中国科学院宁波所刘兆平组采用该材料制作 18650 圆柱电池进行研究，其放电容量为 1100mA・h，放电电压为 3.9V 左右，能量密度较磷酸铁锂电池提高约 20%。该磷酸锰锂电池还具有出色的常温循环寿命、高倍率放电、低温性能和安全性能，如图 8-11 所示。常温下 1C 充放电循环 2000 次后电池容量保持率约为

85%，60℃下1C充放电650次后容量保持率仍大于80%，40C高倍率持续放电电池容量保持率为1C的90%，－20℃下0.2C放电容量为常温的97.6%，即使在－40℃下电池容量仍可达到61.5%。此外，该电池顺利通过3C-10V过充和穿刺等安全测试实验，不爆炸、不燃烧、不冒烟，具有优异的安全性能。上述实验数据显示了该磷酸锰锂正极材料已具备了在动力和储能等领域应用和发展的可行性。

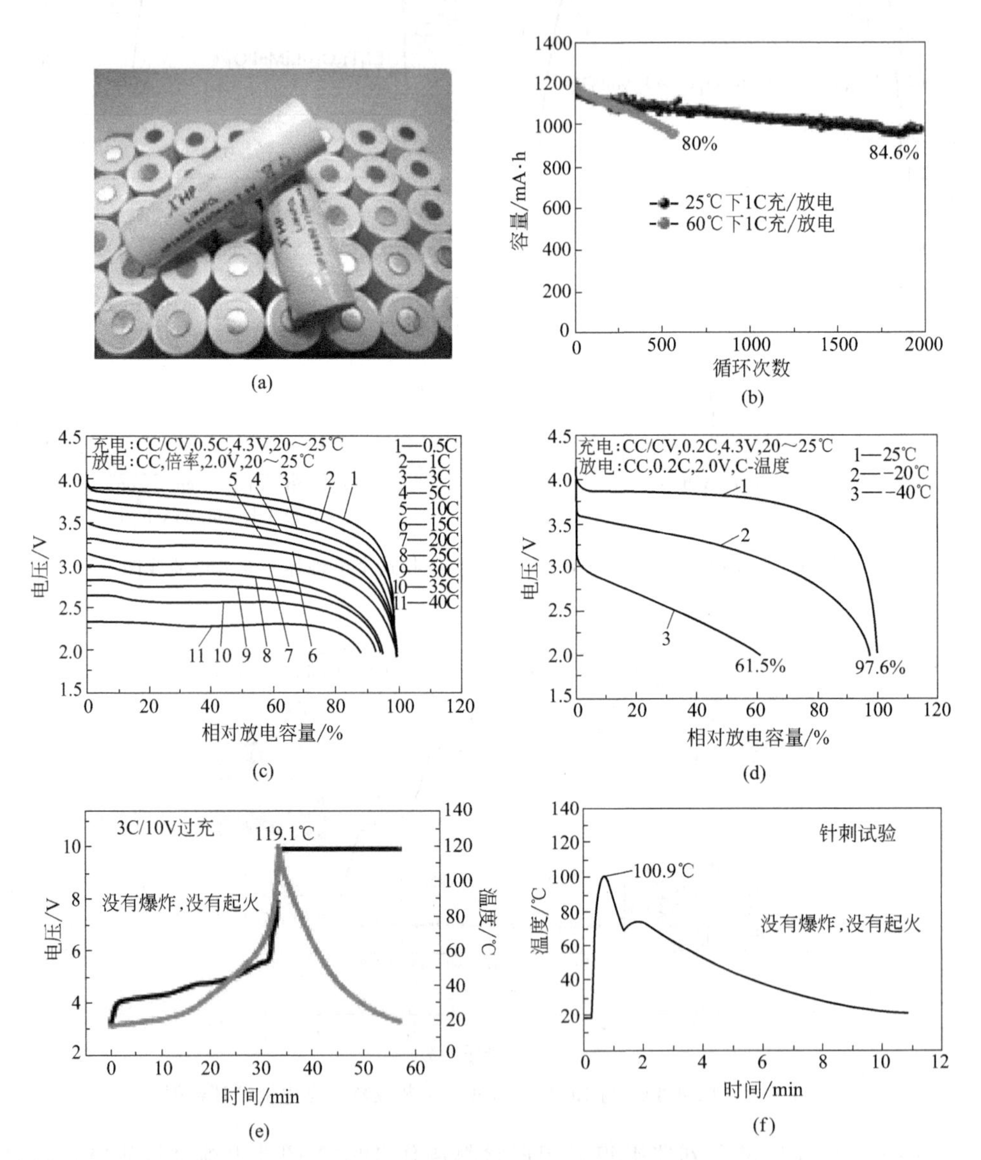

图8-11　宁波材料所磷酸锰锂18650电池样品照片（a）、循环性能（b）、倍率性能（c）、低温性能（d）、过充（e）和针刺试验（f）[25]

8.1.2.3 $LiMn_yFe_{1-y}PO_4$材料的性能

由于$LiMnPO_4$与$LiFePO_4$材料结构的相似性，再加上Mn、Fe互掺杂可以形成均匀固溶体，所以$LiMn_yFe_{1-y}PO_4$材料的结构不再陈述，主要介绍$LiMn_yFe_{1-y}PO_4$材料的理化性能。

$LiMnPO_4$的结构与$LiFePO_4$的结构基本相同，既想要利用Mn^{3+}/Mn^{2+}的高电压平台，又想要材料拥有$LiFePO_4$一样的热稳定性和较高的比容量，合成$LiMn_yFe_{1-y}PO_4$电池材料便成为了一个折中的办法。

在$LiMn_yFe_{1-y}PO_4$材料中，利用铁取代部分锰之后，材料的导电性将会得到一定程度上的改善。在这种固溶体中，Fe的掺杂进入既能提供部分比容量，还能有效改善Mn^{3+}/Mn^{2+}电对的电化学性能。同时，由于有锰的存在，Mn^{3+}/Mn^{2+}电对4.1V的高电势又刚好可以弥补Fe^{3+}/Fe^{2+}电势较低的缺点。而且J. Molenda等[26]研究表明，$LiMn_yFe_{1-y}PO_4$材料的导电性的改善，并不是简单的叠加取中间值的概念。研究发现，$LiFe_{0.5}Mn_{0.5}PO_4$的电子和离子电导率要比$LiFePO_4$材料高一个数量级，作者认为，这是由于Fe^{2+}的电子排列是$3d^6$，而Mn^{2+}最外层的电子排列是$3d^5$，由于它们同时存在，极大地促进了电子转移，最终有效提高了该材料的电导率。Ravnsbaek等[27]采用原位同步辐射XRD技术研究发现，$LiMn_{0.4}Fe_{0.6}PO_4$材料充放电时，磷酸盐材料在两相转化时存在单相反应机制，在较宽的组分范围内都有固溶体形成，他们认为固溶体机制导致了Mn掺杂后的LFP材料倍率性能优于纯相材料。但就固溶体区域的组成、形成的范围及电化学过程中所起的作用等方面仍是学术界讨论的热点，没有普适性的解释。

$LiMnPO_4$和$LiFePO_4$脱嵌锂时的反应类型为两相反应，可用以下反应式表示，

$$LiMPO_4-(1-x)Li^+-(1-x)e^-\longrightarrow xLiMPO_4+(1-x)MPO_4 \quad (8\text{-}1)$$

$LiMn_yFe_{1-y}PO_4$正极材料在一系列锂浓度的研究范围内，脱嵌锂时的反应机理为均相与两相并存，反应类型的变换情况如图8-12所示，锂脱嵌反应方程式如下，

$$LiFe_{1-x}Mn_xPO_4-(1-y)Li^+-(1-y)e^-\longrightarrow Li_yFe_{1-x}Mn_xPO_4 \quad (8\text{-}2)$$

$$Li_yFe_{1-x}Mn_xPO_4-(y-x)Li^+-(y-x)e^-\longrightarrow$$
$$\frac{x}{y}Li_yFe_{1-x}Mn_xPO_4+(1-\frac{x}{y})Fe_{1-x}Mn_xPO_4 \quad (8\text{-}3)$$

在电压3.5V、4.1V处分别对应亚铁离子和锰离子的氧化$Fe^{2+}\longrightarrow Fe^{3+}$、$Mn^{2+}\longrightarrow Mn^{3+}$，不同的锰含量、不同的放电深度下对应着不同的反应机制。A. Yamada等[28]通过研究$Li_yFe_{1-x}Mn_xPO_4$（$0<x$，$y<1$）材料的二元相图，发现Mn^{2+}取代Fe^{2+}的进入氧八面体的4c位，产生如下变化：

① 产生Mn^{3+}/Mn^{2+}氧化还原电对，4.1V vs. Li^+/Li。

② Fe^{3+}/Fe^{2+}氧化还原反应产生局部的从两相向均相的转变，$y>0.6$，转变

完全。

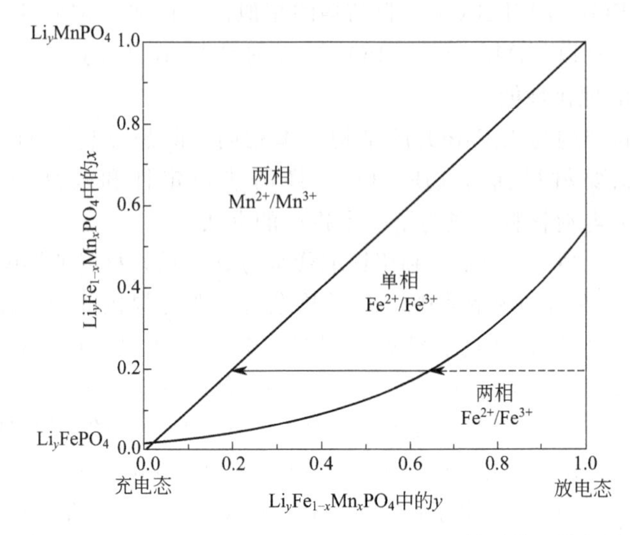

图 8-12 $Li_yFe_{1-x}Mn_xPO_4$（$0<x$，$y<1$）体系的二维相图

③ Mn^{3+}的 Jahn-Teller 效应导致材料不稳定，这也使 $y>0.8$ 的材料不适合作锂电材料应用。当 $y>0.6$ 时 Fe^{3+}/Fe^{2+} 的两相反应变为均一反应，Mn^{2+} 取代 Fe^{2+} 在 4c 位改变了反应机制，这其中原因为：Mn^{3+}/Mn^{2+} 两相区域在 $x<y$（4.1V vs. Li^+/Li）形成，在这个区域随着 Li^+ 的嵌入，晶胞参数 a、b、c 变大后为一固定值；$x>y$（3.4 V vs. Li^+/Li）区域，Fe^{3+}/Fe^{2+} 部分反应从两相变为均相，晶胞参数 a、b 呈线性增加，晶胞参数 c 呈线性减小。最终，Fe^{3+}/Fe^{2+} 区域由两相变为均相，随着 Mn^{3+}/Mn^{2+} 区域的变大，Fe^{3+}/Fe^{2+} 的两相区域在 $y>0.6$ 时消失。两相反应中，Li^+ 的扩散和电荷补偿要经过两相界面，增加了 Li^+ 扩散的困难，$LiMn_yFe_{1-y}PO_4$ 系列材料中随着 Fe 含量增加两相反应界面应力降低，电导率提高，材料的离子扩散能力得到提高。

8.2 磷酸盐材料的合成方法

8.2.1 $LiFePO_4$的合成方法

目前 $LiFePO_4$ 的合成方法主要可分为固相法和软化学法。固相法包括高温固相法、机械化学法、微波合成法等，软化学法包括溶胶-凝胶法、水热法（溶剂热法）、共沉淀法等。

8.2.1.1 固相合成方法

固相合成法是制备材料的传统方法。影响固相反应的主要因素有四个：①固体原料的反应性，包括反应固体中存在的缺陷，反应固体的表面积和反应物间的接触面积等；②产物相成核热力学和动力学因素，成核反应需要通过反应物界面结构的重新排列，包括结构中阴、阳离子键的断裂和重新结合；③相界面间特别是通过生成物相层的离子扩散速度；④反应物相与未来产物相的结构匹配。

一般是将锂源（Li_2CO_3、LiOH、$LiCH_3COO$ 等）、铁源［$FeC_2O_4 \cdot 2H_2O$、Fe_2O_3、Fe_3O_4、$Fe(CH_3COO)_2$ 等］、磷酸根源［$NH_4H_2PO_4$、$(NH_4)_2HPO_4$、$(NH_4)_3PO_4$ 等］和碳或有机前驱体均匀混合，在惰性气氛炉中热处理得到 $LiFePO_4$。

（1）高温固相法

固相反应物的晶格是高度有序的，晶格分子的移动较困难，只有合适取向的晶面上的分子足够靠近才能提供合适的反应中心，必须提高反应温度促使反应物结构重排以保证产物相成核，同时在高温驱动下加速反应组分通过生成物相层的离子扩散，以完成晶核生长。J. B. Goodenough 小组[1]最初以 $Fe(CH_3COO)_2$、$(NH_4)_3PO_4$ 和 Li_2CO_3 为原料，通过研磨，首先在惰性气氛中 300～350℃下预焙烧，重新研磨前驱体，最后在 800℃下惰性气氛炉中反应 24h 得到 $LiFePO_4$。2～4V 区间，材料在 2.1mA/g 充放电条件下可获得 120mA · h/g 的比容量。H. S. Kim[29] 等以 Li_3PO_4 和 $Fe_3(PO_4)_2 \cdot 8H_2O$ 为原料，先在 300℃下保温 20h，然后在 600～800℃保温 16h 制备了物相纯正的橄榄石结构 $LiFePO_4$。

J. Barker 等[30]提出了合成 $LiFePO_4$ 的碳热还原法（CTR），实际上也是高温固相反应。用 LiH_2PO_4、Fe_2O_3 和 C 作为原料，反应物中混合过量的碳，在氩气气氛中 750℃处理 8h 合成了 $LiFePO_4$。碳的加入一方面可使 Fe^{3+} 还原完全，另一方面焙烧过程中可以在 $LiFePO_4$ 颗粒表面包覆一部分碳，起到提高电子电导率的作用。

高温固相合成法具有设备工艺简单、产量大等优点，而且反应一旦发生即可进行完全，不存在化学平衡，利于工业化生产。但该方法合成温度高、合成时间长，不易控制产品的粒度及分布和形貌，均匀性差。因此控制好前驱体的粒度和活性，降低合成温度，缩短热处理时间，保证产物的分散性和均匀性，是改善固相合成产物性能的关键。

（2）机械化学法

机械化学法是改善颗粒分布均匀性，制备高分散性化合物的有效方法，利用机械能来诱发化学反应或诱导材料组织、结构和性能的变化，以此来制备新材料。它通过机械力的作用，不仅使颗粒破碎细化晶粒，增大反应物的接触面积，而且可使物质晶格中产生各种缺陷、位错、原子空位及晶格畸变等，提高粉末活性，降低反应活化能，同时还可使新生成物表面活性增大，表面自由能降低，有利于固态离子在相界上扩散和迁移，促进化学反应顺利进行。用机械化学方法合成 $LiFePO_4$ 一般通过机械化学预处理再经中温晶化途径合成。进行热处理一方面是为生成晶形完整的 $LiFePO_4$，另一方面是使有机添加剂转变为导电碳。S. Franger 等人[31]以 $Fe_3(PO_4)_2$ 和 Li_3PO_4 为原料，蔗糖作为碳的前驱体，丙酮为分散剂，用行星式球磨机球磨 24 h，500℃热处理仅 15min 就合成出 $LiFePO_4$。粉体的粒径在 0.5～2μm，0.2C 倍率下放电比容量为 160mA·h/g，20 个循环后容量衰减小于 1%。马紫峰组[32]以铁粉作为反应原料和还原剂，与 Li_3PO_4在机械化学作用下高能球磨 24h 后，600℃下处理 30min 获得的产物在 0.1C 倍率下放电得到 164mA·h/g 的比容量，1C 下放电比容量仍然有 138mA·h/g。胡国荣组[33]以 LiH_2PO_4和还原铁粉为原料，通过机械液相活化法首先合成了分散均匀、反应活性较高的 [$Fe_3(PO_4)_2·8H_2O+Li_3PO_4$]前驱体，一步焙烧生成原位碳包覆 $LiFePO_4$材料，1C 和 3C 倍率下放电比容量分别为 148.1mA·h/g 和 137.1mA·h/g。

(3) 微波合成法

微波合成法是利用微波辐射加热技术，将选择的合适原料置于微波场中，利用介质与微波能相互作用以及相关热效应和非热效应在微波场下进行固相合成反应，获得所需产物。它的出现为快速制备高性能的新材料提供了一个重要的技术手段。微波辐射加热是通过超高频电场穿透介质，迫使介质分子反复高速摆动，相互摩擦碰撞而发热，能快速整体均匀地加热材料。而且微波场的存在可以增强离子扩散能力，对提高材料的反应活性有利，从而加快反应速率，大大缩短材料的合成时间，有利于纯相物质的获得和细小晶粒的形成，进而改进材料的显微结构和宏观性能。与传统的固相加热相比，微波合成具有反应时间短、效率高、能耗低等优点。Masashi Higuchia 等人[34]用微波合成法快速地制备了电化学性能良好的 $LiFePO_4$，在 60℃下，首次放电比容量为 125mA·h/g。K. S. Park 等人[35]先采用共沉淀法合成前驱体，并放入铺有炭黑的烧杯内，然后采用工业微波炉在不通保护气体的情况下，合成 $LiFePO_4$。0.1C 倍率下放电比容量为 151mA·h/g。Lei Wang 等人[36]以乙酸锂、草酸亚铁、磷酸二氢铵和柠檬酸为原料通过室温固相反应和微波加热来合成纳米级的 $LiFePO_4$。柠檬酸可以控制晶粒的过度长大，添加多壁碳纳米管可以提高材料的电导率。二者同时添加的材料在 0.5C 倍率下有 145mA·h/g 的放电比容量，而且循环性能稳定。

8.2.1.2 $LiFePO_4$的软化学合成方法

(1) 溶胶-凝胶 (sol-gel) 法

溶胶-凝胶法是一种基于胶体化学的粉体制备方法，其化学过程首先是将原料分散在溶剂中，然后进行水解、缩合反应，开始成为溶胶。溶胶经陈化，胶粒间缓慢聚合，进而生成具有一定空间结构的凝胶，经过干燥和热处理制备出所需材料。R. Dominko 等[37]将柠檬酸铁溶解于 60℃水中，以 Li_3PO_4 和 H_3PO_4 制备了 LiH_2PO_4溶液。混合这两种溶液得到溶胶，在 60℃下干燥 24h 得到凝胶。最后在混合气氛 ($5\%H_2+95\%Ar$) 中 700℃保温 12h，合成了 $LiFePO_4/C$。并通过控制工艺条件合成了具有规则孔状的 $LiFePO_4/C$ 分级结构，在复合材料中具有 3D 网状结构的微孔，同时在活性颗粒表面形成了纳米级的碳包覆层，这种结构的 $LiFePO_4$具有较高的 1.9g/cm³ 的振实密度，在电流倍率为 50C 条件下仍能工作。Y. Sundarayya 等人[38]用草酸锂、二水合草酸亚铁和正磷酸为前驱体按照

Li∶Fe∶P摩尔比1∶1∶1的比例将前驱体分散到乙二醇中，然后在搅拌下形成凝胶，将凝胶在700℃下煅烧12h，获得样品。

溶胶-凝胶法具有前驱体溶液化学均匀性好（可达分子水平）、凝胶热处理温度低、粉体颗粒粒径细小且均匀的特点。但是溶胶-凝胶法干燥收缩大，合成周期长，工业化难度较大。

（2）水热（溶剂热）合成法

水热法是通过原料化合物与水在一定的温度和压力下进行反应，并生成目标化合物的一种粉体制备方法。Yang 等[39]以可溶性的二价铁盐、LiOH 和 H_3PO_4 为原料在120℃下首次采用水热法5 h合成了 $LiFePO_4$，这种材料在0.14mA/cm^2 的电流密度下放电比容量为100mA·h/g，发现水热合成法制备的产物结构中常常存在着 Li、Fe 混排缺陷，影响了产物的电化学性能。Jiajun Chen 等人[40]以 $FeSO_4 \cdot 7H_2O$、H_3PO_4 和 LiOH 为起始原料，摩尔比 Li∶Fe∶P＝3∶1∶1，反应中添加蔗糖或者维生素 C 作为原位包覆碳源和还原剂来避免 Fe^{3+} 的生成，在合成中添加了多壁碳纳米管。在150～220℃反应5h，获得的 $LiFePO_4$ 的电化学性能并不好，其原因是 Fe^{2+} 占据了 Li^+ 的位置而阻碍了 Li^+ 的扩散通道。S. Tajimi 等[41]采用 Li∶Fe∶P＝3∶1∶1在155～220℃水热条件下合成，加入 PEG 调节样品形貌。加入 PEG 后得到形貌较为少见的针状样品颗粒，样品经过400℃热处理，首次放电比容量为143mA·h/g，15次循环后为120mA·h/g。

在水热法合成中使用氢氧化锂（LiOH）作沉淀剂，这需要多消耗200%的 LiOH 从而增加了原料的成本，还需要回收副产物 Li_2SO_4；而且在前驱体配制中容易形成 $Fe(OH)_2$ 沉淀，导致产物中含有 Fe^{3+}。N. Recham 等[42]采用了高效环保的水热处理方式，以 LiH_2PO_4 和可溶性二价铁盐为原料，选择能够在高温下水解缓慢释放出 OH^- 的有机物（如尿素）来调节 pH，通过调节溶剂组分和改变 pH 调节剂制备了不同形貌的 $LiFePO_4$，其具有良好的电化学性能。他们还利用多种离子液体作为溶剂和模板，以 LiH_2PO_4 和 $FeC_2O_4 \cdot 2H_2O$ 为前驱体，采用了离子溶剂热法在200℃低温环境下实现了对 $LiFePO_4$ 产物尺寸和形貌的可控合成。这种新方法也为低温合成其他电极材料开辟了一条新道路。

溶剂热合成法是用有机溶剂或水与有机溶剂的混合物代替水作介质，采用类似水热合成的原理制备纳米微粉。Kuppan Saravanan 等[43]以 LiH_2PO_4 和 $FeC_2O_4 \cdot 2H_2O$ 为原料，葡萄糖酸内酯为碳源，乙二醇为溶剂，通过控制溶剂温度和处理时间采用溶剂热法合成不同尺寸的纳米板状 $LiFePO_4$/C。具有较小尺寸板状结构的材料0.1C放电比容量为165mA·h/g，10C下放电比容量达到100mA·h/g，循环50次未见衰减。Hui Yang 等[44]以 $FeCl_3 \cdot 6H_2O$、H_3PO_4 和 LiI 为反应物，在苯甲醇的体系下，PVP 作为表面活性剂，采用溶剂热法合成出了哑铃型的 $LiFePO_4$ 微米结构，它是由纳米片自组装形成的分级结构。$LiFePO_4$ 微米材料表现出了很好的循环稳定性，在循环70次后容量几乎没有衰减。A. Vadivel Murugan 等[45]则利用微波加热与溶剂热两者结合的方法，在5～15min和300℃条件下，以三甘醇为溶剂成功地合成了 $LiFePO_4$ 纳米棒。再以蔗糖为碳源经过 700℃处理合成碳包覆的 $LiFePO_4$/C，同时改善了正极材料的离子电导率和电子电导率。0.1C 下放电比容量为 162mA·h/g，5C 下放电比容量为 125mA·h/g，具有良好的倍率循环性能。他们还对微波-溶剂热法合成的 $LiFePO_4$ 纳米棒采用了表面包覆导电聚合物的改性方式制备了 $LiFePO_4$-PEDOT 复合材料，C/15 下放电比容量高达 166mA·h/g，倍率循环性能良好[46]。

水热（溶剂热）法具有物相均一、粉体粒径小、产物形貌可控等优点。但只限于少量的粉体制备，若要扩大产量，却受到诸多限制，特别是大型的耐高温高压反应器的设计制造难度大，造价也高。

(3) 共沉淀法

共沉淀法是以 Fe^{2+}、Li^{+}、PO_4^{3-} 的可溶性盐为原料，通过控制溶液的 pH 值来使这些组分从溶液中沉淀出来；然后沉淀产物经过过滤、洗涤、干燥、高温热处理就可以得到 $LiFePO_4$ 产物。通过共沉淀法制备的前驱体的各个组成分具有分子尺度的混合，因此后续热处理的时间可以缩短，反应温度也会降低。G. Amold 等[47]通过控制溶液 pH 值共沉淀锂盐和磷酸盐，过滤、冲洗、干燥后得到磷酸锂。再将其与磷酸亚铁均匀混合，在氮气气氛中 650～800℃下焙烧 12h，合成了 $LiFePO_4$。Mu. RongYang 等[48]将 $Fe(NO_3)_3$、$LiNO_3$、$(NH_4)_2HPO_4$、抗坏血酸以及适量的氨水混合，并加入 $LiFePO_4$ 理论生成量 20%（质量分数）的蔗糖，搅拌一定时间，将得到的沉淀离心分离，再将所得沉淀均匀分散在已经水解了的糖溶液里，在 350℃预烧 10h，氮气保护下在 600℃烧 16h，得到产品。50℃在 1C 放电率下循环 100 次以后，放电比容量仍能达到 140mA·h/g 以上。Sung Woo Oh 等人[49]研究了通过共沉淀法制备高振实密度的 $LiFePO_4$/C 材料。先制备 $FePO_4$ 前驱体，然后与碳酸锂和蔗糖进行混合，在 800℃下煅烧合成的产品的振实密度达到 1.09g/cm^3，首次放电比容量为 150mA·h/g，在 10C 倍率下放电比容量有 106.7mA·h/g，循环性能优良。

共沉淀法可以使原料达到分子水平混合，可获得颗粒细小均匀的 $LiFePO_4$ 材料，其电化学性能优良，但工艺较复杂，沉淀过滤困难，而且需要处理含有杂质离子的废液。

8.2.2 $LiMnPO_4$ 的制备方法

与磷酸铁锂制备途径类似，$LiMnPO_4$ 的制备方法主要有：高温固相合成法、共沉淀法、溶胶-凝胶法、水热/溶剂热/离子热法、多元醇法、喷雾热解法等。下面主要介绍一下其液相合成途径。

8.2.2.1 共沉淀法

共沉淀法是以沉淀反应为基础的控制结晶方法，常用于制备前驱体。共沉淀法可以使原料在分子或原子水平混合，前驱体形貌、粒度可控，利于获得颗粒细小成

分均匀的 $LiMnPO_4$材料。但水溶液中离子行为复杂，控制结晶难度大，纳米级沉淀过滤困难，废液需要处理。

Delacourt 等[50]利用低温化学沉淀法制备 $LiMnPO_4$ 晶体，将所制备的 $LiMnPO_4$与一定量的碳球磨混合，碳复合量为 16%（质量分数），复合材料在 0.05C 下恒流充放电比容量约为 90mA·h/g，在 50℃下材料表现出非常明显的 4.1V 电压平台。Xiao 等[51]报道了共沉淀法制备 $MnPO_4 \cdot H_2O$ 前驱体，并在不同煅烧温度下合成 $LiMnPO_4$，550℃下合成的包覆 20%（质量分数）碳的 $LiMnPO_4/C$ 材料在 2.5～4.4V 电化学窗口内 0.05C 下放电比容量约为 115mA·h/g，60 次循环后容量保持率为 73%。作者用同样的前驱体还研究了非化学计量比配方（$Li_{0.5}MnPO_4$、$Li_{0.8}MnPO_4$、$Li_{1.1}MnPO_4$ 和 $Li_{1.2}MnPO_4$）的电化学性能，$Li_{1.1}MnPO_4$材料中出现少量的 Li_3PO_4快离子导电相而表现出最稳定的电化学性能，80 次循环放电比容量保持在 130mA·h/g 左右。胡国荣课题组[52]采用水体系快速沉淀法制备了片状 $MnPO_4 \cdot H_2O$ 前驱体，然后采用碳热还原法 650℃下合成了结晶度良好、颗粒尺寸约为 50nm 的 $LiMnPO_4/C$ 复合材料，含碳 6.8%（质量分数）的复合材料在 0.05C 和 1C 下分别有 124mA·h/g 和 108mA·h/g 的放电比容量，且表现出很好的倍率循环性能。

8.2.2.2 溶胶-凝胶法

溶胶-凝胶法是先将原料在一定的溶剂中均匀混合，并进行水解或在螯合剂存在的条件下发生缩合反应，形成稳定的溶胶体系，溶胶经过陈化反应而产生聚合形成三维空间结构的凝胶，凝胶经过干燥、煅烧固化可以得到纳米级材料。

Kwon 等[53]开发了一种乙醇酸辅助溶胶-凝胶法合成 140～130nm 量级 $LiMnPO_4$材料的方法，包覆 20%（质量分数）导电碳的 140nm 级的 $LiMnPO_4/C$ 材料在 2.3～4.5V 电压窗口内 0.1C 和 1C 分别有约 134mA·h/g 和约 81mA·h/g 的放电比容量。Maja Pivko 等[54]改进传统溶胶-凝胶法的弊端，提出在传统方法中热处理时 $LiMnPO_4$颗粒急剧长大是因为在热处理中 Li 的扩散加剧整个反应过程中的传质。他们第一步先用传统的柠檬酸螯合法制备 Mn-P 凝胶体系，700℃氩气保护气氛下煅烧 1h 得到 $Mn_2P_2O_7/C$ 前驱体，第二步将计量比的 LiOH 和第一步得到的前驱体干燥球磨混合，再在氩气气氛下 700℃煅烧 12h 得到 15～20nm 的 $LiMnPO_4/C$材料。材料在合成过程中的颗粒长大得到有效的控制，且在包覆 14%（质量分数）碳的条件下，0.05C、2.7～4.5V 电压窗口、25℃和 55℃下，内材料分别具有 126.1mA·h/g 和 160.7mA·h/g 的放电比容量，并表现出良好的倍率性能和循环稳定性能。

溶胶-凝胶法可以实现目标元素原子或分子级混合、改善热处理步骤的传质过程，从而降低高温烧结过程中所需温度及时间。由于凝胶体的热分解特性，溶胶-凝胶法得到的产品粒度可以控制到纳米级或亚微米级。但是溶胶-凝胶法合成周期长，不易干燥且干燥收缩大，操作复杂，工业化难度较大。

8.2.2.3 水热/溶剂热/离子热法

水热合成是控制水溶液在亚临界或超临界状态下合成所需产物，由于高温超临界状态下或亚临界状态下，且反应处于分子水平，反应活性提高，很多在常压下无法进行的反应可以用水热法在较低温度下进行，反应可以替代高温固相反应，且容易得到颗粒细小、结晶度高的粉末。该过程相对简单且易于控制，并且在密闭体系中可以有效地防止有毒物质的挥发，能制备对空气敏感的材料。溶剂热和离子热法是水热法的发展，其不同之处在于所使用的溶剂为有机溶剂或离子液而不是水。采用水热（溶剂热或离子热）法所得产物具有物相均一、颗粒粒径小、可控制产物形貌和生长方向等优点，但由于受到诸多限制，尤其是大型的耐高温高压反应器和防腐材料的设计制造难度大，造价也高。

Wang 等[55]采用十二烷基苯磺酸钠（SDBS）为溶剂利用溶剂热法合成纳米棒状或片状 $LiMnPO_4$，作者比较了传统球磨包覆碳（BM）和化学气相沉积法（CVD）对包覆效果的影响，结果表明溶剂热法合成的片状纳米晶用 CVD 法包覆碳具有最优的电化学性能，0.05C 下有 147mA・h/g 的放电比容量。日本横滨国立大学的 Dokko 等人[56]报道了以 Li_3PO_4 和 $MnSO_4 \cdot xH_2O$ 在 190℃下反应合成 $LiMnPO_4$，该前驱体和适量的蔗糖混合，700℃下反应合成 $LiMnPO_4$/C 材料，研究表明当 $x=7.8$ 时，获得的 50nm 级 $LiMnPO_4$/C 具有最优的电化学性能，材料在 0.1C 和 1C 下分别能释放出约 135mA・h/g 和 83mA・h/g 的比容量。

8.2.2.4 多元醇法

多元醇法是以多元醇代替水作反应介质的软化学方法，反应过程包括溶质的溶解和控制结晶。多元醇充当了溶剂、分散介质、还原剂和晶体生长介质，通过控制一定条件可以实现纳米颗粒的形貌可控制备。

Moon 等人[58]以 LiH_2PO_4、$Mn(CH_3COO)_2 \cdot 4H_2O$ 为原料，在二甘醇-水混合介质中控制>100℃的温度下合成纳米片状 $LiMnPO_4$ 晶体，球磨混合 20%（质量分数）导电碳得到 C-$LiMnPO_4$ 复合材料，其形貌和性能如图 8-13 所示。在充放电过程中仍然因为 $MnPO_4$ Jahn-Teller 晶格畸变效应而使材料倍率性能受限。但是材料组装成的 Li/C-$LiMnPO_4$ 电池在常温 25℃下，0.05C 和 0.1C 下的放电比容量分别为 145mA・h/g和 141mA・h/g。50℃下 0.1C 有约 159mA・h/g 的比容量，循环 200 次衰减约 9mA・h/g（CC-CV 模式）。作者提出利用多元醇法合成的 $LiMnPO_4$/C 材料性能得到改善是因为强大的 P—O 化合键稳定了整个三维结构，除此之外多元醇介质使合成的 $LiMnPO_4$ 的纳米结构更坚固。High Power Lithium 的 Martha 等[59]证实了多元醇法合成的 C-$LiMnPO_4$ 具有很高的电化学活性，半电池 Li/C-$LiMnPO_4$ 发挥出 145mA・h/g 的放电比容量，并且 C-$LiMnPO_4$ 在>2C 倍率下表现出优于传统氧化物材料 $LiNi_{0.5}Mn_{0.5}O_2$ 和 $LiNi_{0.8}Co_{0.15}Al_{0.05}O_2$ 的电化学性能。在电解液中的溶解性试验结果表明，在 60℃下的电解液体系中多元醇法合成的 C-$LiMnPO_4$ 材料甚至比传统的 $LiFePO_4$/C 材料更难溶解，表现出非常优异的稳定性。

多元醇体系中的反应过程比较复杂，生成的副产物也比较多，在材料制备过程中原子利用率比较低，而且受到反应物在多元醇溶剂中溶解度的限制，从而使得该方法的研究及规模化应用相对困难。另外，多元醇法使用的原料大都为价格比较昂贵的有机盐和有机溶剂，使其生产化具有一定的难度且存在一定的安全环保问题。

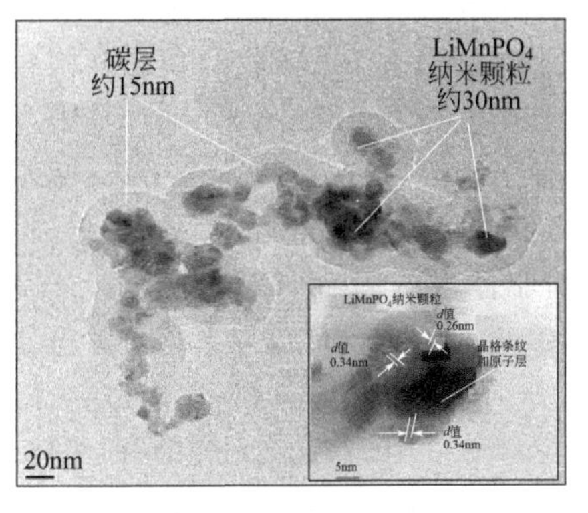

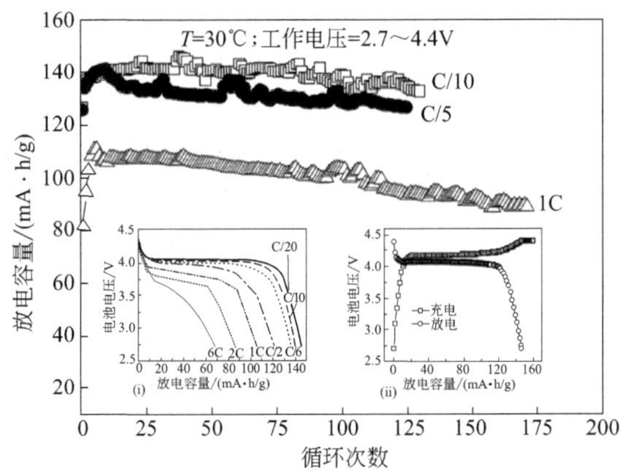

图 8-13　多元醇法辅助制备的 $LiMnPO_4/C$ 复合材料 HRTEM 图和电化学性能曲线[57]

8.2.2.5　喷雾热解法

喷雾热解法结合了气相法和溶液法的优点，常用于制备薄膜涂层材料和超细粉体。它是将配制好的溶液或悬浮料浆通过喷雾器分散成小液滴，并迅速喷入高温区，一步完成溶剂的挥发和溶质分解反应。根据雾化装置的不同，喷雾热解法可分为气动雾化法和超声雾化法；根据加热方式不同又有电阻加热式喷雾干燥法、高温火焰喷雾干燥法和高温等离子体喷雾干燥法等。该方法具有对前驱溶液或料浆要求不高，精确控制产物组分，过程连续化等优点，但是该方法存在合成气氛难控制，雾化器精确度要求高且维护要求严格，尾气不易处理等缺点。

Taniguchi 等人[60]报道了一系列用喷雾热解法合成 $LiMnPO_4$ 的研究。他们先合成 $LiMnPO_4$ 再混碳制备 C-$LiMnPO_4$ 复合材料。制备的 Li/C-$LiMnPO_4$ 电池表现出很好的电化学性能，在 0.05C、0.1C、1C 和 5C 下的放电比容量分别为 153 mA·h/g、149mA·h/g、85mA·h/g 和 42mA·h/g。Seung-Min Oh 等[61]也采用喷雾热解法合成了球形 $LiMnPO_4$ 微粒，并研究了乙炔黑对纳米尺度 $LiMnPO_4$ 的改性效果，结果表明，复合 30%（质量分数）乙炔黑的 C-$LiMnPO_4$ 具有最优的电化学性能，50℃下在 2.7～4.5V，0.05C、1C 和 2C 倍率下除碳后的放电比容量分别是 158mA·h/g、126mA·h/g 和 107mA·h/g。

8.2.3　$LiMn_yFe_{1-y}PO_4$的制备方法

本节主要介绍通过不同合成工艺获得的不同铁掺杂量的 $LiMn_yFe_{1-y}PO_4$ 正极材料的电化学性能。

A. Yamada 等[28]采用固相法合成了 $LiMn_yFe_{1-y}PO_4$ 固溶体复合正极材料，通过结构分析，发现在 $0\leqslant y\leqslant 1$ 的范围内，$LiMn_yFe_{1-y}PO_4$ 固溶体都可以稳定存

在，但 $Mn_yFe_{1-y}PO_4$ 在 $y>0.8$ 时就变得不稳定了。阮艳莉等[62]利用高温固相反应法合成了 $LiFe_{0.5}Mn_{0.5}PO_4$ 材料，0.1C 首次放电比容量为 129.1mA·h/g。B. Zhang 等[63]通过高温固相法制备了 $Li(Mn_yFe_{1-y})PO_4/C$（$0.7\leqslant y\leqslant 0.9$）系列锂离子正极材料，其具有纳米介孔结构，随着锰含量的增加，材料的可逆容量和倍率性能降低。High Power Lithium 公司（被美国 DOW Chemical 收购）通过固相法合成了碳包覆的 $LiFe_{0.2}Mn_{0.8}PO_4$ 材料，其可逆容量达到 165mA·h/g，其中在 4.1V 平台的容量占到 80%，10C 放电比容量尚有 100mA·h/g，这是 20%（摩尔分数）Fe 元素掺杂 LMP 的最好报道。

Y. U. Park 等[64]采用草酸为沉淀剂制备了前驱体 $Mn_{1/3}Fe_{1/3}Co_{1/3}(C_2O_4)\cdot 2H_2O$，之后采用高温固相法合成 $LiMn_{1/3}Fe_{1/3}Co_{1/3}PO_4$，在 0.2C 倍率下首次放电比容量为 140.5mA·h/g，在高倍率 4C、6C 下容量分别达到 102mA·h/g、81mA·h/g。胡国荣课题组制备了 $Mn_yFe_{1-y}C_2O_4\cdot 2H_2O$（$y=0.6$，0.7，0.8，0.9）前驱体，使过渡金属在固溶体 $LiMn_yFe_{1-y}PO_4$ 材料的主体结构中分布更加均匀。以 Li_2CO_3、$Mn_{0.8}Fe_{0.2}C_2O_4\cdot 2H_2O$、$NH_4H_2PO_4$ 和葡萄糖为原料对 $LiFe_{0.2}Mn_{0.8}PO_4/C$ 的合成条件进行了探索[65]，如图 8-14 所示。从 TGA 曲线可以看出，室温到 469 ℃温度范围内都有质量损失，损失的成分包括吸附水、结晶水、CO、CO_2 和 NH_3。DSC 曲线上出现了四个热效应峰，111.09℃和 167.83℃处的吸热峰对应着明显失重，此为脱去吸附水和结晶水的过程。448.46℃处的吸热峰主要为无水草酸盐的分解。459.91℃处的放热峰对应着橄榄石结构 $LiMn_{0.8}Fe_{0.2}PO_4/C$ 生成。从 TGA 曲线可以看出，曲线从 600 ℃开始趋于平缓，说明此时材料结晶已经完全。并在 650℃下获得了 Ni-Mg 共掺杂的 $Li(Mn_{0.75}Fe_{0.2}Ni_{0.05})_{0.99}Mg_{0.01}PO_4/C$，材料的电性能改善最明显，不同倍率下具有良好的放电平台，在 1C 和 2C 倍率下放电比容量为 138.9mA·h/g 和 129.1mA·h/g，显示了良好的倍率性能（图8-15）。

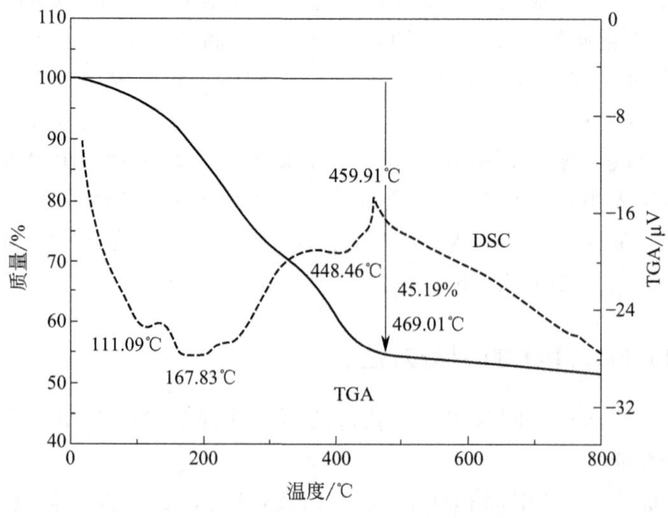

图 8-14 Li_2CO_3、$Mn_{0.8}Fe_{0.2}C_2O_4\cdot 2H_2O$、$NH_4H_2PO_4$ 和葡萄糖在惰性气氛中的热行为曲线

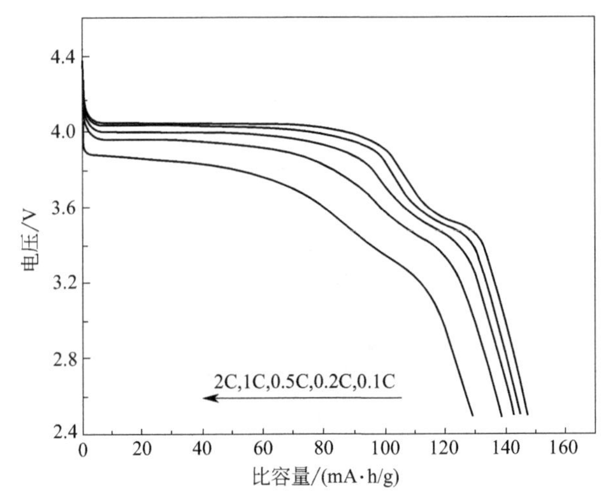

图 8-15　$Li(Mn_{0.75}Fe_{0.2}Ni_{0.05})_{0.99}Mg_{0.01}PO_4/C$ 复合材料在不同倍率下的放电曲线

S. M. Oh 等[66]通过喷雾热解法-球磨混合法复合 30%（质量分数）AB 制备了 $LiMn_{0.85}Fe_{0.15}PO_4/C$ 材料，显示出非常良好的倍率性能，在 0.5C 和 2C 倍率下放电比容量达到 150mA・h/g、121mA・h/g，在 55℃ 下循环 50 次容量保持率为 91%。

H. Wang 等[67]首先将掺 Fe 的 Mn_3O_4 纳米颗粒复合到氧化石墨烯上，再与 Li 源和 PO_3^{3-} 通过溶剂热反应得到 $LiMn_{0.75}Fe_{0.25}PO_4/rmGO$ 材料，其电导率比纯相 $LiMnPO_4$ 提高 $10^{13}\sim10^{14}$ 倍，材料具有较好的倍率性能，20C 和 50C 下充放电，分别得到 132mA・h/g 和 107mA・h/g 的稳定放电比容量，保持了 0.5C（155 mA・h/g）下的 85%和 70%，但复合的石墨烯用量高达 26%。

Oh 等[68]通过乙醇溶液体系共沉淀先制备 $Mn_{0.85}Fe_{0.15}PO_4\cdot H_2O$ 沉淀，再将 $Mn_{0.85}Fe_{0.15}PO_4\cdot H_2O$ 沉淀在水溶液中包覆一层 $FePO_4\cdot 2H_2O$ 作为 $LiMn_{0.85}Fe_{0.15}PO_4/LiFePO_4/C$ 材料的前驱体，合成的核壳结构材料表现出优异的电化学性能（图 8-16）。在碳包覆多孔微纳球形颗粒基础上，综合了磷酸铁锂的倍率性能与磷酸锰锂的高能密度的特点，组装成全电池在 2.7～4.4V 下 0.5C 放电比容量为 130mA・h/g，循环 300 周保持了良好的稳定性。

Johnson Matthey Battery Materials (Phosetech) 报道采用喷雾干燥工艺制备了中试样品 $LiMn_{0.67}Fe_{0.33}PO_4/C$ 复合材料[69]，如图 8-17 所示。复合材料由 50nm 左右的一次纳米粒子构成多孔的二次球形颗粒，一次颗粒表面与颗粒间均匀分布有 2～5nm 的导电碳膜。这样的复合结构既能充分发挥纳米结构单元中锂离子和电子传导的动力学优势，又能体现微米结构易于极片加工和界面稳定的优点。图 8-18 是该复合材料在不同倍率下的放电曲线，0.1C 和 10C 放电比容量分别为 155mA・h/g 和 125mA・h/g，放电中压在 3.8V 左右，高倍率性能与磷酸铁锂相当。控制碳含量为 2.8%，振实密度可达 $1.5g/cm^3$，极片压实密度可以保持在 $2.2g/cm^3$，显示了优秀的体积能量密度和功率密度。

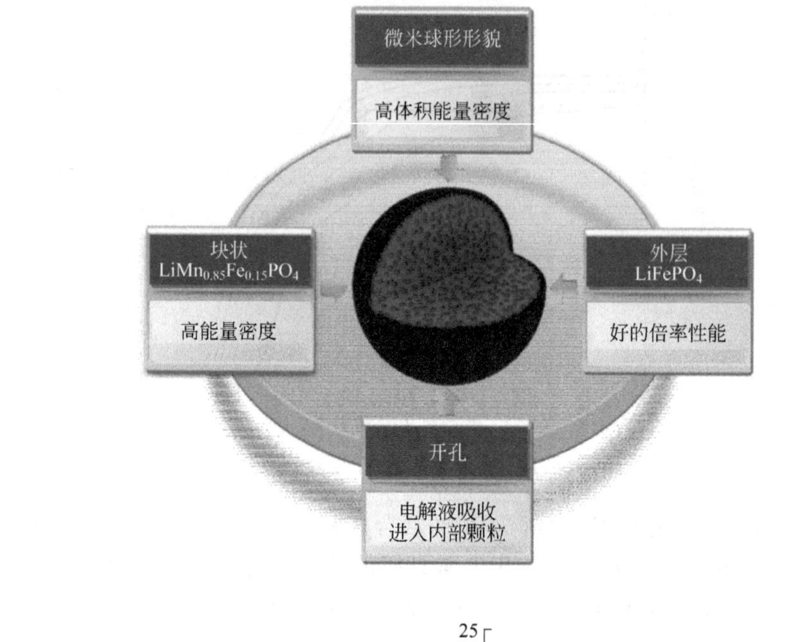

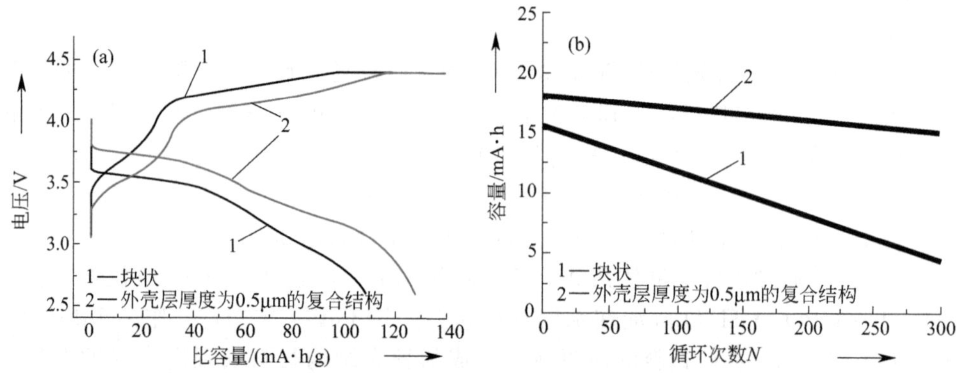

图 8-16　核壳结构 $LiMn_{0.85}Fe_{0.15}PO_4/LiFePO_4/C$ 材料的示意图及其在 2.7～4.4V 下 0.5C 全电池电化学性能

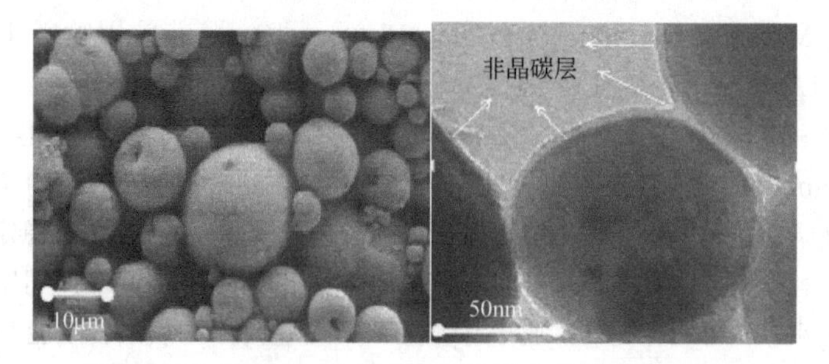

图 8-17　$LiMn_{0.67}Fe_{0.33}PO_4/C$ 复合材料的形貌图

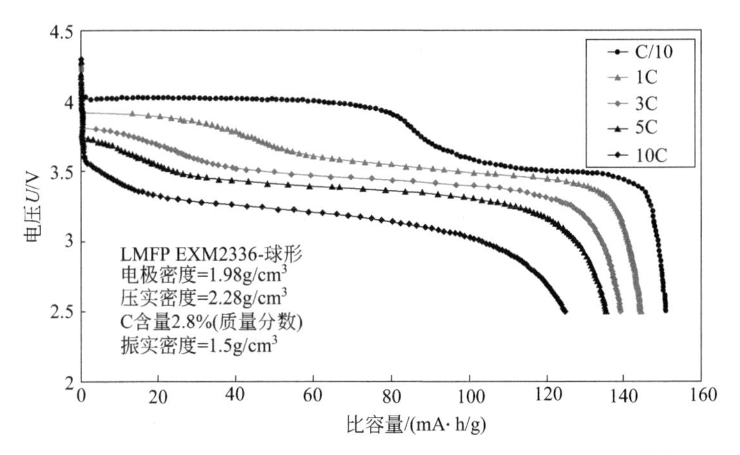

图 8-18　$LiMn_{0.67}Fe_{0.33}PO_4/C$ 复合材料的不同倍率放电曲线

$LiFePO_4$材料的成功开发经验对 $LiMnPO_4$ 及 $LiMn_yFe_{1-y}PO_4$材料具有很好的借鉴意义。目前高锰含量的 $LiMn_yFe_{1-y}PO_4$ 材料面临的主要问题是充电倍率限制，首次效率偏低以及电解液释放气体和高温循环稳定性。要根据合成工艺具体选择铁的掺杂量，在保证磷酸锰锂高比容量的前提下，重点优化一次粒子的碳包覆技术和铁掺杂量，平衡材料的能量密度和功率密度，以满足不同电池的需要。

8.3 磷酸盐材料的改性

2000 年 Ravet 等人[70]通过碳包覆 $LiFePO_4$的方法使 $LiFePO_4$的电化学性能得到改善，从而激发了人们对 $LiFePO_4$的进一步关注。2002 年 Y. M. Chiang 等人[9]通过金属阳离子掺杂，使 $LiFePO_4$的电导率提高了 8 个数量级，有了一个巨大的突破。2009 年 G. Ceder[71]通过控制非化学计量配比的方法制备了 $LiFe_{0.9}P_{0.95}O_{4-\delta}$材料，在磷酸铁锂表面原位形成包覆非晶离子导体薄膜，可使锂离子迅速到达表面通道，提高离子的迁移速率，大大提高了磷酸铁锂的充放电速度。

目前磷酸盐体系正极材料的电化学性能的改善途径主要有：表面修饰改性提高材料导电能力；离子掺杂改性提高其本体电导率；细化一次颗粒尺寸提高其电化学活性。

8.3.1 磷酸盐材料的掺杂

8.3.1.1 磷酸铁锂的掺杂改性

离子掺杂改性是提升电学功能材料电子或离子输运特性、提高材料的结构稳定性的最常用手段。离子掺杂是提高 $LiFePO_4$ 电导率的有效途径，Chiang 等以高价离子 Nb^{5+}、Ti^{4+}、Zr^{4+}、Al^{3+}和 Mg^{2+}取代 Li^+，合成了 $Li_{0.99}M_{0.01}FePO_4$固溶体。体相掺杂后的材料电导率较纯相 $LiFePO_4$ 提高了 8 个数量级，达到 10^{-2} S/

cm，高于商品化的 $LiCoO_2$（10^{-3} S/cm）和 $LiMn_2O_4$（$2\times10^{-5}\sim5\times10^{-5}$ S/cm）。0.1C 下放电比容量为 150mA·h/g，40C 下放电比容量有 30mA·h/g。作者认为高价离子取代锂位掺杂后的材料出现了 Fe^{3+}/Fe^{2+} 混合价态，可以有效地增强 $LiFePO_4$ 的导电性。放电时材料为 p 型半导体 $Li^{+}_{1-a-x}M^{3+}_{x}$（Fe^{2+}_{1-a+2x}-Fe^{3+}_{a-2x}）[PO_4]，完全充电状态为 n 型半导体 M^{3+}_{x}（$Fe^{2+}_{3x}Fe^{3+}_{1-3x}$）[$PO_4$]，其中，$x$ 代表掺杂 M 的量，而 $a+x$ 为 Li^+ 的空位。2003 年，J. Barker 等人[30]首次报道了利用 Mg 在铁位置掺杂的结果。2004 年，G. X. Wang[72]等采用溶胶-凝胶法合成了铁位金属离子掺杂的 $LiFe_{0.99}M_{0.01}PO_4/C$（M = Mg^{2+}，Zr^{4+}，Ti^{4+}），提高了材料的电导率和充放电性能：C/8 的充放电容量已接近理论值，即使高倍率下其容量也远高于纯相 $LiFePO_4$。Wang 等[73]对 Fe 位进行了 Ni、Co、Mg 掺杂，并用 XPS 对 Li 和 Fe 的化学环境做了分析。研究发现，当 Mg 掺杂量达到 10%时，Li—O 键明显变长，减弱了 Li-O 的相互作用，使 Li^+ 具有高的迁移速率和扩散系数，得到的 $LiFe_{0.9}M_{0.1}PO_4$（M=Ni，Co，Mg）在 10C 倍率下放电比容量保持在82～90mA·h/g，比未掺杂 $LiFePO_4$ 或 $LiFePO_4/C$ 好得多。M. Abbat 等[74]证实 Ti、Al、Cu 掺杂（掺杂量 0.03%）占据铁位形成杂质能级处于 $LiFePO_4$ 导带和禁带之间，掺杂虽然未影响铁的价态，但确实影响了 $LiFePO_4$ 材料的电子结构。纽约州立大学 Fredrick Omenya 等[75]研究报道了 V 在铁位掺杂对 $LiFe_{1-3y/2}V_yPO_4/C$ 复合材料的结构与性能的影响。他们认为 V 元素掺杂 Fe 位，可以降低 $LiFePO_4$ 材料在充放电过程中富 Li 相与贫 Li 相间的晶格错配，同时也扩大了固溶体区域范围，有利于提高电化学性能。同时掺杂元素 V 全部占据 Fe 位，但是有少量 Fe 占据 Li 位，可增大晶胞体积，降低 $LiFePO_4$-$FePO_4$ 两相间的混溶间隙，有利于倍率性能的提高。他们还发现，V 至少可掺杂 10%（摩尔分数）到 Fe 位，当合成温度为 550℃时，形成 $LiFe_{1-3/2y}V_yPO_4$ 固溶体，合成温度到 650～700℃以上时，则有 NASICON 相 $Li_3V_2(PO_4)_3$ 析出，形成了 $LiFePO_4/Li_3V_2(PO_4)_3/C$ 复合材料，其显示了非常优异的倍率性能。

大多数研究者认为掺杂可以提高材料电导率的机理在于通过掺杂其他元素形成固溶体，使杂质能级处于 $LiFePO_4$ 导带与禁带之间来提高 $LiFePO_4$ 的电子导电性，同时通过掺杂来影响材料的结构，增加缺陷浓度，扩展锂离子的扩散通道，减少锂离子嵌入/脱嵌的阻力，从而有利于提高 $LiFePO_4$ 的离子导电性和电子导电性。

但是对掺杂提高导电性的机理也存在很大争议，主要是材料电子电导率提高的原因可能并不是掺入阳离子的作用。L. F. Nazar 认为可能是有其他导电能力更好的磷铁化合物的生成[76]，Armand 认为是草酸亚铁盐和掺杂源等有机金属离子化合物分解中存留碳的贡献[77]。L. F. Nazar 进一步发现[78]掺杂离子可以全部占据 Li 位，并通过形成 Li 空位来平衡电荷，Fe 仍保持+2 价，对电子电导率的提高并无促进作用。C. Delacourt 等[79]发现即使不掺杂、不包覆碳，粒径在 140nm 左右 $LiFePO_4$ 在 5C 放电倍率下具有 147mA·h/g 的高比容量；他们还认为根本无法将 Nb 掺杂进入磷酸亚铁锂生成所谓的“$Li_{1-x}Nb_xFePO_4$”，$LiFePO_4$ 材料电子电导率提高和其电化学性能的改善主因在于 $NbOPO_4$ 和/或（Nb，Fe，C，O，P）导电网络的生成。

M. S. Islam 等[16]采用晶格能量最小化的方法，在势能模型中不仅考虑离子间的作用，包括长程库仑作用、短程斥力、范德华作用等，还考虑了三体作用（如P-O-P）。结合该模型和缺陷理论，发现出现 Schottky 型缺陷的可能很小，因为能量过高，最有可能出现的是 Li-Fe 位互换，即 Li 层中出现 Fe，Fe 层中出现 Li，但这种无序化程度相对较小；同时考察了化合价为＋2～＋5 价阳离子的掺杂取代热力学，发现只有 Fe 位的二价阳离子（如 Mn^{2+}）取代符合最低能量的原理，与实验结果一致。从能量的观点考虑，在 Li 位和 Fe 位，$LiFePO_4$ 都不适合非等价阳离子（如 Al^{3+}、Zr^{4+}、Nb^{5+} 等）掺杂。

鉴于 Chiang 等成功地运用金属离子掺杂产生材料晶格缺陷而从颗粒内部改善其导电性，尽管对离子掺杂 $LiFePO_4$ 材料的改性机理存在争议，高价离子取代锂位和铁位掺杂仍然是 $LiFePO_4$ 研究的热点。但在 $LiFePO_4$ 阳离子掺杂的机理方面需要实验和理论的证据来进一步澄清一些问题：掺杂离子进入了 $LiFePO_4$ 晶格是否形成固溶体及其固溶度大小；掺杂离子占据位置是 Li 位还是 Fe 位及其固溶效应对应的电荷补偿机制和缺陷类型的确定；掺杂改性对 $LiFePO_4$ 电子电导率、离子电导率和相变动力学的改善情况。

8.3.1.2 磷酸锰锂的掺杂改性

借鉴磷酸铁锂改性的成果，取代元素能够影响材料的晶粒尺寸和内部运输特性，并可抑制 Jahn-Teller 效应，提高磷酸锰锂的离子导电性和电子导电性。掺杂元素可取代 Li 位、Mn 位和 P 位。部分研究也已表明 Li 位掺杂虽然可以大幅度提高材料的电子电导率，但同时掺杂元素也会妨碍锂离子的扩散，从而导致材料整体电化学性能的下降，因此目前的研究主要还是集中在 Mn 位掺杂。

Goodenough 等[1]用合成 $LiFePO_4$ 的工艺方法制备了 $LiMnPO_4$ 材料。但是他们发现 $LiMnPO_4$ 的锂离子在相同的电池体系中没有电化学活性，然而用部分的 Fe^{2+}（$LiMn_{1-x}Fe_xPO_4$，$0.5\leqslant x\leqslant 1$）取代 Mn^{2+} 的情况下，材料在 Fe^{2+} 氧化后 Mn^{2+} 也发生氧化，锂离子得到可逆脱嵌并且分别在约 3.4V 和约 4.1V 有稳定的充放电平台。Fe 取代 Mn 位的研究受到众多研究者的追捧，由于离子性质相近因而 $LiMn_{1-x}Fe_xPO_4$ 很容易形成固溶体，Fe 部分掺杂在解决材料低电导率的同时由于 Fe^{2+}/Fe^{3+} 具有电化学活性而不会引起比容量的下降。D. Y. Wang 等[80]通过固相法合成 $LiMn_{0.9}M_{0.1}PO_4$（M＝Mn，Mg，Fe，Ni，Zn）材料，$LiMn_{0.9}Fe_{0.1}PO_4$ 材料表现出最好的电化学性能，作者将这归因于其具有更小的微晶和更高的电子电导率，Fe 的存在阻止了微晶的长大，提高了高锰材料中 Li^+ 的扩散能力，C/20放电倍率下容量达到 148mA·h/g。H. H. Yi 等[81]通过高温固相法制备了 $LiMn_{0.9}Fe_{0.1-x}Mg_xPO_4/C$（$x=0$，0.01，0.02，0.05）系列材料，Fe、Mg 复合掺杂与只有 Fe 掺杂相比，材料的电化学性能得到明显改善，但较多的镁存在也会使材料的倍率性能变差，$LiMn_{0.9}Fe_{0.09}Mg_{0.01}PO_4/C$ 材料电化学性能最优，即使在 10 C 放电倍率下比容量也达到了 60mA·h/g。之后，此课题组对 $LiMn_{0.9}$-$Fe_{0.09}$-$Mg_{0.01}PO_4/C$ 材料进行了优化。复合材料含碳量为 8%，一次颗粒粒径为 100～500nm，二次颗粒由其团聚而成，大小为 3～5μm，在优化碳包覆工艺后此材料电化学性能更优，在 10C 放电倍率下比容量达到了 115mA·h/g。

由于 Ni^{2+}/Ni^{3+}、Co^{2+}/Co^{3+} 电对的氧化还原电位较 Mn^{2+}/Mn^{3+}、Fe^{2+}/Fe^{3+} 电对高，因此掺杂这些元素可以提高材料的电压平台，从而提高材料的能量密度。I. Taniguchi 等[82]利用喷雾热解技术制备了 $LiCo_xMn_{1-x}PO_4$（$x=0$，0.2，0.5，0.8，1）材料，研究了 $LiMnPO_4$ 和 $LiCoPO_4$ 两相固溶体之间的性质。用球磨法混合 10%（质量分数）乙炔黑制备 C- $LiCo_xMn_{1-x}PO_4$ 复合材料，材料在 $x=0$，0.2,0.5，0.8，1 时，0.05C 下分别释放出 165mA·h/g，136mA·h/g，132mA·h/g，125mA·h/g 和 132mA·h/g 的比容量。Yang 等[83]利用柠檬酸作螯合剂和包覆碳源在水溶液中合成掺杂 $LiMn_{0.95}M_{0.05}PO_4/C$ 材料前驱体，700℃ N_2气氛下合成结晶完整的 $LiMn_{0.95}M_{0.05}PO_4/C$，并系统研究了掺杂不同的元素取代 Mn^{2+} 位对材料性能的影响，其中 $LiMn_{0.95}Co_{0.05}PO_4/C$ 材料在常温（25℃）和高温（50℃）下分别表现出 102mA·h/g 和 149mA·h/g 的放电比容量。另有研究人员报道水热法合成二价离子取代 Mn^{2+} 位的 $LiMn_{1-x}M_xPO_4$（M=Mg，Ni，Co，Zn 和 Cu），Mn^{2+} 位取代使晶体晶胞体积减小，部分二价离子能在橄榄石型 $LiMnPO_4$ 晶体中形成固溶体并且使晶体结构更稳定。研究发现欠锂的 $Li_{0.1}MnPO_4$ 在空气中的反应活性很强，而 $Li_{0.1}Mn_{0.9}Mg_{0.1}PO_4$ 在空气中却很稳定。张罗虎等[84]采用液相共沉淀技术合成了 Ni 掺杂改性的 $LiFe_{0.4}Mn_{0.6-x}Ni_xPO_4/C$ 材料，其中 $LiFe_{0.4}Mn_{0.55}Ni_{0.05}PO_4/C$ 具有优异的电化学性能，1C 下放电比容量为 129mA·h/g，显示了较好的倍率循环性能。

Gutierrez 等[85]则合成了系列钒掺杂的无碳包覆的 $LiMn_{1-3x/2}V_x\square_{x/2}PO_4$ 正极材料。随着 V 含量增加，材料的晶格体积减小。温度对材料的合成有重要影响，如图 8-19 所示，温度在 525℃时合成的材料无杂相，当进一步升温至 575℃时，XRD 图谱中开始出现 $Li_3V_2(PO_4)_3$ 和 $LiVP_2O_7$ 的衍射峰；对在 525℃合成的材料进行表征证明 V^{3+} 替代 Mn^{2+} 并产生空位，V 掺杂提高了首次放电比容量，降低了电荷转移阻抗，增大了锂离子扩散系数。其中 $LiMn_{0.70}V_{0.20}\square_{0.10}PO_4$ 具有最优的电化学性能。

8.3.2 磷酸盐材料的表面包覆

8.3.2.1 $LiFePO_4$ 的表面修饰改性

碳包覆制备 $LiFePO_4/C$ 复合材料、添加纳米级导电金属粉体诱导成核提高 $LiFePO_4$ 导电性、包覆具有金属导电能力的磷化物以及与导电高聚物复合是表面修饰提高 $LiFePO_4$ 导电性的主要方式。

由于包覆碳工艺经济廉价而且是容易实现的方法，科研人员对 $LiFePO_4$ 表面包覆碳研究最多，很多研究小组成功制备了 $LiFePO_4/C$ 材料，大大提高了材料的倍率充放电能力。碳的加入起三个重要的作用：①分散在 $LiFePO_4$ 颗粒之间，防止晶粒不正常长大，细化焙烧产物的晶粒，利于 Li^+ 的扩散；②在高温焙烧中可以起到还原剂的作用，避免产物中 Fe^{3+} 物相的生成；③碳在 $LiFePO_4$ 颗粒之间形成导电网络，增加 $LiFePO_4$ 颗粒之间的导电性，为材料提供电子隧道以补偿 Li^+ 在脱嵌过程中的电荷动态平衡，进而提高 $LiFePO_4$ 的电化学性能。碳的加入方式一般有两种：一是将导电碳粉以一定的比例与原料混合后高温焙烧；二是在 $LiFePO_4$ 的前驱体中添加含碳有机物，之后进行高温反应，在形成 $LiFePO_4$ 的同时在其表面形成碳包覆层。

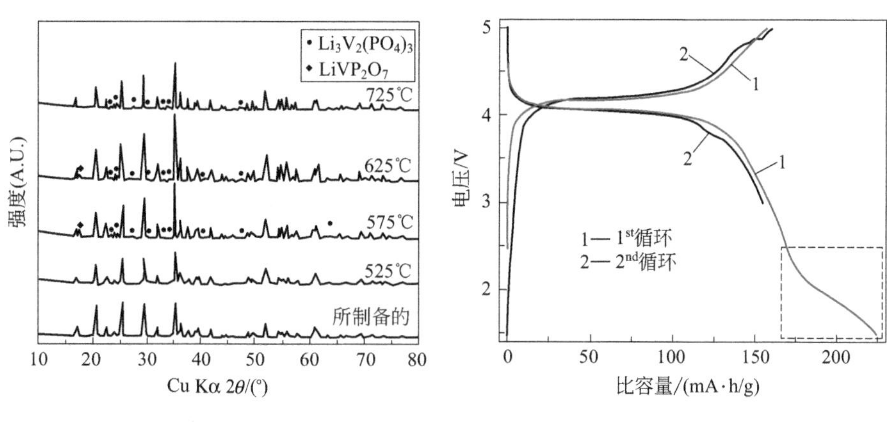

图 8-19　$LiMn_{1-3x/2}V_x\square_{x/2}PO_4$ 正极材料的 XRD 变化及 $LiMn_{0.70}V_{0.20}\square_{0.10}PO_4$ 的充放电曲线

P. P. Prosini 等[86]在 $LiFePO_4$ 合成过程中加入一定量高比表面炭黑，在 800℃下灼烧 16h。炭黑均匀分散在微粒间，确保了良好的导电接触。碳含量为 10%获得的 $LiFePO_4/C$ 0.1C 下放电比容量达到理论值 170mA・h/g。通过碳有机前驱体高温热解形成碳包覆的方式，利于生成分布均匀的碳导电层，与基体接触紧密，可以更好地提高材料的电导率和倍率性能，所以应用更为广泛。表面碳包覆最早的工作是 M. Armand 等的研究，利用蔗糖为碳源然后在惰性气氛下热处理得到含碳量在 1.0%的 $LiFePO_4/C$ 复合材料，其放电比容量可达 150mA・h/g，经过 10 次循环比容量损失仅 1%。J. R. Dahn 等[87]比较了不同的碳包覆方法期许降低 $LiFePO_4/C$ 复合材料中碳的含量：一种是合成纯相 $LiFePO_4$ 后包覆碳；一种是加热之前把蔗糖和其他反应物一起混合；另一种是加热之前把蔗糖和其他反应物混合，加热之后再次包覆碳。上述样品最终的碳含量分别为 2.7%、3.5%和 6.2%，电化学测试表明后两种方法合成的样品 5C 倍率下比容量接近 120mA・h/g。

R. Dominko 等[88]详细研究了碳分布对锂离子电池正极材料性能的影响，发现碳的均匀分布有利于提高电极反应动力学性能。充放电时，良好的电接触使 Li^+ 和电子在同一位置同时获得，降低了极化过程。R. Dominko 等并分析了碳含量和碳包覆层厚度的关系[89]，随着含碳量从3.2%增加到12.7%，包覆层的厚度也随之从1 nm增加到了10 nm，并出现了导致可逆容量下降的 Fe_2P 杂相。含碳量为3.2%时，在1C电流密度下其放电比容量约为140mA·h/g。M. M. Doeff等[90]则考察了表面碳层的结构对 $LiFePO_4$ 性能的影响，其研究结果表明，sp^2 配位的碳电导率大于 sp^3 配位和无序化碳的电导率，因此形成包覆层的碳中 sp^2/sp^3 比例越高，$LiFePO_4$ 的电化学性能就越好。

由此可见，碳的形态，分布和微观结构对 $LiFePO_4/C$ 复合材料的性能有重要的影响。而不同的合成方法，不同的碳源，导致碳包覆的形貌和结构不同，碳和 $LiFePO_4$ 的接触强弱也不同，使得合成的 $LiFePO_4$ 达到最佳电化学性能所需要的碳含量也就不同。碳包覆可有效抑制 $LiFePO_4$ 颗粒长大，提高其电导率，同时其比表面积也相应增大，有利于材料与电解质充分接触，改善微粒内层锂离子的脱嵌能力，进而提高了材料在较大电流密度下的充放电容量和循环性能。然而，碳是非活性物质而且密度小，它的使用降低了电极的体积能量密度。如何能够尽可能降低碳含量同时获得优良的电化学性能和物理性能，是 $LiFePO_4/C$ 复合材料应用的关键。Oh Sung Woo等人[91]采用双碳包覆法合成 $LiFePO_4$，首先使用蔗糖作为碳源，通过共沉淀法制备二水磷酸铁，然后经过热处理获得碳包覆的 $FePO_4$，再和 Li_2CO_3 以及沥青混合，高温煅烧制备了低碳含量（<1%）、振实密度达1.5g/cm³的 $LiFePO_4$，该材料比容量和倍率性能优秀，同时减少了Fe在高温循环时的溶解。

另外，在形成 $LiFePO_4$ 纯相的烧结温度下，通过高温碳化生成的碳材料通常为电导率较低的无定形态，很难大幅提高 $LiFePO_4$ 材料的倍率性能和低温性能。这就需要优化碳源种类同时调控碳包覆过程，以提高导电碳层与正极材料表面紧密接触和电子传输能力。人们尝试在颗粒表面碳包覆层提高单个颗粒的导电性，再将碳包覆颗粒分散于3D结构碳网络中，增强颗粒之间的电荷传递速率。引入高分散性的一维碳纳米管（CNT）或者二维层状结构的高导电性石墨烯，构筑具有三维纳米导电网络结构的 $LiFePO_4$ 复合正极材料。Zhou等[92]以水热合成的 $LiFePO_4$ 为原料，与超声分散后的氧化石墨烯和葡萄糖溶液充分混合后喷雾干燥，后经600℃煅烧5h得到 $LiFePO_4$/石墨烯/碳复合材料。结果表明：石墨烯紧紧包裹在 $LiFePO_4$ 纳米颗粒表面，构成一个三维导电网格，极大程度上提高了电子在 $LiFePO_4$ 表面与石墨烯之间的传输速度，使材料具有了优异的倍率性能和循环性能，材料在50C时的放电比容量仍高达70mA·h/g。郭玉国等[93]报道了具有优异倍率性能和低温性能的 $LiFePO_4$@C/CNT纳米复合正极材料，如图8-20所示。复合材料在120C的高放电倍率下，容量保持率达到59%；−25℃条件下的放电容量保持率达到71.4%。在该复合结构中，无定形包覆碳在稳定纳米 $LiFePO_4$ 颗粒表面的同时，还可促进电荷转移过程，而石墨化碳纳米管则可以优化电子传输通道，减小极化和电池内阻。两类碳材料的协同作用，极大地提升了 $LiFePO_4$ 正极材料的电化学性能。

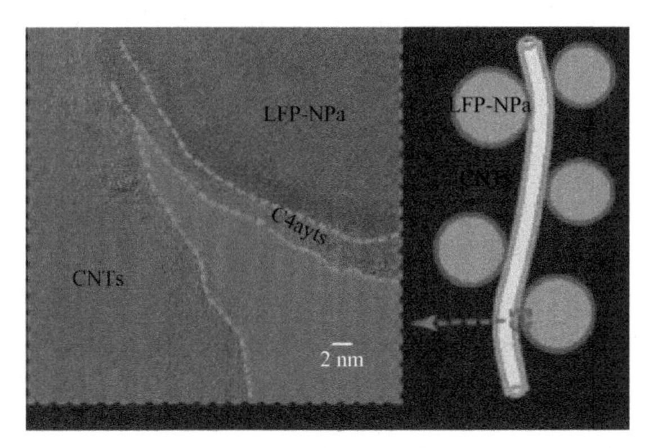

图 8-20　$LiFePO_4$@C/CNT 复合正极材料的 TEM 及形貌示意图

除碳包覆外，也可通过包覆金属或导电氧化物来提高材料的导电性能而不降低正极材料的振实密度。F. Croce 等[94]采用溶胶-凝胶法以 LiOH、Fe（NO_3）$_3$ 和 H_3PO_4溶液为原料，添加 Ag 和 Cu（1%，质量分数）包覆了 $LiFePO_4$。分析显示，金属以超微米的形式分散在 $LiFePO_4$粒子的周围，未影响 $LiFePO_4$的结构。Cu 包覆的 $LiFePO_4$在 C/5 倍率下的放电比容量由未包覆时的 125mA·h/g 增加到 145mA·h/g。K. S. Park 等[95]用共沉淀法合成 $LiFePO_4$的微粒，并通过维生素 C 还原 Ag^+在 $LiFePO_4$表面包覆 1%（质量分数）的 Ag，1C 下的放电比容量接近 130mA·h/g。卢俊彪[96]对合成好的 $LiFePO_4$粉体实施化学镀镍，制备出性能良好的材料，在 0.1C 倍率下，放电比容量在 150mA·h/g 左右。Y. S. Hu 等[97]在 $LiFePO_4$/C 产物的表面又包覆了一层 RuO_2，研究发现：由于碳和 $LiFePO_4$的表面性质不同，导致碳包覆在 $LiFePO_4$不同晶面的厚度不同，甚至有很多晶面还没有碳包覆，因此没有形成一个连续、充分的电子传导网络。而包覆了 RuO_2刚好弥补了碳层的缺失，两者是互补的关系，提高了电极反应过程中的动力学性能。

L. F. Nazar 研究组则提出了 $LiFePO_4$表面有纳米金属磷化物导电网络结构形成的观点[76]，为 $LiFePO_4$材料表面改性提供了新途径。Chunsheng Li 等[98]用喷雾热解法合成了 $LiFePO_4$/NiP 复合材料，研究表明产物中含有 0.86%～1.50%的 NiP，具有较高的放电容量和良好的循环性能。基于高温热处理过程中过量碳或还原气体（如氢气）对 $LiFePO_4$的表面还原反应形成的金属磷化物属于副产物，实际应用中需要严格控制 Fe_2P 相在 $LiFePO_4$表面的生成条件，以此提高材料的电子电导率。但高温热处理一定程度上导致产品晶粒生长粗大也会降低材料的离子电导率，进而影响电极材料的循环稳定性和倍率容量。因此，必须对其制备过程进行控制和优化，以发挥其增强导电的作用。

通过高导电聚合物与 $LiFePO_4$进行复合，制备复合电极，可以使电容量得到加强，特别是快速充放电性能大大改善，也是目前 $LiFePO_4$表面改性的一个新思路。黄云辉采用不同方法制备了不同导电高分子含量的 C-$LiFePO_4$/PAn、C- $LiFePO_4$/PPy[99]。两种复合正极材料中，优化的 C-$LiFePO_4$/PAn（7%，质量分数）10C 下放电比容量为 60mA·h/g；C-$LiFePO_4$/PPy（7%，质量分数）具有最好的倍率性能，10C 下放电比容量为 100mA·h/g，优化后的复合正极制备的锂离子电池 6min 可充至满容量的 94%。王荣顺等[100]以酚醛树脂裂解得到的聚并苯（PAS）为导电聚合物，分别以不同铁源［$FePO_4·2H_2O$、$FeC_2O_4·2H_2O$、$Fe_3(PO_4)_2$、Fe_2O_3、$FePO_4·4H_2O$、FeOOH］与相应锂源为原料采用固相法合成了 $LiFePO_4$/PAS 复合材料。优化的 $LiFePO_4$/PAS 材料电导率为 2.0S/cm，复合材料的电导率提高 10 个数量级。$LiFePO_4$/PAS 材料具有优异的电化学性能，在 1C 倍率下首次放电比容量为 140mA·h/g，经过 200 次循环后容量仍保持最初容量的 97.14 %。说明通过包覆 PAS 材料极大地提高了 $LiFePO_4$ 的大电流充放电容量和循环性能。

G. Ceder 等[71]通过控制非化学计量配比采用高温固相法在纳米 $LiFePO_4$ 晶体的表面形成只有 5nm 的"非结晶体焦磷酸盐"包覆层，磷酸盐快离子导电相加快了 Li^+ 穿过界面进入（010）面的速度，提高了锂离子扩散率并促使其迅速移动到晶体的锂离子进出通道，显示了高倍率性能，如图 8-21 所示。在 20C 和 60C 倍率下循环 50 次几乎没有衰减，在 197C 倍率下的放电比容量大于 100mA·h/g，在 397C 倍率下的放电比容量仍大于 50mA·h/g，同时可将电池的充电速度提升 36 倍（仅为 10s）。

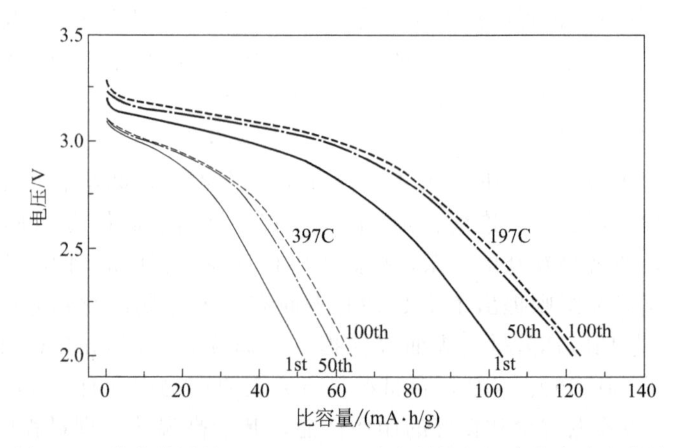

图 8-21 非化学计量配比 $LiFePO_4$ 纳米材料的超高倍率放电曲线

8.3.2.2 $LiMnPO_4$ 表面修饰

碳包覆和构建复合导电网络是改进磷酸系材料性能的研究热点之一。$LiMnPO_4$ 的碳包覆技术主要来源于 $LiFePO_4$ 的研究成果，碳包覆技术已经成功地应用在 $LiFePO_4$/C 复合材料中，有效地提高了 $LiFePO_4$ 的电化学性能，给比 $LiFePO_4$ 有更高的放电平台但电导率低的 $LiMnPO_4$ 正极材料的碳包覆改性工艺很好的借鉴性。但由于 $LiMnPO_4$ 的电子电导率比 $LiFePO_4$ 低，如何有效地进行碳包覆是实现 $LiMnPO_4$ 电化学性能提高的关键。碳源的加入方式、碳含量、碳包覆的均匀性和碳源的选择对制备高电化学活性的 $LiMnPO_4$ 非常重要。普遍的混碳方法是球磨法。Li 等[101]最早报道了具有电化学活性的 $LiMnPO_4$ 正极材料。将 $LiMnPO_4$ 与导电碳材料炭黑机械球磨，得到碳包覆改性的 $LiMnPO_4$ 正极材料，其比容量达 140mA·h/g。机械球磨的方式可以实现粒间和表面的包覆，但是这种机械方法不能使碳源在一次细小颗粒间均匀分布，很难实现材料的均匀包覆，不利于导电碳组分与磷酸锰锂表面的紧密接触。并且为了达到可观的导电性，往往会引入较多的导电碳（20%～40%，质量分数）。复合物中碳含量较高，可提高电子电导率，但会严重降低材料的体积能量密度和加工涂覆性能，减弱了磷酸锰锂材料能量密度的优势。

基于磷酸铁锂碳包覆的研究，包覆热解碳可以构建比较均匀有效的导电网络。但是与 $LiFePO_4$ 相比，在 $LiMnPO_4$ 的颗粒表面更不易沉积非晶碳层。因此，提高碳包覆层的导电性，增加碳组分中的 sp^2/sp^3 成键比例，在正极材料中构建分布均匀的三维纳米导电网络是 $LiMnPO_4$ 表面修饰的关注重点。用高导电石墨碳均匀地修饰 $LiMnPO_4$ 也显得很有意义。具有特殊的二维单层结构和高导电性能的石墨烯材料在提高锂离子电池材料导电性方面很有应用潜质。石墨烯不仅有优于热解碳的导电性，而且还可以在 $LiMnPO_4$ 颗粒间构建电子高速传输的三维导电网络。Z. Qin 等[102]通过溶剂热法合成了纳米 $LiMnPO_4$-C-石墨烯复合正极材料，石墨烯修饰的 LMP 纳米片晶表现出很好的电化学性能，材料在 C/10 和 5C 倍率下的放电比容量分别是 149mA·h/g 和 64mA·h/g。

与 $LiFePO_4$ 类似，在高倍率循环时 $LiMnPO_4$ 表面碳包覆层的结构有所变化，电导率也会降低。而且更高的充电截止电压加剧 $LiMnPO_4$ 材料与电解液间的副反应，影响其循环寿命。为了改善碳包覆 $LiMnPO_4$ 材料的表面结构和电导率劣化问题，要求导电包覆层在提高材料电子导电性的同时，加速 Li^+ 的脱嵌，缓解材料表面与电解液的副反应。Zhou 等[103]提出了一种混合包覆层，如图 8-22 所示，Li^+ 导体和电子导体混合均匀地包覆在活性材料表面构建混合包覆层，同时提高电子电导率和离子扩散率，保证活性颗粒表面形成混合导电网络，缓解表面结构的侵蚀，保持良好的电子接触和界面稳定性，利于在循环过程中高截止电压下磷酸锰锂表面结构的稳定，确保锂离子扩散通道的畅通。

8.3.3 磷酸盐材料的纳米化

锂离子扩散由内部因素与外部因素决定。外因包括颗粒尺寸、分布与形貌等，内因主要指锂离子扩散系数。锂离子扩散系数为一定值，锂离子的扩散能力随颗粒粒径的增大而减小，这是因为锂离子在颗粒内的扩散路径增长。锂离子的扩散能力与颗粒粒径的平方成反比，与锂离子扩散系数成正比（D/r^2）。可以看出，粒径大小比扩散系数更能影响锂离子的扩散能力。$LiFePO_4$ 的离子和电子传导率都很低，减小晶粒尺寸会使电子或离子的扩散距离缩小，有利于离子和电子传导。因此能否有效控制 $LiFePO_4$ 的粒子大小是改善其电化学性能的关键。通过控制 $LiFePO_4$ 的结晶度、晶粒大小及形貌来实现 $LiFePO_4$ 晶粒的细化，这和制备材料所采用的合成方法密切相关。目前在制备中减小 $LiFePO_4$ 粒径的方法主要有控制烧结温度、原位引入成核促进剂及采用均相前驱体合成。

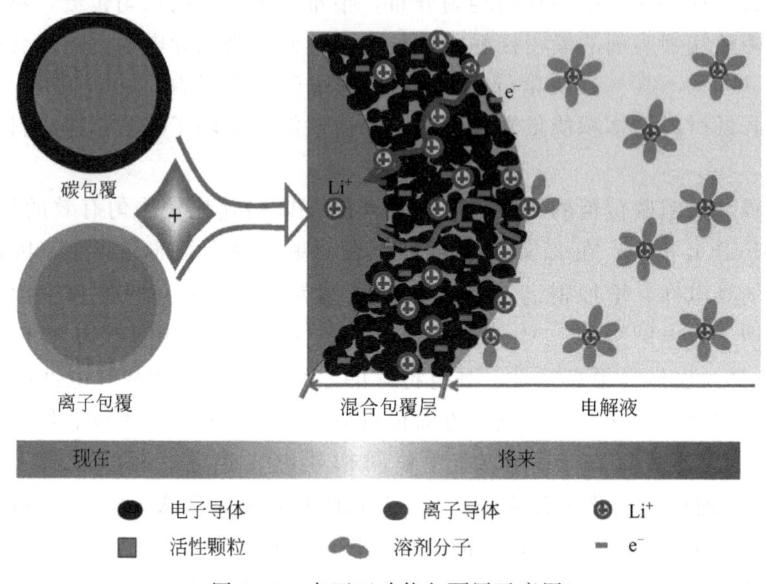

图 8-22 表面双功能包覆层示意图

在橄榄石磷酸盐材料中，晶体生长的择优取向、表面活性也对材料性能具有重要的影响，具有适合的晶面取向、结晶规整的材料对保证锂离子和电子传输通道十分重要。这是受橄榄石磷酸盐的锂离子一维传输的影响，载流子在各晶面的跃迁势垒应有较大的区别。G. Cedar 等[104]通过理论计算证明，(010) 晶面更容易传输锂离子，其表面能仅为 (110) 晶面的 50%，所以 Li^+ 沿 [010] 方向迁移活化能最低，这预示控制材料晶粒择优取向会进一步提高材料的活性。

但是材料纳米化也会带来一些负面效果，纳米颗粒堆积密度更小，不利于提高体积能量密度；纳米颗粒比表面积大，需要更多的黏结剂和分散溶剂，不利于极片加工，且活性材料表面与电解液副反应多。在电池充放电过程中，纳米颗粒容易团聚，团聚之后，内部颗粒可能失去电接触，在动力学、循环稳定性上的优势将大大减弱。Zhang 等[105]认为在碳包覆下的 100～400nm 的 $LiFePO_4$ 粉末具有最适合的应用性能，在此范围内，粒径对放电比容量无明显影响，制备分散均匀、粒径较小的 100～400nm 颗粒是提高 $LiFePO_4$ 电化学性能的关键因素。目前已商用化的磷酸铁锂的一次颗粒粒径控制在 400nm 以下，在保证电化学性能的同时尽量减小对物理性能的影响。

与 $LiFePO_4$ 相比，$LiMnPO_4$ 具有更低的锂离子扩散系数和更低的电子电导率。为了获得具有可观的电化学性能 $LiMnPO_4$ 正极材料，减小颗粒尺寸是提高 $LiMnPO_4$ 电化学性能的必要条件，必须要获得纳米级尺寸。颗粒尺寸纳米化可有效减小锂离子在材料中的扩散时间，从而改善材料的动力学性能；纳米尺寸颗粒具有较大的比表面积，有利于电解质溶液与活性物质之间的充分接触，增大电荷传输面积，提高电荷传输效率，使材料的电化学性能得以提升。

橄榄石结构 $LiMPO_4$中的 Li^+沿 [010]、[001] 和 [010] 方向扩散需要的迁移能是不同的，$LiMnPO_4$ 在这 3 个方向上的迁移能分别为 0.62eV、2.83eV、2.26eV。显然 Li^+沿 [010] 扩散要克服的迁移能是最小的。可通过调控合成参数使样品在该方向上的厚度减小，缩短 Li^+的扩散路径，提高 Li^+的扩散速率，进而提升材料的性能。另外，Li^+的扩散是一个长程有序的过程，缺陷的存在很容易堵塞其通道，因此具有规整的晶面、更高的结晶度，低 Li/Mn 反位缺陷浓度对保证锂离子和电子的迅速传输也很重要。Wang 等报道了在多元醇-水溶液中制备了厚度约为 30nm 的板状 $LiMnPO_4$纳米晶[57]，高温测试条件下表现出较高的比容量和倍率性能。多元醇起到了模板作用，通过形成氢键诱导纳米粒子生长成为纳米片结构。$LiMnPO_4$纳米片中 Li^+的扩散速率最快。另外，纳米片结构中晶体 *bc* 面的尺寸越小，产生缺陷的概率越小，相边界的迁移就越快，材料的电化学性能也就越出色。

磷酸锰锂材料相对于磷酸铁锂，需要更小的纳米颗粒和更好的导电层控制，铁掺杂均匀固溶体以及需要更高的截止电压（>4.3V）才能充分发挥其电化学性能。另外，磷酸锰锂颗粒一般需要控制在 50nm 左右，导致振实密度低，热力学稳定性差，容易团聚，比表面积大，极易吸收空气中的水分，容易发生表面副反应，金属离子溶出也较高等问题，使材料在保存过程及循环使用中出现表面结构劣化以及循环不稳定和自放电问题。因此在磷酸锰锂材料制备及电池制作过程中对环境提出了严格的要求。从纳米级磷酸锰锂材料的制备工艺到其应用到电极加工上都需要进行进一步探索，这些是磷酸锰锂正极材料的大规模应用必须面临的挑战。

8.4 生产磷酸盐材料的主要原料及标准

目前国内的产品几乎全部采用固相法，按铁源的不同可分为氧化铁红法、草酸亚铁法、磷酸铁法，将选定的铁源材料与磷酸盐和锂盐按一定比例混合均匀后，煅烧、粉碎后即得产物。磷酸铁锂材料的国家标准虽然推出，但是由于工艺路线不同，除去碳酸锂以外，所使用的其他原料和设备尚没有统一的行业标准，导致原料、工艺与设备的匹配难度较大。本节主要介绍一下磷酸铁锂所需主要原料的一些指标要求。

电池级碳酸锂执行有色金属行业标准 YS/T 582—2013，主含量≥99.5%，粒度 D_{50}：3～8μm。

草酸亚铁目前没有行业标准，主要要求主含量≥99.5%，粒度 D_{50}：3～5μm。

铁红的标准可参照 GB/T 24244—2009 铁氧体用氧化铁中 YHT1 型产品的标准，主含量≥99.4%。

磷酸铁目前没有行业标准，$FePO_4 \cdot 2H_2O$ 主要要求如下：铁磷比是关键指标中最重要的一项，应严格控制在0.98～1.0，Fe含量为（28.80±1.00）%，P含量为（16.50±1.00）%；其次是磷酸铁的一次粒子<80nm，D_{50}为（2±1）μm；水分含量波动控制在1%以内；$SO_4^{2-} \leqslant 100 \times 10^{-6}$。

磷酸二氢铵是大宗工业原料，用于磷酸铁锂的合成可以参照食品级磷酸二氢铵的国家标准GB 25569—2010，含量$NH_4H_2PO_4 \geqslant 99\%$，$H_2O \leqslant 0.1\%$、As≤0.0003%、重金属含量（Pb）≤0.001%、钾（K）≤0.005%、钠（Na）≤0.005%、水不溶物≤0.01%。

电池级磷酸二氢锂参照执行有色金属行业标准YS/T 967—2014，主含量≥99.5%。

8.5 磷酸盐材料生产工艺流程及工艺参数

首先回顾一下磷酸铁锂材料产业化进程中的关键标志：1996年，Goodenough博士及其研究小组在德州大学获得磷酸铁锂材料的专利权。随后魁北克水利公司从德州大学取得Goodenough博士发明的独家专利权。1999年，蒙特利尔大学（UdM)、魁北克水利公司（H-Q）和法国国家科研中心（CNRS）共同发明了碳包覆磷酸铁锂技术并获得专利权。2001年，Phostech Lithium公司成立（2014年被Clariant转让给了Johnsen Matthey），获得制造和销售用于锂离子电池的磷酸铁锂授权，启动了磷酸铁锂正极材料的产业化进程。2003年，Phostech Lithium取得湿法水热工艺合成磷酸铁锂的专利，推出P2产品。

2002年麻省理工学院蒋业明发表离子掺杂改性磷酸铁锂文章，并以纳米技术和离子掺杂改性发起成立了A123公司，专业从事磷酸铁锂材料及其电池系统开发（2012年A123被万向集团收购，2014年大型储能电池业务及启动电源部分又转让给NEC；A123的常州材料厂被Johnsen Matthey收购）。2003年J. Barker发表了碳热还原法制备磷酸铁锂的文章，Valence Technology以此技术率先推进了磷酸铁锂产业化的进程。

立凯电能科技股份有限公司以与金属氧化物共晶的磷酸铁锂晶核技术提高材料的电导率和倍率性能，于2011年获得了碳包覆专利的全球授权。

目前国内主要有比亚迪、合肥国轩、天津斯特兰、北大先行、深圳贝特瑞、湖南升华、中兴派能、台湾长圆、深圳德方纳米、烟台卓能、四川浩普瑞等多家企业进入工业化批量生产并向市场稳定供货。

磷酸铁锂主要的生产工艺路线包括四种：草酸亚铁工艺路线、氧化铁工艺路线、磷酸铁工艺路线和水热法工艺路线。除了液相工艺以外，其他三种路线的主要流程包括湿法球磨、干燥、烧结、粉碎这几个主要步骤，相匹配的一些关键设备主要有：混料设备（超细搅拌球磨机、砂磨机）、干燥设备（真空干燥和喷雾干燥）、热处理设备（推板窑、回转窑和辊道窑）以及粉碎分级设备（气流粉碎分级、机械粉碎分级）。

8.5.1 草酸亚铁路线

磷酸铁锂最早产业化的路线是草酸亚铁工艺，比如 A123、国内的北大先行、天津斯特兰、合肥国轩、湖南升华和烟台卓能等。目前草酸亚铁的工艺路线最为成熟，原料为草酸亚铁、碳酸锂与磷酸二氢铵。草酸亚铁的铁源大多来源于钛白粉的副产品 $FeSO_4 \cdot 7H_2O$，Si 和 Ti 含量比较高。也有的铁源是钢厂出来的酸洗液，锰含量较高（2000×10^{-6}）。

该工艺路线常规流程是：草酸亚铁、磷酸二氢铵、碳酸锂和碳源经过球磨混合后进行干燥、烧结以及破碎分级获得产品。因为采用三种原料，混料的均匀性较难控制，需要消耗大量酒精。一般采用搅拌球磨机在无水乙醇分散下使浆料循环状态球磨，球磨时间要求 3h 以上，液固比（1.2～1.5）：1。然后一般采用双锥干燥机或真空耙式干燥机在真空状态下干燥处理 3～4h 同时回收酒精，双锥回转真空干燥机罐体的回转使物料不断的上下内外翻动，提高干燥效率，达到均匀干燥的目的，而且可以获得球状的宏观颗粒，增加匣钵装料量。然后进行高温焙烧，在 750℃左右处理 12～15h。由于烧失率＞50%，高温烧结过程需要采用排气性能好、可连续化生产、氧气含量$<100 \times 10^{-6}$的推板窑或辊道窑。而且在烧结过程中要特别控制升温制度及高温处理时间，草酸亚铁工艺路线适宜匹配的是推板窑，可以依靠准确推速的调整来及时排出分解产生的大量废气和控制温度梯度，减少杂相的形成。

图 8-23 给出了三种原料与葡萄糖混合均匀后的差热-热重曲线。从 TGA 曲线可以看出，从室温到 573.8℃温度范围内都有质量损失，根据失重率大小可以分为

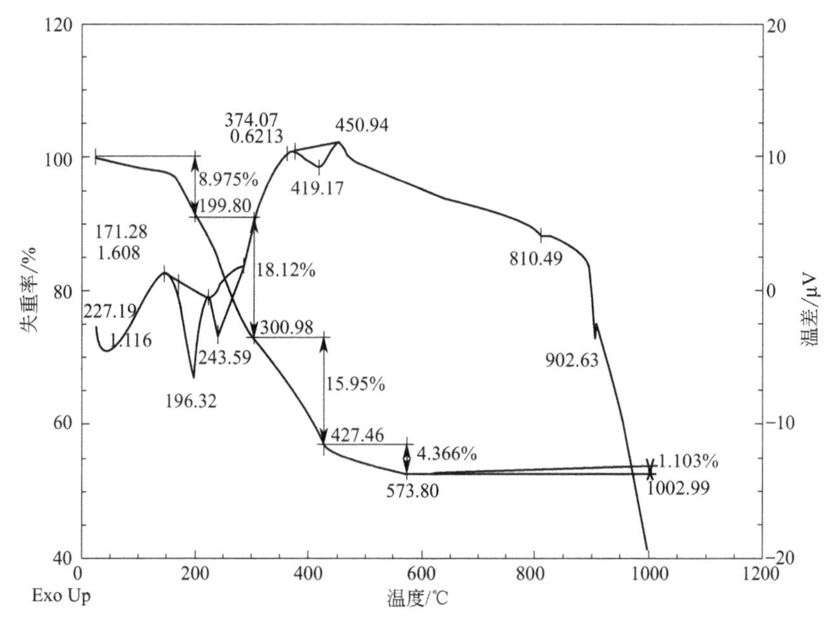

图 8-23 Li_2CO_3、$FeC_2O_4 \cdot 2H_2O$ 和 $NH_4H_2PO_4$ 及葡萄糖混合物在 N_2 中的 DTA 和 TGA 曲线

从室温到 196.32℃和从 196.32℃到 573.8℃的失重，可能分别对应于水的脱出（吸附水和结晶水）、CO、CO_2和NH_3的脱出，从室温到 573.8℃共有大小 4 个吸热峰，第四个吸热峰对应的温度是 419.17℃，对应着葡萄糖和FeC_2O_4的分解。之后接着 450℃出现一个放热峰，物料失重放缓，对应着形成$LiFePO_4$，从 TGA 曲线可以看出，曲线从 573.8℃开始趋于平缓，说明此时$LiFePO_4$结晶已经完全。整个反应引起的失重率为 52.23%，成品率过低。

图 8-24 给出了草酸亚铁工艺生产的磷酸铁锂在不同烧结温度下 12h 的 XRD。图中可以看到，650℃时生成$LiFePO_4$已结晶完全，随着温度升高衍射峰强度增强。在放大图中，在衍射角$2\theta=40°\sim45°$发现合成温度为 700℃和 750℃时，有杂相Fe_2P生成（主峰位置$2\theta=40.2°$）。Fe_2P是具有六方结构的钢灰色物质，熔点为 1643K。由于过程中还原气氛的存在，Fe_2P的产生是完全可能的。少量Fe_2P的生成可以提高材料的电子电导率，有利于材料的电化学过程。但是过多的Fe_2P杂质相生成会影响锂离子的传输，从而造成材料电化学性能下降[106]。需要调节好炉内气氛以及烧结制度，控制Fe_2P的主峰强度（含量），以获得电子电导和离子电导都良好的$LiFePO_4$产品。

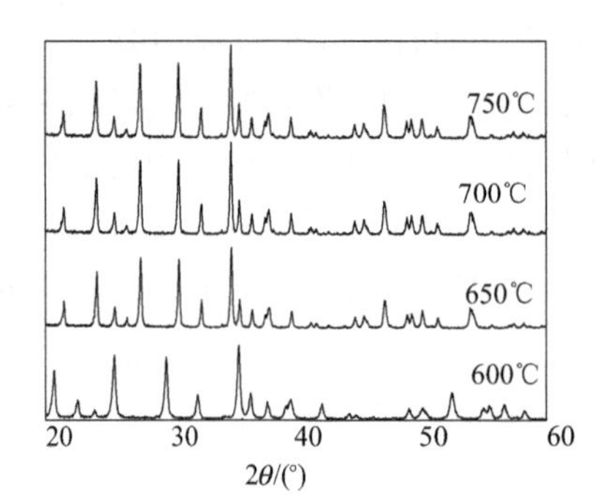

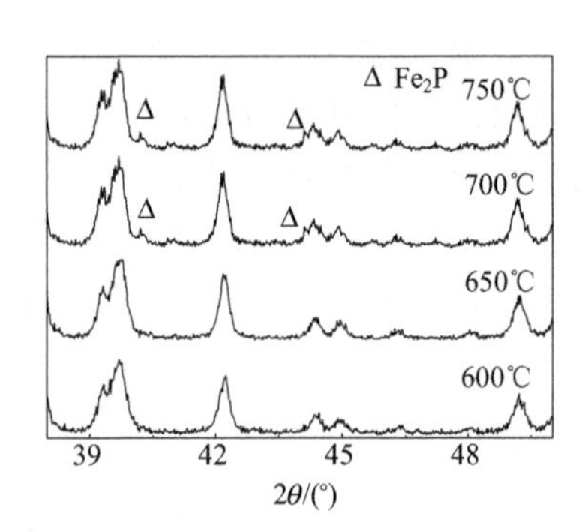

图 8-24　不同温度下合成的磷酸铁锂/碳复合材料的 XRD 图

图 8-25 是某厂家产品磷酸铁锂材料的表面形貌照片。从图中可以看出，该样品基本由大小为 3μm 左右的颗粒组成，颗粒表面比较粗糙，颗粒存在有少量大团聚体。利用草酸亚铁工艺路线烧结时间一般在 15h 左右，控制产物的一次粒径在 400nm 左右，以保证良好的物理性能。图 8-26 为某厂家磷酸铁锂产品在不同倍率下的放电曲线图，具有良好的放电平台和倍率性能。

草酸亚铁工艺路线生产的磷酸铁锂振实密度偏低，常见的为 0.8～1.0g/cm³，压实密度为 2.0～2.2 g/cm³，碳含量一般在 1.5%左右，比表面积在 13～16 m²/g，D_{50}为 2.5～4.5μm。该工艺路线生产的磷酸铁锂电化学性能较好：全电池 1C 放电比容量在 135mA·h/g 左右，平台保持较好，2500 次容量保持率 85%以上，自放电小，荷电保持率>96%，容量恢复率>97%。由于产品的一致性受原料和工艺的影响较大，要获得一致性好的产品难度不小，产品的颗粒大小和形貌很难控制，产品低温性能一般。

图 8-25　某厂家磷酸铁锂产品的 SEM 图

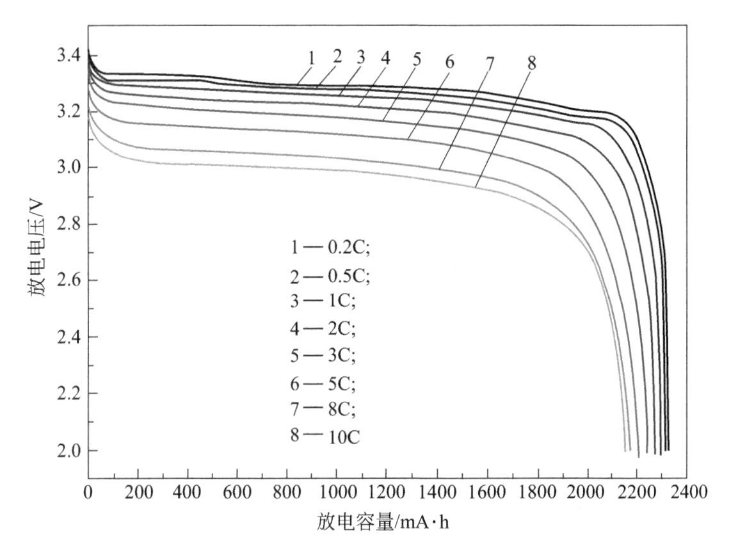

图 8-26　某厂家磷酸铁锂产品不同倍率下的放电曲线

由于产物表面能较高，必须高温长时间焙烧，才能获得较好的物理性能，导致生产周期长，在高温焙烧工序无法提高生产效率。球磨工序混料消耗大量酒精，草酸亚铁原料成本也偏高，导致整个工艺成本难以下降。反应时烧结过程中会产生大量的氨气、水、CO 及二氧化碳，在炉膛内气氛十分复杂，而且不利于磷酸铁锂稳定的形成，特别是还原性气体进入高温反应段可能会导致产生杂相。另外，尾气中含有大量的污染性气体氨气，需要对其进行净化处理，处理成本较高。

8.5.2　氧化铁红路线

氧化铁工艺路线由美国 Valence 最早开发，目前台湾长园、久兆科技、杭州金马能源也采用此工艺。其一般工艺过程：以磷酸二氢锂、铁红和碳源为原料采用循环式搅拌磨进行混料（也有引入超细砂磨工艺），选用的分散溶剂为水或酒精，然后进行喷雾干燥（氧化铁红具有较大的表面活性，不宜采用其他接触式干燥设备），干燥后的物料用窑炉（推板炉、辊道窑、回转炉等）进行一次烧结。烧结后的物料进行气流粉碎分级处理，随后的工序根据客户的需要增加包碳融合步骤，然后就是成品包装的环节。

因采用两种原料，混料均匀性控制较好，无需考虑铁源在混合、干燥过程中的氧化问题，高温合成中炉内气氛稳定，增强碳包覆的均匀性，易于控制批次稳定性，一致性好。工艺过程出气量少，成品率高达83%，收率最高。铁红易于制造，成本低廉，不过用于电池级的铁红要严格控制纯度和粒度分布。该工艺主要问题是磷酸二氢锂中的磷酸根和锂不易实现准确化学计量比，而且磷酸二氢锂容易吸水，使用和保存过程中要十分注意环境湿度的控制。

采用此碳热还原工艺时，物料中铁磷的摩尔比在0.95～0.98为宜。球磨时间一般在4h左右，干燥后窑炉烧结温度在700～750℃，处理时间10～12h。磷酸二氢锂、铁红和碳源原料混合物在400℃已生成$LiFePO_4$，700℃时已完全生成结晶良好的$LiFePO_4$。图8-27为铁红工艺生产的磷酸铁锂XRD，物相中没有发现磷酸锂或者磷化铁杂相，纯度高。

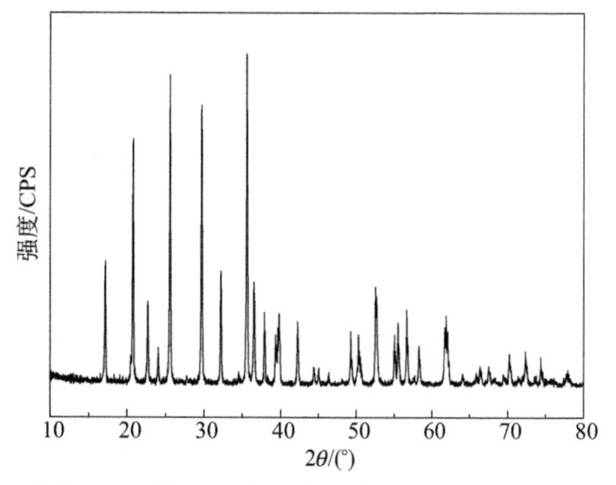

图 8-27　铁红工艺生产的磷酸铁锂产品 XRD

图 8-28　某厂磷酸铁锂产品的 SEM 图

某厂铁红工艺产物的形貌图如图8-28所示，可以看出材料结构致密，产品一次粒径大多在亚微米级，表面光滑，比表面积偏低（9m^2/g左右），产品加工性能好。产物振实密度在 1.2～1.5g/cm^3，压实密度一般为 2.0～2.2 g/cm^3，碳含量一般在 5%～7%，其电化学性能为：全电池 1C 放电比容量一般为 125～130mA·h/g，循环稳定，经 2000 次循环其放电比容量保持率仍大于 90%；－20℃时以 0.2C 放电的比容量为 109.5mA·h/g，为常温容量的 75%，如图 8-29 所示。由于碳含量较高，低温性能较好和倍率性能良好，可以实现 50C 倍率放电。但比容量偏低，不适合容量型的电池。由于成本低，循环稳定，更适宜应用在储能电池中。

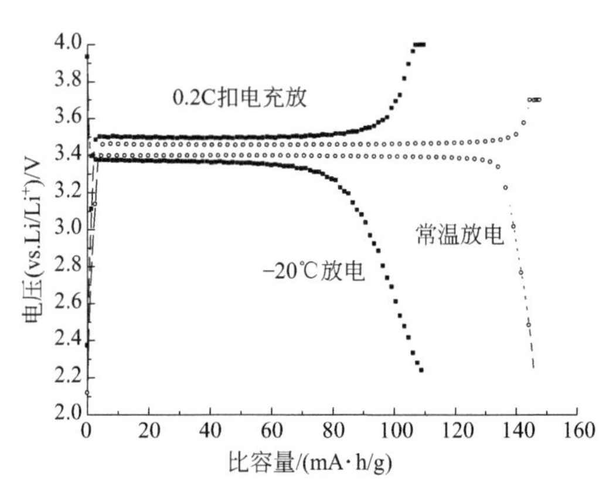

图 8-29　某铁红工艺产品的充放电曲线

8.5.3　磷酸铁路线

由于前期液相沉淀法制备磷酸铁比例不稳定，粒度和纯度都不好控制，磷酸铁工艺路线是最晚出现的工艺路线。目前美国 A123、Phostech 的 P1 产品、北大先行、台湾立凯、深圳贝特瑞均采用此工艺路线。美国 A123 和北大先行均是从草酸亚铁工艺路线切换到磷酸铁工艺路线。

该工艺路线的原料为正磷酸铁、碳酸锂及有机碳源。将 $FePO_4 \cdot 2H_2O$、Li_2CO_3 和葡萄糖按计量比配料，加入无水乙醇球磨混合 4h 后 60℃下鼓风干燥，制得浅黄色粉末状 $LiFePO_4$/C 复合材料前躯体，将该前躯体物料在氮气气氛下在室温到 900℃范围内进行热重-差热分析。如图 8-30 所示，在室温到 100℃左右出现一个吸热峰，此阶段大约失重 5%，对应 $FePO_4 \cdot 2H_2O$ 脱除少量吸附水和部分结晶水的过程。从 100℃到 430℃前躯体质量下降较快，此阶段大约失重 23%，对应 $FePO_4 \cdot 2H_2O$ 脱除剩余结晶水、Li_2CO_3 分解和葡萄糖分解碳化的过程。在 430℃到 544℃前躯体质量仅仅下降 1%左右，但在 440℃附近有一个较强的放热峰，对应着 $LiFePO_4$ 的合成反应。从 544℃到 800℃前躯体质量不再变化，放热量也逐渐下降，此阶段对应着 $LiFePO_4$ 的结晶长大过程。800℃以后前躯体质量与热量均不再变化，说明此温度下 $LiFePO_4$ 的晶体结构已经稳定不再变化。从热重-差热分析的结果来看，$LiFePO_4$ 的合成温度控制在 700℃左右比较合适。

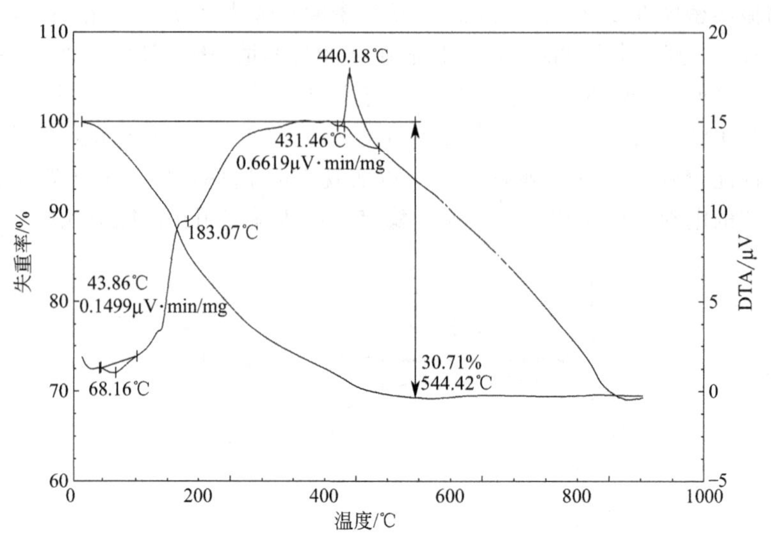

图 8-30 $LiFePO_4/C$ 前驱体的 TG-DTA 曲线

该路线主要工艺流程如下：原料首先以水为分散溶剂用循环式搅拌磨进行混料，然后转入砂磨机中细磨。然后调整固含量进行喷雾干燥，调节进出口温度和进料速度，获得干燥物料。干燥粉料经压块后装入匣钵转入设定好温度的隧道窑，在 700℃高温处理 8h 左右，降温段冷却后出炉。然后经过粉碎分级-筛分后获得成品。其中，球磨混合工序是磷酸铁工艺生产非常重要的环节。在此阶段完成磷酸铁、锂源和有机碳源的破碎、分散和混匀。原料体系的分散均匀性对材料影响非常大，若分散均匀性差则无法发挥出磷酸铁工艺电化学性能的优势。烧结过程中磷酸铁不会分解，$FePO_4$ 和 Li_2CO_3 之间形成 $LiFePO_4$ 材料的固相反应主要受扩散控制，合成过程中晶格重组及化合要靠离子间的相互迁移扩散来进行，即 $LiFePO_4$ 的形成在很大程度上受固相介质中 Li^+ 迁移速率的控制。因此一般选用砂磨机以保证磷酸铁晶粒与锂盐和碳源充分混合，促进后续高温固相反应顺利进行。

为了保持分散均匀，磷酸铁路线一般采用喷雾干燥。喷雾干燥速度快，在极短的时间内完成，产品的颗粒基本上能保持液滴近球状，最大程度避免偏析现象的发生，改善了有机碳源的分散性，这样烧结以后磷酸铁锂表面就比较均匀地包覆了一层无定形碳。同时在一定范围内，通过改变操作条件得到不同形貌，不同粒径的粉末，从而控制前驱体二次颗粒的形貌和粒度及其分布，以满足不同的应用需求。比如纳米级用于倍率型的动力电池，实现 5C 快速充电，－20℃1C 放电比率≥85%；亚微米颗粒用于容量型电池，3C 循环 3000 周放电比率>80%。

干燥过程是该工艺的重要一环，在这个过程中同时存在着如下几个传质和传热的物理过程：①溶剂从液滴表面蒸发，溶剂蒸气由液滴表面向气相主体的扩散；②溶剂蒸发使得液滴体积收缩；③溶质由液滴表面向中心的扩散；④由气相主体向液滴表面的传热过程；⑤液滴内部的热量传递。干燥过程对粉体形貌有重要影响，一般认为选择适当的干燥温度，降低溶剂蒸发速率，使溶剂的蒸发速率与溶质的扩散速率达到某一平衡值容易生成实心颗粒；当外壳形成后，液滴内的溶剂继续蒸发，超过其平衡浓度的溶质在液滴外壳以内的晶核表面析出，促使这部分晶核长大。如果外壳生成时液滴中心也有晶核，则生成的粒子为实心粒子；如果液滴中心没有晶核则生成的粒子为空心粒子。主要通过调整固含量、雾化压力、干燥温度及进料速率来获得实心颗粒。

除了正磷酸铁，也有采用无水磷酸铁为铁源的。将正磷酸铁 500℃脱水处理后获得无水磷酸铁，再进行后续处理。采用此路线体系收率为 81%以上，生产过程废气很少，反应速率较快，高温烧结时间可以缩短，最适宜采用辊道窑，完成快速热处理，保证一次颗粒细小，充分发挥其高放电容量、高首次效率和低温性能的优势。

图 8-31 为磷酸铁工艺获得的磷酸铁锂产品的 XRD 图谱，合成的 $LiFePO_4/C$ 与 $LiFePO_4$材料的标准衍射峰一致，属于 Pnma 空间群的正交晶系橄榄石型结构，没有发现其他杂质衍射峰。图 8-32 为合成的 $LiFePO_4/C$ 复合材料的扫描电镜图片。从图中可以看出，$LiFePO_4/C$ 复合材料的类球形颗粒分布均匀，粒径细小，一次颗粒粒径在 100～200nm。细小 $LiFePO_4$颗粒有利于缩短锂离子和电子传输距离，提高材料的电化学性能。而且颗粒之间的间隙构成了蓬松多孔的亚微观结构，有利于电解液的渗透扩散，能够提高材料的比容量和倍率放电性能。从透射电镜的形貌分析，可以看出晶粒表面有一层紧密连续的纳米碳膜包覆且分布均匀，碳膜的厚度在 1～2nm。均匀的纳米碳导电层可有效提高 $LiFePO_4$的电导率，增强其高倍率充放电性能。图 8-33 为磷酸铁锂产品的扣式半电池充放电曲线，制备的 $LiFePO_4/C$ 材料在 0.1C 和 1C 倍率下放电比容量分别为 159.5mA·h/g 和 147.9mA·h/g，并且在不同倍率下都对应着较好的放电平台，显示了良好的倍率性能。

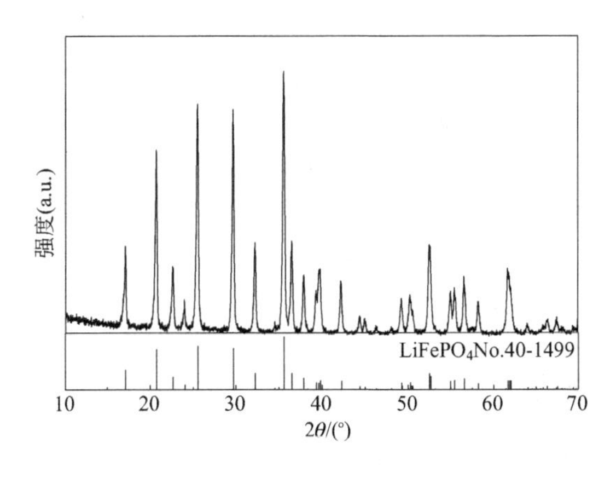

图 8-31 生产的磷酸铁锂 XRD 图谱

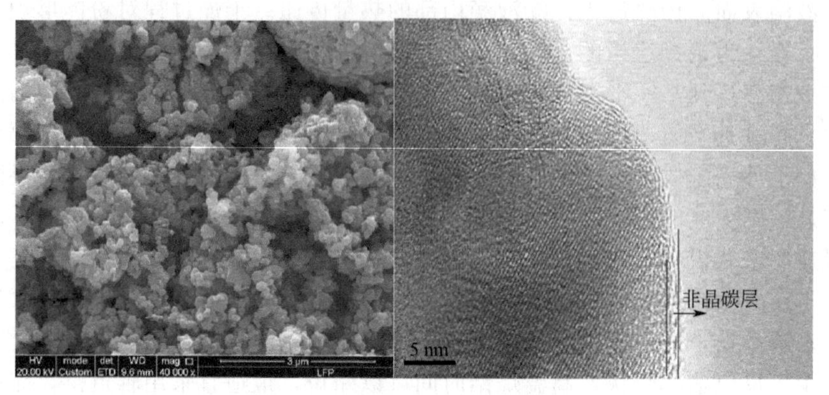

图 8-32 生产的磷酸铁锂产品的形貌图

该工艺路线生产的磷酸铁锂振实密度在 1.0～1.2g/cm³，碳含量 1.3%～2.0%，比表面积在 11～13m²/g，D_{50}为 1.5～3μm，压实密度在 2.2～2.4g/cm³。电化学性能：0.2C 放电比容量一般大于 155mA·h/g，全电池 1C 放电容量一般在 140mA·h/g 左右，具有优良的电化学性能，可以实现 6C 倍率充电，40C 以上倍率放电，−20℃和−40℃放电。该工艺简单，能耗少，烧成率接近 70%，容易实现自动化流程控制，产品粒径可以控制做细且晶粒形貌规则呈近球形，具有优秀的低温性能和倍率性能。

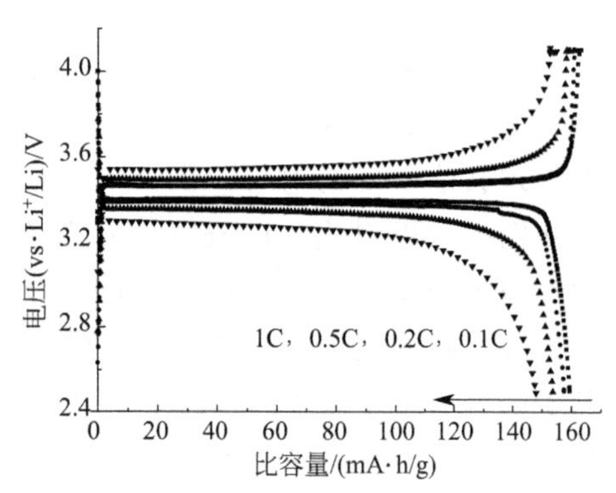

图 8-33 生产的磷酸铁锂不同倍率下的充放电曲线

$LiFePO_4$与 $FePO_4$的结构具有极大的相似性，$LiFePO_4$晶体颗粒可以直接在 $FePO_4$颗粒的基础上进行生长，故可以通过调整 $FePO_4$前驱体的合成参数控制磷酸铁的纯度、铁磷比、形貌和粒度分布等工艺参数，来获得理化指标优异的 $LiFePO_4$正极材料。此路线获得的磷酸铁锂产品的质量和价格在很大程度上取决于磷酸铁，仅磷酸铁一项就达到原料成本的 50%左右。该路线前驱体磷酸铁性能的好坏直接决定着正极材料 $LiFePO_4$性能的好坏，磷酸铁材料的含水率波动、形貌变化和粒度分布都会影响成品性能。目前由于磷酸铁的价格偏高导致该生产工艺路线生产成本较高。磷酸铁工艺路线在未来的发展中将克服成本方面的障碍，体现更优良的性价比，该路线将成为未来主流的工艺路线。

8.5.4 水热工艺路线

采用水热法工艺路线的主要有 Phostech、住友大阪水泥和韩国韩华。其原料为氢氧化锂、硫酸亚铁和磷酸及有机还原剂（比如抗坏血酸）。原料在反应釜内

160～240℃下反应数小时，中间相［Li_3PO_4和$Fe_3(PO_4)_2$］在热液条件下经历溶解重结晶的过程生成结晶态$LiFePO_4$，过滤洗涤后得到磷酸铁锂颗粒。再与含碳源的溶液混合，干燥后在回转窑或者辊道窑中惰性气氛下700℃热处理得到最终产物。

其水热过程的主要化学反应如下：

$$3LiOH + H_3PO_4 + FeSO_4 \cdot 7H_2O \longrightarrow LiFePO_4 + Li_2SO_4 + 10H_2O$$

该工艺颗粒形貌和粒度可控，工艺重复性好。其缺点是设备昂贵，需要控制好工艺参数，以免高浓度Li-Fe反位缺陷的磷酸铁锂生成。而且在水热法合成中一般使用3倍量LiOH作沉淀剂，这需要多消耗200%的LiOH，从而增加了原料的成本。需要回收副产物Li_2SO_4，同时含磷废水也要处理。而且在前驱体溶液配制中容易形成极易被氧化的$Fe(OH)_2$沉淀，需要添加有机还原剂。还必须在控制一定压力下的特制容器中反应以促使沉淀相的转化，对反应釜的设备条件，如温度、压力、耐腐蚀等要求较高。由于该工艺路线是液相过程，受到原料溶解度的限制，批产量较低。

水热法的产品以Phostech的P2为代表，性能指标直到现在也仍然是磷酸铁锂材料的标杆。日本大阪水泥公司和韩国韩华公司也都有水热法磷酸铁锂产品进入市场。图8-34(a)为P2型磷酸铁锂的XRD图，通过水热法可得到高纯度结晶良好的磷酸铁锂。通过碳包覆后获得的产品形貌如图8-34(b)所示，产品的颗粒均匀，短棒状和类球形颗粒共存，一维尺度在100nm左右。扣式半电池测试，产品电化学性能在1C和10C下放电比容量分别为151mA·h/g和127mA·h/g。

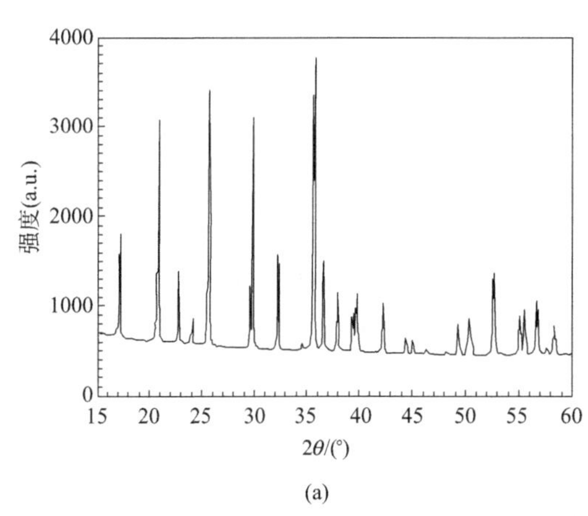

(a)

(b)

图8-34　水热法合成的P2产品的XRD和SEM图

韩华采用超临界-水热工艺连续化生产磷酸铁锂材料。首先在374℃以上超临界状态下反应时间不到1h获得结晶态的$LiFePO_4$材料，再进行碳包覆处理。获得的产品形貌如图 8-35 所示。超临界水热法获得的一次颗粒更加均匀，尺寸更小。碳包覆以后颗粒大小匹配度较好，可以获得更高的压实密度。如图 8-36 所示，扣式半电池测试，产品电化学性能在 1C 和 10C 下放电比容量分别为 152mA·h/g 和 118.2mA·h/g。全电池测试，−20℃时放电容量为常温容量的 73%，具有良好的倍率性能和低温性能。

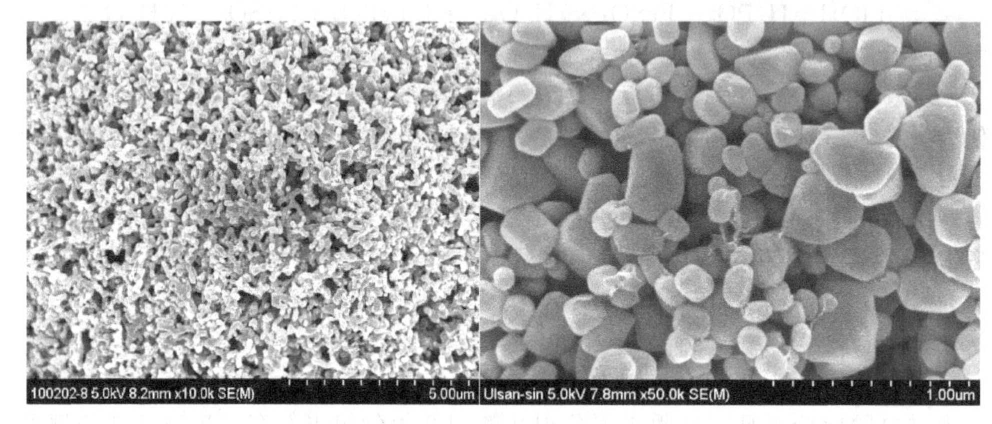

图 8-35　超临界水热法合成的磷酸铁锂及碳包覆后的形貌图

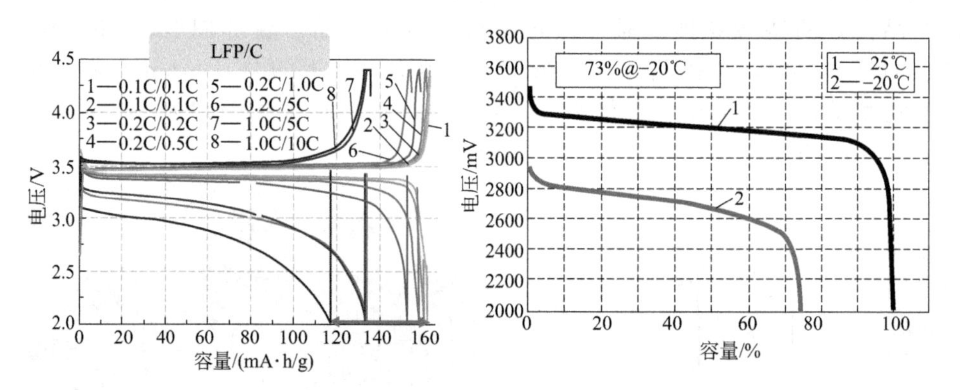

图 8-36　韩华磷酸铁锂材料的电化学性能

水热法制备磷酸铁锂的批次稳定性大大提高，但生成的磷酸铁锂晶粒大多数处于纳米级尺寸，导致其振实密度偏低，0.8g/cm^{3}左右，压实密度 1.9～2.1g/cm^3。该工艺路线生产的磷酸铁锂比表面积在 12m^2/g 左右，D_{50} 1～2μm，电化学性能优良，半电池 1C 放电比容量一般大于 150mA·h/g，全电池 1C 放电比容量一般大于 140mA·h/g，倍率性能优异，低温性能是最好的。

材料颗粒尺寸细小，极片压实密度偏低，人们用构建二次颗粒的方式改进材料的加工性能和能量密度。通过设计具有纳微复合结构的电极材料进一步改善纳米电极材料的综合性能，纳微复合结构即以具有纳米单元结构的电极材料为核心构成的整体尺度在微米级的结构体系。该结构兼具纳米材料和微米材料的优点，不仅能够提供较高的堆积密度和短的锂离子扩散路径，而且材料热力学稳定，能极大改善材料的应用性能。喷雾干燥法在瞬间实现溶剂蒸发、溶质沉淀、颗粒干燥、颗粒预分解等过程，可以制备出具有特殊的二级结构的球形 $LiFePO_4$ 复合材料。图 8-37 为二次颗粒构筑过程示意图。

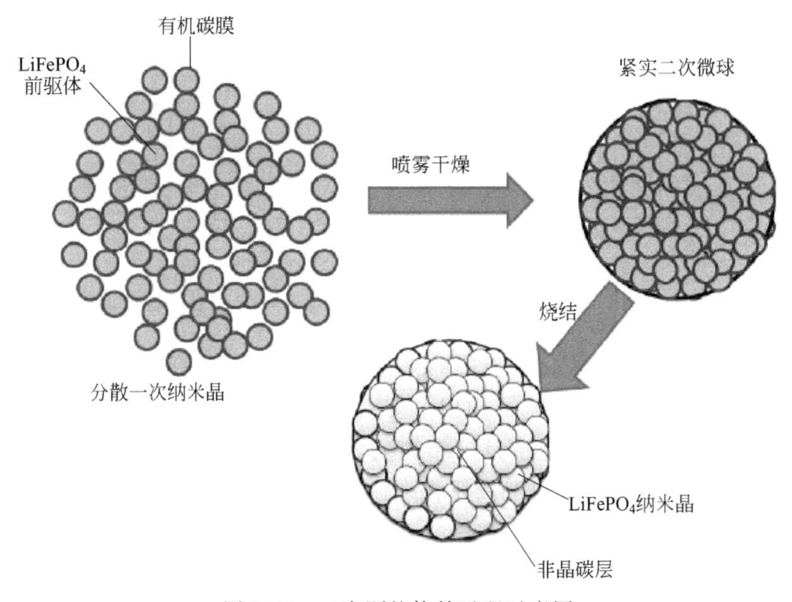

图 8-37　二次颗粒构筑过程示意图

图 8-38 是 P2 的改进型产品。通过喷雾干燥-烧结后形成了多孔的类球形二次颗粒，一次粒子的形貌仍然与 P2 一致。二次团聚颗粒提供了更高的压实密度和稳定的浆料体系，同时保持了 P2 的克容量和倍率性能，如图 8-39 所示，为多孔球形 $LiFePO_4/C$ 复合材料在不同倍率下的放电曲线。可以看到，扣式半电池测试表明产品可以达到 40C 倍率放电，10C 下放电比容量>125mA・h/g。

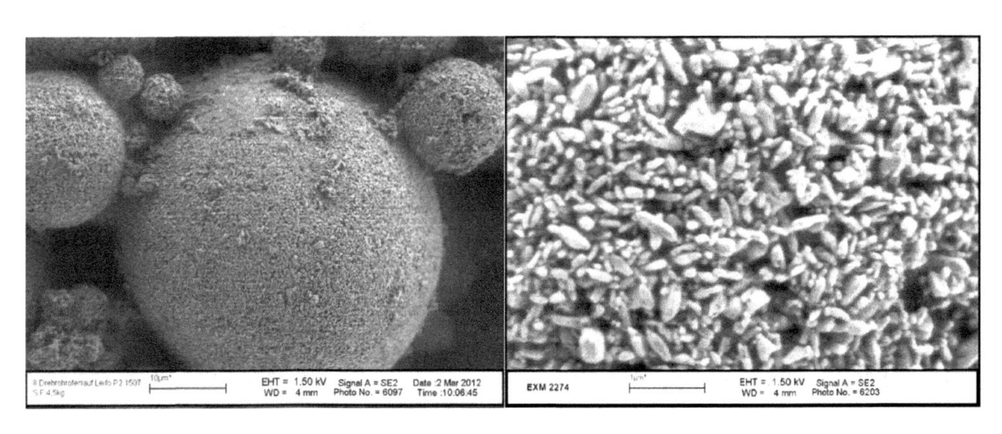

图 8-38　P2 改进型磷酸铁锂的形貌图

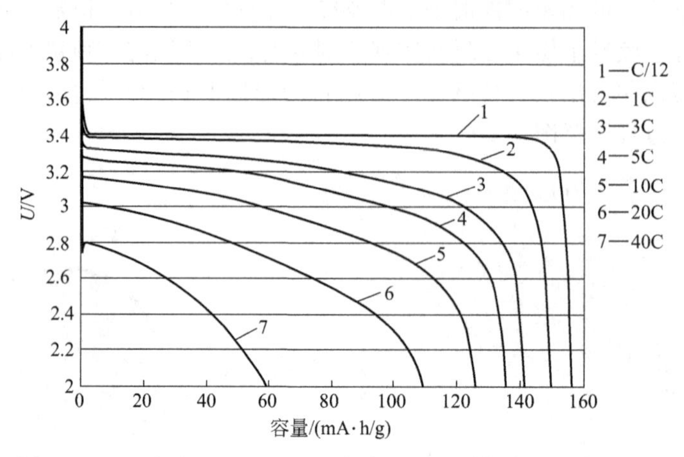

图 8-39　P2 改进型 $LiFePO_4$/C 复合材料不同倍率下的放电曲线

住友大阪水泥也通过优化碳包覆的工艺获得了二次颗粒的纳微复合结构。如图 8-40 所示，由 100nm 的一次粒子构成了多孔的球形二次颗粒。$LiFePO_4$ 晶粒表面有一层紧密连续的纳米碳膜包覆且分布均匀，厚度在 2～3nm，纳米导电碳层利于提高材料表面电子传导能力和锂离子向 $LiFePO_4$ 表面的传输，同时控制 $LiFePO_4$ 晶粒的长大，缩短锂离子扩散路径，该复合结构将使 $LiFePO_4$ 表面为锂离子提供更多的活性位，提高活性物质的利用率和倍率放电能力。碳含量控制在 1%，获得的材料具有较低的比表面积（约 $10m^2/g$）和较高的振实密度（$1.2g/m^3$），具有高体积比能量和良好的加工性能。扣电测试 3C 放电比容量＞140mA·h/g，全电池 2.0～3.6V 下 1C 循环 6000 周保持率＞80%，以快速高效的混合传输网络（电子和离子）的纳米颗粒为单元构筑的纳微复合结构显示了高倍率和高循环性能的优势。

住友磷酸铁锂产品的全电池循环性能如图 8-41 所示。

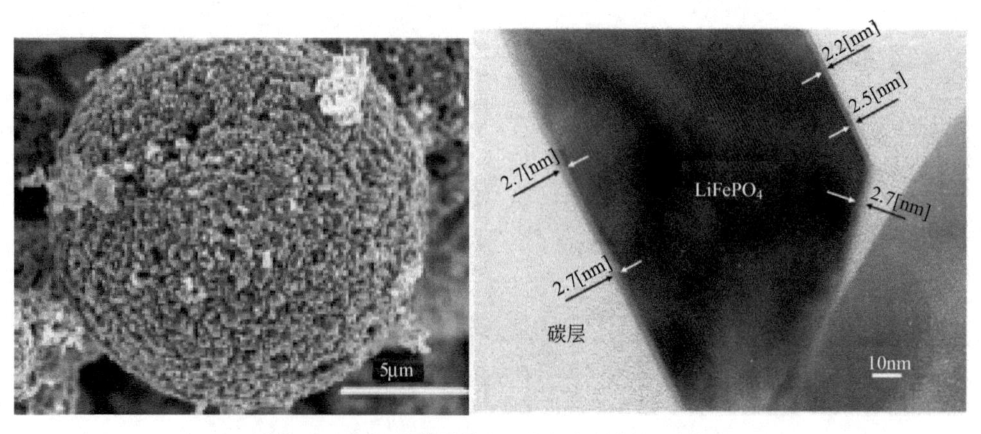

图 8-40　住友的磷酸铁锂/碳复合材料的形貌图

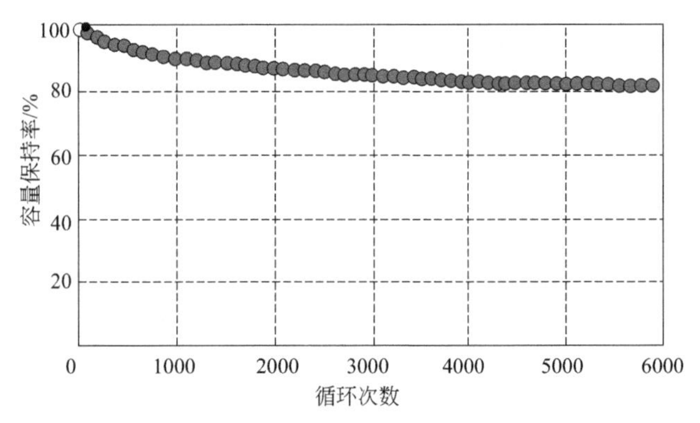

图 8-41　住友磷酸铁锂产品的全电池循环性能

为了满足新能源汽车、新能源和智能电网对磷酸铁锂动力与储能电池的要求，应当在保证磷酸铁锂的一致性与批次稳定性的基础上，兼顾电化学性能和加工性能，重点开发高效的磷酸铁锂正极材料形貌控制技术和表面修饰技术，改善磷酸铁锂电池的高低温性能、自放电率和体积能量密度。其中，磷酸铁工艺路线和水热工艺路线是高性能、高一致性磷酸铁锂材料大规模生产的主流选择。

8.6 磷酸盐系材料的产品标准

磷酸铁锂的产业化和普及应用对降低锂离子电池成本，提高电池安全性，扩大锂离子电池产业，促进锂离子电池大型化、高功率化具有十分重大的意义，将使锂离子电池在中大容量 UPS、中大型储能电池、电动工具、电动汽车中的应用成为现实。随着储能电池和动力电池等产业的发展，对磷酸铁锂/炭复合正极材料产品的要求在不断提高，由深圳市贝特瑞新能源材料股份有限公司、冶金工业信息标准研究院负责起草，由全国钢标准化技术委员会归口制定了国家标准 GB/T 30835—2014《锂离子电池用炭复合磷酸铁锂正极材料》。表 8-3 中列出了复合材料的主要技术指标。其中能量型磷酸铁锂/炭复合正极材料，用 LFP@C-E 表示；功率型磷酸铁锂/炭复合正极材料，用 LFP@C-P 表示。

表 8-3　锂离子电池磷酸铁锂/炭复合正极材料技术指标

技术指标		产品代号					
		LFP@C-E			LFP@C-P		
		Ⅰ	Ⅱ	Ⅲ	Ⅰ	Ⅱ	Ⅲ
理化性能	D_{50}/μm	0.5～20			0.5～20		
	碳含量/%	≤5			≤10		
	水分含量/(mg/kg)	≤1000			≤1000		
	pH 值	7～10			7～10		
	比表面积/(m^2/g)	≤30.0			≤30.0		
	振实密度/(g/cm^3)	≥0.6			≥0.6		

续表

技术指标		产品代号					
		LFP@C-E			LFP@C-P		
		Ⅰ	Ⅱ	Ⅲ	Ⅰ	Ⅱ	Ⅲ
理化性能	粉体压实密度/(g/cm³)	≥1.5			≥1.5		
	锂含量(除碳含量之外)/%	4.4±1.0			4.4±1.0		
	铁含量(除碳含量之外)/%	35.0±2.0			35.0±2.0		
	磷含量(除碳含量之外)/%	20.0±1.0			20.0±1.0		
	金属离子溶出率/(mg/kg)	≤2000			≤2000		
	晶体结构	符合 JCPDS 卡 01-077-0179			符合 JCPDS 卡 01-077-0179		
电化学性能(模拟电池)	0.1 C 首次库仑效率/%	≥95.0			≥95.0		
	0.1 C 首次放电比容量/(mA·h/g)	≥160.0	≥155.0	≥150.0	≥155.0	≥150.0	≥145.0
	倍率(1 C/0.1 C 保持率)/%	≥94.0	≥92.0	≥90.0	≥96.0	≥94.0	≥92.0
	电导率/(10^{-4}S/cm)	≥10	≥5	≥1	≥50	≥25	≥10
限用物质	镉及其化合物/(mg/kg)	≤5			≤5		
	铅及其化合物/(mg/kg)	≤100			≤100		
	汞及其化合物/(mg/kg)	≤100			≤100		
	六价铬及其化合物/(mg/kg)	≤100			≤100		

该标准对于电化学性能的要求可以满足电池对于材料的要求，但在理化指标比表面积、压实密度和金属离子溶出率上面规定还是比较宽泛的。

8.7 磷酸盐材料的种类与应用领域

目前磷酸盐系材料中实际大规模应用的只有磷酸铁锂材料。可实现高功率密度、长寿命、高安全锂离子电池磷酸铁锂正极材料主要应用领域在电动汽车用动力电池、汽车/摩托车的启动电池以及再生能源和电网的储能电池。

8.7.1 电动汽车用动力电池

2009 年元月科技部、财政部、发改委、工信部联合启动了“十城千辆节能与新能源汽车示范推广应用工程”，新能源汽车产业成为七大国家战略新兴产业之一。2012 年国务院颁布了《节能与新能源汽车产业发展规划（2012～2020 年）》进一步推动了其发展。锂离子电池驱动的电动汽车主要指混合动力汽车和纯电动汽车。2015 年中国新能源汽车市场规模全年产量达到世界第一位，电动客车是世界第一，电动乘用车是第二。目前国内主流是增程式和插电式混合动力车，而纯电动乘用车则以小型和微型为主，90%都是小型和微型。

动力电池是电动汽车发展中最关键的环节。目前磷酸铁锂电池因其单体大容量、系统设计较简单、循环稳定性和安全性成为电动汽车动力电池的市场主流，而且其能量密度可以满足当前小型纯电动乘用车和插电式混合动力车的要求。“十二五”期间，国内的动力电池主流路线是方形铝壳磷酸铁锂电池，表 8-4 列出了国内几大磷酸铁锂动力电池厂家的电池类型及其配套电动车车型。其中比亚迪 e6 是目前国产纯电动汽车中续航里程最长的车型，搭载 63kW·h 磷酸铁锂电池，续航里程 300km，磷酸铁锂电池的能量密度约为 110W·h/kg。

表 8-4　磷酸铁锂动力电池厂家的电池类型

电池企业	电池类型	电动车企业	车型
比亚迪	方形 26A·h、200A·h	比亚迪、奔驰	秦、唐、e6、腾势、K9
CATL	方形 25A·h、60A·h	北汽、华晨宝马、宇通	E150、160、之诺 1E
天津力神	方形 20A·h、70A·h	康迪、金龙客车	康迪小电跑
合肥国轩	方形 13A·h、21.5A·h	江淮、南京金龙	江淮 iEV4
深圳沃特玛	32650 圆柱 5A·h	五洲龙、厦门金龙	电动大巴
杭州万向	软包	众泰、中通客车	电动大巴

数据来源：中国电池网，2015 年 8 月。

但随着消费者对新能源汽车的续航里程性能的需求不断升级，磷酸铁锂电池在能量密度等方面的不足日渐显露出来。国务院颁布《节能与新能源汽车产业发展规划（2012～2020 年）》中创新工程目标，至 2015 年动力电池模块的能量密度达到 150W·h/kg（折算成单体电池，其能量密度大约需要达到 180W·h/kg），至 2020 年动力电池模块的能量密度达到 300W·h/kg（对应的单体电池能量密度至少达到 330W·h/kg 以上）。由于磷酸铁锂受能量密度限制，难以达到 150W·h/kg，在电动乘用车用动力电池能量密度提升的背景下，三元材料作为高容量密度正极材料有望进一步拓展市场份额，电动乘用车逐渐转为三元动力电池和磷酸铁锂动力电池并行。

在有固定线路的电动专用车方面，比如邮政、物流、环卫、电动叉车等专用车，磷酸铁锂电池仍然具有很强的竞争力。在对空间限制较小、使用环境复杂、运营时间长、承载人员比较多、对续航里程要求不严格的公共交通领域比如电动大巴和出租车上，采用的动力电池也是磷酸铁锂为主。宇通客车使用的磷酸铁锂电池以 80%的容量进行快充，可以安全循环 4000～5000 次；70%则可以保证 7000～8000 次。从使用寿命角度，可达到与车辆运营生命周期相当的长寿命。在能量密度方面，开发标准化、模块化、集成化的电池系统，在保证安全的前提下，磷酸铁锂可降低系统设计的复杂性和重量，提高电池系统的能量密度。在充电速度方面，磷酸铁锂在快速充电时可兼顾效率和安全。其具有更好的环境适应性，系统温度适应性宽。

8.7.2　储能电池

2014 年 11 月，国务院办公厅印发了《能源发展战略行动计划（2014～2020 年）》，要求科学安排调峰、调频、储能配套能力，切实解决弃风、弃光问题。储能与分布式能源、智能电网和先进可再生能源等一起被列为九大重点创新领域，大容量储能为 20 个重点方向之一。在电化学储能中，锂离子电池是应用领域较广的储能技术，可以满足储能从千万瓦级到兆瓦级以上功率、由分钟到多小时容量的技术要求，可以从材料角度获得较大上升空间，较多地应用于风电场、光伏电站及分布式发电和微网领域。目前磷酸铁锂电池产业链比较成熟，高安全性能、高热稳定性、环境友好和高充放电效率的优点使得磷酸铁锂电池在大型应用方面具有非常重要的意义。

国内比亚迪、深圳沃特玛、中航锂电、东莞新能源、天津力神等单位开发了多个系列的大容量磷酸铁锂锂离子电池产品，在储能等领域获得了示范应用。全球最大的储能电站项目：张北国家电网风光储输示范项目也大规模采用了磷酸铁锂电池。南方电网公司从2010年起建设了我国首座兆瓦级电池储能站深圳宝清电池储能站，其中储能电池系统是由比亚迪和中航锂电供应的磷酸铁锂电池。电力科学研究院与福建电力科学研究院合作研制开发的移动式储能电站样机，是国内首套接入配电网末端的功率最大的移动式储能电站，由东莞新能源提供磷酸铁锂电池系统。中国也开始进行储能调频电站试点，2013年9月，中国第一个调频储能电站北京石景山热电厂电池储能项目正式投运，2MW/0.5MW·h，储能电池是由A123供应的磷酸铁锂电池。国网上海电力在2014年6月建成了国内首个站用电微网系统，上海迪士尼110kV变电站站用电微网系统。迪士尼变电站的微网系统包括变电站北侧屋顶19.6kW的光伏发电系统、站内微网室内1套30kW·h磷酸铁锂电池储能系统、站区南侧的交流充电桩及微网控制系统等，为站用电重要负荷提供了高可靠性的供电。2014年8月比亚迪全球最大用户侧铁电池储能电站正式商业化运营，系统规格为20MW/40MW·h，单体容量240A·h，电芯58928节，设计寿命20年。比亚迪将磷酸铁锂储能电池应用在调频市场，满足高倍率充放电、快速响应、24h连续工作等苛刻要求。并且在美国进行了储能集装箱调频项目31.5MW/12MW·h，单台1.75MW/678kW·h，实现了3C放电倍率。比亚迪携手美洲RES建设两个电网级储能项目（Elwood储能中心与Jake储能中心），此储能系统采用了比亚迪提供的具有磷酸铁锂电池核心技术的电池储能组件，预计建成后将成为北美最大的纯商业模式运营的储能项目。

通过“十二五”期间的示范运行，磷酸铁锂电池在风光储能和工业储能方面显示了良好的技术可行性。

① 高安全性　其环境适应性较强，而且对环境无污染。安全性是储能电池的第一要素，磷酸铁锂结构稳定，高温稳定性非常好。因此磷酸铁锂电池的安全性能非常好，电池在撞击、针刺、短路情况下不容易发生燃烧、爆炸等事故。

② 高储能效率　高的能量保持与恢复能力（>95%）；深圳宝清电池全站综合效率80%，储能系统最优效率达88%。张北示范电站能量转换效率保持在86%。

③ 长寿命　80%DOD循环寿命大于3500次，降低维护成本。日本索尼开发的家用和办公商用储能系统，1h可以充满90%电量，循环寿命达到了6000次，大大降低了全寿命周期成本。

④ 放电平台比较平坦　电池输出电压非常平稳，满足频繁调频的需要，减轻电网调控的负担。

⑤ 原料资源丰富　随着技术进步，价格下降趋势明显。比如通信用磷酸铁锂电池售价以年均超过 10% 的幅度下降，性价比已显著提升。而且随着磷酸铁锂生产工艺改进及其他配套材料国产化，成本会继续下降。

除此之外，磷酸铁锂电池在应急电源和基站储能方面的应用也方兴未艾，锂离子电池凭借显著的优势在后备电源市场方面有望逐渐替代铅酸电池。现在的移动基站应急锂离子电源几乎全部选用磷酸铁锂电池。比亚迪提供的中广核应急蓄电池电源系统是全球第一个应用于核电后备磷酸铁锂电池电源系统。中兴派能将磷酸铁锂电池应用在了计算中心的应急电源上，充分发挥了其高温环境下高倍率深充放循环性能，在 55℃恒温环境下，每天 1C 充电 5C 放电循环，持续 430 天后容量还剩余 88%。

总之，磷酸铁锂电池凭借其安全性、高效率、长寿命及环保等方面的优点很适合在新能源汽车、新能源配套储能和智能电网上应用。随着全产业链的深入合作，磷酸铁锂电池在降低成本，延长使用寿命，以及提高系统整体性能等方面会持续进步，未来在新能源电动汽车电池、应急电源、智能电网及清洁能源（风能和太阳能）、储能电池领域还会有更广泛的应用市场和需求。

参 考 文 献

[1] Padhi A K, Nanjundaswamy K S, Goodenough J B. Phospho-livinesas positive electrode materials for rechargeable lithium batteries [J] . J Electrochem Soc, 1997, 144 (4): 1188-1194.

[2] Padhi A K, Nanjundaswamy K S, Masquelier C, et al. Effect of structure on the Fe^{3+}/Fe^{2+} redox couple in iron phosphates [J] . J Electrochemical Society, 1997, 144 (5): 1609-1613.

[3] Nie Z, Ouyang C, Chen J, et al. First principles study of Jahn-Teller effects in Li_xMnPO_4 [J] . Solid State Communications, 2010, 150 (1): 40-44.

[4] Yamada A, Takei Y, Koizumi H, et al. Electrochemical, Magnetic, and Structural Investigation of the $Li_x(Mn_yFe_{1-y})PO_4$ Olivine Phases [J] . Chemistry of materials, 2006; 18 (3): 804-813.

[5] Kim J, Park K Y, Park I, et al. The Effect of Particle Size on Phase Stability of the Delithiated Li_xMnPO_4 [J] . Journal of The Electrochemical Society, 2011, 159 (1): A55-A59.

[6] Delacourt C, Poizot P, Tarascon J M, et al. The existence of a temperature-driven solid solution in Li_xFePO_4 for $0 \leq x \leq 1$ [J] . Nat Mater, 2005, 4: 254-260.

[7] Ong S P, Jain A, Hautier G, et al. Thermal stabilities of delithiated olivine MPO_4(M= Fe, Mn) cathodes investigated using first principles calculations [J] . Electrochemistry Communications, 2010, 12 (3): 427-430.

[8] Martha S K, Haik O, Zinigrad E, et al. On the thermal stability of olivine cathode materials for lithium-ion batteries [J] . Journal of the Electrochemical Society, 2011, 158 (10): A1115-A1122.

[9] Chung S Y, Bloking J T, Chiang Y M. Electronically conductive phospho- olivines as lithium storage eletrodes [J] . Nat Mater, 2002, 1 (2): 123-128.

[10] Yamada A, Hosoya M, Chung S C, et al. Olivine-type cathodes Achievements and problems [J] . J Power Source, 2003, 119-121 (1-2): 232-238.

[11] Fei Zhou, Kisuk Kang, Thomas Maxisch, et al. The electronic structure and band gap of $LiFePO_4$ and $LiMnPO_4$ [J] . Solid State Commun, 2004, 132 (3-4): 181-186.

[12] Xu Y N, Chung S Y, Bloking J T, et al. Electronic structure and electrical conductivity of undoped $LiFePO_4$ [J] . Electrochem Solid State Lett, 2004, 7 (6): A131-A134.

[13] Yamada A, Koizumi H, Nishimura S, et al . Room-temperature miscibility gap in Li_xFePO_4 [J] . Nat Mater, 2006, 5 : 357-360.

[14] Morgan D, Van der Ven A, Ceder G. Li conductivity in Li_xMPO_4 (M=Mn, Fe, Co, Ni) olivine materials [J]. Electrochem Solid State Lett, 2004, 7 (2): A30-A32.
[15] Ouyang C Y, Shi S Q, Wang Z X, et al. First-principles study of Li ion diffusion in $LiFePO_4$ [J]. Phys Rev B, 2004, 69 (10): 104303-104307.
[16] Saiful Islam M, Daniel J Driscoll, Crag A J, et al. Atomin-scale investigation of defects, dopants, and lithium transport in the $LiFePO_4$ Olivine-type battery material [J]. Chem Mater, 2005, 17 (20): 5085-5092.
[17] Nishimura S, Kobayashi G, Ohoyama K, et al. Neutron Diffraction Study on Lithium Diffusion in Li_xFePO_4 [J]. Nat Mater, 2008, 7: 707-711.
[18] Srinivasan V, Newman J. Discharge model for the lithium iron-phosphate electrode [J]. J Electrochem Soc, 2004, 151 (10): A1517-A1529.
[19] Andersson A S, Thomas J O. The source of first-cycle capacity loss in $LiFePO_4$ [J]. J Power Sources, 2001, 97-98: 498-502.
[20] Meetong N, Huang H, Carter W C, et al. Size-dependent lithium miscibility gap in nanoscale $Li_{1-x}FePO_4$ [J]. Electrochem Solid State Lett, 2007, 10: A134-A138.
[21] Gibot P, Cabanas M C, Laffont L, et al. Room-temperature single-phase Li insertion/extraction in nanoscale LixFePO_4 [J]. Nat Mater, 2008, 7: 741-747.
[22] Ong SP, Chevrier VL, Ceder G. Comparison of small polaron migration and phase separation in olivine $LiMnPO_4$ and $LiFePO_4$ using hybrid density functional theory [J]. Physical Review B, 2011, 83 (7): 075112.
[23] Delacourt C, Laffont L, Bouchet R, et al. Toward understanding of electrical limitations (electronic, ionic) in $LiMPO_4$ (M= Fe, Mn) electrode materials [J]. Journal of the Electrochemical Society, 2005, 152 (5): A913-A921.
[24] Martha S K, Haik O, Borgel V, et al. $Li_4Ti_5O_{12}/LiMnPO_4$ lithium-ion battery systems for load leveling application [J]. Journal of The Electrochemical Society, 2011, 158 (7): A790-A797.
[25] 秦来芬，夏永高，陈立鹏，等．新一代动力锂离子电池磷酸锰锂正极材料的研究现状与展望 [J]．电化学，2015，21 (3)：253-267.
[26] Molenda J, Ojczyk W, Marzec J. Electrical conductivity and reaction with lithium of $LiFe_{1-y}Mn_yPO_4$ olivine-type cathode materials [J]. J Power Sources, 2007, 174 (2): 689-694.
[27] Ravnsbæk D B, Xiang K, Xing W, et al. Extended solid solutions and coherent transformations in nanoscale olivine cathodes [J]. Nano Lett. 2014, 14: 1484-1491.
[28] Yamada A, Kudo Y, Liu K Y. Phase diagram of $Li_x(Mn_yFe_{1-y})PO_4$ ($0<x, y<1$) [J]. J Electrochem Soc, 2001, 148 (10): 1153-1158.
[29] Kim H S, Cho B W, Cho W I. Cycling performance of $LiFePO_4$ cathode material for lithium secondary batteries [J]. Journal of Power Sources, 2004, 132: 235-239.
[30] Barker J, Saidi M Y, Swoyer J L. Lithium iron (Ⅱ) phospho-olivines prepared by a novel carbothermal reduction method [J]. Electrochem Solid-State Lett, 2003, 6 (3): A53-A55.
[31] Franger S, Cras F L, Bourbon C, et al. Comparison between different $LiFePO_4$ synthesis routes and their influence on its physico-chemical properties [J]. J Power Sources 2003, (119-121): 252-257.
[32] Liao X Z, Ma Z F, Wang L, et al. A novel synthesis route for $LiFePO_4$/C cathode materials for lithium-ion batteries [J]. Electrochem Solid-State Lett, 2004, 7 (12): A522-A525.
[33] 胡国荣，曹雁冰，彭忠东，等．一种纳米级锂磷酸盐系 $LiFe_{1-x}M_xPO_4$/C 复合正极材料的制备方法：中国，ZL201010126409.X. 2012.3.
[34] Higuchi M, Katayama K, Azuma Y, et al. Synthesis of $LiFePO_4$ cathode material by microwave processing [J]. J Power Sources, 2003, 119-121: 258-261.
[35] Park K S. Synthesis $LiFePO_4$ by coprecipitation and microwave heating [J]. Electrochemistry Comunications, 2003, 5 (10): 839-842.
[36] Lei Wang, Yudai Huang, Rongrong Jiang, et al. Nano-$LiFePO_4$/MWCNT cathode materials prepared by room-temperature solid-state reaction and microwave heating [J]. J Electrochem Soc, 2007, 154 (11): A1015-A1019.
[37] Dominko R, Bele M, Goupil J M, et al. Wired porous cathode materials: A novel concept for synthesis of $LiFePO_4$ [J]. Chem Mater, 2007, 19: 2960-2969.
[38] Sundarayya Y, Kumara Swamy K C, Sunandana C S. Oxalate based nonaqueous sol-gel synthesis of phase pure sub-micron $LiFePO_4$ [J]. Mater Res Bull, 2007, 42: 1942-1948.

[39] Shoufeng Yang, Peter Y Zavalij, Stanley Whittingham M. Hydrothermal synthesis of lithium iron phosphate cathodes [J]. Electrochem Commun, 2001, 3 (9): 505-508.
[40] Jiajun Chen, Shijun Wang, Stanley Whittingham M. Hydrothermal synthesis of cathode materials [J]. J Power Sources, 2007, 174: 442-448.
[41] Shigehisa Tajimi, Yosuke Ikeda, Kazuyoshi Uematsu, et al. Enhanced electrochemical performance of $LiFePO_4$ prepared by hydrothermal reaction [J]. Solid State Ionics, 2004, 175: 287-290.
[42] Recham N, Laffont L, Armand M, et al. Eco-efficient synthesis of $LiFePO_4$ with different morphologies for Li-ion batteries [J]. Electrochem and Solid State Lett, 2009, 12 (2): A39-A44.
[43] Kuppan Saravanan, Reddy M V, Palani Balaya, et al. Storage performance of $LiFePO_4$ nanoplates [J]. J Mater Chem, 2009, 19 (5): 605-610.
[44] Yang Hui, Wu Xinglong, Cao Minhua, et al. Solvothermal synthesis of $LiFePO_4$ hierarchically dumbbell-like microstructures by nanoplate self-assembly and their application as a cathode material in lithium-ion batteries [J]. J Phys Chem C, 2009, 113 (8): 3345-3351.
[45] Murugan A V, Muraliganth T, Manthiram A. Comparison of microwave assisted solvothermal and hydrothermal syntheses of $LiFePO_4$/C nanocomposite cathodes for lithium ion batteries [J]. J Phys Chem C, 2008, 112 (37): 14665-14671.
[46] Murugan A V, Muraliganth T, Manthiram A. Rapid microwave-solvothermal synthesis of phospho-olivine nanorods and their coating with a mixed conducting polymer for lithium ion batteries [J]. Electrochem Commun, 2008 (10): 903-906.
[47] Arnold G, Garche J, Hemmer R, et al. Fine-particle lithium iron phosphate $LiFePO_4$ synthesized by a new low-cost aqueous precipitation technique [J]. J Power Sources, 2003, 119-121: 247-251.
[48] Yang M R, Ke W H, Wu S H. Preparation of $LiFePO_4$ powders by co-precipitation [J]. J Power Sources, 2005, 146: 539-543.
[49] Sung Woo Oh, Hyun Joo Bang, Seung-Taek Myung, et al. The effect of morphological properties on the electrochemical behavior of high tap density C-$LiFePO_4$ prepared via co-precipitation [J]. J Electrochem Soc, 2008, 155 (6): A414-A420.
[50] Delacourt C, Poizot P, Morcrette M, et al. One-Step Low-Temperature Route for the Preparation of Electrochemically Active $LiMnPO_4$ Powders [J]. Chem Mater, 2004, 16: 93-99.
[51] Xiao J, Xu W, Choi D, et al. Synthesis and Characterization of Lithium Manganese Phosphate by a Precipitation Method [J]. J Electrochem Soc, 2010, 157 (2): A142-A147.
[52] Yan Bing Cao, Jian Guo Duan, Guo Rong Hu, et al. Synthesis and electrochemical performance of nanostructured $LiMnPO_4$/C composites as lithium-ion battery cathode by a precipitation technique [J]. Electrochim Acta, 2013, 89: 183-189.
[53] Kwon N H, Drezen T, Exnar I, et al. Enhanced Electrochemical Performance of Mesoparticulate $LiMnPO_4$ for Lithium Ion Batteries [J]. Electrochem Solid-State Lett, 2006, 9 (6): A277-A280.
[54] Pivko M, Bele M, Tchernychova E, et al. Synthesis of Nanometric $LiMnPO_4$ via a Two-Step Technique [J]. Chem Mater, 2012, 24: 1041-1047.
[55] Wang F, Yang J, Gao P, et al. Morphology regulation and carbon coating of $LiMnPO_4$ cathode material for enhanced electrochemical performance [J]. J Power Sources, 2011, 196 (23): 10258-10262.
[56] Dokko K, Hachida T, Watanabe M. $LiMnPO_4$ Nanoparticles Prepared through the Reaction between Li_3PO_4 and Molten Aqua-complex of $MnSO_4$ [J]. J The Electrochem Soc, 2011, 158 (12): A1275-A1281.
[57] Wang D, Buqa H, Crouzet M, et al. High-performance, nano-structured $LiMnPO_4$ synthesized via a polyol method [J]. J Power Sources, 2009, 189 (1): 624-628.
[58] Moon S, Muralidharan P, Kim D K. Carbon coating by high-energy milling and electrochemical properties of $LiMnPO_4$ obtained in polyol process [J]. Ceram Int, 2012, 38: S471-S475.
[59] Martha S K, Markovsky B, Grinblat J, et al. $LiMnPO_4$ as an Advanced Cathode Material for Rechargeable Lithium Batteries [J]. J Electrochem Soc, 2009, 156 (7): A541-A552.
[60] Bakenov Z, Taniguchi I. Physical and electrochemical properties of $LiMnPO_4$/C composite cathode prepared with different conductive carbons [J]. J Power Sources, 2010, 195 (21): 7445-7451.
[61] Oh S M, Oh S W, Yoon C S, et al. High-Performance Carbon-$LiMnPO_4$ Nanocomposite Cathode for Lithium Batteries [J]. Adv Funct Mater, 2010, 20: 3260-3265.
[62] 阮艳莉，唐致远，郭红专. Mn 掺杂 $LiFePO_4$的结构及电化学性能研究 [J]. 功能材料，2008，39 (5): 747-751.

[63] Zhang B，Wang X J，H Li，et al. Electrochemical performances of $LiFe_{1-x}Mn_xPO_4$ with high Mn content [J] . J Power Sources，2011，196：6992-6996.

[64] Park Y U，Kim J，Gwon H，et al. Synthesis of Multicomponent Olivine by a Novel Mixed Transition Metal Oxalate Coprecipitation Method and Electrochemical Characterization [J] . Chem Mater，2010，22：2573-2581.

[65] Ke Du，Luo Hu Zhang，Yan Bing Cao，et al. Synthesis of $LiMn_{0.8}Fe_{0.2}PO_4/C$ by co-precipitation method and its electrochemical performances as a cathode material for lithium-ion batteries. Mater Chem Physics，2012，136 (2-3)：925-929.

[66] Oh S M，Jung H G，Yoon C S，et al. Enhanced electrochemical performance of carbon - $LiMn_{1-x}Fe_xPO_4$ nanocomposite cathode for lithium-ionbatteries [J] . J Power Sources，2011，196 (16)：6924-6928.

[67] Wang H，Yang Y，Liang Y，et al. $LiMn_{1-x}Fe_xPO_4$ Nanorods Grown on Graphene Sheets for Ultra-high-Rate-Performance Lithium Ion Batteries [J]. Angew Chem Int Ed，2011，50：1-6.

[68] Oh S M，Myung S T，Park J B，et al. Double-Structured $LiMn_{0.85}Fe_{0.15}PO_4$ Coordinated with $LiFePO_4$ for Rechargeable Lithium Batteries [J] . Angew Chem Int Ed，2012，124 (8)：1889-1892.

[69] Tony Chen. Developing advanced Olivine Materials for next Generation Applications// The OREBA 2.0 Conference. Changchun China：2015.

[70] Ravet N，et al. Electrode material having improved surface conductivity. CA，1049182. 2000. 05. 02. 2002.

[71] Kang B，Ceder G. Battery materials for ultrafast charging and discharging [J] . Nature，2009，458 (3)：190-193.

[72] Wang G X，Bewlay S，Konstantinov K，et al. Physical and electrochemical properties of doped lithium iron phosphate electrodes [J] . Electrochim Acta，2004，50 (2-3)：443-447.

[73] Wang D Y，Li H，Shi S Q ，et al. Improving the rate performance of $LiFePO_4$ by Fe-site doping [J]. Electrochim Acta，2005，50 (14)：2955-2958.

[74] Abbate M，Lala S M，Montoro L A，et al. Ti-，Al-，Cu-doping induced gap states in $LiFePO_4$ [J]. Electrochem Solid-State Lett，2005，8 (6)：A288-A290.

[75] Omenya F，Chernova N A，Upreti S，et al. Can Vanadium Be Substituted into $LiFePO_4$? [J] . Chem Mater，2011，23：4733-4740.

[76] Herle P S，Ellis B，Coombs N，et al. Nano-network electronic conduction in iron and nickel olivine phosphates [J] . Nature Materials，2004，3 (3)：147-152.

[77] Ravet N，Abouimrane A，Armand M. On the electronic conductivity of phospho-olivines as lithium storage electrodes [J] . Nat Mater，2003，2 (11)：702-706.

[78] Wagemaker M，Ellis B L，Lu¨tzenkirchen-Hecht D，et al. Proof of supervalent doping in olivine $LiFePO_4$ [J] . Chem Mater，2008，20 (20)：6313-6315.

[79] Delacourt C，Poizot P，Levasseur S，et al. Size effects on carbon-free $LiFePO_4$ powders [J]. Electrochem Solid-State Lett，2006，9 (7)：A352-A355.

[80] Wang D Y，Ouyang C Y，Drezen T，et al. Improving the electrochemical activity of $LiMnPO_4$ via Mn-site substitution [J] . J Electrochem Soc，2010，157 (2)：225-229.

[81] Yi H H，Hu C L，Fang H S，et al. Optimized electrochemical performance of $LiMn_{0.9}Fe_{0.1-x}Mg_xPO_4/C$ for lithium ion batteries [J] . Electrochim Acta，2011，56：4052-4057.

[82] Taniguchi I，Doan T N L，Shao B. Synthesis and electrochemical characterization of $LiCo_xMn_{1-x}PO_4/C$ nanocomposites [J] . Electrochim Acta，2011，56 (22)：7680-7685.

[83] Yang G，Ni H，Liu H，et al. The doping effect on the crystal structure and electrochemical properties of $LiMn_xM_{1-x}PO_4$ (M=Mg，V，Fe，Co，Gd) [J] . Journal of Power Sources ，2011，196 (10) ：4747-4755.

[84] Du Ke，Zhang Luohu，Cao Yanbing，et al. Synthesis of $LiFe_{0.4}Mn_{0.6-x}Ni_xPO_4/C$ by co-precipitation method and its electrochemical performances. Journal of Applied Electrochemistry，2011，41：1349-1355.

[85] Gutierrez A，Qiao R，Wang L，et al. High-capacity，aliovalently doped olivine $LiMn_{1-3x/2}V_x\square_{x/2}PO_4$ cathodes without carbon coating [J] . Chemistry of Materials，2014，26 (9)：3018-3026.

[86] Prosini P P，Zane D，Pasquali M. Improved electrochemical performance of a $LiFePO_4$-based composite cathode [J] . Electrochimica Acta，2001，46 (23)：3517-3523.

[87] Chen Zhaohui，Dahn J R. Reducing carbon in $LiFePO_4/C$ composite electrodes to maximize specific ener-

gy, volumetric energy, and tap density [J] . J Electrochem Soc, 2002, 149 (9): A1184-1189.
[88] Dominko R, Gaberšček M, Drofenik J, et al. The role of carbon black distribution in cathodes for Li ion batteries [J] . J Power Sources, 2003, 119-121: 770-773.
[89] Dominko R, Bele M, Gaberšček M, et al. Impact of the carbon coating thickness on the electrochemical performance of $LiFePO_4$/C composites [J] . J Electrochem Soc, 2005, 152 (3): A 607-A 610.
[90] Doeff M M, Hu Y, Mclarnon F, et al. Effect of surface carbon structure on the electrochemical performance of $LiFePO_4$ [J] . Electrochem Solid-state Lett, 2003, 6 (10): A207-A209.
[91] Oh Sung Woo, Myung Seung Taek, Oh Seung Min, et al. Double carbon coating of $LiFePO_4$ as high rate electrode for rechargeable lithium batteries [J] . Advanced Materials, 2010, 22 (43): 4842-4845.
[92] Zhou X F, Wang F, Zhu Y M, et al. Graphene modified $LiFePO_4$ cathode materials for high power lithium ion batteries [J] . Journal of Materials Chemistry, 2011, 21: 3353-3358.
[93] Wu XL, Guo YG, Su J, et al. Carbon-nanotube-decorated nano-$LiFePO_4$@C cathode material with superior high-rate and low-temperature performances for Lithium-Ion Batteries [J] . Advanced Energy Materials, 2013, 3 (9): 1155-1160.
[94] Croce F, Epifanio A D, Hassiun J. A novel concept for the synthesis of an improved $LiFePO_4$ lithium battery cathode [J] . Electrochemical and Solid-State Letters, 2002, 5 (3): A47-A50.
[95] Park K S, Son J T, Chung H T, et al. Surface modification by silver coating for improving electrochemical properties of $LiFePO_4$ [J] . Solid State Commun, 2004, 129 (5): 311-314.
[96] 卢俊彪．锂离子电池正极材料 $LiFePO_4$的合成、结构与性能研究 [D] . 北京：清华大学，2003.
[97] Hu Y S, Guo Y G, Dominko R, et al. Improved electrode performance of porous $LiFePO_4$ using RuO_2 as an oxidic nanoscale interconnect [J] . Adv Mater, 2007, 19: 1963-1966.
[98] Li Chunsheng, Zhang Shaoyan, Cheng Fangyi, et al. Porous $LiFePO_4$/NiP Composite Nanospheres as the Cathode Materials in Rechargeable Lithium Ion Batteries [J] . Nano Res, 2008, 1: 242-248.
[99] Huang Y H, Park K S, Goodenough J B. Improving lithium batteries by tethering carbon-coated $LiFePO_4$ to polypyrrole [J] . J Electrochem Soc, 2006, 153 (12) : A2282-2286.
[100] Xie Haiming, Wang Rongshun , Ying Jierong, et al. Optimized $LiFePO_4$-polyacene cathode material for lithium-ion batteries [J] . Advanced Materials, 2006, 18 (19): 2609-2613.
[101] Li G H, Azuma H, Tohda M. $LiMnPO_4$ as the cathode for lithium batteries [J]. Electrochemical and Solid-State Letters, 2002, 5 (6): A135-A137.
[102] Qin Z, Zhou X, Xia Y, et al. Morphology controlled synthesis and modification of high-performance $LiMnPO_4$ cathode materials for Li-ion batteries [J] . J Mater Chem, 2012, 22: 21144-21153.
[103] Li H Q, Zhou H S. Enhancing the performances of Li-ion batteries by carbon-coating: Present and future [J] . Chemical Communications, 2012, 48 (9): 1201-1217.
[104] Wang L, Zhou F, Ceder G. Ab initio study of the surface properties and nanoscale effects of $LiMnPO_4$ [J] . Electrochemical and Solid-State Letters, 2008, 11, (6): A94-A96.
[105] Zhang Weijun. Comparison of the rate capacities of $LiFePO_4$ cathode materials [J] . J Electrochem Soc, 2010, 157 (10): A1040-A1046.
[106] Kim C W, Park J S, Lee K S. Effect of Fe_2P on the electron conductivity and electrochemical performance of $LiFePO_4$ synthesized by mechanical alloying using Fe^{3+} raw material [J] . J Power Sources, 2006, 163 (1): 144-150.

第9章 富锂锰基固溶体材料及其生产工艺

富锂锰基固溶体材料是一种相对较新的锂离子电池正极材料，是在开发锰基氧化物作为锂离子电池正极材料的研究过程中发现的。富锂锰基固溶体正极材料可用通式 $x\text{Li}[\text{Li}_{1/3}\text{Mn}_{2/3}]\text{O}_2 \cdot (1-x)\text{LiMO}_2$ 来表达，其中 M 为过渡金属，$0 \leqslant x \leqslant 1$。它的结构类似于 $LiCoO_2$，科学家们发现 $LiMnO_2$、$LiCrO_2$ 等层状材料在循环过程中结构不稳定，而利用同样具有层状结构的 Li_2MnO_3 来稳定上述材料时，彼此可形成稳定性大大提高的富锂锰基固溶体，从而可以改善这类层状材料在循环过程中的结构稳定性。后来又进一步发现，当首次充电电压超出常规锂离子电池上限电压时，这种富锂锰基固溶体材料会在 4.5V 左右出现一个充电平台，从而产生超出按层状材料中过渡金属元素氧化还原计算获得的容量。尽管该平台对应的电化学反应并不可逆，但复合材料却能在接下来的充放电中（2～4.8V）保持超过 200mA·h/g 的比容量。这是目前所用正极材料实际容量的两倍左右。而且由于材料中使用了大量的 Mn 元素，与 $LiCoO_2$ 和三元材料 $\text{Li}[\text{Ni}_{1/3}\text{Mn}_{1/3}\text{Co}_{1/3}]\text{O}_2$ 相比，不仅价格低，而且安全性好、对环境友好。因此 $x\text{Li}[\text{Li}_{1/3}\text{Mn}_{2/3}]\text{O}_2 \cdot (1-x)\text{LiMO}_2$ 材料被很多人视为下一代锂离子电池正极材料的理想之选。

2004 年美国国家能源部的 Argonne 国家实验室的 Thackeray 教授的课题组申请了 $x\text{Li}[\text{Li}_{1/3}\text{Mn}_{2/3}]\text{O}_2 \cdot (1-x)\text{LiMO}_2$（M 为过渡金属，$0 \leqslant x \leqslant 1$）材料的一系列美国发明专利[45～50]。2008 年 3 月 Argonne 与日本 Toda Kogyo 公司合作开发该产品，该公司认为这一材料可以解决目前锂离子电池在性能上遇到的问题。2009 年 6 月 Argonne 又授权巴斯夫（BASF）公司对该正极材料大规模产业化，BASF 这家全球最大的化学公司认为该材料将在未来的锂离子电池正极材料的市场中占有主导性的地位，并与通用汽车合作生产汽车用动力锂离子电池。2015 年，BASF 和 Toda 在日本成立联合投资公司，专门研发、生产和销售锂离子电池正极材料。目前国际市场上，BASF 和 Toda Kogyo 可提供富锂锰基固溶体材料的公斤级样品。2009 年 8 月，美国 Envia 公司因将使用该种材料制备的电池应用于 PHEV 中而与 Argonne 实验室共同获得了 R&D100 奖。该公司将富锂锰基固溶体材料与硅基负极材料组合，期望能够制造出满足美国先进电池协会（USABC）提出的电动车用电池的要求：350W·h/kg 的电池单体能量密度。该公司 2013 年和 2014 年分别获得美国能源部（DOE）和 USABC 的资助。

9.1 富锂锰基固溶体材料的结构与电化学特征

9.1.1 富锂锰基固溶体材料的结构

富锂锰基固溶体材料是在普通的层状结构材料的基础上，引入了 Li_2MnO_3 组分，Li_2MnO_3 的结构类似于 $LiCoO_2$（见图 9-1），归属于空间群为 $R\bar{3}m$ 型的 α-$NaFeO_2$ 层状结构。其中部分 Li 原子占据岩盐结构的 3a 位，过渡金属层中 3b 位置上包含 1/3 锂和 2/3 锰，氧原子占据 6c 位。由于其具有与 $LiCoO_2$ 相似的层状结构，20 世纪末有科研人员曾研究其作为锂离子电池正极的可能性，他们发现 Li_2MnO_3 本身由于所含的 +4 价锰难以进一步氧化，电化学活性很差[1~3]。但可通过电化学[1]或者酸处理[4]等手段激活其一定的电化学性能，然而循环性能仍然很差。近年来，日本科学工作者通过 Fe 和 Ru 元素掺杂在一定程度上提高其电化学性能，但距实际应用仍有一定差距[5,6]。

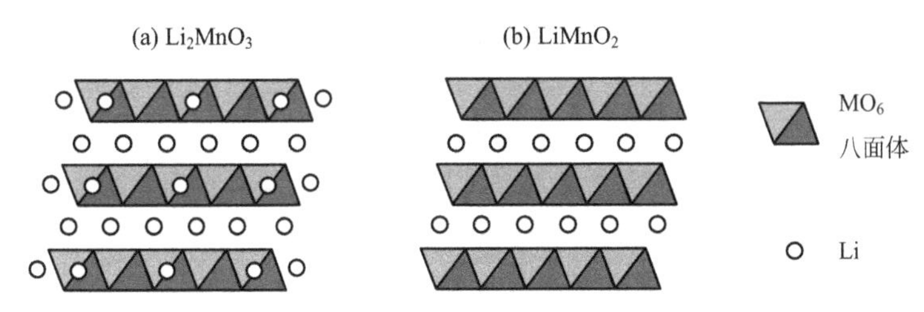

图 9-1 Li_2MnO_3 及 $LiMO_2$ 的层状结构示意图

关于 $x\mathrm{Li}[\mathrm{Li}_{1/3}\mathrm{Mn}_{2/3}]\mathrm{O}_2\cdot(1-x)\mathrm{LiMO}_2$ 材料的结构，目前学术界存在着两种观点，一种认为可以将该材料看成是两种层状材料 Li_2MnO_3 和 $LiMO_2$ 的固溶体，分子式也可写为 $\mathrm{Li}[\mathrm{Li}_{x/3}\mathrm{Mn}_{2x/3}\mathrm{M}_{1-x}]\mathrm{O}_2$。氧采取六方密堆积的方式排列，锂层和过渡金属/锂混合层交替排列。对 $\mathrm{Li}[\mathrm{Li}_{1/3-2x/3}\mathrm{Ni}_x\mathrm{Mn}_{2/3-x/3}]\mathrm{O}_2$（可写为 $(1-2x)\mathrm{Li}[\mathrm{Li}_{1/3}\mathrm{Mn}_{2/3}]\mathrm{O}_2\cdot 3x\mathrm{LiMn}_{0.5}\mathrm{Ni}_{0.5}\mathrm{O}_2$）的 XRD 谱进行晶格参数计算，结果表明其值连续变化，这证明了锂和过渡金属元素形成了真正的完全固溶体[4,6]。

另一种观点认为该材料是 Li_2MnO_3 组分和 $LiMO_2$ 在纳米尺度上的两相均匀混合物。对 $\mathrm{Li}[\mathrm{Li}_{0.2}\mathrm{Mn}_{0.4}\mathrm{Cr}_{0.4}]\mathrm{O}_2$ 的延展 X 射线吸收精细结构光谱（EXAFS）和锂的核磁共振（NMR）的测试结果表明，在该材料中出现了 Li_2MnO_3 和 Mn^{4+} 掺杂的 $LiCrO_2$ 组分富集的晶畴[7,8]。$x\mathrm{Li}_2\mathrm{MnO}_3\cdot(1-x)\mathrm{LiMn}_{0.5}\mathrm{Ni}_{0.5}\mathrm{O}_2$ 的高清扫描电镜（HRTEM）表明该材料在纳米尺度上呈现了两种晶格条纹，直观地证明它

是由Li_2MnO_3和$LiMnO_2$的纳米畴间隔交互生长而成，并不是连续均匀的单相[9,10]。而进一步采用扫描透射电子显微镜与电子能量损失光谱联用（STEM-EELS），可在二维空间观察到 $Li_{1.2}Mn_{0.4}Fe_{0.4}O_2$（可写为 $Li[Li_{0.2}Mn_{0.4}Fe_{0.4}]O_2$）中存在着$Li_2MnO_3$和$LiFeO_2$分立两相，并且锂离子在两相中的嵌入脱出存在着明显的先后过程[11]。

从现有的实验结果来看，更多证据支持该材料是一种纳米尺度上的两相均匀混合物。

富锂锰基固溶体 $x Li[Li_{1/3}Mn_{2/3}]O_2 \cdot (1-x) LiMO_2$ 材料中 M 可以是一种过渡金属元素，也可以是几种过渡金属的固溶体，已经得到研究的 M 包括：Mn、Cr、Co、Ni、Ni-Co、Ni-Mn、Ni-Co-Mn、Fe 和 Ru 等等[12~15]。通过选择合适的常规层状材料和优化固溶体材料中的成分比例，可制备出放电比容量高达 300mA·h/g 左右的正极材料，其能量密度大于 900W·h/kg。目前综合考虑性能和成本，Ni-Mn 和 Ni-Mn-Co 较为理想。为了获得高容量，固溶体材料中 Li_2MnO_3 的含量至少在 30%以上。由于 $LiMn_2O_4$ 的氧晶格排列与层状材料一样，因此还可以制备 $x Li[Li_{1/3}Mn_{2/3}]O_2 \cdot (1-x) LiMn_2O_4$ 和 $x Li[Li_{1/3}Mn_{2/3}]O_2 \cdot (1-x) LiNi_{0.5}Mn_{1.5}O_4$ 等层状-尖晶石复合固溶体材料[16,17]。

9.1.2 富锂锰基固溶体材料的电化学特征

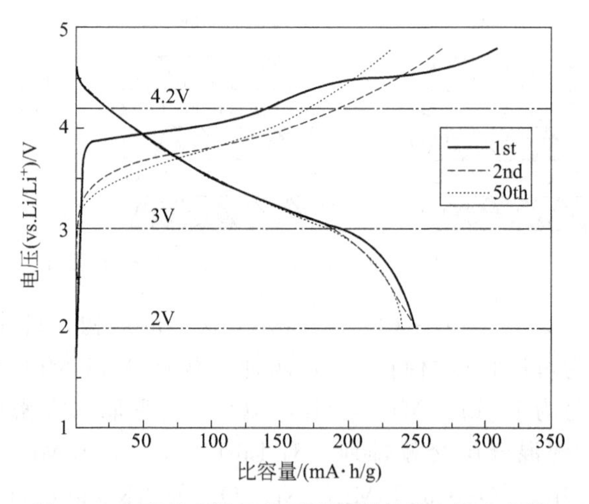

图 9-2　典型的富锂锰基固溶体材料的充放电曲线

富锂锰基固溶体材料的电化学特征与传统的正极材料存在一定的差异，主要在于首次充放电。图 9-2 为典型的富锂锰基固溶体对锂片负极的充放电曲线，富锂锰基正极材料 $x Li_2MO_3 \cdot (1-x) LiM'O_2$ 的首次充电会引起结构的变化，反映在充电曲线上有两个不同的区域：低于 4.45V 时的 S 形曲线和高于 4.45V 时的 L 形平台。电压低于 4.45V 时的反应机理类似于传统层状材料 $LiCoO_2$、$LiNiO_2$ 和 $LiMnO_2$，

$LiM'O_2$中的锂离子发生脱嵌的同时过渡金属层中的金属发生氧化反应。对于充电电压充电至4.45V左右（也即L形平台）的反应机理，最初有研究者认为是来自$Mn^{4+} \longrightarrow Mn^{5+}$的氧化反应[18]，后来有研究人员在考察$Li[Li_{1/3-2x/3}Ni_xMn_{2/3-x/3}]O_2$体系时，发现在4.5 V平台处过渡金属元素的价态并没有发生变化，因此提出了氧元素氧化机理：即4.5 V平台处，Li^+的脱出，伴随着O元素发生氧化反应并脱出材料晶格进入电解液[19~21]。这一解释得到了充放电容量实验数据的较好支持：电压4.45V以下的容量对应于Ni^{2+}完全氧化成Ni^{4+}（相应的有$2x$个Li^+脱出）；而电压4.45～4.7 V的充电容量与脱出锂层中剩余的（$1-2x$）个Li^+可以很好的匹配。后来又有研究人员采用微分电化学质谱（DEMS）在$Li[Li_{0.2}Ni_{0.2}Mn_{0.6}]O_2$（可写成$0.6Li[Li_{1/3}Mn_{2/3}]O_2 \cdot 0.4LiNi_{1/2}Mn_{1/2}O_2$）的首次充电过程中检测到了$O_2$的释放，并进一步提出，材料表面的氧发生氧化，会引起结构的变化：混合层中的锂会迁移到锂层中，留下的八面体空位由体相的过渡金属元素通过协同作用扩散占据，因此，几乎所有的锂均可以脱出[22]。而通过第一性原理的计算进一步支持了氧元素氧化理论[23]。

氧阴离子的氧化机理认为颗粒表面的氧离子容易发生氧化，同时伴随着锂离子脱出，Li_2O组分从材料中脱出来，这个过程使得Li_2MnO_3组分得到了活化，发生如下反应

$$Li_2MnO_3 \longrightarrow 2Li^+ + Mn^{4+}O_3{}^{4-} + 2e^- \longrightarrow 2Li^+ + MnO_2 + 1/2O_2$$

根据该反应机理，可以理论计算富锂锰基固溶体材料的充放电容量。

以$Li[Li_{0.2}Mn_{0.54}Ni_{0.13}Co_{0.13}]O_2$（也可表示为$0.5Li_2MnO_3 \cdot 0.5LiNi_{1/3}Co_{1/3}Mn_{1/3}O_2$，或可表示为$0.6Li[Li_{\frac{1}{3}}Mn_{\frac{2}{3}}]O_2 \cdot 0.4LiNi_{\frac{1}{3}}Co_{\frac{1}{3}}Mn_{\frac{1}{3}}O_2$）为例，其首次充电反应可以分为下面两个过程：

$$0.5Li_2MnO_3 \cdot 0.5LiNi_{1/3}Co_{1/3}Mn_{1/3}O_2 \longrightarrow 0.5Li_2MnO_3 \cdot 0.5Ni_{1/3}Co_{1/3}Mn_{1/3}O_2 + 0.5Li^+ + 0.5e^-$$

$$0.5Li_2MnO_3 \cdot 0.5Ni_{1/3}Co_{1/3}Mn_{1/3}O_2 \longrightarrow 0.5MnO_2 \cdot 0.5Ni_{1/3}Co_{1/3}Mn_{1/3}O_2 + 0.5Li_2O$$

首次放电过程可以表示为：

$$0.5MnO_2 \cdot 0.5Ni_{1/3}Co_{1/3}Mn_{1/3}O_2 + Li^+ \longrightarrow 0.5LiMnO_2 \cdot 0.5LiNi_{1/3}Co_{1/3}Mn_{1/3}O_2$$

第二次及其之后的充电过程：

$$0.5LiMnO_2 \cdot 0.5LiNi_{1/3}Co_{1/3}Mn_{1/3}O_2 \longrightarrow 0.5MnO_2 \cdot 0.5Ni_{1/3}Co_{1/3}Mn_{1/3}O_2 + Li^+$$

第二次及其之后的放电过程：

$$0.5MnO_2 \cdot 0.5Ni_{1/3}Co_{1/3}Mn_{1/3}O_2 + Li \longrightarrow 0.5LiMnO_2 \cdot 0.5LiNi_{1/3}Co_{1/3}Mn_{1/3}O_2$$

根据容量计算公式，

$$C_{f\text{-}c} = \frac{1}{M} \times \left(0.4 + 0.6 \times \frac{4}{3}\right)F$$

首次充电容量为：

$C_{f\text{-}c} = (1 \div 108.7 \times 1.2 \times 96485)$C(或A·s)=1420.2C(或A·s)/g= 394.5 mA·h/g

或

$$C_{f\text{-}c}=\frac{1}{M}\times(0.5+0.5\times2)F=(1\div106.6\times1.5\times96485)\text{C}=1357.7\text{C}=377.1\text{mA}\cdot\text{h/g}$$

首次放电容量为：

$$C_{f\text{-}d}=\frac{1}{M}\times(0.5+0.5)F$$

$$C_{f\text{-}d}=(1\div106.6\times1\times96485)\text{C}(\text{或 A}\cdot\text{s})=905.11\text{C}(\text{或 A}\cdot\text{s})/\text{g}=250.4\text{mA}\cdot\text{h/g}$$

其他循环的充电容量：

$$C_{o\text{-}c}=\frac{1}{M}\times(0.5+0.5)F$$

$$C_{o\text{-}c}=245.6\ \text{mA}\cdot\text{h/g}$$

其他循环的放电容量：

$$C_{o\text{-}d}=\frac{1}{M}\times(0.5+0.5)F$$

$$C_{o\text{-}d}=245.6\ \text{mA}\cdot\text{h/g}$$

由此可以计算出，理论上的首次效率为 66.4%，不可逆容量为 126.7mA·h/g。

而实际上富锂锰基固溶体材料的反应更加复杂，首次充电过程中一部分锂离子由于动力学的原因未能脱出，而在后续的循环中逐渐脱出[24]；同时在充电过程中有可能涉及来自电解液的质子交换[25~27]；更重要的是首次充电结束时，由于部分晶格氧的脱出，导致表面层的过渡金属层中的过渡金属离子不稳定，发生转移进入锂层，不仅造成结构的变化，也导致了可嵌脱锂数量的变化，从而使得容量偏离理想的计算值。

9.2 富锂锰基固溶体材料的合成方法

目前锰基固溶体 $x\text{Li}[\text{Li}_{1/3}\text{Mn}_{2/3}]\text{O}_2\cdot(1-x)\text{LiMO}_2$ 材料的制备大多数采用的是共沉淀法。也有一部分研究者采用 sol-gel 法、固相法、燃烧法和水热法等工艺来制备锰基固溶体 $x\text{Li}[\text{Li}_{1/3}\text{Mn}_{2/3}]\text{O}_2\cdot(1-x)\text{LiMO}_2$ 材料，从工业化的角度来看，共沉淀法和固相法是最有可能实现富锂锰基固溶体规模化生产的工艺。

9.2.1 共沉淀法

将过渡金属以离子形式在水溶液中混合均匀，再通过碱性沉淀剂，主要为氢氧化物或碳酸盐，控制沉淀条件，使溶液中已经混合均匀的各个组分按目标计量比沉淀出来，合成出混合氢氧化物或碳酸盐共沉淀前驱体。然后与锂盐在高温下煅烧，以得到目标产物。共沉淀法可使几种过渡金属离子在溶液中充分接触，基本上能达到原子级水平，使得样品的形貌易于形成规则球形，粒径分布均匀，从而保证最终的产物电化学性能稳定。

采用的镍、钴、锰盐主要以工业上供应比较充足的硫酸盐作为原料，沉淀剂为氢氧化钠或碳酸钠，为了使沉淀更均匀并具有球形的形貌，一般需要采用络合剂，主要为氨水或碳酸氢铵等。

9.2.2 固相法

固相法制备富锂锰基固溶体要求对原料有很好的混合，并在煅烧过程中要保证几种过渡金属离子有充分的扩散。目前报道的固相法制备该材料的文献较少，很可能与该工艺制备的材料性能不够理想有关。中南大学胡国荣课题组通过采用过渡金属元素的氧化物为主要原料，配入锂盐后，对原材料进行超细球磨，然后高温固相煅烧制备的 $Li[Li_{0.2}Mn_{0.54}Ni_{0.13}Co_{0.13}]O_2$ 在 50℃下进行测试，在 2～4.8V 范围内，60mA/g 的放电电流密度下，首次比容量可达到 248.2mA·h/g，循环 50 次后放电比容量保持为 239.4mA·h/g，容量保持率达到了 96.45%[28]。

共沉淀法仍是目前最理想的制备富锂锰基固溶体材料的工艺，同时由于共沉淀法制备球形氢氧化镍和传统镍钴锰三元材料前驱体的工艺已经成熟，因此通过参数的调整和控制，可以很好地用于共沉淀法制备富锂锰基固溶体材料的大规模生产。

9.3 富锂锰基固溶体材料的改性

锰基固溶体 $x Li[Li_{1/3}Mn_{2/3}]O_2 \cdot (1-x)LiMO_2$ 材料尽管拥有很高的比容量，但其实际应用仍中在着几个问题：充放电过程中由于结构变化引起电压持续下降；首次循环不可逆容量高达 40～100mA·h/g；倍率性能差，1C 容量在 200mA·h/g 以下；高充电电压引起电解液分解，从而使得循环性能不够理想，以及因此带来了使用的安全性问题。这些问题是由该材料的结构和反应机理所带来的。

对于循环过程中电压下降的现象，现在一般认为是由于材料表面结构的变化引起的。具体来说，就是在充电的末期，由于晶格氧的脱出，使得材料表面留下了大量的氧空位。表面层的过渡金属元素由于氧配位数的减少变得不稳定，因此会通过相邻的四面体向锂层的空八面体位置迁移。这样一来，表面层的晶体结构就发生了变化，目前普遍认为是形成了类尖晶石结构，而这种类尖晶石结构会随着循环的进行进一步转化为无序的岩盐结构。并且随着循环次数的增加，这种结构变化会从材料表面逐渐渗透到材料内部。正是这种随着循环进行，逐渐发生的结构转变，使得整个材料的放电电压持续下降。但这种类尖晶石和岩盐相的形成并不会减少锂离子能够可逆嵌脱的位置，所以富锂锰基固溶体材料随循环容量下降的原因并不是相的转变，更多的是来自表面锰的化合价下降造成的锰溶解。针对富锂锰基固溶体存在的这些缺点，可以采用的改性的方法主要有表面包覆、与受锂型材料复合、表面处理以及其他手段。

9.3.1 富锂锰基固溶体材料的表面包覆

采用过渡金属化合物在富锂锰基固溶体材料表面形成不连续的包覆层，能够有效减少活性物质与电解液的反应，抑制首次充电结束时氧空位的消失。同时，部分过渡金属离子在退火处理过程中还会进入母体材料的晶格，起到稳定结构的作用，从而可以提高循环过程中材料的稳定性。采用的包覆材料有 Al_2O_3[29]、TiO_2[30]、MgO[31]、$AlPO_4$[32]、AlF_3[33]、$Co_3(PO_4)_2$[34]、Mn-O[35]和 C[36,37]等等。

9.3.2 富锂锰基固溶体材料与锂受体型材料复合

考虑到富锂锰基固溶体材料很高的首次不可逆容量，可以采用锂受体型正极材料如 V_2O_5[38]、$Li_4Mn_5O_{12}$ 和 LiV_3O_8[39]，来与锰基固溶体材料复合，从而吸收容纳大量首次充电脱出的不可回嵌的锂离子。通过控制两种材料的比例，可使复合材料的首次充放电效率等于100%或超过100%。如使用 V_2O_5 与 $Li[Li_{0.2}Mn_{0.54}Ni_{0.13}Co_{0.13}]O_2$进行复合时，当 V_2O_5 的用量达到25%时，$Li[Li_{0.2}Mn_{0.54}Ni_{0.13}Co_{0.13}]O_2$-$V_2O_5$ 的首次充电容量为242mA・h/g，而首次放电容量却达到了300mA・h/g。但由于这种复合材料是两种电化学活性材料的物理混合，V_2O_5、$Li_4Mn_5O_{12}$和 LiV_3O_8的循环性能的不佳导致了复合材料的循环性能比未复合的材料要差。

9.3.3 富锂锰基固溶体材料的表面改性

由于电化学反应主要发生在电极和电解液的界面上，富锂锰基固溶体材料的不稳定主要是由于表面反应引起的，因此一些科研人员通过对该材料的表面进行一定的处理来提高首次充放电效率和循环过程中的结构稳定性。如用酸处理材料表面，即通过化学方法预先脱出部分 Li_2O，可将首次不可逆容量提高到95%。但是后续循环的效率会从未处理样的99%降低至97%以下，同时，倍率性能也会变差[40]。改用弱酸性溶液进行表面处理，除了脱出部分锂，还可使得表面的层状结构转变成为尖晶石结构，由于尖晶石材料具有锂离子的三维扩散通道，因此可提高材料的倍率性能[41]。若将富锂锰基固溶体材料置于含少量氢气的氩气气氛中焙烧，可使材料表面的少量 Mn^{4+} 还原成 Mn^{3+}，形成八面体位置上一种元素（Mn）的两种价态离子，有利于极子迁移，从而提高材料的倍率性能[42]。

9.3.4 富锂锰基固溶体材料的其他改性手段

通过制备特殊结构或形态的材料，可以改善富锂锰基固溶体材料的电化学特性。如合成纳米线状或特殊晶体取向的材料可大幅提高倍率性能[43]。采用较低上限充电电位预充的方式，即先将装好的电池分别在较低的上限截止电压范围内充放电数次，然后转到高电压区间充放，通过这样的方式使得同样的材料的循环容量保持率大大提高[44]。

9.4 生产富锂锰基固溶体材料的主要原料及标准

从科学研究文献中可以看到富锂锰基固溶体材料可以采用很多方法进行制备，

但在工业应用中，目前只有共沉淀法具有实际价值。

共沉淀法是以沉淀反应为基础的，一般使用金属离子的硫酸盐或者硝酸盐等的水溶液为原料，在一定沉淀剂及配位剂作用下生成所需金属离子共沉淀前驱体，再按化学计量比配锂，最后热处理获得最终产物。根据使用的沉淀剂不同可以分为氢氧化物共沉淀法、草酸盐共沉淀法、碳酸盐共沉淀法等。由于各种金属离子的溶度积的差别，为了保证共沉淀一般在沉淀过程中加入络合剂，使金属离子先与配位剂发生络合反应，在过量沉淀剂作用下络合离子缓慢释放金属离子生成沉淀。沉淀反应与络合反应之间可以相互作用使得沉淀颗粒不断长大，通过控制 pH 值、反应温度、反应时间等条件，可以控制产物的形貌、粒度分布等指标。共沉淀法得到的前驱体形貌、粒度易于控制，有利于提高材料的振实密度且能使得原料在原子级别均匀混合，减少材料合成中杂相的出现。

在共沉淀法制备富锂锰基固溶体材料前驱体的工艺中，由于 Mn 的含量很大，采用氢氧化物沉淀时，由于高 pH 值使得生成的 $Mn(OH)_2$ 在水溶液中很容易被氧化为 MnOOH，甚至被氧化为 Mn_3O_4 和 MnO_2，造成前驱体组分不均匀，导致在热处理过程后得到的材料中含有杂相，最后烧结获得的产物中很容易形成 Li_2MnO_3 团簇，从而影响合成材料的电化学性能。尽管可以通过在共沉淀过程中采用 N_2 气体保护并且调整络合剂摩尔比来解决这个问题，但生产综合成本会有所提高。采用草酸盐作为沉淀剂，则存在成本较高以及废水的处理问题。所以，目前一般采用碳酸盐共沉淀工艺来制备富锂锰基固溶体的前驱体。因为以碳酸盐共沉淀法制备前驱体时，前驱体中金属离子能够全部以稳定的碳酸盐形式存在，反应的 pH 值一般较氢氧化物共沉淀法的低，前驱体球形形貌易于控制，合成的材料具有较好的结构及较高的放电比容量。

使用不同的络合剂对络合过程有不同的影响，由于氨水具有较强的络合能力而被作为共沉淀络合剂广泛使用，但是氨水络合能力强，控制不当易造成金属离子沉淀不完全及沉淀不均匀，且氨水挥发性大，恶化工作环境，易造成环境污染。NH_4HCO_3 作为一种常见化工原料，受热分解产生氨气、水、二氧化碳等产物，不含有害的中间产物和最终分解产物，采用 NH_4HCO_3 作为碳酸盐共沉淀的络合剂时，可以利用 NH_4HCO_3 在反应过程中缓慢分解得到的 NH_3 与金属离子络合以优化合成条件，并可以减少环境污染。

在碳酸盐共沉淀工艺制备富锂锰基固溶体的工艺中，涉及的原料有：硫酸锰、硫酸镍、硫酸钴、碳酸钠、碳酸氢铵和氢氧化锂。由于富锂锰基固溶体材料目前还没有批量化生产，目前也就没有原材料的标准，实验室合成可以购买高纯试剂，工业放大时，有关原材料可以参考三元材料的工业化原料要求。

9.5 富锂锰基固溶体材料生产工艺流程及工艺参数

目前虽然可以从 BASF、TODA 等公司购买到富锂锰基固溶体材的样品，但市场上尚没有大规模销售。尽管国内某公司可以提供富锂锰基材料的样品，但他们的产品的建议使用电压范围为2.75～4.2V，对应的比容量在100mA·h/g左右，并没有发挥富锂锰基固溶体材料的高容量特性，不具代表性。因此目前该材料并没有成熟的统一的工艺流程，但考虑到材料的组成与结构特征与镍钴锰相似，其基本工艺流程可以参照三元材料的工艺流程，主要由共沉淀和高温烧结两部分组成。

以碳酸盐沉淀制备$Li[Li_{0.2}Mn_{0.54}Ni_{0.13}Co_{0.13}]O_2$为例，工艺流程图见图9-3。以$NiSO_4 \cdot 6H_2O$、$CoSO_4 \cdot 7H_2O$、$MnSO_4 \cdot H_2O$为原料配制金属离子为2mol/L的水溶液，同时配制2mol/L的Na_2CO_3溶液及2mol/L的NH_4HCO_3溶液。分别将三种溶液加入高速搅拌的反应器中，同时精确控制反应过程的pH值、温度、反应时间等参数得到沉淀$Mn_{0.675}Ni_{0.1625}Co_{0.1625}CO_3$，用去离子水抽滤洗涤至沉淀无硫酸根残留，在120℃真空干燥箱中干燥10h，粉碎过筛得到$Mn_{0.675}Ni_{0.1625}Co_{0.1625}CO_3$前驱体。然后通过测试所得前驱体中镍钴锰含量，按一定比例混合Li_2CO_3在乙醇介质中球磨2h，烘干过筛，然后在马弗炉中进行900℃热处理随炉冷却，粉碎过筛得到$Li[Li_{0.2}Mn_{0.54}Ni_{0.13}Co_{0.13}]O_2$材料。

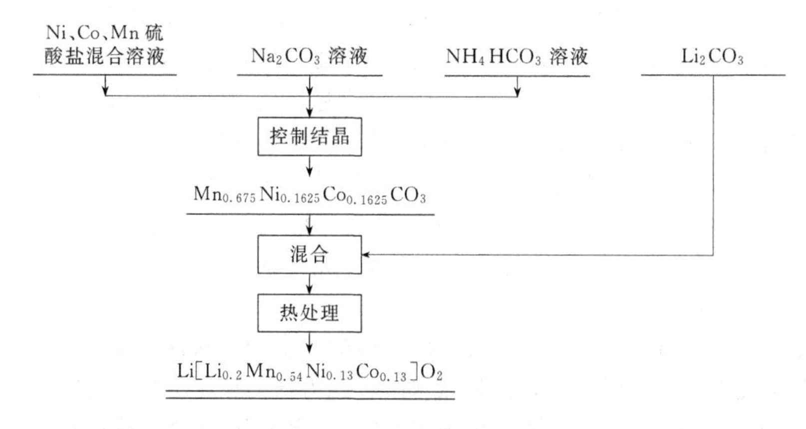

图9-3 碳酸盐共沉淀制备$Li[Li_{0.2}Mn_{0.54}Ni_{0.13}Co_{0.13}]O_2$的流程图

9.5.1 沉淀工艺的参数

在第一步沉淀工艺中，涉及的工艺参数较多，主要工艺参数的控制如下。

9.5.1.1 加料方式

前驱体的外观形貌是影响前驱体及合成材料物理性能的主要因素，球形形貌的前驱体合成的材料一般具有较高的振实密度，有利于提高材料的体积能量密度，所以一般期望合成球形形貌良好且符合化学计量比的前驱体。

共沉淀法合成前驱体过程中不同的加料方式对前驱体制备影响巨大，不同加料方式会造成反应器中金属离子与沉淀剂及络合剂的浓度产生差别，从而影响反应体系的过饱和度，使得沉淀形成的主要过程-晶核的形成与长大过程差别巨大，导致合成的前驱体在化学组成及外观形貌上有较大差别。

工艺上主要有三种不同加料方式，第一种是正向加料，碱溶液作为反应器中底液，金属离子混合溶液以一定速度滴入反应器中。在这种加料方式中，金属离子滴入溶液中时沉淀剂始终是过量的，溶液体系具有较大的过饱和度，新加入的金属离子能够快速形成新的晶核，晶体颗粒长大速度较慢，所以合成的前驱体颗粒较小。第二种是反向加料，以金属离子溶液为底液，碱液以一定速度加入反应器中。在这种加料方式中，金属离子始终是过量的，在开始阶段，溶液往往是酸性的，加入碱液并不能形成沉淀。随着碱液滴入量的增加，体系 pH 值缓慢上升，逐渐开始生成沉淀。但由于 pH 值始终处于变化过程中，具有不同溶度积常数的金属离子会受到影响先后沉淀，不能达到共沉淀的目的，因此这种反向滴加法往往不被采用。第三种是并流加料法，以一定量的去离子水为底液，碱液和金属离子混合溶液并流加入反应器中。在此过程中，沉淀剂与金属离子溶液按设计好的流速比例同时加入到反应釜中，两种溶液在反应釜中发生沉淀反应，形成大量晶核，继续加入金属离子及沉淀剂时，在搅拌作用下金属离子和沉淀剂迅速分散在溶液中，反应体系中沉淀剂与金属离子浓度相对较低，溶液中过饱和度较小，在形成新的晶核的同时，会伴随晶体颗粒逐渐长大，得到的前驱体粒径相对较大，且分布较为均匀。

在碳酸盐共沉淀法制备富锂锰基固溶体前驱体的工艺中应该采用并流加料的方法。同时在并流加料中，需要进一步考虑沉淀剂和络合剂的分别控制，实践证明，两种溶液分开加入获得的前驱体粒度分布可以进一步收窄，同时前驱体球形形貌完好。

9.5.1.2　pH 值的控制

碳酸根在水溶液中发生如下水解反应：

$$CO_3^{2-} + H_2O \rightleftharpoons HCO_3^- + OH^- \qquad K_1 = 1.8\times10^{-4}$$

$$HCO_3^- + H_2O \rightleftharpoons H_2CO_3 + OH^- \qquad K_2 = 2.4\times10^{-8}$$

由于采用并流加料，反应体系中碳酸根浓度不是很高，碳酸根一级水解出的碳酸氢根浓度很低，二级水解过程可以忽略，所以反应器中氢氧根主要由碳酸根一级水解得到，同时氢氧根与氢离子浓度要满足水的离子积常数，所以通过监测 pH 值，实质上可以反映出反应器中的碳酸根浓度，即监测反应器中 pH 值可以反映出反应器中的过饱和度，所以控制不同 pH 值，得到的前驱体形貌及化学成分会有较大差别。pH 值高时，即通过碳酸根解离出来的氢氧根越多，也即反应器中碳酸根浓度越大，反应器中过饱和度相对较高，具有较快的成核速度，反应过程中不断有新的晶核形成，同时抑制了晶体的生长速度。同时，高的 pH 值会导致溶液中游离氨浓度偏高，加强了金属离子与氨的络合作用，导致金属离子沉淀不完全。而 pH 值较低时，由于碳酸根浓度过低，溶度积常数较大的碳酸镍容易发生溶解反应，同时沉淀反应在与络合反应的竞争反应中也不占优势，导致部分金属离子以氨络离子形式存在于溶液中。同时颗粒生长往往不完整，得到的前驱体形貌不规整且分布不均匀。因此需要控制 pH 值在恰当的范围，使晶核形成速度与长大速度达到平衡，有利于一定尺寸的球形形貌前驱体的形成，这样得到的前驱体才会有较好的球形形貌。一般采用 pH 值的范围在 8～9。

9.5.1.3 反应温度

共沉淀法制备前驱体的过程是一个液相化学反应过程，而液相化学反应的速率受温度的影响较大，在一定温度范围内，反应速率与温度的关系可以用阿伦尼乌斯公式表示 $k=Ae^{-E_a/(RT)}$（A 是反应的频率因子、E_a 是反应的活化能、R 是理想气体常数、T 是热力学温度），从中可以看出，温度与反应速率是指数关系，即温度对反应速率常数影响较大，随着温度的升高，反应离子的能量升高，离子参加反应的活性升高，反应速率也升高。共沉淀过程中温度过低，晶核的形成速度及长大速度都较慢，不利于沉淀反应的进行及前驱体球形形貌的形成；温度过高，可能导致沉淀的溶解反应加剧，所以共沉淀反应体系的温度是影响共沉淀反应过程的主要因素之一。

反应温度较低时合成的前驱体颗粒细小，形貌不规则；同时金属离子含量相对偏低，这是由于反应过程中温度过低，反应不完全所造成的；反应温度过高，合成的前驱体颗粒也细小，但是分布不均匀且团聚严重。同时前驱体中锰含量增加且镍含量严重偏离化学计量比，可能是由于碳酸锰在高温下分解为 MnO_2 所致。只有在合适的温度范围内合成的前驱体具有相对较好的球形形貌，分布均匀；同时金属离子摩尔比与理论值接近。一般采用温度的范围在 50～60℃。

9.5.1.4 反应时间

共沉淀反应是在金属离子与沉淀剂、络合剂共同作用下，沉淀反应与络合反应、晶核形成与晶核长大相互竞争的复杂反应过程，而晶核长大过程是一个缓慢的生长过程，一般需要较长的反应时间，所以共沉淀反应的时间是影响前驱体物理性能的主要因素之一。

不同反应时间对前驱体物理化学性能有着直接的影响。在一定范围内，随着反应时间的延长，沉淀颗粒会逐渐长大，但随着加料时间的进一步延长，颗粒继续长大的速度会变慢，同时又有部分新的晶核形成，导致部分小颗粒的出现，所以控制合适的加料时间对得到物理形貌良好的前驱体至关重要。同时反应时间对合成前驱体的元素组成有着明显的影响，随着反应时间的延长，由于镍的溶度积常数较大，在较长反应时间中形成较多的镍氨络离子，造成镍含量的损失。

在间歇生产中，反应时间至少在 10h 以上。连续生产中，物料在反应釜内的平均停留时间至少在 24h 以上。

9.5.1.5 络合剂的使用

在溶液体系中加入络合剂（氨水或碳酸氢铵）后，金属离子将会与络合剂氨分子以各种不同的形式发生络合，降低金属离子在溶液中的游离浓度，以达到减缓快速沉淀的效果，因此，络合剂的浓度是一个很重要的工艺参数。加入络合剂后，溶液中游离的金属离子会减少，使得沉淀物的过饱和度降低，溶液中的金属离子和络合的金属离子将发生交替沉淀。同时，络合剂的加入会使小颗粒溶解，大颗粒长大的过程变得更缓慢，因而可使大颗粒变得更加规整光滑且为球形。因此，络合剂的加入也可以对颗粒的形貌和粒径大小产生影响。

当不加络合剂时，生成的球形颗粒表面比较粗糙，单独形核的颗粒较多，这是由于反应速率过快，金属离子来不及扩散到基体前驱体表面就已经结晶。当络合剂浓度过高时，在球形大颗粒的表面和溶液中出现许多片状物，说明粉状小颗粒长大的方式呈片状形式生长，不利于后继材料的加工和制备。此外络合剂浓度过高会使络合的金属不易解离，在没有完全沉淀下来便溢流出料，会造成金属的损失，在外观上表现为过滤液有颜色。

一般采用的络合剂浓度为1～2mol/L。

9.5.1.6 搅拌强度

一定的搅拌速度可以使得加入反应器中的金属离子及沉淀剂均匀混合，避免局部一种离子单独沉淀。搅拌强度过低时，局部离子浓度过高，生成晶核数增多，不利于已经生成晶核的继续长大，因此容易生成大量小颗粒，且分布不均匀，不能形成良好的球形形貌。搅拌强度加大时，可使得新加入的金属离子在溶液中分布均匀，有利于生成晶核的长大，易于形成球形二次颗粒，且有一定团聚。进一步增大搅拌强度可以减轻团聚现象。但搅拌强度过大时，反而不利于新沉淀在晶核表面的继续长大，同时已经生成的沉淀颗粒可能在高速搅拌下受到破坏，从而导致前驱体颗粒变小，且球形形貌遭到破坏。

搅拌强度与反应釜的大小尺寸、搅拌桨设计、挡板设计等都有着密切的关系，不能简单地用搅拌速度来表示。事实上，反应釜的设计是制备获得性能良好的前驱体材料的关键。从搅拌机理看，搅拌器之所以有分散搅拌的效果，主要在于搅拌器的混合作用。搅拌器运转时，叶轮把能量传给它周围的液体，使这些液体以很高的速度运动起来。当这些高速运动的液体掠过静止或运动速度较低的液体时，产生强烈的剪切作用。在这种剪切应力的作用下，静止或低速运动的液体也跟着以很高的速度运动起来，从而带动所有液体在设备范围流动，形成了对流扩散。其中，设备范围内的循环流动称为“宏观流动”，由此造成的扩散混合作用称为“主体对流扩散”；局部范围内的漩涡运动称为“微观流动”，由此造成的局部范围内的扩散混合作用称为“涡流对流扩散”。除去涡流对流扩散和主体对流扩散，搅拌设备里还存在分子扩散。实际的混合作用是上述三种扩散作用的综合。但从混合的范围和混合的均匀程度来看，三种扩散作用对实际混合过程的贡献是不同的。主体对流扩散只能把物料破碎分裂成微团，微团本身的尺寸大于漩涡；涡流对流扩散可以将这些微团的尺寸降低到漩涡本身的大小。然而，漩涡的最小尺寸为几十微米，比分子大得多。因此主体对流扩散和涡流对流扩散都不能达到分子水平上的完全混合。分子水平上的完全均匀混合只有通过分子扩散才能达到。

在镍钴锰三种金属离子碳酸盐的共沉淀化学反应中，要求溶液完全混合均匀，传热速度快，且产生的固体颗粒也要处于均匀悬浮状态，而不是沉淀在釜底的状态，这就要求搅拌器溶液从加料口注入后能够快速分散、混合，并具备很高的剪切力和竖直推进能力，所以反应釜的搅拌轴上至少要有两组桨叶，一组设置在中部，可采用三叶式螺旋搅拌器；另一组设置在反应釜下端，可采用四叶片平直搅拌器。这种设计使得连续反应过程中反应物料从釜顶加料口注入后，由于螺旋式搅拌器具有高剪切力和竖直推进能力，不仅能够强化搅拌，还能提供一个强大的竖直方向的推进能力，使反应物料实现竖直方向的传递。而平直叶搅拌器主要产生径向流和切向流而不会使液体产生轴向流，能够快速使反应物料完全弥散。这两组搅拌器的组合能够很好地形成体系要求的轴向流、切向流和径向流，在釜内形成一个较为均匀稳定的反应区。

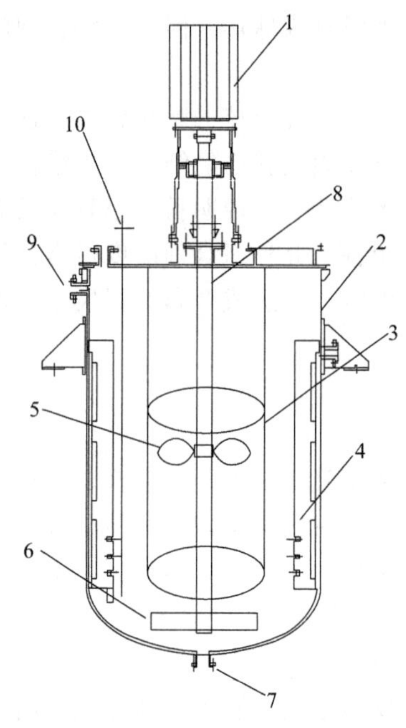

图 9-4 前驱体反应釜的结构示意图
1—电机；2—釜体；3—导流筒；4—侧挡板；5—三叶螺旋桨；6—水平四叶桨；7—排污阀；8—搅拌轴；9—溢流口；10—加料管

一个典型的设计为：桨径（d）为釜体内径（D）的1/4～1/2，螺距等于桨径；设计四叶片平直搅拌器桨径（d）为釜体内径（D）的1/3～2/3，桨叶宽为桨径的1/20～1/8。在螺旋桨式搅拌器叶轮的外面安置导流筒，使搅拌器所产生的轴向流得到进一步加强。图9-4是反应釜的结构示意图。

9.5.2 烧结工艺的参数

沉淀工艺获得的前驱体经过烘干后，通过元素分析确定成分，然后进行配锂烧结，其中涉及的工艺参数如下。

9.5.2.1 锂源的选择和配锂比例

由于不同的锂源具有不同的特性，使用不同的锂源制备的材料的电化学性能会存在一定的差别，工业上最为常用的锂源为$LiOH \cdot H_2O$和Li_2CO_3，大量的实验结果表明，以$LiOH \cdot H_2O$为锂源制备的材料更细小均匀，以Li_2CO_3为锂源处理后制备的材料部分颗粒容易发生团聚。这很可能是由于$LiOH \cdot H_2O$的熔点为471℃，有过渡金属引起催化作用时，可使其熔点降低至400℃左右。在这一温度下，$LiOH \cdot H_2O$发生熔融，形成高温液相。另外，混合过渡金属的碳酸盐前驱体已发生分解反应，碳酸根分解成CO_2等气体释放，在前驱体颗粒中留下大量孔隙。这样一来，液相的LiOH和多孔的前驱体化合物通过充分的固液接触，有利于锂源渗入前驱体二次颗粒内部使得锂源与前驱体混合得更加均匀，强化了后续热处理中的固相离子扩散过程。以 $LiOH \cdot H_2O$ 为锂源制备的材料颗粒细小均匀且层状结构完整，有利于锂离子在材料内部的扩散，因此以其为原料制备的材料往往具有较好的电化学性能。碳酸锂的熔点为 723℃，在其熔化之前已与分解后的前驱体材料发生了化学反应。这种固固接触的效果和均匀程度显然较差，导致其生成的材料不够均匀，电化学性能稍差。

材料的合成是在高温状态下长时间的热处理过程，热处理过程中可能造成锂盐的挥发从而导致合成的材料偏离化学计量比，所以一般在合成材料时要设计一定的锂过量系数以补偿热处理过程中锂的损失。锂过量系数小会导致晶格位置上的锂缺陷，影响材料的容量；另外，如果锂盐过量会导致过量的锂在材料中特别是表面残留，这些残留锂及其化合物易与空气中的水分和二氧化碳等反应，增加材料的 pH 值，不利于材料后续的涂片加工。因此锂过量系数对产品的性能有影响，其数值的大小与烧结设备构造、升温速率、烧结气氛等都有关，是一个经验值，一般为 1%～5%。

9.5.2.2 烧结温度

无机晶体材料的热处理过程是一个复杂的化学反应过程，在此过程中发生原料的脱水、熔化、原料晶格化学键的断裂与新材料化学键的生成等，一般需要在较高的热处理温度下实现化学键断裂及原子的固相迁移进而形成新的化合物，所以热处理温度是决定材料性能的关键因素之一。热处理温度过低会使得原子在固相中迁移速度变慢而不易形成结晶性能完美的材料；热处理温度过高会造成材料结块严重，同时造成热处理过程中锂盐挥发严重。

对于烧结温度的选择，一般可先通过差热-热重分析反应过程中发生的伴随着热量的释放与吸收的物理化学变化，并通过已有的数据来明确整个反应过程的机理，选择恰当的烧结制度。

在 LiOH 和碳酸盐前驱体化合物的反应体系中，通常先将混合物料加热到 500℃使 LiOH 充分熔化，并在该温度保温数小时，使液相的锂盐渗入多孔的碳酸盐前驱体中，形成良好接触的反应界面。然后将反应物料升温至预定的烧结温度进行一段时间的高温烧结，获得最后的产品。烧结温度较低时，产物颗粒较小且分布不均匀，晶体没有生长完全，颗粒没有完全成型。温度太高时，晶体容易长大为大颗粒，导致锂离子在固相中扩散距离的增大，位于颗粒中心的活性物质在电流较大时就难以脱嵌锂离子；另外，温度过高也可能会造成微量的 Li 挥发，形成的 Li^{+} 空位缺陷被 Ni^{2+} 占据，少数区域可能产生晶胞畸变。这些原因均可造成材料的放电比容量下降以及倍率性能的变差。

合适的烧结温度范围在 800～1000℃。

9.5.2.3 烧结时间

无机晶体材料的固相热处理过程是通过原子在固相中扩散迁移重组来实现的，而原子在固相中的扩散速度相对较慢，一般是反应的控制步骤，除了热处理温度影响材料的性能外，热处理时间也是影响材料性能的主要因素。热处理时间太短可能导致固相反应不充分，材料晶体形成不完整；热处理时间太长会造成热处理过程中锂损失严重，从而影响材料的充放电性能，所以合适的热处理时间有利于形成晶型完整及电化学性能优良的电池材料。

在合成富锂锰基固溶体材料的高温烧结过程中，热处理时间较短时所得到的材料颗粒细小，晶体生长不够完整；热处理时间增加，所得到的材料颗粒会有所长大，晶体生长逐渐变得完整，颗粒分布均匀，且边界更加清晰。但热处理时间过长，材料一次颗粒会继续长大，出现部分大颗粒，对材料的电化学性能，特别是功率性能不利。

合适的烧结时间范围在 10～24h。

9.6 富锂锰基固溶体材料的应用领域

由于具有能量密度高、自身环境友好、低廉的价格等优点，富锂锰基固溶体正极材料作为新一代高容量型锂离子电池正极材料，具有很大的发展潜力，在要求高容量小电池的蓝牙、手机、笔记本和摄像机等 3C 产品上具有潜在的应用前景。同时在电动车方面也具有一定的优势。通过现在的粉末制造工艺，将材料做成微米级团聚的球，可较大地提高制成的极片的压实密度。以此装配成的电池可以有很大的能量密度，特别是与高容量的 Si/C 复合负极材料搭配可以达到 300W·h/kg 以上的高能量密度，这在军用和宇航等特殊场合有很高的应用价值。

参 考 文 献

[1] Kalyani P, Chitra S, Mohan T, et al. Lithium metal rechargeable cells using Li_2MnO_3 as the positive electrode. J Power Sources, 1999, 80: 103-106.

[2] Park S H, Sato Y, Kim J K, et al. Powder property and electrochemical characterization of Li_2MnO_3 material. Mater Chem Phys, 2007, 102: 225-230.

[3] Boulineau A, Croguennec L, Delmas C, et al. Structure of Li_2MnO_3 with different degrees of defects, Solid State Ionics 2010, 180: 1652-1659.

[4] Rossouw M H, Liles D C, Thackeray M M. Alpha manganese dioxide for lithium batteries: A structural and electrochemical study. Mater Res Bull, 1992, 27 (2): 221-230.

[5] Tabuchi M, Nabeshima Y, Takeuchi T. Fe content effects on electrochemical properties of Fe-substituted Li_2MnO_3 positive electrode material. J Power Sources, 2010, 195: 834-844.

[6] Mori D, Sakaebe H, Shikano M, et al. Synthesis, phase relation and electrical and electrochemical properties of ruthenium-substituted Li_2MnO_3 as a novel cathode material. J Power Sources, 2011, 196: 6934-6938.

[7] Ammundsen B, Paulsen J, Davidson I, et al. Local Structure and First Cycle Redox Mechanism of Layered $Li_{1.2}Cr_{0.4}Mn_{0.4}O_2$ Cathode Material. J Electrochem Soc, 2002, 149: A431-A436.

[8] Pan C J, Lee Y J, Ammundsen B, et al. Li MAS NMR Studies of the Local Structure and Electrochemical Properties of Cr-doped Lithium Manganese and Lithium Cobalt Oxide Cathode Materials for Lithium-Ion Batteries. Chem Mater, 2002, 14: 2289-2299.

[9] Kim J S, Johnson C S, Vaughey J T, et al. Electrochemical and Structural Properties of $xLi_2M'O_3\cdot(1-x)LiMn_{0.5}Ni_{0.5}O_2$ Electrodes for Lithium Batteries ($M'=$ Ti, Mn, Zr; $0\leqslant x\leqslant 0.3$). Chem Mater, 2004, 16: 1996-2006.

[10] Yoon W S, Iannopollo S, Grey C P, et al. Local Structure and Cation Ordering in O3 Lithium Nickel Manganese Oxides with Stoichiometry $Li[Ni_xMn_{(2-x)/3}Li_{(1-2x)/3}]O_2$. Electrochem. Solid State Lett, 2004, 7: A167-A171.

[11] Kikkawa J, Akita T, Tabuchi M. Real-Space Observation of Li Extraction/Insertion in $Li_{1.2}Mn_{0.4}Fe_{0.4}O_2$ Positive Electrode Material for Li-Ion Batteries. Electrochem Solid-State Lett, 2008, 11 (11): A183-A186.

[12] Mori D, Sakaebe H, Shikano M, et al. Synthesis, phase relation and electrical and electrochemical properties of ruthenium-substituted Li_2MnO_3 as a novel cathode material. J Power Sources, 2011, 196: 6934-6938.

[13] Johnson C S, Korte S D, Vaughey J T, et al. Structural and electrochemical analysis of layered compounds from Li_2MnO_3. J Power Sources, 1999, 81-82: 491-495.

[14] Tabuchi M, Nabeshima A, Ado K, et al. The effects of preparation condition and dopant on the electrochemical property for Fe-substituted Li_2MnO_3. J Power Sources 2005, 146: 287-293.

[15] Tabuchi M, Nabeshima Y. Takeuchi T. Fe content effects on electrochemical properties of Fe-substituted Li_2MnO_3 positive electrode material. J Power Sources, 2010, 195: 834-844.

[16] Johnson C S, Li N, Vaughey J T, et al. Lithium-manganese oxide electrodes with layered-spinel composite structures $xLi_2MnO_3 \cdot (1-x)\ Li_{1+y}Mn_{2-y}O_4$ ($0<x<1$, $0<y<0.33$) for lithium batteries. Electrochem Comm, 2005, 7: 528-536.

[17] Park S H, Kang S H, Johnson C S, et al. Lithium-manganese-nickel-oxide electrodes with integrated layered-spinel structures for lithium batteries. Electrochem Comm, 2007, 9: 262-268.

[18] Kalyani P, Chitra S, Mohan T, et al. Lithium metal rechargeable cells using Li_2MnO_3 as the positive electrode. J Power Sources, 1999, 80: 103-106.

[19] Lu Z, Chen Z, Dahn J R. Lack of Cation Clustering in $Li[Ni_xLi_{1/3-2x/3}Mn_{2/3-x/3}]O_2$ ($0<x\leqslant 1/2$) and Li $[Cr_xLi_{(1-x)/3}Mn_{(2-2x)/3}]O_2$ ($0<x<1$). Chem Mater, 2003, 15: 3214-3220.

[20] Lu Z, Dahn J R. Synthesis, Structure, and Electrochemical Behavior of Li $[Ni_xLi_{1/3-2x/3}Mn_{2/3-x/3}]$-$O_2$. J Electrochem Soc, 2002, 149: A778-A785.

[21] Jiang J, Eberman K W, Krause L J, et al. Structure, Electrochemical Properties, and Thermal Stability Studies of $Li[Ni_{0.2}Co_{0.6}Mn_{0.2}]O_2$. J Electrochem Soc, 2005, 152: A1874-A1879.

[22] Armstrong A R, Holzapfel M, Novák P, et al. Demonstrating Oxygen Loss and Associated Structural Reorganization in the Lithium Battery Cathode $Li[Ni_{0.2}Li_{0.2}Mn_{0.6}]O_2$. J Am Chem Soc, 2006, 128: 8694-8698.

[23] Koyama Y, Tanaka I, Nagao M, et al. First-principles study on lithium removal from Li_2MnO_3. J Power Sources, 2009, 189: 798-801.

[24] Zheng J, Xu P, GuM, et al. Structural and Chemical Evolution of Li- and Mn-Rich Layered Cathode Material. Chem Mater, 2015, 27, 1381-1390.

[25] Robertson A D, Bruce P G. The origin of electrochemical activity in Li_2MnO_3. Chem Comm, 2002, 2790-2791.

[26] Armstrong A R, Robertson A D, Bruce P G J. Overcharging manganese oxides: Extracting lithium beyond Mn^{4+}. Power Sources, 2005, 146: 275-280.

[27] Johnson C S, Li N, Lefief C, et al. Anomalous capacity and cycling stability of $xLi_2MnO_3 \cdot (1-x)$ $LiMO_2$ electrodes (M = Mn, Ni, Co) in lithium batteries at 50℃. Electrochem Comm, 2007, 9: 787-795.

[28] 杜柯，周伟瑛，胡国荣，等. 锂离子电池正极材料 $Li[Li_{0.2}Mn_{0.54}Ni_{0.13}Co_{0.13}]O_2$ 的合成及电化学性能研究. 化学学报. 2010, 68: 1391-1398.

[29] Wu Y, Manthiram A, Solid State Ionics. Effect of surface modifications on the layered solid solution cathodes $(1-z)$ $Li[Li_{1/3}Mn_{2/3}]O_2$-(z) $Li[Mn_{0.5-y}Ni_{0.5-y}Co_{2y}]O_2$. Solid State Ionics, 2009, 180: 50-56.

[30] Zheng J M, Li J, Zhang Z R, et al. The effect of TiO_2 coating on the electrochemical performance of $Li[Li_{0.2}Mn_{0.54}Ni_{0.13}Co_{0.13}]O_2$ cathode material for lithium-ion battery. Solid State Ionics, 2008, 179: 1794-1799.

[31] Shi S J, Tu J P, Tang Y Y, et al. Enhanced cycling stability of Li $[Li_{0.2}Mn_{0.54}Ni_{0.13}Co_{0.13}]$ O_2 by surface modification of MgO with melting impregnation method. Electrochem Acta, 2013, 88: 671-679.

[32] Wu Y, Murugan A V, Manthiram A. Surface Modification of High Capacity Layered Li $[Li_{0.2}Mn_{0.54}$-$Ni_{0.13}Co_{0.13}]$ O_2 Cathodes by $AlPO_4$. J Electrochem Soc, 2008, 155: A635-A641.

［33］ 郑建明，杨勇．AlF_3包覆对锂离子电池正极材料 Li［$Li_{0.2}Mn_{0.54}Ni_{0.13}Co_{0.13}$］$O_2$电化学性能的影响［A］//第十四届全国固态离子学学术会议，中国厦门：B38.
［34］ Lee S H，Koo B K，Kim J C，et al. Effect of $Co_3(PO_4)_2$ coating on Li［$Co_{0.1}Ni_{0.15}Li_{0.2}Mn_{0.55}$］$O_2$ cathode material for lithium rechargeable batteries. J Power Sources，2008，184：276-283.
［35］ ZhaoY，Zhao C，Feng H. Enhanced Electrochemical Performance of Li［$Li_{0.2}Ni_{0.2}Mn_{0.6}$］O_2 Modified by Manganese Oxide Coating for Lithium-Ion Batteries. Electrochem Solid-State Lett，2011，14（1）：A1-A5.
［36］ 吴晓彪，董志鑫，郑建明，等．锂离子电池正极材料 Li［$Li_{0.2}Mn_{0.54}Ni_{0.13}Co_{0.13}$］$O_2$的碳包覆研究．厦门大学学报，2008，47（增刊）：224-227.
［37］ Liu J，Wang Q，Reeja J B，et al. Carbon-coated high capacity layered Li［$Li_{0.2}Mn_{0.54}Ni_{0.13}Co_{0.13}$］$O_2$ cathodes. Electrochem Comm，2010，12：750-753.
［38］ Gao J，Manthiram A. High capacity Li［$Li_{0.2}Mn_{0.54}Ni_{0.13}Co_{0.13}$］$O_2$-$V_2O_5$ composite cathodes with low irreversible capacity loss for lithium ion batteries. Electrochem Comm，2009，11：84-86.
［39］ Gao J，Manthiram A. Eliminating the irreversible capacity loss of high capacity layered Li［$Li_{0.2}Mn_{0.54}$-$Ni_{0.13}Co_{0.13}$］O_2 cathode by blending with other lithium insertion hosts. J Power Sources，2009，191：644-647.
［40］ Kim J S，Johnson C S，Vaughey J T，et al. Pre-conditioned layered electrodes for lithium batteries. J Power Sources，2006，153：258-264.
［41］ Denis Y W Yu，Katsunori Y，Hiroshi N. Surface Modification of Li-Excess Mn-based Cathode Materials. J Electrochem Soc，2010，157（11）：A1177-A1182.
［42］ Abouimrane A，Compton O C，Deng H，et al. Improved Rate Capability in a High-Capacity Layered Cathode Material via Thermal Reduction. Electrochem Solid-State Letters，2011，14（9）：A126-A129.
［43］ Wei G Z，Lu X，Ke F S，et al. Crystal Habit-Tuned Nanoplate Material of Li[$Li_{1/3-2x/3}Ni_xMn_{2/3-x/3}$]$O_2$ for High-Rate Performance Lithium-Ion Batteries. Adv Mater，2010，22：4364-4367.
［44］ Ito A，Li D，Ohsawa Y，et al. A new approach to improve the high-voltage cyclic performance of Li-rich layered cathode material by electrochemical pre-treatment. J Power Sources，2008，183：344-348.
［45］ Thackeray M M，Johnson C S，Amine K，et al. Lithium metal oxide electrodes for lithium cells and batteries：US，6677082. 2004-01-13.
［46］ Thackeray M M，Johnson C S，Amine K，et al. Lithium metal oxide electrodes for lithium cells and batteries：US，6677143. 2004-01-20.
［47］ Thackeray M M，Johnson C S，Amine K，et al. Lithium metal oxide electrodes for lithium cells and batteries：US，7135252. 2006-11-14.
［48］ Thackeray M M，Johnson C S，Li N C，et al. Manganese oxide composite electrodes for lithium batteries：US，7303840. 2007-12-04.
［49］ Thackeray M M，Kim J S，Johnson C S，et al. Lithium metal oxide electrodes for lithium batteries：US，7314682. 2008-01-01.
［50］ Johnson C S，Thackeray M M，Vaughey J T，et al. Layered electrodes for lithium cells and batteries：US，7358009. 2008-04-15.

第10章 锂离子电池正极材料的测试方法

锂离子电池正极材料属于功能性材料，其技术指标很多，主要可以分为三大类：一是化学成分指标，主要是组成正极材料的化学元素的含量及杂质含量；二是理化指标，包括粒度与粒度分布、比表面积、振实密度、晶体结构（XRD）、形貌（SEM、TEM）、元素价态及其分布（XPS、EDS）；三是电性能指标，包括容量、电压、倍率、循环寿命、储存性能等等。正确对正极材料的各项指标进行测量，客观准确评估正极材料的性能是生产厂家和用户的基本要求。

此外，正极材料还有安全性指标，在此不做介绍，可以参考有关锂离子电池专著。

10.1 正极材料的化学成分分析

10.1.1 钴酸锂的化学分析方法

10.1.1.1 电位滴定法测定钴

（1）方法提要

试样经盐酸分解，在氨性溶液中，加入一定量铁氰化钾，将钴（Ⅱ）氧化至钴（Ⅲ），过量的铁氰化钾用硫酸钴溶液滴定，用电位法确定终点。

锰（Ⅱ）在氨性溶液中被铁氰化钾氧化至锰（Ⅲ），故本法测的结果为钴、锰合量。

钴（Ⅱ）在氨性溶液中，温度高时，易被空气所氧化，故滴定温度应控制在25℃以下。

（2）试剂

① 氨水（ρ=0.88g/mL）。

② 盐酸（1+1）优质纯。

③ 硝酸（1+1）优质纯。

④ 硫酸铵-柠檬酸铵-氨水混合试剂　称取 100g 硫酸铵（AR）和 60g 柠檬酸铵（AR），加入 500mL 水溶解，再加入 500mL 氨水混匀。

⑤ 钴标准溶液　准确称取 3.0000g 金属钴（99.99%），置于 250mL 烧杯中，盖上表面皿，加少量水润湿，缓慢加入 40mL 硝酸（1+1）加热溶解完全后，冷却至室温，移入 1000mL 容量瓶中，用水稀释至刻度，摇匀。此溶液 1mL 含钴 3.0000mg。

⑥ 硫酸钴标准溶液　$c(CoSO_4)=0.015mol/L$，称取 4.2g 硫酸钴（$CoSO_4 \cdot 7H_2O$，AR）溶于水中，并稀释至 1000mL，摇匀，此溶液 1mL 含钴大约 0.9mg。

⑦ 铁氰化钾标准溶液　$c[K_3Fe(CN)_6]=0.03mol/L$，称取 9.9g 铁氰化钾（AR）溶于水中，并稀释至 1000mL，摇匀储存于棕色瓶中。

铁氰化钾标准溶液的标定：准确吸取 20.00mL 钴标准溶液于 250mL 烧杯中，加水至 75mL，加混合试剂 50mL，准确加入铁氰化钾标准溶液 25mL，用硫酸钴标准溶液在电位计上滴定至电位突跃，记录所消耗的硫酸钴标准溶液的体积，求出铁氰化钾标准溶液对钴的滴定度。

按下式计算滴定度：

$$T_{Co/K_3Fe(CN)_6}=\frac{m}{V-kV_1}$$

式中　$T_{Co/K_3Fe(CN)_6}$——铁氰化钾标准溶液对钴的滴定度，g/mL；

m——分取钴标准溶液中钴含量，g；

V——加入铁氰化钾标准溶液的体积，mL；

V_1——滴定消耗硫酸钴标准溶液的体积，mL；

k——硫酸钴标准溶液与铁氰化钾标准溶液的体积比。

k 值的确定：准确吸取铁氰化钾标准溶液 10mL，置于 250mL 烧杯中，加水至 75mL、混合试剂 50mL，然后用硫酸钴标准溶液滴定至电位突跃。记录所消耗的硫酸钴标准溶液的体积。

按下式计算 k 值：

$$k=V/V_1$$

式中　V——分取铁氰化钾标准溶液的体积，mL；

V_1——滴定消耗硫酸钴标准溶液的体积，mL。

（3）仪器

① 电位滴定仪。

② 铂电极作指示电极，钨或饱和甘汞电极作参比电极。

（4）分析步骤

分别准确称取 1.00g（精确至 0.0001g）试样 2 个置于 250mL 烧杯中，盖上表面皿，沿杯壁加入盐酸（1+1）20mL，加热溶解至试样分解完全，取下冷却，将溶液转入 100mL 容量瓶中，用水洗净表面皿及烧杯，并稀释至刻度，摇匀。吸取 10.00mL 试液于 250mL 烧杯中，加水至总体积约为 75mL，加入混合试剂 50mL，视试样中钴的含量加入铁氰化钾标准溶液 25～30mL，用硫酸钴标准溶液在电位计上滴定至电位突跃，记录所消耗的硫酸钴标准溶液的体积。

随同试样做空白试验。

(5) 分析结果的计算

按下式计算钴的含量：

$$w_{Co}=\frac{(V_2-kV_3)T}{mV_1/V}\times 100\%$$

式中 V——试样溶液的体积，mL；

V_1——滴定分取试液的体积，mL；

V_2——加入铁氰化钾标准溶液的体积，mL；

V_3——滴定所消耗硫酸钴标准溶液的体积（扣除空白试液的体积），mL；

T——铁氰化钾标准溶液对钴的滴定度，g/mL；

m——试样量，g。

10.1.1.2 火焰原子吸收仪测定元素锌、铁、镁、铜、铬、钙、钠、钾、锂

(1) 方法摘要

试样经盐酸分解后，用水稀释至一定体积，在原子吸收仪上，使用空气-乙炔火焰，用相应的空心阴极灯和波长分别测定各元素含量。

(2) 仪器

① AAS4-S4 热电原子吸收仪。

② 锌、铁、镁、铜、铬、钙、钠、钾、锂元素空心阴极灯。

③ 仪器工作条件

待测元素	波长/nm	灯电流/mA	狭缝/nm	燃烧器高度/mm	乙炔流量/(L/min)	背景校正
锌	213.9	6	0.2	7.0	1.1	四线氘灯
铁	248.3	10	0.2	7.0	1.1	四线氘灯
镁	285.2	6	0.5	7.0	1.1	四线氘灯关
铜	324.8	6	0.5	7.0	1.0	四线氘灯关
铬	357.9	10	0.5	7.0	1.6	四线氘灯关
钙	422.7	6	0.5	11.0	1.6	四线氘灯关
钠	589.0	6	0.2	7.0	1.0	四线氘灯关
钾	766.5	6	0.5	7.0	1.1	四线氘灯关
锂	670.8	6	0.5	7.0	1.1	四线氘灯关

(3) 试剂

① 盐酸（1+1，GR）。

② 硝酸（1+1，GR）。

③ 硝酸锶（10%）。

④ 锌标准储存液（1000μg/mL，GR） 准确称取 0.6224g 氧化锌（含量≥99.99%，预先在 850℃ 马弗炉中灼烧 2h，置于干燥器中冷却，备用）于 100mL 烧杯中，加少量水润湿，再加入 20mL 盐酸（1+1），盖上表面皿，加热至完全溶解，冷却后转入 500mL 容量瓶中，用水稀释至刻度，摇匀。

⑤ 锌标准溶液（20μg/mL） 准确移取 10.00mL 锌标准储存溶液于 500mL 容量瓶中，加入 20mL 盐酸（1+1），用水稀释至刻度，摇匀，介质为 2%HCl。

⑥ 铁标准储存溶液（1000μg/mL） 准确称取 0.7149g 高纯三氧化二铁（含量≥99.99%）于 100mL 烧杯中，加少量水润湿，再加入 20mL 盐酸（1+1），盖上表面皿，加热至完全溶解，冷却后转入 500mL 容量瓶中，用水稀释至刻度，摇匀。

⑦ 铁标准溶液（20μg/mL） 准确移取 10.00mL 铁标准储存溶液于 500mL 容量瓶中，加入 20mL 盐酸（1+1），用水稀释至刻度，摇匀，介质为 2%HCl。

⑧ 镁标准储存液（1000μg/mL） 准确称取 0.8291g 氧化镁（含量≥99.99%，预先在 850℃马弗炉中灼烧 2h，置于干燥器中冷却，备用）于 100mL 烧杯中，盖上表面皿，加少量水润湿，加 20mL 盐酸（1+1），加热溶解完全，冷却后转入 500mL 容量瓶中，用水稀释至刻度，摇匀。

⑨ 镁标准溶液（20μg/mL） 准确移取 10.00mL 镁标准储存液于 500mL 容量瓶中，加入 20mL 盐酸（1+1），用水稀释至刻度，摇匀，介质为 2%HCl。

⑩ 铜标准储存液（1000μg/mL） 先用 10%硝酸将金属铜片（含量≥99.99%）表面氧化物溶去，蒸馏水洗涤，再用无水乙醇淋洗两次，吹干备用。准确称取已处理的铜片 0.5000g 于 250mL 烧杯中，加入 10mL 盐酸（1+1）、10mL 硝酸（1+1），盖上表面皿，低温加热，待铜片溶解完全后，冷却，转入 500mL 容量瓶中，用水稀释至刻度，摇匀。

⑪ 铜标准溶液（20μg/mL） 准确移取 10.00mL 铜标准储存液于 500mL 容量瓶中，加入 20mL 盐酸（1+1），用水稀释至刻度，摇匀，介质为 2%HCl。

⑫ 铬标准储存液（1000μg/mL） 准确称取 1.4145g 基准试剂重铬酸钾（预先于 150～160℃温度下烘 2h，置于干燥器中冷却，备用）于 100mL 烧杯中，加水溶解完全后，转入 500mL 容量瓶中，用水稀释至刻度，摇匀。

⑬ 铬标准溶液（20μg/mL） 准确移取 10.00mL 铬标准储存液于 500mL 容量瓶中，加入 20mL 盐酸（1+1），用水稀释至刻度，摇匀，介质为 2%HCl。

⑭ 钙标准储存液（1000μg/mL） 准确称取 1.2486g 碳酸钙基准试剂（预先于 120℃温度下烘 2h，置于干燥器中冷却，备用）于 250mL 烧杯中，盖上表面皿，加少量水润湿，沿杯壁加入 20mL 盐酸（1+1），加热溶解完全后冷却，再转入 500mL 容量瓶中，用水稀释至刻度，摇匀。

⑮ 钙标准溶液（20μg/mL） 准确移取 10.00mL 钙标准储存液于 500mL 容量瓶中，加入 20mL 盐酸（1+1），用水稀释至刻度，摇匀，介质为 2%HCl。

⑯ 钠标准储存溶液（1000μg/mL） 准确称取 1.2710g 基准氯化钠（预先于 150℃温度下干燥 1h，置于干燥器中冷却，备用）于 100mL 烧杯中，加水溶解，转入 500mL 容量瓶中，加 10mL 盐酸（1+1），用水稀释至刻度，摇匀，再转移到带有内盖的塑料瓶中储存。

⑰ 钠标准溶液（20μg/mL） 准确移取 10.00mL 钠标准储存液于 500mL 容

量瓶中，加入 20mL 盐酸（1+1），用水稀释至刻度，摇匀，转移至带内盖的塑料瓶中储存，介质为 2%HCl。

⑱ 钾标准储存液（1000μg/mL） 准确称取 0.9533g 基准氯化钾（预先于 150℃温度下干燥 2h，置于干燥器中冷却，备用）于 100mL 烧杯中，加水溶解，再转入 500mL 容量瓶中，加 10mL 盐酸（1+1），用水稀释至刻度，摇匀，再转移到带有内盖的塑料瓶中储存。

⑲ 钾标准溶液（20μg/mL） 准确移取 10.00mL 钾标准储存液于 500mL 容量瓶中，加入 20mL 盐酸（1+1），用水稀释至刻度，摇匀，再转移到带内盖的塑料瓶中储存，介质为 2%HCl。

⑳ 锂标准储存溶液（1000μg/mL） 准确称取 2.6611g 光谱纯碳酸锂（预先于 110℃温度下干燥 2h，置于干燥器中冷却，备用）于 250mL 烧杯中，加少量水润湿，盖上表面皿，沿杯壁缓慢加入 15mL 盐酸（1+1），待溶解后转入 500mL 容量瓶中，用水稀释至刻度，摇匀。

㉑ 锂标准溶液（20μg/mL） 准确移取 10.00mL 锂标准储存溶液于 500mL 容量瓶中，加入 20mL 盐酸（1+1），用水稀释至刻度，摇匀，介质为 2%HCl。

㉒ 锌标准溶液系列 用 5mL A 级刻度移液管分别移取 0.00mL、1.00mL、2.00mL、3.00mL 锌标准溶液置于 4 个 100mL 容量瓶中，各加 2mL 盐酸（1+1），用水稀释至刻度，摇匀，即得标准溶液系列，其浓度依次为 0.0μg/mL、0.2μg/mL、0.4μg/mL、0.6μg/mL。

㉓ 铁标准溶液系列 分别准确移取 0.00mL、5.00mL、10.00mL、15.00mL 铁标准溶液置于 4 个 100mL 容量瓶中，各加 2mL 盐酸（1+1），用水稀释至刻度，摇匀，即得标准溶液系列，其浓度依次为 0.0μg/mL、1.00μg/mL、2.00μg/mL、3.00μg/mL。

㉔ 镁标准溶液系列 用 5mL A 级刻度移液管分别移取 0.00mL、1.00mL、2.00mL、3.00mL 镁标准溶液置于 4 个 100mL 容量瓶中，各加 5mL10%硝酸锶和 2mL 盐酸（1+1），用水稀释至刻度，摇匀，即得标准溶液系列，其浓度依次为 0.0μg/mL、0.2μg/mL、0.4μg/mL、0.6μg/mL。

㉕ 铜标准溶液系列 分别准确移取 0.00mL、5.00mL、10.00mL、15.00mL 铜标准溶液置于 4 个 100mL 容量瓶中，各加 2mL 盐酸（1+1），用水稀释至刻度，摇匀，即得标准溶液系列，其浓度依次为 0.0μg/mL、1.00μg/mL、2.00μg/mL、3.00μg/mL。

㉖ 铬标准溶液系列 分别准确移取 0.00mL、5.00mL、10.00mL、15.00mL 铬标准溶液置于 4 个 100mL 容量瓶中，各加 2mL 盐酸（1+1），用水稀释至刻度，摇匀，即得标准溶液系列，其浓度依次为 0.0μg/mL、1.00μg/mL、2.00μg/mL、3.00μg/mL。

㉗ 钙标准溶液系列 分别准确移取 0.00mL、5.00mL、10.00mL、15.00mL 钙标准溶液置于 4 个 100mL 容量瓶中，各加 5mL10%硝酸锶和 2mL 盐酸（1+1），用

水稀释至刻度，摇匀，即得标准溶液系列，其浓度依次为 0.0μg/mL、1.00μg/mL、2.00μg/mL、3.00μg/mL。

㉘ 钠标准溶液系列　用 5mL A 级刻度移液管分别移取 0.00mL、1.00mL、2.00mL、3.00mL 钠标准溶液置于 4 个 100mL 容量瓶中，各加 2mL 盐酸（1+1），用水稀释至刻度，摇匀，转到塑料瓶中备用，即得标准溶液系列，其浓度依次为 0.0μg/mL、0.2μg/mL、0.4μg/mL、0.6μg/mL。

㉙ 钾标准溶液系列　用 5mL A 级刻度移液管分别移取 0.00mL、1.00mL、2.00mL、3.00mL 钾标准溶液置于 4 个 100mL 容量瓶中，各加 2mL 盐酸（1+1），用水稀释至刻度，摇匀，转到塑料瓶中备用，即得标准溶液系列，其浓度依次为 0.0μg/mL、0.2μg/mL、0.4μg/mL、0.6μg/mL。

㉚ 锂标准溶液系列　分别准确移取 0.00mL、5.00mL、10.00mL、15.00mL 锂标准溶液于 4 个 100mL 容量瓶中，各加 2mL 盐酸（1+1），用水稀释至刻度，摇匀，即得标准溶液系列，其浓度依次为 0.0μg/mL、1.00μg/mL、2.00μg/mL、3.00μg/mL。

（4）分析步骤

取测钴所制备的样品溶液用于锌、铁、铜、铬、钾、钠的测定，稀释 1.25 倍用于钙、镁的测定（加 10%的硝酸锶 1.25mL），稀释 400 倍用于锂的测定，试剂配制及分析步骤所用水均为蒸馏水。按仪器工作条件，用线性最小二乘法拟合作标准曲线。在序列里输入样品空白，样品详细信息中，输入试样标志、试样称量、稀释比例，确定后按仪器提示进行操作，得出试样中杂质元素的含量。

10.1.1.3　差减重量法测定水分

（1）方法提要

样品在 105～110℃烘干至恒重所失去的质量占样品质量的比例即为水分的含量。

（2）仪器

① 恒温干燥箱。

② 天平。

③ 称量瓶。

（3）分析步骤

称取 10g 左右试样（精确至 0.0001g），置于经 105～110℃烘干称至恒重的称量瓶中，半开瓶盖，放入干燥箱中在 105～110℃烘干 2h，取出称量瓶置于干燥器中冷至室温，直至恒重，称重。

（4）分析结果的计算

按下式计算待测样品的水分含量

$$w_{H_2O}=\frac{m_1-m_2}{m_1-m_0}\times 100\%$$

式中　m_0——空称量瓶的质量，g；

m_1——称量瓶加样品的质量，g；

m_2——称量瓶加样品经烘干后的质量，g。

10.1.1.4 金属单质的检测

（1）方法摘要

样品中的金属单质具有磁性，用磁铁收集金属单质，再用王水溶解，在原子吸收光谱仪上测金属单质的含量。

（2）仪器

① 5000G（1T＝10000G）以上的涂敷聚四氟乙烯的直径为1.7m、长度为5.5cm的磁铁2块。

② 1000mL带密封塞子的广口圆筒形塑料瓶2个。

③ 对辊机。

④ 超声波清洗机。

⑤ 美国热电AAS。

其他用品：化验室用天平及玻璃器皿。

（3）试剂

① 盐酸（1＋1，GR）。

② 硝酸（1＋1，GR）。

③ Cr、Ni、Zn、Fe的储存液和稀释液见钴酸锂中杂质含量测定的方法。

④ 金属单质混合标准溶液系列　分别移取Cr、Ni、Zn标准溶液各0.00mL、2.00mL、5.00mL、10.00mL，分别移取铁标准溶液各0.00mL、5.00mL、10.00mL、15.00mL置于4个250mL容量瓶中，加10mL盐酸（1＋1），用水稀释至刻度，摇匀。该标准溶液系列中Cr、Ni、Zn为0.00μg/mL、0.16μg/mL、0.40μg/mL、0.80μg/mL，Fe为0.00μg/mL、0.40μg/mL、0.80μg/mL、1.20μg/mL。

（4）分析步骤

① 检测准备

a. 准备塑料瓶并清洗内部，尽量避免内部污染；

b. 逐步称取M(g)（2g）样品于1000mL塑料瓶中，加入500mL纯水；

c. 使用酸除去磁铁表面的金属异物以后投入到上述的塑料瓶中，然后封盖；

d. 利用对辊机，调整转速（110r/min），滚动30min；

e. 搅拌结束以后拿出磁铁，这时使用其他磁铁来找出塑料瓶内部磁铁，从容器的入口取出；

f. 因磁铁表面会附着一些正极粉末，利用纯水进行清洗；

g. 将磁铁放入清洗完毕的250mL烧杯中，再将适量纯水倒进烧杯中；

h. 把上述烧杯放入超声波清洗机内，加超声波5min，除掉附着在磁铁表面的粉末后将纯水倒掉，清洗3次以上，通过清洗除掉粉末以后测试样品准备完毕。

② 检测

a. 将清洗完毕的磁铁放入干净的烧杯中，用20mL稀王水（即加入1∶1的优级纯盐水15mL，1∶1的优级纯硝酸5mL）溶解附着在磁铁上的金属；

b. 然后分2次加入纯水到烧杯中直至盖过磁铁，慢慢加热沸腾至液面到磁铁高度 2/3 处，冷却取出磁铁，转入 50mL 容量瓶中，用水稀释至刻度，摇匀，测试样品母液准备完毕；

c. 根据母液金属单质含量的高低，制备标准溶液 Cr、Ni、Zn 为 0.00μg/mL、0.16μg/mL、0.40μg/mL、0.80μg/mL，Fe 为 0.00μg/mL、0.40μg/mL、0.80 μg/mL、1.20μg/mL，选用 AAS 仪器制备标准曲线，进行母液中金属单质含量测定；

d. 按上述方法做空白试验；

e. 检测完成将磁铁清洗后放入干净的磁铁盒中备用，回收检测样品，清洗其他用品。

10.1.1.5 钴酸锂 pH 值的检测

(1) 方法提要

取钴酸锂，按固液比（1∶10）溶解，过滤取其清液，在 pH 计上进行测量。

(2) 试液的制备

称取 5.0g 试样，放入 100mL 烧杯中，加入 50mL 蒸馏水，用玻璃棒搅拌 5min，静置 30min，待测。

(3) 试剂和仪器

① pH 计　pH 复合电极。

② 标准溶液　pH＝6.86 的缓冲溶液及 pH＝9.18 的缓冲溶液。

(4) 测量步骤

① 仪器预热　打开仪器，调到 pH 挡，预热 30min，调节温度补偿旋钮至待测试液温度。

② 仪器校正　用 pH 值为 6.86 的缓冲溶液（混合磷酸盐配制）和 pH 值为 9.18 的缓冲溶液（四硼酸钠配制），按仪器说明书进行校正。

③ 测量溶液　将电极洗净，用滤纸吸干，放入制备的待测液中，摇匀溶液待读数稳定后读取其 pH 值。

10.1.2 镍钴锰酸锂的化学分析方法

适用范围：用于镍钴锰锂的三元前驱体、工序样、三元成品的主元素镍、钴、锰、锂含量，杂质项目、水分、pH 值，碳酸锂和氢氧化锂、硫酸根和硅含量等的检测。

10.1.2.1 镍、钴、锰含量的检测

(1) 方法提要

试样经盐酸分解，加盐酸羟胺防止锰沉淀，在氯化铵-氨缓冲液中，加入一定量 EDTA，与镍、钴、锰络合，所耗 EDTA 的体积为镍、钴、锰含量的总体积（mL）。

(2) 试剂

① 盐酸（1∶1，GR）。

② 浓氨水（AR）。

③ 硝酸（AR）。

④ 磷酸（AR）。

⑤ 过氧化氢（AR）。

⑥ 硝酸铵（AR）。

⑦ 10%盐酸羟胺（AR）　称取10g盐酸羟胺溶于100mL水中。

⑧ 氨-氯化铵缓冲溶液　称取54g氯化铵（AR）溶于水后，加入350mL浓氨水，用水稀释至1L。

⑨ 5g/L铬黑T　称取0.50g铬黑T(AR)，溶于乙醇，用乙醇稀释至100mL，现配现用。

⑩ 1%紫脲酸铵　1g紫脲酸铵(AR)与100g固体氯化钠（AR）混合，研磨，105～110℃烘干。

⑪ 0.030mol/L EDTA溶液配制　称取11.2gEDTA二钠盐（AR）溶于1000mL热水中，冷却，摇匀。

EDTA标准溶液的标定：称取2.0000g于850℃的高温炉中灼烧至恒重的工作基准试剂氧化锌，用少量水湿润，加20mL1∶1盐酸溶液溶解，转入500mL容量瓶中，稀释至刻度，摇匀。用移液管移取25.00mL ZnO溶液于250mL锥形瓶中，加50mL蒸馏水，用1∶1氨水溶液调节溶液pH值至7～8，加10mL氨-氯化铵缓冲溶液（pH约10），摇匀，加入5滴铬黑T指示剂，用0.030mol/L EDTA滴定至溶液由紫色变为纯蓝色，即为终点。平行测定3次，根据滴定用去的EDTA溶液体积和ZnO质量，计算EDTA溶液的准确浓度，同时做空白试验。

0.030mol/L EDTA标准溶液的标定

$$c_{\mathrm{EDTA}}=\frac{m\times\frac{V_1}{500}\times 1000}{(V_2-V_3)M}$$

式中　m——氧化锌的质量，g；

V_1——滴定ZnO消耗EDTA标液的体积，mL；

V_2——EDTA标液的体积，mL；

V_3——空白试验EDTA标液的体积，mL；

M——氧化锌的摩尔质量，81.39g/mol。

⑫ 0.03mol/L硫酸亚铁铵溶液配制　称取11.8g硫酸亚铁铵[$(NH_4)_2Fe(SO_4)_2\cdot 6H_2O$]，溶于1000mL硫酸（5+95）溶液中，摇匀。

⑬ 重铬酸钾标准溶液[$c_{\frac{1}{6}(K_2Cr_2O_7)}=0.05$mol/L]配制　准确称取经150℃烘至2h的基准重铬酸钾2.4515g于100mL烧杯中，加蒸馏水溶解后，转入1000mL容量瓶中，稀释至刻度，摇匀。

⑭ 硫酸亚铁铵标准溶液的标定　准确移取10.00mL重铬酸钾标准溶液[$c_{\frac{1}{6}(K_2Cr_2O_7)}=0.05$mol/L]于锥形瓶中，加90mL蒸馏水，再加15mL15%硫磷混酸，用配制好的硫酸亚铁铵滴定至浅黄色，加4滴0.5%二苯胺磺酸钠，继续滴定

至紫红色溶液变为绿色即为终点。

硫酸亚铁铵标准滴定溶液的浓度 $c[(NH_4)_2Fe(SO_4)_2]$，单位以摩尔每升(mol/L) 表示，按下式计算：

$$c_{(NH_4)_2Fe(SO_4)_2}=\frac{c_1V_1}{V}$$

式中 V_1——重铬酸钾标准滴定溶液的体积，mL；

c_1——重铬酸钾标准滴定溶液的浓度，mol/L；

V——硫酸亚铁铵溶液的体积，mL。

(3) 分析步骤

① 样品处理　准确称取 1.2500g 试样（精确至 0.0001g）于两个 100mL 烧杯中，加少量蒸馏水润湿，盖上表面皿，沿杯壁加入 20mL 盐酸（1＋1），低温加热至微沸。当溶液体积约为 10mL 时，取下冷却到室温，用蒸馏水洗表面皿及杯壁于烧杯中至体积为 30mL 左右，观察试样是否溶解完全，若分解未完全可补加 5mL 盐酸，继续加热至试样完全分解为止。取下冷却至室温，用蒸馏水洗表面皿及烧杯壁于烧杯中，转入 250mL 容量瓶中，稀释至刻度，摇匀。

② 镍、钴、锰含量的测定　准确移取 25.00mL 母液于 250mL 锥形瓶中，用蒸馏水稀释至 75mL 左右，再加 5mL10％的盐酸羟胺，用 EDTA 标准溶液滴定至到终点前 2～3mL 时，加 10mL 氨-氯化铵缓冲液，再加紫脲酸铵指示剂约 0.1g，继续用 EDTA 标准溶液滴定至紫红色为终点，所耗 EDTA 体积为镍、钴、锰含量的总体积（$V_{总}$，mL）。

③ 镍含量的测定　准确移取 25.00mL 母液于 250mL 烧杯中，用少量蒸馏水冲洗烧杯壁，盖上表面皿，加 50mL 浓氨水，再缓慢加入 10mL 过氧化氢，于 70℃水浴锅中加热 40min 左右后过滤于 500mL 锥形瓶中，用 pH＝9～10 左右的稀氨水冲洗烧杯杯壁、表面皿及滤渣 7～9 次，控制体积在 300mL 左右，加紫脲酸铵指示剂约 0.1g，用 EDTA 标准溶液滴定由橙色变为紫红色为终点，记录消耗的体积为 $V_{镍}$。

④ 锰含量的测定　准确移取 25.00mL 母液于 250mL 锥形瓶中，用少量蒸馏水冲洗烧杯壁，加 15mL 浓磷酸和 4～5mL 浓硝酸，加热至杯壁无水珠液面平静且冒白烟时，加 1.5～2g 硝酸铵，迅速摇动锥形瓶，赶净二氧化氮气体，冷却至 60℃（不低于 60℃）左右，加蒸馏水冲洗至 100mL 左右，摇动至无稠状，溶液清亮后，冷却至室温。用硫酸亚铁铵标准溶液滴定至溶液呈浅红色，加 4 滴指示剂二苯胺磺酸钠（0.5％），继续用硫酸亚铁铵标准溶液滴定至无色为终点，记录消耗的体积为 $V_{锰}$，同时做锰铁和三元锰的监控样。

(4) 分析结果的计算

按下式计算锰的含量：

$$w_{Mn}=\frac{c_{(NH_4)_2Fe(SO_4)_2}V_{锰}\times 54.938}{1000m\times(25/250)}\times 100\%$$

式中　$c_{[(NH_4)_2Fe(SO_4)_2]}$——硫酸亚铁铵标准溶液的浓度，mol/L；

$V_{锰}$——滴定锰消耗硫酸亚铁铵标准溶液的体积，mL；

54.938——锰的相对原子质量；

m——称样量，g。

按下式计算镍的含量：

$$w_{Ni}=\frac{c_{EDTA}V_{镍}\times 58.69}{1000m\times(25/250)}\times 100\%$$

式中　c_{EDTA}——EDTA 标准溶液的浓度，mol/L；

$V_{镍}$——滴定镍消耗 EDTA 标准溶液的体积，mL；

58.69——镍的相对原子质量；

m——称样量，g。

按下式计算钴的含量：

$$w_{Co}=\left[\frac{c_{EDTA}V_{总}}{m}-\frac{w_{Ni}}{58.69}-\frac{w_{Mn}}{54.938}\right]\times 58.933\times 100\%$$

式中　$V_{总}$——滴定镍、钴、锰消耗 EDTA 标准溶液的总体积，mL；

58.933——钴的相对原子质量；

m——称样量，g。

10.1.2.2　火焰原子吸收仪测定锌、铁、镁、铜、铬、钙、钠、钾、锂

参见 10.1.1.2 节。

10.1.2.3　差减重量法测定水分

参见 10.1.1.3 节。

10.1.2.4　镍钴锰酸锂 pH 值的检测

参见 10.1.1.5 节。

10.1.3　锰酸锂的化学分析方法

适用范围：锰酸锂的主元素锰含量，杂质项目，水分，pH 值，硫酸根的检测。

10.1.3.1　锰含量的检测

(1) 方法提要

试样经盐酸分解，在磷酸介质中，用硝酸铵将二价锰氧化成三价，以二苯胺磺酸钠溶液为指示剂，用硫酸亚铁铵标准溶液滴定三价锰。反应如下：

$$2Mn^{2+}+[O]+2H^{+}\longrightarrow 2Mn^{3+}+H_2O$$

$$Mn^{3+}+Fe^{2+}\longrightarrow Mn^{2+}+Fe^{3+}$$

(2) 试剂

① 盐酸（1+1，GR）。

② 硝酸（AR）。

③ 磷酸（AR）。

④ 硝酸铵（AR）。

⑤ 重铬酸钾标准溶液 [$c(\frac{1}{6}K_2Cr_2O_7)=0.0500mol/L$]　准确称取 1.2258g 基准重铬酸钾（预先在 150℃干燥 2h，并在干燥器中冷却至室温）置于 100mL 烧杯中，加适量水溶解，移入 500mL 容量瓶中，用水稀释至刻度，摇匀。

⑥ 硫-磷混酸（15%）　加约 500mL 水于 1000mL 烧杯中，缓慢加入 150mL 硫酸，边加边搅拌，冷却至室温，加入 150mL 磷酸，稀释至 1000mL 混匀，冷却。

⑦ 二苯胺磺酸钠指示剂溶液（0.5%）　称取 0.5g 二苯胺磺酸钠溶于 100mL 水中混匀。

⑧ 硫酸亚铁铵标准滴定溶液 {$c[(NH_4)_2FeSO_4 \cdot 6H_2O \approx 0.0300\ mol/L]$}

a. 配制　称取 52.94g 硫酸亚铁铵溶于 4.5L 硫酸（5+95）溶液中，混匀，临用前标定。

b. 标定　移取 20.00mL 重铬酸钾标准溶液置于 250mL 锥形瓶中加水至 100mL 左右，加入 15mL 硫-磷混酸，用硫酸亚铁铵标准滴定溶液滴定至浅黄色消失，滴加 4 滴二苯胺磺酸钠指示剂溶液，继续小心滴加至溶液刚呈绿色并保持 30s 为终点，记录所消耗的硫酸亚铁铵标准滴定溶液的体积，求出硫酸亚铁铵标准滴定溶液相当于锰的滴定度。

同时做空白试验。

按下式计算滴定度：

$$T_{Mn/(NH_4)_2FeSO_4}=\frac{20.00\times0.0500\times54.938}{V_1-V_0}$$

式中　$T_{Mn/(NH_4)_2FeSO_4}$——硫酸亚铁铵标准溶液对锰的滴定度，g/mL；

20.00——移取的重铬酸钾标准溶液体积，mL；

0.0500——重铬酸钾标准溶液的浓度，mol/L；

54.938——锰的摩尔质量，g/mol；

V_1——滴定时消耗硫酸亚铁铵标准溶液的体积，mL；

V_0——滴定空白时消耗硫酸亚铁铵标准溶液的体积，mL。

(3) 分析步骤

样品处理：准确称取约 1.0g 试样（精确至 0.0001g）于 2 个 100mL 烧杯中，加少量蒸馏水润湿，盖上表面皿，沿杯壁缓慢加入 20mL 盐酸，加热至样品溶解完全，取下冷却，用蒸馏水洗净表面皿及烧杯壁于烧杯中，将溶液转入 100mL 容量瓶中，并稀释至刻度，摇匀。

测定：吸取 10.00mL 试液于 250mL 锥形瓶中，用少量蒸馏水冲洗瓶壁，加 15mL 浓磷酸 4mL 浓硝酸摇匀，加热至溶液变成深紫色，且瓶内看到微白烟，立即加入 2～3g 硝酸铵（加入硝酸铵时的温度应在 220～240℃），并充分摇动锥形瓶，使二价锰氧化完全，趋尽黄色氧化氮气体。冷却至 70℃左右，加水至 75mL

左右，充分摇动溶解盐类，冷却至室温。用硫酸亚铁铵标准溶液滴定至浅红色，滴加 4 滴二苯胺磺酸钠指示剂溶液，继续滴定至紫色消失即为终点。

同时做空白试验、带监控样锰酸锂或锰铁标准。

（4）分析结果的计算

按下式计算试样中的锰含量（质量分数）：

$$w_{Mn}=\frac{(V_3-V_2)T}{1000m\times\frac{V_4}{V_5}}\times100\%$$

式中 V_2——滴定空白时消耗硫酸亚铁铵标准滴定溶液的体积，mL；

V_3——滴定所消耗硫酸亚铁铵标准滴定溶液的体积，mL；

V_4——分取试液的体积，mL；

V_5——试样溶液的体积，mL；

T——硫酸亚铁铵标准滴定溶液对锰的滴定度，g/mL；

m——试样量，g。

10.1.3.2 火焰原子吸收仪测定镍、钴、铁、镁、铜、钙、钠、锂

（1）方法提要

试样经盐酸分解后，用水稀释至一定体积，在原子吸收分光光度计上，使用空气-乙炔火焰，用相应的空心阴极灯和波长分别测定各元素含量。测定钙、镁时，在试液中加入锶盐作释放剂以消除干扰。

（2）仪器

① AAS4-S4 热电原子吸收仪。

② 镍、钴、铁、镁、铜、钙、钠、锂单元素空心阴极灯。

③ 仪器工作条件

待测元素	波长/nm	灯电流/mA	狭缝/nm	燃烧器高度/mm	乙炔流量/(L/min)	背景校正
镍	230.2	10	0.2	7.0	1.0	四线氘灯
钴	240.7	10	0.2	7.0	1.1	四线氘灯
铁	248.3	10	0.2	7.0	1.1	四线氘灯
镁	285.2	6	0.5	7.0	1.1	四线氘灯关
铜	324.8	6	0.5	7.0	1.1	四线氘灯关
钙	422.7	6	0.5	11.0	1.6	四线氘灯关
钠	589.0	6	0.2	7.0	1.0	四线氘灯关
锂	670.8	6	0.5	7.0	1.1	四线氘灯关

以下参见 10.1.1.2 节。

10.1.3.3 差减重量法测定水分

参见 10.1.1.3 节。

10.1.3.4 锰酸锂样品 pH 值的检测

参见 10.1.1.5 节。

10.1.3.5 红外碳硫分析仪测定硫酸根含量

（1）方法提要

红外光谱吸收法测定硫含量，无需加入滴定剂，而是通过硫在高温下生成二氧化硫，其通过硫通道在吸收池中对特定波长的红外线的吸收得出硫含量，根据硫和硫酸根的换算关系算出硫酸根含量。

(2) 试剂

① 高纯氧气。

② 生铁（含碳量 3.7%，含硫量 0.058%）。

③ 钨粒。

④ 纯铁助熔剂。

(3) 仪器

① HW2000 型高频红外碳-硫分析仪。

② 电子天平（Sartourius，精密度 0.0001g）。

(4) 分析步骤

① 系数校正　分析样品前，需做 3～5 个高硫废样。然后称取 3～4 个标样（约 0.1500g）进行测量，重复性好即可对其校正，而后再反测标样，若所测的值与标样的差值在国家允许误差范围之内，则可以分析样品，否则应更换硫通道继续系数的校正。

② 测定　称取样品 0.0500～0.1000g 于一次性坩埚中，加入纯铁助熔剂约 0.4g、钨粒约 1.5g，将坩埚放入升降炉中燃烧，记录硫含量的数据，根据硫和硫酸根的换算关系算出硫酸根含量。

(5) 注意事项

对于硫含量较高的样品，称样量要小，尽量保持样品的硫曲线和标样的硫曲线一致，结果会更准确。

(6) 允许差

平行测定的绝对差值不大于 0.10%。

(7) HW2000B 高频红外碳硫分析仪操作规程

① 开机前，检查所有表应无指示！提前 30min 打开电源进行预热（首先打开计算机电源，点击程序软件，然后打开检测部分电源），分析样品前打开高频炉电源（预热 10min 以上）。分析样品前打开氧气总阀，观察总阀压力，瓶内压力不能小于 2MPa，输出压力不能小于 0.2MPa。

② 在分析样品前观察池电压有无变化，开机前默认为 0，只有池电压变化的情况下才能进行常规分析（变化范围在正负 10～20mV）。正常检测中池电压变化在 1.2～1.8V。

③ 分析样品时必须输入该样品的重量，否则不能进行常规分析。

④ 在分析样品过程中观察，载氧为 0.08MPa，顶氧为 1.2～1.5L/min，分析气为 3.2L/min，板流在 0.2～0.6A，栅流在 70～150mA。

⑤ 分析样品前需做 2～3 只高硫废样。检测时应用国家参比物质（标样）校正仪器，此参比物质最少做两只，重复性好即可选择校正。直击点击“系数校正”，

高碳，低硫分开校正。

⑥ 磷酸铁锂称样量在 0.1000～0.1500g，样品测量时加助溶剂约 0.3g、钨粒 1.3～1.5g。测定标样时称取 0.1500g，加钨粒 1.3～1.5g。

⑦ 当分析样品达到 24 只时界面跳出提醒清扫对话框，清扫后必须点击“退出”（在正常界面上出现任何对话框后都必须退出才能分析）。

⑧ 当需查看分析结果时可点击“结果统计”或“校正系数”，查看过去的数据点击“存盘取显”，输入要查看数据的日期，或点击“结果处理”内“选择取盘”。

⑨ 打印测试报告　首先进入“系统功能”，点击“接打印机”。点击“结果处理”。点击“打印测试报告”，输入要打印的日期，选择要出报告的数据，一份报告可出十个数据结果。

⑩ 关机　降炉取出瓷坩埚，清扫石英管。关闭氧气总阀，松开氧气调节螺杆，按降炉一次，关闭高频炉电源开关，退出应用程序。关闭计算机，关闭检测电源，关闭总电源。

10.1.4 镍钴铝酸锂的化学分析方法

镍钴铝酸锂中的镍钴化学分析方法与镍钴锰酸锂中镍钴化学分析方法相同，这里只介绍采用铬天青 S 分光光度法测定 Al 的含量。

(1) 方法提要

在 pH 4.7 的乙酸-乙酸钠缓冲溶液中，铝与铬天青 S（2，6-二氯二甲基品红酮二羧酸）生成紫色络合物，分子比 1∶2，最大吸收在波长 587nm 处。铜（Ⅱ）、镍（Ⅱ）、锌（Ⅱ）、锰（Ⅱ）、钒（Ⅴ）、钼（Ⅵ）等存在时干扰测定。氟与铝生成络合物而产生严重的负误差，必须事先除去。铁（Ⅲ）的干扰可加抗坏血酸消除，但抗坏血酸用量不能过多，以加 1%抗坏血酸溶液 2mL 为宜，过多的抗坏血酸能破坏铝-铬天青 S 络合物。少量钛（Ⅳ）、钼（Ⅵ）的影响可加入磷酸盐掩蔽。低于 500μg 的铬（Ⅲ），100μg 的五氧化二钒不干扰测定。低于 2mg 的锰（Ⅱ），在中和前加入 1%盐酸羟胺 6mL，可消除其影响。

本法适应于含 0.05%～1%氧化铝的测定。

(2) 试剂

① 乙酸-乙酸钠缓冲溶液　68g 三水乙酸钠溶于 470mL 水中，加 30mL 冰醋酸。

② 铝标准溶液　准确称取纯金属铝片 0.5293g，置于烧杯中，加 1∶4 盐酸 50mL 加热溶解后，移入 1000mL 容量瓶中，用水稀释至刻度，摇匀。此溶液 1mL 含 1mg 三氧化二铝。

③ 铬天青 S 0.2%水溶液　称取 0.5g 铬天青 S 置于烧杯中，加入少量水溶解后，过滤于 250mL 容量瓶中，用水稀释至刻度，摇匀。此溶液至少可稳定一个月。

④ 5%氢氧化钠。

⑤（1+1）盐酸。

⑥ 0.5%磷酸二氢钾。

⑦ 1%抗坏血酸。

⑧ 0.5%甲基橙。

（3）标准曲线的绘制

取0μg、50μg、100μg、150μg、200μg三氧化二铝标准溶液，分别置于100mL容量瓶中，加入与试剂相等量的空白试液，用水稀释至50mL。加入0.5%甲基橙指示剂1滴，用5%氢氧化钠溶液滴至黄色，加入1∶1盐酸6滴，摇匀。加入1%抗坏血酸溶液2mL、0.5%磷酸二氢钾溶液2mL，摇匀。准确加入0.2%铬天青S显色剂5mL，摇匀。加入乙酸-乙酸钠缓冲溶液10mL，用水稀释至刻度，摇匀。5min后，用2cm比色皿，以试剂空白溶液作参比，在587nm处测量吸光度并绘制标准曲线。

（4）分析过程

分别准确称取1.00g（精确至0.0001g）试样2个于烧杯中，加少量水润湿，盖上表面皿，加（1+1）盐酸20mL于电炉上加热溶解后，取下冷却，用水冲洗表面皿及烧杯壁，转入100mL容量瓶中，用水稀释至刻度，摇匀。视样品中铝量高低，分取样量（在标准曲线范围内）至100mL容量瓶中，加水至50mL。以下同标准曲线的绘制。

（5）注意事项

络合物显色很快，5min即可达到最大深度，稳定时间约1h，应尽快完成测定。绘制标准曲线时，标准系列中应加入与试样相同数量的基体溶液消除其影响。

10.1.5 磷酸铁锂的化学分析方法

适用范围：磷酸铁锂的主元素铁含量，杂质项目，水分，pH值，磷含量和碳含量的检测。

10.1.5.1 铁含量的检测

（1）方法提要

试样用酸溶解后，在热的浓盐酸溶液中用$SnCl_2$作还原剂，将试样中大部分的Fe^{3+}还原为Fe^{2+}，以$CuSO_4$-靛红作指示剂，再用$TiCl_3$还原剩余的Fe^{3+}，当全部的Fe^{3+}被定量还原为Fe^{2+}后，稍过量的Ti^{3+}在微量Cu的催化下短时间内氧化成四价，在硫磷混酸介质中，以二苯胺磺酸钠为指示剂，用$K_2Cr_2O_7$标准溶液滴定至紫红色为终点。

（2）试剂

① 盐酸（1+1，GR）。

② $SnCl_2$(5%)　称取5g $SnCl_2$于烧杯中，用20mL盐酸（1+1）加热溶解后用水稀释至100mL。

③ $TiCl_3$溶液　量取 30mL15%的 $TiCl_3$ 加 30mL 盐酸（1+1），以水稀释至100mL，加几粒锌粒。

④ $CuSO_4$-靛红指示剂　称取 0.5g 靛红指示剂溶于 100mL 0.1% $CuSO_4$ 溶液中，再加 0.5mL（1+4）H_2SO_4。

⑤ 二苯胺磺酸钠　0.5%的水溶液。

⑥ H_2SO_4-H_3PO_4混酸　15%。

⑦ $K_2Cr_2O_7$标准溶液（0.05mol/L）　准确称取 1.2258g 经 150～160℃烘 2h 的 $K_2Cr_2O_7$溶于水，用水稀释至 500mL，摇匀。

（3）分析步骤

准确称取约 1.0g$LiFePO_4$样品（精确至 0.0001g）于 250mL 烧杯中，用少量水润湿，加 9mL $HClO_4$，盖上表面皿，加热分解至高氯酸冒浓烟，待烟冒至少许，剩余高氯酸体积 3～5mL，取下冷却，用水冲洗表面皿，转入 100mL 容量瓶中用水稀释至刻度，摇匀。移取 20.00mL 清液于 250mL 锥形瓶中，加 20mL(1+1）盐酸，加热至微沸煮沸半分钟。趁热小心滴加 $SnCl_2$ 溶液，直至溶液呈淡黄色，加入 2 滴 $CuSO_4$-靛红指示剂，溶液变绿色，滴加 $TiCl_3$ 至绿色消失，过量一滴，放置溶液变为蓝色，立即冷却至室温，加 15mL 硫磷混酸，以二苯胺磺酸钠为指示剂，用 $K_2Cr_2O_7$标准溶液滴至紫红色，即为终点。

（4）分析结果计算

$$w_{Fe}=\frac{c_{\frac{1}{6}K_2Cr_2O_7}V\times 55.85\times 10^{-3}}{m\times\frac{20}{100}}\times 100\%$$

式中　$c_{\frac{1}{6}K_2Cr_2O_7}$——1/6$K_2Cr_2O_7$ 标准溶液的浓度，mol/L；

V——$K_2Cr_2O_7$标准溶液的体积，mL；

m——磷酸铁锂的质量 g；

55.85——Fe 的摩尔质量，g/mol。

10.1.5.2　火焰原子吸收仪测定锌、镍、钴、锰、镁、铜、钙、锂

参见 10.1.1.2 节。

10.1.5.3　差减重量法测定水分

参见 10.1.1.3 节。

10.1.5.4　磷酸铁锂中 pH 值的检测

参见 10.1.1.5 节。

10.1.5.5　磷含量的检测

（1）方法提要

在硝酸溶液中，磷酸根与钒酸铵、钼酸铵生成可溶性的黄色络合物（$P_2O_5\cdot V_2O_5\cdot 22MoO_3\cdot nH_2O$），根据颜色的强度进行比色，借此测定其含量。

（2）试剂

① 无色硝酸　通入空气排尽二氧化氮。

② 显色溶液的配制

a. 甲溶液　钼酸铵溶液，将钼酸铵 40g 溶解于 500mL 水中。

b. 乙溶液　钒酸铵溶液，将钒酸铵 1g 溶解于 300mL 热水中，加入除去游离二氧化氮的浓硝酸 200mL。

c. 显色溶液　在搅拌下将甲液慢慢倒入乙液中，然后稀释为 1000mL，如呈现混浊需过滤。

③ 磷标准溶液　准确称取 0.4390g 预先在 105～110℃烘干的磷酸二氢钾于 100mL 烧杯中，加水溶解，转入 100mL 容量瓶中，用水稀释至刻度，摇匀。此溶液相当于磷 1.0000mg/mL，再移取此溶液 10.00mL 于 100mL 容量瓶中，用水稀释至刻度，摇匀。此溶液相当于磷 0.1000mg/mL。

(3) 分析步骤

取测铁所制备的样品溶液用于磷的测定：移取 5.00mL 清液于 100mL 容量瓶中，用水稀释至刻度，摇匀，再分取 5.00mL 此溶液于 100mL 容量瓶中，加水至 50mL 左右，准确加入显色液 20.00mL，用水稀释至刻度，摇匀，放置 20min 以参比液为参比，在分光光度计上于波长 385nm 处测量吸光度。

同时做空白实验。

标准工作曲线的绘制：分取相当于 P：0.0mg、0.1mg、0.2mg、0.3mg、0.4mg、0.5mg 的标准液于 100mL 容量瓶中，加水至 50mL 左右，准确加入 20.00mL 显色液，用水稀释至刻度，摇匀，放置 20min，以参比液为参比，在分光光度计上于波长 385nm 处测量吸光度，绘制标准曲线。

(4) 分析结果的计算

按下式计算磷的含量：

$$w_P=\frac{(m_1-m_0)\times 10^{-3}}{\frac{m}{100}\times\frac{5}{100}\times 5}\times 100\%$$

式中　m_1——试样溶液测得磷的质量，mg；

m_0——空白试样测得磷的质量，mg；

m——试样量，g。

(5) 注意事项

① 温度对显色有影响，在 10℃，显色时间约为 20min。15℃时可减少至 10～15min。在 20℃时可减少至 5min。冬天可提高液温至 20℃后显色。但比色时应冷至室温。

② 加盐酸，对测定磷有影响，因样品中铁含量较高，引入氯离子后生成黄色的三氯化铁。

10.1.5.6　碳含量的检测

(1) 方法提要

红外光谱吸收法测定碳含量时，无需加入滴定剂，而是向高频感应炉中通入氧气，将样品中的碳转化为二氧化碳，通过碳通道在吸收池中对特定波长的红外线的吸收得出碳含量。

（2）试剂

① 高纯氧气。

② 生铁（含碳量3.7%，含硫量0.058%）。

③ 钨粒。

④ 纯铁助熔剂。

（3）仪器

① HW2000型高频红外碳-硫分析仪。

② 电子天平（sartourius，精密度0.0001g）。

（4）分析步骤

① 系数校正　称取3～5个标样（约0.1000g）进行测量，对其校正后再反测标样，若所测的值与标样的差值在国家允许误差范围之内，则可以分析样品，否则应更换碳通道继续系数的校正。

② 测定　称取样品约0.1000g于一次性坩埚中，加入纯铁助熔剂约0.3g、钨粒约1.5g，将坩埚放入升降炉中燃烧，记录碳含量的数据。

10.1.6 微量单质铁的化学分析

正极材料中的微量单质铁可能引起锂离子电池内部微短路，造成起火或爆炸等安全事故，锂离子电池生产企业对锂离子电池正极材料中的微量磁性异物控制非常严格，国际大公司在中国采购的正极材料要求单质铁的含量小于20×10^{-9}。

微量单质铁的化学分析方法参见10.1.1.4节。

10.2 正极材料的理化性能指标测试

锂离子电池正极材料的理化指标非常重要，如粒度与粒度分布影响正极极片的涂布以及压实密度，比表面积影响正极匀浆时的黏结剂用量和涂布效果，振实密度影响极片的压实密度。X射线衍射（XRD）可以表征材料的结构、物相纯度、结晶度等。扫描电镜、透射电镜等可以表征材料的形貌，EDS、XPS可以表征材料内部或表面微区元素和价态。

10.2.1 粒度测试

目前使用的锂离子电池正极材料均为无机粉末颗粒材料，对于这类粉体材料，我们通常采用粒度来表征其颗粒大小。通常给出的数据是粒径，粒径就是颗粒直径，事实上只有圆球体才有直径，其他形状的几何体是没有直径的，而组成粉体的颗粒又绝大多数不是圆球形的，而是各种各样不规则形状的，有片状的、针状的、多棱状的等等。这些复杂形状的颗粒从理论上讲是不能直接用直径这个概念来表示它们的大小的。而在实际工作中我们采用等效粒径来描述实际颗粒的大小，等效粒径是指当一个颗粒的体积与同质的球形颗粒相同时，我们就用该球形颗粒的直径来描述这个实际颗粒的大小。

粒度测试的方法很多，据统计有上百种。常用的有沉降法、激光法、筛分法、图像法和电阻法。目前用于锂离子电池正极材料的粒度测试方法主要为激光法，它是根据激光照射到颗粒后，颗粒能使激光产生衍射或散射的现象来测试粒度分布的。激光具有很好的单色性和极强的方向性，所以一束平行的激光在没有阻碍的无限空间中将会照射到无限远的地方，并且在传播过程中很少有发散的现象。但当光束遇到颗粒阻挡时，一部分光将发生散射现象，散射光的传播方向将与主光束的传播方向形成一个夹角。散射理论和实验证明：大颗粒引发的散射光的角度小，颗粒越小，散光与轴之间的角度就越大。这些不同角度的散射光通过傅立叶透镜后在焦平面上将形成一系列有不同半径的光环，半径大的光环对应着较小的粒径；半径小的光环对应着较大的粒径；同样大的颗粒通过激光光束时其衍射光会落在相同的位置，即在该位置上的衍射光的强度叠加后就比较高，所以衍射光强度的信息反映出样品中相同大小的颗粒所占的百分比。通过在焦平面上放置一系列光电接收器，将由不同粒径颗粒散射的光信号转换成电信号，并传输到计算机中，对这些信号进行数学处理，就可以得到粒度分布了。

在数据呈现上，我们一般采用累计粒度分布百分数达到某一数值时所对应的粒径来表示。常用的有 D_{10}、D_{50} 和 D_{90}，它们分别是指某样品的累计粒度分布百分数达到 10%、50%和 90%时所对应的粒径。对应的物理意义是粒径小于该尺寸的颗粒分别占 10%、50%和 90%，其中 D_{50} 也叫中位径或中值粒径，常用来表示粉体的平均粒度。

10.2.2 比表面积测试

比表面积是指单位质量物料所具有的总面积。具有一定几何外形的非孔固体材料可以借助通常的仪器和计算求得其表面积。但粉末或多孔性物质不仅具有不规则的外表面，还有复杂的内表面，其测定较困难。测定比表面积的方法有气体吸附法和溶液吸附法两类。在锂离子电池正极材料领域，常用气体吸附多点 BET 方法。其原理是求出不同分压下待测样品对气体的绝对吸附量，通过 BET 理论计算出单层吸附量，从而求出比表面积。

BET 理论的吸附模型认为吸附剂的表面是均匀的，各吸附中心的能量相同；吸附粒子间的相互作用可以忽略；吸附粒子与空的吸附中心碰撞才有可能被吸附，一个吸附粒子只占据一个吸附中心；在一定条件下，吸附速率与脱附速率相等，达到吸附平衡。吸附可分多层方式进行，且不等表面第一层吸满，在第一层之上发生第二层吸附，第二层上发生第三层吸附……吸附平衡时，各层均达到各自的吸附平衡。实验测定固体的吸附等温线，可以得到一系列不同压力下的吸附量值，通过计算可获得比表面积。

最常用的吸附质是氮气，吸附温度在氮气的液化点 77.2K 附近。低温可以避免化学吸附的发生。将相对压力（不同吸附量下的液氮饱和蒸气压与总气压的比值）控制在 0.05～0.25，因为当相对压力低于 0.05 时，不易建立多层吸附平衡；高于 0.25 时，容易发生毛细管凝聚作用。

10.2.3 振实密度测试

振实密度是指粉末材料经过振实后的堆积密度，以 g/cm^3 表示。由于粉体中颗粒与颗粒之间或颗粒内部存在空隙（或孔隙），其粉体的密度通常小于所对应物质的真密度。振实密度受粒径分布和粒子形貌影响很大。具有高振实密度的电极活性材料在制作电极片时可能得到高的压实密度。

粉末振实密度的测量按国标规定进行。测量仪器由玻璃量筒和振实装置等主要部分组成。玻璃量筒有两种规格，其容积分别为 $100cm^3 \pm 0.5cm^3$ 和 $25cm^3 \pm 0.1cm^3$。$25cm^3$ 的量筒主要用于测量松装密度大于 $4g/cm^3$ 的粉末，如难熔金属粉末；也可用于松装密度比较低的粉末；但不适用于松装密度小于 $1g/cm^3$ 的粉末。市场上销售的振动测试仪即根据此标准设计。其工作过程为：将装有粉末或颗粒的刻度量筒固定在机械振动装置上，振动电机带动机械振动装置垂直上下振动，振幅为 3mm，每分钟振动（250±15）次。装有粉或颗粒的刻度量筒随机械振动装置而发生有节拍的振动，随着振动次数的增加，刻度量筒里的粉末或颗粒逐渐振实，振动次数达到设定的次数后，机械振动装置停止振动，读出刻度量筒的体积，根据密度的定义（质量除以体积）求出振实后的粉末或颗粒密度。

10.2.4 XRD 测试

目前大部分锂离子电池用的电极材料都具有一定的晶体构型。根据固体物理的分类，晶体结构可分为七大晶系 230 种空间群。不同的晶体结构以及元素在晶体结构中的不同位置，对材料的多方面性能，包括电化学性能都有显著的影响。例如层状锰酸锂（$LiMnO_2$）和尖晶石型锰酸锂（$LiMn_2O_4$）的工作电位分别为 3V 和 4V，其比容量和循环性能也大不相同。

用来表征锂离子电池电极材料晶体结构特征的主要手段是 X 射线衍射技术。其基本原理为：当波长为 λ 的 X 射线光束照射到晶面间距为 d 的相邻晶面的两原子上时，在与入射角相等的反射方向产生其散射线。当光程差 δ 等于波长的整数倍 $n\lambda$ 时，光线出现干涉加强，即发生衍射。因此，其衍射条件可用布拉格方程描述：

$$2d\sin\theta = n\lambda \tag{10-1}$$

由各衍射峰的角度位置所确定的晶面距离 d 以及它们的相对强度是物质的固有特征。每种物质都有特定的晶体结构和晶胞尺寸，而这些又都与衍射角和衍射强度有着对应关系。通过将未知物相的衍射花样与已知物相的衍射花样相比较，可以逐一鉴定出样品中的各物相及其晶体结构。

考虑到可能存在的系统误差，较为准确的晶胞参数测定过程中往往采用内标法。即在被测样品中加一种适当比例的标准物质（常用 Si 标样），混合后制成样品，对其进行 X 射线衍射。然后根据标样的实际测量值与标准值之间的误差来确定系统误差。

XRD 衍射数据还可以用来半定量地测定晶粒大小，它是在晶胞参数测定的基础上通过数学处理得到的。

一般是采用较强的衍射峰，在确定晶面面间距后，根据 Scherrer 公式计算样品的某一晶面对应的微晶尺寸：

$$D = K\lambda / (B_{1/2}\cos\theta) \tag{10-2}$$

式中，D 为沿晶面垂直方向的厚度，可认为是晶粒的大小；K 为衍射峰形 Scherrer 常数，一般取 0.89；$B_{1/2}$ 为衍射峰的半高宽，单位为弧度；θ 为布拉格衍射角；λ 为 X 射线的波长，对于 CuKα 阳极靶，$\lambda=0.154$nm。由此可知微晶尺寸与衍射峰半高宽成反比。以不同的衍射峰计算，得到的晶粒大小有一定的偏差，往往需要采用平均值。

特殊条件下获得的 XRD 图谱数据还可以用来进行晶体材料中各元素的占位情况分析、键长和键能等精细分析。这种数据处理手段即为 Rietveld 图形拟合修正结构法。它是利用电子计算机程序逐点（通过一定的实验间隔取衍射数据，一个衍射峰可以取若干点衍射强度数据，这样就可以有足够多的衍射强度实验点）比较衍射强度的计算值和观察值，用最小二乘法调节结构原子参数和峰形参数，使计算峰形与观察峰形拟合，即图形的加权剩余差方因子 R_{wp} 为最小。由于所修正的参数都不是线性关系，为了使最小二乘法能够收敛，初始输入的结构原子参数必须基本正确。因此 Rietveld 方法只用于修正结构参数，它不能用于测定未知结构的粉末试样的晶体结构。Rietveld 方法可以精确计算晶体的晶胞参数、原子坐标和晶体缺陷等。

10.2.5 扫描电镜测试

由于锂离子电池的电极是一种粉末电极，其活性材料是大量的无机粉末小颗粒，这些小颗粒的大小形貌特征会影响制成的极片的性能，如极片的压实密度大小、弯折是否掉粉、功率特性等等。

材料的表观形貌是指一次粒子和二次粒子的大小、形状、团聚情况等信息。通常采用电镜技术进行材料的粒子形貌观察。

扫描电镜（SEM）是利用聚焦得非常细的高能电子束在试样上进行按顺序的逐行扫描，激发出各种物理信号。通过对这些信号的接收、放大和显示成像，获得测试试样的表面形貌。这些信号包括二次电子、俄歇电子、特征 X 射线和连续谱 X 射线、背散射电子等等。采用不同的信号检测器，接收各种不同的信号，可以使选择检测得以实现。如对二次电子、背散射电子的采集，可得到有关物质微观形貌的信息；对X射线的采集，可得到物质化学成分的信息。正因如此，根据不同需求，可制造出功能配置不同的扫描电子显微镜。

二次电子是被入射电子轰击出来的核外电子，来自表面5～10nm的区域，能量为0～50eV。它对试样表面状态非常敏感，能有效地显示试样表面的微观形貌。由于它发自试样表层，入射电子还没有被多次反射，因此产生二次电子的面积与入射电子的照射面积没有多大区别，所以二次电子的分辨率较高，一般可达到5～10nm。扫描电镜的分辨率一般就是二次电子的分辨率。

背散射电子是指被固体样品原子反射回来的一部分入射电子，背反射电子束成像分辨率一般为50～200nm。

在锂离子电池正极材料的应用中，扫描电镜主要用来观察材料二次颗粒或一次颗粒的大小形貌。

10.2.6 透射电镜测试

透射电子显微镜（TEM）是用电子束作光源，电磁场作透镜的一种电子显微镜。由于电子的德布罗意波长非常短，透射电子显微镜的分辨率比光学显微镜的高很多，可以达到0.1～0.2nm，放大倍数为几万至百万倍。因此，使用透射电子显微镜可以观察样品的精细结构，甚至可以用于观察仅仅一列原子的结构，比光学显微镜所能够观察到的最小的结构小数万倍。它是把经加速和聚集的电子束投射到非常薄的样品上，电子与样品中的原子碰撞而改变方向，从而产生立体角散射。散射角的大小与样品的密度、厚度相关，因此可以形成明暗不同的影像，影像放大、聚焦后在成像器件（如荧光屏、胶片以及感光耦合组件）上显示出来。目前TEM有两种最常见的工作模式：成像模式和衍射模式。在成像模式下，可以得到样品的形貌、结构等信息；而在衍射模式下，可以对样品进行物相分析和结构鉴定。

TEM一般要求通常粉末样品的颗粒小于1μm，需要将样品以乙醇为介质，在超声波中充分分散，然后吸取上清液，滴在样品台上以铜网支撑的聚合物薄膜上进行观察。

对于锂离子电池正极材料，采用透射电子显微镜主要观察材料的一次颗粒大小、材料的晶体特征、材料表面包覆的情况等等。采用高分辨透射电镜（HRTEM）可以观察晶面排列并测量晶面间距，再结合选区电子衍射（SAED）技术所获得的图谱信息，不但可以观测微区材料的形貌信息，而且可以确定该区域的晶面结构、晶相组成，从而实现多角度获取分析样品的细节信息，增加样品分析的可靠性。

10.2.7 X射线光电子能谱测试

X射线光电子能谱（XPS）的工作原理是采用X射线辐射样品，使原子或分子的内层电子或价电子受激发发射出来。原子的内层电子的能级受分子环境的影响很小。所以同一原子的内层电子结合能在不同分子中相差很小，故它是特征的。XPS能够检测到所有原子序数大于等于3的元素（即包括锂及所有比锂重的元素）。对大多数元素而言的检出限大约为千分之几，在特定条件下检出极限也有可能达到百万分之几。

值得注意的是XPS是一种表面化学分析技术，测量的是材料表面以下1～10nm范围内逸出电子的动能和数量。

在锂离子电池正极材料应用中，XPS主要被用来测量材料表面元素的种类和化合价价态情况。

10.2.8 元素分布测试

X射线能量分散谱仪（EDS）与扫描电镜配套使用，可进行微区的常量元素定性和定量分析。当聚焦电子光束打在样品上，会产生相应的X射线信号。而每种元素具有自己特定的X射线特征波长，其特征波长的大小则取决于能级跃迁过程中释放出的特征能量ΔE。能谱仪就是利用不同元素X射线光子特征能量不同这一特点对待测样品进行精确的化学分析的。

在锂离子电池正极材料的应用中，可以使用EDS观察材料中元素的面分布状态，以此分析掺杂或者包覆时元素的分布是否均匀。

10.2.9 X射线吸收谱测试

X射线吸收谱（XAS）是利用吸收光谱进行物质解析的方法，也可称为X射线吸收限的精细结构（XAFS），包括X射线吸收近边谱（XANES）和扩展X射线吸收谱（EXAFS）。X射线束透过物质后，其减弱服从指数衰减定律。物质的质量吸收系数是入射X射线波长及其所含元素的原子序数的函数。在某些能量处，吸收系数会发生突变，这是由于原子内层电子被X射线光子激发到外部连续空能级的光电吸收而引起的。吸收系数的这种突变叫做作吸收边。在吸收边高能一侧，吸收系数并不是单调变化的，而是呈现某种随能量起伏的精细结构。它是由吸收原子之周邻原子对出射光电子的背散射引起的，是该原子配位环境的一种反映。

在X射线吸收谱中，阈值之上60eV以内的低能区的谱出现的强吸收特性，称为近边吸收结构（XANES）。它是由于激发光电子经受周围原子的多重散射造成的。它不仅反映吸收原子周围环境中原子的几何配置，而且反映凝聚态物质费米能级附近低能位的电子态的结构，可以用来确定价态、表征d-带特性、测定配位电荷、提供配位数和对称性等结构信息。

扩展X射线吸收精细结构（EXAFS）是指从吸收边以上30～50eV一直扩展到1000eV范围内的吸收系数振荡。EXAFS的产生与吸收原子及其周围其他原子的散射有关，即都与结构有关。因而可通过测量EXAFS来研究吸收原子周围的近邻结构，得到原子间距、配位数、原子均方位移等参量。

在锂离子电池正极材料的应用中，X射线吸收谱（XAS）常被用来确定各种组成元素的价态，及其在电化学反应过程中的变化情况，以及各种元素的配位情况。

10.3 正极材料的电化学性能指标分析

无论是锂离子电池正极材料的研究人员还是生产人员，最关心的莫过于材料的电化学性能，这也是材料最重要的指标。在实验室中，大多采用半电池，即以金属锂为负极，组装成扣式电池，进行基本电化学性能的评价。而在工厂里，除了半电池，必须组装全电池进行评测，即负极采用的是商品锂离子电池中石墨碳负极。测试的指标主要为能量密度、功率特性、循环寿命、温度特性等等。

10.3.1 容量测试

电池的容量是指在给定条件和时间下电池完全放电产生的电荷总数，电池的容量包括理论容量和实际容量。在我们进行正极材料的容量考察时，往往让负极过量，因此电池的容量取决于正极材料。

活性电极材料的理论容量可按下式计算

$$C_0=nF \tag{10-3}$$

式中，F 是法拉第常数，96485C/mol；n 是放电过程产生的电子的物质的量。C_0的单位为库仑，而在工程应用中，人们更喜欢使用 A·h或 mA·h。由于

1C（库仑）＝1A（安培）·s（秒）＝1000mA·1/3600 h（小时）＝0.2778mA·h

所以

$$C_0=(n\times 96485\times 0.2778)\text{mA}\cdot\text{h}=26803n\,\text{mA}\cdot\text{h} \tag{10-4}$$

电池的容量与电池的大小，即电池活性材料的多少有关，为了便于不同材料之间的比较，往往采用材料的比容量。比容量也是衡量材料储存电量的能力的关键指标。

$$C_m=C_0/m=(26803n/m)\text{mA}\cdot\text{h/g}=(26803/M)\text{mA}\cdot\text{h/g} \tag{10-5}$$

M 为材料的摩尔当量；在单电子反应机制下，M 为相对分子质量。

实际容量 C_p 比理论容量 C_m 要小，如 $LiCoO_2$ 按照分子式计算，1mol 的 $LiCoO_2$ 可提供 1mol 的锂离子，对应的理论容量应该是 274mA·h/g。但实际容量比理论容量要小，一方面是因为反应物在放电过程中无法 100%被利用，如上述 $LiCoO_2$ 中，如果锂离子完全脱出，将造成材料晶格塌陷，无法进行后续的放电。为了保持结构的稳定，只允许 50%左右的锂离子脱出，对应的容量在 140 mA·h/g左右。另一方面，随着充放电倍率的增加，电池内阻引起的IR降使得实际容量进一步降低。

为了表征材料的比容量，通常需将测试电池在足够小的电流下（针对目前使用的正极材料，通常使用0.1C或0.2C的电流）进行充放电，以确保尽可能充分地将所有活性材料的存储性能发挥出来。对于一些新开发的正极材料，若其倍率性能较差，为确定其容量，充放电电流甚至会小至0.01C。

10.3.2 电压测试

电池的能量为容量和电压的乘积，因此提高电压也是增大电池能量密度的有效途径之一。事实上，锂离子电池相对于其他类型的二次电池具有较高的能量密度的一个主要因素就是因为其具有电压高的优势。我们所说的电压就是正负电极材料的氧化还原电势差，在锂离子电池体系中，一般习惯采用相对于金属锂的电势差来衡量电极的电势高低。在目前使用的有机电解液体系的稳定窗口中，一般认为其电极电势高于2V才可称为正极材料。通常用到的电压有开路电压、工作电压、截止电压和中值电压等。

开路电压是指外电路中没有电流时正负极之间的电势差。它是电极材料-电解液体系达到热力学平衡时对外做功能力的表征。开路电压可以提供电池内部短路发生情况和初始界面化学反应的信息。通过测试充放电循环过程中的电极开路电压，我们可以考察充放电的可逆性。开路电压随时间的变化为我们研究电化学反应提供了信息，例如研究电极材料的电荷转移和自放电现象等。

工作电压总是比开路电压低，这主要是由于存在欧姆极化以及由电极/电解液界面的电荷运动引起的类似极化效应。

截止电压是指电池在放电或充电时所规定的最低放电电压或最高充电电压，对二次电池而言，终止电压的确定需要考虑电池容量与循环稳定两方面的因素。大的充放电电压范围可以让电池释放更大的容量，但循环性能往往会变差；而在小的充放电截止电压范围内，电池的循环能力较好。例如有实验证明采用NCA材料装配的18650电池在2.5～4.2V全充放电循环时，寿命低于1000次（容量降低至80%）；而当充放电范围改为3.48～4.05V时，寿命超过3000次。当衡量一种材料，特别是一种新材料的比容量时，需要关注其充放电电压范围。对于时有出现的号称达到300mA·h/g的正极材料，其放电下限电压往往达到2V，甚至1.5V，其很大一部分容量来自低电压部分。由于一般用电器件要求恒功率输出，所以当电池以低电压恒功率放电时，其电流值将会大增，并使得IR压降增大，这是电池并不希望出现的现象。

中值电压指的是放电容量为电池放电容量一半时的电池电压值，工程上常用中值电压来考察一个电池工作电压的高低。

平均电压是指电池的整个放电过程中电压的平均值，当采用恒流放电的方式时，需通过电压-时间曲线的积分来计算平均电压。由于现在的电池测试软件一般都会给出容量和能量值，平均电压也可以通过计算能量与容量的商值来获得。

10.3.3 循环测试

电池的循环寿命是电池失效前可反复充放电的总次数，锂离子电池的循环测试一般是在恒温条件下，以固定的充放电电流对电池在一定的充放电范围内进行反复的充放电，考察容量或能量随循环次数的变化。

电池经过 N 次充/放电循环后，容量保持率表示为 C_N/C_1（%），相对的容量降低率表示为（C_1-C_N）/C_1。N 次充放电循环和 1 次循环后的容量分别为 C_N 和 C_1。一般以电池容量下降到初始容量的 80%为标准，来表示和对比电池的循环寿命。

影响电池循环寿命的主要因素是电极活性材料、电解液、导电剂、黏结剂、集流体等各种组成部件的稳定性。对于正极材料来说，在电池的循环过程中，活性材料或其活性位置会逐渐减少，这主要包括电极活性表面积的减小、活性物质晶型的改变、活性物质的脱落或转移等等。另外，测试条件对电池的寿命也有影响，如测试温度、充放电深度、充放电电流大小等等，这些测试条件必须在测试报告中标明。

评价正极材料的循环性能时，实验室的半电池是不够准确的，因为金属锂片在上百次的循环过程中，结构和形貌都有很大的变化，很可能对电池的容量和性能有明显的影响，此时获得的电池的性能就不能准确反映正极材料的变化。因此半电池对循环测试来说只具有参考意义，必须采用全电池来进行评价。事实上，一些材料在半电池和全电池中的表现差异很大，例如，高电压的尖晶石材料 $LiNi_{0.5}Mn_{1.5}O_4$ 在半电池中可以表现出很好的循环性能，但在以碳材料为负极的全电池中，循环性能大大下降。

10.3.4 储存性能测试

与电池储存性能最紧密相关的是自放电行为。电池的储存性能是衡量电池综合性能稳定程度的一个重要参数，电池经过一定时间的储存后，电池的容量及内阻会有一定程度的变化。电池自放电与活性物质本身、电极结构、制造工艺、电池工作条件等因素相关。

自放电性能的测试方法是在（20±5)℃下，首先以 0.2C 的倍率充放电测量其放电容量作为储存前的放电容量，然后同样以 0.2C 的倍率充电并搁置 28 天后以 0.2C 的放电电流测量储存后的放电容量。

储存性能的测试方法类似，只是将储存时间延长为 18 个月，而且储存中的化学电源可以是荷电态的、半荷电态的也可以是放电态的。

对于正极材料来说，材料本身在未装成电池之前，在储存环境中也存在着稳定性的问题，特别是一些 pH 值较高的材料，表面易吸附空气中的水分和二氧化碳，并发生反应，对材料后续的制浆和涂布，进而对电化学性能都会有明显的影响。例如高镍含量的层状正极氧化物材料NCA、NCM等，需要考虑其储存环境和提高其储存性能。

10.3.5 倍率测试

材料在电池中表现出来的倍率性能也是衡量材料电化学性能的重要指标，它直接决定了电池的功率特性，即电池大电流充放电的能力。倍率其实是一个电流值，即在规定时间内充入或释放完全额定容量所对应的电流大小。规定1h充入或释放完成额定容量所对应的电流为1倍率（1C），则需要nh才能充入或释放完成所有容量的电流值为1/nC。当倍率增加时，电池充放电所需的时间减少。倍率的大小对嵌入式电极材料的容量有明显的影响，因为在大电流充放电时不仅存在着严重的电极/电解质界面极化，还有嵌入离子在电极中的浓差扩散极化。在锂离子电池的研究中，一般是将电池用小电流充满电后，以不同的倍率放电，考察在这些不同倍率下电池的容量和电压变化。随着倍率的增大，电池的放电容量会减小，工作电压会下降。一般用放电容量的变化来表征倍率性能，如10C的倍率性能用其容量与0.1C容量的比值来表示。

参 考 文 献

[1] 北京大学化学学院中级仪器实验室．低温静态容量法测定固体比表面和孔径分布//比表面孔分布仪操作手册．

[2] 杨军，谢晶莹，王久林．化学电源测试原理与技术［M］．北京：化学工业出版社，2006.

[3] GB 5162—2006 金属粉末 振实密度的测定．

[4] Bard A J，Faullner L R. 电化学方法．邵元华等，译．北京：化学工业出版社，2005.

[5] 张鉴清．电化学测试技术［M］．北京：化学工业出版社，2010.

[6] 杨辉．应用电化学［M］．北京：科学出版社，2001.

[7] Jung-Ki Park. Principles and Applications of Lithium Secondary Batterise［M］. Wiley，2012.

第11章 锂离子电池正极材料展望

锂离子电池从1991年诞生，到现在已经经历了四分之一个世纪的发展，锂离子电池已广泛应用于各种便携式电子产品，在目前的二次电池市场上是最具活力的，其需求量仍在不停地增长。在该产业与其下游产业的相互促进与共同发展中，市场扩展将会越来越快。其下游产品包括各类数码电器、电动工具、电动车辆，以及各类储能系统。此外，在军事领域、航天航空及智能机器人等领域也有大量的市场。随着锂离子电池的应用市场的变化，对其提出的要求也在发生着变化。

目前全球锂离子电池主要生产国家是中国、韩国和日本。三国占据了全球95%左右的市场份额。近年来，由于动力电池的快速发展，锂离子电池这一行业又进入了一个快速增长周期。中国锂离子电池行业得益于中国政府加大新能源汽车推广力度，电动汽车产销量迎来井喷式增长，对锂离子电池的需求迅猛增长。全球主要企业瞄准这一市场，纷纷加快在中国的布局步伐，全球锂离子电池产业重心进一步向中国偏移。2016年在中国生产的锂离子电池数量达到78.42亿自然只，连续十二年位居全球首位[1]。

从锂离子电池的发展来看，一方面是锂离子电池的制造工艺不断进步和成熟，使得电池的性能逐步提高，成本逐步下降。但与具有上百年历史的一次电池相比，锂离子电池的工艺仍有不小的上升空间，值得工程技术人员深入研究和开发。另一方面，在锂离子电池的发展历程中，有不少新的体系和新的材料出现，使得锂离子电池的发展呈现多元化，可以根据不同的实际需要来进行材料和体系的选择。

11.1 动力锂离子电池正极材料技术路线之争

我国作为一个发展中的能源消耗大国，2016年原油消耗总量达到5.56亿吨，同时对外依存度高达65%，已连续十年突破50%的安全警戒线。这严重威胁我们的国家安全。目前，我国汽车消耗的燃料占燃料消耗总量的40%以上。

而我国的汽车数量增长速度惊人，2016 年我国汽车的销售量超过 2800 万辆，连续八年稳居世界第一。在此背景下，我国政府将新能源汽车作为七大战略新兴产业之一。

新能源汽车中电动汽车是主要发展对象，它由电池提供部分或全部动力。锂离子电池是可实用化的电池中能量密度最高的体系，目前的动力锂离子电池能量密度为 200W·h/kg 左右，是铅酸电池的 2.5 倍以上，镍氢电池的 1.5 倍以上，是当前最有可能满足普及型电动汽车的动力电池。事实上，目前各大汽车厂商都在竞相开发动力锂离子电池，表 11-1 是一些著名的电动车厂家采用的电池型号及其性能。

表 11-1　部分电动车用电池型号及其性能

制造商/车型	电动车类型	电池类型	电池尺寸	续航里程	充电时间	电池供应商
雪佛兰 Volt	PEV	锂离子电池	16kW·h	56km	4h(240V)；10～12h(120V)	LG
尼桑 Leaf	EV	锂离子电池	24kW·h	117km	0.5h(480V)；7h(240V)；20h(120V)	Nissan
特斯拉 Roadstar	EV	锂离子电池	56kW·h	400km	3.5h(240V/70A)	Panasonic
特斯拉 Sedan	EV	锂离子电池	40kW·h	482km	4h(240V/90A)	Panasonic
菲斯克 Karma	PEV	锂离子电池	22.6kW·h	52 km	6h(240V)	A123
丰田 Prius Plug-in Hybrid	PEV	锂离子电池	4.4kW·h	18 km	1.5h(240V)；2.5～3h(120V)	Panasonic
福特 Focus Electric	EV	锂离子电池	23kW·h	122km	4h(240V)；20h(120V)	LG
福特 Fusion Energi	PEV	锂离子电池	35kW·h	N/A	N/A	Panasonic
Coda	EV	锂离子电池	31kW·h	142km	6h(240V/30A)	Coda
丰田 RAV4-EV	PEV	锂离子电池	41.8kW·h	160 km	6h(240V/40A)	Tesla
通用 SparkEV	EV	锂离子电池	21.3kW·h	132 km	7h(240V)	LG
梅赛德斯奔驰 Smart ED	EV	锂离子电池	17.6kW·h	138 km	7h(240V)	Deutsche ACCUmotive
宝马 I3	EV	锂离子电池	22kW·h	160 km	10h(110V)；3h(220V)；0.5h(440V)	Samsung SDI

由于动力锂离子电池是从手机使用的小型高容量锂离子电池发展而来的，在用于电动车这样的大型交通工具上时，不仅仅是电池的放大，一些新的课题和要求必然被提出。第一，最重要的就是安全性，电池越大、能量越高，危险性就越大。第二，是能量密度，高的重量能量密度和体积能量密度是电动车可以取代燃油车的根本，图 11-1 是目前开发的各种二次电池的重量能量密度与汽油的能量密度比较示

意图[2]。可以看到目前的电池技术相对于汽油来说，还有很大的差距。但在一定条件下，电动车对能量密度的追求并不像3C电池那么迫切。第三，是电池的快充快放能力，小型电池在使用中对功率的要求较低，但在电动车上，快速启动和爬坡等实际工况要求电池有较大的输出功率。同时，快速充电也是电动车的特殊要求。第四，电池的寿命要求，消费类电子设备对电池的寿命要求一般为500次循环，可以使用1～2年。但电动车对电池的寿命要求至少能循环上千次（在混合电动车中要求上万次），可以使用10年以上。第五，3C电池多为单体电池，对电池的管理简单。但在车用电池中，为达到足够的电压和电流，电池必须串并联起来，因此对电池组的管理成为一个很重要的课题。

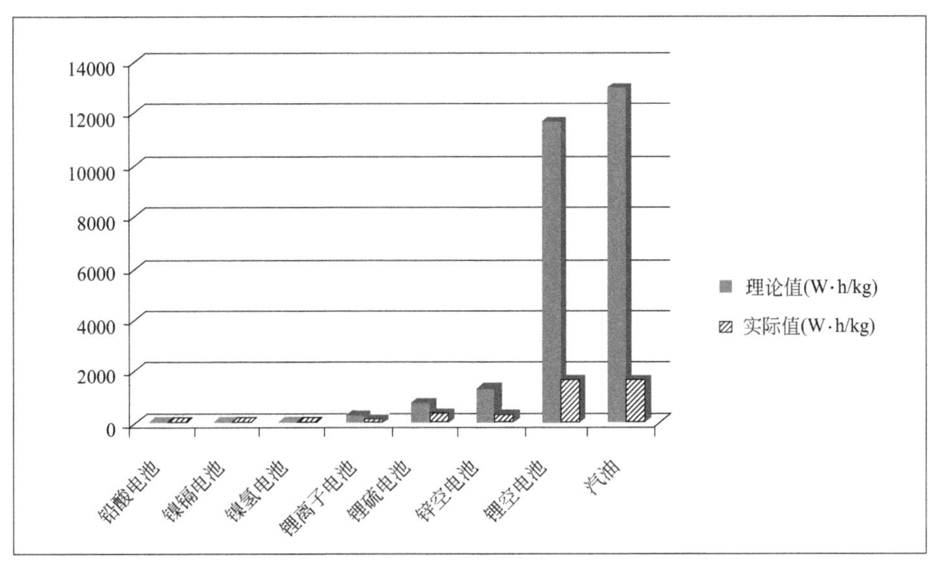

图 11-1　各种二次电池与汽油的重量能量密度比较

目前的电动车用锂离子电池正在快速向前发展，其中正极材料是其性能和价格的关键，根据正极材料使用的不同，如今电动车用锂离子动力电池主要有两条技术路线。

第一条技术路线是从能量密度出发，选择高能量密度的正极材料，主要有NCM三元材料和NCA二元材料。这一技术路线的基本思路是：要用电池取代燃油，首先必须保证高的能量密度。携带同样的电量，电池本身体积和重量越小越好。电动车所需要携带的电池的重量和体积，是设计电动车一个非常重要的参数。普通的铅酸电池的能量密度为40W·h/kg左右，对一辆需要40kW·h电的插电式混合动力车来说，如果使用铅酸电池，则电池的重量就将达到1000kg，再加上结构支撑、冷却系统和管理系统等，整个电池系统的重量有可能达到1500kg，电池本身与一辆中型车就相当；而采用能量密度为100W·h/kg的锂离子电池，这辆车如果采用同样携带40kW·h电，所需要的电池重量就只需要400kg。一般的，当车辆每增加100kg的重量，每百公里电耗就需要增加0.6～0.7kW·h，这样一来如果电池多了 600kg 重量，同样性能的车每百公里就要增加电耗 4kW・h 多，车辆的续航里程会大大减小。这里可以看出高的重量能量密度的优势是非常明显的。同时体积能量密度也很重要，毕竟车的体积比较小，电池占据了太大的空间的话很麻烦。铅酸电池的体积能量密度为 100W・h/L 左右，锂离子电池的体积能量密度至少为 300W・h/L，这样采用锂离子电池所需的空间体积只有所需铅酸电池体积的三分之一。对于 40kW・h 电的电池组，使用铅酸电池时，仅电池本身的体积将达到 $0.4m^3$，体积庞大惊人，而使用锂离子电池可将体积缩小为 $0.13m^3$ 左右，在车辆的狭小空间里面，这应该是很重要的了。同时当电池系统体积增大时，所需要的支撑结构也相应变大，就会进一步导致车辆的重量增加，对提高能量利用率更加不利。

从以上的分析可以看出，在电动汽车使用的储能系统中，采用高能量密度的电池具有明显的优势，这也是为何锂离子电池能快速进入电动车领域并占领市场的主要原因。图 11-2 是锂离子电池自诞生以来，按照 18650 型号的电池计算，其能量密度的变化情况。可以看到，锂离子电池的体积能量密度是逐年上升的，平均年增加速率达到 11%。

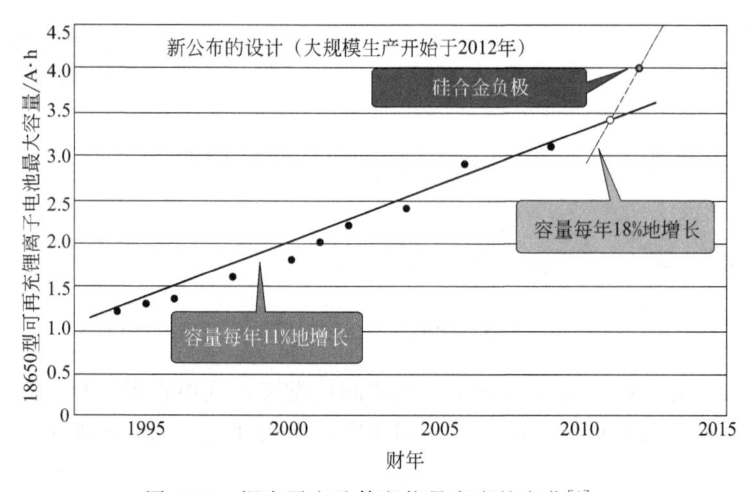

图 11-2　锂离子电池体积能量密度的变化[2]

在目前的动力锂离子电池中，负极材料相对固定，为石墨类碳材料，因此对正极材料的选择很大程度上决定了电池的性能。而在各种正极材料中，采用具有层状结构的氧化物材料制造的电极的能量密度最高。

三元 NCM 材料根据三种过渡金属元素含量的不同有不同的类别，随着 Ni 含量的增大能量密度提高，但循环性能会有所下降。目前主流的三元材料是 111 型，采用其制造的锂离子电池能量密度在 160 W・h/kg 的水平。如果采用容量更大的 532，甚至 622 型三元材料，能量密度可以达到 200 W・h/kg，但电池寿命一般只有 300～500 次。同时考虑到三元系材料的成本依然较高，很多动力电池公司在制造过程中，往往会在其中加入一定量的锰酸锂。

NCA材料的能量密度比NCM更高，采用NCA材料制造的锂离子电池的能量密度一般可以达到200～235 W·h/kg。由于Tesla成功地将其应用到电动车中，在全球范围内掀起了一股NCA研发和产业化的新浪潮。

由于电池是一个能量包，能量越高，其带来的潜在安全性问题就越大。所以对于“高能量”这一动力锂离子电池技术路线来说，安全性的保障是关键。目前，一些新的安全防范措施已经被开发出来：如通过在隔膜上加陶瓷涂层和采用负极热阻层来阻止电池内部短路；在电解液中添加氧化还原电对和采用电压敏感膜来防止过充；采用温度敏感电极或电极材料来防止电池热失控等等。同时采用先进的电源管理系统对保证电池组的安全性非常重要。Tesla以18650圆柱形小电池为单体，其单体比容量为3000mA·h，电压为3.7V。成熟的18650电池制造技术较好地保证了电池的一致性。将约400个18650型单体电池组合成一个电池模块，放入电池箱体的特定部位，然后再将近20个电池模块连接起来。整个电池箱体包含有7000多颗18650型电池单体。不同的模块之间用隔板隔绝。这样的设计既可以增加电池组整体的牢固程度，使整个底盘结构更加坚挺，更有利于电源管理，避免某个区域的电池起火时引燃其他区域的电池。隔板内部填充有玻璃纤维和水。整个电池箱位于车辆的底盘，与轮距同宽，长度略短于轴距。电池组的实际物理尺寸是：长2.7m，宽1.5m，厚度为0.1～0.18m。电池组采用密封设计，与空气隔绝，大部分用料为铝或铝合金[3]。可以说，电池不仅是一个能源中心，同时也是Model S底盘的一部分，其坚固的外壳能对车辆起到很好的支撑作用。Tesla公司通过成熟的电源管理系统来保证电池组的安全，获得了很大的成功。图11-3为Tesla公司Model S型电动车使用的单体电池、电池模块和电池组。

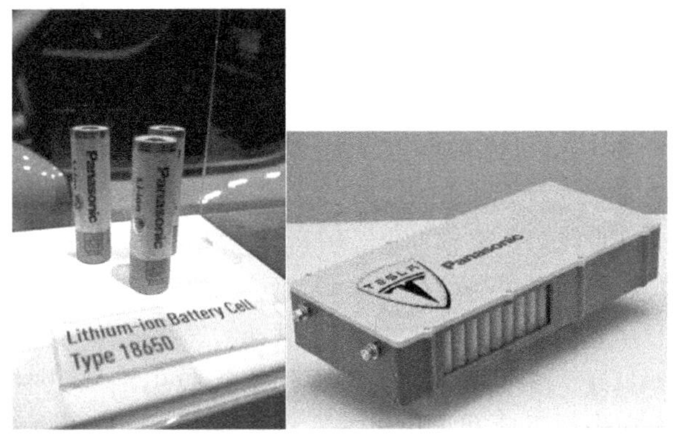

图11-3　Tesla单体电池、电池模块和整车电池

对于电动汽车技术路线除了要考虑能量密度（主要是基于续航里程考虑）和安全性，还要考虑资源问题。在特斯拉的电动车中，每颗容量为 3000mA · h 的 18650 型 NCA 圆柱电池需要 17gNCA，对应需要消耗金属镍约为 8.33g、钴约为 1.56g。若以每辆车 7000 颗电池计算，每辆车需要镍为 58.3kg、钴为 10.95kg。按照国家《节能与新能源汽车产业发展规划》的规划，到 2020 年我国的电动车拥有量将达到 500 万辆，2020 年当年产量将达到 200 万辆，若全部采用 NCA 材料，每年需要的镍为 11.7 万吨、钴为 2.19 万吨。全球电动汽车产量按中国产量的 5 倍计，则每年需要的镍为 58.5 万吨、钴为 10.9 万吨。然而目前全球每年镍产量约为 200 万吨，钴为 10 万吨。同时，工业七国宣称在 2030 年新能源汽车拥有量要达到汽车总数的 70% 以上，按此计算，所需镍、钴资源的消耗将是不可想象的。为了实现这一目标，必须解决锂离子电池中镍、钴和锂资源的低成本回收问题。

因此，若采用 NCA 或 NCM 为正极材料，则镍钴资源难以承受。即使采用镍钴回收的办法，其成本也是一个问题。随着镍钴资源消耗量增加，镍钴价格将会暴涨，历史上镍的价格曾高达 40 万元人民币/t，钴的价格高达 70 万元人民币/t。若坚持走三元系技术路线，三元系材料的价格将会相应暴涨。

第二条技术路线走的是安全第一的思路。从确保电动车安全的角度出发，采用安全性最好的磷酸铁锂（$LiFePO_4$）为正极材料。毫无疑问，电动车是载人的，其安全性的保障是首要的。伴随着电动汽车市场的大发展，关于电动汽车燃烧和召回的事件也有日渐增多的趋势，人们对电动车的安全性也越来越关注。

采用正交晶系橄榄石型的磷酸铁锂为锂离子电池的正极材料，从正极材料角度极大地改善了安全性能。磷酸铁锂有很好的热稳定性，这是由 $LiFePO_4$ 结构中较强的 P—O 键决定的，$LiFePO_4$ 中 P—O 键形成离域的三维立体化学键，非常稳定。在常压空气气氛中，$LiFePO_4$ 加热到 400℃仍能保持稳定。从室温到 85℃范围 $LiFePO_4$ 不会与含 $LiBF_4$、$LiAsF_6$ 或 $LiPF_6$ 的 EC/PC 或 EC/DMC 电解液发生反应。因此，以 $LiFePO_4$ 作正极材料的锂离子电池具有很好的循环可逆性能，特别是高温循环可逆性能，而且提高使用温度还可以改善它的高倍率放电性能。在电解液 1mol/L $LiPF_6$（EC 与 DMC 体积比为 1∶1）中，全充电状态的 $LiFePO_4$ 在 210～410℃存在放热峰，总热量为 210J/g，而全充电态的 $LiCoO_2$、$LiNiO_2$ 总放热量分别为 1000J/g、1600J/g，并且伴随着氧气的逸出。绝热量热 ARC（Accelerating Rate Calorimeter）技术是一种通常使用的测量电池及其材料的稳定性的技术。它能够模拟潜在失控反应和量化化学品和混合物的热、压力危险性。它通过研究样品在绝热环境下的自加热情况，来测量电池及其材料在不同温度下的化学稳定性。图 11-4 为以五种不同正极材料制造的 18650 型电池在不同温度下的自热情况。其关键参数为峰的起始温度、峰值对应的自热速率和峰宽。可以看出，$LiCoO_2$ 的热稳定最差，二元材料 NCA 的热稳定有所提高，改性的三元材料进一步增加了稳定性，而尖晶石锰酸锂的自热速率峰值大幅下降。磷酸铁锂的放热起始温度接近 200℃，自热速率是这五个电池中最小的，不到钴酸锂电池的 1%。

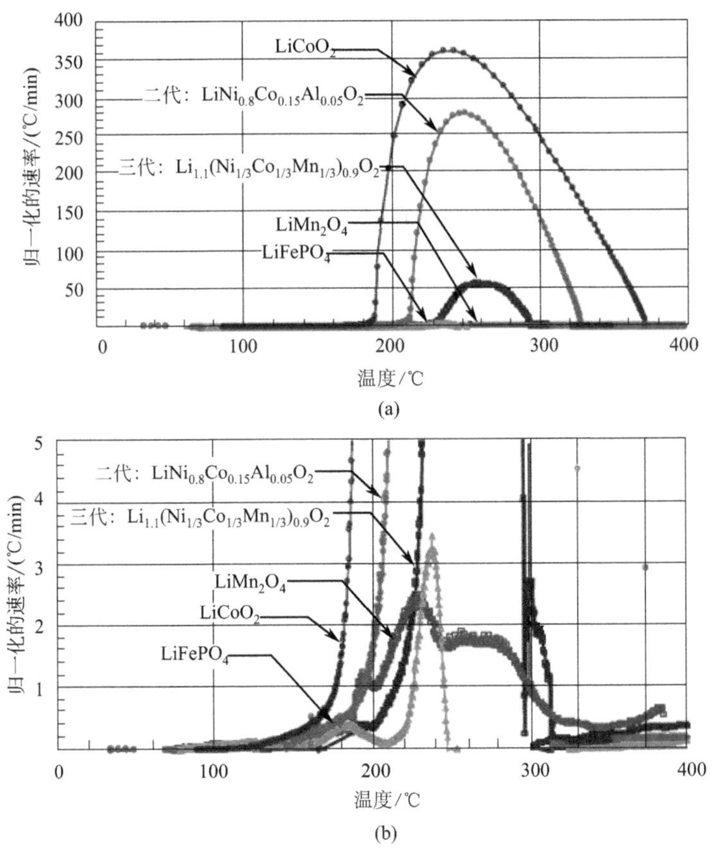

图 11-4 采用不同正极材料制备的 18650 型电池以 ARC 技术测得的放热情况[2] [（b）为（a）图的局部放大图]

目前采用磷酸铁锂作为电动汽车用锂离子电池正极材料的主要厂商为中国的一些汽车厂家。其中最具代表性的为比亚迪，该公司生产的 e6 电动车，所携带的电池能量为 63kW·h，重量达到 750kg。而通过采用磷酸锰铁锂新型正极材料，提高了电池单体电压，因此在提高电池组能量到 82kW·h 的同时，将电池重量降低至 700kg。图 11-5 是比亚迪公司生产的磷酸铁锂电池单体和电池组照片。

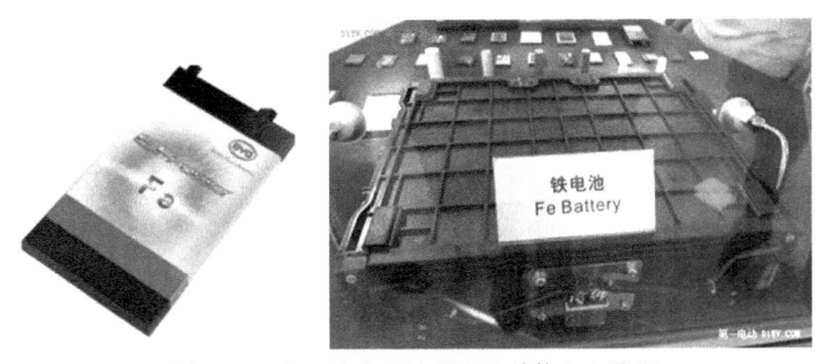

图 11-5 比亚迪磷酸铁锂电池单体和电池组

从资源角度分析，全球铁产量大于10亿吨，铁资源不受限，全球磷产量大于1亿吨，资源不受限。此外，磷酸铁锂中锂的含量约为4%，而三元系材料的锂含量约为7%。因此，磷酸铁锂对锂资源的消耗，比三元系要低40%以上。

随着磷酸铁锂产能的进一步增大，磷酸铁锂成本将会大幅度下降，如果碳酸锂价格维持正常水平的话，未来磷酸铁锂售价将会低于6万元/t。同时若采用磷酸铁锂/石墨烯复合材料，磷酸铁锂电池可以在10min内充满80%的电量，因此磷酸铁锂电池续航里程就不是问题。

所以综合考虑到磷酸铁锂的资源、成本、循环与安全性能优势，未来电动汽车技术路线有可能以磷酸铁锂为主流方向。

11.2 正极材料发展的展望

锂离子电池从消费类电子产品的电源发展到电动车用能源，产生了极大的经济利益和战略意义。各国政府和各大能源公司都纷纷斥巨资进行研究，希望能在这一新兴行业中占得先机。在历史上，美国、欧盟和日本分别提出过电动车用电池的发展目标[4,5]（见表11-2～表11-4)，其对工业发展车用电池起到了指导作用。

表11-2 美国先进电池联合会（USABC）于1996年提出的车用动力电池组的性能参数

项目	近期	远期
能量密度/(W·h/kg)	150	200
功率密度/(W/kg)	150	200
寿命/a	10	10
价格/[$/(W·h)]	0.15	0.10

表11-3 日本新能源产业技术委员会（NEDO）于2008年提出的电池模块开发目标

项目	2008年	2015年	2020年	2030年
能量密度/(W·h/kg)	100	150	250	500
功率密度/(W/kg)	1000	1200	1500	1000
寿命/a	5～8	8～10	10～15	10～15
价格/[日元/(W·h)]	100～200	30	20	10

表11-4 欧洲汽车研发委员会（EUCAR）于2009年提出的动力电池组的性能参数目标

项目	2010年	2015年	2020年
能量密度/(W·h/kg)	90～100	130～150	180～200
功率密度/(W/kg)	400～750	500～950	600～1250
寿命/a	8～10	10	15
价格/[$/(W·h)]	0.4～0.5	0.3	0.15

以上三个表格中的数据是三个不同地区的组织在不同时间提出的，时间跨度达到了 13 年，其中有一些数据值得对比参考。到 2020 年左右，能量密度能达到 200W·h/kg 左右的电池才有竞争力。由于能量特性是由材料本身所具有的电压和容量所决定的，所以能量的增大往往需要新材料的应用。而功率特性除了对材料本身有依赖之外，还可以通过材料颗粒、形貌的设计，以及电池制造工艺来进行提高。很显然，在 1996～2008/2009 年期间，由于锂离子电池的大规模发展，使电池的制造工艺的进步明显的快于其新材料的发展，因此使得电池的功率性能相对于能量性能有更大的进步。所以 NEDO 和 EUCAR 对功率密度的期望和要求明显高于 USABC 在 1996 年提出的功率发展目标。但在能量密度的期望上，却采取了相对保守的态度。时至今日，在 2015 年这个时间节点上，我们可以发现，目前的电动车中，只有 Telsa 公布的 2014 Improved Roadster 所用电池组的能量密度可以达到 155.56W·h/kg，完成三大组织提出的指标。其他大部分车载电池的能量密度都还在 100W·h/kg 左右。

为了达到更高的能量密度，必须研究和开发新的材料和新的体系。寻找满足性能要求的新材料一直是科技工作人员的工作方向。随着计算能力的增强，很多材料的性质可以通过一定的计算软件来进行计算和预测。通过计算来大范围地搜索材料的想法在美国麻省理工学院（MIT）引发了“材料基因工程”这一项目。MIT 的 Cedar 教授计算了上万种无机材料作为锂离子电池正极材料的性质，在 2010 年给出了如图 11-6 所示的几千种氧化物、磷酸盐、硼酸盐、硅酸盐和硫酸盐的电压和容量关系图[6]，这为科研人员初步筛选未来高能量密度的锂离子电池材料提供了很好的依据。

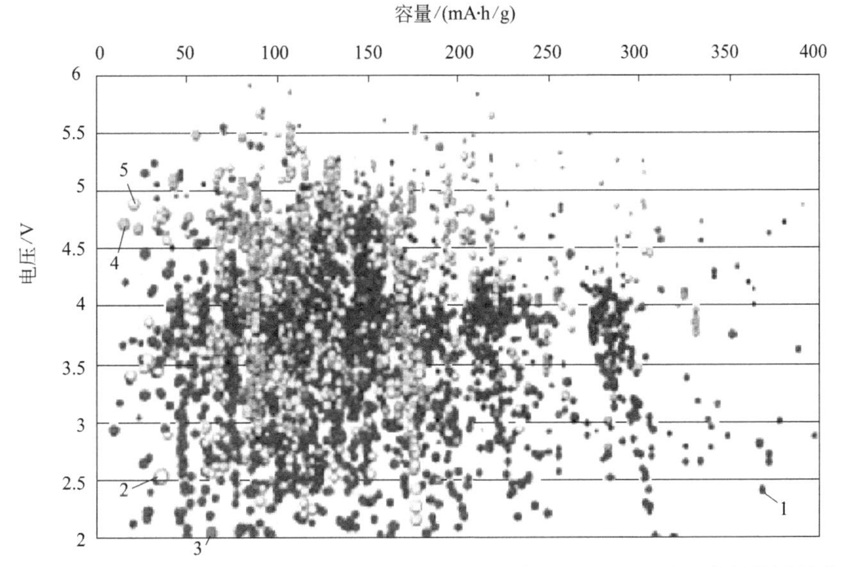

图 11-6 数千种无机化合物作为锂离子电池正极材料的电压和理论比容量的计算值

1—氧化物；2—磷酸盐；3—硼酸盐；4—硅酸盐；5—硫酸盐

但正如本书第 1 章提到的，作为合适的锂离子电池正极材料，要有诸多的条件需要满足。高的电压往往意味着更强的氧化性，会使电解液有更大的被氧化风险，使得制造的电池安全性较差。而大的容量要求有更多的锂离子可以从晶体结构中脱出，这更容易造成材料的结构不稳定、循环性能变差。同时，材料必须具有良好的锂离子导电性和电子导电性。所以在初步筛选之后，仍需要有大量的调查研究工作。

尽管目前有大量的工作投入在开发新型正极材料上，但与此同时，各种已有的较为成熟的锂离子电池正极材料发展也呈现出一些新的发展动态，这些变化在很大程度上是锂离子电池正极材料在一定时期内的发展方向。

11.2.1 高电压钴酸锂

$LiCoO_2$ 是最早开发的商业化锂离子电池的正极材料，也是最为成熟的正极材料。它具有能量密度高、制备简单、循环性能和倍率性能较好等特点，目前仍是商业化应用最广泛的锂离子二次电池正极材料之一。但由于结构稳定性的原因，$LiCoO_2$ 分子中只有约 0.5 个锂离子可以可逆地脱嵌，因此对应的比容量只有 140mA·h/g 左右。提高正极材料能量密度的最有效的两种手段就是提高材料的压实密度和放电比容量。自从 1980 年 Goodenough 开始研究 $LiCoO_2$，经过了 30 多年的发展，其电化学性能及加工性能的研究已臻极限。$LiCoO_2$ 的真密度为 5.1g/cm^3，而目前商业化的 $LiCoO_2$ 压实密度可以达到 4.0～4.2g/cm^3，基本已达到极限。因此提高 $LiCoO_2$ 的充放电比容量几乎成为 $LiCoO_2$ 发展的唯一方向。

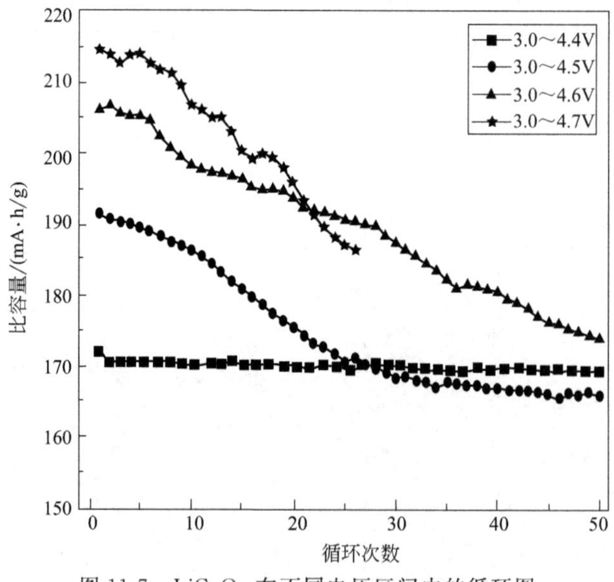

图 11-7　$LiCoO_2$ 在不同电压区间内的循环图

$LiCoO_2$ 在超过 0.5 个 Li^+ 之后继续脱锂（在实际操作中通过提高上限截止电压实现），会带来材料明显的容量衰减。图 11-7 为 $LiCoO_2$ 在 3.0～4.4V，3.0～4.5V，3.0～4.6V 和 3.0～4.7V 四个充放电区间的循环曲线[7]。可以看到，提高充电截止电压可以大幅提高电池的比容量，但循环性能会急剧恶化。

为了改善 $LiCoO_2$ 过充条件下的结构稳定性，目前主要采用掺杂手段。研究较多的掺杂元素主要有 Mg、Al、Cr、Ti、Zr、Ni、Mn 和稀土元素等等，很多时候需要两种以上的元素同时掺杂。图 11-8 为 Mg 和 B 以不同计量共掺杂获得的改性 $LiCoO_2$ 在 4.5V 的上限截止电压下的循环性能情况，可以发现，材料的容量保持率得到了明显的提高[7]。

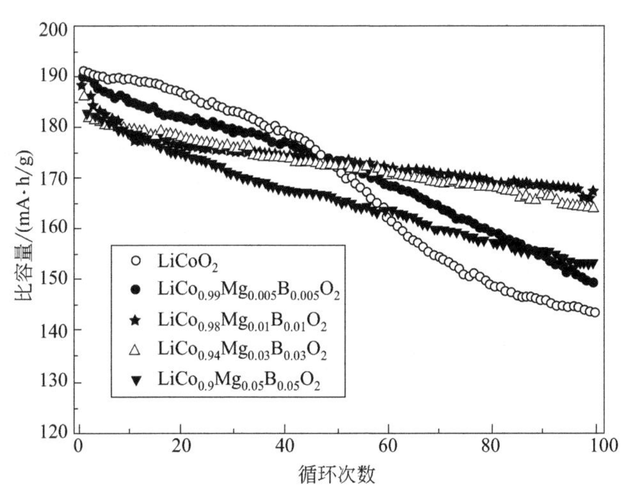

图 11-8 Mg 和 B 共掺杂的 $LiCoO_2$ 样品在 3～4.5V 范围内 0.2C 电流下的循环性能对比

寻找合适的掺杂元素，考虑多种元素共掺杂及其恰当的比例是发展高电压 $LiCoO_2$ 的有效途径。

11.2.2 高镍正极材料

相对 $LiCoO_2$ 正极材料，层状镍氧化物具有容量更高、价格更低、资源更广等优势，但其也面临着循环稳定性不好、热稳定性欠佳和不耐过充等问题。纯相的镍酸锂很难合成也无法使用，需要掺入一定量的其他金属元素，到目前为止，较为成功的是镍钴铝二元（NCA）和镍钴锰三元（NCM）材料。Tesla 将 NCA 材料成功应用在电动车电池中，使得人们对高镍层状氧化物材料重新产生了巨大的研究热情。产业化的 NCM 材料从最初的 111 发展到 442，再到 532，以及目前的 622，还有还处在实验室阶段的 721 和 811。随着镍含量的逐步提高，三元材料出现了与二元材料相似的问题，即生产过程中镍的难以完全氧化和使用过程中材料对湿度的敏感所造成的加工、储存和运输上的困难。

由于在高温情况下，特别是氧化条件不充分的情况下，三价镍离子不稳定，容易发生还原，生成少量的二价镍离子。而后者因为与锂离子半径接近而会有一部分在 Li 的位置上出现，即所谓的 Li/Ni 混排现象。可嵌脱位置上 Li 含量的下降，直接导致放电比容量的降低。同时，镍离子在 Li 位置的出现也阻碍了锂离子的传递通道，最终大大影响了材料的电化学性能。所以在高镍材料的合成过程中必须保证很好的氧化条件。在工业生产中，通过烧结炉的设计，烧结程序的控制，以及一些强化的氧化条件的提供，来保证镍的完全氧化。其中一种有效的工艺为提高氧压，如图 11-9 所示，不同氧气压力下制备的 NCA 正极材料的首次充放电曲线和第 30 次充放电曲线呈现了一定的区别[8]。由图可知，压力对 $LiNi_{0.8}Co_{0.15}Al_{0.05}O_2$ 的放电比容量和容量保持率有着显著的影响。未加压制备样品的首次放电比容量、第 30 次放电比容量和 30 次循环后的容量保持率分别为 174.9mA・h/g、114.5mA・h/g 和 65.5%；而在 0.4 MPa 氧气压力下制备样品的首次放电比容量、第 30 次放电比容量和 30 次循环后的容量保持率分别为 187.6mA・h/g、167.9 mA・h/g和 89.5%；在 0.2 MPa 与 0.6 MPa 氧气压力下制备的样品具有相近的放电比容量和循环性能，优于未加压制备样品而劣于 0.4 MPa 氧气压力制备样品。加压的氧气气氛可以促进 Ni^{2+} 的充分氧化，制备出的 $LiNi_{0.8}Co_{0.15}Al_{0.05}O_2$ 具有较完善的晶体结构，从而提高材料的电化学性能。

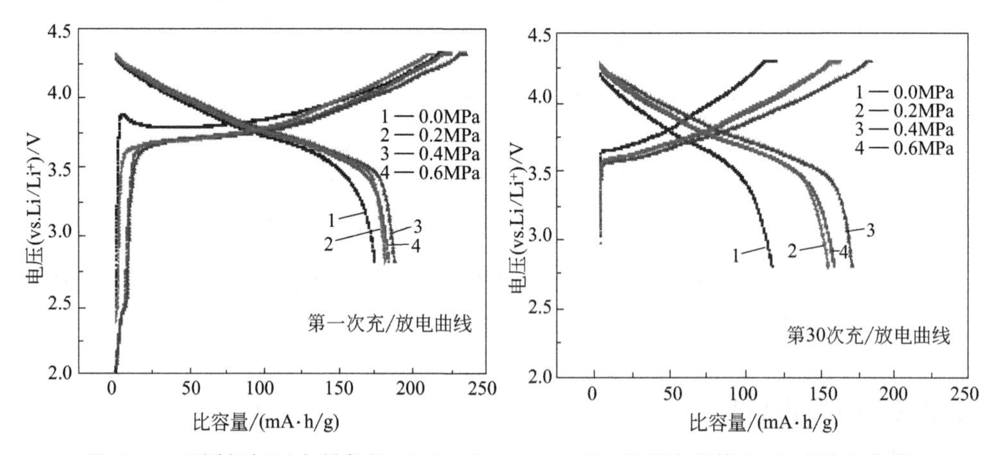

图 11-9　不同氧气压力制备的 $LiNi_{0.8}Co_{0.15}Al_{0.05}O_2$ 的首次和第 30 次充放电曲线

高镍材料的另一个问题是对环境较为敏感，即很容易吸收环境中的水蒸气和二氧化碳，并在表面发生一些反应，这就要求在使用高镍材料时必须对环境加以控制，这也是为什么很多国内的电池厂无法用好高镍材料的原因。控制使用环境只是从外部来解决问题，而通过制备在常规环境中稳定的高镍材料可以更快地推广该系列材料，使其应用成本降低。目前最为常用的处理方法是采用稳定的包覆层来保护高镍材料的内核。根据包覆材料的不同，一般可分为惰性材料包覆和活性材料的包覆。前者有 Al_2O_3、磷酸盐等等，这种包覆由于引入了电化学非活性物质，会引起容量的下降。同时由于包覆物质和被包覆物质在晶形上的较大差异，复合材料在循环过程中由于晶格的膨胀与收缩往往会导致包覆层的脱落。因此，近来有科研人员研究与被包覆的高镍层状氧化物材料具有相似结构的 $LiCoO_2$ 和 $LiNi_{1/3}Co_{1/3}Mn_{1/3}O_2$ 等具有电化学活性的材料的包覆。图 11-10 是 $Li[Ni_{0.8}Co_{0.15}Al_{0.05}]O_2$ 和 $Li[(Ni_{0.8}Co_{0.15}Al_{0.05})_{0.97}(Ni_{1/3}Co_{1/3}Mn_{1/3})_{0.03}]O_2$ 在常温（25℃）和高温

（55℃）条件下，在 36 mA/g 的电流密度下进行充放电时的循环性能对比图[9]。可以看到，常温下 Li［$Ni_{0.8}Co_{0.15}Al_{0.05}$］$O_2$ 经过 100 次循环后，容量保持率为 86.9%，然而经过 Li［$Ni_{1/3}Co_{1/3}Mn_{1/3}$］O_2 包覆后，100 次循环后容量保持可达到 96.2%，材料的循环性能明显提高了。这种稳定性的改善在高温（55℃）下更加明显，未包覆的 NCA 材料比容量从 198.3 mA·h/g 经 50 次循环后，很快降至 136.5 mA·h/g，而包覆后的材料从 193.6 mA·h/g 经过 100 次循环仍能保持在 163.2 mA·h/g。

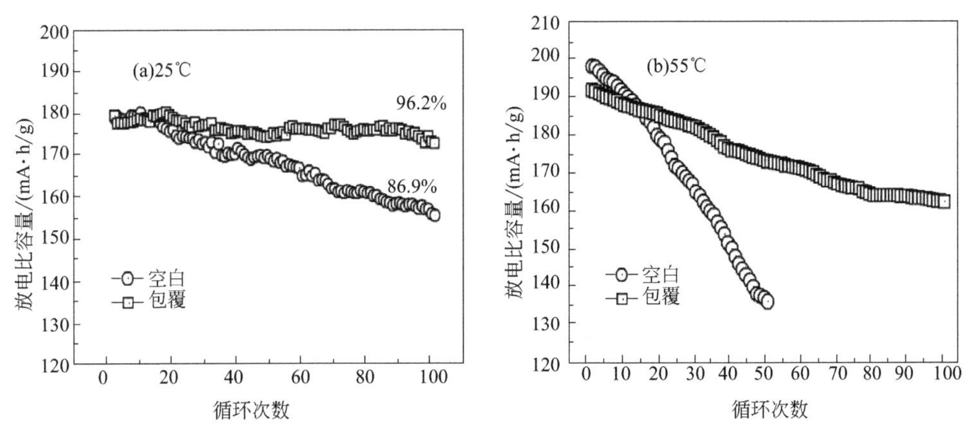

图 11-10　Li［$Ni_{0.8}Co_{0.15}Al_{0.05}$］$O_2$ 和 Li［（$Ni_{0.8}Co_{0.15}Al_{0.05}$）$_{0.97}$-（$Ni_{1/3}Co_{1/3}Mn_{1/3}$）$_{0.03}$］$O_2$ 在 0.2 C 放电倍率下的循环性能比较

韩国汉阳大学 Yang Kook Sun 教授进一步发展了同构物质包覆的概念，提出了梯度材料这一概念，即在高镍材料的表面包覆一层从内向外部镍含量逐渐减小的成分连续变化的材料［见图 11-11(a)］，这样一来，包覆层与本体材料之间的晶格匹配性进一步增加。通过内核的高镍材料来提供高容量，外壳的高锰材料来提供好的热稳定性[10,11]。后来，Yang Kook Sun 教授进一步将其发展为全梯度材料［见图 11-11（b）］，将包覆与被包覆材料做成了一体，彻底消除了晶格界面不匹配的问题，进一步提高了材料的循环稳定性[12,13]。

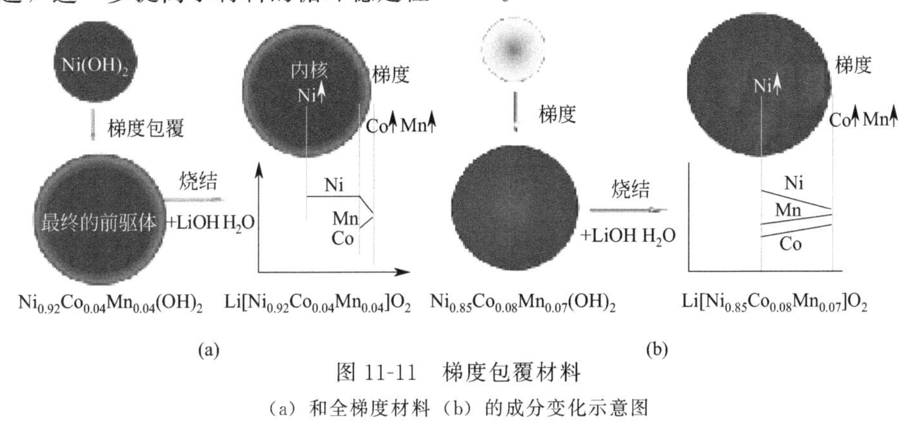

图 11-11　梯度包覆材料

（a）和全梯度材料（b）的成分变化示意图

图 11-12 是梯度包覆材料 Li [$Ni_{0.92}Co_{0.04}Mn_{0.04}$] O_2 和全梯度材料 Li [$Ni_{0.85}Co_{0.08}Mn_{0.07}$] O_2在扣式锂离子电池中的循环性能对比图，充放电电流为 1C，电压截止范围为 3～4.3V，可以看到经过 500 次循环后，梯度包覆材料的放电比容量保持率为 45.84%，而全梯度材料可以达到 57.74%[9]。

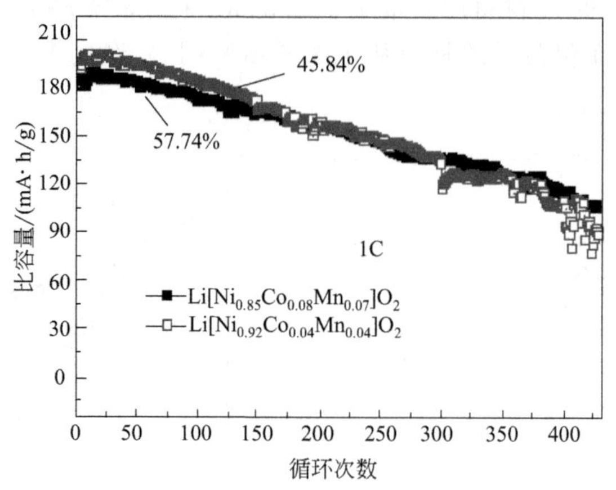

图 11-12 梯度包覆材料 Li [$Ni_{0.92}Co_{0.04}Mn_{0.04}$] O_2 和全梯度材料 Li [$Ni_{0.85}Co_{0.08}Mn_{0.07}$] O_2 的循环性能对比图

除了包覆，通过其他离子的掺杂来提高镍基正极材料结构稳定性和循环性能是一种常见的手段。单种阳离子掺杂往往对于镍基固溶体材料性能的改善有一定的限度，两种或多种阳离子金属共同掺杂体系得到了较多的研究，如 Co、Al 共掺杂，Co、Mn 共掺杂，Co、Mg 共掺杂和三种阳离子的掺杂，等等。从多金属共掺杂的效果来看，其对镍基固溶体性能的改善往往优于单种金属的掺杂。图 11-13 是 $LiNi_{0.9}$-

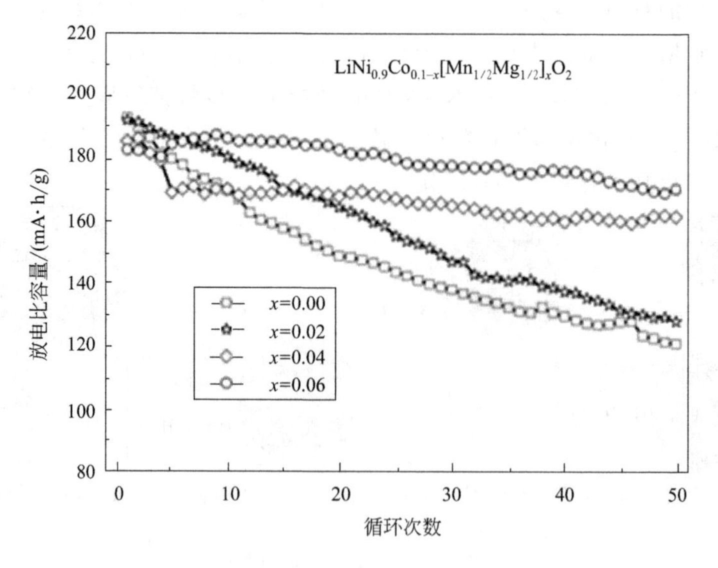

图 11-13 $LiNi_{0.9}Co_{0.1-x}$ [$Mn_{1/2}Mg_{1/2}$]$_x$ O_2 材料在 0.5C 倍率下的循环性能

$Co_{0.1-x}$ $[Mn_{1/2}Mg_{1/2}]_xO_2$（x=0.00，0.02，0.04，0.06）系列材料在3～4.3V范围内，0.5C倍率下容量随着循环次数的变化情况[14]。在x=0.06时，循环40次循环保持能力为93.2%，说明了Mn-Mg的掺杂对镍基正极材料循环性能的改善。

另外，不论是二元材料还是三元材料，以及其他掺杂的高镍材料，基本上都是通过共沉淀法来制备金属离子混合均匀的前驱体。这样获得的最后产物一般是由较小的一次颗粒团聚而成微米级大小的二次颗粒。这种球形团聚体有很好的流动性，通过把团聚体做得致密圆滑可以获得振实密度很高的产品。但这种形貌很好的产品在涂布成极片之后的辊压工序中很容易发生破碎，失去原有的球形形貌。特别是对于包覆材料和梯度材料，其包覆和梯度的概念都是建立在二次颗粒的基础上的。因此，如果在尝试提高这些材料的压实密度的时候，使得二次颗粒发生破碎，其所谓的包覆和梯度效果就完全失去意义了。即使是均匀的材料，如果二次颗粒被压散之后，内部的小颗粒分散出来，与黏结剂、导电剂的接触不紧密，进而引起极化，也会使电极性能变差。所以一般这类材料制备的极片的压实密度都在3.6g/cm^{3}以下。考虑到压实密度直接和体积能量密度相关，因此发展高压实的三元和二元材料也是含镍类材料的一个重要发展方向。

11.2.3 高电压磷酸盐材料

2014年，比亚迪宣称其新e6电动车采用磷酸铁锰锂可以大幅提高电池能量密度，使电动车续航里程有望大幅增加，然而成本不增反降。此处的磷酸铁锰锂为磷酸铁锂和磷酸锰锂所形成的固溶体。与$LiFePO_4$一样具有橄榄石结构的$LiMnPO_4$、$LiCoPO_4$和$LiNiPO_4$，理论比容量都为170 mA·h/g左右，其相对于Li^+/Li的电极电势则分别为4.1V、4.8V和5.1V。这三种材料中，$LiCoPO_4$、$LiNiPO_4$电极电势偏高，工作电压已经超出目前电解液体系的稳定电化学窗口，并且其电子电导率极低。只有$LiMnPO_4$具有较为理想的电极电势，位于现有电解液体系的稳定电化学窗口。高电势使得这种材料具有潜在的高能量密度优点，然而由于$LiMnPO_4$材料导电性极差，电子电导率小于10^{-10} S/cm，远低于$LiFePO_4$的1.8×10^{-9} S/cm，锂离子的扩散系数仅为5.1×10^{-14} cm^2/s，合成能够可逆充放电的$LiMnPO_4$非常困难，限制了其发展应用。因此，目前的工作大多是将磷酸铁锂和磷酸锰锂混合在一起，形成固溶体。Mn^{3+}/Mn^{2+}电对具有的4.1V高电势正好可以弥补Fe^{3+}/Fe^{2+}相对于Li^+/Li的电极电势仅为3.4 V的缺点，同时铁取代部分锰之后，可以使材料的导电性得到一定程度的改善，而这种改善并不是简单的叠加取中间值，$LiFe_{0.45}Mn_{0.55}PO_4$的电子和离子导率要高于$LiFePO_4$一个数量级[15,16]。

$LiMn_yFe_{1-y}PO_4$材料中锰的含量对材料的电化学性能起到决定性的作用，在不明显影响其电化学性能的基础上尽量提高锰含量成为研究的重点。目前研究的最多的为$LiMn_{0.6}Fe_{0.4}PO_4$和$LiMn_{0.8}Fe_{0.2}PO_4$，图11-14是$0.6\leqslant y\leqslant0.9$的四个比例材料的放电曲线图[17]。图 11-15 给出了这几种材料的能量密度和平均电压图[17]。

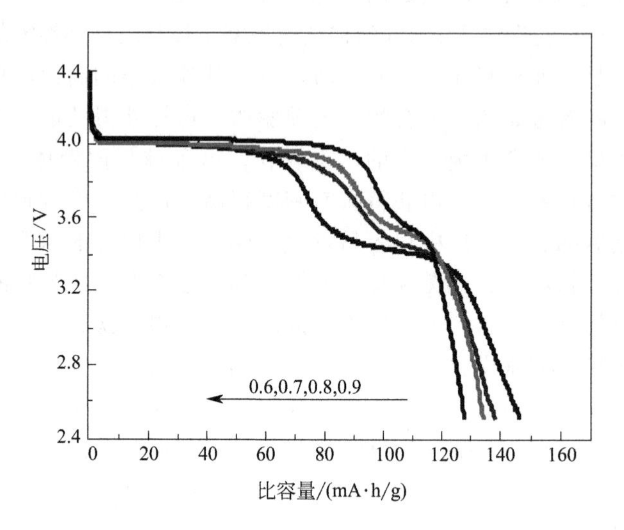

图 11-14　样品 $LiMn_yFe_{1-y}PO_4/C$（y＝0.6，0.7，0.8，0.9）在 0.1 C 倍率下的放电曲线图

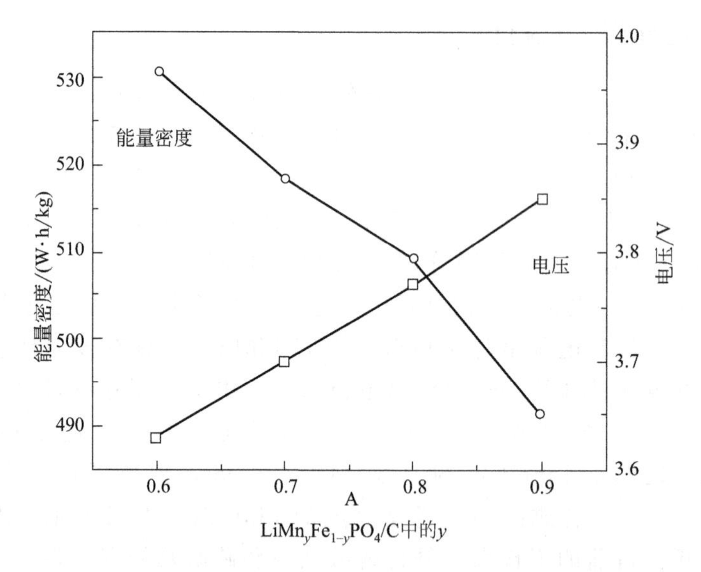

图 11-15　样品 $LiMn_yFe_{1-y}PO_4/C$（y＝0.6，0.7，0.8，0.9）的能量密度和平均电压图

可以看到，随着锰含量增加，材料容量减少，平均电压增高并呈一定线性趋势。综合得到的能量密度有所下降。其中 $LiMn_{0.8}Fe_{0.2}PO_4/C$ 材料平均电压可达到 3.85V，其比容量具有较大提升空间。

一个值得注意的问题时，Mn 的含量提高时，由于导电性的下降，为了保持一定的功率特性，对应的碳含量需要相应有所提高。碳含量的增加必然带来容量的下降，因此在这里需要找到一个平衡点，兼顾重量能量密度和体积能量密度。寻找高效的碳包覆效果，严格控制工艺参数以保证产品的批次稳定性在生产磷酸锰铁锂材料中比在生产磷酸铁锂材料中的意义还要重要。

11.2.4 高温型锰酸锂材料

尖晶石锰酸锂正极材料从综合能量密度和成本角度看，具有很好的性价比，同时该材料对环境友好。但由于其循环性能，特别是高温循环性能差的问题，使其从 1981 年被发现以来，一直在被研究改进。改善尖晶石锰酸锂材料性能主要原理是抑制锰溶解、稳定材料的结构以及开发 $LiMn_2O_4$ 电池专用电解液。目前改善尖晶石 $LiMn_2O_4$ 材料性能的主要手段主要集中在掺杂、表面包覆以及制备具有特殊形貌的材料。

制备球形的 $LiMn_2O_4$ 颗粒是一个新的开发方向，因为球形颗粒具有体积能量密度大、流动性能好、加工性能好。特别对于 $LiMn_2O_4$ 正极材料，球形颗粒具有低比表面积和各向同性，能提高 $LiMn_2O_4$ 的循环性能。这是因为低比表面积减少了材料与电解液的接触面积，从而抑制了锰的溶解；各向同性使材料整体受力均匀，缓解了材料在循环过程中发生的结构塌陷和材料的内应力，从而改善 $LiMn_2O_4$ 的循环性能。图 11-16 是通过沉淀反应技术制备的掺杂 Ni 和 Co 的球形锰酸锂 $LiMn_{2-x-y}Ni_xCo_yO_4$ 的电镜照片，图 11-17 是该材料组装的半电池所对应的常温和高温循环性能。$LiMn_{2-x-y}Ni_xCo_yO_4$ 样品常温和高温首次放电比容量分别为 112.8mA·h/g 和 111.2mA·h/g，常温 500 次循环后比容量为 102.9mA·h/g，容量保持率为 91.22%，高温 500 次循环后比容量为 93.2mA·h/g，容量保持率为 83.81%，表现出很好的高温循环性能[18]。

图 11-16　球形锰酸锂 $LiMn_{2-x-y}Ni_xCo_yO_4$ 的电镜照片

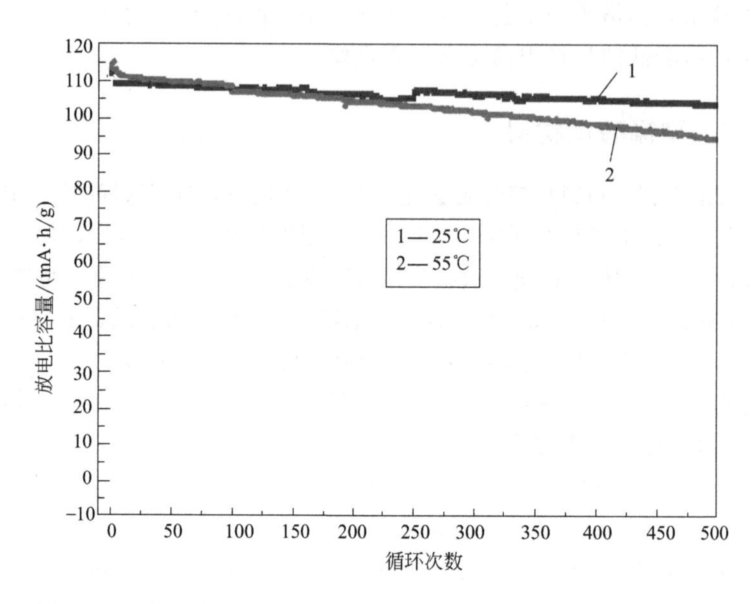

图 11-17　球形锰酸锂 $LiMn_{2-x-y}Ni_xCo_yO_4$ 的常温和高温循环性能

11.3 未来正极材料的发展方向

上一节讨论的是在近期产业化正极材料的发展趋势，但锂离子电池的发展面临着更大的挑战，特别是针对 USABC、EUCAR 和 NEDO 提出的长期目标，能量密度需要达到 300W·h/kg。目前基于传统的嵌脱锂离子的无机正极材料是无法达到这一指标的，需要新的反应机理和新的材料体系。

11.3.1 多锂化合物正极材料

锂离子电池的正极材料最初是硫的层状过渡金属化合物，后来为了提高工作电压，Goodenough 提出采用氧化物。这些层状氧化物工作时，其基本原理是在过渡金属元素发生氧化还原反应的同时，锂离子脱出和嵌入晶格，氧化还原反应过程中转移的电子数和可迁移的锂离子数量相对应。如果材料中的锂离子能够完全脱出，对应的比容量可以达到 270mA·h/g 以上。但由于过渡金属的 d 轨道电子能量与氧的 p 轨道电子能量部分重合（见图 11-18），所以当一部分锂脱出，即低能量轨道上的过渡金属 d 电子失去之后，进一步的氧化就会带来氧阴离子的氧化，使材料的结构不稳定[19]。所以在层状过渡金属氧化物正极材料中，每个分子对应的可脱出的锂离子总是小于 1，因此比容量通常低于 200 mA·h/g。因此想要提高材料的比容量，或者是提高可发生氧化还原反应的过渡金属离子数量，或者是提高发生氧化还原反应的金属离子所对应的可转移电子数。

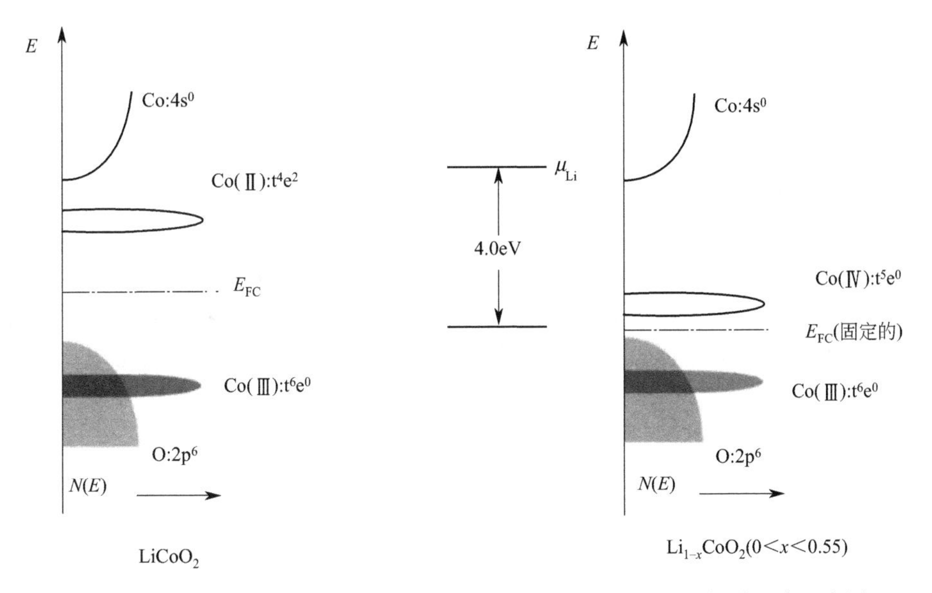

图 11-18 过渡金属层状氧化物中过渡金属 d 电子和氧的 p 电子轨道重合示意图

前一个策略导致了磷酸盐等聚阴离子化合物的出现，通过提高材料结构的稳定性，使得几乎所有的过渡金属离子都可以被氧化，对应所有的锂离子都可以脱出。如磷酸铁锂材料中的锂离子可以完全脱出，得到结构相似的磷酸铁。但这类聚阴离子材料在稳定晶体结构从而提高可发生氧化还原反应的过渡金属离子数量的同时，往往由于引入了较大较重的稳定性结构基团，由于分子量的增大从而抵消甚至降低了比容量。硼酸盐由于分子量较低，理论能量密度可以达到 200mA·h/g 以上。其中 $LiFeBO_3$ 材料实际的放电比容量已达到 200mA·h/g，并且有一定的循环稳定性（见图 11-19）[20]，能量密度可以达到 500W·h/kg。但该材料对湿度很敏感，使用和储存都不方便。同时需要引入较多的导电碳，降低了能量密度。

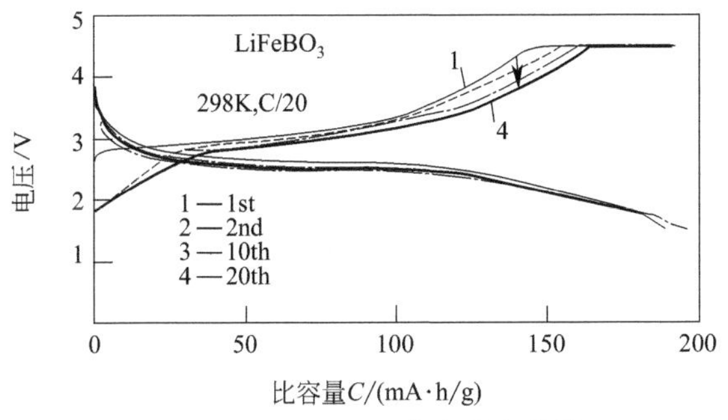

图 11-19 $LiFeBO_3$ 的充放电曲线

第二个策略的应用可以硅酸盐系锂盐为例。在正硅酸盐材料 Li_2MSiO_4 中，若金属元素 M 可以在+2～+4 价可逆变化时，就可以得到 2 个锂离子的脱嵌量，即实现材料的多电子交换反应，材料的理论比容量可达 330 mA·h/g 以上。对

Li_2FeSiO_4 的研究表明，该体系中 Fe^{2+}/Fe^{3+} 的氧化还原电位在 3.1V 左右，而 Fe^{3+}/Fe^{4+} 的氧化还原电位在 4.7V 以上，因此在现有的电解液中，4.7V 的平台只有部分可以利用，所以材料对应的比容量为 200mA·h/g 左右。而研究工作者对 Li_2MnSiO_4 的研究却表明，利用 Mn^{2+}/Mn^{4+} 氧化还原对该材料可以实现大于 200 mA·h/g 的放电容量［见图 11-20(a)］[21]。但是 Li_2FeSiO_4 的循环性能却远胜于 Li_2MnSiO_4［见图 11-20(b)］，因此人们仿照 $LiMn_{1-x}Fe_xPO_4$ 的做法，合成了 $Li_2Fe_xMn_{1-x}SiO_4$，但复合材料在拥有两者优点的同时，也继承了两者的缺点。有研究人员还发现通过合适的合成方法，可以合成出含三个锂的硅酸盐材料 Li_3MSiO_4F，这为探索合成可逆嵌脱锂量大于 1 的正极材料提供了新希望。

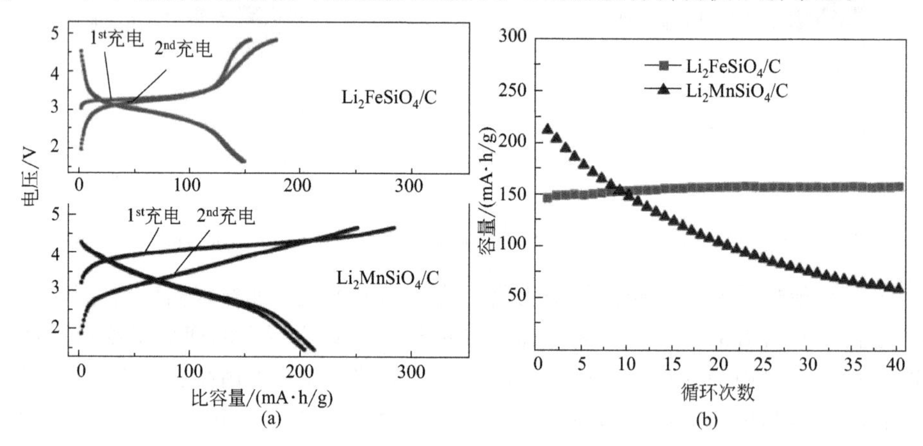

图 11-20 Li_2FeSiO_4 和 Li_2MnSiO_4 在常温下的充放电曲线(a) 和循环性能(b)

11.3.2 利用氧离子的氧化还原

除了以上根据过渡金属离子的氧化还原机理进行合成设计新材料研究之外，近年来一个新的工作机理引起了科研工作人员的极大兴趣，这就是富锂层状氧化物材料的出现，如本书第 9 章介绍的富锂锰基固溶体即为这一类材料，虽然其在产业化的过程中还存在较多的问题需要克服，但这类材料接近 1000W·h/kg 的能量密度让研究者爱不释手。最近日本东京电机大学的 Naoaki Yabuuchi 教授仿照 Li_2MnO_3，进一步提高每个金属原子对应的锂含量，利用+5 价的铌（Nb^{5+}）构造了 Li_3NbO_4[22]，发现尽管 Li_3NbO_4 本身电化学性能很差，但通过与层状的过渡金属氧化物进行复合，获得的富锂铌基固溶体材料类似于富锂锰基固溶体，可以释放比按金属离子完全氧化还原对应更多的锂离子，充放电比容量可以接近 300mA·h/g（见图 11-21）。尽管这一材料还不够稳定，循环中有明显的容量衰减，同时需要加入一定量的导电碳，并在高温下工作，使其材料的实际应用可能性大打折扣。但这种富锂材料的出现再次说明了除了过渡金属离子的氧化还原以外，氧离子也可以在锂离子的嵌入与脱出材料晶格的过程中进行氧化和还原。当然从目前的研究结果来看[23]，一定量的过渡金属元素存在是必需的，否则被氧化的氧会变成氧气释放。利用这类材料构建的电池就像是目前的锂离子电池和锂空气电池的结合体：在正极材料的化学反应中，采用了氧的氧化还原，但又通过过渡金属元素来束缚住氧，不让其变成氧气。这样即利用了氧的氧化还原所带来的高容量，又避免了形成氧气所带来的种种弊端。可以说这为开发设计新的锂离子电池正极材料提供了一个新方向。

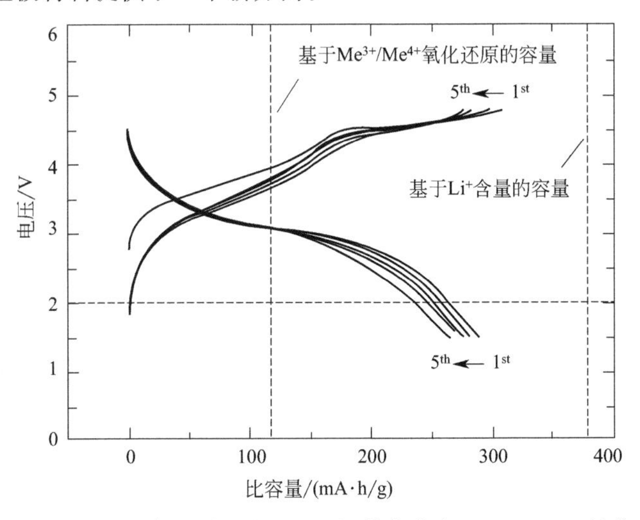

图 11-21　$Li_{1.3}Nb_{0.3}Mn_{0.4}O_2$ 在 60 ℃以 10 mA/g 的电流在 1.5～4.8 V 的前 5 次充放电曲线

11.3.3 锂硫电池

在过去十年时间里，锂硫电池受到了很大的关注[24]。硫作为正极材料具有分子量低、价格便宜、容量高和环境友好等优势。但硫电极的工作原理与传统的嵌入脱出型正极材料不一样，它是通过金属锂与硫的可逆化学反应来进行能量存储和释放的。锂和硫可以形成 Li_2S_8、Li_2S_6、Li_2S_5、Li_2S_4、Li_2S_2 和 Li_2S 等多种化合物。图 11-22 为从 S 到 Li_2S 的变化过程中的物相变化和电位的关系。按照硫完全转化为 Li_2S 来计算，

$$S_8 + 16Li \rightleftharpoons 8\,Li_2S$$

其比容量可以达到 1675mA·h/g。对应的平均电压为 2.1V，所以能量密度可以达到 2500 W·h/kg和 2800W·h/L。这一能量密度值是目前锂离子电池正极材料的 3～5 倍，具有很大的优势。但锂硫电池在实际应用中还存在诸多的问题需要解决。首先，硫和放电产物硫化锂的电导率都很低，因此需要加入大量的导电剂。简单复合导电碳和硫会很大程度上降低材料的容量，而将硫嵌入导电聚合物则带来较大的极化，降低了电压和能量密度。将硫嵌入碳纳米管中，可逆比容量可以做到 700mA·h/g，但循环性能较差。其次，多硫离子 S_n^{2-} 易溶于电解液，从而造成硫自电极上脱落进入电解液，并运动到锂负极上直接与其发生反应，生成的产物又有一部分可以扩散回正极，这样形成了内部的“穿梭”，大大降低了电池的充放电效

率。同时这一过程也会生成不可溶的产物沉积在正负极表面，形成阻抗层，并随着循环的进行而增厚，增大电阻，降低容量。针对这些问题，有科研工作者利用多孔碳的1D或3D纳米结构，将硫熔融后利用毛细作用吸入这些纳米孔洞中，碳的孔结构一方面将硫束缚在较小的空间里不易溶出，另一方面增大材料的电导率，这样的复合材料的可能容量达到1300mA·h/g。

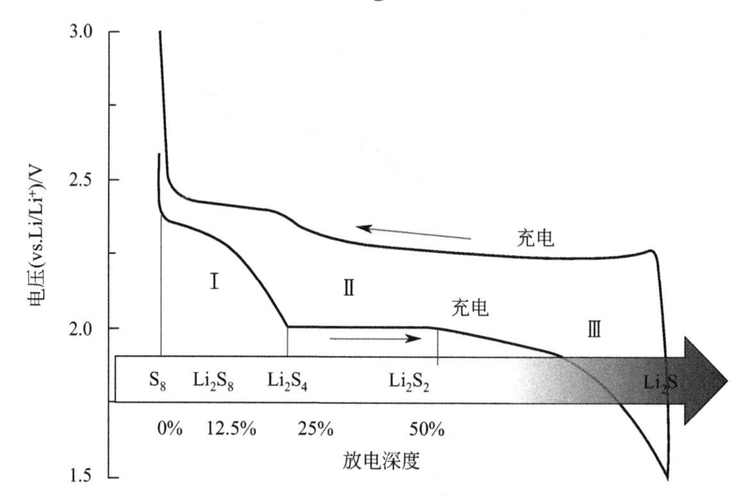

图11-22 Li-S电池在充放电过程中的电压变化曲线及其对应的物相变化

11.3.4 锂空气电池

锂空气电池采用空气中的氧气作为正极材料活性物质，电解液为非水体系时，其对应的化学反应方程式为

$$O_2+2Li^++2e^-\rightleftharpoons Li_2O_2$$

理论电压为3V。根据反应式计算的理论能量密度为3505W·h/kg和3436 W·h/L[25]。

电解液是水溶液时，其对应的化学反应方程式为

$$1/2O_2+2Li^++H_2O+2e^-\rightleftharpoons 2LiOH$$

其理论电压达到3.2V。根据反应式计算的理论能量密度为3582 W·h/kg和2234W·h/L。

利用 O_2 为正极材料不是一个新概念，燃料电池和锌空气电池都是以氧的氧化还原为基础的。最早的锂空气电池在1996年就已提出，但直到2006年，P. G. Bruce才证明其可逆性：放电的主要产物为 Li_2O_2，充电过程中的氧化产物为 O_2[26]。

与锂硫电池一样，锂空气电池需要采用多孔碳或者多孔金属材料作为电极载体。与锂硫电池不同，反应中间产物 Li_2O 和产物 Li_2O_2 都不溶于电解液，所以锂空气电池中不存在穿梭效应。反应产物 Li_2O_2 会堵塞多孔电极的孔道。而且 Li_2O_2

在室温下的氧化需要催化剂才能以可察觉的速度进行，因此，在锂空气电池中，化学反应发生在气、液、固三相界面上。尽管被称为锂空气电池，但由于空气中的 H_2O 和 CO_2 都会与 Li^+ 发生反应，产生 LiOH 和 Li_2CO_3，而非 Li_2O_2，所以锂空气电池或者使用纯氧，或者用氧扩散膜覆盖在正极表面，这层膜只允许氧气进入电极，而阻止 H_2O 和 CO_2 的进入。同时要求氧气通过这层膜要有足够的速率以保证一定的电池电流密度。电解液是锂空气电池的一个主要问题，在氧的氧化还原过程中，电解液必须足够稳定，不发生分解。目前研究的有机碳酸盐和酯类化合物都有一定程度的分解。充放电曲线之间的极化严重，根据催化剂的不同，可在 0.6～1.5V。电流越大，极化越严重。锂空气电池的催化剂也是问题，目前并没有很好的廉价催化剂。在水系锂空气电池中还涉及 LiOH 的除去和金属锂的保护问题，在设计和结构上更为复杂。

11.4 工业 4.0 在锂离子电池材料中的应用与发展趋势

11.4.1 工业 4.0 简介

近几年，国际上掀起了新一轮科技革命和产业变革的热潮，物联网及服务引入制造业将迎来第四次工业革命[27]。面对一个新的工业时代到来，德国提出“工业 4.0”的概念，美国叫“工业互联网”，我国叫“中国制造 2025”，这三者的本质都是相同的，指向同一个目标——智能生产。从传统工厂到智能工厂的演变，标志着工业开始踏足工业 4.0 时代。

如图 11-23 所示，18 世纪末，纺织行业首先出现以蒸汽机为动力的纺织工厂，蒸汽驱动的机械设备的出现，促进了手工业向机械化大工业的转变。蒸汽机的发明和应用，拉开了第一次工业革命的序幕，标志着人类迈向了工业 1.0 的时代。

19 世纪 70 年代至 20 世纪初，以电力的广泛应用和内燃机的发明为主要标志的第二次工业革命，促进了生产力飞跃发展，使社会面貌发生了翻天覆地的变化。工业大规模生产开始电气化和自动化，标志人类进入工业第二阶段——工业 2.0 时代。

20 世纪四五十年代，以原子能、电子计算机、空间技术和生物工程的发明和应用为标志的第三次工业革命，再次极大地推动了生产力的发展，科技在生产力提升方面的作用越来越大。信息电子技术在工业上广泛应用，促进了电子信息自动化程度不断的提高，标志人类踏入了工业 3.0 时代。

随着信息技术和网络技术的不断发展，充分利用信息通信术和网络空间虚拟系统——信息物理系统（Cyber-Physical System）相结合的手段，将使传统制造业向智能化转型。工业 4.0 将是以智能制造为主导的第四次工业革命，包括智能工厂、智能生产及智能物流[28]。

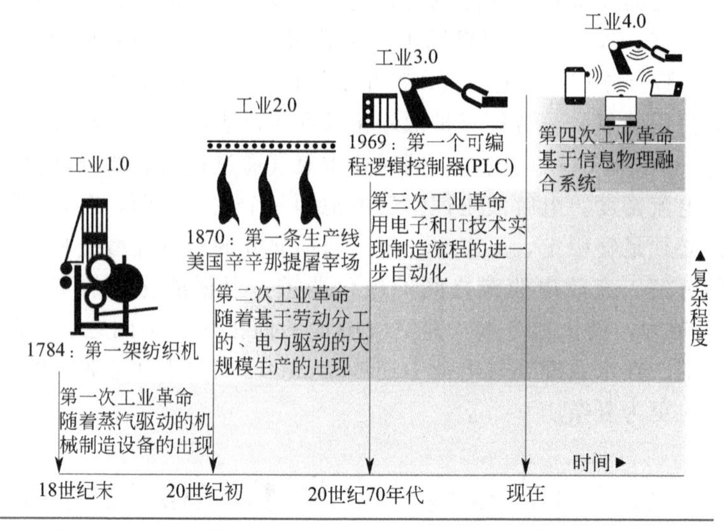

图 11-23　工业革命推动着工业 1.0 向工业 4.0 的演变过程

智能工厂的架构如图 11-24 所示，智能生产是企业的运营、研发、管理等宏观层面，智能工厂是生产过程的管控与数字化设备的网络化分布式实现，范围是车间，是具体的生产执行层。

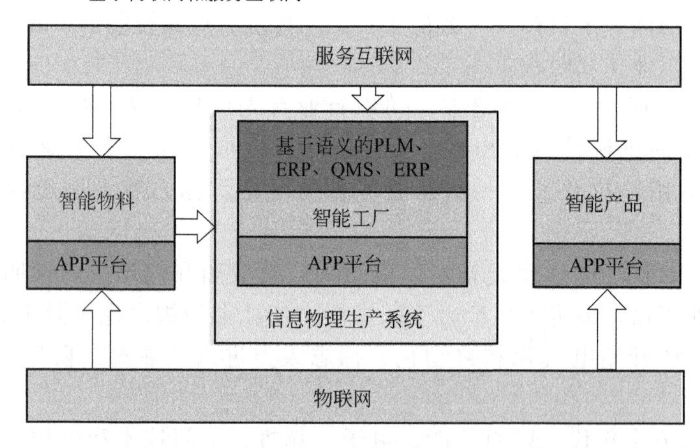

图 11-24　智能工厂的结构

智能工厂是一种高能效的工厂[29]，它基于高科技的、适应性强的、符合人体工程学的生产线。智能工厂的目标是整合客户和业务合作伙伴，同时也能够制造和组装定制产品。

而且，未来的智能工厂将很可能在生产效率和安全性方面具有更大的自主决策能力。工业 4.0 更多的是依靠智能机器进行工作并解释数据，而不是依靠人时时操作和管理人员经常性的介入。当然，人的因素仍然是制造工艺的核心，但人更多的是起到控制、编程和维护的作用，而不是在车间进行作业。生产工艺流程及故障的远程监控和诊断、产品的信息追踪将贯穿于始终。

智能物流是工业 4.0 的核心组成部分，在工业 4.0 的智能工厂框架中，智能物流仓储位于后端，是连接制造端和客户端的核心环节。智能物流仓储系统具备劳动力成本的节约、对租金成本的节约、管理效率的提升等方面的优势，是降低社会仓储物流成本的终极解决方案。

11.4.2 工业 4.0 在锂离子电池材料中的应用现状与发展趋势

锂离子电池是当前移动式供电最重要的能源之一，相比其他电池，锂离子电池体积小，容量大，电压稳定，可以循环使用，安全性好。随着生活、生产中锂离子电池应用越来越广，锂离子电池的需求量越来越大，同时一些高端设备对电池性能要求也越来越高，因此锂离子电池产能和性能都需要不断地提升。

目前全球锂离子电池产业集中在中国、日本、韩国三国，三者占据全球 95% 左右的市场份额，2014 年中国共占比达到 27%。2014 年全球新增投资近 8 成集中在中国，未来中国占比将进一步提升，但是中国与其他两国相比，缺乏深加工能力，产品质量还不够高，生产自动化水平偏低。

日韩一流锂电企业自动化程度达到工业 3.0 的比例在 70%以上，而国内一线企业自动化程度能达到工业 3.0 的不足 50%，二线企业仅 20%左右能达到工业 3.0，其余的基本上处于工业 2.0 阶段。随着日韩企业纷纷在中国建厂，国内锂离子电池成本优势也在逐渐下降，逼迫着国内的锂电企业必须提高自动化水平，降低成本，才能提升市场竞争力。

工业 4.0 涉及诸多不同企业、部门和领域，是以不同速度发展的渐进性的一个过程，目前在锂离子电池行业仅处于起步阶段。在未来，基于物联网的锂离子电池生产线，自动化进一步提高，大量的智能机械用在锂离子电池生产线上，生产过程中，人的参与逐渐减少，最终形成一个以智能机械生产为主的智能工厂。

未来的锂电智能工厂，需要把硬件、软件、咨询系统整合起来，形成有“智慧制造”属性的智能生产线。如图 11-25 所示，锂离子电池材料制造工厂现场层将会有大量的控制器、传感器，并通过有线和无线传感网架构进行串联，将实时产生的生产数据传输至上层制造管理系统 MES。结合物联网的构架，将工厂的信息汇总到信息物理系统 CPS。

工厂通过信息物理系统（CPS）建立一个完整的网络系统，网络系统里包括了相互连接的智能机械、仓储系统及高效的产品设备等。这些设备大量运用了嵌入式工业计算机和网络对生产过程进行监测和控制。这些设备可以独立运转，完成某个工艺生产过程；根据产品生产需求不同，这些设备之间互相交换信息，联锁运行，完成更为复杂的工艺生产流程。

当客户订单指定某种锂离子电池材料时，指令传达 CPS 系统后，CPS 系统根

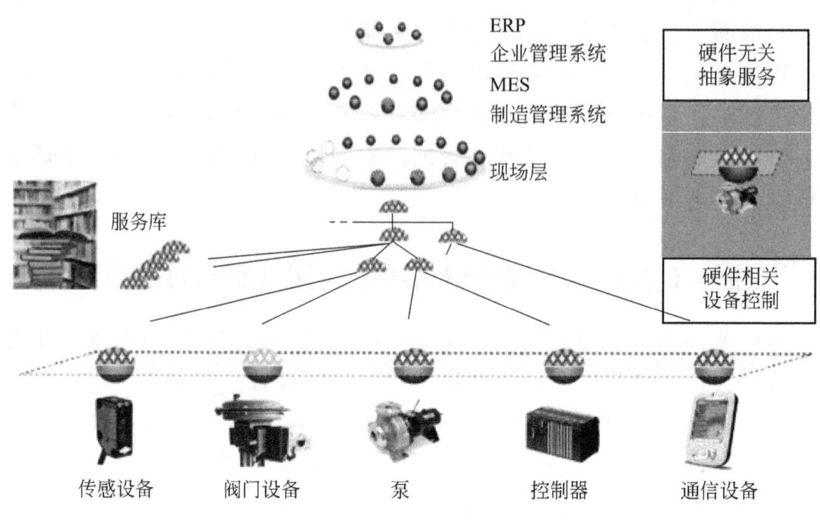

图 11-25　智能工厂布局

据工厂采集的信息分析计算，根据产品规格、特性和需求量确定相应的工艺及生产流程，并分配相应的生产线，然后调动原料仓储系统原料自主地进行生产。产品生产好后，自动打包进入成品仓储系统。

在未来的锂离子电池材料智能工厂，普通的员工数量将大大减少，降低了劳动力成本。但是 CPS 系统维护方面的工程师，将更为重要。设备正常生产时，普通工人只起到监控作用，发现异常情况时，根据设备上人机画面提示进行处理。情况复杂的话，需立即联系 CPS 系统工程师到现场进行处理。

锂离子电池材料工厂的核心——工艺研发人员，将能够把更多的精力投入到新的工艺研发中。正常生产制作过程中需要监控的相关数据，都由智能系统来完成，产生的结果自动汇总给 CPS 系统，生成各种图文报表，整个过程都是可视化的，工艺研发人员需要的仅是从监控系统调取数据，利用这些数据进行分析处理。

我国锂电材料行业的生产企业大部分还处于工业 2.0 或工业 3.0 的初级阶段，离工业 4.0 还有很大一段距离。锂电材料制造行业从工业 2.0 到 4.0 的跨越式发展，这一进程面临着许多技术上和管理上的挑战。好在对于新能源企业，无论是国家还是这个行业本身都已给予特别的重视和关注，锂电材料生产企业都已在为达到工业 4.0 的要求努力。例如江苏南大紫金公司是为锂电材料生产提供自动化生产线的企业，虽然目前他们的生产线已可为锂电材料的生产提供达到智能化自动化生产的能力，但是为了达到工业 4.0 的要求，还在为上下游两个环节做衔接和协调工作。一是向上要参与锂电行业新型材料的研发，并为预期的新型锂电材料设计和制造出有针对性的个性化的、能将信息化和智能物流结合起来的新生产线。向下的一个环节是由于自动化生产线是几十台设备组成的，其中一些设备由第三方企业提供的，这些设备往往是独立的，本身就是一个小的自动化体系，而这些小体系性状各不相同，智能化程度有高有低。因此，作为一个自动化生产线的集成供应商，在自己达到工业 4.0 要求的同时还要协调和扶持设备供应商也要达到工业 4.0 的要求。

工业 4.0 的核心是建立消费者和生产者之间的联系。在锂电材料生产行业中客户的订单往往会附带各种信息，生产厂家要会处理这些信息，通过信息处理发现客户的真正要求、个性偏好、个性特点，这些最终都要在为生产厂家提供的产品上得到反映。因此我们的生产将不再是规模性生产而是转向个性化定制性生产。例如航空锂离子电池便有别于其他民品用锂离子电产品，大部分民品锂离子电池只有－10～＋40℃的使用要求，航空锂离子电池必须要经得起－40～＋60℃或更高要求的温度范围。而且这种温度变化的速率是非常快的，那么我们为航空锂离子电池所提供的产品必须满足这个很高的温度要求，在高空极低的温度下锂离子电池内化学反应会变得迟缓，在温度剧变时又会影响锂离子电池电芯导电性和物质活性。放电电流变化剧烈，甚至会导致电池的可用容量降低。因为企业获得的订单是航空锂离子电池厂家发过来的，那么必须为这个个性进行特别定制，而且还必须对这个定制产品所制成的电池进行长期信息跟踪，甚至还得知道这批电池应用在什么样的飞机上。而对于自动化生产线的集成供应商，应该对于这种个性化的要求，设计并集成出满足这种个性化、高品质材料要求的特别的生产线和产品追踪方案。

11.4.3 锂离子电池材料制造工业 4.0 未来发展路线图

工业 4.0 的推进，将会给各行各业带来巨大的影响。工业 4.0 是一个新的时代，不是某个公司就能够实现，需要各类公司进行合作，共同研发创新。电池制造行业要步入工业 4.0，需要国内外锂离子电池设备公司投入大量资源，进行智能化生产线的研发。江苏南大紫金锂电智能装备有限公司率先和德国西门子公司达成合作意向，共同打造工业 4.0 第一代锂离子电池智能生产线。

对于设备制造商来说，首先要展开的是智能设备硬件方面的研发。设备配置更先进的信息传感系统、嵌入式系统，使得设备具备感知、分析、计算、通信基本智能。锂离子电池材料生产工艺是一个复杂的过程，不仅需要固定式的智能化设备，还需要移动式智能化设备，满足动态监控及处理复杂工艺环节的功能。工业自动化尖端科技，工业机器人在锂电行业应用必不可少。设备厂家也必须投入大量精力，针对锂离子电池材料行业工业机器人进行研发。

其次是软件方面的研发，软件方面的研发大致分为两类：一类是嵌入式软件的开发，用于硬件设备的嵌入式系统，使得智能设备具备控制、监测、管理、自动运行等能力，满足工业 4.0 生产设备中的应用；另一类是对生产制造进行业务管理的，各种工业领域专用的工程软件的研发，如制造管理系统（MES)、企业管理系统（ERP）等，满足工业 4.0 生产管理中的应用。

图 11-26 是德国西门子针对锂离子电池行业的工业 4.0 提出的数据中心方案。数据中心可以理解为工业 4.0 信息物理管理系统（CPS），它把整个企业的经营管理、生产制造所有软硬件整合起来，实现生产的智能化。

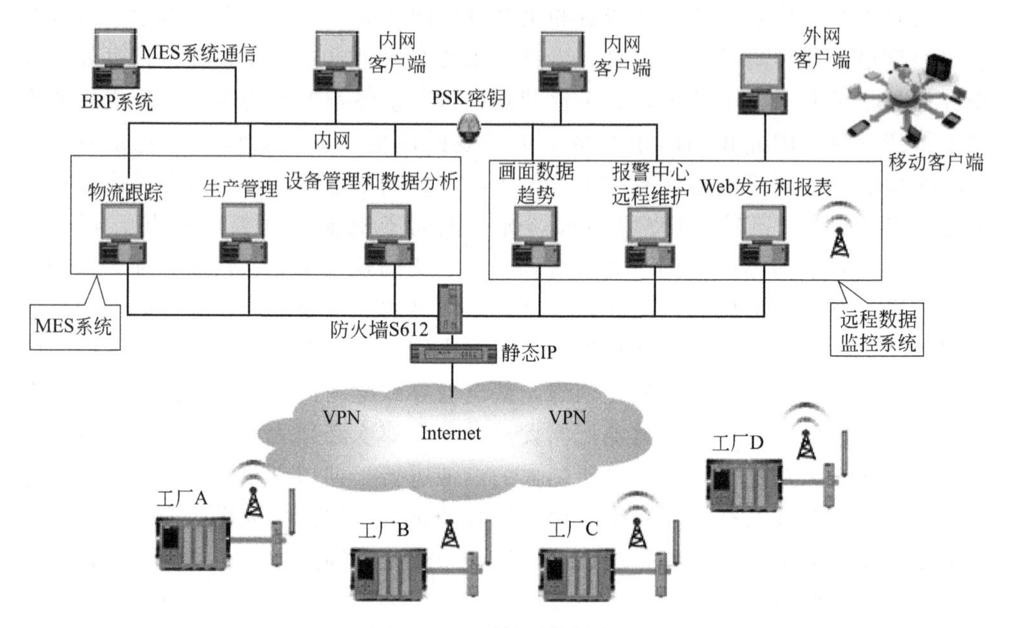

图 11-26　西门子数据中心

通过远程数据通信方式，将分布在不同现场的设备信息，传输汇总到制造商数据监控中心，通过数据中心软件分析、诊断设备运行状态和故障情况，在联网的基础上实现远程监控、远程诊断及维护。

通过与 ERP 系统的对接，可以得到订单的具体信息，再通过 wincc 的生产批次控制和配方集中管理系统，对各个工厂统一调度，进行生产。在生产过程中，通过绑定电子标签进行跟踪，实现产品质量的控制。产品的标签信息存入数据中心，数据中心知道每件产品的走向流程，进而实现物流智能化管理。智能化物流可以降低库存，减少存储面积、存储成本及出错风险，同时降低物流作业负荷、减少物流人数，从而降低物流成本。

随着智能工厂的发展，嵌入式智能设备越来越多，企业管理系统日趋精细，将会实时产生大量的复杂的数据信息。随着这些大数据的产生，传统的数据库系统已经不能够满足海量数据存储、查询、分析功能的需求，云存储和云计算将是未来的发展趋势。大数据上传到云端，云端大数据的查询分析要求的及时性，对网络高速率传输提出更高的要求。随之而来的，网络的安全性和可靠性也要进一步地提高。

工业 4.0 的推进，工厂越来越智能化，员工的工作重心也将发生重大的变化。越来越多导向性的控制会让工作内容、工作流程、工作环境发生改变，员工需要了解更多关于自动化及网络控制相关的知识。实施合适的培训策略，组织员工积极学习，将能让员工更好地适应未来智能化生产作业的需求。

参 考 文 献

[1] 中华人民共和国工业和信息化部，2016 年电池制造业经济运行情况 . http//www. miit. gov. cn/n1146312/n1146904/n1648366/n1648367/c5495749/content. html.

[2] Daniel H Doughty，Ahmad A Pesaran. Vehicle Battery Safety Roadmap Guidance. NREL report，2012.

[3] Tesla Motors Inc：US，8286743B2. 2011.

[4] United States Advanced Battery Consortium. USABC Goals for Advanced Batteries for EVs. http：//www. uscar. org/guest/article _ view. pHp? articles _ id=749.

[5] Alvaro Masias，Kent Snyder，Ted Miller. Automaker Energy Storage Needs for Electric Vehicles//Proceedings of the FISITA 2012 World Automotive Congress. 2012，4：729-741.

[6] Gerbrand Ceder. Opportunities and challenges for first-principles materials design and applications to Li battery materials. MRS Bulltin，2010. 35：693-701.

[7] 曹景超 . $LiCoO_2$ 在高电压条件下的改性研究及球形 $LiCo_{0.9}Ni_{0.05}Mn_{0.05}O_2$ 的合成 . 长沙：中南大学，2015.

[8] 刘万民 . 锂离子电池 $LiNi_{0.8}Co_{0.15}Al_{0.05}O_2$ 正极材料的合成、改性及储存性能研究 . 长沙：中南大学，2012.

[9] 黄金龙 . 新型镍基复合锂离子电池正极材料的合成研究 . 长沙：中南大学，2013.

[10] Sun Y K ，Myung S T，Park B C，et al. High-energy cathode material for long-life and safe lithium batteries [J] . Nature Material，2009，8：320-324.

[11] Sun Y K，Noh H J，Yoon C S，et al. Effect of Mn Content in Surface on the Electrochemical Properties of Core-Shell Structured Cathode Materials [J] . J Electrochem Soc，2012，159 (1)：A1-A5.

[12] Sun Y K，Ram B R，Hyung J N. A novel concentration-gradient Li $[Ni_{0.83}Co_{0.07}Mn_{0.10}]O_2$ cathode material for high-energy lithium-ion batteries [J] . J Mater Chem，2011，21：10108-10112.

[13] Sun Y K，Chen Z H，Noh H J，et al. Nanostructured high-energy cathode materials for advanced lithium batteries [J] . Nature Material，2012，10：942-947.

[14] 刘强 . 锂离子电池富镍系正极材料的制备及掺杂改进研究 . 长沙：中南大学，2013.

[15] Molenda J，Ojczyk W，Marzec J. Electrical conductivity and reaction with lithium of $LiFe_{1-y}Mn_yPO_4$ olivine-type cathode materials [J] . J Power Sources，2007，174 (2)：689-694.

[16] Molenda J，Ojczyk W，Swierczek K，et al. Diffusional mechanism of deintercalation in $LiFe_{1-y}Mn_yPO_4$ cathode material [J] . Solid State Ionics，2006，177：2617-2624.

[17] 张罗虎 . 共沉淀法制备正极材料 $LiMn_yFe_{1-y}PO_4/C$ 及其电化学性能研究 . 长沙：中南大学，2012.

[18] 江剑兵 . 高温长寿命锰酸锂正极材料的合成及其改性研究 . 长沙：中南大学，2014.

[19] John B. Goodenough，Evolution of strategies for modern rechargeable batteries. Accounts of Chemical Research，2013，46：1053-1061.

[20] Dong-Hwa Seo，Young-Uk Park，Sung-Wook Kim，et al. First-principles study on lithium metal borate cathodes for lithium rechargeable batteries. Phys Rev B，2011，83：205127.

[21] Muraliganth T，Stroukoff K R，Manthiram A. Microwave-Solvothermal Synthesis of Nanostructured Li_2MSiO_4/C (M = Mn and Fe) Cathodes for Lithium-Ion Batteries. Chem Mater，2010，22：5754 - 5761.

[22] Naoaki Yabuuchi，Mitsue Takeuchi，Masanobu Nakayama，et al. High-capacity electrode materials for rechargeablelithium batteries：Li_3NbO_4-based system withcation-disordered rocksalt structure. PNAS，2015，112：7650-7655.

[23] Peter G Bruce，Stefan A Freunberger，Laurence J Hardwick，et al. Li-O_2 and Li-S batteries with high energy storage. Nature Materials，2012，11：19-29.

[24] Arumugam Manthiram，Yongzhu Fu，Sheng-Heng Chung，et al. Rechargeable Lithium-Sulfur Batteries. Chemical Reviews，2014，114：11751-11787.

[25] Moran Balaish，Alexander Kraytsberg，Yair Ein-Eli，A critical review on lithium-air battery electro-

lytes. PHys Chem Chem PHys，2014，16：2801-2822.
[26] Nobuyuki Imanishi，Osamu Yamamoto. Rechargeable lithium-air batteries：characteristics and prospects. Materials Today，2014，17：24-30.
[27] 乌尔里希．森德勒主编．工业 4.0——即将来袭的第四次工业革命．邓敏、李现民，译．北京：机械工业出版社，2014.
[28] 阿尔冯斯·波特霍夫，恩斯特·安德雷亚斯·哈特曼主编．工业 4.0（实践版）：开启未来工业的新模式、新策略和新思维．刘欣，译．北京：机械工业出版社，2015．
[29] 保尔汉森．实施工业 4.0——智能工厂的生产·自动化·物流及其关键技术、应用迁移和实战案例．工业和信息部电子科学技术情报研究所，译．北京：电子工业出版社，2015.

索　引

E

F

G

H

J

K

L

M

N

P

Y

Z

其　　他